Cálculo numérico aplicado

Cálculo numérico aplicado

JOSÉ VIRIATO COELHO VARGAS
LUCIANO KIYOSHI ARAKI

Manole

Editor gestor: Walter Luiz Coutinho
Editoras: Cristiana Gonzaga S. Corrêa e Juliana Morais
Produção editorial: Janicéia Pereira
Capa e Projeto gráfico: Daniel Justi
Diagramação: Sopros Design

Dados Internacionais de Catalogação na Publicação (CIP)
(Câmara Brasileira do Livro, SP, Brasil)

Vargas, José Viriato Coelho
Cálculo numérico aplicado / José Viriato Coelho Vargas, Luciano Kiyoshi Araki. -- Barueri, SP : Manole, 2017.

Bibliografia.
ISBN 978-85-204-4578-5
1. Cálculo numérico 2. Cálculo numérico - Problemas, exercícios etc. 3. Engenharia
I. Araki, Luciano Kiyoshi. II. Título.

16-01314 CDD-512.8

Índices para catálogo sistemático:
1. Cálculo numérico 512.8

1ª edição – 2017

Direitos adquiridos pela:
Editora Manole Ltda.
Avenida Ceci, 672 – Tamboré
06460-120 – Barueri – SP – Brasil
Tel.: (11) 4196-6000 – Fax: (11) 4196-6021
www.manole.com.br
info@manole.com.br

Impresso no Brasil
Printed in Brazil

Este livro contempla as regras do Acordo Ortográfico da Língua Portuguesa de 1990, que entrou em vigor no Brasil em 2009.

São de responsabilidade dos autores as informações contidas nesta obra.

Aos meus falecidos pais
Esmeraldina e Tito, a meu irmão
João, e à minha família Ednéia,
Kamila e Kassiana

Aos meus pais Kiyoshi e Cecília, e
à minha irmã Lucilia. Aos amigos
e companheiros do Laboratório de
Experimentação Numérica da UFPR

Currículo dos autores

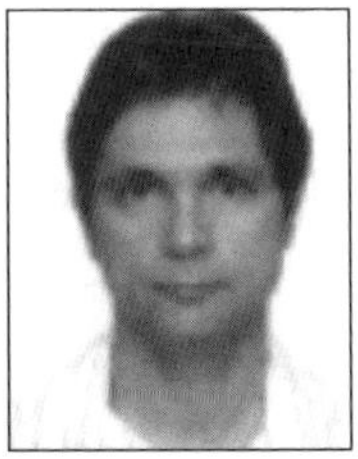

JOSÉ VIRIATO COELHO VARGAS

Possui graduação em Engenharia Mecânica e Automóveis pelo Instituto Militar de Engenharia (1989) e em Ciências Biológicas pela Universidade Federal do Paraná (UFPR) (2013), mestrado em Engenharia Mecânica pela Pontifícia Universidade Católica do Rio de Janeiro (1992) e doutorado em Engenharia Mecânica pela Duke University, Estados Unidos (1994). Atualmente, é Professor Titular da UFPR e exerce a função de membro do Comitê Gestor do Fundo Setorial de Energia/ MCT. Na UFPR, atua como líder do Grupo de Energia e Ciências Térmicas, que desenvolve pesquisa científica teórica, numérica e experimental em fontes de energia alternativas, processos de refino de petróleo, sistemas de potência e cogeração, refrigeração e ar-condicionado, transferência de calor e massa, biotecnologia e engenharia biomédica. Os principais trabalhos do grupo, atualmente em curso envolvem: desenvolvimento de novas células de combustível, desenvolvimento de novos refrigeradores de absorção, gerenciamento térmico de navios elétricos, gabinetes para acondicionamento de eletrônicos, uso da imagem infravermelha em engenharia e medicina, bem como criação de um núcleo de pesquisa e desenvolvimento em energia autossustentável a partir do biodiesel de microalgas e outras fontes.

LUCIANO KIYOSHI ARAKI

Possui graduação em Engenharia Mecânica pela Universidade Federal do Paraná (UFPR) (2003) e doutorado em Ciências pelo Programa de Pós-graduação em Métodos Numéricos em Engenharia da UFPR (2007). Atualmente, é Professor Adjunto da Universidade Federal do Paraná, nos cursos de Graduação em Engenharia Mecânica, Pós-graduação em Métodos Numéricos em Engenharia e Pós-graduação em Engenharia Mecânica. Atua na área de Fenômenos de Transporte, com ênfase em CFD: escoamentos reativos em motor-foguete, verificação e validação numéricas e otimização de métodos numéricos. É pesquisador integrante do Grupo de Pesquisa em CFD, Propulsão e Aerodinâmica de Foguetes da Universidade Federal do Paraná.

Currículos dos coautores do Capítulo 8

EMERSON DILAY

Doutor em Engenharia e Ciência dos Materiais pela Universidade Federal do Paraná (UFPR) (2013), Mestre em Engenharia Térmica e Processos Químicos pela UFPR (2003), Engenheiro Mecânico pela UFPR (1995). É Professor de Engenharia Mecânica na Universidade Positivo nas disciplinas de Sistemas Térmicos e Fluidomecânicos, Mecânica de Fluidos e Instrumentação e Controle. Atuou em empresas como Coca-Cola Spaipa, Ambev e Renault, desenvolvendo projetos de aumento de produtividade envolvendo melhorias de equipamentos, processo, *lay-out* e redução de perdas, além de desenvolver consultorias na área de TPM – Manutenção Produtiva Total. Participou de projeto de desenvolvimento e otimização de refrigeradores de absorção, geração de energia elétrica a partir de biogás, equipamentos de geração de energia elétrica, refrigeração e aquecimento combinados e sistemas fotobiorreatores destinados à produção de biodiesel. Trabalhou como pesquisador visitante (2011-2012) no Center for Advanced Power Systens (CAPS) da Florida State University, Estados Unidos, realizando experimentos e simulações computacionais de navios totalmente elétricos e gerenciamento térmico de eletrônicos para a Marinha dos Estados Unidos, com o uso de Modelo de Elementos de Volume.

JEFERSON AVILA SOUZA

Possui graduação em Engenharia Mecânica pela Universidade Federal do Rio Grande (1998), mestrado em Engenharia Mecânica pela Universidade Federal de Santa Catarina (2000), doutorado em Engenharia Mecânica pela Universidade Federal do Paraná (2004) e Pós-doutorado junto a Florida State University (2009-2010), Estados Unidos. Atualmente, é Professor-associado da Universidade Federal do Rio Grande, onde trabalha na área de Mecânica dos Fluidos e Transferência de calor computacional, atuando no desenvolvimento de aplicativos e modelos, modelagem de dispositivos para converter energia das ondas em eletricidade e modelagem numérica do RTM (*Resin Transfer Molding*).

JUAN C. ORDÓÑEZ

Possui graduação em Engenharia Mecânica pela Universidad Pontifícia Bolivariana, Colômbia (1996), mestrado em Sistemas Energéticos pela Universidad Pontifícia Bolivariana, Colômbia (1998), e doutorado em Engenharia Mecânica pela Duke University (2003), Estados Unidos. É Professor de Engenharia Mecânica na Florida State University, onde dirige o Energy and Sustainability Center (ESC) e atua como líder em Ciências Térmicas no Center for Advanced Power Systems (CAPS). Desenvolve pesquisa numérica e experimental em termodinâmica aplicada e transmissão de calor, em particular em otimização termodinâmica e teoria constructal em aplicações com energia sustentável e aspectos de modelos térmicos de navios.

SAM YANG

Candidato a PhD pelo Departamento de Engenharia Mecânica da Universidade Estadual da Flórida (com defesa prevista para 2016), é pesquisador-assistente do Centro para Sistemas de Potência Avançados (CAPS) e do Centro de Energia e Sustentabilidade (ESC). Atualmente, desenvolve pesquisa na otimização da rede de arrefecimento de navio inteiramente elétrico e em sistema HVAC (aquecimento, ventilação e ar-condicionado) de edificações com balanço zero de energia. Possui graduação em Ciências em Engenharia Elétrica e Física na Faculdade Dordt, Iowa (2001); trabalhou na Energae Inc., Keuka Energy, e como monitor das disciplinas Astronomia, Física e Eletrônica. Seus interesses de pesquisa incluem Ciência de Edificações, Exergia, Otimização Termodinâmica Integrativa e Modelagem e Simulação de Sistemas de Energia.

ANDRÉ BELLIN MARIANO

Farmacêutico pela Universidade Federal do Paraná (UFPR) com Habilitação em Análises Clínicas e Indústria (1998-2000) e Doutor em Ciências – Bioquímica pelo Departamento de Bioquímica e Biologia Molecular pela UFPR. Autor de 19 artigos em periódicos e de

16 produtos tecnológicos, dos quais 4 são patenteados. Professor do curso de Pós-graduação em Engenharia e Ciência dos Materiais (PIPE-UFPR) e um dos fundadores do Núcleo de Pesquisa e Desenvolvimento em Energia Autossustentável (NPDEAS-UFPR), onde atua como Pesquisador e Gerente de Programas. Também é Professor do Programa Interdisciplinar em Engenharia de Petróleo e Gás Natural da UFPR. Atualmente, orienta trabalhos de Pós-graduação de alunos de mestrado e doutorado na UFPR. Colabora para formação de mão de obra especializada para o mercado, por meio da orientação e supervisão de alunos dos níveis de graduação e técnico. Também desenvolve projetos em parceria com as empresas Nilko Metalurgia Ltda. e PSA Peugeot Citroën Brasil. Mantém dois blogs (www.andrebmariano.blogspot.com.br; www.npdeas.blogspot.com.br) com o objetivo de divulgar a Ciência e Tecnologia desenvolvidas nas universidades e atrair novos talentos para a Pós-graduação, bem como de diminuir a distância de interação com o setor produtivo.

9

Esta obra tem conteúdo complementar disponível em:
www.manoleeducacao.com.br/calculonumericoaplicado.
Entre e faça seu cadastro para consultá-lo.

PREFÁCIO

Este livro é fruto de dezessete anos lecionando a disciplina Cálculo Numérico para a graduação no Departamento de Engenharia Mecânica (DEMEC) da Universidade Federal do Paraná (UFPR). Historicamente, a disciplina era oferecida pelo Departamento de Matemática, mas o consenso dos professores de Engenharia Mecânica da UFPR era de que havia a necessidade de um enfoque mais direcionado para a aplicação em Engenharia, diferente daquele que estava sendo oferecido. Assim, em reformulação curricular, a disciplina passou a ser oferecida pelo próprio DEMEC e seria atribuída a um professor pesquisador que utilizasse o Cálculo Numérico como ferramenta para seu trabalho de pesquisa científica.

À medida que lecionava a disciplina ao longo dos anos, percebi que a mesma motivação existe em outras áreas da Ciência que utilizam o Cálculo Numérico. De fato, em todas as Engenharias e também nas Ciências Exatas (p.ex., Química, Física), o profissional em formação apresentava uma demanda imediata pela visualização da aplicação do Cálculo Numérico em seu campo de trabalho. Apesar da excelente colaboração dos professores do Departamento de Matemática da

UFPR ao ministrar os fundamentos da disciplina, essa demanda não estava sendo atendida.

Outro aspecto importante para o professor de Cálculo Numérico é a busca por um livro-texto adequado às necessidades de seus alunos. Nesse sentido, há vários livros de Cálculo Numérico para cursos de graduação disponíveis no mercado com todo o conteúdo apresentado com qualidade. No entanto, observei, ao longo dos anos, que esses livros também não atendiam de forma abrangente à mesma demanda imediata pela visualização da aplicação do Cálculo Numérico no cam po de trabalho do profissional em formação.

Em razão dessas observações, decidi escrever este livro-texto para um primeiro curso de graduação em Cálculo Numérico, com o objetivo de apresentar um tratamento rigoroso e motivador do assunto, buscando relacionar o Cálculo Numérico com outras disciplinas e com a visão de sua aplicação em Engenharia e em outras Ciências Exatas. Portanto, o livro destina-se aos alunos de graduação desses cursos, mas também pode ser utilizado como um tratamento introdutório para a Pós-graduação, bem como uma ferramenta de consulta técnica para todos os profissionais formados nessas áreas.

ABORDAGEM INTERDISCIPLINAR

O livro ensina que Cálculo Numérico é uma disciplina que trabalha em colaboração com outras, seja no desenvolvimento de um processo qualquer ou na busca pelo melhor desempenho de um equipamento. A teoria apresentada nos textos e nos problemas propostos ao final dos capítulos ilustram extensivamente as interfaces entre o Cálculo Numérico e outras disciplinas ou áreas de pesquisa, como Física, Química, Mecânica Estrutural, Engenharia Elétrica, Geração de Energia Solar, Eólica e Biológica, e Desenvolvimento de Motores a Combustão Interna.

A ênfase do livro no caráter interdisciplinar da aplicação na vida real dos conceitos do Cálculo Numérico, no entanto, não faz com que o texto deixe de conter primeiramente os fundamentos do Cálculo Numérico como uma disciplina autossuficiente, i.e., com objetivos próprios, linguagem e regras. O trabalho interdisciplinar só pode ser realizado pelo pesquisador ou analista que esteja solidamente baseado nos fundamentos de cada disciplina.

ORGANIZAÇÃO DO LIVRO

Conforme os tópicos listados no sumário, a organização do livro segue os itens tradicionais da disciplina Cálculo Numérico para cursos de graduação no Brasil, tanto para as Engenharias quanto para as Ciências Exatas. No entanto, este livro procura apresentar um conteúdo mais aprofundado de sistemas de equações algébricas não lineares em relação a outros livros introdutórios de Cálculo Numérico disponíveis no mercado – o que é feito no Capítulo 4 –, tendo em vista a importância do tema para a aplicação prática em sistemas físicos reais, que são predominantemente não lineares. Além disso, acrescentou-se o Capítulo 8, sobre modelagem matemática de sistemas físicos, que é uma contribuição de vários autores, no sentido de ilustrar uma das mais importantes aplicações da atualidade do Cálculo Numérico, que é a simulação computacional de sistemas físicos como ferramenta de projeto, controle e otimização. Finalmente, o Capítulo 9 trata do uso de modelos matemáticos de sistemas físicos para realizar a sua otimização numérica para máximo desempenho. Assim, pretende-se encorajar os estudantes de uma maneira sutil para a área de Simulaçao Computacional, pela qual se fascinam, mas que também é desafiadora.

RESOLUÇÃO DE PROBLEMAS

Os problemas mais simples são apresentados no texto como exemplos resolvidos em todos os capítulos, ao passo que os problemas mais desafiadores são propostos ao final dos capítulos. Além disso, são propostos projetos que requerem mais esforço e tempo para a sua solução. Esses projetos tipicamente possuem maior conteúdo de concepção e podem ser utilizados por professores como trabalhos de casa de maior duração.

Para problemas que envolvem um sistema físico a analisar, é sempre uma boa ideia iniciar a solução fazendo um bom diagrama esquemático (desenho); busca-se demonstrar isso nos exemplos resolvidos. Aprender a dar esse passo preliminar será um benefício para a futura carreira do estudante.Além disso, também é oferecido um material complementar no site www.manoleeducao.com.br/calculonumerico-aplicado, com um conjunto de programas em linguagem Fortran escrito pelos autores, com base na teoria apresentada nos capítulos do livro, que pode ser utilizado para auxiliar a solução dos problemas e projetos propostos.

ANÁLISE DE ESCALA

O livro apresenta a metodologia de análise de escala em problemas propostos e na teoria do Capítulo 9, como uma alternativa simples e aproximada para o tratamento de problemas físicos complexos, com o uso dos conceitos de Cálculo Numérico. O método tem sido utilizado com grande sucesso para tratar problemas complexos nas áreas de Engenharia Térmica, Transferência de Calor e Termodinâmica (Bejan, 1993; Bejan, 1995; Bejan, 2000). Entendemos que análise de escala pode ter um papel preponderante mesmo em um primeiro curso de Cálculo Numérico, que se constitui uma ferramenta básica para projetos em todas as Engenharias, bem como nas Ciências Exatas. O método apresenta uma alta taxa de "retorno do investimento", no sentido de que, com uma análise simples e com pouco esforço matemático, direcionamentos importantes podem ser encontrados para viabilizar a tomada de decisões.

QUEM AJUDOU A PRODUZIR ESTE LIVRO?

A resposta curta para essa pergunta é: "muitas pessoas". Diversas partes do texto e dos problemas propostos refletem os comentários de estudantes e colegas. Além disso, nós agradecemos a todos os revisores que devotaram muito do seu precioso tempo para auxiliar neste projeto. A seguir, listam-se os nomes dos revisores que ajudaram a viabilizar a conclusão deste livro:

Adrian Bejan, Duke University, EUA
Juan Carlos Ordonez, Florida State University, EUA
Rob Hovsapian, Idaho National Laboratory, EUA
Razvan Florea, United Technologies Research Center, EUA
Alejandro Rivera-Alvarez, Universidad Pontificia Bolivariana, Colômbia
Jeferson Ávila Souza, Universidade Federal do Rio Grande, Brasil
Sam Yang, Florida State University, EUA
André Bellin Mariano, UFPR, Brasil
Vanessa Kava, UFPR, Brasil
Adriana Luiza do Prado, UFPR, Brasil
George Stanescu, UFPR, Brasil
Fernando Gallego Dias, UFPR, Brasil
Tallita Karoline Nunes, UFPR, Brasil
Luiz Alberto Oliveira Rocha, Universidade Federal do Rio Grande do Sul, Brasil
Rudmar Serafim Matos, UFPR, Brasil
Roque Luiz Sutil Mainardes, UFPR, Brasil
Marcos Carvalho Campos, UFPR, Brasil
Vilmar Graciano, UFPR, Brasil
José Alberto dos Reis Parise, PUC-Rio, Brasil
Marcus Vinícius Andrade Bianchi, Owens Corning, EUA
Sandro Campos Amico, UFRGS, Brasil

José Viriato Coelho Vargas
Luciano Kiyoshi Araki
Universidade Federal do Paraná

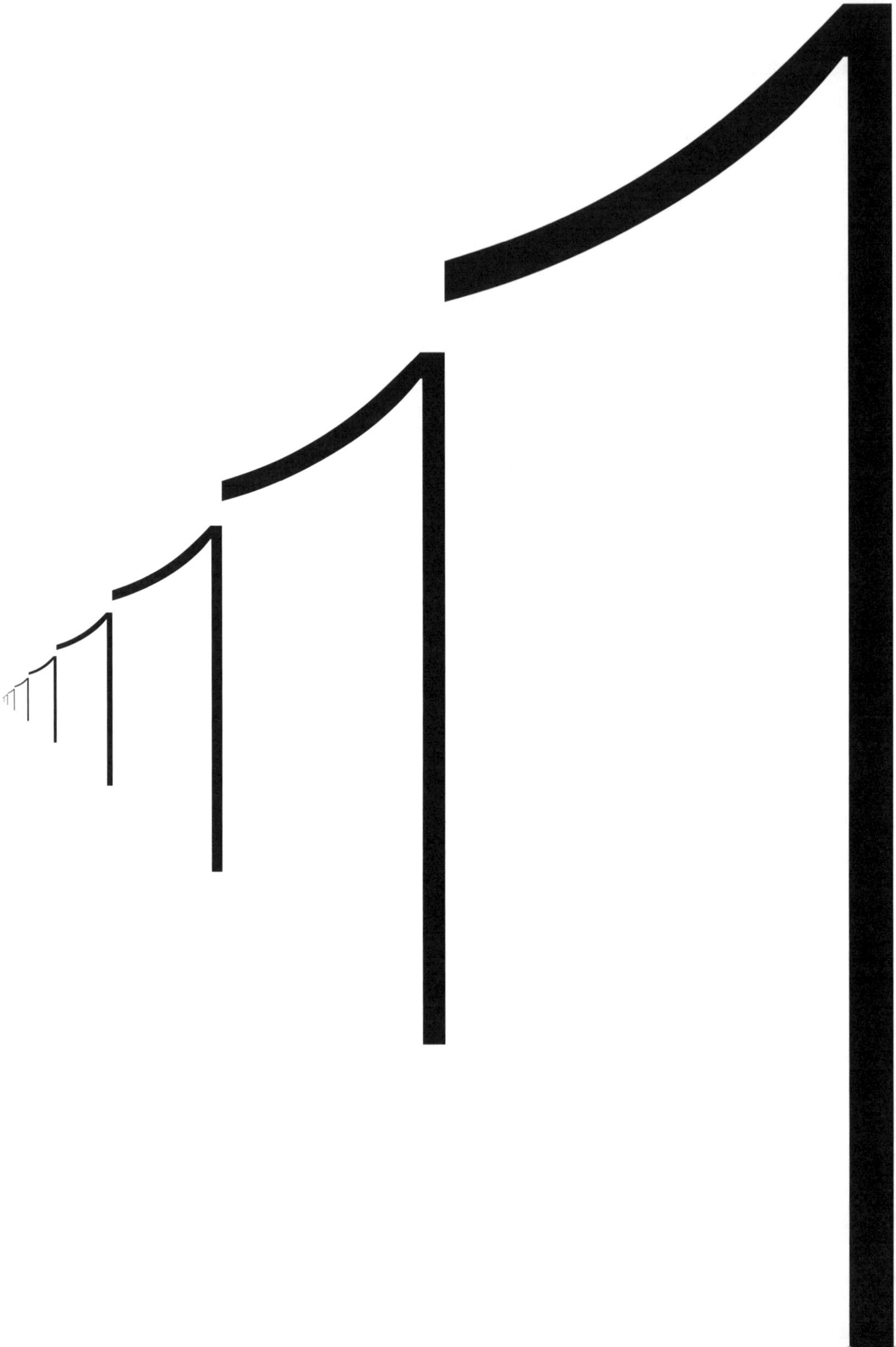

MATEMÁTICA COMPUTACIONAL

1.1. INTRODUÇÃO

O primeiro passo do aprendizado para buscar a solução de qualquer problema matemático é a construção de uma base conceitual fundamental suficientemente sólida para capacitar o analista a encontrar um método de solução adequado, seja ele analítico ou numérico. O escopo do presente tratamento é o de apresentar métodos numéricos para solução de problemas matemáticos, com um enfoque direcionado para a aplicação em problemas práticos encontrados nas áreas de Ciências Exatas e de Tecnologia, como a simulação e a otimização de sistemas físicos (p.ex., elétricos, hidráulicos, térmicos, químicos, biológicos). Dentro desse enfoque, vários assuntos foram selecionados do ensino básico de Matemática para serem resumidamente apresentados, discutidos e exemplificados dentro de possíveis aplicações práticas.

Este capítulo inicia com alguns tópicos importantes do Cálculo Diferencial e Integral, da Álgebra Linear e da Análise Real, que constituem a base necessária ao aluno para o bom entendimento dos capítulos subsequentes. A seguir, apresenta-se de forma sumária o sistema de funcionamento de um computador típico e o modo como as operações matemáticas são realizadas computacionalmente. A apresentação está dividida em itens que revisam a teoria de cada assunto abordado, com exemplos ilustrativos de sua possível aplicação prática nas diversas áreas da Ciência. A parte final do capítulo contém uma lista de problemas, além de projetos abertos propostos ao estudante visando à orientação para a formação do pesquisador científico, essencialmente um projetista.

1.2. LIMITES, CONTINUIDADE E DIFERENCIAÇÃO

Seja *f* uma função de uma variável real, então, o limite da função *f* em *c*, se existir, é definido como se segue (Kincaid e Cheney, 1991):

$$\lim_{x\to c} f(x) = L \tag{1.1}$$

em que *c* e *L* são constantes. Isso significa que, para um valor positivo ε, há um valor positivo correspondente δ tal que $|f(x)-L|<\varepsilon$ sempre que $0<|x-\varepsilon|<\varepsilon$. Se não houver um número *L* com essa propriedade, o limite de *f* em *c* não existe. Por exemplo, considere a equação:

$$\lim_{x\to 2} x^2 = 4 \tag{1.2a}$$

é verdadeiro porque $|x^2-4|<\varepsilon$ para $0<|x-2|<\dfrac{\varepsilon}{5+\varepsilon}$.

Considere agora a equação:

$$\lim_{x\to 0} \frac{|x|}{x} = L \tag{1.2b}$$

não é verdadeiro $\forall$ *L*. Isso é demonstrado fazendo $\varepsilon = 1$, e supondo que

$$\left|\frac{|x|}{x} - L\right| < 1$$

para $0<|x|<\delta$. Tem-se que

$$\frac{|x|}{x}=1$$

quando $x=-\frac{1}{2}\delta$.

Não existe L que satisfaça $|1-L|<1$ e $|-1-L|<1$. Assim, o limite não existe.

Se *f* for definida somente em um subconjunto específico *X* da reta dos números reais, a definição de limite é modificada tal que $|f(x)-L|<\varepsilon$, sempre que $x \in X$ e $0<|x-c|<\delta$.

Continuidade é definida a partir da definição de limite enunciada anteriormente. A função *f* é contínua no intervalo $[a,b]$ se, e somente se, para todo $c \in [a,b]$, com $a,b \in \Re$

$$\lim_{x \to c} f(x)=f(c) \tag{1.3}$$

Em consequência, a função $f(x)=x^2$ é contínua no ponto 2, ao passo que a função

$$\frac{|x|}{x}$$

não é contínua em 0, não importando como seja definida em 0. Isso é uma decorrência dos argumentos apresentados anteriormente.

Por definição, uma função $f(x)$ é diferenciável em *c* caso exista a derivada, definida pela equação

$$f'(c)=\lim_{x \to c}\frac{f(x)-f(c)}{x-c} \tag{1.4}$$

Essa definição permite também concluir que, se f é diferenciável em c, então f tem que ser contínua em c.

O conjunto de funções contínuas ao longo de todo o domínio dos números reais é representado por $C(\Re)$. Analogamente, o conjunto de funções em que f' é contínua ao longo de todo o domínio dos números reais é representado por $C^1(\Re)$. Dessa maneira, a conclusão do parágrafo anterior pode ser escrita como $C^1(\Re) \subset C^0(\Re)$. O mesmo raciocínio pode ser aplicado em sequência para derivações sucessivas de f, se existirem. Assim, define-se o conjunto genérico $C^n(\Re)$ para cada número natural n, representando a ordem de derivação de f, na qual $f^{(n)}$ é contínua ao longo de todo o domínio dos números reais. Finalmente, define-se $C^\infty(\Re)$ como o conjunto de funções que têm todas as suas derivadas contínuas, i.e., $C^\infty(\Re) \subset \cdots \subset C^2(\Re) \subset C^1(\Re) \subset C^0(\Re)$. Um exemplo bastante conhecido de função dessa classe é $f(x) = e^x$.

A definição acima pode ser aplicada de forma semelhante para um subconjunto dos números reais, definindo $C^n[a,b]$ como o conjunto de funções f onde exista $f^{(n)}$ e que seja contínua no intervalo $[a,b] \subset \Re$. O entendimento de funções desse tipo é fundamental para um importante teorema do Cálculo, o teorema de Taylor, a ser estudado neste capítulo.

1.3. NORMAS E ANÁLISE DE ERROS

A motivação principal para o estudo de normas para o pesquisador é a necessidade de se avaliar o comportamento de sistemas que têm muitos graus de liberdade. As grandezas de interesse em um problema prático (p.ex., parâmetros geométricos e de operação) podem ser combinadas na forma de um ou mais vetores com muitas componentes. O comportamento de um ou mais desses vetores como um todo é um indicativo claro da resposta do sistema em análise. Uma norma é uma função que pode ser interpretada como o comprimento ou magnitude de cada um desses vetores.

Por exemplo, ao se buscar a solução de um problema por um método numérico, é necessário verificar, durante o desenvolvimento da busca da solução, se o procedimento está se aproximando ou se afastando da solução e, por fim, o momento em que a solução é encontrada. Nesse ponto, diz-se que houve convergência. Essa verificação torna-se possível a partir da utilização do conceito de norma. No problema em análise, define-se um ou mais vetores cujas componentes representem os erros ou resíduos em cada um dos graus de liberdade do problema. Portanto, a cada passo nos cálculos, calcula-se o vetor erro ou residual e monitora-se o comportamento da norma desse vetor, estabelecendo-se um critério de parada para os cálculos no momento em que o valor da norma seja suficientemente pequeno de acordo com um valor preestabelecido $\varepsilon \cong 0$.

Uma norma pode ser definida em qualquer espaço vetorial e é uma função $\|\cdot\|$ de $V \in \Re^+$ que obedeça aos três postulados seguintes (Murdoch, 1972):

$$\|\vec{x}\| > 0,\ se\ \vec{x} \neq 0,\ \text{se}\ \vec{x} \in V \tag{1.5}$$

$$\|\lambda\vec{x}\| = |\lambda|\ \|\vec{x}\|, \lambda \in \Re,\ \vec{x} \in V \tag{1.6}$$

$$\|x + y\| \leq \|x\| + \|y\|,\ \text{se}\ x, y \in V \tag{1.7}$$

A função $\|\vec{x}\|$ pode ser interpretada como comprimento ou magnitude de x. A norma de um vetor generaliza o conceito de valor absoluto $|r|$ para um número real ou complexo.

Um exemplo clássico de normas é representado pela classe de função conhecida como normas-p (Golub e van Loan, 1989), i.e.:

$$\|\vec{x}\|_p = \left(\sum_{i=1}^{n} |x_i^p| \right)^{1/p} \tag{1.8}$$

em que $\vec{x} = (x_1, x_2, \cdots, x_n)^T$, e $1 \leq p < \infty$.

As normas-p mais conhecidas são: a norma euclidiana $(p=2)$; a norma L_1 $(p=1)$, e a norma L_∞ $(p \to \infty)$. No caso da norma L_∞, a Eq. (1.8) assume a forma:

$$\|\vec{x}\|_\infty = \max_{1 \leq i \leq n} |x_i| \tag{1.9}$$

Exemplo 1.1) Utilizando a definição de normas-p, construa uma tabela comparativa dos comprimentos obtidos para os quatro vetores seguintes no $\Re^3$ a partir das normas p = 1, 2 e ∞.

$\vec{w} = (1, 2, -3)^T$ $\quad \vec{x} = (-2, 0, 8)^T$

$\vec{y} = (4, -4, 4)^T$ $\quad \vec{z} = (0, 0, 7)^T$

Solução

	$\|\cdot\|_1$	$\|\cdot\|_2$	$\|\cdot\|_\infty$
$\vec{w}$	6	3,74	3
$\vec{x}$	10	8,25	8
$\vec{y}$	12	6,93	4
$\vec{z}$	7	7	7

Teorema 1.1

Sejam dois vetores $\vec{x}, \vec{y} \in \Re^n$, então:

$$|x.y| \leq ||x|| \, ||y|| \qquad (1.10)$$

em que $\vec{x}.\vec{y}$ é o produto escalar entre os vetores $\vec{x}, \vec{y} \in \Re^n$ (Murdoch, 1972; Boldrini et al., 1978).

Prova:

a) No R^2 e R^3:

$$|\vec{x} \cdot \vec{y}| = ||\vec{x}|| \, ||\vec{y}|| |\cos\theta|$$

em que θ é o ângulo entre $\vec{x}$ e $\vec{y}$.

Como $|\cos\theta| \leq 1$, então:

$$|\vec{x} \cdot \vec{y}| \leq ||\vec{x}|| \, ||\vec{y}||$$

b) No $\Re^n$, o resultado do Teorema 1.1 é conhecido como desigualdade de Cauchy-Schwarz (Murdoch, 1972; Boldrini et al., 1978):

b.1) Para $\vec{x} = 0$ ou $\vec{y} = 0$, $\vec{x} \cdot \vec{y} = ||\vec{x}|| \cdot ||\vec{y}|| = 0$, portanto vale a igualdade

b.2) Se $\vec{x} \neq 0$ e $\vec{y} \neq 0$

Seja $\vec{z} = h\vec{x} - k\vec{y}$, $h,k \in \Re$

$$\vec{z} \cdot \vec{z} = h^2 \cdot ||\vec{x}||^2 - 2hk(\vec{x} \cdot \vec{y}) + k^2 ||\vec{y}||^2 \geq 0$$

para todo $h,k, \in \Re$, portanto, fazendo

$$h = \|\vec{y}\| \ e \ k = \|\vec{x}\|$$

$$2\|\vec{x}\|^2\|\vec{y}\|^2 \geq 2\|\vec{x}\| \ \|\vec{y}\| \ (\vec{x}\cdot\vec{y})$$

Como $\vec{x} \neq 0 \ e \ \vec{y} \neq 0, \ \|\vec{x}\| \ \|\vec{y}\| > 0$

Dividindo ambos os lados por $2\|\vec{x}\| \ \|\vec{y}\|$

Tem-se:

$$\|\vec{x}\| \ \|\vec{y}\| \geq \vec{x}\cdot\vec{y}$$

Tomando os módulos, obtém-se:

$$\|\vec{x}\| \ \|\vec{y}\| \geq |\vec{x}\cdot\vec{y}| \quad \blacksquare$$

Exemplo 1.2) Verifique se a norma euclidiana atende aos três postulados definidos pelas Eqs. (1.5) a (1.7).

Solução

i) A partir da definição da norma euclidiana, para $p = 2$ na Eq. (1.8), observa-se que:

$$\|\vec{x}\| = (x_1^2 + x_2^2 + \cdots + x_n^2)^{1/2} = (\vec{x}\,.\vec{x})^{1/2} = 0$$

se, e somente se, $\vec{x} = 0$.

ii) Para $\lambda \in R$, calcula-se:

$$||\lambda\vec{x}|| = \left(\lambda^2 x_1^2 + \lambda^2 x_2^2 + \cdots + \lambda^2 x_n^2\right)^{1/2}$$

$$= |\lambda| \cdot \left(x_1^2 + x_2^2 + \cdots + x_n^2\right)^{1/2}$$

$$= |\lambda| \; ||x||$$

iii) $||x+y||^2 = (x+y)\cdot(x+y)$

$$= \vec{x}\cdot\vec{x} + 2\vec{x}\cdot\vec{y} + \vec{y}\cdot\vec{y}$$

$$= ||\vec{x}||^2 + 2\;\vec{x}\cdot\vec{y} + ||\vec{y}||^2 \text{ (tomando o módulo)}$$

$$\leq ||\vec{x}||^2 + 2\;\vec{x}\cdot\vec{y} + ||\vec{y}||^2 \text{ (Desigualdade de Cauchy-Schwarz)}$$

$$\leq ||\vec{x}||^2 + 2||\vec{x}||\;||\vec{y}|| + ||\vec{y}||^2$$

$$= \left(||\vec{x}|| + ||\vec{y}||\right)^2$$

e, considerando somente a raiz quadrada positiva nos extremos da inequação, obtém-se:

$$||\vec{x}+\vec{y}|| \leq ||\vec{x}|| + ||\vec{y}||$$

que é também conhecida como desigualdade do Triângulo (Murdoch, 1972; Boldrini et al., 1978).

Essa denominação provém do fato de que, em duas e três dimensões, a soma de dois lados de um triângulo é maior do que o terceiro lado.

1.3.1. Normas matriciais

A análise de algoritmos matriciais frequentemente requer o uso de normas matriciais. Por exemplo, um algoritmo para a solução de sistemas de equações lineares (Capítulo 3) pode ser de baixa qualidade se a matriz de coeficientes (A) apresenta dificuldades para ser invertida, i.e., é "praticamente singular". No entanto, para avaliar a noção do que é "praticamente singular", é necessário que se defina uma medida de distância no espaço de matrizes. As normas matriciais fornecem essa medida.

Lembre-se que uma matriz é constituída por várias linhas e colunas, sendo que um vetor é o caso particular de uma matriz $(m \times 1)$, i.e., com m componentes (linhas) e apenas 1 coluna. Em uma matriz, as várias colunas podem ser interpretadas como vetores que a constituem, os quais podem ser alinhados para armazenarem toda a informação contida na matriz em um único vetor. Assim, o espaço $R^{m \times n}$ que contém as matrizes $(m \times n)$ é isomórfico ao espaço R^{mn}, que contém os vetores $(mn \times 1)$, e a definição de uma norma matricial deve ser equivalente à definição de uma norma vetorial. Especificamente, $\|\cdot\| : \Re^{m \times n} \to \Re$ é uma norma matricial se satisfizer aos postulados definidos pelas Eqs. (1.5) a (1.7).

As normas matriciais mais usadas em Álgebra Linear numérica são (Golub e van Loan, 1989):

- Norma de Frobenius:

$$\|A\|_F = \left\{ \sum_{i=1}^{n} \sum_{j=1}^{n} \left| a_{ij} \right|^2 \right\}^{1/2} \tag{1.11}$$

- Normas-p:

$$\|A\|_p = \sup_{x \neq 0} \frac{\|Ax\|_p}{\|x\|_p} \tag{1.12}$$

em que *sup* indica *supremum*, i.e., o maior valor.

Note que as normas-p matriciais são definidas em termos das normas-p vetoriais definidas pela Eq. (1.8). A verificação de que as Eqs. (1.11) e (1.12) são de fato normas matriciais é deixada como um exercício para o leitor (problema 1.20). Fica claro que $\|A\|_p$ é a norma-p do maior vetor obtido pela operação de A com a norma-p de um vetor unitário:

$$\|A\|_p = \sup_{\vec{x} \neq 0} \left\| A\left(\frac{\vec{x}}{\|\vec{x}\|_p} \right) \right\| = \max_{\|\vec{x}\|_p = 1} \|A\vec{x}\|_p \qquad (1.13)$$

Portanto, se uma norma vetorial $\|\cdot\|$ for especificada, pode-se definir uma norma matricial subordinada a essa norma vetorial por

$$\|A\| = \sup\left\{ \|A\vec{u}\| : \vec{u} \in \Re^n, \|\vec{u}\| = 1 \right\} \qquad (1.14)$$

Uma importante consequência da definição apresentada pela Eq. (1.14) é

$$\|A\vec{x}\| \leq \|A\| \, \|\vec{x}\| \qquad \left(\vec{\mathrm{x}} \in \Re^{\mathrm{n}} \right) \qquad (1.15)$$

A prova é simples, bastando passar $\|\vec{x}\|$ para o primeiro membro e observar que o vetor $\vec{x} / \|\vec{x}\|$ é unitário. Assim, pela Eq. (1.14), $\|A\| \geq \|A\vec{x}\| / \|\vec{x}\|$.

Além dos postulados básicos das Eqs. (1.5) a (1.7), a norma subordinada matricial tem propriedades adicionais, conforme a seguir:

$$\|I\| = 1 \qquad (1.16)$$

$$\|AB\| \leq \|A\| \, \|B\| \tag{1.17}$$

As provas dessas propriedades são simples e deixadas como um exercício para o leitor (problema 1.21). Prove também, usando um contraexemplo, que nem todas as normas matriciais satisfazem a propriedade estabelecida pela Eq. (1.17).

1.4. A SÉRIE DE TAYLOR

Imagine o problema de como construir uma função qualquer em um certo domínio de interesse, a partir do conhecimento de informações em apenas um ponto. Um exemplo prático típico desse problema seria a determinação da função de variação da concentração de um determinado componente em uma mistura reativa de espécies em um reator químico ao longo do tempo, a partir de dados medidos experimentalmente.

A Fig. 1.1 mostra o comportamento real de uma função hipotética em relação a uma variável independente x.

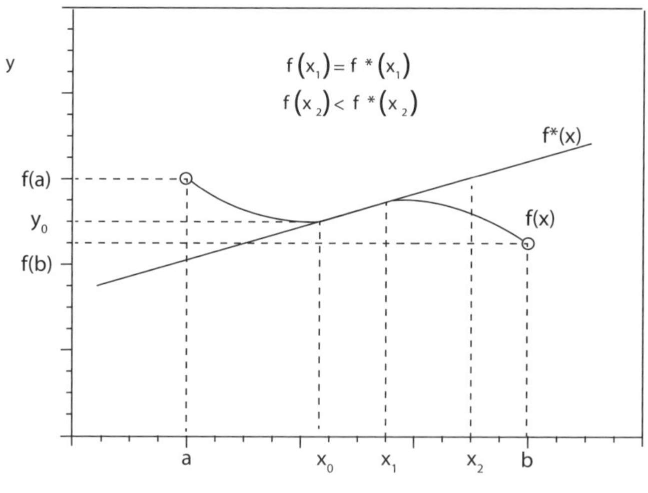

Figura 1.1 Aproximação de *f(x)* por uma reta.

A princípio, assumem-se conhecidos $f(x_0)$ e $f'(x_0)$ somente. Com essas duas informações apenas, é possível aproximar-se o comportamento da função por uma reta, que é denominada $f^*(x)$ na Fig. 1.1.

A equação dessa reta é determinada por:

$$f^*(x) = f(x_0) + f'(x_0)(x - x_0) \tag{1.18}$$

A Fig. 1.1 mostra que $f^*(x)$ não é uma boa aproximação para $f(x)$, considerando pontos distantes de $x = x_0$.

Verifica-se que, se houvesse mais informações disponíveis em $x = x_0$, seria possível construir aproximações polinomiais para $f(x)$ de maior ordem. Para a construção de uma reta são necessários dois pontos ou condições; um polinômio de segundo grau, três pontos ou condições; e um polinômio de n-ésimo grau, $n + 1$ pontos ou condições.

Imagine um polinômio de ordem infinita como:

$$f(x) = b_0 + b_1 x + b_2 x^2 + b_3 x^3 + \cdots + b_n x^n + \cdots \tag{1.19}$$

que representa exatamente a curva desejada, pois interpola os infinitos pontos da curva real $f(x)$.

Alternativamente, a fim de se generalizar a Eq. (1.19), o polinômio pode ser construído, introduzindo-se uma posição genérica x_0:

$$f(x) = a_0 + a_1(x - x_0) + a_2(x - x_0)^2 + \cdots + a_n(x - x_0)^n + \cdots \tag{1.20}$$

Na Eq. (1.20) observa-se que $a_i \neq b_i$, uma vez que x_0 foi introduzido na formulação. O problema está em encontrar o valor dos coeficientes. Esse problema é resolvido diferenciando-se sucessivamente a Eq. (1.20):

$$f'(x)=a_1+2a_2(x-x_0)+...+na_n(x-x_0)^{n-1}+\cdots$$

$$f''(x)=2a_2+...+n(n-1)a_n(x-x_0)^{n-2}+\cdots$$

$$\vdots$$

$$f^{(n)}(x)=n!\,a_n+(n+1)!\,a_{n+1}(x-x_0)+\cdots \tag{1.21}$$

A seguir, na Eq. (1.21), para $x=x_0$, obtém-se:

$$f^{(n)}(x_0)=n!\,a_n$$

$$a_n=\frac{f^{(n)}(x_0)}{n!} \tag{1.22}$$

Dessa maneira, seria possível representar $f(x)$, uma função qualquer, desde que se conheçam infinitas condições em um determinado ponto x_0, i.e., $f(x_0), f'(x_0), \cdots f^{(n)}(x_0), \cdots$, por meio do polinômio de ordem infinita:

$$f(x)=f(x_0)+f'(x_0)(x-x_0)+f''(x_0)\frac{(x-x_0)^2}{2!}+\cdots+f^{(n)}(x_0)\frac{(x-x_0)^n}{n!}+\cdots \tag{1.23}$$

que tem infinitos termos.

A Eq. (1.23) é conhecida como série de Taylor. Quando $x_0=0$, recebe a denominação de série de Maclaurin.

No entanto, numericamente, é impossível utilizar uma série de Taylor com um número infinito de termos. Por essa razão, para avaliar o valor da função numericamente, só é possível aproximar a função $f(x)$ por uma série de Taylor com um certo número finito de termos.

No entanto, é necessário uma avaliação da magnitude do erro cometido. Por exemplo, pode-se truncar a série no termo de ordem n na Eq. (1.23), obtendo:

$$f(x)=f(x_0)+f'(x_0)(x-x_0)+f''(x_0)\frac{(x-x_0)^2}{2!}+\cdots+f^{(n-1)}(x_0)\frac{(x-x_0)^{n-1}}{(n-1)\,!}+R_n \qquad (1.24)$$

Em que R_n é o erro cometido, igual à soma dos termos desprezados ao aproximar-se de $f(x)$ por uma série de Taylor com os n primeiros termos.

O erro R_n pode ser estimado conforme se segue (Stark, 1979). Primeiramente, considere

$$\int_{x_0}^{x} f'(t)\,dt=\left[f(t)\right]_{x_0}^{x}=f(x)-f(x_0)$$

ou

$$f(x)=f(x_0)+\underbrace{\int_{x_0}^{x} f'(t)dt}_{R_1} \qquad (1.25)$$

Integrando-se R_1 por partes, obtém-se:

$$R_1=f'(x_0)(x-x_0)+\int_{x_0}^{x}(x-t)\,f''(t)dt$$

Portanto, reescreve-se a Eq. (1.25), i.e., a série de Taylor como:

$$f(x)=f(x_0)+\underbrace{f'(x_0)(x-x_0)+\int_{x_0}^{x}(x-t)\,f''(t)dt}_{R_2} \qquad (1.26)$$

Integrando-se R_2 por partes e seguindo um raciocínio análogo, obtém-se:

$$f(x) = f(x_0) + f'(x_0)(x - x_0) + f''(x_0)\frac{(x - x_0)^2}{2} + \underbrace{\int_{x_0}^{x} \frac{(x-t)^2}{2} f'''(t)dt}_{R_3} \quad (1.27)$$

Das equações (1.25) a (1.27) conclui-se a seguinte relação de recorrência para n qualquer:

$$R_n = \int_{x_0}^{x} \frac{(x-t)^{n-1}}{(n-1)!} f^{(n)}(t)dt \quad (1.28)$$

Necessita-se ainda buscar uma estimativa para o valor da integral definida pela Eq. (1.28). Para tanto, utiliza-se a forma lagrangeana, que é obtida observando-se que, na integração, t varia de x_0 a x, portanto, $f^{(n)}(t)$ possui um mínimo valor m e um máximo valor M associados a x ou a x_0 cada um, assumindo-se que $\exists\ f^{(n)}(t)$, i.e., a função é contínua. Portanto, pode-se escrever

$$\left| \int_{x_0}^{x} m \frac{(x-t)^{n-1}}{(n-1)!} \right|_{x_0}^{x} dt \leq |R_n| \leq \left| \int_{x_o}^{x} M \frac{(x-t)^{n-1}}{(n-1)!} \right|_{x_o}^{x} dt$$

e

$$\left| m\left[\frac{-(x-t)^n}{n!} \right]_{x_0}^{x} \right| \leq |R_n| \leq \left| M\left[-\frac{(x-t)^n}{n!} \right]_{x_0}^{x} \right|$$

Observa-se que:

$$m = f^{(n)}(x_0) \text{ ou } f^{(n)}(x)$$

e

$$M = f^{(n)}(x_0) \text{ ou } f^{(n)}(x)$$

Portanto, para t entre x_0 e x, $\exists\ t = \xi$ tal que R_n é calculada exatamente por

$$|R_n| = \left| f^{(n)}(\xi)\frac{(x - x_0)^n}{n!} \right| \tag{1.29}$$

A partir da Eq. (1.29), outra importante forma de estimar o erro cometido ao aproximar uma função qualquer, por uma série de Taylor truncada em um termo qualquer de ordem n, pode ser estabelecida. Inicialmente, define-se $\Delta x = x - x_0$ e observa-se que

$$\frac{f^{(n)}}{n!}(\xi)$$

pode ser entendido como uma certa constante de ordem 1, para n suficientemente grande. Assim, na realidade, o erro depende prioritariamente da proximidade da posição em que se desejar estimar $f(x)$, além do número de termos considerados na série de Taylor, i.e.:

$$R_n = O(\Delta x^n) \tag{1.30}$$

que indica que o erro é ordem Δx^n, i.e., da mesma ordem de magnitude de Δx^n.

Exemplo 1.3) Utilize uma série de Taylor construída com informações em $x_0 = 0$, para calcular o valor do *cos x*, em que $x = 0,5$ rad. Qual a ordem de *n* do termo em que a série deverá ser truncada para que o erro cometido seja menor do que 10^{-4}? A série truncada resultante terá *n* termos.

Solução

Deseja-se um erro menor do que 10^{-4} (0,0001) para $x = 0,5$ rad, portanto, para $x_0 = 0$, tem-se:

$$|R_n| \le \left| M\left(\frac{x^n}{n!}\right) \right| = \left| M\frac{0,5^n}{n!} \right| \le 0,0001$$

Observa-se que *M* é o valor máximo de $f^{(n)}(\xi)$, para ξ entre x e x_0. A n-ésima derivada do *cos x* será um seno ou coseno com sinal positivo ou negativo, portanto:

$$|R_n| \le \left| M\frac{0,5^n}{n!} \right| \le \left| \frac{0,5^n}{n!} \right| \le 0,0001$$

Dessa maneira, calcula-se:

$$n! \ \ge \ 0,5^n \times 10^4$$

em que: $n = 6$, uma vez que 6! = 720 > 156,25.

A série de Taylor para o *cos x* em torno de $x_0 = 0$, até o sexto termo é

$$f(x) = 1 + 0 - \frac{x^2}{2} + 0 + \frac{x^4}{24} + 0 + R_6$$

Portanto:

$$f(0{,}5) = 0{,}877604166667$$

Verificação do erro:
Em uma calculadora HP 48G+, obtém-se $cos(0{,}5) = 0{,}87758256189$, assim:

$$|R_6| = |f(0{,}5) - \cos(0{,}5)| = 2{,}1604777 \times 10^{-5}$$

1.5. CÁLCULO DE FUNÇÕES POR SÉRIES DE POTÊNCIAS

Um procedimento computacional comumente utilizado é a avaliação de funções matemáticas por séries de potências. A série de Taylor discutida na seção 1.4 é um exemplo de série de potências. Sempre que possível, portanto, é desejável prever como a série vai se comportar na avaliação de uma determinada função. Um procedimento numérico deve resultar em um valor finito, i.e., mensurável, para que tenha utilidade em uma aplicação de Engenharia, por exemplo.

Teorema 1.2 – Teorema de Leibniz

Seja uma série infinita $c_1 - c_2 + c_3 - c_4 + \ldots$

1) Estritamente alternada
2) Cada termo é menor, em módulo, do que o termo precedente
3) O limite dos termos é zero

Então a série possui soma finita.

Quando a função em questão possui um ponto singular, então existe uma região de convergência limitada.

Exemplo 1.4) As funções $senx$, $cosx$ e e^x não têm pontos singulares em $x \in \Re$, mas lnx tem uma singularidade em $x = 0$. Utilizando uma série de Taylor em torno de $x_0 = 1$, determine a região de convergência da série, i.e., a região em que a série pode ser utilizada para calcular lnx. Além disso, $lnx \notin \Re$ para $x < 0$.

Solução

$$lnx = (x-1) - \frac{(x-1)^2}{2} + \frac{(x-1)^3}{3} - \frac{(x-1)^4}{4} + \frac{(x-1)^5}{5} - \ldots$$

Observa-se que para $x = 4$, por exemplo:

$$ln4 = (4-1) - \frac{(4-1)^2}{2} + \frac{(4-1)^3}{3} - \ldots$$

portanto, a soma não é finita, i.e., a série diverge e não poderá ser utilizada para avaliar o $ln4$.

Verifica-se que a série é estritamente alternada $\forall x \in \Re$, porém, cada termo geral c_n somente será menor, em módulo, do que o termo precedente somente se $x \leq 2$. Note que, para $x = 2 + \delta$, em que $\delta > 0$, $\delta \in \Re$

$$\frac{|C_{n+1}|}{|C_n|} = \frac{\dfrac{(1+\delta)^{n+1}}{n+1}}{\dfrac{(1+\delta)^n}{n}} = (1+\delta)\frac{n}{n+1}$$

Portanto, $\lim\limits_{n\to\infty}(1+\delta)\dfrac{n}{n+1} = 1+\delta$.

Assim, o teorema de Leibniz não é satisfeito, e a série não converge para uma soma finita. Dessa maneira, essa série só pode ser utilizada para calcular o *ln x*, quando $0 < x \le 2$, que é sua região de convergência.

Observa-se que, tendo avaliado o *ln 2* com essa série, pode-se utilizar uma outra série de Taylor, obtida em torno de $x_0 = 2$, para calcular o *ln x* para $2 < x \le 3$, e assim sucessivamente.

1.6. TEOREMA DO VALOR MÉDIO

O teorema do valor médio (TVM) pode ser interpretado como o teorema de Taylor quando $n = 1$, sendo muito usado como argumento matemático. Seja $f \in C[a,b]$, $\exists f''(x) \in (a,b)$, então, para qualquer x e $C \in [a,b]$, verifica-se:

$$f(x) = f(c) + f'(\xi)(x - c) \tag{1.31}$$

para ξ entre x e c.

Interpretação gráfica:
Tomando $x = b$ e $c = a$, escreve-se, com base na Eq. (1.31),

$$f(b) - f(a) = f'(\xi)(b - a), \text{ em que } a < \xi < b$$

Portanto, verifica-se, pela Fig 1.2, para uma função genérica $f(x)$, que:

$$tgx = f'(\xi) = \frac{f(b) - f(a)}{b - a} \tag{1.32}$$

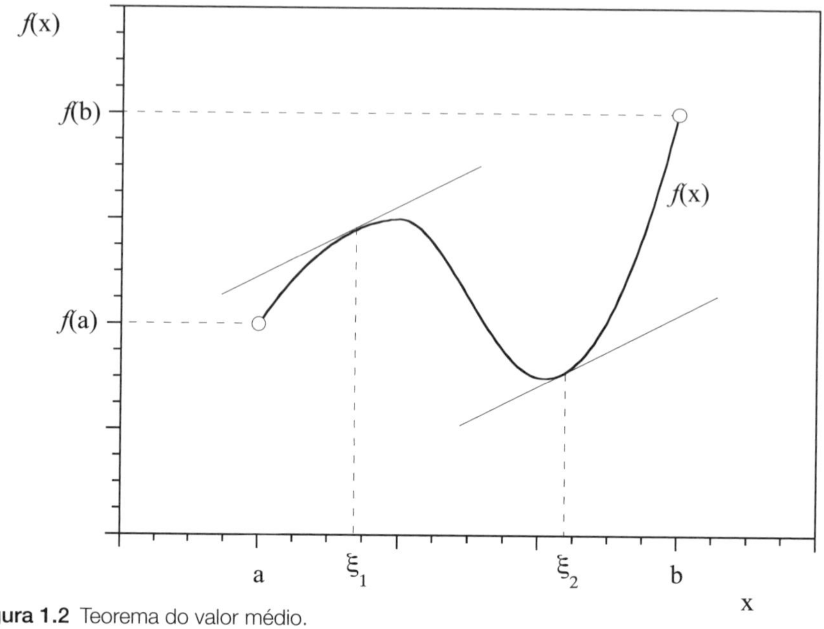

Figura 1.2 Teorema do valor médio.

Assim, existirá sempre pelo menos uma posição $x = \xi$ tal que a inclinação da reta tangente à curva $f(x)$ naquele ponto, i.e., $f'(\xi)$, é calculada exatamente pela Eq. (1.32).

Caso especial:
Se $f \in C^0[a,b], \exists f' \in C^1(a,b), f(a) = f(b) = constante$, tal que $f'(\xi) = 0$, para pelo menos um valor $\xi \in (a,b)$. Esse caso especial é conhecido como teorema de Rolle.

Em ambos os teoremas, poderá haver mais de um valor de $\xi \in (a,b)$ que satisfaça as Eqs. (1.31) e (1.32).

1.7. ARREDONDAMENTO E TRUNCAMENTO

Arredondamento e truncamento são importantes conceitos para a aproximação de números reais em rotinas de cálculo. Para entender aproximadamente as diferenças entre os dois conceitos, define-se um número real $x > 0$ como

$$0,---\cdots---$$

com m dígitos à direita da vírgula.

Matematicamente, define-se arredondar x para n casas decimais ($n < m$) para cima ou para baixo. Se o último dígito após a vírgula $(n+1) \geq 5$, arredonda-se para cima; caso contrário, arredonda-se para baixo. Em contrapartida, define-se truncar para n casas decimais ($n < m$) o procedimento de simplesmente desprezar todos os dígitos do número x após o dígito n.

A Tabela 1.1 mostra alguns exemplos de arredondamento e truncamento.

Tabela 1.1 Exemplos de arredondamento e truncamento para n=3

x	Arredondamento	Truncamento
0,27448	0,274	0,274
0,38674	0,387	0,386
1,99994	2,000	1,999
3,32513	3,325	3,325
0,61208	0,612	0,612

Teorema 1.3

Se x é arredondado tal que $\tilde{x}$ é a aproximação de n-dígitos para o número, então:

$$|x - \tilde{x}| \leq \frac{1}{2} \times 10^{-n} \quad (1.33)$$

Prova:

i) Se o dígito $(n+1)$ de x for 0, 1, 2, 3 ou 4, então $x=\tilde{x}+\varepsilon$ com

$\varepsilon<\frac{1}{2}\times 10^{-n}$, portanto a Eq. (1.33) é verdadeira.

ii) Se o dígito $(n+1)$ de x for 5, 6, 7, 8 ou 9, então $\tilde{x}=\hat{x}+10^{-n}$, em que $\hat{x}$ é um número com n dígitos e todos os outros à direita são zero (i.e., o número truncado com n dígitos). Portanto, $x=\hat{x}+\delta\cdot 10^{-n}$, com

$\delta\geq\frac{1}{2}$. Assim $\tilde{x}-x=(1-\delta)\times 10^{-n}$ como $1-\delta\leq\frac{1}{2}$

então a Eq. (1.26) também é verdadeira e a demonstração está completa.

Analogamente, quando truncamos x no dígito n, $\hat{x}$ é obtido, portanto:

$$|x-\hat{x}|<10^{-n} \tag{1.34}$$

Prova:
Verifica-se que $x=\hat{x}+\delta\times 10^{-n}$ com $0\leq\delta<1$, assim $|x-\hat{x}|=|\delta|\times 10^{-n}<10^{-n}$, então a Eq. (1.34) é verdadeira. ■

1.8 ORDENS DE CONVERGÊNCIA

Em um procedimento numérico executado em um computador, em muitos casos, a resposta do problema não é obtida diretamente em um único cálculo. De fato, nesses casos, é necessário iniciar os cálculos a partir de uma estimativa para a resposta e, por meio de uma sequência de cálculos semelhantes, a estimativa é corrigida para produzir respostas aproximadas, em um procedimento iterativo. Em cada iteração, por um critério predefinido apropriadamente, a precisão da resposta é verificada; parando os cálculos quando a precisão da resposta aproximada for satisfatória. Nesse ponto, é conveniente ressaltar que o procedimento numérico só terá utilidade prática se a cada iteração a precisão da resposta aproximada for progressivamente melhor. Essa discussão, portanto, define o conceito de **convergência** de um procedimento numérico, i.e., quando a resposta aproximada obtida satisfaz a precisão da resposta esperada para o problema, seja por um procedimento iterativo ou não. Assim, um procedimento numérico iterativo será útil para obter a resposta aproximada de um problema somente quando for gerado por uma sequência convergente.

1.8.1. Sequências convergentes

Para encontrar a resposta aproximada de um problema por um procedimento numérico, um programa de computador deve gerar uma sequência de números $x_1, x_2, x_3 \cdots$ que se aproximem da resposta correta. Pode-se pensar, por exemplo, na raiz de uma equação não linear, no valor numérico da derivada ou da integral definida de uma função complicada.

Matematicamente, deseja-se que:

$$\lim_{n \to \infty} x_n = x \tag{1.35}$$

em que a sequência real $[x_n]$ converge para o número real x, se dado $\varepsilon > 0$, $\exists\ n_o \in Z^+$, tal que $|x - x_n| < \varepsilon,\ n \geq n_0$.

Além de necessitarmos, para um procedimento numérico, de uma sequência convergente, é importante saber, se possível, *a priori*, qual a rapidez com que o procedimento numérico levará a uma resposta aproximada suficientemente precisa. Dessa maneira, define-se o conceito de ordem de convergência como um indicador de uma sequência lenta ou rápida. Os exemplos simples a seguir ilustram como sequências podem se aproximar lenta ou rapidamente da resposta de um problema.

Exemplo 1.5) A equação

$$e = \lim_{n \to \infty} \left(1 + \frac{1}{n}\right)^n$$

define o número irracional e (constante de Euler). Se for utilizada a sequência

$$x_n = \left(1 + \frac{1}{n}\right)^n$$

em um computador, tem-se que $x_1 = 2$. Prosseguindo os cálculos, verifica-se que para n = 1000, x_{1000} = 2,716924. Observa-se que, quando comparado ao valor exato e= 2,7182818..., ainda se verifica que $|e - x_{1000}| \cong 0{,}00136 > 10^{-3}$. Portanto, este é um exemplo de sequência que converge lentamente para a resposta do problema.

Exemplo 1.6) Considerando a sequência:

$$\begin{cases} x_1 = 2 \\ x_{n+1} = \dfrac{1}{2}x_n + \dfrac{1}{x_n} \quad (n \geq 1) \end{cases}$$

Verifica-se que, ao realizar os cálculos em um computador, $x_1 = 2$, e $x_4 = 1{,}414216$. Portanto, a resposta aproximada calculada por essa sequência se aproxima rapidamente do valor exato da resposta esperada, i.e., $\sqrt{2} = 1{,}41421\ldots$

1.8.2. Grande "O" e pequeno "o"

Uma técnica bastante comum de verificar a rapidez com que uma sequência converge para um determinado valor é conhecida como metodologia do grande "O" e do pequeno "o" (Kincaid e Cheney, 1991).

Trata-se de uma técnica que permite avaliar a taxa de convergência de uma sequência qualquer a partir da comparação direta com outra sequência cuja taxa de convergência é conhecida, i.e., outra sequência de características semelhantes àquela sob análise.

Sejam $[x_n]$ e $[\alpha_n]$ duas sequências diferentes, de características matemáticas semelhantes, em que se conhece a taxa de convergência de $[\alpha_n]$. Para avaliar a taxa de convergência de $[x_n]$, consideram-se duas possibilidades:

$$\text{i) } x_n = O\left(\alpha_n\right) \tag{1.36}$$

Se houver constantes c_1 e c_2, tal que $|x_n| \leq c_1 \; |\alpha_n|$ quando $n \geq c_2$, então, se $\alpha_n \neq 0$ para todo n,

$$\left|\frac{x_n}{\alpha_n}\right|$$

permanece limitada quando $n \rightarrow \infty$, e

$$\text{ii) } x_n = o\left(\alpha_n\right) \tag{1.37}$$

Significa que $\lim\limits_{n\rightarrow\infty}\left(\dfrac{x_n}{\alpha_n}\right) = 0$.

O entendimento dessas duas definições fica claro observando a situação de $x_n \rightarrow 0$ e $\alpha_n \rightarrow 0$. Não há perda de generalidade nessa análise, uma vez que a situação genérica $x_n \rightarrow L_1$, e em que L_1 e L_2 são duas constantes quaisquer, é reduzida ao caso anterior criando duas novas sequências $y_n = x_n - L_1$ e $\beta_n = \alpha_n - L_2$. Verifica-se que $y_n \rightarrow 0$ e $\beta_n \rightarrow 0$, em que também se conhece a taxa de convergência β_n, uma vez que a taxa de convergência de α_n é conhecida *a priori*. Portanto, pelas Eqs. (1.36) e (1.37), pode-se afirmar que:

a) Se $x_n = O(\alpha_n) \Rightarrow x_n$ converge para zero pelo menos tão rapidamente quanto α_n.

b) Se $x_n = o(\alpha_n) \Rightarrow x_n$ converge para zero mais rapidamente do que α_n.

Exemplo 1.7) Considere as sequências abaixo e determine se elas têm uma convergência lenta ou rápida por meio da comparação com a sequência

$$\frac{1}{n},$$

que tem uma taxa de convergência reconhecidamente lenta.

i) $\dfrac{n+1}{n^2}$

Solução

Compara-se com a sequência $\dfrac{1}{n}$ fazendo:

$$\lim_{n\to\infty} \frac{\frac{n+1}{n^2}}{\frac{1}{n}} = \lim_{n\to\infty} \frac{n+1}{n} = 1 \neq 0, \text{ portanto:}$$

$$\frac{n+1}{n^2} = O\left(\frac{1}{n}\right), \text{ i.e., lenta.}$$

ii) $\dfrac{1}{n \ln n}$

Solução

$$\lim_{n\to\infty} \frac{\frac{1}{n\ln n}}{\frac{1}{n}} = \lim_{n\to\infty} \frac{1}{\ln n} = 0, \text{ portanto:}$$

$$\frac{l}{n\ln n} = o\left(\frac{1}{n}\right), \text{ i.e., rápida.}$$

iii) $\dfrac{8}{n} + 4^{-n}$

Solução

$$\lim_{n\to\infty} \frac{\frac{8}{n}+4^{-n}}{\frac{1}{n}} = \lim_{n\to\infty} 8 + \lim_{n\to\infty} \frac{1}{n4^n} = 8 \neq 0, \text{ portanto:}$$

$$\frac{8}{n} + 4^{-n} = O\left(\frac{1}{n}\right), \text{ i.e., lenta.}$$

O conteúdo dessa seção demonstrou a necessidade de se avaliar a rapidez ou a taxa de convergência de um procedimento numérico iterativo no computador. Propõe-se, portanto, uma classificação geral para as ordens de convergência de procedimentos numéricos iterativos com base no erro absoluto da solução procurada para o problema.

Seja $[x_n]$ uma sequência de números reais tendendo a x^* (solução exata). Apresenta-se a seguinte classificação de ordens de convergência:

i) A taxa de convergência é pelo menos **linear** se houver uma constante $c < 1$ e um inteiro N tal que

$$|x_{n+1} - x^*| \leq c|x_n - x^*| \quad (n \geq N) \tag{1.38}$$

ii) A taxa de convergência é pelo menos **superlinear** se $\exists\ \varepsilon_n \to 0$ e um inteiro N tal que

$$|x_{n+1} - x^*| \ \leq \varepsilon_n\ |x_n - x^*| \quad (n \geq N) \tag{1.39}$$

iii) A taxa de convergência é pelo menos **quadrática** se $\exists\, C$ (não necessariamente menor do que 1) e um inteiro N tal que

$$|x_{n+1} - x^*| \ \leq C\ |x_n - x^*| \quad (n \geq N) \tag{1.40}$$

iv) A taxa de convergência é pelo menos ordem α, se $\exists\ C, \alpha$ e um inteiro N tal que

$$|x_{n+1} - x^*| \leq C\ |x_n - x^*|^{\alpha} \quad (n \geq N) \tag{1.41}$$

1.9. OS NÚMEROS NO COMPUTADOR

O computador comunica-se com o usuário no sistema decimal, mas trabalha internamente no sistema binário, por meio de procedimentos de conversão. O comprimento da palavra do computador impõe restrições na precisão com que os números reais podem ser representados.

Em realidade, é impossível a representação dos infinitos números da reta numérica pelo computador. Portanto, a palavra do computador determina o valor do maior e do menor número em módulo, possível de ser representado por ele. Além disso, a mesma palavra só permite ao computador representar um conjunto discreto (finito) de números, i.e., entre um número de máquina e o próximo há um "espaço vazio" que não é possível de ser preenchido por causa da limitação construtiva da palavra (*hardware*). Dessa maneira, o computador poderá estar "errado" até mesmo ao representar um simples número. Esse fato não torna os cálculos realizados em computador "não confiáveis", apenas demonstra a necessidade de controlar o erro cometido nas aproximações numéricas nos procedimentos computacionais. Em uma rotina de cálculo numérico é, portanto, fundamental manter os erros sob controle e com baixo valor.

1.10. REPRESENTAÇÕES DE NÚMEROS

Um mesmo número pode ser expresso em diferentes bases ou sistemas numéricos, bem como em diferentes notações (Ifrah, 1985). Uma base numérica define o número de caracteres básicos para a formação de qualquer número a ser expresso naquela base. As diferentes notações definem o formato de escrita de um número em qualquer base.

Se um mesmo número pode ser representado em bases diferentes, é necessário o estabelecimento de um procedimento de conversão do valor de um número de uma base para outra. O computador utiliza esses procedimentos para operar internamente na base 2 e se comunicar com o usuário na base 10.

Um número em qualquer base é representado por:

$$Z_{\alpha} = a_m a_{m-1} \dots a_1 a_0 , b_1 b_2 \dots b_n \tag{1.42}$$

em que $\alpha \in \mathrm{N}$ é a base na qual o número está representado, os dígitos "a" representam a parte inteira do número e os dígitos "b", a parte fracionária.

Note que na Eq. (1.42), quando $\alpha > 10$, há a necessidade de utilização de caracteres adicionais para a representação dos dígitos básicos, referentes à base escolhida. Os dígitos básicos, δ, de uma determinada base formam o conjunto

$$\mathrm{B} = \{\delta \in N \mid 0 \leq \delta \leq \alpha - 1\} \tag{1.43}$$

Observa-se que, para $0 \leq \delta \leq 9$, os dígitos básicos são os conhecidos algarismos da Aritmética. No entanto, quando $\delta > 9$, há a necessidade de se estabelecer caracteres adicionais para representar os dígitos básicos restantes. Por exemplo, na base hexadecimal $(\alpha = 16)$, bastante utilizada computacionalmente, os dígitos são 0, 1, 2, 3, 4, 5, 6, 7, 8, 9, A, B, C, D, E, F. As letras de A a F são utilizadas para representar os dígitos básicos para $10 \leq \delta \leq 15$, de acordo com a Eq. (1.43) para a base hexadecimal $(\delta = 16)$.

Um número na base α é convertido para a base 10 por meio da seguinte expressão:

$$Z_{10} = a_m \alpha^m + ... + a_0 \alpha^0 + b_1 \alpha^{-1} + ... + b_n \alpha^{-n} \tag{1.44}$$

A conversão de um número na base 10 para uma base α é feita primeiramente operando a parte inteira com a seguinte sequência de cálculos:

$$\begin{aligned} R_0 &= (Z_{10})_{\text{int}} - q_1 \alpha \\ R_1 &= q_1 - q_2 \alpha \\ R_2 &= q_2 - q_3 \alpha \\ &\vdots \\ R_p &= q_p - q_{p+1} \alpha \end{aligned} \tag{1.45}$$

em que q_1 é a parte inteira do quociente da divisão da parte inteira de $Z_{10}, (Z_{10})_{\text{int}}$, por α, q_2 a parte inteira do quociente da divisão de q_1 por α, e assim sucessivamente até que a parte inteira do quociente $q_{p+1} < \alpha$, momento em que o procedimento se encerra. Observe que $0 \leq R_i \leq \alpha - 1 (0 \leq i \leq p)$. A parte inteira do número convertido para a base α é, portanto:

$$q_{p+1} R_p R_{p-1} \cdots R_1 R_0$$

A parte fracionária de Z_{10} é convertida para a base α realizando multiplicações sucessivas, conforme a seguir.

$$\begin{aligned}
&0,b_1b_2..b_n \times \alpha = S_1,C_1C_2...C_n \\
&0,C_1C_2...C_n \times \alpha = S_2,d_1d_2..d_n \\
&0,d_1d_2..d_n \times \alpha = S_3,L_1L_2...L_n \\
&\vdots
\end{aligned} \tag{1.46}$$

As multiplicações devem prosseguir até que a parte fracionária do resultado seja 0, se o número for representável exatamente na base α. Caso contrário, o número não é exato na base α, e os cálculos devem parar quando for atingido o número de dígitos desejado para o resultado. O resultado final do número convertido na base α é

$$Z_\alpha = q_{p+1}R_pR_{p-1}\cdots R_1R_0,S_1S_2S_3\cdots \tag{1.47}$$

Exemplo 1.8) Converta o número $Z_{10} = 9,8$ para a base $\alpha = 2$. Arredonde o resultado para 4 dígitos fracionários.

Solução

1) Inicialmente, converte-se a parte inteira utilizando a Eq. (1.45).

$$q_1 = \frac{(Z_{10})_{\text{int}}}{\alpha} = \frac{9}{2} = 4; \; R_0 = (Z_{10})_{\text{int}} - q_1\alpha = 9 - 4 \times 2 = 1$$

$$q_2 = \frac{4}{2} = 2; \; R_1 = q_1 - q_2\alpha = 4 - 2 \times 2 = 0$$

$$q_3 = \frac{2}{2} = 1; \; R_2 = q_2 - q_3\alpha = 2 - 1 \times 2 = 0$$

Os cálculos param neste ponto, uma vez que $q_3 < 2$.

ii) Para a parte fracionária, utiliza-se a Eq. (1.46).

$$\begin{aligned}
&0{,}8 \times 2 = 1{,}6\\
&0{,}6 \times 2 = 1{,}2\\
&0{,}2 \times 2 = 0{,}4\\
&0{,}4 \times 2 = 0{,}8\\
&0{,}8 \times 2 = 1{,}6\\
&0{,}6 \times 2 = 1{,}2\\
&\vdots
\end{aligned}$$

iii) Combinando os itens i e ii, obtém-se:

$$Z_2 = q_3 R_2 R_1 R_0, S_1 S_2 S_3 S_4 S_5 S_6 \ldots$$

$$Z_2 = 1001{,}110011\ldots$$

Finalmente, aproximando para 4 dígitos fracionários (arredondamento), tem-se:

$$Z_2 = 1001{,}1101$$ ■

1.10.1. Notação científica normalizada

Um número qualquer pode ser representado por meio de potências da base em que se encontra.

Em notação científica normalizada, o número é representado apenas por uma parte fracionária na qual o primeiro dígito não é um zero significativo, multiplicado por uma potência de sua base.

Por exemplo, na base 10, representam-se os números:

$$592,4821 = 0,5924821 \times 10^3$$

$$-0,006823 = -0,6823 \times 10^{-2}$$

Generalizando para um número real $x \neq 0$:

$$x = \pm r \times 10^n \tag{1.48}$$

em que

$$\frac{1}{10} \leq r < 1,$$

e n é um número inteiro (> *0*, < *0* ou = *0*). Note que, para $x = 0$, $r = 0$.

No sistema binário, o mesmo número $x \neq 0$ é representado por:

$$x = \pm q \times 2^m \tag{1.49}$$

em que

$$\frac{1}{2} \leq q < 1,$$

e m é um número inteiro, sendo que q e m recebem a denominação de mantissa e expoente, respectivamente. Note que q e m são números na base 2. A Eq. (1.49) recebe a denominação de forma normalizada em ponto flutuante.

Para um melhor entendimento da representação interna dos números em um computador, neste texto, define-se um computador hipotético com as seguintes características:

1) Comprimento de palavra – 32 *bits*
2) Sinal do número real x – 1 *bit*
3) Sinal do expoente m – 1 *bit*
4) Expoente (número inteiro $|m|$) – 7 *bits*
5) Mantissa (número real $|q|$) – 23 *bits*

Neste ponto, é interessante ressaltar a razão pela qual o computador utiliza internamente o sistema binário, e não o decimal. Em eletrônica, para a representação dos dígitos básicos da base utilizada, faz-se uso de circuitos *flip-flop*, i.e., que assumem, portanto, os valores 0 ou 1. Esse *hardware* adequa-se perfeitamente ao sistema binário.

Para uma palavra definida como nos itens 1 a 5 acima, observa-se uma restrição para $|m|$ de 7 *bits*. Em razão disso, nesse computador hipotético, $|m| \leq (1111111)_2$.

Note que $(1111111)_2 = 2^7 - 1 = 127$, i.e., a soma dos 7 primeiros termos de uma progressão geométrica de razão 2, cujo primeiro termo é 1. Assim, verifica-se que $2^{127} \approx 10^{38}$, de modo que a faixa de números reais representáveis nesse computador é $x \in \left(-10^{38}, 10^{38}\right)$, e o menor número real possível de ser representado é da ordem de 10^{-38}.

As linguagens de programação permitem o aumento da precisão nos cálculos realizados no computador, juntando duas palavras, sendo que a mantissa e expoente passam a ter duas vezes mais *bits*. Esse procedimento é denominado dupla precisão.

Para uma palavra – como "mantissa", que teria 23 *bits*, mas tem, na realidade, 24 –, o primeiro *bit* é assumido como tendo o valor 1. Assim, o último dígito da mantissa permite ao computador representar o menor intervalo possível entre dois números, com o valor de $2^{-24} \approx 10^{-7}$. Portanto, nesse computador hipotético, números com uma parte fracionária com mais de 7 dígitos decimais são aproximados.

Para a representação de números inteiros, o primeiro *bit* é reservado para o sinal. Os 31 *bits* restantes são utilizados para representar o número. Assim, a faixa de variação de números inteiros representáveis por esse computador vai de $-(2^{31}-1)$ até $2^{31}-1=2147483647$.

A Fig. 1.3 mostra graficamente a alocação de *bits* em uma palavra do computador hipotético em análise. Nessa figura, são definidas as seguintes variáveis: S-*bit* para o sinal de x, s-*bit* para o sinal de m, E é o valor do expoente (7 *bits*), F reserva 23 *bits* para a parte fracionária do número real $x(.1---...---)_2$.

Obtém-se, dessa maneira, o valor

$$x=(-1)^S \times q \times 2^m \tag{1.50}$$

em que $q=(0.1F)_2$ e $m=(-1)^s \times E$, notando que o *bit* inicial de q é conhecido e não é explicitamente armazenado.

1.10.2. Números aproximados de máquina

Ainda com o computador hipotético definido na seção anterior, verifica-se que:

$$x=q\times 2^m, \quad \frac{1}{2}\leq q<1, \quad |m|\leq 127 \tag{1.51}$$

A representação exata do número real x seria

$$x=(.a_1a_2...a_{24}a_{25}a_{26}...)_2\times 2^m \tag{1.52}$$

em que $a_1=1$.

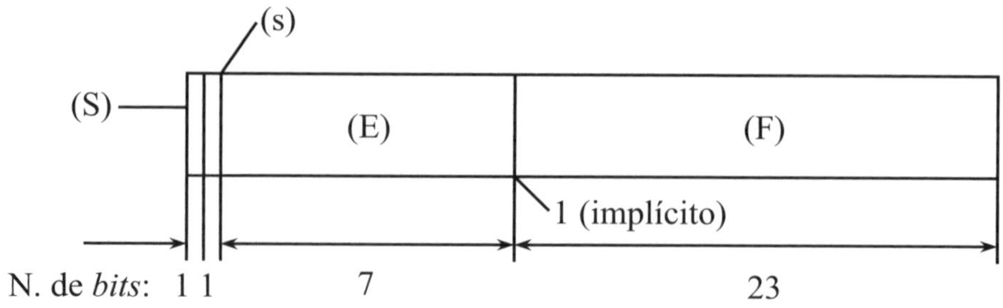

Figura 1.3 Exemplo de palavra de computador.

O número aproximado de máquina é obtido simplesmente descartando os *bits* em excesso (truncamento), ou fazendo o arredondamento do número. Assim, nesse computador há duas situações possíveis:

$$x' = \left(a_1 a_2 \ldots a_{24}\right)_2 \times 2^m \tag{1.53}$$

que caracteriza o truncamento, que coincide com o arredondamento para baixo, e

$$x'' = \left(\left(a_1 a_2 \ldots a_{24}\right)_2 + 2^{-24}\right) \times 2^m \tag{1.54}$$

que caracteriza o arredondamento para cima.

A Fig. 1.4 mostra graficamente as duas situações de arredondamento possíveis, na qual o menor intervalo entre dois números nesse computador hipotético está esquematicamente representado. No arredondamento entre x' e x'', escolhe-se o mais próximo de x para representá-lo.

Se x' for o número escolhido para representar x, então o erro absoluto é dado por

Figura 1.4 Arredondamento de um número real x.

$$|x - x'| \leq \frac{1}{2}|x'' - x'| = \frac{1}{2} \times 2^{-24} \times 2^{m} = 2^{m-25} \tag{1.55}$$

O erro relativo é dado por

$$\left|\frac{x - x'}{x}\right| \leq \frac{2^{m-25}}{q \times 2^{m}} = \frac{2^{-25}}{q} \leq \frac{2^{-25}}{1/2} = 2^{-24} \tag{1.56}$$

É possível, portanto, que o número $x = \pm q \times 2^{m}$ esteja fora da faixa permitida pela palavra do computador. Assim, $m > 127$ ou $m < -127$, caracterizando os fenômenos de *overflow* (crítico) ou de *underflow* (alguns computadores assumem o valor zero nesse caso), respectivamente. A situação de *overflow* é considerada crítica porque compromete o prosseguimento dos cálculos em uma rotina computacional, ao passo que na situação de *underflow,* os cálculos podem prosseguir, uma vez que seja assumido o valor nulo para o número.

Se x é um número real diferente de zero dentro da faixa de representação da máquina, então o número de máquina $\tilde{x}$ satisfaz a relação

$$\left|\frac{x - \tilde{x}}{x}\right| \leq 2^{-24} \tag{1.57}$$

Fazendo $\delta = (\tilde{x} - x)/x$, então $\tilde{x} = x(1 + \delta)$. Assim:

$$\left|\frac{x - x(1+\delta)}{x}\right| \leq 2^{-24} \Rightarrow |\delta| \leq 2^{-24} \tag{1.58}$$

A Eq. (1.58) define o assim chamado erro unitário de arredondamento, δ. No caso do computador hipotético aqui definido, $|\delta| \leq 2^{-24}$.

A análise mostra que o número de *bits* alocado para a mantissa relaciona-se diretamente com o erro unitário de arredondamento da máquina. Portanto, esse número de *bits* determina a precisão da aritmética computacional, tal que $fl(x) = \tilde{x}$, i.e., o número de máquina de ponto flutuante $\tilde{x}$ mais próximo de x, que pode ser x'ou x''.

Em qualquer computador, verifica-se que as quatro operações aritméticas (representadas por Δ) satisfazem

$$fl(x\Delta y) = [x\Delta y](1+\delta) \tag{1.59}$$

em que $|\delta| < \varepsilon$, ε é o erro unitário de arredondamento da máquina, x e y são números de máquina.

Exemplo 1.9) Sejam x, y e z números de máquina. Estime o erro cometido ao calcular $x(y+z)$ no computador hipotético definido pela Fig. 1.3.

Solução

$$fl[x(y+z)] = [x \; fl(y+z)](1+\delta_1), \; |\delta_1| \leq 2^{-24}$$

em que δ_1 é o erro unitário de arredondamento cometido pelo computador ao realizar a operação de multiplicação entre x e $(x+y)$.

$$= [x(y+z)](1+\delta_2)(1+\delta_1), \; |\delta_2| \leq 2^{-24}$$

em que δ_2 é o erro unitário de arredondamento cometido pelo computador ao realizar a operação de soma entre y e z.

$$= x(y+z)(1+\delta_2+\delta_1+\delta_2\delta_1)$$

$$\cong x(y+z)(1+\delta_1+\delta_2)$$

em que se constata que $\delta_1\delta_2 << \delta_1+\delta_2$, portanto é desprezível no valor total da soma (i.e., o produto de dois infinitésimos é muito menor que o próprio infinitésimo).

$$= x(y+z)(1+\delta_3), |\delta_3| \leq 2^{-23},$$

que é o limite superior do erro cometido pelo computador ao realizar a operação considerada.

Generalizando a análise apresentada nesta seção, pode-se concluir que, em uma máquina operando na base β e tendo n dígitos na mantissa de seus números de ponto flutuante:

$$fl(x) = x(1+\delta), \quad |\delta| \leq \varepsilon \tag{1.60}$$

em que

$$\varepsilon = \frac{1}{2}\beta^{1-n}$$

(arredondamento), $\varepsilon = \beta^{1-n}$ (truncamento), e ε é o erro de arredondamento unitário.

1.11. PERDA DE ALGARISMOS SIGNIFICATIVOS

Como resultado de uma programação computacional "descuidada", podem ocorrer erros nos resultados do cálculo de expressões matemáticas decorrentes da perda de algarismos significativos. Note, por exemplo, a seguinte expressão:

$$y = \sqrt{x^2 + 1} - 1 \tag{1.61}$$

Se x for um número muito pequeno, então o número de máquina $\tilde{x}$ que aproxima o número exato x pode acarretar que a soma $\tilde{x}^2 + 1 = 1$ no computador. Nesse caso, a Eq. (1.61) indicará que $y = 0$ no computador, o que não é o resultado correto.

Uma possível solução para o problema é reescrever a Eq. (1.61) como

$$y = \left(\sqrt{x^{2+1}} - 1\right) \times \frac{\sqrt{x^2+1}+1}{\sqrt{x^2+1}+1} = \frac{x^2}{\sqrt{x^2+1}+1} \tag{1.62}$$

A Eq. (1.62) não realiza a soma de um número muito pequeno com um número muito maior, calculando y por uma identidade matemática, evitando o possível erro cometido com a Eq. (1.61).

Exemplo 1.10) No caso do computador hipotético definido na seção 1.10, a mantissa da palavra é capaz de representar até 7 casas decimais após a vírgula. Em um determinado ponto de um algoritmo, deseja-se realizar nesse computador a soma $y = x^2 + 1$, sabendo que $x^2 = 0{,}2 \times 10^{-7}$.

Qual o valor de y calculado por esse computador?

Solução

i) Em notação científica normalizada, tem-se:

$$x^2 = 0{,}2 \times 10^{-7}$$
$$+$$
$$1 = 0{,}1 \times 10^{1}$$

ii) Para realizar a soma, o computador representa x^2 na mesma potência de 10 que o valor 1, assim:

$$x^2 = \left(0{,}2 \times 10^{-7-1}\right) \times 10^1$$

$$x^2 = (0{,}00000002) \times 10^1$$

que o computador aproxima a mantissa para somente 7 dígitos decimais como:

$$x^2 \cong 0 \times 10^{-1}$$
$$+$$
$$1 = 0{,}1 \times 10^1$$

Portanto:

$$y = x^2 + 1 = 0{,}1 \times 10^1$$

que demonstra a perda de algarismos significativos nessa operação matemática.

Exemplo 1.11) Calcule no computador a expressão $y = x -$ sen x.

Solução

i) sen $x \approx x$ quando x for um número pequeno, portanto isso acarretará que $y = 0$.
ii) Utiliza-se, portanto, uma série de Taylor para aproximar o sen x, como a seguir:

$$y = \left(x - \frac{x^3}{3!} - \frac{x^5}{5!} + \frac{x^7}{7!} + \ldots\right)$$

$$y = \frac{x^3}{3!} - \frac{x^5}{5!} + \frac{x^7}{7!} - \ldots$$

que apresentará resultado diferente de zero e mais próximo da solução exata, mesmo utilizando um pequeno número de termos na série de Taylor.

1.11.1. Dois fenômenos importantes

Instabilidade numérica

Um processo computacional é dito **instável** se pequenos erros cometidos durante as computações aumentam à medida que mais cálculos são feitos.

Exemplo 1.12) Verifique matematicamente se a equação

$$\begin{cases} x_0 = 1, \ x_1 = \dfrac{1}{5} \\ x_{n+1} = \dfrac{21}{5}x_n - \dfrac{4}{5}x_{n-1}, \ n \geq 1 \end{cases} \tag{1.63}$$

gera a sequência

$$x_n = \left(\frac{1}{5}\right)^n \tag{1.64}$$

A seguir, calcule no computador o valor de x_{15} com a Eq. (1.63) e com a Eq. (1.64). Comente os resultados.

Solução

A) Prova por indução:

i) Para $n = 0$ e $n = 1$, a Eq. (1.63) reproduz os valores da Eq. (1.64).

ii) Assumindo que a Eq. (1.63) também reproduz os valores da Eq. (1.64) para $n \leq m$, fazendo $n = m$, pode-se obter:

$$x_{m+1} = \frac{21}{5}x_m - \frac{4}{5}x_{m-1}$$

$$= \frac{21}{5}\left(\frac{1}{5}\right)^{m} - \frac{4}{5}\left(\frac{1}{5}\right)^{m-1}$$

$$= \frac{21}{5^{m+1}} - \frac{4}{5^{m}}$$

$$= \frac{21-20}{5^{m+1}} = \left(\frac{1}{5}\right)^{m+1}$$

No computador, calcula-se com precisão simples x_{15}:

$$\text{Eq. (1.63)} \rightarrow x_{15} = 2.360439\text{E-01}$$

$$\text{Eq. (1.64)} \rightarrow x_{15} = 1.638401\text{E-10}$$

```
------------------------------------------------------------------------------------------
x_(    2)num =  4.000001E-02 x_(    2)exato =  4.000000E-02
x_(    3)num =  8.000056E-03 x_(    3)exato =  8.000000E-03
x_(    4)num =  1.600225E-03 x_(    4)exato =  1.600000E-03
x_(    5)num =  3.209004E-04 x_(    5)exato =  3.200001E-04
x_(    6)num =  6.760174E-05 x_(    6)exato =  6.400001E-05
x_(    7)num =  2.720698E-05 x_(    7)exato =  1.280000E-05
x_(    8)num =  6.018791E-05 x_(    8)exato =  2.560001E-06
x_(    9)num =  2.310236E-04 x_(    9)exato =  5.120002E-07
x_(   10)num =  9.221490E-04 x_(   10)exato =  1.024000E-07
x_(   11)num =  3.688207E-03 x_(   11)exato =  2.048001E-08
x_(   12)num =  1.475275E-02 x_(   12)exato =  4.096002E-09
x_(   13)num =  5.901098E-02 x_(   13)exato =  8.192003E-10
x_(   14)num =  2.360439E-01 x_(   14)exato =  1.638401E-10
x_(   15)num =  9.441757E-01 x_(   15)exato =  3.276801E-11
                   ⋮            ⋮            ⋮
```

```
x_(   55)num =   1.141438E+24 x_(   55)exato =   3.602887E-39
x_(   56)num =   4.565754E+24 x_(   56)exato =   7.205771E-40
x_(   57)num =   1.826301E+25 x_(   57)exato =   1.441151E-40
x_(   58)num =   7.305206E+25 x_(   58)exato =   2.882331E-41
x_(   59)num =   2.922082E+26 x_(   59)exato =   5.764942E-42
x_(   60)num =   1.168833E+27 x_(   60)exato =   1.153269E-42
x_(   61)num =   4.675332E+27 x_(   61)exato =   2.312142E-43
------------------------------------------------------------------------------------------
```

Comentário:
No cálculo realizado com a Eq. (1.63), observa-se que até $n = 5$ o resultado é muito próximo em relação ao valor desejado obtido com a Eq. (1.64). No entanto, a partir de $n = 6$, os erros passam a ser muito maiores por causa da perda de algarismos significativos na subtração contida na Eq. (1.63).

Conclui-se, portanto, que a subtração dos dois termos da Eq. (1.63) gera erros de truncamento no computador no cálculo de cada termo, que vão se acumulando à medida que se avança nos cálculos dos termos da sequência. Isso caracteriza um processo computacional instável numericamente.

Condicionamento

Trata-se da sensibilidade dos cálculos realizados no computador a pequenas variações em dados de entrada. Um problema é **mal condicionado** se pequenas variações em dados de entrada produzem grandes variações na saída. Por outro lado, um problema é **bem condicionado** quando pequenas variações nos dados de entrada resultam em pequenas variações na solução (Ralston e Rabinowitz, 1978).

Exemplo 1.13) Analise o seguinte sistema de equações diferenciais ordinárias quanto ao seu condicionamento:

$$\begin{cases} y'_1 = y_2 \\ y'_2 = y_1 \\ y_1(0) = -y_2(0) = 1 \end{cases} \tag{1.65}$$

Solução

A solução analítica geral do problema é dada por:

$$\begin{cases} y_1 = a_1 \text{ e}^{\text{x}} + a_2 \text{ e}^{\text{-x}} \\ y_2 = a_1 \text{ e}^{\text{x}} - a_2 \text{ e}^{\text{-x}} \end{cases} \tag{1.66}$$

Aplicando as condições iniciais, determina-se que $a_1 = 0$ e $a_2 = 1$. ■

Resolvendo o mesmo problema numericamente por qualquer método, gera-se uma sequência de pontos $y_1(x_1), y_2(x_2), y_3(x_3), \ldots$ O efeito dos erros de arredondamento é calcular a solução do problema com condições iniciais com pequenas variações. No entanto, no caso deste problema e de outros desse tipo, mesmo a menor variação nas condições iniciais resultará em um valor diferente de zero para a_1. Assim, o termo $a_1 \text{ e}^{\text{x}}$ irá predominar na soma com $a_2 \text{ e}^{\text{-x}}$, mesmo para pequenos valores de a_1 quando x for suficientemente grande. Portanto, a solução numérica será incorreta. Este problema é dito inerentemente instável, o que se denomina em análise numérica como **mal condicionado**.

O exemplo 1.13 demonstra como é importante saber estimar o **condicionamento** de um problema antes de prosseguir para a busca de uma solução numérica. O condicionamento está relacionado à sensibilidade da solução de um problema a variações em seus dados. **Estabilidade**, contrariamente, está relacionada ao método numérico usado para resolver o problema, em particular com o comportamento dos erros de arredondamento introduzidos na solução numérica. Enfim, **condicionamento** é uma característica inerente à formulação matemática de um determinado problema. Pode-se afirmar, portanto, que um problema **bem condicionado**, quando resolvido por um método numérico inapropriado, por exemplo, pode levar a resultados irreais à medida que os cálculos se desenvolvem, vindo eventualmente a divergir.

Em alguns problemas, um número de condicionamento pode ser definido. Se esse número é grande, então o problema é mal condicionado.

A distinção entre o **condicionamento** de um problema e a **estabilidade** de um método numérico reveste-se de grande importância. Um problema **mal condicionado** pode ser resolvido com precisão (por vezes, nem isso é possível) somente por meio de cálculos cuidadosos com o uso de múltipla precisão, independentemente do método numérico utilizado. Um problema **bem condicionado** pode ser precisamente resolvido por qualquer método numérico que seja estável para o problema. Note que um método numérico que for instável para um problema bem condicionado pode levar a resultados precisos antes que a propagação dos erros de arredondamento seja significativa, mas inevitavelmente se distanciará da verdadeira solução à medida que os cálculos prosseguirem.

1.12. PROBLEMAS PROPOSTOS

1.1) Considere a função definida em $\Re$ pela seguinte fórmula:

$$f(x)=\begin{cases} x^2+ax+1, \; se \; \mathrm{x}\geq 0 \\ e^{-bx}, \; se \; x<0 \end{cases}$$

com dois parâmetros $a,b\in\Re$.

a) Mostre que f é contínua no seu domínio.

b) Determine os números a,b de forma que f tenha primeira derivada contínua e $f'(0)=1$.

c) Mostre que essa função tem valores positivos, é estritamente crescente e satisfaz a condição $\lim_{|x| \to +\infty} f(x)f(-x) = 0$.

1.2) Calcule os seguintes limites:

$$\alpha = \lim_{x \to +\infty} x \cdot \operatorname{sen}\left(arctg \frac{1}{x} \right)$$

$$\beta = \lim_{x \to 0^+} \left(|\log x| \right)^x$$

1.3) Estude a função $g(x) = \left(1 + x^2\right) e^{-|x|}$, $x \in \Re$, considerando especialmente os seguintes aspectos: continuidade, diferenciabilidade, simetria, extremos locais e absolutos, inflexões e intervalos de monotonia. Esboce o gráfico de g.

1.4) Mostre que o erro de truncamento em

$$f'(x_0) \cong f \frac{(x_0 + h) - f(x_0)}{h}$$

é $E_T = \frac{h}{2} f''(\xi)$, sendo $x_0 \leq \xi \leq x_0 + h$.

1.5) Estime a derivação para $f(x) = \operatorname{sen} x^2$ em $x = 0{,}5$ para:

a) $\dfrac{f(x+h) - f(x)}{h}$

b) $\dfrac{f(x+h) - f(x-h)}{2h}$

Qual é a aproximação mais precisa e por quê?

1.6) Tendo $\lim_{x \to 0}\left(\frac{1-e^x}{x}\right) = 1$,

mostre que isto é correto usando a série de Taylor para e^x.

1.7) Se a série de Taylor para o *ln(x)* for truncada após o termo envolvendo $(x-1)^{1000}$ e for, então, usada para computar o *ln(2)*, qual o limite superior de erro? Sabe-se que, para *c* = *1*, a série de Taylor pode ser expressa como:

$$f(x) = \sum_{K=0}^{n} \frac{1}{K!} f^{(K)}(c)(x-c)^K + E_n(x)$$

em que o erro é dado por:

$$E_n(x) = \frac{1}{(n+1)!} f^{(n+1)}(\xi)(x-c)^{n+1}$$

Note que, para *c* = *1*, tem-se que: $1 < \xi < c$.
Como $1 < \xi \Rightarrow \xi^{-(n+1)} < 1$.

1.8) Para pequenos valores de *x*, qual a precisão da aproximação

$$\cos x \approx 1 - \frac{1}{2}x^2 \,?$$

Para que faixa de valores essa aproximação dará resultados corretos até 3 casas decimais arredondadas?

1.9) Use o teorema de Taylor com *n* = *2* (dois termos) para provar que a desigualdade $1 + x < e^x$ é válida para todos os números reais, exceto $x = 0$.

1.10) Ordens de convergência:

a) Prove que: se $x_n = o(\alpha_n)$, então $x_n = O(\alpha_n)$. Mostre que o inverso não é verdadeiro.
b) Prove que: se $x_n = o(\alpha_n)$ e $y_n = o(\alpha_n)$, então $x_n + y_n = o(\alpha_n)$.
c) Seja uma sequência x_n definida indutivamente por $x_{n+1} = F(x_n)$. Suponha que $x_n \to x$ quando $n \to \infty$ e $F'(x) = 0$. Mostre que:

$$x_{n+2} - x_{n+1} = o(x_{n+1} - x_n)$$

1.11) Considere a seguinte função:

$$f(x) = \begin{cases} 5x^2 + x - 10, \text{ se } x \leq 2 \\ x^3 + 2x^2 + cx, \text{ se } x > 2 \end{cases}$$

a) Determine o valor de *c* de modo que a função seja contínua em todo o domínio real.
b) Calcule a derivada da função $f(x)$, empregando a definição de derivada, para todo o domínio real. Considere o valor de *c* calculado no item (a). A função $f'(x)$ resultante é contínua?

1.12) Mostre que as seguintes funções apresentam pelo menos uma raiz real nos intervalos dados. Apresente, graficamente, possíveis soluções (zeros) para as funções:

a) $\mathrm{f}(\mathrm{x}) = \mathrm{x}^2 + \mathrm{x} - \cos(\mathrm{x}),\quad [0;1]$

b) $\mathrm{f}(\mathrm{x}) = \ln(\mathrm{x}) - \mathrm{x}^2 + 3\mathrm{x},\quad [0{,}2;0{,}8]$

c) $\mathrm{f}(\mathrm{x}) = \cos(\mathrm{x}) - \mathrm{tg}\,(\mathrm{x}),\quad [0;1]$ e $[2;3]$

d) $f(x) = x^3 - 4x^2 + x - 4, \quad [3{,}5; 4{,}5]$

1.13) Obtenha o polinômio de Taylor de grau três $P_3(x)$, em torno de $x_0 = 0$, para as funções a seguir. Avalie, então, as funções, $f(x)$, e os respectivos polinômios de Taylor, $P_3(x)$, para $x = 0{,}1$ e $x = 1$:

a) $f(x) = \text{sen}(x)\cos(x)$
b) $f(x) = xe^x$
c) $f(x) = \text{tg}\,(x)$

1.14) Empregando a aritmética de truncamento (e, em seguida, a aritmética de arredondamento), com 3 algarismos significativos, efetue os cálculos abaixo. Calcule, também, o erro absoluto e o erro relativo para cada caso.

a) $\frac{1}{3} + \frac{1}{6}$

b) $\frac{1}{3} \times \frac{3}{5}$

c) $1 + \frac{1}{2} + \frac{1}{4} + \frac{1}{8} + \frac{1}{16} + \frac{1}{32} + \frac{1}{64} + \frac{1}{128} + \frac{1}{256} + \frac{1}{512} + \frac{1}{1024}$

d) $\frac{1}{1024} + \frac{1}{512} + \frac{1}{256} + \frac{1}{128} + \frac{1}{64} + \frac{1}{32} + \frac{1}{16} + \frac{1}{8} + \frac{1}{4} + \frac{1}{2} + 1$

e) $5 \times 10^4 + \sum_{i=1}^{500} 1$

f) $\sum_{i=1}^{500} 1 + 5 \times 10^4$

1.15) Use aritmética de arredondamento, com quatro algarismos, para determinar a aproximação para as raízes das equações quadráticas a seguir. Empregue, também, formas alternativas à fórmula de Bhaskara padrão para encontrar essas raízes. Calcule os erros absolutos e relativos.

a) $1{,}002x^2 - 11{,}01x + 0{,}01265 = 0$

b) $2x^2 - 64{,}01x + 0{,}32 = 0$

1.16) A sequência $\{F_n\}$, descrita por $F_0 = 1$, $F_1 = 1$ e $F_{n+2} = F_n + F_{n+1}$ se $n \geq 0$, é chamada sequência Fibonacci. Seus termos ocorrem na natureza, como na disposição de pétalas arranjadas em espiral ou na construção da concha de caramujos. Considere a sequência $\{x_n\}$, em que $x_n = F_{n+1} / F_n$. Supondo que $\lim_{n\to\infty} x_n = x$ exista, mostre que $x = \left(1 + \sqrt{5}\right) / 2$. Esse número é conhecido como razão áurea.

1.17) Determine o número de termos necessários para aproximar $\cos(x)$ até 8 algarismos significativos usando a aproximação por série de Maclaurin. Calcule a aproximação usando um valor de $x = 0{,}3\pi$. Escreva um código computacional para determinar o seu resultado.

1.18) A lei de Stefan-Boltzmann pode ser utilizada para se fazer uma estimativa da taxa de radiação de calor q que deixa uma superfície, por meio da relação:

$$q = \varepsilon \sigma A T^4$$

em que q é calculado em Watts; ε é a emissividade térmica, que caracteriza as propriedades de emissão de uma superfície (adimensional); σ é a constante de Stefan-Boltzmann (= $5{,}67 \times 10^{-8}\ W/m^2K^4$); e T é a temperatura absoluta da superfície (em unidades Kelvin). Determine o erro de q para uma placa de aço com $A = 0,20\ m^2$; $\varepsilon = 0,50$; $T = 800\ K \pm 20\ K$ Compare seus resultados com o erro exato. Repita os cálculos com $T = 800\ K \pm 40\ K$. Interprete os resultados.

1.19) Para qualquer número real $p \geq 1$, a fórmula

$$\|\vec{x}\|_p = \left(\sum_{i=1}^{n} |x_i|^p \right)^{1/p}$$

define as chamadas normas-p. Prove que para cada $\vec{x} \in \Re^n$,

$$\lim_{p \to \infty} \|\vec{x}\|_p = \|\vec{x}\|_\infty$$

Sugestão: lembrar que o logaritmo do limite é o limite do logaritmo e vice-versa.

1.20) Verifique que as Eqs. (1.11) e (1.12) são de fato normas matriciais.

1.21) Demonstre que a norma subordinada matricial tem propriedades adicionais, conforme se segue:

$$||I|| = 1 \tag{1.16}$$

$$||AB|| \leq ||A||\ ||B|| \tag{1.17}$$

1.22) O **raciocínio indutivo** é o processo de se chegar a uma conclusão geral por meio da observação de casos específicos. O **raciocínio dedutivo** é o processo de se chegar a uma conclusão específica a partir de um fato geral. Por exemplo, multiplique um número por 4, some 6 ao produto, divida a soma por 2, e subtraia 3 do quociente. Qual a relação entre o número original e o número final? Obtenha a resposta primeiramente por um raciocínio indutivo e a seguir por um raciocínio dedutivo.

1.23) Demonstre que, se a sequência $\left[x_n\right]$ converge, então a sequência das médias aritméticas de seus termos, dada por

$$y_n = \frac{x_1 + x_2 + \cdots + x_n}{n}, \qquad \text{n} = 1, 2, \ldots$$

também converge e, mais do que isso, para o mesmo limite que a própria sequência $\left[x_n\right]$.

1.24) Seja $a > 0,\ x_0 > 0$ e

$$x_n \overset{def}{=} \frac{1}{2}\left(x_{n-1} + \frac{a}{x_{n-1}}\right), \qquad \text{n} = 1, 2, \ldots$$

Demonstre que $\lim_{n\to\infty} x_n = \sqrt{a}$.

1.25) Encontre maneiras de evitar a perda de algarismos significativos nos cálculos a seguir:

a) $\sqrt{x^2 + 1} - x$
b) $\log x - \log y$
c) $x^3(\operatorname{sen} x - x)$
d) $\operatorname{senh} x - \operatorname{tgh} x$
e) $e^x - e$

1.26) Quantos *bits* de precisão são perdidos na subtração $1 - \cos x$ quando

$$x = \frac{1}{4}?$$

Lembre-se que $2^{-p} \geq f(x) \geq 2^{-q}$, em que p e q são inteiros que representam os números máximo e mínimo de *bits* perdidos, respectivamente (teorema da perda de precisão).

1.27) Seja um computador cujo erro relativo de arredondamento é dado por $|\delta| \leq 2^{-24}$. Determine o limite superior para o erro relativo ao computar $(a + b)/(c + d)$, em que a, b, c e d são números de máquina.

Projetos

1.1) Com base na teoria apresentada na seção 1.10, "Representações de números", escreva e implemente um programa computacional para converter números de uma base qualquer α para outra base qualquer β.

1.2) Outro modo de se escrever um termo da sequência de Fibonacci é empregando-se a fórmula de Binet, dada por:

$$F_n = \frac{1}{\sqrt{5}}\left(\frac{1+\sqrt{5}}{2}\right)^n - \frac{1}{\sqrt{5}}\left(\frac{1-\sqrt{5}}{2}\right)^n$$

Implemente um código computacional empregando as duas fórmulas de cálculo para os termos da sequência de Fibonacci (a primeira forma é dada no problema 1.16). Compare os resultados obtidos para cada uma das duas fórmulas para a sequência e, para o termo $n \geq 2$, calcule também a razão áurea (número $\boldsymbol{\Phi}$), dado por

$$\boldsymbol{\Phi} = \frac{F_n}{F_{n-1}}$$

cujo valor, quando $n \to \infty$, é dado por $\boldsymbol{\Phi} = \left(1+\sqrt{5}\right)/2$. Pode-se demonstrar, matematicamente, que as séries são equivalentes. E computacionalmente, há diferenças? Se houver, justifique-as.

1.3) Construa gráficos para as funções

(a) $f(x)=\begin{cases} x \text{ sen } \dfrac{1}{x}, & x>0\text{, e} \\ 0, & x=0 \end{cases}$

(b) $f(x)=[x]=$ maior inteiro $\leq x$.

1.4) (a) Construa o gráfico de $f(x)=\text{tg}\,x$.

(b) Construa o gráfico de alguns dos infinitos ramos disponíveis para uma definição de $\text{tg}^{-1}x$.

(c) Mostre graficamente por que a relação de x e y é multivalorada.

(d) Indique possíveis valores principais para $\text{tg}^{-1}x$.

(e) Usando sua escolha, calcule $\text{tg}^{-1}(-1)$.

1.5) Apresente uma prova geométrica de que $\lim\limits_{\theta\to 0}\dfrac{sen\ \theta}{\theta}=1$.

2

A EQUAÇÃO NÃO LINEAR

2.1. INTRODUÇÃO

Um dos maiores desafios para o engenheiro é a representação matemática de um sistema a ser analisado, buscando obter sua resposta a um dado conjunto de parâmetros de projeto e operação. A quase totalidade dos sistemas físicos reais apresenta um comportamento não linear, portanto, devendo esses sistemas ser modelados matematicamente por equação ou por sistema de equações não lineares. Observa-se também que a equação ou sistema de equações resultantes normalmente não possui soluções analíticas. Assim, é necessária a busca de uma solução apropriada para o problema por algum método numérico.

O objetivo deste capítulo é apresentar a teoria e alguns métodos numéricos para solução de uma equação algébrica não linear, portanto, a determinação do valor de uma incógnita. Inicialmente, apresenta-se a definição matemática de uma transformação linear. Uma transformação $\vec{T}(\vec{x}) = \vec{b}$ em que $\vec{b}$ é um vetor constante, tal que $\vec{x}, \vec{b} \in V$, é dita linear quando satisfaz os dois postulados a seguir (Murdoch, 1972):

$$i)\ \vec{T}(\alpha\vec{x}) = \alpha\vec{T}(\vec{x}),\ \alpha \in \Re,\ \vec{x} \in V \quad (2.1)$$

$$ii)\ \vec{T}(\vec{x}+\vec{y}) = \vec{T}(\vec{x}) + \vec{T}(\vec{y}),\ \vec{x},\vec{y} \in V \quad (2.2)$$

Assim, se $\vec{T}(\vec{x})$ não satisfizer os dois postulados das Eqs. (2.1) e (2.2), então, a transformação é dita não linear. Uma função $\vec{f}(\vec{x})$ que admita uma transformação $\vec{f}(\vec{x}) = \vec{b}$ linear é definida como uma função linear.

Outra forma de se expressar o conceito de função linear resulta da observação de uma taxa de variação em relação à variável independente x. Uma função é dita linear quando varia a uma taxa constante em relação à variável independente, conforme a seguir:

a) Para uma função escalar f, em um espaço unidimensional:

$$f'(x) = c, \text{ para } x, c \in \Re \quad (2.3)$$

em que c é uma constante.

b) Para uma função vetorial $\vec{f}$, em um espaço n-dimensional:

$$\frac{\partial f_i}{\partial x_j} = c_{ij}, \vec{x} \in \Re^n, i, j = 1,...,n \quad (2.4)$$

A Eq. (2.4) define uma matriz de constantes $C = [c_{ij}]$.

Uma equação algébrica é construída com uma função real unidimensional de uma variável real. Dada a função f: $\Re \rightarrow \Re$, objetiva-se determinar o valor da incógnita x, tal que:

$$f(x) = 0 \quad (2.5)$$

No caso de $f(x)$ ser uma função não linear, a Eq. (2.5) é denominada equação não linear. A determinação do valor de x para satisfazer a Eq.

(2.5), i.e., a raiz da equação, normalmente é mais difícil do que se $f(x)$ fosse uma função linear, ou até mesmo impossível de ser determinada analiticamente. Nesses casos, a Eq. (2.5) é usualmente denominada como equação **transcendental**. Caso a solução exista, ela deverá ser obtida de forma aproximada por um método numérico.

Os problemas não lineares em geral continuam a ser um grande desafio. Ainda hoje não há como se prever a existência da solução de uma equação não linear para todo $f(x)$. Assim, há vários métodos numéricos para a solução de equações não lineares que se comportam diferentemente conforme a definição de $f(x)$.

2.2. O MÉTODO DA BISSEÇÃO

O procedimento para busca da raiz ou solução da Eq. (2.5) pelo método da bisseção pode ser entendido com o auxílio da Fig. 2.1. Neste exemplo, observa-se que $f(x)$ cruza o eixo x em um determinado ponto r, tal que $f(r) = 0$, portanto, a raiz da equação.

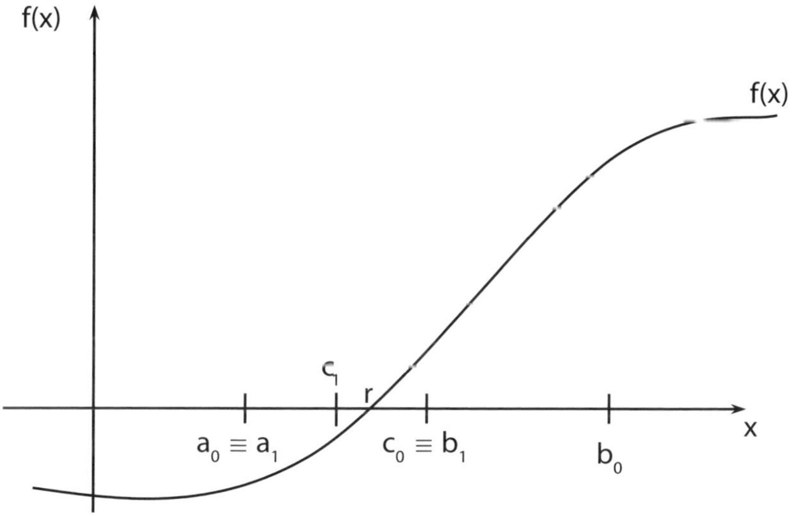

Figura 2.1 Procedimento de busca da raiz de uma equação pelo método da bisseção.

Assumindo $\exists\, x$ tal que $f(x)=0$, o procedimento inicia-se com a estimativa de um intervalo $\left[a_0,b_0\right]$, tal que $x\in\left[a_0,b_0\right]$. Para tanto, o intervalo estimado $\left[a_0,b_0\right]$ deve ser tal que $f(a_0).f\left(b_0\right)<0$, o que permite afirmar que $f(x)$ cruza o eixo x em algum $x\in\left[a_0,b_0\right]$, caso $f(x)\in C^0\left[a_0,b_0\right]$. Caso esse critério não seja satisfeito, um novo intervalo deve ser estimado para que o procedimento seja iniciado. A seguir, o método estima que a provável localização da raiz seja o ponto médio do intervalo estimado, i.e., $c_0=\left(a_0+b_0\right)/2$. O valor c_0 encontrado deve ser verificado por meio do cálculo de $f(c_0)$, para avaliar se c_0 é uma aproximação aceitável ou não para a raiz r. Isso ocorrerá se $f\left(c_o\right)\cong 0$, o que indicaria que a raiz foi encontrada. Caso contrário, é necessário estimar em qual dos dois intervalos metade $\left[a_0,c_0\right]$ e $\left[c_0,b_0\right]$ a raiz se encontra. Para tanto, verifica-se em que intervalo metade $f(x)$ muda de sinal, testando-se $f(a_0).f(c_0)<0$, por exemplo. Se for verdadeiro, o intervalo novo a ser escolhido é $\left[a_1,b_1\right]$ em que $a_1=a_0$ e $b_1=c_0$, i.e., o intervalo da esquerda. Caso contrário, faz-se $a_1=c_0$ e $b_1=b_0$, i.e., o intervalo da direita. Na Fig. 2.1, é mostrado o segundo intervalo a ser escolhido com o procedimento, i.e., $\left[a_1,b_1\right]$, a partir do qual é calculado o ponto médio $c_1=\left(a_1+b_1\right)/2$. O processo é então repetido até que $f\left(c_i\right)\cong 0$, i.e., na i-ésima iteração, indicando que c_i é uma raiz aproximada aceitável para a Eq. (2.5).

O algoritmo a seguir descreve o procedimento a ser implementado no computador. Um programa em linguagem Fortran foi escrito com base nesse algoritmo e incluído no material complementar disponível no site www.manoleeducacao.com.br/calculonumericoaplicado.

2.2.1. Algoritmo do método da bisseção

Leia n,a,b,ε

$u=f\left(a\right)$

$v=f\left(b\right)$

$d=u\times v$

se $d > 0$, **então**

escreva "estime novo intervalo $[a,b]$"

fim do programa

para $k = 1$ até n **faça**

$c = a + (b - a)/2$

$w = f(c)$

escreva k, w

se $|w| \leq \varepsilon$ então

escreva "a solução for obtida na iteração k, a raiz é c, e $f(c) = w$"

fim do programa

$d = w \times u$

se d < 0 **então**

$b = c$

$v = w$

senão

$a = c$

$u = w$

fim do laço k

escreva "não convergiu em a iterações, obtendo c e $f(c)$ na iteração n"

fim do programa

No algoritmo apresentado, verifica-se que foi utilizada a expressão $c = a + (b - a)/2$ em vez de $c = (a + b)/2$ para evitar a possível perda de algarismos significativos quando $b >> a$. Assim, o objetivo é buscar a adição de duas quantidades mais próximas, evitando erros de arredondamento que possam levar o resultado para fora do intervalo $[a,b]$ em uma máquina com precisão limitada, por exemplo.

2.2.2. Critérios de convergência

É necessário definir critérios de convergência (i.e., a solução numérica é satisfatória) ou de parada caso a solução aproximada não seja satisfatória. A seguir, são definidos dois critérios de convergência, baseados no erro relativo entre duas iterações sucessivas, e no módulo do valor da função avaliada no ponto médio do intervalo, bem como um critério de parada com base em um número máximo permitido de iterações especificado pelo usuário. São eles:

$$\begin{aligned} &1.\ |c_{n+1} - c_n| / |c_n| < \varepsilon_1 \\ &2.\ f(c_n) < \varepsilon_2 \\ &3.\ k \leq n \end{aligned} \tag{2.6}$$

em que $\varepsilon_1, \varepsilon_2 \to 0$ são dois valores de tolerância pré-especificados, k é o contador de iterações e n é o número máximo de iterações.

2.2.3. Análise de erro

Em um método iterativo qualquer, é importante avaliar a rapidez com que o método converge para a solução. A análise de erro, ou estimativa do erro absoluto do valor da variável calculado em cada iteração, permite essa avaliação.

No método da bisseção, a partir do intervalo inicial estimado $[a_0, b_0]$ que contenha a raiz r, criam-se as seguintes sequências:

$$\begin{aligned} &a_0 \leq a_1 \leq a_2 \leq \ldots \leq b_0 \\ &b_0 \geq b_1 \geq b_2 \geq \ldots \geq a_0 \end{aligned} \tag{2.7}$$

que são estritamente crescente e decrescente, respectivamente, ambas limitadas, portanto, convergentes.

Para uma iteração $n \geq 0$, observa-se que:

$$b_{n+1} - a_{n+1} = \frac{1}{2}(b_n - a_n) \tag{2.8}$$

Partindo de $n = 0$ e utilizando a Eq. (2.8), escreve-se para qualquer iteração $n \geq 1$:

$$b_n - a_n = 2^{-n}(b_0 - a_0) \tag{2.9}$$

Portanto, $\lim_{n\to\infty} b_n - \lim_{n\to\infty} a_n = \lim_{n\to\infty} 2^{-n}(b_0 - a_0) = 0$. Assim, conclui-se que a raiz de $f(x) = 0$ será

$$r = \lim_{n\to\infty} a_n = \lim_{n\to\infty} b_n \tag{2.10}$$

uma vez que, no limite $n \to \infty$, verifica-se que

$$0 \geq f(a_n) f(b_n) \Rightarrow 0 \geq (f(r))^2 \Rightarrow f(r) = 0$$

Em um certo ponto n do processo iterativo, o intervalo considerado é $[a_n, b_n]$. A melhor estimativa para a raiz nesse ponto é o ponto médio do intervalo, conforme mostra a Fig. 2.2 e a equação a seguir:

$$c_n = (a_n + b_n)/2 \tag{2.11}$$

O erro absoluto na n-ésima iteração é, portanto, limitado por

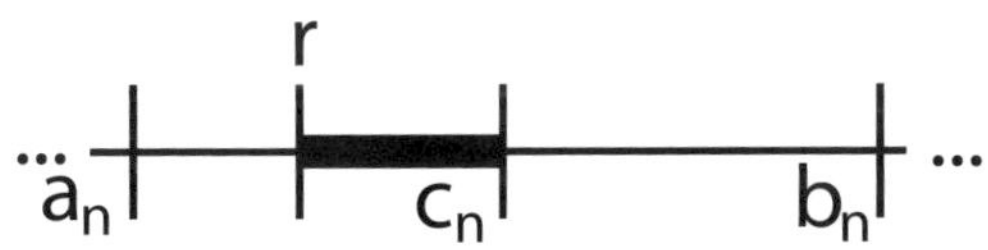

Figura 2.2 Intervalo $[a_n, b_n]$ na n-ésima iteração do método da bisseção.

$$e_n = |r - c_n| \le \frac{1}{2}(b_n - a_n) = 2^{-(n+1)}(b_0 - a_0) \quad (2.12)$$

Dessa maneira, pode-se escrever

$$|r - c_n| \le 2^{-(n+1)}(b_0 - a_0) \quad (2.13)$$

A Eq. (2.13) permite estabelecer que se existir pelo menos uma raiz para $f(x)$ no intervalo $[a_0, b_0]$, o método da bisseção apresenta convergência garantida, consequentemente, a partir de um certo valor de tolerância desejada, é possível determinar *a priori* o número de iterações necessárias para a convergência pelo método da bisseção.

Exemplo 2.1) Assumindo que $\exists\ x \in [a_0, b_0]$ tal que $f(x) = 0$, determine o número de iterações necessárias para obter a solução com o método da bisseção, tal que $|r - c_n| \le \varepsilon,\ \varepsilon \to 0$.

Solução

$$|r - c_n| \le 2^{-(n+1)}(b_0 - a_0) \le \varepsilon$$

$$\ln\left\{2^{-(n+1)}.(b_0 - a_0)\right\} \le \ln \varepsilon$$

$$\ln 2^{-(n+1)} + \ln(b_0 - a_0) \le \ln \varepsilon$$

$$-(n+1)\ln 2 + \ln(b_0 - a_0) \le \ln \varepsilon$$

$$n \ge \frac{\ln(b_0 - a_0) - \ln \varepsilon}{\ln 2} - 1$$

Comentário: observa-se que o número de iterações para a convergência é independente da função $f(x)$ considerada, dependendo apenas de $\left[a_0, b_0\right]$ e de ε.

A taxa de convergência do método da bisseção é avaliada, estimando os erros absolutos nas iterações n e $n+1$, conforme a seguir:

$$e_{n+1} = |r - c_{n+1}| \leq 2^{-(n+2)}(b_0 - a_0)$$

$$e_n = |r - c_n| \leq 2^{-(n+1)}(b_0 - a_0)$$

então, para um valor inteiro N suficientemente grande

$$e_{n+1} \leq \frac{1}{2} \mathrm{e_n} \qquad (n \geq N) \tag{2.14}$$

Assim, em acordo com a classificação de ordens de convergência de sequências apresentada no Capítulo 1, o método da bisseção apresenta uma taxa de convergência **linear**.

2.3. O MÉTODO DE NEWTON

Considerando uma equação não linear $f(x) = 0$, e $f \in C^2[a,b]$, i.e., $\exists f''(x)$, tal que $x \in [a,b]$, então, pelo teorema de Taylor, em torno de um ponto x próximo à raiz da equação, pode-se escrever:

$$0 = f(r) = f(x+h) = f(x) + hf'(x) + O(h^2) \tag{2.15}$$

em que $h = r - x$. Se $h << 1$, o termo $O(h^2)$ é desprezível em presença dos outros termos. Portanto, se x é uma aproximação para r, resulta que:

$$r \cong x - \frac{f(x)}{f'(x)} \tag{2.16}$$

Baseado na Eq. (2.16), iniciando com x_0 para uma primeira aproximação da raiz de $f(x)$, escreve-se:

$$
\begin{aligned}
x_1 &= x_0 - \frac{f(x_0)}{f'(x_0)} \\
\vdots & \qquad\qquad \vdots \\
x_{n+1} &= x_n - \frac{f(x_n)}{f'(x_n)} \quad (n \geq 0)
\end{aligned}
\tag{2.17}
$$

que define a iteração de Newton.

2.3.1. Interpretação geométrica

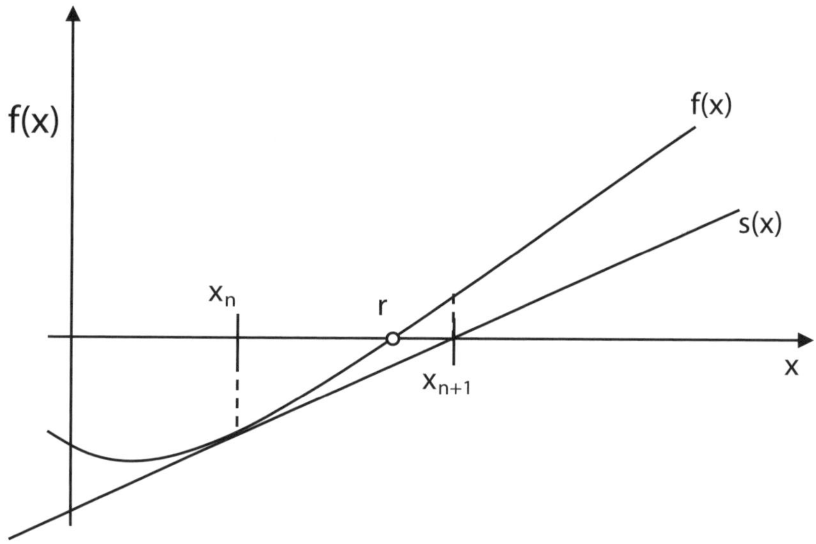

Figura 2.3 Interpretação geométrica do método de Newton.

A equação da reta tangente à curva definida por $f(x)$ é:

$$s(x) - s(x_n) = f'(x_n)(x - x_n) \tag{2.18}$$

O ponto de interseção $x = x_{n+1}$ da reta $s(x)$ com o eixo x ocorre quando $s(x_{n+1}) = 0$. Assim, resulta a iteração de Newton a partir da Eq. (2.18), fazendo $x{=}x_{n+1}$ e $s(x_{n+1}) = 0$, tal que:

$$x_{n+1} = x_n - \frac{f(x_n)}{f'(x_n)} \tag{2.19}$$

É importante destacar que *a priori* não há garantia de convergência para a solução, a partir de um valor inicial estimado x_0. No entanto, de uma forma geral, pode-se afirmar que, para haver convergência, x_0 deve ser suficientemente próximo de r.

2.3.2. Possíveis problemas

Vários problemas podem ser encontrados ao se realizar uma iteração de Newton. A Fig. 2.4 destaca dois processos divergentes.

A sequência $[x_n]$ na Fig. 2.4 caracteriza uma iteração de Newton cíclica, comumente denominada de "histerese". Ainda na Fig. 2.4, verifica-se que a sequência $[x'_n]$ diverge logo na primeira iteração.

2.3.3. Análise de erro

Considere a sequência erro definida por:

$$e_n = x_n - r \tag{2.20}$$

na qual não são considerados os erros de arredondamento unitário do computador.

Admitindo que f'' é contínua, que r é raiz simples de $f\left(i.e., f\left(r\right)=0\right)$, e que $f'\left(r\right)\neq 0$, pode-se escrever:

$$
\begin{aligned}
e_{n+1} &= x_{n+1} - r = x_n - \frac{f(x_n)}{f'(x_n)} - r \\
&= e_n - \frac{f(x_n)}{f'(x_n)} = \frac{e_n f'(x_n) - f(x_n)}{f'(x_n)}
\end{aligned}
\tag{2.21}
$$

A seguir, aproxima-se $f\left(r\right)$ por uma série de Taylor conforme:

$$
0 = f(r) = f(x_n - e_n) = f(x_n) - e_n f'(x_n) + \frac{1}{2} e_n^2 f''(\xi_n) \tag{2.22}
$$

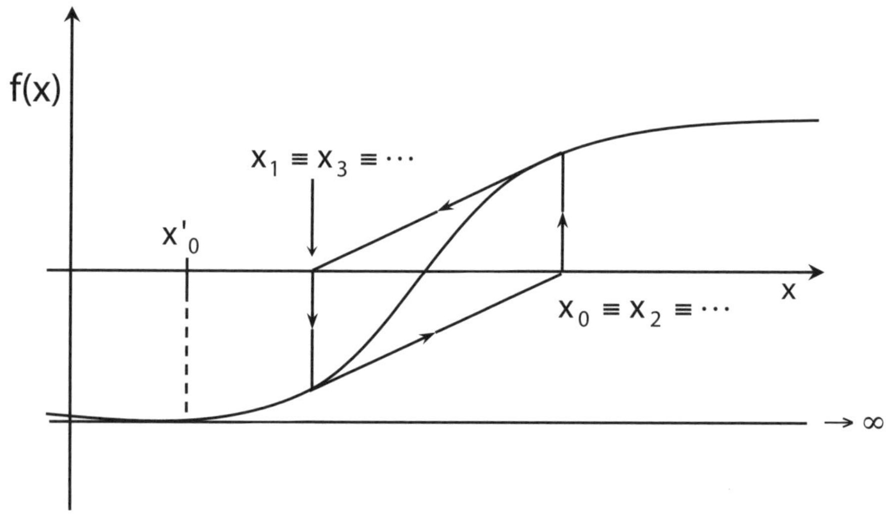

Figura 2.4 Dois processos divergentes com a iteração de Newton.

para ξ_n entre x_n e r. Portanto:

$$e_n f'(x_n) - f(x_n) = \frac{1}{2} f''(\xi_n) e_n^2 \tag{2.23}$$

Substituindo na Eq. (2.21), obtém-se:

$$e_{n+1} = \frac{1}{2} \frac{f''(\xi_n)}{f'(x_n)} e_n^2 \cong \frac{1}{2} \frac{f''(r)}{f'(r)} e_n^2 = C e_n^2 \tag{2.24}$$

em que C é uma constante não necessariamente menor do que 1.

A Eq. (2.24) estabelece que a iteração de Newton apresenta uma ordem de convergência **quadrática**, segundo o critério de ordens de convergência de sequências apresentado no Capítulo 1. Observa-se que a precisão aumenta em aproximadamente 2 ordens de magnitude a cada iteração.

A Eq. (2.24) também mostra uma condição suficiente para a iteração de Newton convergir, i.e., para uma iteração $n \geq N$, em que N é um inteiro positivo suficientemente grande:

$$e_{n+1} \leq C e_n^2 \tag{2.25}$$

Portanto, a iteração de Newton deve ser iniciada com uma estimativa para a raiz x_0, tal que a Eq. (2.25) seja satisfeita. Assim, x_0 deve estar suficientemente próxima da raiz para haver convergência.

2.4. O MÉTODO DA SECANTE

A iteração de Newton definida pela Eq. (2.17) envolve a derivada da função f. Isso pode ser um problema se a derivada não existir ou for de difícil avaliação. Essa constatação motivou o desenvolvimento de um método que avalia aproximadamente $f'(x)$ a partir da diferença finita:

$$f'(x_n) \cong \frac{f(x_n) - f(x_{n-1})}{x_n - x_{n-1}} \tag{2.26}$$

Assim, estabelece-se o método da secante combinando as Eqs. (2.17) e (2.26), obtendo:

$$x_{n+1} = x_n - f(x_n) \left[\frac{x_n - x_{n-1}}{f(x_n) - f(x_{n-1})} \right] \quad (n \geq 1) \tag{2.27}$$

A iteração definida pela Eq. (2.27) necessita de duas estimativas para a raiz no início do processo. No entanto, a cada novo x_{n+1}, passa a requerer somente uma nova avaliação de f.

A fórmula da secante, definida pela Eq. (2.27), pode também ser deduzida a partir de uma interpretação geométrica, de forma análoga ao método de Newton. Esse assunto é tratado no problema proposto 2.1.

2.4.1. Análise de erro

Considerando o erro a cada iteração, definida pela Eq. (2.20), i.e., $e_n = x_n - r$, pode-se escrever para a iteração $n + 1$:

$$\begin{gathered} e_{n+1} = x_{n+1} - r = \frac{f(x_n)x_{n-1} - f(x_{n-1})x_n}{f(x_n) - f(x_{n-1})} - r = \\ \frac{f(x_n)e_{n-1} - f(x_{n-1})e_n}{f(x_n) - f(x_{n-1})} \end{gathered} \tag{2.28}$$

Fatorando e_{n-1} e multiplicando por $\frac{x_n - x_{n-1}}{x_n - x_{n-1}}$, escreve-se:

$$e_{n+1} = \left[\frac{x_n - x_{n-1}}{f(x_n) - f(x_{n-1})} \right] \left[\frac{f(x_n)/e_n - f(x_{n-1})/e_{n-1}}{x_n - x_{n-1}} \right] e_n e_{n-1} \tag{2.29}$$

É importante lembrar que o objetivo da análise de erro é o de relacioná-lo em uma iteração posterior do processo, e_{n+1}, com o erro na iteração anterior, e_n. Portanto, ainda é necessário eliminar o termo e_{n-1}, bem como avaliar quantitativamente o conteúdo das expressões entre colchetes na Eq. (2.29). Para tanto, utiliza-se a seguinte série de Taylor:

$$f(x_n) = f(r + e_n) = f(r) + e_n f'(r) + \frac{1}{2} e_n^2 f''(r) + O(e_n^3)$$

mas $f(r) = 0$, então:

$$\frac{f(x_n)}{e_n} = f'(r) + \frac{1}{2} e_n f''(r) + O(e_n^2)$$

que também pode ser escrita para a iteração $n - 1$ como:

$$\frac{f(x_{n-1})}{e_{n-1}} = f'(r) + \frac{1}{2} e_{n-1} f''(r) + O(e_{n-1}^2)$$

Subtraindo a equação para a iteração $n - 1$ da equação para a iteração n, obtém-se:

$$\frac{f(x_n)}{e_n} - \frac{f(x_{n-1})}{e_{n-1}} = \frac{1}{2}(e_n - e_{n-1}) f''(r) + O(e_{n-1}^2)$$

mas $x_n - x_{n-1} = e_n - e_{n-1}$, portanto:

$$\frac{f(x_n)/e_n - f(x_{n-1})/e_{n-1}}{x_n - x_{n-1}} \approx \frac{1}{2} f''(r) \tag{2.30}$$

Além disso, a primeira expressão entre colchetes na Eq. (2.29) pode ser escrita como:

$$\frac{x_n - x_{n-1}}{f(x_n) - f(x_{n-1})} \approx \frac{1}{f'(r)} \tag{2.31}$$

Assim, substituindo as Eqs. (2.30) e (2.31) na Eq. (2.29), obtém-se:

$$e_{n+1} \approx \frac{1}{2}\frac{f''(r)}{f'(r)} e_n e_{n-1} = C\ e_n e_{n-1} \tag{2.32}$$

reconhecendo $C = \frac{1}{2}\frac{f''(r)}{f'(r)}$ como um valor constante.

Portanto, para uma iteração convergente com o método da secante, para $n-1$ e n suficientemente grandes, tal que $(e_n, e_{n-1}) < 1$, pode-se afirmar que:

$$e_n < e_{n-1} \quad \text{e} \quad e_n e_{n-1} > e_n^2 \tag{2.33}$$

Portanto, para $\alpha \in \Re$, pode-se escrever que:

$$e_n e_{n-1} = e_n^{\alpha} \quad \text{e} \quad \alpha < 2 \tag{2.34}$$

A Eq. (2.34) permite afirmar que o método da secante apresenta ordem de convergência α. Como $\alpha < 2$, o método da secante tem ordem de convergência superlinear.

Apesar de o método da secante ter convergência mais lenta que o método de Newton (que apresenta ordem de convergência quadrática), ele requer apenas uma avaliação da função em cada iteração. O método de Newton, por sua vez, requer a avaliação da função e de sua derivada em cada iteração.

2.5. PONTOS FIXOS E ITERAÇÃO FUNCIONAL

Os métodos apresentados neste capítulo são procedimentos tais que uma sequência de pontos é gerada na forma:

$$x_{n+1} = F(x_n) \qquad (n \geq 0) \tag{2.35}$$

A Eq. (2.35) pode gerar sequências que não convergem. Por exemplo, se $x_0 = 1$ e $F(x) = 2x$, uma sequência divergente é gerada. No entanto, deseja-se que:

$$\lim_{n \to \infty} x_n = s \tag{2.36}$$

Portanto, se F é contínua, observa-se que

$$F(s) = F\left(\lim_{n \to \infty} x_n\right) = \lim_{n \to \infty} F(x_n) = \lim_{n \to \infty} x_{n+1} = s$$

Assim, $F(s) = s$, e s é denominado um **ponto fixo** de F.

2.5.1. Definição

F mapeia um conjunto fechado $C \in \Re$ em si mesmo. Um mapeamento é dito "contrativo" se $\exists\ \lambda < 1$, tal quo:

$$|F(x) - F(y)| \leq \lambda |x - y| \tag{2.37}$$

A Fig. 2.5 mostra graficamente o comportamento de uma função F que satisfaz a Eq. (2.37). Observa-se que a distância $< x, y >$ é mapeada por F resultado em um valor menor, daí a denominação de função "contrativa" para F.

Exemplo 2.2) Ache a raiz da equação $f(x)=0$.

Solução

Seja $f(x)=0$, ache x.

Adicionando x a ambos os lados da equação, obtém-se:

$$x = x + f(x) = F(x)$$

o que sugere o processo iterativo

$$x_{n+1} = F(x_n) \qquad \text{para } n \geq 0$$

Assim, para uma iteração convergente:

$$\lim_{n\to\infty} x_n = s$$

Portanto:

$$s = F(s) = s + f(s)$$

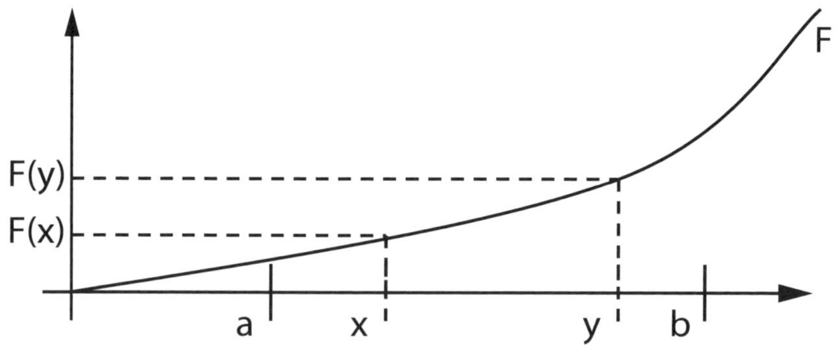

Figura 2.5 Representação gráfica de um mapeamento contrativo F.

Donde se conclui que:

$$f(s)=0 \Rightarrow s \text{ é a raiz de } f \text{ e ponto fixo de } F.$$

TEOREMA 2.1

Seja F um mapeamento contrativo de um conjunto fechado $C \subset \Re$ em C, então F tem um único ponto fixo. Este ponto fixo é o limite de toda sequência obtida pela Eq. (2.35), $\forall\, x_0 \in C$.

Prova:

a) Existência:

i) Utilizando as Eqs. (2.35) e (2.37), escreve-se:

$$|x_n - x_{n-1}| = |F(x_{n-1}) - F(x_{n-2})| \le \lambda |x_{n-1} - x_{n-2}|, \text{ e}$$

$$|x_n - x_{n-1}| \le \lambda |x_{n-1} - x_{n-2}| \le \lambda^2 |x_{n-2} - x_{n-3}| \le \ldots \le \lambda^{n+1} |x_1 - x_0|$$

ii) Seja o desenvolvimento:

$$x_n = x_0 + (x_1 - x_0) + (x_2 - x_1) + \ldots + (x_n - x_{n-1})$$

A sequência $[x_n]$ convergirá somente se a série

$$\sum_{n=1}^{\infty} (x_n - x_{n-1}) \text{ convergir.}$$

Pela desigualdade do triângulo, escreve-se:

$$\left| \sum_{n=1}^{\infty} (x_n - x_{n-1}) \right| \le \sum_{n=1}^{\infty} |x_n - x_{n-1}|$$

Portanto, é suficiente provar que o termo do lado direito da inequação acima converge. De fato:

$$\sum_{n=1}^{\infty}|x_n - x_{n-1}| \leq \sum_{n=1}^{\infty}\lambda^{n-1}|x_1 - x_0| = \frac{1}{1-\lambda}|x_1 - x_0|$$

Como $\lambda < 1$ e $|x_1 - x_0|$ são finitos,

$$\frac{1}{1-\lambda}$$

representa a soma dos termos de uma progressão geométrica infinita, de razão menor do que 1, portanto $[x_n]$ converge, daí:

$$s = \lim_{n\to\infty} \Rightarrow F(s) = s \quad \text{(ponto fixo)}$$

b) Unicidade:

Suponha $x, y \in [a,b]$, então:

$$|x - y| = |F(x) - F(y)| \leq \lambda|x - y|$$

que, para ser verdade, com $\lambda < 1$, requer que:

$$|x - y| = 0 \Rightarrow x = y$$

Por último, $s \in C$, porque $[x_n] \in C$. ■

Exemplo 2.3) Verifique se $F(x) = 8 - \frac{2}{5}\cos 2x$ é contrativa.

Solução

Aplicando o teorema do valor médio (TVM), escreve-se:

$$|F(x)-F(y)| = \frac{2}{5}|\cos 2x - \cos 2y| = \frac{4}{5}|sen 2\xi||x-y| \leq \frac{4}{5}|x-y|,$$

em que ξ está entre x e y. Como $\frac{4}{5} < 1$, $F(x)$ é contrativa e tem um ponto fixo. ■

Exemplo 2.4) Seja $p > 1$, qual é o valor de

$$x = \cfrac{1}{p+\cfrac{1}{p+\cfrac{1}{p+\cfrac{1}{p+\ldots}}}} \quad ?$$

Solução

Imagine a sequência:

$$x_0 = \frac{1}{p}, \text{ tal que } x_{n+1} = \frac{1}{p+x_n}, \ n > 0$$

Observa-se que $x_n \to x$ para $n \to \infty$. Assim:

$$x = \frac{1}{p+x} = F(x)$$

Portanto:

$$px + x^2 = 1 \therefore x^2 + px - 1 = 0$$

$$x = \frac{-p \pm \sqrt{p^2+4}}{2}$$

Como $p > 1 \Rightarrow x > 0$, então $x = \dfrac{-p + \sqrt{p^2 + 4}}{2}$

F(x) é um mapeamento contrativo?

$$x_{n+1} = \frac{1}{p + x_n} = F(x_n) \therefore F(x) = \frac{1}{p + x}$$

Aplicando o TVM:

$$|F(x) - F(y)| = \left| \frac{1}{p + x} - \frac{1}{p + y} \right| \overset{TVM}{=} \underbrace{\left| \frac{1}{(p + x)^2} \right|}_{F'(x)} |x - y|$$

$$\left| \frac{1}{(p + x)^2} \right| = \frac{1}{\left(\underbrace{p - \frac{p}{2}}_{p/2} + \frac{\sqrt{p^2 + 4}}{2} \right)^2}, \text{ e } p > 0$$

O conteúdo no interior dos parênteses no denominador é maior do que 1, uma vez que $p/2 + \sqrt{p^2 + 4}/2$ > 1. Note que $\sqrt{p^2 + 4}$ > p.

Assim,

$$\left| \frac{1}{(p + x)^2} \right| < 1 \Rightarrow F(x)$$

é um mapeamento contrativo e a sequência $\left[x_n \right]$ **converge.** ■

2.6. BUSCA DE VALORES INICIAIS PARA UMA EQUAÇÃO QUALQUER E RAÍZES REAIS DE POLINÔMIOS

Todos os métodos apresentados e discutidos neste capítulo requerem a estimativa de um ou mais valores iniciais para que se encontrem a raiz ou raízes de uma dada equação *f(x)=0*. Também foi dito que há restrições a serem atendidas na escolha desses valores iniciais para que haja convergência. No método da bisseção e no método da falsa posição (problema 2.2), por exemplo, os dois valores iniciais necessários para iniciar o processo iterativo devem definir um intervalo em que a função *f(x)* muda de sinal. No método de Newton, o valor inicial requerido deve estar suficientemente próximo da raiz. Assim, a pergunta que deve ser respondida é: como encontrar valores iniciais apropriados de modo que a iteração por qualquer um dos métodos venha a ser convergente?

A resposta é que esse ainda é um problema desafiador para o analista numérico. Uma possibilidade é realizar uma varredura de valores em um grande intervalo em que se presuma que a raiz deva ser encontrada. Por mais insólito que pareça, quando se propõe uma equação matemática, normalmente ela estará associada a um sistema físico qualquer de interesse, de maneira que o grande intervalo necessário para iniciar o processo iterativo não é difícil de ser estimado. Além disso, com o avanço dos computadores, cada vez mais rápidos, e com os procedimentos matemáticos adequados de teste dos subintervalos, a busca normalmente é muito rápida, identificando os subintervalos apropriados rapidamente e as raízes neles contidas.

Uma vez definido o intervalo a ser varrido, deve-se estabelecer um número razoável de divisões, n_{div}, a fim de que pequenos subintervalos, h, possam ser investigados na busca por uma raiz. Um possível procedimento lógico para realizar essa tarefa se inicia com a definição de um ponto central para o intervalo, i.e., x_0. A seguir, define-se o grande intervalo ou a região de busca por:

$$\begin{gathered} x_{\max} = x_0 + \Delta x \;\; e \;\; x_{\min} = x_0 - \Delta x \\ \text{tal que } x \in (x_{\min}, x_{\max}) \end{gathered} \tag{2.38}$$

em que Δx é o tamanho da metade do grande intervalo a ser estabelecido.

Assim, o tamanho de cada subintervalo é definido por:

$$h = \frac{\Delta x}{n_{div}} \tag{2.39}$$

Portanto, escolhe-se a região a pesquisar inicialmente, à direita ou à esquerda de x_0, e realiza-se uma busca de toda a região usando passos de comprimento h, até atingir x_{max} ou x_{min}, e, a seguir, a outra região, obtendo sucessivamente as extremidades de cada subintervalo por:

$$x_{i+1} = x_i + h, (i \geq 0) \tag{2.40}$$

Em cada ponto x_{i+1}, calcula-se $f(x_{i+1})$, verificando se f muda de sinal em relação a $f(x_i)$. Admitindo que $f \in C^0$, se houve a mudança de sinal, o intervalo contém pelo menos uma raiz.

O processo não é perfeito e traz dificuldades: a escolha do número de divisões de forma a não perder nenhuma raiz; quando não houver mudança de sinal de $f(x_i)$ para $f(x_{i+1})$, é possível que haja uma raiz de multiplicidade par, que normalmente ocorre em funções polinomiais, conforme mostra a Fig. 2.6. Para o primeiro problema, sugere-se aumentar o número de divisões (reduzindo h) para encontrar raízes muito próximas, por exemplo. Para o segundo problema, deve-se pesquisar a derivada em $f(x_i)$ e $f(x_{i+1})$ verificando se houve mudança de sinal. Se a derivada de f estiver disponível analiticamente, a tarefa não é difícil de ser realizada; caso contrário, pode-se calculá-la numericamente por um dos métodos apresentados no Capítulo 6. Mesmo assim, se a derivada mudar de sinal, isso mostra que há um máximo ou um mínimo de f entre x_i e x_{i+1}. Deve-se, portanto, utilizar um método nesse subintervalo que seja capaz de encontrar a possível raiz, como o método da secante, que não requer o conhecimento da derivada de f, partindo como valores iniciais de x_i e x_{i+1}, sendo que, após um número máximo de iterações preestabelecido, estará definido se há raiz ou não nesse subintervalo.

O problema discutido nesta seção é uma ocorrência comum em funções polinomiais, como mostra o gráfico da Fig. 2.6 para o polinômio dado pela seguinte expressão:

$$p_{11}(x) = (x-1)^5(x-2)(x-4)^2(x-3)(x-3{,}2)(x-3{,}4) \qquad (2.41)$$

Além dos aspectos apontados que são comuns em funções polinomiais, há também, muitas vezes, o desejo de obter as raízes complexas dos polinômios, que podem existir mesmo que todos os seus coeficientes sejam reais. Portanto, o assunto de achar as raízes de um polinômio tem recebido tratamento especial em Matemática, por um período que hoje supera 400 anos. Neste capítulo, foi tratado apenas o problema formulado pela Eq. (2.5) para encontrar as raízes reais de uma função não linear. Para um tratamento mais completo sobre a busca de raízes complexas de polinômios e métodos de busca de raízes múltiplas, como o algoritmo de

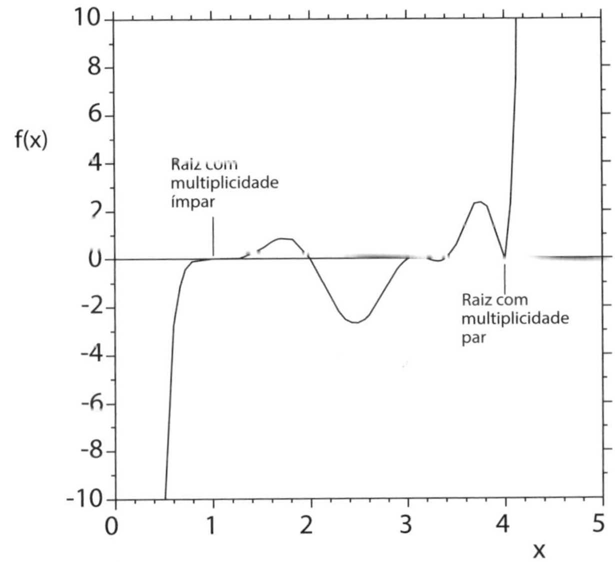

Figura 2.6 Representação gráfica de raízes próximas, bem como raízes com multiplicidade par (a função não muda de sinal no entorno da raiz) e ímpar (a função muda de sinal no entorno da raiz).

Horner ou a iteração de Laguerre, sugere-se a consulta aos trabalhos de Kincaid e Cheney (1991), Stark (1979), ou Ralston e Rabinowitz (2001).

A seguir, apresenta-se um exemplo de sub-rotina de programa computacional em linguagem Fortran, utilizada para a implementação do método sugerido nesta seção.

```
subroutine gen_1(f,fl,tol,s2,ro,iflag8)

!       Subrotina que varre um intervalo entre xmin e xmax, dividindo-o em pequenos
!       subintervalos h em busca da raiz real de uma equação algébrica f(x) = 0
!       São utilizados os métodos da secante, Newton e bisseção
!       São os seguintes os argumentos de entrada e de saída da subrotina:
!       f = f(x) função, e fl = f '(x) derivada da função da equação algébrica a ser resolvida
!       tol = tolerância desejada para a convergência
!       s2 = valor numérico central do intervalo de busca
!       ro = valor numérico de saída da raiz convergida da equação
!       iflag8 = iniciar com o valor 0, que indica que a raiz foi encontrada, e assume o valor -1
!       se a raiz não for encontrada

        implicit real *8 (a-h,o-z)
        common /iteracao/ it,iflag
! it = Nr max de iterações; existe derivada, e  não existe derivada da função

        common /zy/ xmin,xmax
! xmin = valor inferior, e xmax = valor superior do intervalo desejado de busca da raiz
```

```
        external f,fl

        ires=0
        ialt=0
        ifunc=0

!       Laço para varrer o intervalo a direita do valor central e a
seguir à esquerda, se
!       necessário

        do 100 i1=1,2
          xl=s2
          if(ialt.eq.0) then
            xr=s2+xmax
            h=0.005d0
          else
            xr=s2+xmin
            h=-0.005d0
          endif
          w=20
          v1=xl-h
          sto=f(v1)
          ifunc=ifunc+1
          bf=xr
          n=0
          num=0
          nmax=2*abs(xmax)
          u=f(xl)
          v=f(xr)
          ifunc=ifunc+2

!       Laço para busca da raiz
```

```
          do 110 j=1,nmax
            n=n+1
            bf=xl+h
            u=f(xl)
            v=f(bf)
            v1=xl-h
            ifunc=ifunc+2
            rr=u*v
            if(rr.gt.0) then

!         Busca possíveis raízes em um subintervalo em que a função
não muda de sinal,
!         usando o método da secante

          if(abs(u).lt.abs(sto).and.abs(v).gt.abs(u)) then
            icont=0
            ical=0
            xs1=v1
            xs2=xl
            ws1=sto
            ws2=u
            ws3=v
44            continue
            icont=icont+1
            if(it.gt.0.and.icont.ge.it) then
              ical=1
            else
              if(it.lt.0.and.icont.ge.100000) then
                ical=1
              endif
            endif
            xs3=(xs1*ws2-xs2*ws1)/(ws2-ws1)
```

```
        ws3=f(xs3)
        ifunc=ifunc+1
        ws1=ws2
        ws2=ws3
        xs1=xs2
        xs2=xs3
        if(abs(ws3).gt.tol.and.ical.eq.0) goto 44
        if(abs(ws3).lt.tol) then
          iflag8=ifunc
          ro=xs3
          ifunc=0
          num=1
          ires=1
        endif
      endif
    else

!       A função muda de sinal no subintervalo. Busca-se a raiz pelo
método de Newton se a
!       derivada da função estiver disponível, caso contrário utiliza-se
o método da bisseção.

        i=0
        isal=0
        ebf=bf
55          continue
        i=i+1
        if(it.gt.0.and.i.ge.it) then
          isal=1
        else
          if(it.lt.0.and.i.eq.100000) then
            isal=1
```

```
      endif
    endif
    xm=xl+(ebf-xl)/2.d0
    w=f(xm)
    ifunc=ifunc+1
    if(iflag.eq.0) then
      k=0
      xk=xm
      w1=w
66      continue
    k=k+1
    w2=fl(xk)
    ifunc=ifunc+1
    xk=xk-w1/w2
    w1=f(xk)
    ifunc=ifunc+1
    if(abs(w1).gt.tol.and.k.le.6) goto 66
    if(abs(w1).le.tol) then
      iflag8=ifunc
      ro=xk
      ifunc=0
      isal=1
      ires=1
      num=1
    endif
  endif
  if(isal.eq.0) then
    re=w*v
    if(re.lt.0) then
      xl=xm
      u=w
```

```
        else
          ebf=xm
          v=w
        endif
      endif
      if(abs(w).gt.tol.and.isal.eq.0) goto 55
      if(abs(w).le.tol) then
        iflag8=ifunc
        ro=xm
        ifunc=0
        ires=1
        num=1
      endif
    endif
    sto=u
    xl=bf
    if(num.eq.1) goto 35
110   continue
35    continue
    if(ires.eq.1) goto 36
    ialt=ialt+1
100   continue
      if(ires.eq.0) then
       iflag8=-1
!     write(*,*) 'não há solução no intervalo considerado'
!     stop
      endif
36    return
      end
```

2.7. PROBLEMAS PROPOSTOS

2.1) Deduza a fórmula da secante apresentada na Eq. (2.27) utilizando conhecimentos de Geometria Analítica, com base na Fig. P2.1.

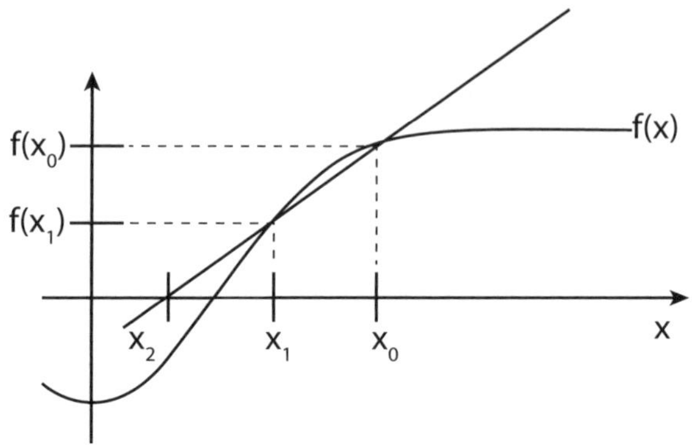

Figura P2.1 Esquema gráfico para o método da secante.

2.2) Deduza a fórmula de recorrência do método da falsa posição, a partir da interpretação gráfica da Fig. P2.2.

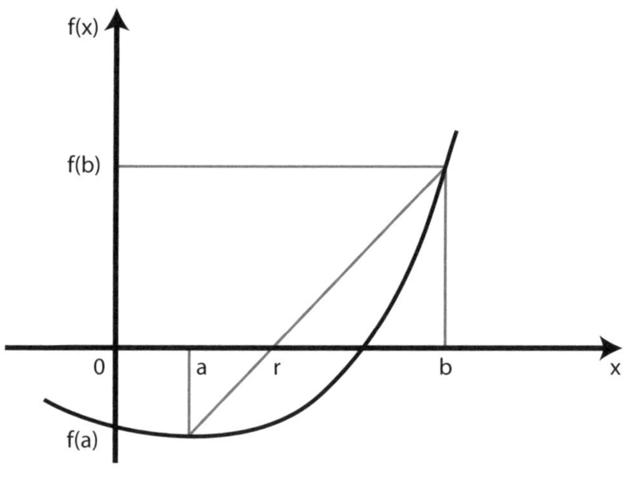

Figura P2.2 Esquema gráfico para o método da falsa posição.

2.3) Encontre as raízes (zeros) das funções a seguir, nos intervalos dados, por meio dos métodos gráfico, da bisseção, da falsa posição, de Newton e da secante. Com base no resultado gráfico, determine intervalos para a possível solução, no caso do método da bisseção ou estimativa(s) inicial(is) para os métodos de Newton e da secante. Note que, para alguns casos, as funções tendem ao infinito para algum dos limites dos intervalos fornecidos. Empregue uma tolerância de 10^{-4}, para o erro relativo.

a) $f(x) = x + \text{tg}\,(x), \left(\frac{\pi}{2}; \frac{3\pi}{2}\right)$

b) $f(x) = \frac{sen(x) + \cos(x)}{x^2}, (0; 2\pi)$

c) $f(x) = e^x - tg\,(x), \left(0; \frac{\pi}{2}\right)$

d) $f(x) = e^x sen(x) - x^2 + 4; \left(\frac{\pi}{2}; \pi\right)$

2.4) Considere as funções abaixo. Ao se empregar o método da bisseção, para qual das raízes (zeros) o método conduzirá?

a) $f(x)=(x-4)^4\,(x-3)(x+2)$, para [0;5].

b) $f(x)=(x-1)^3\,(x-2)(x-3)$, para [0;5].

c) $f(x)=(x-1)^3\,(x-2)(x-3)$, para [0;3,2].

2.5) A determinação de raízes múltiplas (em especial, os casos de multiplicidade par) constitui-se em um problema para a grande maioria dos métodos numéricos comumente empregados para definir “zeros” (raízes) de funções. No caso de raízes com multiplicidade par, o método da bisseção falha, uma vez que não ocorre variação do sinal da função em um intervalo de valores ao redor da raiz. Métodos como os de Newton e da secante, por sua vez, podem ser empregados com restrições, uma vez que tanto o valor da função quanto o da derivada tendem a zero nas proximidades da raiz, embora a função tenda a zero com maior rapidez que sua derivada. Desse modo, empregue os métodos de Newton e da secante para encontrar a raiz da seguinte função: $f(x) = (x-2)^4$. Utilize como estimativa inicial para o método de Newton e $x_0 = 0$ e $x_1 = 1$ para o método da secante.

2.6) Implemente um código computacional para encontrar a raiz da função $f(x) = (x-1)^5$, empregando os métodos da bisseção, da falsa posição, de Newton-Raphson e da secante. Empregue como intervalo inicial [0,3] para os métodos da bisseção e da falsa posição; $x_0 = 3$ para Newton-Raphson; e $x_0 = 0$ e $x_1 = 3$ no caso da secante. Utilize uma tolerância de 10^{-4} para o erro relativo. Qual dos métodos empregados apresenta convergência mais rápida? Por que isso ocorre?

2.7) Com o intuito de melhorar a taxa de convergência do método de Newton, para funções com raízes múltiplas, várias modificações foram propostas. As expressões resultantes de duas modificações, propostas por Ralstom e Rabinowitz (1978), são apresentadas a seguir:

$$x_{i+1} = x_i - m\frac{f(x_i)}{f^i(x_i)}$$

sendo m a multiplicidade da raiz; e

$$x_{i+1} = x_i - \frac{f(x_i)f'(x_i)}{[f'(x_i)]^2 - f(x_i)f''(x_i)}$$

Empregue ambas as expressões para as funções dadas nos problemas 2.4 e 2.5, mantendo-se as mesmas estimativas iniciais. Compare os comportamentos obtidos.

2.8) Empregue os métodos da bisseção, da falsa posição, de Newton e da secante para encontrar a raiz real da seguinte função: $f(x) = x^3 - 5x^2 + 4x - 20$. Para os métodos da bisseção e da falsa posição, empregue [3;6] como intervalo inicial. Para o método de Newton, utilize como estimativa inicial $x_0 = 3$ e, para o método da secante, as estimativas iniciais $x_0 = 3$ e $x_1 = 6$. Para a função fornecida, a raiz exata procurada é $x_r = 5$. De posse desse fato e de que, para um determinado método, sua ordem de convergência pode ser estimada por meio da expressão

$$p \approx \frac{\log\left|\frac{e_{k+1}}{e_k}\right|}{\log\left|\frac{e_k}{e_{k-1}}\right|}$$

na qual o erro na k-ésima iteração (e_k) é dado por:

$$e_k = x_k - x_r$$

Estime, também, as ordens de convergência para os métodos empregados. Sugestão: para a estimativa das ordens de convergência, implemente códigos computacionais, empregando precisão dupla (ou superior).

2.9) Com base na expressão apresentada no problema 2.7, calcule o comportamento das ordens de convergência dos métodos da bisseção, da falsa posição, de Newton e da secante para a função $f(x) = (x-1)^5$, apresentada no problema 2.6, com as mesmas estimativas e intervalos iniciais, bem como a mesma tolerância.

2.10) Escoamentos compressíveis são encontrados em vários problemas de engenharia aeroespacial, em virtude das altas velocidades alcançadas. Eles devem ser levados em conta, por exemplo, no projeto aerodinâmico de estruturas de aviões e foguetes, uma vez que em ambos os casos têm-se números de Mach superiores a 0,3, podendo, em alguns casos, alcançar valores superiores à unidade (escoamentos supersônicos). Uma idealização bastante útil para estudos iniciais de escoamentos compressíveis é o estudo do escoamento isentrópico unidimensional em bocais do tipo convergente-divergente (bocal de Laval). Para tanto, considera-se que um gás monoespécie com propriedades constantes escoa através de um bocal convergente-divergente, apresentando aceleração ao longo do escoamento, com regimes de velocidades sub, trans e supersônicas ao longo do bocal. Nesse caso, são obtidas as seguintes equações para a determinação das propriedades do escoamento:

$$p = p_0\left(1+\frac{k-1}{2}M^2\right)^{\frac{k}{1-k}}$$

$$T = T_0\left(1+\frac{k-1}{2}M^2\right)^{-1}$$

$$\rho = \rho_0\left(1+\frac{k-1}{2}M^2\right)^{\frac{1}{1-k}}$$

$$\left(\frac{A}{A_c}\right)^2 = \frac{1}{M^2}\left[\frac{2}{k+1}\left(1+\frac{k-1}{2}M^2\right)\right]^{\frac{(k+1)}{(k-1)}}$$

sendo: p a pressão; T a temperatura; ρ a massa específica; M o número de Mach; k a razão entre calores específicos a pressão e a volume constantes; A a área da seção transversal do bocal; A_c a área crítica (seção transversal na estricção ou garganta do bocal); e os índices 0 indicando propriedades de estagnação, previamente conhecidos. Nota-se que, determinado o número de Mach, todas as propriedades podem ser calculadas a partir de valores previamente conhecidos. O número de Mach, por sua vez, pode ser obtido por meio da última expressão, uma vez que sejam conhecidas as áreas das seções transversais referentes ao escoamento e à garganta do bocal (região de menor área). Graficamente, pode-se observar que, para uma dada razão entre áreas, existem duas possibilidades de números de Mach – uma, associada a um escoamento subsônico e a outra, referente a um escoamento supersônico. Nesse caso, o escoamento subsônico estará associado aos pontos a montante (anteriores) à garganta do bocal e o escoamento supersônico estará localizado a jusante (pontos posteriores) à garganta. Suponha que, para o raio de um determinado bocal, seja definida a seguinte função:

$$r(x) = \begin{cases} 0{,}2, \text{ se } x \leq 0{,}1m \\ 0{,}15 + 0{,}05\cos\left[\dfrac{(x-0{,}1)\pi}{0{,}3}\right], \text{ se } 0{,}1 < x \leq 0{,}4 \\ 0{,}1 + (x-0{,}4)tg\left(\dfrac{\pi}{12}\right), \text{ se } 0{,}4 < x \leq 1 \end{cases}$$

e que, escoando por esse bocal, seja empregado ar (modelado como um gás monoespécie), com as seguintes propriedades constantes: $k = 1{,}40; R = 287 J/kg \cdot K;\ T_0 = 2000K; P_0 = 2MPa; \rho_0 = 3{,}48432\ kg/m^3$.

Plote gráficos com a variação do número de Mach, temperatura e pressão ao longo do eixo de simetria do bocal. Utilize passos no eixo das abscissas iguais a 0,05.

2.11) A transferência de calor em regime transiente em uma parede plana, sem geração de calor, sujeita a convecção em suas duas superfícies pode ser modelada por meio da seguinte equação:

$$\frac{\partial^2 T}{\partial x^2} = \frac{1}{\alpha}\frac{\partial T}{\partial t}$$

sendo α a difusividade térmica do material (considerada constante neste caso), T a temperatura, x a coordenada espacial e t o tempo. A solução exata dessa equação diferencial tem como resultado a seguinte expressão:

$$\frac{T-T_\infty}{T_i-T_\infty}=\sum_{n=1}^{\infty}C_n exp(-\zeta_n^2\cdot Fo)cos\left(\zeta_n\frac{x}{L}\right)$$

em que: T_i é a temperatura inicial da parede (considerada constante), T_∞ é a temperatura do fluido em contato com as duas superfícies da parede, Fo representa o tempo adimensionalizado, x é a posição do ponto em que se deseja obter a temperatura, avaliada a partir do centro (linha de simetria) da parede, L é a semiespessura da parede, e

$$C_n=\frac{4sen(\zeta_n)}{2\zeta_n+sen(2\zeta_n)}$$

sendo ζ_n correspondente às raízes positivas da equação transcendental

$$\zeta_n \operatorname{tg}(\zeta_n)=Bi$$

na qual Bi refere-se ao número de Biot, que pode ser entendido como uma razão entre as resistências térmicas de condução no interior do sólido (parede) e de convecção através da camada-limite do fluido. Calcule os quatro primeiros valores não nulos de ζ_n em função de diversos números de Biot, iniciando com Bi = 0 até Bi = 2, com passo de 0,1.

2.12) (a) Escreva um programa que implemente o algoritmo do método da bisseção.

(b) Teste o algoritmo obtendo uma raiz para cada uma das funções abaixo:

b.1) $x^3-x^2+1=0$

b.2) $2e^{-x}-\operatorname{sen}x=0$

b.3) $\left(e^x+x\right)/4-\cos x=0$

b.4) $x\ln x-0{,}8=0$

b.5) $\ln x-3e^{x+2}=0$

2.13) (a) Escreva um programa que implemente o algoritmo do método da secante.

(b) Teste o algoritmo obtendo as raízes das funções abaixo nos intervalos especificados:

b.1) $x^{-1} - \operatorname{tg} x$, em [0,π/2]

b.2) $x^{-1} - 2^{x}$, em [0,1]

b.3) $2^{-x} + e^{x} + 2\cos x - 6$, em [1,3]

b.4) $\dfrac{x^3 + 4x^2 + 3x + 5}{2x^3 - 9x^2 + 18x - 2}$, em [0,4]

2.14) Para achar a raiz de *f(x) = 0*, por iteração funcional, seja:

$$F(x) = x + a_0 + a_1 y + \ldots\ldots + a_n y^n$$

em que $y = f(x)$. Escolha $a_0, a_1, \ldots\ldots, a_n$ em função de *f(s)*, *f'(s)*, etc., em que *s* é a raiz e ponto fixo, de maneira que *F(s) = s* e *F'(s) = F''(s) =* ...... = $F^{(n)}(s) = 0$.

a) Para *n = 1*, obtenha a fórmula de iteração $x_{i+1} = F(x_i)$.

b) Qual o nome desse método?

2.15) Deseja-se resolver a equação

$$f(x) = \frac{1}{1 + x^2} - x = 0$$

utilizando o método de iteração funcional, portanto, é necessário criar-se uma fórmula de iteração do tipo $x_{i+1} = F(x_i)$, por exemplo adicionando-se *x* à direita e à esquerda da equação original. No entanto, é desejável que se possa saber se o método convergirá ou não para a raiz. Para isso, a condição a ser satisfeita é que *F(x)* seja contrativa. Demonstre que a

F(x) sugerida é contrativa em qualquer intervalo arbitrário e determine o valor máximo de λ no mapeamento contrativo definido por:

$$|F(x) - F(y)| \leq \lambda |x - y|$$

Sugestão: aplique o TVM em *F(x)*.

2.16) Use o método de Newton para encontrar a raiz negativa da equação

$$f(x) = e^x - 1{,}5 - \text{arctg }(x) = 0$$

Construa uma tabela que mostre o valor de *x* e de *f(x)* para cada iteração realizada. Quantas iterações são necessárias para que $|f(x)| < 10^{-5}$? Use como valor inicial $x_0 = -7$. Use 6 casas decimais após a vírgula em todos os seus cálculos.

2.17) Seja p um número positivo, qual é o valor da seguinte expressão?

$$x = \sqrt{p + \sqrt{p + \sqrt{p + \ldots}}}$$

Note que isto pode ser interpretado como $x = \lim_{n \to \infty} x_n$, em que

$x_1 = \sqrt{p}$, $x_2 = \sqrt{p + \sqrt{p}}$, e assim por diante.

2.18) Ao usarmos o método de Newton para resolver a equação sen $x = 0$, observamos o seguinte comportamento, com $x_0 = 0{,}1$:

x	*sen x*
0,1	0,0998334
-0,000334672	-0,000334672
1,2495e-11	1,2495e-11
0	0

Qual é a ordem de convergência e por quê?
Sugestão: lembrar como foi obtida a taxa de convergência do método de Newton (Análise de Erro).

2.19) Seja a um número positivo não nulo. Qual é o valor da seguinte expressão:

$$x = \sqrt{a\sqrt{a\sqrt{a\cdots}}}$$

Crie uma sequência de valores apropriada $[x_n]$ para resolver o problema, e faça $x = \lim_{n\to\infty} x_n$.

2.20) A equação abaixo determina o tempo adimensional τ que um refrigerador com funcionamento intermitente para descongelamento deve ficar ligado para consumir uma potência adimensional $F = 1$, para $Bi = 1$; $T_0/T_L = 1{,}2$, e $H = 10$. Utilizando o método da secante, ache a raiz τ, tal que $|f(\tau)| \leq 10^{-6}$, ao resolver a equação abaixo com os valores iniciais $x_0 = 1{,}5$ e $x_1 = 1$:

$$f(\tau) = F - \frac{(T_0/T_L)H}{Bi(1+\tau)} \ln\left\{\frac{H-1-1/\tau}{H-1-1/\tau - Bi\,(1+\tau)}\right\} + 1 = 0$$

2.21) Determine as duas raízes reais da equação abaixo usando o método de iteração funcional, tal que $|f(x)| \leq 10^{-5}$. Uma raiz pertence ao intervalo (0,1), e a outra pertence ao intervalo (3,4). Proponha uma fórmula de iteração $x_{n+1} = F(x_n)$ para cada intervalo, tal que $F(x)$ seja um mapeamento contrativo no intervalo considerado, de forma que estará garantida a convergência do processo iterativo. Por exemplo, use para o intervalo (0,1), o valor inicial $x_0 = 0{,}4$ e para o intervalo (3,4), o valor inicial $x_0 = 3{,}3$.

$$f(x) = \ln x - x + 2 = 0$$

Projetos

2.1) A eficiência do ciclo Diesel padrão ar para um motor a combustão interna é dada por (Moran e Shapiro, 1996):

$$\eta = 1 - \frac{1}{r^{k-1}}\left\{\frac{r_c^k - 1}{k\left(r_c - 1\right)}\right\}$$

em que r_c é a razão de corte, r a razão de compressão e k a razão de calores específicos a pressão e volume constantes.

Para $k = 1,4$, construa um gráfico com 3 curvas $r_c \times r$, que representem η = 30%, 40% e 50%. Para $r > 5$, e sabendo que $r_c > 1$ em um motor Diesel real, delimite as curvas de maneira apropriada.

2.2) Considere o escoamento laminar de um fluido em desenvolvimento na região de entrada de um duto formado entre duas placas paralelas, conforme mostra a Fig. Pj2.2. A solução por um método integral das equações de conservação da quantidade de movimento para obter a velocidade central, U_c, na direção x, e a espessura da camada limite, $\delta(\mathrm{x})$, na região de entrada do duto, para o comprimento de entrada hidrodinâmico, é dada por (Sparrow, 1955):

$$\frac{\mathrm{x/D}}{\mathrm{Re_D}} = \frac{3}{40}\left(9\frac{U_c}{U} - 2 - 7\frac{U}{U_c} - 16\,\ln\frac{\mathrm{U_c}}{\mathrm{U}}\right)$$

$$\frac{\delta(\mathrm{x})}{\mathrm{D/2}} = 3\left\{1 - \frac{U}{U_c}\right\}$$

em que $\mathrm{Re_D} = \dfrac{UD}{\nu}$ é o número de Reynolds baseado na distância entre as placas, e ν a viscosidade cinemática do fluido.

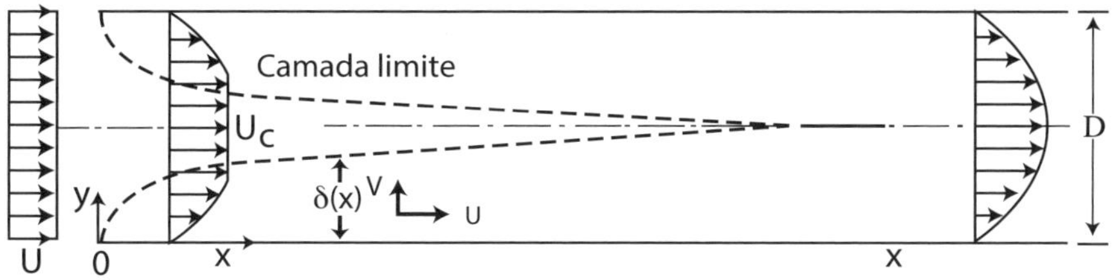

Figura Pj2.2 Escoamento na região de entrada de um duto de placas paralelas.

Fonte: adaptada de Bejan (1993).

Construa um gráfico que represente a velocidade na região de entrada do duto, i.e.,

$$\frac{U_c(x)}{U} \times \frac{x/D}{\mathrm{Re}_D}.$$

A seguir, construa um segundo gráfico que represente a espessura da camada limite na região de entrada do duto, i.e,

$$\frac{\delta(x)}{D/2} \times \frac{x/D}{\mathrm{Re}_D}.$$

Finalmente, determine o comprimento de entrada

$$\frac{X/D}{\mathrm{Re}_D},$$

sabendo que ele é definido no ponto em que as duas camadas limites se encontram, i.e., $\delta(X) = D/2$.

2.3) Um pedaço de carne cilíndrico com seção circular tem comprimento L e diâmetro D, em que L = a D e seu volume é calculado por

$$V = L\frac{\pi D^2}{4}.$$

Quando totalmente imerso em um banho de óleo quente a alta temperatura, em algum tempo, a carne será cozida. O tempo de cozimento, i.e., o tempo para atingir uma determinada temperatura de cozimento no ponto central do pedaço de carne, é dependente da geometria e das propriedades termofísicas do óleo utilizado:

$$\tilde{t}_{cozimento} = \frac{t_{cozimento}}{\frac{1}{\alpha}\left(\frac{V}{\pi}\right)^{2/3}} \sim \frac{(2a)^{2/3}}{2\left(4a^2\right)^{2/3} + 4\left(\frac{1}{2a}\right)^{2/3}}$$

em que $\tilde{t}_{cozimento}$ é o tempo adimensional de cozimento e α a difusividade térmica do óleo. Para deduzir essa correlação, foi admitido um regime dominante de condução de calor bidimensional no processo de cozimento, e realizada uma análise de escala a partir da equação de energia em duas dimensões aplicada ao pedaço de carne. Apesar de não determinar exatamente o tempo de cozimento, a equação permite verificar a influência da geometria do pedaço de carne no mesmo. Mais especificamente, é importante verificar o efeito da razão de aspecto a. Para tanto, encontre o valor de a para um máximo $\tilde{t}_{cozimento}$. A seguir, construa um gráfico $\tilde{t}_{cozimento} \times a$. Qual a sua recomendação para uma cozinha industrial que necessite produzir carne cozida em série?

2.4) Vargas et al. (2001) publicaram um estudo teórico-numérico sobre o problema de como obter a máxima taxa de entrada de exergia em um refrigerador solar.

O diagrama esquemático do sistema é mostrado na Fig. Pj2.4.

O problema numérico consiste em resolver o sistema de equações adimensionais não lineares a seguir:

$$\tau_{st} - \tau_H = \mu_w(\tau_w - 1) \qquad (1)$$

$$\varepsilon_i = \frac{1-\exp[-NTU_i(1-C_{\min,i}/C_{\max,i})]}{1-(C_{\min,i}/C_{\max,i})\exp[-NTU_i(1-C_{\min,i}/C_{\max,i})]} \tag{2}$$

em que ε representa a efetividade do trocador de calor quente; os subscritos s e l representam as regiões de vapor superaquecido e líquido da corrente de solução refrigerante/absorvente (fluido de trabalho), respectivamente; $C_j = \dot{m}_j c_j$ representa a taxa de capacidade térmica de uma corrente fluida, e j pode ser h (*hot*) ou c (*cold*), i.e., água quente e fluido de trabalho no caso desta análise, respectivamente.

$$\varepsilon_b = 1 - exp\left[-NTU_b\right] \tag{3}$$

$$\tau_3 = \tau_w - \left(C_{min,s}/C_h\right) e_s(\tau_w - \tau_b) \tag{4}$$

$$\tau_2 = \tau_b + \left(C_{min,s}/C_{c,s}\right) e_s(\tau_w - \tau_b) \tag{5}$$

$$t_{out} = (1 - e_l C_{min,l}/C_h)t_4 + \left(C_{min,l} / C_h\right) e_l t_1 \tag{6}$$

$$t_4 = t_1 + \left(C_{c,l} / C_{min,l}\right)(t_b - t_1) / e_l \tag{7}$$

$$t_4 = t_3 - \varepsilon_b(t_3 - t_b) \tag{8}$$

$$t_3 - t_1 = C_{c,s} h_{fg} / \left(C_h c_{m,s} T_0\right) \tag{9}$$

$$\begin{aligned} NTU = {} & \left(C_{min,s} / C_h\right) NTU_s + \left(U_s / U_b\right) NTU_b \\ & + \left(C_{min,l} / C_h\right)\left(U_s / U_l\right) NTU_l \end{aligned} \tag{10}$$

nos quais os subscritos representam: w – água de aquecimento; b – região de ebulição do fluido de trabalho; 3 e 4 – pontos da corrente

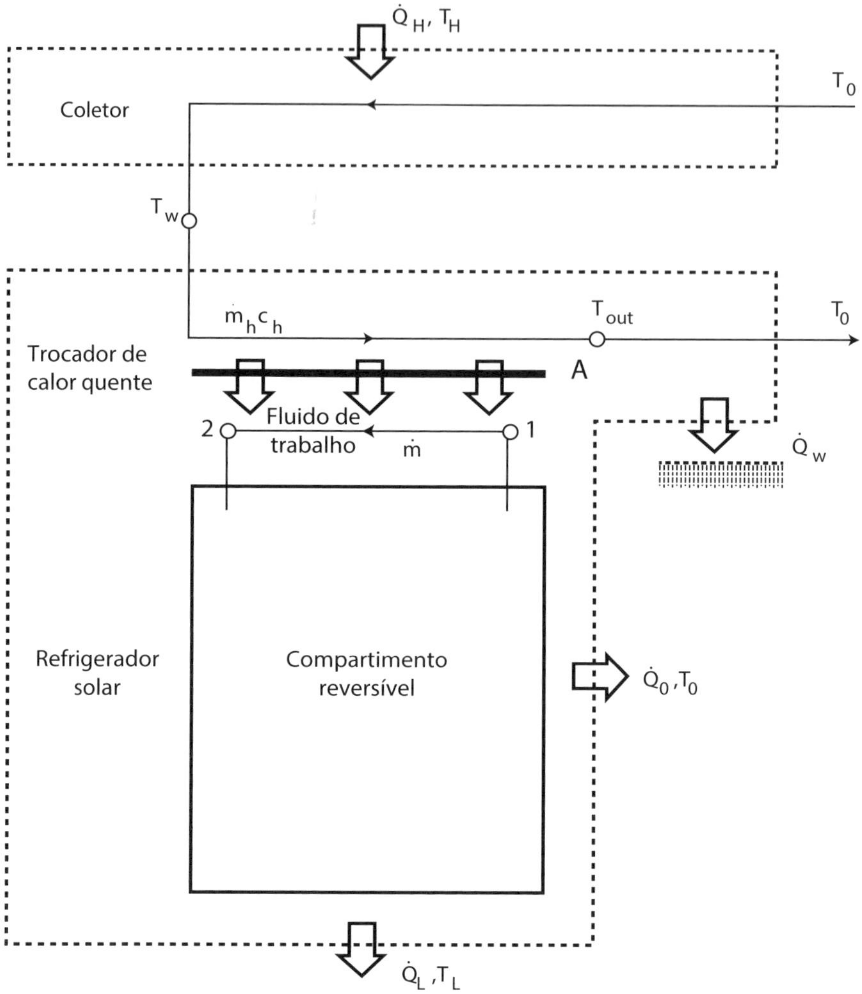

Figura Pj2.4 Diagrama esquemático de refrigerador solar.

quente correspondentes ao final e ao início da ebulição do fluido de trabalho, respectivamente, e

$$NTU = U_S A / (\dot{m}_h\, c_h), \text{ constante} \tag{11}$$

Para levar em consideração a distribuição do refrigerante de acordo com sua fase ao longo da superfície de troca de calor, são propostas frações de área conforme a seguir:

$$x = A_s / A; y = A_b / A; \text{ e } 1 - x - y = A_l / A \tag{12}$$

tal que $x = \left(C_{min,s} / C_h\right) NTU_s / NTU$, $y = \left(U_s / U_b\right) NTU_b / NTU$;
e $1 - x - y = \left(C_{min,l} / C_h\right)\left(U_s / U_l\right) NTU_l / NTU$.

A figura de mérito apropriada para a busca do ótimo termodinâmico é a eficiência de segunda lei para o sistema, calculada por:

$$\begin{aligned}\eta_{II} &= (-E_{\dot{Q}L}) / (\dot{m}_h e_{x,w}) = \dot{Q}_L (T_0 / T_L - 1) / (\dot{m}_h e_{x,w}) = \\ &\dot{m}(e_{x,2} - e_{x,1}) / (\dot{m}_h e_{x,w})\end{aligned} \tag{13}$$

Para avaliar a variação na exergia de escoamento na corrente de solução, três partes são consideradas para o refrigerante, mais a variação na exergia da água líquida, quando estiver presente na solução, como a seguir:

$$\begin{aligned}e_{x,2} - e_{x,1} &= (1-r)\left\{\left(e_{x,2} - e_{x,g}\right) + \left(e_{x,g} - e_{x,f}\right) + \left(e_{x,f} - e_{x,1}\right)\right\}_r \\ &+ r\left\{e_{x,2} - e_{x,1}\right\}_w\end{aligned} \tag{14}$$

em que $e_x = h - T_0 s$, $r = \dfrac{\dot{m}_w}{\dot{m}}$ e $1 - r = \dfrac{\dot{m}_r}{\dot{m}}$,

i.e., r é a fração mássica de absorvente (água) na corrente de fluido de trabalho (mistura refrigerante e absorvente).

A Eq. (13) é reescrita assumindo o modelo de líquido incompressível para a mistura refrigerante e água na fase líquida:

$$\eta_{II} = \left(\frac{C_{c,s}}{C_h}\right)\left\{\frac{(1-r)(v+z) + r\dfrac{c_w}{c_{m,s}}\left(\tau_2 - \tau_1 - \ln\dfrac{\tau_2}{\tau_1}\right)}{\left(\tau_w - 1 - \ln \tau_w\right)}\right\} \tag{15}$$

na qual v é uma função que depende do modelo adotado para o refrigerante na fase de vapor superaquecido, conforme se segue:

$$v = \tau_2 - \tau_b - ln\left(\tau_2/\tau_b\right) \text{ (modelo de gás ideal)} \tag{16}$$

e z é uma função que se refere ao refrigerante líquido e em ebulição, calculada por:

$$z = \left(h_{fg} / c_{m,s} T_0\right)(1 - 1/\tau_b) + c_l / c_{m,s}(\tau_b - \tau_1 - ln\ (\tau_b/\tau_1) \tag{17}$$

em que

$$c_{m,i} = (1-r)\ c_i + r\ c_w \qquad \text{i = s, l} \tag{18}$$

A solução do sistema (1) a (10) visa a obter τ_2 e maximizar η_{II}. Cada ponto da curva de eficiência de segunda lei do sistema foi determinado como a solução do sistema de equações para um conjunto fixo de parâmetros $\left(M, NTU, \tau_H, \tau_{st}, \mu_w, \tau_1, \tau_b, T_0, \dfrac{U_b}{U_s} \text{ e } \dfrac{U_l}{U_s}\right)$.

Uma vez que o conjunto de parâmetros fixos é definido, τ_w é obtido diretamente da Eq. (1), o sistema restante de nove equações é resolvido para obter τ_2. Esse sistema deve ser resolvido em dois passos: (a) por substituição algébrica, após o que as Eqs. (2) e (3) fornecem $x = f_1(\tau_2)$, $y = f_2(\tau_2)$ e $(1 - x - y) = f_3(\tau_2)$, e (b) utilizando a restrição total de superfície definida por $A = A_l + A_b + A_s$. Assim, o sistema reduz-se a uma equação não linear em função de τ_2:

$$F(\tau_2) = f_3(\tau_2) - \left[1 - f_1(\tau_2) - f_2(\tau_2)\right] = 0 \tag{19}$$

A Eq. (11) deve ser então resolvida para obter τ_2, a partir do que as incógnitas restantes são determinadas $(x, y, \tau_3, \tau_4, \tau_{out}, \varepsilon_s, \varepsilon_l, \varepsilon_b)$. Utilize a tolerância $\left|F(\tau_2)\right| \leq 10^{-6}$ para obter a solução convergida a partir de um dos métodos de solução de equação não linear apresentados neste capítulo. A maximização de η_{II} deve ser realizada variando M e fixando os outros parâmetros do sistema

$$\left(\text{NTU}, t_H, \tau_{st}, \mu_w, \tau_1, \tau_b, T_0, \frac{U_b}{U_s} \text{ e } \frac{U_l}{U_s}\right).$$

A faixa de variação para M, usando uma solução de água e amônia no lado frio, deve ser $0{,}01 \leq M < 1$. Nessa faixa, $\dot{m}c_s < \dot{m}_h c_h$, uma vez que $c_s < c_h$, no caso de amônia e água, assim,

$$\mu = \frac{C_{\min,s}}{C_{\max,s}} = \frac{C_{c,s}}{C_h} < 1.$$

Analogamente,

$$\mu' = \frac{C_{\min,l}}{C_{\max,l}} = \frac{C_{c,l}}{C_h} < 1.$$

Considere a hipótese simplificadora de que o coeficiente de transferência de calor global apresenta o mesmo valor nas três seções do trocador de calor, i.e., $U_s = U_b = U_l$. A pressão da corrente de refrigerante cruzando o trocador de calor é $P_r = 18$ bar, e a temperatura ambiente, $T_0 = 298{,}15$ K. Os dados de entrada restantes a serem considerados são: $T_b = T_{sat}\left(P_r = 18 \text{ bar}\right) = 45{,}38\,°C$, portanto $\tau_b = 1{,}068$; $c_l \cong 5{,}0 \text{ kJ kg}^{-1}K^{-1}$; $h_{fg}\left(P_r = 18 \text{ bar}\right) = 1073{,}1 \text{ kJ kg}^{-1}$;

$$\bar{c}_s \cong \frac{1}{2}\left\{c_s\left(T_w\right) + c_s\left(T_b\right)\right\} \cong 2{,}5 \text{ kJ kg}^{-1}K^{-1};\ \tau_{st} = 1{,}5;\ \mu_w = 0{,}12;$$

$NTU = 5$; $\tau_H = 1{,}45$; $\tau_1 = 1$, e $r = 0$.

Neste projeto, solicita-se:

1. Construir a curva da eficiência de segunda lei da termodinâmica para o refrigerador, η_{II}, com relação à vazão mássica de solução refrigerante/absorvente, ou a razão entre essa vazão e a vazão mássica de fluido térmico proveniente do coletor solar,

$$M = \frac{\dot{m}}{\dot{m}_h},$$

usando a hipótese de que o refrigerante como vapor superaquecido comporta-se como um gás ideal, i.e., deve-se obter a curva $\eta_{II} \times M$.

2. Construir um gráfico que apresente a distribuição da temperatura adimensional τ das duas correntes que cruzam o trocador de calor quente (água quente e fluido de trabalho) em contrafluxo, em relação à posição ao longo do trocador de calor, para os dados de entrada fornecidos utilizando o valor de $M_{ótimo}$ que leva a $\eta_{II,\max}$, i.e., devem-se obter as curvas $\tau_{água-quente} \times z$ e $\tau_{fluido-trabalho} \times z$, em que z é um referencial com origem na extremidade do trocador de calor onde a água quente está entrando. Fica claro, portanto, que $0 \leq z \leq 1$, sendo

que $0 \leq z \leq x$ corresponde à região de refrigerante como vapor superaquecido, $x < z \leq x + y$ à região de mudança de fase do refrigerante, e $x + y < z \leq 1$ à região de refrigerante líquido.

Discuta os resultados e elabore um trabalho em forma de artigo científico.

2.5) Este projeto aborda o problema de um refrigerador operando com tempo de descongelamento, que foi originalmente proposto por Bejan et al. (1994). O diagrama esquemático do sistema é apresentado na Fig. Pj2.5, em que T_i representa as temperaturas absolutas nos pontos de interesse i para a análise do sistema.

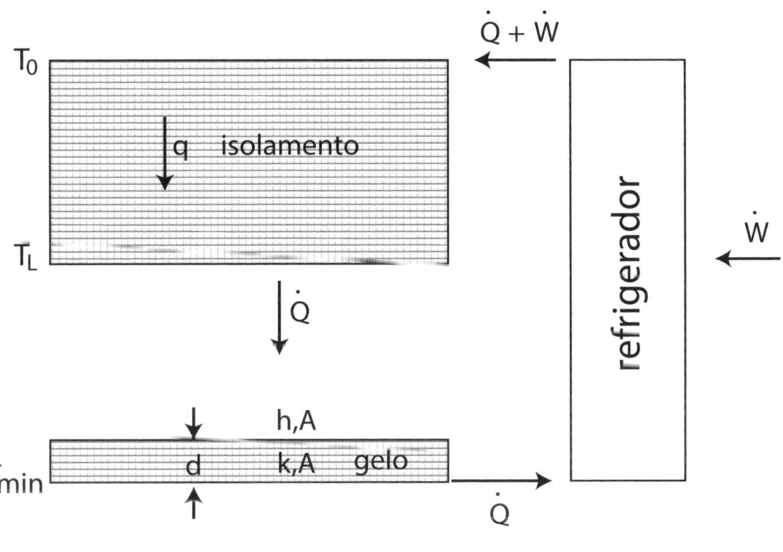

Figura Pj2.5 Diagrama esquemático do refrigerador operando com tempo de descongelamento.

O trabalho total demandado pelo refrigerador durante o intervalo t_1 em que o refrigerador permanece em funcionamento (controlado por um termostato) é calculado por:

$$W = \int_0^{t_1} \dot{W}\, dt \tag{1}$$

Levando-se em conta que há uma perda de calor q que deve ser considerada para manter a câmara fria à temperatura T_L e removida como a taxa de transferência de calor $\dot{Q}$ durante o tempo t_1 quando o refrigerador está ligado, calcula-se:

$$\dot{Q} = \frac{q(t_1 + t_2)}{t_1} \tag{2}$$

Cada intervalo t_1 é seguido por um intervalo de tempo t_2 durante o qual o refrigerador é desligado e a superfície do evaporador é descongelada. A carga térmica é retirada pelo evaporador pela diferença de temperatura $T_L - T_{\min}$ e calculada por:

$$\dot{Q} = \left(\frac{1}{hA} + \frac{\delta}{kA} \right)^{-1} \left(T_L - T_{\min} \right) \tag{3}$$

em que A, h, δ e k são a área de troca de calor do evaporador, o coeficiente de transferência de calor entre o material resfriado e a superfície de gelo, a espessura do gelo, e a condutividade térmica efetiva da camada de geada (gelo e ar aprisionado).

Assume-se que a espessura da camada de geada aumenta segundo a relação linear:

$$\delta = at \tag{4}$$

em que a taxa de crescimento da geada, a, é conhecida por medições diretas. A potência requerida pelo refrigerador durante o intervalo ligado t_1 é calculada por:

$$\dot{W} = \frac{1}{\eta_{II}}\dot{Q}\left(\frac{T_0}{T_{\min}} - 1\right) \tag{5}$$

Combinando as Eqs. (1) a (5) é possível expressar o requisito médio de potência do refrigerador $\dfrac{W}{t_1 + t_2}$ na seguinte forma adimensional:

$$\frac{\eta_{II} W}{q(t_1 + t_2)} = \frac{(T_0 / T_L)H}{Bi(1+\tau)} \ln\left\{\frac{H - 1 - 1/\tau}{H - 1 - 1/\tau - Bi\,(1+\tau)}\right\} - 1 \tag{6}$$

em que Bi é o número de Biot baseado na espessura da camada de geada de tamanho at_2, H é a contraparte adimensional do coeficiente de transferência de calor por convecção, e τ é o tempo adimensional que o refrigerador permanece ligado, como se segue:

$$Bi = \frac{hat_2}{k};\ \mathrm{H} = \frac{\mathrm{hAT_L}}{\mathrm{q}};\ \tau = \frac{\mathrm{t_1}}{\mathrm{t_2}} \tag{7}$$

Pede-se:

1. Combinando as Eqs. (1) a (5), deduza a Eq. (6).
2. Construa um gráfico

$\dfrac{\eta_{II} W}{q(t_1 + t_2)} \times \tau$, para H = 10 e $\dfrac{T_0}{T_L} = 1{,}2$ mostrando 3 curvas para $Bi = 0{,}1;\ 1;\ 2$. Construa também um gráfico

$\dfrac{\eta_{II} W}{q(t_1 + t_2)} \times \tau$ para Bi = 10 e $\dfrac{T_0}{T_L} = 1{,}2$, mostrando 3 curvas para $H = 20;\ 26;\ 50$.

3. Desenvolva uma formulação para obter o tempo adimensional de operação ótimo, $\tau_{ótimo}$, que minimize a potência adimensional consumida pelo sistema, i.e., $\left(\dfrac{\eta_{II} W}{q(t_1 + t_2)}\right)_{\min}$.

Para tanto, obtenha a derivada da Eq. (6), $\partial / \partial\tau$, iguale a zero e resolva essa equação para obter $\tau_{ótimo}$ usando um dos métodos numéricos de solução de equação não linear apresentados neste capítulo. Mostre que essa formulação é independente de $\dfrac{T_0}{T_L}$.

4. Construa um gráfico $\tau_{ótimo} \times H$ mostrando 3 curvas para $Bi = 0{,}1; 1; 10$. Construa também um gráfico $\tau_{ótimo} \times Bi$ mostrando 3 curvas para $H = 5; 10; 20$.

Discuta os resultados e apresente seu trabalho na forma de um artigo científico.

2.6) Elabore um programa computacional cuja proposta seja resolver qualquer equação não linear que lhe seja fornecida como entrada, i.e.:

Dado $f(x) = 0$, ache x.

O programa deve ser capaz de resolver o problema sem a necessidade de valores iniciais serem propostos pelo usuário. Assim, o código poderá ser utilizado futuramente como sub-rotina de um programa computacional qualquer que necessite resolver equações não lineares como parte de sua lógica. Portanto, o código deve ser rápido e eficaz. Por exemplo, essa sub-rotina poderia ser denominada de "Resolvedor Geral" *(General Solver)*. Uma sub-rotina desse tipo foi discutida e apresentada na seção 2.6.

Para testar o código, proponha pelo menos 10 equações não lineares que você considere de difícil solução e apresente as raízes encontradas.

Discuta os resultados e elabore um trabalho em forma de artigo científico.

3

SISTEMAS DE EQUAÇÕES LINEARES

3.1. INTRODUÇÃO

A análise de um sistema físico qualquer inicia-se pela observação do espaço físico que ele ocupa, podendo variar dinamicamente de acordo com as leis físicas que norteiam seu funcionamento. Na realidade, o espaço físico é contínuo, sendo constituído de infinitos pontos. A modelagem matemática desse sistema consiste em escrever as equações matemáticas que representam as leis físicas que regem o sistema. Conforme foi discutido nos capítulos anteriores, a grande maioria dos sistemas físicos é modelada por equações matemáticas complexas não lineares e que não apresentam soluções analíticas, i.e., para os infinitos pontos que constituem o domínio em análise.

A questão fundamental de engenharia é a concepção e o projeto desses sistemas. Para tanto, é necessário resolver as equações matemáticas que modelam o comportamento físico do sistema, para obter sua resposta no tempo e no espaço. Como obter a solução analítica em forma fechada dessas equações não é possível na maior parte dos casos, busca-se uma solução aproximada.

Diante da impossibilidade matemática de se obter soluções numéricas para os infinitos pontos do domínio, aproxima-se o sistema contínuo (infinitos pontos por um sistema discreto [número finito de pontos]). Por exemplo, uma equação matemática escrita para os infinitos pontos de um domínio pode representar a resposta de temperatura no tempo e no espaço de um sistema (aquecimento ou resfriamento) em função das condições do ambiente em que ele é inserido. Essa equação é utilizada para criar um conjunto finito de equações matemáticas para cada ponto do sistema discreto que, por sua vez, aproxima o sistema contínuo.

Para ilustrar esse procedimento, considere o problema de análise estrutural de uma placa fina com orifício central que deve ser montada em um suporte mecânico, conforme mostra a Fig. 3.1. A peça deve ser montada por um processo mecânico de ajuste com interferência, o que provoca naturalmente uma deformação no material. A questão de engenharia é saber se cada ponto da peça resistirá ao esforço provocado pela montagem, i.e., se sua estrutura será preservada ou não.

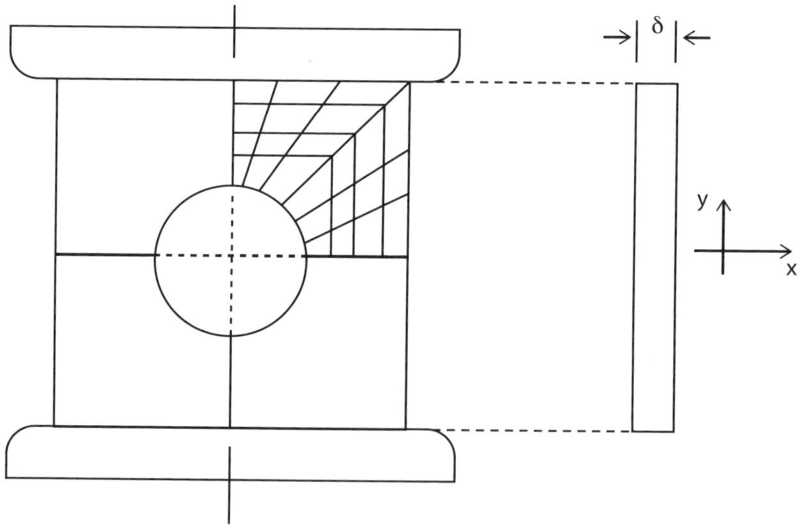

Figura 3.1 Chapa com orifício montada em suporte via ajuste com interferência.

As tensões, que resultam no material decorrente do carregamento imposto pela montagem, são calculadas a partir da teoria da elasticidade linear, que tem origem no princípio de conservação da quantidade de movimento (Hughes, 1987). Trata-se de uma equação diferencial parcial linear que relaciona as tensões com a posição espacial (x,y). Reconhecendo que o problema apresenta dois eixos de simetria, conforme mostra a Fig. 3.1, o domínio de análise reduz-se a apenas um quadrante. Verifica-se que o quadrante contínuo (com infinitos pontos) pode ser aproximado por um conjunto finito discreto de pontos, também representado na Fig. 3.1. Esse processo é chamado de "discretização", e o conjunto de pontos resultante é denominado "malha".

A equação diferencial parcial linear escrita para as tensões é aproximada por um conjunto de equações algébricas lineares, uma para cada ponto da malha resultante. Os detalhes desse processo de transformação da equação diferencial parcial em equações algébricas não são descritos neste livro, porém, o leitor pode encontrar essas informações na literatura técnica básica (Fletcher, 1991; Anderson et al., 1984). O fato importante a destacar é que o sistema de equações algébricas lineares cuja solução são os deslocamentos resultantes no material da peça em cada ponto da malha da Fig. 3.1, que leva ao cálculo das deformações e das tensões no material, permitirá verificar se a estrutura com a configuração especificada (tipo de material, geometria) será preservada ou não. A tensão máxima resultante em cada ponto da malha da Fig. 3.1 (todo o domínio de análise) deve ser menor do que a máxima tensão que o material resiste sem se deformar permanentemente (tensão de escoamento), de acordo com suas propriedades mecânicas pré-conhecidas.

A solução do problema de engenharia assim formulado é obtida, portanto, a partir da solução de um sistema de equações algébricas lineares. Dessa maneira, é necessária a existência de processos eficazes para resolver numericamente esse sistema de equações. Note que o número de equações resultante pode ser bastante grande, dependendo do número de pontos da malha da Fig. 3.1.

Como é possível perceber, a obtenção da solução de sistemas de equações lineares é vital para uma vasta classe de problemas físicos e de engenharia. Os itens seguintes deste capítulo destinam-se a apresentar e discutir os métodos numéricos de solução de sistemas de equações lineares. Basicamente, esses métodos dividem-se em métodos diretos e indiretos (ou iterativos).

3.2. MÉTODOS DIRETOS

Os métodos diretos são aqueles que permitem obter o vetor solução $\vec{x}$ do sistema

$$A\vec{x} = \vec{b} \qquad (3.1)$$

por meio de procedimentos algébricos diretos. Assim, a solução é obtida diretamente pelo computador, sem a necessidade de realizar um procedimento iterativo.

Um sistema de n equações lineares e n incógnitas é formulado matematicamente da seguinte maneira:

$$\begin{cases} a_{11}x_1 + a_{12}x_2 + \ldots + a_{1n}x_n = b_1 \\ a_{21}x_1 + a_{22}x_2 + \ldots + a_{2n}x_x = b_2 \\ \quad \vdots \qquad\qquad\qquad\qquad\qquad \vdots \\ a_{n1}x_1 + a_{n2}x_2 + \ldots + a_{nn}x_n = b_n \end{cases} \qquad (3.2)$$

com $a_{ij}, b_i \in \Re$, para $i, j = 1, \ldots, n$. Em forma matricial, o sistema pode ser escrito como:

$$\begin{bmatrix} a_{11}a_{12}\ldots a_{1n} \\ a_{21}a_{22}\ldots a_{2n} \\ \vdots \qquad \vdots \\ a_{n1}a_{n2}\ldots a_{nn} \end{bmatrix} \begin{bmatrix} x_1 \\ x_2 \\ \vdots \\ x_n \end{bmatrix} = \begin{bmatrix} b_1 \\ b_2 \\ \vdots \\ b_n \end{bmatrix} \qquad (3.3)$$

ou ainda na forma geral

$$A\vec{x} = \vec{b} \tag{3.1}$$

em que $A = \left[a_{ij}\right]$ e $b = \left\{b_i\right\}, i, j = 1,\ldots,n$.

3.2.1. Noções de álgebra matricial

Uma matriz quadrada A^T é dita **transposta** de A se

$$A = \left[a_{ij}\right] \text{ e } A^T = \left[a_{ji}\right], i, j = 1,\ldots,n \tag{3.4}$$

Se $A^T = A$, então A é uma matriz **simétrica** que, por definição, é a matriz quadrada que apresenta os elementos acima da diagonal principal iguais aos elementos abaixo dela.

Uma operação de multiplicação entre duas matrizes A e B é definida por:

$$\left(AB\right)_{ij} = \sum_{k=1}^{p} a_{ik} b_{kj} \tag{3.5}$$

que só é possível de ser realizada se $A\left(m \times p\right)$ e $B\left(p \times n\right)$, em que m, n, p são números inteiros positivos que definem as dimensões das matrizes. Em outras palavras, na matriz $A\left(m \times p\right)$, m define o número de linhas e p, o número de colunas. Assim, para realizar uma multiplicação de duas matrizes, o número de colunas da primeira matriz deve ser igual ao número de linhas da segunda matriz. Na Eq. (3.5), a matriz resultante (AB) é, portanto, uma matriz de dimensão $\left(m \times n\right)$.

Uma operação de multiplicação entre uma matriz $A\left(m \times p\right)$ e um vetor $\vec{x}\left(p \times 1\right)$ é também definida pela Eq. (3.5). Note que o vetor $\vec{x}$ é uma matriz de p linhas e 1 coluna. O resultado será, portanto, um vetor $\vec{b}\left(m \times 1\right)$.

No caso especial do sistema de equações lineares representado pela Eq. (3.2), a matriz A é quadrada e de dimensão $\left(n \times n\right)$. Portanto, o resultado da multiplicação de A por $\vec{x}$ é um vetor $\vec{b}\left(n \times 1\right)$.

Dois sistemas de equações lineares são ditos equivalentes quando têm a mesma solução. Matematicamente, escreve-se:

$$A\vec{x} = \vec{b} \text{ e } B\vec{x} = \vec{d} \tag{3.6}$$

em que A e B são duas matrizes diferentes de mesma dimensão, e b e d, dois vetores diferentes também de mesma dimensão.

Para se obter um sistema equivalente $B\vec{x} = \vec{d}$ a partir de um sistema $A\vec{x} = \vec{b}$, realizam-se procedimentos chamados de **operações elementares com linhas**. São elas:

i) Troca de duas equações

Essa operação realiza a mudança na ordem das linhas de A, $\vec{x}$ e $\vec{b}$, o que significa mudar a ordem das equações do sistema original (3.2). Obviamente, esse procedimento não alterará a solução. Obtém-se assim um sistema equivalente. Matematicamente, isso é representado pela multiplicação de uma permutação da matriz identidade I por A, $\vec{x}$ e $\vec{b}$. Por exemplo, para um sistema 3×3, no qual se deseja trocar a linha 2 pela linha 3, faz-se:

$$E_1\left(A,\vec{x},\vec{b}\right) \tag{3.7}$$

em que $E_1 = \begin{bmatrix} 1 & 0 & 0 \\ 0 & 0 & 1 \\ 0 & 1 & 0 \end{bmatrix}$

é uma matriz identidade permutada. Assim, no caso deste exemplo, ao multiplicar a matriz E_1 pelo sistema de equações $(A,\vec{x},\vec{b})$, o resultado é a troca da segunda equação pela terceira.

ii) Multiplicação por um número diferente de zero

Essa operação elementar é matematicamente representada por:

$$E_2(A,\vec{x},\vec{b}) \tag{3.8}$$

Por exemplo, para um sistema 3×3, em que se deseja multiplicar a segunda equação por λ,

$$E_2 = \begin{bmatrix} 1 & 0 & 0 \\ 0 & \lambda & 0 \\ 0 & 0 & 1 \end{bmatrix}.$$

Analogamente, uma ou mais equações do sistema poderiam ser multiplicadas por constantes pré-definidas λ_i, $i = 1,\ldots,n$. É claro que esse procedimento não alterará a solução do sistema $(A,\vec{x},\vec{b})$.

iii) Adição a uma equação de um múltiplo de alguma outra equação

É possível demonstrar que um sistema equivalente é obtido ao se somar um múltiplo de uma equação a outra equação qualquer do sistema (problema 3.9). Matematicamente, o procedimento é representado por:

$$E_3(A,\vec{x},\vec{b}) \tag{3.9}$$

Por exemplo, para um sistema 3×3, em que se deseje adicionar a primeira equação multiplicada por uma constante $\lambda \in \Re$ à terceira equação,

$$E_3 = \begin{bmatrix} 1 & 0 & 0 \\ 0 & 1 & 0 \\ \lambda & 0 & 1 \end{bmatrix}.$$

Analogamente, o mesmo procedimento poderia ser aplicado a qualquer equação do sistema $n \times n$.

3.2.2. Matrizes inversas

Seja o produto de duas matrizes $A(n \times p)$ e $B(p \times n)$ dado por:

$$AB = \mathrm{I} \tag{3.10}$$

em que I é a matriz identidade $(n \times n)$. Quando esse resultado ocorre, diz-se que $B \neq 0$ é a matriz inversa direita de A, e A é a matriz inversa esquerda de B. Note que a seguinte situação pode se verificar:

$$\begin{bmatrix} 1 & 0 & 0 \\ 0 & 1 & 0 \end{bmatrix} \begin{bmatrix} 1 & 0 \\ 0 & 1 \\ \alpha & \beta \end{bmatrix} = \begin{bmatrix} 1 & 0 \\ 0 & 1 \end{bmatrix}, \ \forall \alpha, \beta \tag{3.11}$$

Portanto, a segunda matriz não é única.

Se as matrizes forem quadradas, a situação é mais simples. As inversas direita e esquerda são coincidentes e únicas. Assim:

$$AA^{-1} = A^{-1}A = \mathrm{I} \tag{3.12}$$

Uma matriz elementar é aquela que é obtida por meio de uma operação elementar sobre a matriz identidade. Uma matriz inversa pode ser obtida por meio de uma sequência de operações elementares conforme a seguir:

$$\underbrace{E_n \ldots E_4 E_3 E_2 E_1}_{A^{-1}} A = \mathrm{I} \quad \text{e} \quad E_n \ldots E_4 E_3 E_2 E_1 \mathrm{I} = A^{-1} \tag{3.13}$$

Exemplo 3.1) Usando operações elementares com linhas, determine a matriz inversa A^{-1}, sabendo que:

$$A = \begin{bmatrix} 2 & 4 & 3 & 2 \\ 3 & 6 & 5 & 2 \\ 2 & 5 & 2 & -3 \\ 4 & 5 & 14 & 14 \end{bmatrix}$$

Solução

Utiliza-se a Eq. (3.13), partindo de:

$$\begin{bmatrix} 2 & 4 & 3 & 2 & \vdots & 1 & 0 & 0 & 0 \\ 3 & 6 & 5 & 2 & \vdots & 0 & 1 & 0 & 0 \\ 2 & 5 & 2 & -3 & \vdots & 0 & 0 & 1 & 0 \\ 4 & 5 & 14 & 14 & \vdots & 0 & 0 & 0 & 1 \end{bmatrix}$$

Divide-se a primeira linha por 2, e, a seguir, multiplica-se a mesma linha por 3, 2 e 4, subtraindo-a da 2ª, 3ª e 4ª linhas, respectivamente:

$$\begin{bmatrix} 1 & 2 & 3/2 & 1 & \vdots & 1/2 & 0 & 0 & 0 \\ 0 & 0 & 1/2 & -1 & \vdots & -3/2 & 1 & 0 & 0 \\ 0 & 1 & -1 & -5 & \vdots & -1 & 0 & 1 & 0 \\ 0 & -3 & 8 & 10 & \vdots & -2 & 0 & 0 & 1 \end{bmatrix}$$

Troca-se a 3ª linha pela 2ª linha:

$$\begin{bmatrix} 1 & 2 & 3/2 & 1 & \vdots & 1/2 & 0 & 0 & 0 \\ 0 & 1 & -1 & -5 & \vdots & -1 & 0 & 1 & 0 \\ 0 & 0 & 1/2 & -1 & \vdots & -3/2 & 1 & 0 & 0 \\ 0 & -3 & 8 & 10 & \vdots & -2 & 0 & 0 & 1 \end{bmatrix}$$

Multiplica-se por 2 a 3ª linha; soma-se a 4ª linha à 2ª linha multiplicada por 3, e subtrai-se da 1ª linha a 2ª linha multiplicada por 2:

$$\left[\begin{array}{cccc:cccc} 1 & 0 & 7/2 & 11 & 5/2 & 0 & -2 & 0 \\ 0 & 1 & -1 & -5 & -1 & 0 & 1 & 0 \\ 0 & 0 & 1 & -2 & -3 & 2 & 0 & 0 \\ 0 & 0 & 5 & -5 & -5 & 0 & 3 & 1 \end{array}\right]$$

Subtrai-se a 3ª linha multiplicada por 7/2 da 1ª linha; soma-se a 3ª linha à 2ª linha, e subtrai-se da 4ª linha a 3ª linha multiplicada por 5:

$$\left[\begin{array}{cccc:cccc} 1 & 0 & 0 & 18 & 13 & -7 & -2 & 0 \\ 0 & 1 & 0 & -7 & -4 & 2 & 1 & 0 \\ 0 & 0 & 1 & -2 & -3 & 2 & 0 & 0 \\ 0 & 0 & 0 & 5 & 10 & -10 & 3 & 1 \end{array}\right]$$

Divide-se a 4ª linha por 5:

$$\left[\begin{array}{cccc:cccc} 1 & 0 & 0 & 18 & 13 & -7 & -2 & 0 \\ 0 & 1 & 0 & -7 & -4 & 2 & 1 & 0 \\ 0 & 0 & 1 & -2 & -3 & 2 & 0 & 0 \\ 0 & 0 & 0 & 1 & 2 & -2 & 3/5 & 1/5 \end{array}\right]$$

Multiplica-se a 4ª linha por –2, –7, e 18, e subtrai-se da 3ª, 2ª e 1ª linhas, respectivamente. O resultado final é:

$$\left[\begin{array}{cccc:cccc} 1 & 0 & 0 & 0 & -23 & 29 & -64/5 & -18/5 \\ 0 & 1 & 0 & 0 & 10 & -12 & 26/5 & 7/5 \\ 0 & 0 & 1 & 0 & 1 & -2 & 6/5 & 2/5 \\ 0 & 0 & 0 & 1 & 2 & -2 & 3/5 & 1/5 \end{array}\right]$$

Portanto, a matriz inversa é:

$$A^{-1} = \begin{bmatrix} -23 & 29 & -64/5 & -18/5 \\ 10 & -12 & 26/5 & 7/5 \\ 1 & -2 & 6/5 & 2/5 \\ 2 & -2 & 3/5 & 1/5 \end{bmatrix}$$

3.2.3. Sistemas de fácil solução

No problema enunciado por:

$$A\vec{x} = \vec{b} \qquad (3.1)$$

quando A é uma matriz do tipo diagonal, D; triangular inferior, L; ou triangular superior, U, diz-se que o sistema de equações lineares é de fácil solução. A razão é que, para obter a solução $\vec{x}$ nesses sistemas, não é necessário inverter a matriz A. Observe que a solução é obtida por procedimentos simples:

i) Matriz diagonal, D:

$$D\vec{x} = \vec{b} \qquad (3.14)$$

Exemplo 3.2) Dado que:

$$\begin{bmatrix} 1 & 0 \\ 0 & 2 \end{bmatrix} \begin{bmatrix} x_1 \\ x_2 \end{bmatrix} - \begin{bmatrix} 1 \\ 1 \end{bmatrix}$$

Determine $\vec{x}$.

Solução

A solução é obtida diretamente como $x_1 = \dfrac{1}{1} = 1$ e $x_2 = \dfrac{1}{2}$.

ii) Matriz triangular inferior, L:

$$L\vec{x} = \vec{b} \tag{3.15}$$

Exemplo 3.3) Dado que:

$$\begin{bmatrix} 1 & 0 & 0 \\ 1 & 2 & 0 \\ 2 & 1 & 1 \end{bmatrix} \begin{bmatrix} x_1 \\ x_2 \\ x_3 \end{bmatrix} = \begin{bmatrix} 2 \\ 1 \\ 3 \end{bmatrix}$$

Determine $\vec{x}$.

Solução

A solução é obtida calculando a partir da 1ª equação o valor da 1ª incógnita x_1. A seguir, conhecendo x_1, calcula-se x_2 com a 2ª equação, e assim sucessivamente até a última equação do sistema. Esse procedimento é denominado de **substituição avançada**. No caso deste exemplo, calcula-se:

$$x_1 = 2$$

$$x_1 + 2x_2 = 1 \Rightarrow 2 + 2x_2 = 1 \Rightarrow x_2 = -\frac{1}{2}$$

$$2 \times 2 + 1 \times \left(-\frac{1}{2}\right) + x_3 = 3 \Rightarrow x_3 = -\frac{1}{2}$$

iii) Matriz triangular superior, U:

$$U\vec{x} = \vec{b} \tag{3.16}$$

Exemplo 3.4) Dado que:

$$\begin{bmatrix} 1 & 1 & 2 \\ 0 & 2 & 1 \\ 0 & 0 & 1 \end{bmatrix} \begin{bmatrix} x_1 \\ x_2 \\ x_3 \end{bmatrix} = \begin{bmatrix} 2 \\ 1 \\ 3 \end{bmatrix}$$

Determine $\vec{x}$.
Solução

O procedimento é exatamente o inverso do utilizado para a matriz triangular inferior, no item anterior. O processo é denominado **substituição à retaguarda**. No caso deste exemplo, calcula-se:

$$x_3 = 3$$

$$2x_2 + 1 \times 3 = 3 \Rightarrow x_2 = 0$$

$$1 \times x_1 + 1 \times 0 + 2 \times 3 = 2 \Rightarrow x_1 = -4$$

3.2.4. A fatoração LU

Quando a matriz quadrada associada ao sistema de equações lineares, A, não é diagonal, triangular superior ou inferior, o sistema não é denominado de "fácil solução". Assim, a obtenção do vetor solução $\vec{x}$ diretamente é calculada invertendo-se a matriz A:

$$\vec{x} = A^{-1}\vec{b} \tag{3.17}$$

ou, de forma mais eficiente por outros métodos que não requeiram a inversão da matriz A que representa alto custo computacional em sistemas com grande número de equações, como pode ser observado no exemplo 3.1.

O método da fatoração LU consiste em fatorar a matriz quadrada associada ao sistema na forma:

$$A = LU \tag{3.18}$$

Quando for possível fatorar a matriz A da forma mostrada na Eq. (3.18), diz-se que a matriz A admite uma decomposição LU.

Admitindo que a matriz quadrada A possui uma decomposição LU, pode-se deduzir o processo de fatoração LU. O processo é desenvolvido como se segue.

Em notação indicial, escreve-se:

$$A = [a_{ij}] \qquad (i,j = 1,\ldots,n)$$

$$a_{ij} = \sum_{s=1}^{n} l_{is} u_{sj} = \sum_{s=1}^{\min(i,j)} l_{is} u_{sj} \tag{3.19}$$

no qual foi utilizado o fato de que $l_{is} = 0$ para $s > i$ e $u_{sj} = 0$ para $s > j$.

Fazendo $i = j = k$ e separando a última parcela do somatório, obtém-se:

$$a_{kk} = \sum_{s=1}^{k-1} l_{ks} u_{sk} + l_{kk} u_{kk} \tag{3.20}$$

Se u_{kk} ou l_{kk} (elementos da diagonal principal) for especificado, pode-se determinar o outro. Por exemplo, especificando $u_{kk} \neq 0$, tem-se:

$$l_{kk} = \left(a_{kk} - \sum_{s=1}^{k-1} l_{ks} u_{sk} \right) / u_{kk} \tag{3.21}$$

No início do processo, quando $k = 1$, o segundo termo entre parênteses é um somatório de $s = 1$ a -1, portanto, nesse caso o somatório é nulo, por definição. Assim, quando $k = 1$, define-se o que se chama de primeiro **menor principal** líder da matriz A, que coincide com o componente a_{11}, um escalar, uma vez que a matriz tem apenas um elemento quando $k = 1$. Consequentemente, define-se o k-ésimo menor principal líder da matriz $A(n \times n)$, para $1 \leq k \leq n$, como sendo a seguinte matriz:

$$A = \begin{bmatrix} a_{11} & a_{12} & \cdots & a_{1k} \\ a_{21} & a_{22} & \cdots & a_{2k} \\ \vdots & \vdots & \ddots & \vdots \\ a_{k1} & a_{k2} & \cdots & a_{kk} \end{bmatrix} \qquad (3.22)$$

Na sequência, a partir de $k = 1$, e do conhecimento de u_{kk} e l_{kk}, é possível determinar os outros elementos da coluna k e da matriz L. Isso é feito de forma progressiva a partir de $k = 1$ até $k = n$, conforme mostra a Fig. 3.2:

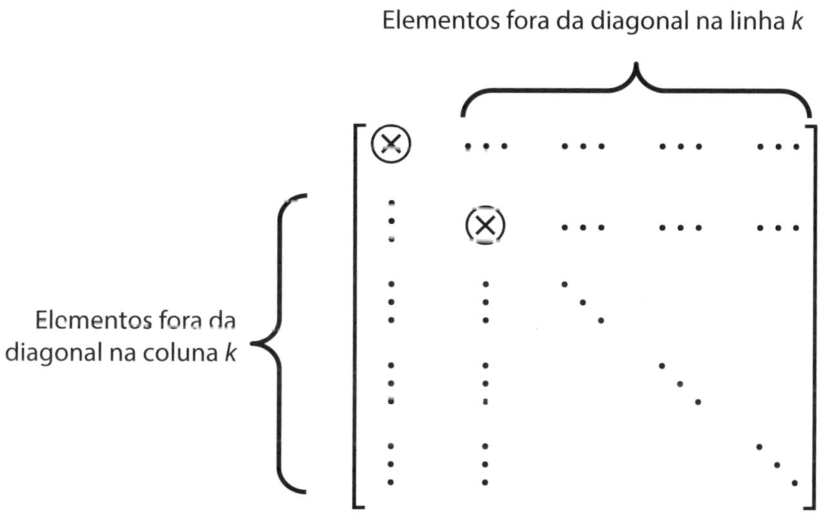

Figura 3.2 Determinação de elementos fora da diagonal na fatoração $A = LU$.

Para determinar os elementos fora da diagonal na linha k, identificados na Fig. 3.2, utiliza-se a fórmula de multiplicação de matrizes rearranjada para obter u_{kj}, conforme se segue:

$$u_{kj} = \left(a_{kj} - \sum_{s=1}^{k-1} l_{ks} u_{sj} \right) / \, l_{kk} \qquad (k+1 \leq j \leq n) \tag{3.23}$$

Para determinar os elementos fora da diagonal na coluna k, identificados na Fig. 3.2, utiliza-se a fórmula de multiplicação de matrizes rearranjada para obter l_{ik}, conforme se segue:

$$l_{ik} = \left(a_{ik} - \sum_{s=1}^{k-1} l_{is} u_{sk} \right) / \, u_{kk} \qquad (k+1 \leq i \leq n) \tag{3.24}$$

A pergunta ainda a ser respondida é: que condição ou condições a matriz quadrada A deve satisfazer para possuir uma fatoração do tipo $A = LU$? A condição necessária e suficiente é que A possua uma inversa, i.e., seu determinante seja diferente de zero, o que estabelece que A seja não singular e que a Eq. (3.17) seja verdadeira. No entanto, por vezes, um sistema é construído de forma que a ordem das equações leva ao aparecimento de zeros na diagonal principal, o que não significa necessariamente que a matriz não possui uma inversa. O teorema a seguir fornece uma condição suficiente para verificar se a matriz quadrada A admite uma fatoração do tipo $A = LU$.

TEOREMA 3.1

Se todos os n **menores principais líderes** da matriz $A(n \times n)$ forem não singulares, então A tem infinitas decomposições do tipo $A = LU$.

Prova:

Sejam A_k, L_k e U_k os k-ésimos menores principais líderes das matrizes A, L e U, respectivamente. A hipótese é que $A_1, A_2, \ldots, A_n$ sejam não singulares.

Para realizar uma prova por indução, suponha que L_{k-1} e U_{k-1} tenham sido obtidos. Na Eq. (3.19), se *i* e *j* estiverem na faixa $1,2,\ldots,k-1$, então s também está. Assim, a Eq. (3.19) estabelece que:

$$A_{k-1} = L_{k-1}U_{k-1}$$

Como A_{k-1} é não singular por hipótese, L_{k-1} e U_{k-1} são também não singulares. Como L_{k-1} é não singular, pode-se resolver o sistema

$$\sum_{s=1}^{k-1} l_{is}u_{sk} = a_{ik} \quad (1 \le i \le k-1)$$

para u_{sk} com $1 \le s \le k-1$. Esses estão na k-ésima coluna de *U*. Como U_{k-1} é não singular, pode-se resolver o sistema

$$\sum_{s=1}^{k-1} l_{ks}u_{sj} = a_{kj} \quad (1 \le j \le k-1)$$

para l_{ks} com $1 \le s \le k-1$. Esses estão na k-ésima linha de *L*. A partir de

$$a_{kk} = \sum_{s=1}^{k} l_{ks}u_{sk} = \sum_{s=1}^{k-1} l_{ks}u_{sk} + l_{kk}u_{kk}$$

pode-se obter u_{kk} ou l_{kk}, uma vez que um deles, u_{kk} ou l_{kk}, for especificado como um valor diferente de zero. Consequentemente, todos os novos elementos necessários para a formação de L_k e U_k estão determinados. A indução é finalizada observando que $l_{11}u_{11} = a_{11}$ e, portanto, a partir de u_{11} ou l_{11} especificado como um valor diferente de zero, pode-se determinar $l_{11} = a_{11} / u_{11}$ ou $u_{11} = a_{11} / l_{11}$, respectivamente. Fica claro, portanto que *A* admite infinitas decomposições do tipo $A = LU$. ■

Com base na teoria apresentada, é possível escrever um algoritmo para implementação computacional do método de fatoração *LU* de uma matriz quadrada $A(n \times n)$.

Algoritmo computacional para a fatoração $\boldsymbol{A = LU}$

Leia $n, \left[a_{ij}\right], \left\{b_i\right\}$

para $k = 1, 2, \ldots, n$ **faça**

Especifique um valor diferente de zero para u_{kk} ou l_{kk} e compute o outro usando

$$l_{kk} u_{kk} = a_{kk} - \sum_{s=1}^{k-1} l_{ks} u_{sk}$$

para $j = k + 1, k + 2, \ldots, n$ **faça**

$$u_{kj} = \left(a_{kj} - \sum_{s=1}^{k-1} l_{ks} u_{sj} \right) / \, l_{kk}$$

fim

para $i = k + 1, k + 2, \ldots, n$ **faça**

$$l_{ik} = \left(a_{ik} - \sum_{s=1}^{k-1} l_{is} u_{sk} \right) / \, u_{kk}$$

fim

fim do laço k

imprima $\left[l_{ij}\right], \left[u_{ij}\right]$

para $i = 1, 2, \ldots, n$ **faça**

$$z_i = \left(b_i - \sum_{j=1}^{i-1} l_{ij} z_j \right) / \, l_{ii}$$

fim

para $k = n, n - 1, \ldots, 1$ **faça**

$$x_k = \left(z_k - \sum_{j=k+1}^{n} u_{kj} x_j \right) / \, u_{kk}$$

fim
imprima $\{x_i\}$

Na análise apresentada, para o cálculo de $\sum_{j=a}^{b} F_j$, no qual F_j representa o cálculo de cada parcela do somatório, é necessário adotar uma convenção. Quando $a = 1$ e $b < 1$, bem como quando $b = n$, $a > n$, $\sum_{j=a}^{b} F_j = 0$, por definição.

Existindo uma fatoração do tipo $A = LU$, alguns casos particulares importantes são:

a) Fatoração de Doolittle:
L é calculada tal que $l_{ii} = 1$, para $1 \leq i \leq n$.

Exemplo 3.5) Obtenha a fatoração de Doolittle $A = LU$ para $A = \begin{vmatrix} 1 & 2 \\ 2 & 1 \end{vmatrix}$.

Solução

$$A = \begin{vmatrix} 1 & 2 \\ 2 & 1 \end{vmatrix} = \overbrace{\begin{vmatrix} 1 & 0 \\ 2 & 1 \end{vmatrix}}^{L} \overbrace{\begin{vmatrix} 1 & 2 \\ 0 & -3 \end{vmatrix}}^{U}$$

b) Fatoração de Crout:
U é calculada tal que $u_{ii} = 1$, para $i \leq i \leq n$.

Exemplo 3.6) Obtenha a fatoração de Crout $A = LU$ para $A = \begin{vmatrix} 5 & 10 \\ 3 & 8 \end{vmatrix}$.

Solução

$$A = \begin{vmatrix} 5 & 10 \\ 3 & 8 \end{vmatrix} = \overbrace{\begin{vmatrix} 5 & 0 \\ 3 & 2 \end{vmatrix}}^{L} \overbrace{\begin{vmatrix} 1 & 2 \\ 0 & 1 \end{vmatrix}}^{U}$$

c) Fatoração de Cholesky:

Observe que para $A = LU$, dividindo U em duas partes pela divisão de cada linha pelo elemento *pivot* (por definição, o elemento da diagonal principal em cada linha), para matrizes simétricas, obtém-se um resultado muito importante, mostrado a seguir:

$$A = LDL^T \tag{3.25}$$

Definição: uma matriz simétrica com *pivots* positivos é uma matriz **positivamente definida.**

TEOREMA 3.2

Uma matriz A positivamente definida admite uma fatoração do tipo $A = LL^T$, que é denominada fatoração de Cholesky, i.e., $U = L^T$, tal que $l_{ii} = u_{ii}$, para $1 \leq i \leq n$.

Prova:

Usando a Eq. (3.25) para uma matriz A positivamente definida: $A = LDL^T$ e todos os elementos de D são positivos. Assim:

$$A = LD^{1/2}D^{1/2}L^T = \bar{L}\,\bar{L}^T, \text{ em que } \bar{L} = LD^{1/2} \text{ e } \bar{L}^T = D^{1/2}\,\bar{L}^T. \quad \blacksquare$$

Exemplo 3.7) Obtenha a fatoração de Cholesky $A = LL^T$ para

$$A = \begin{vmatrix} 4 & 3 \\ 3 & 16 \end{vmatrix}.$$

Solução

$$A = \begin{vmatrix} 4 & 3 \\ 3 & 16 \end{vmatrix} = \overbrace{\begin{vmatrix} 1 & 0 \\ 3/4 & 1 \end{vmatrix}}^{L} \overbrace{\begin{vmatrix} 4 & 3 \\ 0 & 55/4 \end{vmatrix}}^{U} =$$

$$\overbrace{\begin{vmatrix} 1 & 0 \\ 3/4 & 1 \end{vmatrix}}^{L} \overbrace{\begin{vmatrix} 4 & 0 \\ 0 & 55/4 \end{vmatrix}}^{D} \overbrace{\begin{vmatrix} 1 & 3/4 \\ 0 & 1 \end{vmatrix}}^{L^T}$$

$$= \overbrace{\begin{bmatrix} 1 & 0 \\ 3/4 & 1 \end{bmatrix}}^{L} \overbrace{\begin{bmatrix} 2 & 0 \\ 0 & \sqrt{55}/2 \end{bmatrix}}^{D^{1/2}} \overbrace{\begin{bmatrix} 2 & 0 \\ 0 & \sqrt{55}/2 \end{bmatrix}}^{D^{1/2}} \overbrace{\begin{bmatrix} 1 & 3/4 \\ 0 & 1 \end{bmatrix}}^{L^T}$$

$$= \overbrace{\begin{bmatrix} 2 & 0 \\ 3/2 & \sqrt{55}/2 \end{bmatrix}}^{\bar{L}} \overbrace{\begin{bmatrix} 2 & 3/2 \\ 0 & \sqrt{55}/2 \end{bmatrix}}^{\bar{L}^T}$$

3.2.5. Eliminação gaussiana

Um procedimento estruturado de se obter a fatoração de Doolittle é denominado eliminação gaussiana. O procedimento consiste em escalonar a matriz A por operações elementares sucessivas, obtendo sistemas equivalentes até que todos os elementos abaixo da diagonal principal tenham sido anulados, i.e., sejam iguais a zero.

Exemplo 3.8) Ache o vetor solução $\vec{x}$ para o sistema de 4 equações e 4 incógnitas ($n = 4$) dado a seguir:

$$\overbrace{\begin{bmatrix} 6 & -2 & 2 & 4 \\ 12 & -8 & 6 & 10 \\ 3 & -13 & 9 & 3 \\ -6 & 4 & 1 & -18 \end{bmatrix}}^{A} \overbrace{\begin{bmatrix} x_1 \\ x_2 \\ x_3 \\ x_4 \end{bmatrix}}^{\vec{x}} = \overbrace{\begin{bmatrix} 12 \\ 34 \\ 27 \\ -38 \end{bmatrix}}^{\vec{b}}$$

Solução

1º passo: a 1ª linha é a linha *pivot*. Calculam-se os novos elementos da matriz por operações elementares com linhas, fazendo

$$L_i = L_i - M_i L_p \tag{3.26}$$

em que $i = 2,\ldots,n$, L a linha da matriz, M o multiplicador correspondente à linha i, e p o número da linha pivot. O resultado é

$$\overbrace{\begin{matrix} \\ 2 \\ 1/2 \\ -1 \end{matrix}}^{Mult\ M_i} \left|\begin{matrix} 6 & -2 & 2 & 4 \\ 0 & -4 & 2 & 2 \\ 0 & -12 & 8 & 1 \\ 0 & 2 & 3 & -14 \end{matrix}\right| \overbrace{\left|\begin{matrix} x_1 \\ x_2 \\ x_3 \\ x_4 \end{matrix}\right|}^{\vec{x}} = \left|\begin{matrix} 12 \\ 10 \\ 21 \\ -26 \end{matrix}\right|$$

2º passo: a linha 2 é a linha *pivot*. Calculam-se os novos elementos da matriz por operações elementares com linhas, usando a Eq. (3.26), em que $i = 3,\ldots,n$. O resultado é:

$$\overbrace{\begin{matrix} \\ \\ 3 \\ -1/2 \end{matrix}}^{Mult\ M_i} \left|\begin{matrix} 6 & -2 & 2 & 4 \\ 0 & -4 & 2 & 2 \\ 0 & 0 & 2 & -5 \\ 0 & 0 & 4 & -13 \end{matrix}\right| \overbrace{\left|\begin{matrix} x_1 \\ x_2 \\ x_3 \\ x_4 \end{matrix}\right|}^{\vec{x}} = \left|\begin{matrix} 12 \\ 10 \\ -9 \\ -21 \end{matrix}\right|$$

3º passo: a linha 3 é a linha *pivot*. Calculam-se os novos elementos da matriz por operações elementares com linhas, usando a Eq. (3.26), em que $i = 4,\ldots,n$. O resultado é:

$$\overbrace{\begin{matrix} \\ \\ \\ 2 \end{matrix}}^{Mult\ M_i} \overbrace{\left|\begin{matrix} 6 & -2 & 2 & 4 \\ 0 & -4 & 2 & 2 \\ 0 & 0 & 2 & -5 \\ 0 & 0 & 0 & -3 \end{matrix}\right|}^{U} \overbrace{\left|\begin{matrix} x_1 \\ x_2 \\ x_3 \\ x_4 \end{matrix}\right|}^{\vec{x}} = \left|\begin{matrix} 12 \\ 10 \\ -9 \\ -3 \end{matrix}\right|$$

Portanto, com o novo sistema equivalente, resolve-se por substituição à retaguarda. O resultado é:

$$\vec{x}^T = [1, -3, -2, 1]$$

Observe que a fatoração do tipo Doolittle é obtida com os multiplicadores para a matriz *L*, e com a matriz *U* acima. O resultado é:

$$\overbrace{\begin{bmatrix} 6 & -2 & 2 & 4 \\ 12 & -8 & 6 & 10 \\ 3 & -13 & 9 & 3 \\ -6 & 4 & 1 & -18 \end{bmatrix}}^{A} = \overbrace{\begin{bmatrix} 1 & 0 & 0 & 0 \\ 2 & 1 & 0 & 0 \\ 1/2 & 3 & 1 & 0 \\ -1 & -1/2 & 2 & 1 \end{bmatrix}}^{L} \overbrace{\begin{bmatrix} 6 & -2 & 2 & 4 \\ 0 & -4 & 2 & 2 \\ 0 & 0 & 2 & -5 \\ 0 & 0 & 0 & -3 \end{bmatrix}}^{U}$$

O algoritmo computacional para realizar o procedimento de eliminação gaussiana é dado por:

Leia $n, [a_{ij}], \{b_i\}$
para $k = 1,2,\ldots,n-1$ **faça**
  para $i = k+1, k+2,\ldots,n$ **faça**
   $z = a_{ik} / a_{kk}$
   $a_{ik} = 0$
   $b_i = b_i - z\ b_k$
   para $j = k+1, k+2,\ldots,n$ **faça**
    $a_{ij} = a_{ij} - z\ a_{kj}$
   fim
  fim
fim
imprima $[a_{ij}], \{b_i\}$ e calcule $\{x_i\}$ por substituição à retaguarda.

Um cuidado adicional deve ser tomado ao realizar o procedimento de eliminação gaussiana. Deve-se buscar eliminar os zeros da diagonal principal, caso existam, criando um sistema equivalente, com uma nova matriz *A* e um novo vetor $\vec{b}$, utilizando operações elementares de troca de linhas.

3.2.6. Pivoteamento

O método de eliminação gaussiana falha quando:

i) $$\overbrace{\begin{vmatrix} 0 & 1 \\ 1 & 1 \end{vmatrix}}^{A} \overbrace{\begin{vmatrix} x_1 \\ x_2 \end{vmatrix}}^{\vec{x}} = \overbrace{\begin{vmatrix} 1 \\ 2 \end{vmatrix}}^{\vec{b}}$$

ou

ii) $$\overbrace{\begin{vmatrix} \varepsilon & 1 \\ 1 & 1 \end{vmatrix}}^{A} \overbrace{\begin{vmatrix} x_1 \\ x_2 \end{vmatrix}}^{\vec{x}} = \overbrace{\begin{vmatrix} 1 \\ 2 \end{vmatrix}}^{\vec{b}}, \text{ em que } \varepsilon \to 0.$$

Assim, usando o algoritmo de eliminação gaussiana, obtém-se:

$$\begin{vmatrix} \varepsilon & 1 \\ 1 & 1 \end{vmatrix} \begin{vmatrix} x_1 \\ x_2 \end{vmatrix} = \begin{vmatrix} 1 \\ 2\text{-}\varepsilon^{-1} \end{vmatrix}$$

$$x_2 = \frac{2-\varepsilon^{-1}}{1-\varepsilon^{-1}} \cong 1$$

$$x_1 = (1-x_2)\varepsilon^{-1} \cong 0$$

A solução correta obtida por substituição algébrica seria:

$$x_1 = \frac{1}{1-\varepsilon} \cong 1$$

$$x_2 = \frac{1-2\varepsilon}{1-\varepsilon} \cong 1$$

Verifica-se que, com o método de eliminação gaussiana, a solução é correta para x_2, mas é extremamente imprecisa para x_1.

Observe que, dividindo a primeira equação por ε, se obtém:

$$\overbrace{\begin{bmatrix} 1 & \varepsilon^{-1} \\ 1 & 1 \end{bmatrix}}^{A} \overbrace{\begin{bmatrix} x_1 \\ x_2 \end{bmatrix}}^{\vec{x}} = \overbrace{\begin{bmatrix} \varepsilon^{-1} \\ 2 \end{bmatrix}}^{\vec{b}}$$

Então, $a_{11} < a_{ij}$, $j \neq 1$, que é na realidade a origem do problema. Se a ordem das equações for trocada, o problema é resolvido e obtém-se a solução correta por eliminação gaussiana pelo sistema a seguir:

$$\overbrace{\begin{bmatrix} 1 & 1 \\ \varepsilon & 1 \end{bmatrix}}^{A} \overbrace{\begin{bmatrix} x_1 \\ x_2 \end{bmatrix}}^{\vec{x}} = \overbrace{\begin{bmatrix} 2 \\ 1 \end{bmatrix}}^{\vec{b}}$$

A solução para problemas desse tipo, portanto, é mudar a ordem das linhas (ou equações). Escolhem-se linhas **pivot** $(p_1, p_2, \ldots, p_n)$ ao invés de $(1,2,\ldots,n)$. Dessa forma, ao aplicar o método de eliminação gaussiana, os múltiplos da linha p_1 são subtraídos das linhas $p_2, p_3, \ldots, p_n$, e assim por diante, com $p_2, p_3, \ldots, p_{n-1}$ atuando como linhas *pivot*.

3.2.7. Pivoteamento com escala

O procedimento para mudar a ordem das linhas é denominado pivoteamento com escala. A lógica obedece a seguinte sequência:

1) Primeiramente computa-se uma "escala":

$$S_i = \max_{1 \leq j \leq n} |a_{ij}| = \max\left\{ |a_{i1}|, |a_{i2}|, \ldots, |a_{in}| \right\}$$

para $1 \leq i \leq n$.

2) A seguir, seleciona-se a linha *pivot*, na qual

$$\frac{|a_{i1}|}{S_i}$$

é o maior valor dentre todos calculados no passo 1. O índice encontrado i é chamado de p_1. Portanto, inicia-se a eliminação gaussiana com $(p_1, p_2, \ldots, p_n) = (1, 2, \ldots, n)$, na ordem decrescente dos valores calculados.

Algoritmo computacional para eliminação gaussiana com pivoteamento com escala:

Leia $n, [a_{ij}], \{b_i\}$
para $i = 1, 2, \ldots, n$ **faça**
  $p_i = i$
  $s_i = \max_{1 \le j \le n} |a_{ij}|$
fim
para $k = 1, 2, \ldots, n-1$ **faça**
  selecione $j \ge k$ **tal que**
  $|a_{p_j k}| / s_{p_j} \ge |a_{p_i k}| / s_{p_i}$ **para** $i = k, k+1, \ldots, n$
  $p_k = p_j$
  para $i = k+1, k+2, \ldots, n$ **faça**
    $z = a_{p_i k} / a_{p_k k}$
    $a_{p_i k} = z$
    $b_{p_i} = b_{p_i} - z\, b_{p_k}$
    para $j = k+1, k+2, \ldots, n$ **faça**
      $a_{p_i j} = a_{p_i j} - z\, a_{p_k j}$
    fim
  fim
fim
imprima $[a_{ij}], \{b_i\}$ e $\{p_i\}$

Calcule $\{x_i\}$ por substituição à retaguarda, conforme a seguir:

para $i = n, n-1, \ldots, 1$ **faça**

$$x_{p_i} = \left(b_{p_i} - \sum_{j=i+1}^{n} a_{p_i j} x_j \right) / a_{p_i i}$$

fim

imprima $\{x_{p_i}\}$

Contagem de operações

Um importante conceito em programação para o analista numérico é saber qual o esforço e o tempo gasto na obtenção da solução de um problema numericamente, por meio do uso do computador. O custo computacional está associado a operações de multiplicação e divisão, chamadas de operações longas.

Em um exemplo de como avaliar o custo computacional a partir do número total de operações longas de um algoritmo computacional, toma-se a solução de sistemas de equações lineares por um método direto. É claro que, com base nesse exemplo, um procedimento análogo poderá ser utilizado em qualquer algoritmo pelo analista numérico posteriormente.

Considerando uma matriz $A(n \times n)$ e o algoritmo de eliminação gaussiana com pivoteamento com escala, pode-se avaliar o número de operações longas realizadas na solução computacional do problema, conforme o raciocínio a seguir:

i) a computação necessária para definir p_1 requer n operações de divisão.

ii) para cada *n – 1* linhas $p_2, p_3, \ldots, p_n$, um multiplicador é calculado, então um múltiplo da linha p_1 é subtraído da linha p_i, para $2 \leq i \leq n$. O multiplicador e o processo de eliminação consomem n operações por linha. Como *n – 1* linhas são processadas dessa maneira, então são realizadas $n(n-1)$ operações longas. Assim, o total resulta em $n(n-1) + n = n^2$ operações longas.

iii) o processo de fatoração consiste na repetição dos passos anteriores em matrizes sequencialmente menores. Assim, no segundo passo, a linha p_1 e a coluna 1 não são utilizadas, i.e., o cálculo do número de operações agora envolve uma matriz $(n-1)\times(n-1)$, e assim sucessivamente, de forma que o número total de operações longas é obtido por uma relação de recorrência representada pela série:

$$n^2+(n-1)^2+\cdots+3^2+2^2=\frac{1}{3}n^3+\frac{1}{2}n^2+\frac{1}{6}n-1\cong\frac{1}{3}n^3+\frac{1}{2}n^2 \quad (3.27)$$

iv) para a atualização do vetor do lado direito $\vec{b}$, há *n – 1* passos. No primeiro há *n – 1* operações longas; no segundo, *n – 2* operações longas, e assim sucessivamente. Portanto, o total de operações longas é representado pela série:

$$(n-1)+(n-2)+\cdots+1=\frac{1}{2}n^2-\frac{1}{2}n \quad (3.28a)$$

v) para a substituição, à retaguarda, a fim de obter o vetor solução $\vec{x}$, o total de operações longas é representado pela série:

$$1+2+3+\cdots+n=\frac{1}{2}n^2+\frac{1}{2}n \quad (3.28b)$$

vi) portanto, somando as Eqs. (3.27) e (3.28), obtém-se o número de operações total aproximado para a solução do sistema $A\vec{x}=b$, como

$$\frac{1}{3}n^3+\frac{3}{2}n^2.$$

3.2.8. Sistemas com matrizes diagonalmente dominantes

O processo de eliminação gaussiana para solução do sistema $A\vec{x}=\vec{b}$ pode ser usado sem pivoteamento quando:

$$|a_{ii}| > \sum_{\substack{j=1 \\ j \neq i}}^{n} |a_{ij}| \qquad (1 \leq i \leq n) \qquad (3.29)$$

Note que a primeira parte do algoritmo de eliminação gaussiana com pivoteamento com escala não é necessária, conforme se constata analisando a Eq. (3.29) e a parte do algoritmo reproduzida a seguir:

...
para $i = 1,2,\ldots,n$ **faça**
    $p_i = i$
    $s_i = \max_{1 \leq j \leq n} |a_{ij}|$
fim
para $k = 1,2,\ldots,n-1$ **faça**
    selecione $j \geq k$ **tal que**
    $|a_{p_j k}| / s_{p_j} \geq |a_{p_i k}| / s_{p_i}$ **para** $i = k, k+1, \ldots, n$
    $p_k = p_j$
...

Neste caso, diz-se que a matriz A, associada do sistema $A\vec{x} = b$, é diagonalmente dominante. Mais do que isso, é possível demonstrar que toda matriz diagonalmente dominante é não singular e tem uma fatoração LU (problema 3.10).

3.2.9. Sistemas do tipo banda

É comum encontrar problemas aplicados em que a formulação do equacionamento do modelo matemático do sistema físico em análise leva a matrizes do tipo banda. Essas matrizes são definidas dessa forma, por apresentarem elementos não nulos apenas na diagonal principal e em algumas outras diagonais. Nesses casos, pode ser conveniente utilizar algoritmos simplificados, em relação ao algoritmo de eliminação gaussiana com pivoteamento com escala, a fim de reduzir o número total de operações longas e ganhar tempo computacional na solução do problema. Esses sistemas podem ser do tipo tri, penta, heptadiagonal e assim por diante, conforme o número de diagonais que são não nulas, com a denominação genérica de n-diagonal, sendo n o número de diagonais não nulas, incluindo a diagonal principal.

Como exemplo de sistema n-diagonal, esta seção toma os sistemas ditos **tridiagonais**, que são aqueles em que a matriz associada A, do sistema $A\vec{x} = b$, é dada por:

$$A = \left[a_{ij} \right], \quad a_{ij} = 0 \text{ para } |i\text{-}j| > 1 \qquad (3.30)$$

Assim, na linha i da matriz A, somente $a_{i,i-1}$, $a_{i,i}$ e $a_{i,i+1}$ são diferentes de zero.

Como três diagonais apenas são diferentes de zero, utiliza-se um vetor para cada diagonal, ao invés de utilizar uma matriz para armazenar os coeficientes das equações do sistema $A\vec{x} = \vec{b}$.

Por simplicidade e para evitar pivoteamento com escala, assume-se neste exemplo que a matriz é diagonalmente dominante. Portanto, o sistema $A\vec{x} = \vec{b}$ é representado por:

$$\begin{bmatrix} d_1 & e_1 & \cdots & 0 \\ f_1 & d_2 & \ddots & \vdots \\ \vdots & \ddots & \ddots & e_n \\ 0 & \cdots & f_n & d_n \end{bmatrix} \begin{vmatrix} x_1 \\ x_2 \\ \vdots \\ x_n \end{vmatrix} = \begin{vmatrix} b_1 \\ b_2 \\ \vdots \\ b_n \end{vmatrix} \qquad (3.31)$$

em que $\vec{d}$ é o vetor que contém os elementos da diagonal principal, $\vec{e}$, o da diagonal superior e $\vec{f}$, o da diagonal inferior.

Ao usar eliminação gaussiana simples, processa-se o vetor $\vec{b}$ simultaneamente. Assim, um múltiplo da linha 1 é subtraído da linha 2, a fim de anular o elemento abaixo da diagonal principal. Nesse caso, d_2 e b_2 são alterados, mas e_2 não é alterado. O multiplicador adequado é f_1 / d_1. Os cálculos para substituição são dados por:

$$d_2 = d_2 - \frac{f_1}{d_1} e_1 \tag{3.32}$$

$$b_2 = b_2 - \frac{f_1}{d_1} b_1 \tag{3.33}$$

Os passos subsequentes são análogos até a última linha da matriz. Para a obtenção do vetor solução, é realizada a substituição à retaguarda simplificada por:

$$x_n = \frac{b_n}{d_n} \tag{3.34}$$

$$x_{n-1} = \left(b_{n-1} - e_{n-1} x_n\right) / d_{n-1} \tag{3.35}$$

Algoritmo computacional para solução de sistemas tridiagonais:

Leia $n, \{b_i\}, \{d_i\}, \{e_i\}, \{f_i\}$
para $i = 2, 3, \ldots, n$ **faça**

$$d_i = d_i - \frac{f_{i-1}}{d_{i-1}} e_{i-1}$$

$$b_i = b_i - \frac{f_{i-1}}{d_{i-1}} b_{i-1}$$

fim

$$x_n = \frac{b_n}{d_n}$$

para $i = n-1, n-2, \ldots, 1$ **faça**

$$x_i = \left(b_i - e_i x_{i+1}\right) / d_i$$

fim
imprima $\{x_i\}$

3.3. MÉTODOS INDIRETOS OU ITERATIVOS

Um método é dito **direto** para resolver o sistema de equações lineares $A\vec{x} = \vec{b}$ quando produz uma solução $\vec{x}$ que seria completamente precisa se não fossem os erros de arredondamento dos cálculos no computador, em um número finito de passos.

Um método **indireto** produz uma sequência de vetores que idealmente converge para a solução, dentro de uma tolerância pré-especificada.

Neste ponto, o leitor poderia questionar: por que buscar métodos iterativos para resolver sistemas lineares se já existem os métodos diretos que resolvem o problema? Uma resposta para essa pergunta tem seu fundamento na questão da eficiência computacional. Em problemas de grandes simulações numéricas em Engenharia, em que os sistemas de equações a resolver têm uma dimensão grande, i.e., n é grande e há um imenso número de equações a resolver, é necessário que o número de operações longas seja o menor possível, a fim de que o tempo total de processamento computacional seja minimizado. Na seção anterior deste capítulo, foi visto que o número de operações total aproximado para a solução do sistema $A\vec{x} = b$ por um método **direto** é estimado aproximadamente como

$$\frac{1}{3}n^3 + \frac{3}{2}n^2, \text{ i.e., } O\left(n^3\right).$$

Assim, quanto maior o valor de n, mais o problema se agrava. Além disso, em um método **direto**, para n grande exige-se ampla alocação de memória, o que não ocorre com os métodos **indiretos**, uma vez que as equações são processadas sequencialmente em cada passo do processo iterativo para obtenção da solução.

Os métodos indiretos, portanto, passam a ser vantajosos quando:

a) Há um grande número de equações a resolver.

b) A matriz A é esparsa, i.e., contém muitos elementos nulos.

Além desses aspectos, os métodos **indiretos** são usualmente estáveis, porque reduzem os erros de arredondamento por causa do processo iterativo.

3.3.1. Fórmula geral de iteração

Um método **indireto (ou iterativo)** pode ser deduzido matematicamente de uma forma genérica, a partir da equação vetorial formuladora do problema:

$$A\vec{x} = \vec{b} \tag{3.1}$$

Para obter uma fórmula geral de iteração, define-se uma matriz auxiliar do processo $Q(n \times n)$, que deve ser prescrita, sendo inerente a cada método. Assim, parte-se da Eq. (3.1) como se segue:

$$Q\vec{x} = Q\vec{x} - A\vec{x} + \vec{b} \tag{3.36}$$

$$Q\vec{x} = (Q - A)\vec{x} + \vec{b} \tag{3.37}$$

A Eq. (3.37) sugere, portanto, o seguinte processo iterativo:

$$Q\vec{x}_k = Q\vec{x}_{k-1} - A\vec{x} + \vec{b} \qquad (k \geq 1) \tag{3.38}$$

A próxima questão a ser resolvida é a escolha da matriz Q. Como se deve escolhê-la? A resposta é baseada nos seguintes requisitos:

a) A sequência $[\vec{x}_k]$ deve ser facilmente computada.

b) A sequência $[\vec{x}_k]$ deve ser convergente.

Para que $A\vec{x} = \vec{b}$ tenha solução, deve-se assumir que a matriz A é não singular. Assim, escolhendo a matriz Q, como não singular, pode-se escrever:

$$\vec{x}_k = \left(I - Q^{-1}A\right)\vec{x}_{k-1} + Q^{-1}\vec{b} = F\left(\vec{x}_{k-1}\right) \tag{3.39}$$

A solução $\vec{x}$ satisfaz a equação a seguir:

$$\vec{x} = \left(I - Q^{-1}A\right)\vec{x} + Q^{-1}\vec{b} = F\left(\vec{x}\right) \tag{3.40}$$

Portanto, verifica-se que a Eq. (3.39) representa uma iteração de ponto fixo.

Condições de convergência

1) Veja primeiro uma condição de convergência baseada na norma matricial subordinada:

i) Subtraindo a Eq. (3.40) da Eq. (3.39)

$$\vec{x}_k - \vec{x} = \left(I - Q^{-1}A\right)\left(\vec{x}_{k-1} - \vec{x}\right) \tag{3.41}$$

Com qualquer norma vetorial e matricial, obtém-se:

$$\begin{array}{ccc} \left\|\vec{x}_k - \vec{x}\right\| \leq & \left\|I - Q^{-1}A\right\| & \left\|\vec{x}_{k-1} - \vec{x}\right\| \\ \vdots & \vdots & \vdots \\ \left\|\vec{x}_k - \vec{x}\right\| \leq & \left\|I - Q^{-1}A\right\|^k & \left\|\vec{x}_0 - \vec{x}\right\| \end{array}$$

ii) Então, se $\left\|I - Q^{-1}A\right\| < 1$, conclui-se que:

$$\lim_{k\to\infty}\left\|\vec{x}_k - \vec{x}\right\| = 0 \tag{3.42}$$

Assim, pela Eq. (3.42), a sequência $\left[\vec{x}_k\right]$ converge $\forall \vec{x}_0$, e um critério de convergência aceitável seria a verificação de $\left\|\vec{x}_k - \vec{x}_{k-1}\right\| < \varepsilon$, em que ε representa uma tolerância pré-especificada, i.e., um número pequeno próximo de zero.

2) Veja agora uma condição de convergência alternativa:

i) Parte-se de:

$$\vec{x}_k = \left(I - Q^{-1}A\right)\vec{x}_{k-1} + Q^{-1}\vec{b} \qquad (3.39)$$

ii) A condição de convergência para essa iteração de ponto fixo, pelo teorema do mapeamento contrativo, é que:

$$\left|F'(\vec{x})\right| = \left\|\underbrace{I - Q^{-1}A}_{T}\right\| < 1 \qquad (3.43)$$

Note que $\vec{x} = \sum_i \alpha_i \vec{v}_i$, em que $\alpha_i \in \Re$ e $\vec{v}_i$ é um autovetor de T. Assim:

$$T^k\vec{x} = T^k \sum_i \alpha_i \vec{v}_i = \sum_i \alpha_i \lambda_i^k \vec{v}_i \qquad (3.44)$$

em que $\lambda_i \in \Re$ são os autovalores de T. Portanto, se:

$$\left|\lambda_i\right| < 1 \Rightarrow \lim_{k\to\infty} T^k\vec{x} = 0 \qquad (3.45)$$

Dessa maneira, a condição para convergência é que:

$$\max_{1\le i\le n}\left|\lambda_i\right| = \rho\left(I - Q^{-1}A\right) < 1 \qquad (3.46)$$

em que a terminologia $\rho(\cdot)$ indica o raio espectral da matriz $I - Q^{-1}A$, aqui definido como o maior autovalor em módulo da matriz $I - Q^{-1}A$.

O raio espectral de uma matriz B qualquer pode ser calculado por:

$$\rho(B) = \max\left\{\left|\lambda\right| : \det\left(B - \lambda I\right) = 0\right\} \qquad (3.47)$$

A partir da Eq. (3.47), entende-se que $\rho(B)$ é o menor número tal que um círculo com raio $\rho(B)$ centrado na origem do plano complexo contém todos os autovalores de B. No caso de uma matriz triangular, os autovalores são os elementos de sua diagonal, fato que pode ser demonstrado a partir da definição estabelecida pela Eq. (3.47) e que é deixado como exercício para o leitor (problema 3.3).

Definição

A é similar a B, se $\exists\, S$ não singular, tal que:

$$S^{-1} A\, S = B \tag{3.48}$$

TEOREMA 3.3

Se A for similar a B, então os autovalores de A são os mesmos de B. A demonstração deste teorema é deixada como exercício para o leitor (problema 3.4).

TEOREMA 3.4

O raio espectral de uma matriz A é menor ou igual a $\|A\|$.

Prova:

$$\rho(A)\|\vec{x}\| = \|\rho(A)\vec{x}\| = \|\lambda\ \vec{x}\| = \|A\ \vec{x}\| \leq \|A\|\ \|\vec{x}\|$$

Portanto:

$\rho(A)\|\vec{x}\| \leq \|A\|\ \|\vec{x}\|$, e dividindo lado a lado por $\|\vec{x}\|$, obtém-se, finalmente:

$$\rho(A) \leq \|A\|. \quad \blacksquare$$

3.3.2. Métodos clássicos

Método de Richardson

Talvez o método iterativo mais simples que possa ser concebido seja o método de Richardson, que utiliza a matriz identidade como matriz auxiliar do processo, $Q = I$. Portanto, a fórmula geral de iteração dada pela Eq. (3.39) toma a forma seguinte:

$$\vec{x}_k = \left(I - A\right) \vec{x}_{k-1} + \vec{b} = \vec{x}_{k-1} + \vec{r}_{k-1} \tag{3.49}$$

em que $\vec{r}_{k-1} = \vec{b} - A\vec{x}_{k-1}$, i.e., o vetor residual obtido na iteração $k-1$.

Condição de convergência

A condição de convergência para o método de Richardson é que $\|I - A\| < 1$. Duas classes de matrizes que permitem que a iteração de Richardson seja bem-sucedida são as matrizes com diagonais unitárias, diagonalmente dominantes em relação a linha ou coluna, definidas por:

$$\begin{aligned} a_{ii} &= 1 > \sum_{\substack{j=1 \\ j\neq i}}^{n} \left|a_{ij}\right| \qquad \left(1 \le i \le n\right) \text{ ou} \\ a_{ii} &= 1 > \sum_{\substack{i=1 \\ i\neq j}}^{n} \left|a_{ij}\right| \qquad \left(1 \le j \le n\right) \end{aligned} \tag{3.50}$$

A prova da Eq. (3.50) é deixada como exercício para o leitor (problema 3.13).

Em conclusão, o método de Richardson é algebricamente simples, mas é mais restritivo quanto às condições requeridas para convergência para a solução de $A\vec{x} = \vec{b}$ do que os métodos que utilizam matrizes auxiliares do processo $Q(n \times n)$ diferentes da matriz identidade.

Algoritmo computacional do método de Richardson:

Leia $n, \{b_i\}, [a_{ij}], \{x_i\}, M$

para $k = 1, \ldots, M$ faça

para $i = 1, \ldots, n$ faça

$$r_i = b_i - \sum_{j=1}^{n} a_{ij} x_j$$

fim

$\|\vec{r}\| < \varepsilon \Rightarrow$ imprima $\{x_i\}$

para $i = 1, \ldots, n$ faça

$x_i = x_i + r_i$

fim

fim

Método de Jacobi

O método de Jacobi utiliza uma matriz diagonal como matriz auxiliar do processo $Q(n \times n)$. Os elementos dessa matriz diagonal são os mesmos da matriz $A = [a_{ij}]$. Portanto, divide-se a matriz A em partições, tal que $A = D - L - U$, com D sendo uma matriz diagonal, $-U$ estritamente triangular superior e $-L$ estritamente triangular inferior. Essa divisão é graficamente representada por:

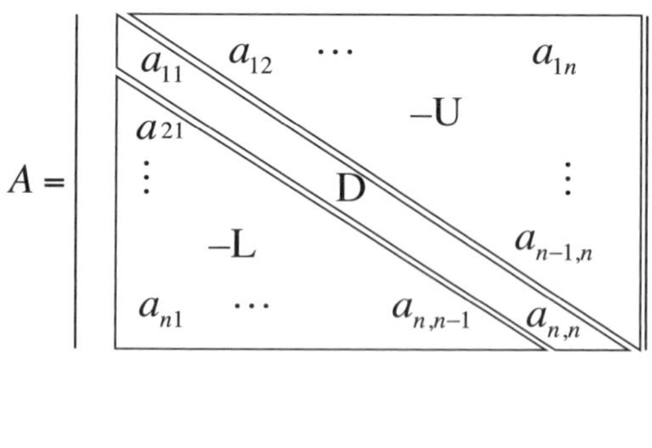

(3.51)

Portanto, a fórmula geral de iteração dada pela Eq. (3.39) toma a seguinte forma:

$$\vec{x}_k = \left(I - D^{-1}A\right)\vec{x}_{k-1} + D^{-1}\vec{b} = D^{-1}\left(L + U\right)\vec{x}_{k-1} + D^{-1}\vec{b} \quad (3.52)$$

Condição de convergência

Na iteração de Jacobi, os componentes genéricos da matriz $Q^{-1}A$ são dados por a_{ij} / a_{ii}, cujos elementos da diagonal principal são todos iguais a 1, portanto:

$$\left\|I - Q^{-1}A\right\|_{\infty} = \max_{1 \le i \le n} \sum_{\substack{j=1 \\ j \ne i}}^{n} \left|a_{ij} / a_{ii}\right| \quad (3.53)$$

Assim, verifica-se que, se A for diagonalmente dominante, a iteração de Jacobi converge para a solução de $A\vec{x} = \vec{b}$ para qualquer vetor estimativo inicial. O fato de uma matriz ser diagonalmente dominante significa que:

$$\left|a_{ii}\right| > \sum_{\substack{j=1 \\ j \ne i}}^{n} \left|a_{ij}\right| \qquad \left(\text{i} \le \text{i} \le \text{n}\right) \quad (3.54)$$

Por inspeção direta da Eq. (3.53), conclui-se que $\left\|I - Q^{-1}A\right\|_{\infty} < 1$.

A convergência do método de Jacobi também pode ser verificada a partir do raio espectral, utilizando a Eq. (3.46). Assim, deve-se verificar se:

$$\max_{1 \le i \le n} \left|\lambda_i\right| = \rho\left(I - Q^{-1}A\right) = \rho\left(D^{-1}\left(L + U\right)\right) < 1 \quad (3.55)$$

Algoritmo computacional do método de Jacobi:

Leia $n, \{b_i\}, [a_{ij}], \{x_i\}, M$
para $k = 1, \ldots, M$ **faça**
  para $i = 1, \ldots, n$ **faça**

$$r_i = b_i - \sum_{j=1}^{n} a_{ij} x_j \text{X}$$

  fim
    $\|\vec{r}\| < \varepsilon \Rightarrow$ **imprima** $\{x_i\}$
  para $i = 1, \ldots, n$ **faça**

$$u_i = \frac{\left(b_i - \sum_{\substack{j=1 \\ j \neq i}}^{n} a_{ij} x_j \right)}{a_{ii}}$$

  fim
  para $i = 1, \ldots, n$ **faça**
    $x_i = u_i$
  fim
fim

Exemplo 3.9) Obtenha a fórmula de iteração de Jacobi para o sistema de equações dado a seguir:

$$\begin{cases} \text{x} + 2\text{y} = 3 \\ 2x - 3y = -5 \end{cases}$$

Solução

Para obter a fórmula de iteração de Jacobi para o sistema dado, basta que seja explicitada uma incógnita por cada equação dada, conforme se segue:

$$\begin{cases} x_{k+1} = 3 - 2y_k \\ y_{k+1} = (5 + 2x_k)/3 \end{cases} \quad \text{para } k \geq 0$$

Método de Gauss-Seidl

O método de Gauss-Seidl utiliza uma matriz tridiagonal inferior como matriz auxiliar do processo $Q(n \times n)$. Os elementos dessa matriz tridiagonal inferior são os mesmos da matriz $A = [a_{ij}]$, usando a divisão da matriz A em partições apresentada na Eq. (3.51), tal que $Q = D - L$, com D sendo uma matriz diagonal, e $-L$ estritamente triangular inferior.

Portanto, a fórmula geral de iteração dada pela Eq. (3.39) toma a seguinte forma:

$$\begin{aligned} \vec{x}_k &= \left(I - (D-L)^{-1}A\right)\vec{x}_{k-1} + (D-L)^{-1}\vec{b} \\ &= \left((D-L)^{-1}(D-L) - (D-L)^{-1}A\right)\vec{x}_{k-1} + (D-L)^{-1}\vec{b} \qquad (3.56) \\ &= (D-L)^{-1}U\,\vec{x}_{k-1} + (D-L)^{-1}\vec{b} \end{aligned}$$

Condição de convergência

Fazendo $M = (D-L)^{-1}$ e $N = U$, uma condição de convergência baseada no raio espectral é verificada por:

$$\max_{1 \leq i \leq n} |\lambda_i| = \rho\left(I - Q^{-1}A\right) = \rho\left(M^{-1}N\right) < 1 \qquad (3.57)$$

TEOREMA 3.5

Se a matriz A é diagonalmente dominante, então o método de Gauss-Seidl converge.

Prova:

Seja um autovetor $\vec{x}$ normalizado, tal que $\|\vec{x}\|_\infty = 1$, $\max\limits_{1\leq i\leq n} |x_i| = 1$.

$$\left(M^{-1}N\right)\,\vec{x} = \lambda\,\vec{x} \Rightarrow U\,\vec{x} = \lambda\left(D - L\right)\,\vec{x}$$

Rearranjando:

$$\lambda\, D\,\vec{x} = \lambda\, L\,\vec{x} + U\,\vec{x}$$

Assim:

$$\lambda\, d_{ii}\, x_i = \lambda \sum_{j=1}^{i-1} a_{ij}x_j + \sum_{j=i+1}^{n} a_{ij}x_j$$

Aplicando $\|\cdot\|_\infty$ em ambos os lados da equação e a desigualdade do triângulo, obtém-se:

$$|\lambda|\;|d_{ii}|\;|x_i| \leq |\lambda| \sum_{j=1}^{i-1} |a_{ij}|\;|x_j| + \sum_{j=i+1}^{n} |a_{ij}|\;|x_j|$$

Como $\max\limits_{1\leq i\leq n} |x_i| = 1$:

$$|\lambda|\;|d_{ii}| \leq |\lambda| \sum_{j=1}^{i-1} |a_{ij}| + \sum_{j=i+1}^{n} |a_{ij}|$$

$$|\lambda| \left(|d_{ii}| - \sum_{j=1}^{i-1} |a_{ij}|\right) \leq \sum_{j=i+1}^{n} |a_{ij}|$$

Como A é diagonalmente dominante:

$$|d_{ii}| = |a_{ii}| > \sum_{\substack{j=1\\ j\neq i}}^{n} |a_{ij}| \Rightarrow |d_{ii}| - \sum_{j=1}^{i-1} |a_{ij}| > \sum_{j=i+1}^{n} |a_{ij}|$$

$$|\lambda| \leq \frac{\sum_{j=i+1}^{n} |a_{ij}|}{|d_{ii}| - \sum_{j=1}^{i-1} |a_{ij}|} \leq 1,\ \forall \lambda \in \Re$$

Assim, $\rho\left(M^{-1}N\right)<1.$

Algoritmo computacional do método de Gauss-Seidl:

Leia $n,\{b_i\},[a_{ij}],\{x_i\},M$
para $k=1,\ldots,M$ **faça**
    para $i=1,\ldots,n$ **faça**

$$r_i=b_i-\sum_{j=1}^{n}a_{ij}x_j$$

    fim
        $\|\vec{r}\|<\varepsilon\Rightarrow$ **imprima** $\{x_i\}$

    para $i=1,\ldots,n$ **faça**

$$x_i=\frac{\left(b_i-\sum_{j=1}^{i-1}a_{ij}x_j-\sum_{j=i+1}^{n}a_{ij}x_j\right)}{a_{ii}}$$

    fim
fim ■

Exemplo 3.10) Obtenha a fórmula de iteração de Gauss-Seidl para o sistema de equações dado a seguir:

$$\begin{cases} x+2y=3\\ 2x+3y=-5\end{cases}$$

Solução

Para obter a fórmula de iteração de Gauss-Seidl para o sistema dado, basta que seja explicitada uma incógnita por cada equação dada, utilizando-se as incógnitas calculadas pelas equações anteriores na iteração atual, conforme se segue:

$$\begin{cases} x_{k+1} = 3 - 2y_k \\ y_{k+1} = \left(5 + 2x_{k+1}\right)/3 \end{cases} \quad \text{para } k \geq 0$$

Método de sobre-relaxação sucessiva (SOR)

Como o método de Gauss-Seidl, o método SOR utiliza uma matriz tridiagonal inferior como matriz auxiliar do processo $Q(n \times n)$. A diferença é que o método SOR acrescenta um novo parâmetro ao processo, que atua como um peso, aumentando ou diminuindo a contribuição dos elementos abaixo da diagonal de Q. A construção dessa matriz tridiagonal inferior utiliza a matriz $A = [a_{ij}]$, usando a divisão da matriz A em partições apresentada na Eq. (3.51), tal que $Q = \omega^{-1}\left(D - \omega\, L\right)$, com D sendo uma matriz diagonal, e $-L$ estritamente triangular inferior, e ω é um parâmetro a ser escolhido para o processo.

Portanto, usando a Eq. (3.51), a fórmula geral de iteração dada pela Eq. (3.39) toma a seguinte forma:

$$\begin{aligned} \vec{x}_k &= \left(I - \left(\omega^{-1}(D - \omega L)\right)^{-1} A\right)\vec{x}_{k-1} + \left(\omega^{-1}(D - \omega L)\right)^{-1}\vec{b} \\ &= \left((D - \omega L)^{-1}(D - \omega L) - \omega(D - \omega L)^{-1} A\right)\vec{x}_{k-1} + \omega(D - \omega L)^{-1}\vec{b} \\ &= \left(\left(D - \omega L - \omega(D - L - U)\right)\vec{x}_{k-1} + \omega\,\vec{b}\right)(D - \omega L)^{-1} \\ &= (D - \omega L)^{-1}\left(\omega\left(U\,\vec{x}_{k-1} + \vec{b}\right) + (1 - \omega)D\,\vec{x}_{k-1}\right) \end{aligned} \tag{3.58}$$

Condição de convergência

Fazendo $M = \left(D - \omega L\right)^{-1}$ e $N = (1 - \omega)D + \omega U$, uma condição de convergência baseada no raio espectral é verificada por:

$$\max_{1 \leq i \leq n} |\lambda_i| = \rho\left(I - Q^{-1}A\right) = \rho\left(M^{-1}N\right) < 1 \tag{3.59}$$

É importante ressaltar que a escolha do parâmetro ω ainda é intrigante. Em geral, quando a iteração é convergente, observa-se que $0 < \omega < 2$ (Kincaid e Cheney, 1991). No entanto, a questão de escolher um valor ótimo de ω para convergência mais rápida da iteração SOR é discutida por muitos autores (p.ex., Young, 1971; Wachpress, 1966; Golub e van Loan, 1989).

Algoritmo computacional do método SOR:

Leia $n, \{b_i\}, [a_{ij}], \{x_i\}, M$
para $k = 1, \ldots, M$ **faça**
  para $i = 1, \ldots, n$ **faça**
    $$r_i = b_i - \sum_{j=1} a_{ij} x_j$$
  fim
    $\|\vec{r}\| < \varepsilon \Rightarrow$ **imprima** $\{x_i\}$
  para $i = 1, \ldots, n$ **faça**
    $$x_i = \frac{\omega\left(b_i - \sum_{j=1}^{i-1} a_{ij} x_j - \sum_{j=i+1}^{n} a_{ij} x_j\right) + (1-\omega) a_{ii} x_i}{a_{ii}}$$
  fim
fim

Exemplo 3.11) Obtenha a fórmula de iteração SOR para o sistema de equações dado a seguir:

$$\begin{cases} x + 2y = 3 \\ 2x - 3y = -5 \end{cases}$$

Solução

Para obter a fórmula de iteração SOR para o sistema dado, basta que seja explicitada uma incógnita por cada equação dada, utilizando-se as incógnitas calculadas pelas equações anteriores na iteração atual, conforme a seguir:

$$\begin{cases} x_{k+1} = \omega\left(3 - 2y_k\right) + \left(1 - \omega\right)x_k \\ y_{k+1} = \left(\omega\left(5 + 2x_{k+1}\right) + \left(1 - \omega\right)3y_k\right)/3 \end{cases} \quad \text{para } k \geq 0$$

3.4. PROBLEMAS PROPOSTOS

3.1) Solucione os sistemas a seguir empregando a eliminação de Gauss.

a) $\begin{Bmatrix} 2x + 3y + 4z = 20 \\ x + y + z = 6 \\ 4x - y - 2z = -4 \end{Bmatrix}$

b) $\begin{Bmatrix} 2x + y + z = 3 \\ -x - y - z = -1 \\ 6x - 2y - 4z = 14 \end{Bmatrix}$

c) $\begin{Bmatrix} x + y + 2y = 27 \\ 3x - 5y + z = -9 \\ 2x + y - z = -1 \end{Bmatrix}$

d) $\begin{Bmatrix} 4x + y3 + z = 4 \\ 2x - 6y - z = -2 \\ x + y - z = -\dfrac{1}{6} \end{Bmatrix}$

3.2) Encontre a inversa das seguintes matrizes, por meio da decomposição LU:

a) $A = \begin{bmatrix} 2 & 3 & 4 \\ 1 & 1 & 1 \\ -4 & -1 & -2 \end{bmatrix}$

b) $B = \begin{bmatrix} 4 & 8 & 3 \\ 1 & 1 & 1 \\ 2 & -1 & -1 \end{bmatrix}$

c) $C = \begin{bmatrix} 1 & 1 & 1 \\ 3 & -1 & 1 \\ -1 & -1 & 1 \end{bmatrix}$

3.3) Demonstre a partir da definição estabelecida pela Eq. (3.47) que, no caso de uma matriz triangular, os autovalores são os elementos de sua diagonal.

3.4) Demonstre que os autovalores de B são os mesmos de A, se $\exists S$ não singular, tal que $S^{-1}AS = B$

3.5) Resolva o seguinte sistema de equações:

$$\begin{cases} 1{,}05x_1 + 2{,}05x_2 = 5{,}15 \\ 1{,}1x_1 + 2x_2 = 5{,}1 \end{cases}$$

a) Graficamente.
b) Por eliminação de Gauss, de modo exato.
c) Por eliminação de Gauss, mas com 3 algarismos significativos. Utilize aritmética de arredondamento.

d) Substitua os valores obtidos no item (c) nas equações originais e faça a verificação dos resultados.
e) Compare os resultados obtidos nos itens (a), (b) e (c). O que pode ser dito sobre o sistema fornecido?

3.6) O processo de discretização da equação diferencial parcial que rege a transferência de calor, em regime permanente, para uma geometria bidimensional com uma taxa constante de geração de calor resultou no seguinte sistema de equações lineares:

$$\begin{cases} 4T_1 - T_2 - T_3 = 350 \\ -T_1 + 4T_2 - T_4 = 550 \\ -T_1 + 4T_3 - T_4 = 150 \\ -T_2 - T_3 + 4T_4 = 350 \end{cases}$$

Verifique se, para a matriz apresentada, os critérios de convergência para os métodos de Jacobi, Gauss-Seidl e SOR, com $\omega = 0{,}5$, são verificados. Ao aplicar esses métodos, utilize como estimativa inicial $T_1 = T_2 = T_3 = T_4 = 250$ e realize quatro iterações com cada um dos métodos possíveis, sendo utilizados cinco algarismos significativos. Calcule, também, a norma euclidiana (norma l_2) do resíduo, ao longo das iterações.

3.7) Faça as quatro primeiras iterações dos métodos de Jacobi e de Gauss-Seidel para os seguintes sistemas lineares. Compare os resultados obtidos àqueles provenientes do método de eliminação de Gauss. Empregue em seus cálculos 4 algarismos significativos. Como estimativa inicial, empregue o vetor $x = (0\ 0\ 0)^T$. A cada iteração, calcule também a norma euclidiana do resíduo para o sistema.

$$\begin{cases} 2x_1 + x_2 + x_3 = 8 \\ x_1 + 3x_2 - x_3 = -6 \\ 2x_2 + 4x_3 = 18 \end{cases}$$

3.8) Deseja-se obter o polinômio interpolador de mais elevado grau que passe através de um dado conjunto de pontos. Uma possibilidade é baseada na equação geral do polinômio (outras técnicas mais eficientes de interpolação serão vistas posteriormente). Nesta situação, caso se tenha três pares de pontos, o polinômio de mais elevado grau obtido é uma parábola, cuja equação geral é $y = ax^2 + bx + c$. Considere, então, os seguintes conjuntos de pares ordenados (x,y):

a) (–2;25); (0;5); (1;13)
b) (–3;35); (1;3); (2;0)
c) (–1;11); (2;–5); (5;–35)
d) (–2;–11); (1;–5); (4;10)

Obtenha o sistema linear a ser resolvido para se determinar os coeficientes e referentes ao polinômio interpolador quadrático para cada caso. Na sequência, verifique se o método de Gauss-Seidl pode ser empregado, de modo a solucionar cada um dos sistemas originados. Caso seja possível, empregue-o e, em sua impossibilidade, utilize um método direto, para obtenção dos coeficientes do polinômio interpolador.

3.9) Demonstre que um sistema equivalente é obtido ao se somar um múltiplo de uma equação a outra equação qualquer do sistema.

3.10) Demonstre que toda matriz diagonalmente dominante é não singular e tem uma fatoração LU.

3.11) Demonstre a Eq. (3.50).

3.12) Resolva o sistema de equações lineares abaixo utilizando o método iterativo de Richardson, começando com $u^{(0)} = (0,0,0)^T$.

$$g(u) = \begin{vmatrix} 1 & 1/2 & 1/3 \\ 1/3 & 1 & 1/2 \\ 1/2 & 1/3 & 1 \end{vmatrix} \begin{vmatrix} u_1 \\ u_2 \\ u_3 \end{vmatrix} - \begin{vmatrix} 11/18 \\ 11/18 \\ 11/18 \end{vmatrix} = 0$$

Quantas iterações são necessárias para que se obtenha a solução de modo que $\left\|g(u)\right\|_2 \le 10^{-6}$?

3.13) Resolva o sistema de equações lineares abaixo utilizando o método iterativo de Gauss-Seidl, começando com $u^{(0)} = (0,0,0)^T$.

$$g(u) = \begin{vmatrix} 5 & 3 & -7 \\ 0 & 4 & 0 \\ -2 & 5 & -8 \end{vmatrix} \begin{vmatrix} u_1 \\ u_2 \\ u_3 \end{vmatrix} - \begin{vmatrix} 1 \\ 23 \\ 7 \end{vmatrix} = 0$$

Mostre os valores do vetor u, nas iterações 1, 5 e 10. Pare na décima iteração e calcule $\left\|g(u)\right\|_2$. Você diria que $u^{(10)}$ é uma solução aceitável para o sistema?

Obs.: use 6 casas decimais após a vírgula em seus cálculos.

3.14) A Fig. P3.14 mostra o corte de uma aleta retangular (seção transversal constante) de comprimento $L = 0{,}3\ m$ e espessura $t = 0{,}01\ m$, que está discretizada com $n + 1$ nós equidistantes $\left(\Delta x = L / n\right)$. O coeficiente de transferência de calor por convecção h é constante. A temperatura de um nó interno, T_i, está relacionada com as temperaturas dos nós adjacentes da seguinte maneira:

$$T_{i-1} - \left\{2 + \left(m\Delta x\right)^2\right\} T_i + T_{i+1} + \left(m\Delta x\right)^2 T_\infty = 0$$

em que $m^2 = \dfrac{hp}{kA_c}$

e p é o perímetro da seção transversal A_c. A equação adequada para o nó $n+1$ é dada por:

$$T_n - \left\{ \frac{h\Delta x}{k} + 1 + \frac{1}{2}(m\Delta x)^2 \right\} T_{n+1} + \left\{ \frac{h\Delta x}{k} + \frac{1}{2}(m\Delta x)^2 \right\} T_\infty = 0$$

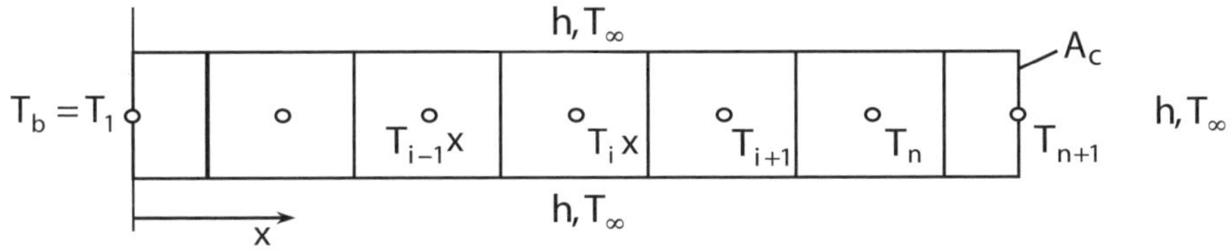

Figura P3.14 Corte de uma aleta retangular.

Para uma situação de convecção natural circundando a aleta, use $h = 5$ W m^{-2} K^{-1}. O material da aleta é o alumínio, portanto, apresentando $k = 100$ W m^{-1} K^{-1}. A temperatura da base é $T_b = 373{,}15$ K e a temperatura do ambiente circundante é $T_\infty = 298{,}15$ K. Utilizando $n = 10$, monte o sistema de equações lineares para as temperaturas ao longo da aleta e obtenha a solução usando um dos métodos de solução de sistemas de equações não lineares apresentado neste capítulo. Apresente a resposta na forma de uma tabela e de um gráfico $T \times x$. A solução obtida é precisa? Como seria possível verificar essa precisão em sua opinião?

Projetos

3.1) Implemente um código computacional para solucionar o problema de condução de calor em uma aleta de seção reta uniforme, cujo fenômeno é governado pela seguinte equação diferencial:

$$\frac{d^2T}{dx^2} - \frac{hP}{kA_{tr}}(T - T_\infty) = 0$$

em que T é a temperatura local, x é posição axial, h é o coeficiente de transferência de calor por convecção, P é o perímetro da aleta, k é a condutividade térmica do material da aleta, A_{tr} é a área da seção transversal da aleta e T_∞ é a temperatura do fluido em contato com a aleta.

Com a finalidade de solucionar a equação diferencial, emprega-se uma metodologia chamada de discretização, na qual a equação original é aproximada por meio de um conjunto de equações algébricas lineares. Uma possibilidade de discretização é feita empregando-se o método de diferenças finitas, associado a um balanço de energia ao redor de cada ponto da malha. Nesse caso, o sistema de equações algébricas apresenta o seguinte aspecto:

$$T_1 = T_b$$

$$(2kA_{tr} + hP\Delta x)T_i - kA_{tr}\,T_{i-1} - kA_{tr}\,T_{i+1} = hP\Delta xT_\infty,\ i = 2, N-1$$

$$\left(kA_{tr} + hp\frac{\Delta x}{2}\right)TN - kA_{tr}\;T_{N-1} = hP\frac{\Delta x}{2}T_\infty$$

sendo N o número total de pontos em que a temperatura será calculada e Δx o espaçamento entre dois pontos consecutivos (considerando-se um espaçamento constante), podendo ser expresso como:

$$\Delta x = \frac{L}{N-1}$$

em que L é o comprimento da aleta.

Considere o caso em que o comprimento da aleta (L) é de 0,1 m, a temperatura da base (T_b) é de 100°C, a temperatura do fluido (T_∞) é de 20°C, o coeficiente de convecção é de 50 W/m²K, a condutividade térmica do material da aleta (k) é de 400 W/mK, o perímetro da aleta (P) é 0,20 m, a área da seção transversal da aleta (A_{tr}) é de 2,5×10^{-3} m^2 e o número de pontos (N) a ser considerado é igual a 11.

Compare as soluções numéricas da temperatura com a solução analítica:

$$\frac{T - T_\infty}{T_b - T} = \frac{\cosh[m(L-x)]}{\cosh(mL)}$$

em que

$$m = \left(\frac{hP}{kA_{tr}}\right)^{\frac{1}{2}}$$

e x a posição do ponto, que pode ser avaliada como:

$$x = (i-1)\Delta x, \qquad i = 1, N$$

Sugestão: na solução do sistema linear de equações, empregue o algoritmo para sistemas tridiagonais.

3.2) Em uma treliça estaticamente determinada, apenas forças axiais (tração ou compressão) estão presentes em seus membros. Para a determinação dessas forças, pode-se empregar um diagrama de corpo livre para cada um dos nós (pontos de encontro) entre os membros. Considerando-se os eixos coordenados x e y, para cada nó existem duas direções componentes das forças, e o somatório das forças atuantes em cada direção deve ser nulo. Pode-se, assim, gerar um sistema de equações lineares, que, ao ser resolvido, apresenta todas as forças atuantes sobre os elementos da treliça.

Obtenha o sistema de equações lineares e implemente um código computacional para solucioná-lo, empregando um método direto e um método iterativo. Compare os resultados obtidos, bem como o tempo necessário para a obtenção da solução. Para o método iterativo, empregue como critério de parada uma tolerância de 10^{-9} para a norma l_2, baseada no resíduo da estimativa inicial (pode-se empregar para essa estimativa que todos os valores sejam nulos).

3.3) Considere um sistema de reatores acoplados, cuja configuração é representada na Fig. Pj3.3. Devem-se obter as concentrações de um dado produto químico A, referentes a cada um dos reservatórios, sabendo-se que o sistema opera em regime permanente.

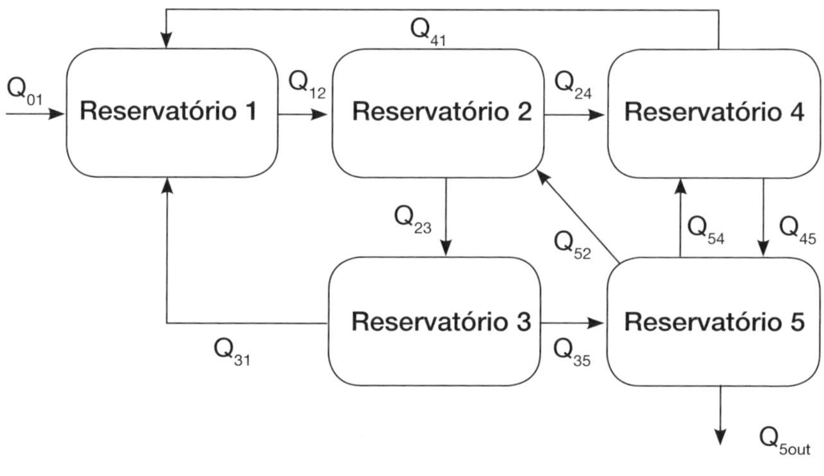

Figura Pj3.3 Configuração de sistema de reatores acoplados.

São fornecidos os seguintes dados: Q_{01} = 5 kg/s; Q_{31} = 0,5 kg/s; Q_{41} = 1 kg/s; Q_{12} = 6,5 kg/s; Q_{23} = 4 kg/s; Q_{52} = 1,5 kg/s; Q_{24} = 4 kg/s; Q_{54} = 2 kg/s; Q_{45} = 5 kg/s; Q_{35} = 3,5 kg/s; Q_{5out} = 5 kg/s. Sabe-se, também, que a concentração do produto químico A no fluxo de entrada no reservatório 1 é de 0,10 e que, na saída, a concentração do reservatório 5, a concentração observada é de 0,05.

3.4) Uma mistura ácida (MA1), remanescente de um processo de nitração, contém a = 23% de HNO_3, b = 57% de H_2SO_4 e c = 20% de H_2O em massa. Essa mistura ácida terá que ser regenerada para ser reutilizada. Após a regeneração, a nova mistura ácida (MA2) deve apresentar as seguintes concentrações: d = 27% de HNO_3 e f = 60% de H_2SO_4. A regeneração é feita adicionando-se à MA1 H_2SO_4 concentrado (g = 93% de H_2SO_4) e HNO_3 concentrado (h = 90% de HNO_3). A regeneração é realizada em um tanque agitado.

Calcule a massa de MA1 e as massas de ácidos concentrados que devem ser combinados para se obter 1.000 kg de MA2. Utilize um dos métodos numéricos para a solução de sistemas de equações lineares apresentados neste capítulo (direto ou indireto). Generalize a análise escrevendo um programa computacional para comparar os diferentes valores de frações mássicas, i.e., $0 \leq a,b,c,d,f,g,h \leq 100\%$, comentando sobre os limites físicos a serem respeitados nessa análise paramétrica.

Considerando-se que *x* seja a massa de ácido remanescente (MA1), *y*, a massa de ácido sulfúrico concentrado, e *z*, a massa de ácido nítrico concentrado, tem-se três incógnitas, portanto serão necessárias três equações para obter a solução. Essas equações são obtidas por meio de balanços de massa apropriados, resultando em:

$x + y + z = 1000$ kg	(balanço global do sistema)	(1)
$0{,}57x + 0{,}93y = 600$ kg	(balanço do ácido sulfúrico)	(2)
$0{,}23x + 0{,}90z = 270$ kg	(balanço do ácido nítrico)	(3)

3.5) (Bejan, 1993) O meio condutivo em forma de "L" mostrado na Fig. Pj3.5 representa parte do isolamento térmico colocado ao redor de um duto retangular. Por causa das simetrias presentes no arranjo, a parte de cima e à direita do "L" são consideradas como perfeitamente isoladas. As superfícies interna e externa são isotérmicas, com temperaturas $T_h = 20^oC$ e $T_c = 0^oC$, respectivamente. O projeto também apresenta a condutividade térmica do isolamento $k_{iso} = 0{,}5$ W m$^{-1}K^{-1}$ e $L = 20\ cm$.

Para uma malha uniforme que cobre a área $L \times L$, utilize

$$\Delta x = \Delta y = \frac{L}{N},$$

com $N+1$ nós nas 2 direções, com o contador i na direção x (horizontal), e o contador j na direção y (vertical). As equações de diferenças finitas para o cálculo das temperaturas no interior do isolamento térmico são dadas por:

Nós internos:

$$T_{i,j} = \frac{1}{4}\left(T_{i-1,j} + T_{i,j-1} + T_{i,j+1}\right) \tag{1}$$

Contornos de alta temperatura:

$$T_{i,j} = 20^{\circ}C, \text{ para } \left(i = \frac{N}{2}+1;\ \mathrm{j} = \frac{\mathrm{N}}{2}+1,\ldots,N+1\right) \tag{2}$$
$$\text{e}\left(\mathrm{i} = \frac{\mathrm{N}}{2}+1,\ldots,N+1;\ j = \frac{N}{2}+1\right)$$

Contornos de baixa temperatura:

$$T_{i,j} = 0^{\circ}C, \text{ para } \left(i = 1;\ \mathrm{j} = 1,\ldots,N+1\right) \tag{3}$$
$$\text{e}\left(\mathrm{i} = 1,\ldots,N+1;\ j = 1\right)$$

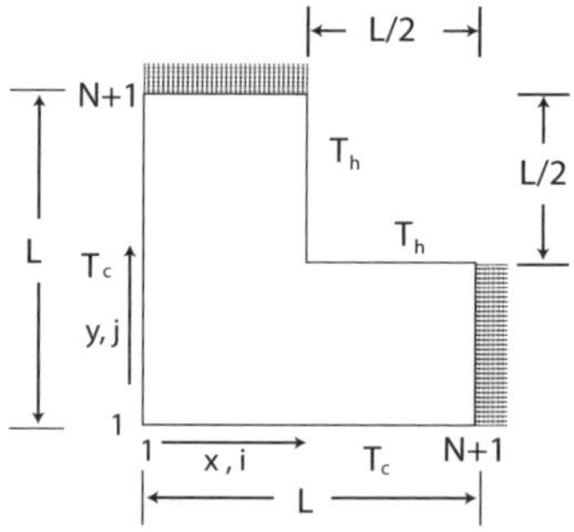

Figura Pj3.5 Quadrante inferior esquerdo de isolamento térmico colocado ao redor de um duto retangular.

Lado alto com isolamento térmico $\left(i = 2, \ldots, \frac{N}{2};\ \mathrm{j} = N + 1 \right)$:

$$2T_{i,N} + T_{i-1,N+1} + T_{i+1,N+1} - 4T_{i,N+1} = 0 \tag{4}$$

Lado direito com isolamento térmico $\left(i = N + 1;\ j = 2, \ldots, \frac{N}{2} \right)$:

$$2T_{N,j} + T_{N+1,j-1} + T_{N+1,j+1} - 4T_{N+1,j} = 0 \tag{5}$$

Apresente um relatório técnico que atenda aos seguintes pedidos:
a) Calcule, usando um dos métodos de solução numérica de sistemas de equações lineares apresentados neste capítulo (direto ou indireto), a distribuição de temperatura em toda a região em forma de "L" da Fig. Pj3.4, apresentando o resultado na forma tabular e gráfica.
b) Calcule a taxa de transferência de calor por unidade de comprimento total de T_h para T_c, dada em Wm^{-1} por:

$$q'_c = k \frac{\Delta x}{2} \frac{T_{1,2} - T_{1,1}}{\Delta y} + \sum_{i=2}^{N} k \Delta x \frac{T_{i,2} - T_{i,1}}{\Delta y} + k \frac{\Delta x}{2} \frac{T_{N+1,2} - T_{N+1,1}}{\Delta y} \tag{6}$$

3.6) Considere o problema de radiação térmica difusa em um espaço fechado com superfícies cinzas isotérmicas com radiosidade uniforme mostrado na Fig. Pj3.6A. Um balanço de energia em regime permanente estabelece que a taxa de transferência de calor por radiação (W) para cada superfície i, como mostra a Fig. Pj3.6B, é calculada por:

$$\dot{Q}_i = \left(H_i - B_i \right) A_i \tag{1}$$

em que H_i é a radiação incidente, i.e., a taxa de transferência de calor total por unidade de área atingindo a superfície e vindo de todas as direções; B_i é a radiosidade, i.e., a taxa de transferência de calor por unidade de área deixando a superfície; e A_i é a área da superfície exposta à radiação.

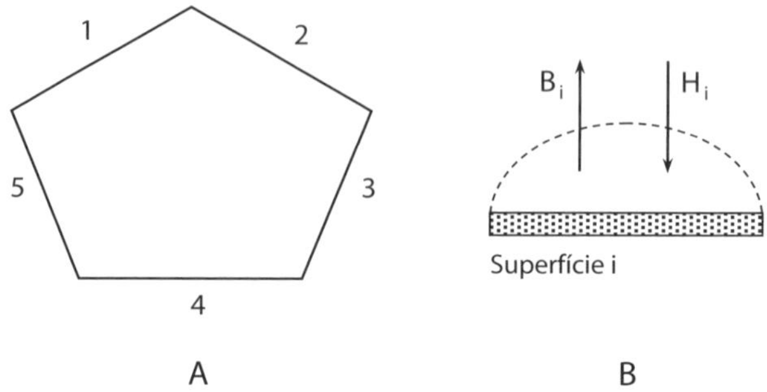

Figura Pj3.6 (A) Espaço fechado com superfícies cinzas isotérmicas; (B) balanço de energia na superfície i $(1 \le i \le n)$.

A conservação do fator de forma (princípio de conservação de energia) em um espaço fechado por n superfícies estabelece para cada superfície i que:

$$\sum_{j=1}^{n} F_{A_i - A_j} = 1 \tag{2}$$

em que o fator de forma é definido como

$$F_{A_i - A_j} = \frac{\textit{Radiação} \text{ que deixa } \mathrm{A_i} \text{ e atinge } \mathrm{A_j}}{\textit{Radiação} \text{ que deixa } \mathrm{A_i} \text{ em todas as direções}}.$$

Também se estabelece por conservação de energia, a seguinte relação de reciprocidade:

$$A_i F_{A_i - A_j} = A_j F_{A_j - A_i} \tag{3}$$

A radiação que sai da superfície i é quantificada por:

$$B_i = \varepsilon_i \sigma T_i^4 + \rho_i H_i \tag{4}$$

em que $\sigma = 5{,}67 \times 10^{-8}\,\mathrm{Wm^{-2}K^{-4}}$ é a constante de Stefan-Boltzmann. Uma superfície cinza é opaca, portanto, não há transmissividade, i.e., $\tau_i = 0$, resultando que a refletividade é dada por $\rho_i = 1 - \varepsilon_i$, levando em consideração pela lei de Kirchhoff que a absortividade é igual à emissividade para um corpo cinza, i.e., $\alpha_i = \varepsilon_i$.

Após essas considerações, a Eq. (1) pode ser reescrita somente em termos da emissividade, da temperatura e da radiosidade da superfície como se segue:

$$\frac{\dot{Q}_i}{A_i} = -\frac{\varepsilon_i}{1-\varepsilon_i}\left(\sigma T_i^4 - B_i\right) \tag{5}$$

Assim, para um problema em que todas as temperaturas das superfícies são dadas, obtém-se:

$$B_i = \varepsilon_i \sigma T_i^4 + \left(1\text{-}\varepsilon_\mathrm{i}\right)\sum_{j=1}^{n} B_j F_{A_i - A_j} \tag{6}$$

que forma um sistema linear de *n* equações e *n* incógnitas (radiosidades das superfícies). Uma vez que sejam obtidas as radiosidades, as taxas de transferência de calor através de cada superfície podem ser calculadas por meio da Eq. (4).

Dados: todas as superfícies são planas, portanto, a radiação que deixa uma superfície *i* não atinge a si mesma, i.e., $F_{A_i - A_i} = 0$, $\varepsilon_1 = 0{,}4$; $\varepsilon_2 = 0{,}6$; $\varepsilon_3 = 0{,}9$; $\varepsilon_4 = 0{,}7$; $\varepsilon_5 = 0{,}8$; $A_i = 3\ \mathrm{m}^2$ $\left(1 \le \mathrm{i} \le 5\right)$; $T_1 = 450$ K; $T_2 = 800$ K; $T_3 = 650$ K; $T_4 = 1000$ K; $T_5 = 550$ K. Assuma que a radiação que deixa uma superfície distribui-se igualmente para todas as outras, i.e.,

$$F_{A_i - A_j} \underset{j \neq i}{=} \frac{1}{n-1} \quad \left(1 \le \mathrm{j} \le 5\right)$$

e mostre que essa hipótese é válida somente se todas as áreas das superfícies forem iguais.

No problema em questão, definido pela Fig. Pj3.6, pede-se:

i) Monte o sistema de equações lineares para obter as radiosidades de cada superfície conforme a Eq. (6).

ii) Resolva o sistema utilizando um dos métodos numéricos apresentados neste capítulo.

iii) Determine as taxas de transferência de calor através de cada superfície i.

iv) Estude o impacto da variação das emissividades nas taxas de transferência de calor obtidas em cada superfície, apresentando os resultados em forma tabular e gráfica, lembrando que $0 \leq \varepsilon_i \leq 1 (1 \leq \mathrm{i} \leq \mathrm{n})$.

SISTEMAS DE EQUAÇÕES NÃO LINEARES

4.1. INTRODUÇÃO

O capítulo anterior iniciou com uma discussão sobre a modelagem matemática de sistemas físicos que permitisse sua análise, concepção e até mesmo projeto. Foi então apresentada uma forma de viabilizar a obtenção da solução aproximada das equações matemáticas que modelam o comportamento físico do sistema, para obter sua resposta no tempo e/ou espaço. Para tanto, é feita a aproximação do sistema real contínuo por um sistema aproximado discreto, criando assim um conjunto finito de equações matemáticas, uma para cada ponto do sistema discreto (malha), que, por sua vez, aproxima o sistema contínuo.

A classe de problemas tratados no Capítulo 3 engloba sistemas físicos que apresentam comportamento linear, portanto, podendo ser representados por um modelo matemático de equações lineares. Foram então apresentados métodos para a solução de sistemas de equações lineares.

Na realidade, constata-se que a maioria dos sistemas físicos apresenta comportamento não linear. Esses sistemas não podem ser modelados matematicamente de maneira adequada por sistemas de equações lineares. As leis físicas que regem seu comportamento levam à formulação de sistemas de equações matemáticas não lineares. Para prever a resposta desses sistemas, é necessário o desenvolvimento de métodos numéricos para a solução dessas equações não lineares simultaneamente.

O assunto sistemas de equações lineares, tanto na Matemática como na Engenharia, é reconhecidamente um tema de grande complexidade e difícil de ser tratado. Por essa razão, a maioria dos livros de Cálculo Numérico de nível de graduação não traz um capítulo específico para o assunto. No entanto, como o tema é de alta importância para a formação do profissional de Ciências Exatas e de Engenharias em geral, considera-se que um tratamento introdutório, porém abrangente, do assunto deve ser apresentado ao aluno em seu curso de graduação.

Neste capítulo, são discutidos vários métodos numéricos de solução de sistemas de equações não lineares, contextualizados com o uso de exemplos de sistemas físicos reais e os modelos matemáticos correspondentes.

4.2. O PROBLEMA

O problema é formulado de forma geral pela seguinte equação vetorial:

$$\vec{g}(\vec{u})=0 \tag{4.1}$$

em que $\vec{g}=(g_1,g_2,\ldots,g_n)^T$ é um homeomorfismo suficientemente suave de $\Re^n \rightarrow \Re^n$.

Um homeomorfismo é uma bijeção $(1 \leftrightarrow 1)$, com tanto $\vec{g}$ como o mapeamento inverso $\vec{g}^{-1}$ contínuos.

Fisicamente, um homeomorfismo significa que o processo modelado por $\vec{g}$ tem uma solução única $\vec{u}$ para qualquer conjunto de condições de entrada $\vec{y}$, i.e., $\vec{g}(\vec{x})=\vec{y}$, e que a solução $\vec{x}$ varia continuamente com a entrada $\vec{y}$. Refere-se a essa noção como um processo **bem posto** $\vec{g}$.

4.3. MÉTODO DE ITERAÇÃO FUNCIONAL

Analogamente ao problema unidimensional apresentado na Seção 2.5 deste livro, desenvolve-se agora um processo iterativo para gerar uma sequência de vetores que idealmente convergiria para o vetor solução do problema formulado pela Eq. (4.1), conforme se segue:

$$\vec{g}(\vec{u}) = 0 \tag{4.1}$$

$$\vec{u} = \vec{u} - \vec{g}(\vec{u}) = \vec{G}(\vec{u}) \tag{4.2}$$

Portanto, sugere-se a relação de recorrência:

$$\vec{u}_{k+1} = \vec{G}(\vec{u}_k) \tag{4.3}$$

Pode ser demonstrado que a condição de convergência para o processo iterativo da Eq. (4.3) é que $\vec{G}(\vec{u})$ seja um mapeamento contrativo (problema 4.1), uma vez que se trata de uma iteração de ponto fixo (ver Capítulo 2).

Um comentário baseado na observação prática é que o método é bastante simples algebricamente, porém, a condição de convergência normalmente é difícil de ser satisfeita, i.e., que a função vetorial $\vec{G}(\vec{u})$ construída a partir da explicitação do vetor $\vec{u}$ na Eq. (4.1) seja um mapeamento contrativo. Note que a forma de explicitação do vetor $\vec{u}$ apresentada na Eq. (4.2) é apenas uma das possíveis alternativas. Na verdade, a partir das equações algébricas que formulam o sistema, podem ser obtidas muitas outras formas para $\vec{G}(\vec{u})$.

O método pode ser melhorado utilizando a seguinte formulação alternativa:

$$\vec{u}_{k+1} = \vec{G}(\vec{u}_k) = \vec{u}_k - \alpha_k A(\vec{u}_k)\vec{g}(\vec{u}_k) = \vec{u}_k - \alpha_k \vec{d}(\vec{u}_k) \tag{4.4}$$

em que α_k é uma constante não nula que pode variar a cada iteração k, e $A(\vec{u}_k)$ é uma matriz não singular que depende de $\vec{u}_k$. O produto

$A(\vec{u}_k)\vec{g}(\vec{u}_k)$ define o assim chamado vetor de correção. Esse método cria uma forma recursiva de buscar a solução de $\vec{g}(\vec{u})=0$. Note que $A(\vec{u}_k)\vec{g}(\vec{u}_k)=0$ somente se $\vec{g}(\vec{u})=0$.

A fórmula básica de iteração apresentada na Eq. (4.4) define uma grande variedade de métodos para a solução de sistemas de equações não lineares. No entanto, a maior dificuldade com esses métodos iterativos reside na escolha da matriz A que produza vetores de correção eficazes que levem a obter a solução $\vec{u}$.

Neste capítulo, são apresentados e discutidos métodos que se enquadram na definição matemática da Eq. (4.4).

4.4. MÉTODO DE PICARD

É possível derivar um método bastante simples a partir do problema de ponto fixo, que é denominado de substituição sucessiva ou Picard (Kreyszig, 1981). Para tanto, reescreve-se a Eq. (4.1), que representa o resíduo do sistema de equações em análise, conforme a seguir:

$$\vec{g}(\vec{u})=\vec{u}-\vec{h}(\vec{u})=0 \tag{4.5}$$

A Eq. (4.5) sugere o seguinte processo iterativo:

$$\vec{u}_{k+1}=\vec{h}(\vec{u}_k) \tag{4.6}$$

Observa-se na prática que esse algoritmo tem um raio de convergência grande. Aqui, define-se raio de convergência como a distância entre o vetor inicial estimado para o vetor solução. No entanto, a velocidade (ou taxa) de convergência é geralmente baixa. Portanto, é interessante buscar formas de melhorar a taxa de convergência, e uma delas é obtida pela seguinte fórmula de relaxação:

$$\vec{u}_{\text{int}}=h(\vec{u}_k) \tag{4.7}$$

em que $\vec{u}_{\text{int}}$ é um vetor intermediário obtido como estimativa para a iteração *k + 1*. O valor usado de fato para $\vec{u}_{k+1}$ é obtido por homotopia usando um parâmetro α, tal que $0 \leq \alpha < 1$, conforme a seguir:

$$\vec{u}_{k+1} = \alpha \vec{u}_k + (1-\alpha)\vec{u}_{\text{int}} \tag{4.8}$$

Verifica-se que problemas não lineares frequentemente exibem um comportamento oscilatório de convergência. Nesses casos, o uso da Eq. (4.8) pode trazer grandes benefícios.

O método de Picard normalmente é utilizado nas iterações iniciais de uma estratégia geral de solução de sistemas de equações não lineares, para viabilizar a convergência de métodos mais rápidos, como o método de Newton, que será abordado ainda neste capítulo. Isso se deve ao fato de que o método apresenta um raio de convergência bastante grande, porém, tem baixa taxa de convergência, daí o interesse de combiná-lo com métodos mais rápidos que tenham raio de convergência baixo.

Exemplo 4.1) Resolva numericamente o sistema $\vec{g}(\vec{u}) = 0$ abaixo pelo método de Picard utilizando uma fórmula de relaxação apropriada, considerando uma tolerância $\|g\| \leq 10^{-6}$. Ache o vetor solução $\vec{u}^T = (u_1, u_2, u_3)$, usando o vetor de valores iniciais $u_0^T = (1,1,1)$.

$$\begin{cases} g_1 = u_1^3 + 2u_2^2 - u_3 - 20 = 0 \\ g_2 = 2u_1 - u_1 u_2 + u_3 - 2 = 0 \\ g_3 = u_1 + u_2 - u_3 - 5 = 0 \end{cases}$$

Solução

Inicialmente, reescreve-se o sistema na forma sugerida pela Eq. (4.6), conforme a seguir:

$$\begin{cases} u_1 = h_1 = \left(20 - 2u_2^2 + u_3\right)^{1/3} \\ u_2 = h_2 = \left(2u_1 + u_3 - 2\right)/u_1 \\ u_3 = h_3 = u_1 + u_2 - 5 \end{cases}$$

Assim, a fórmula de iteração de Picard com relaxação é dada por:

$$\vec{u}_{\text{int}} = h\left(\vec{u}_k\right) \text{ e } \vec{u}_{k+1} = \alpha\vec{u}_k + \left(1-\alpha\right)\vec{u}_{\text{int}}$$

Utilizando $\alpha = 0{,}1$ e um programa computacional (como o disponível no site: www.manoleeducacao.com.br/calculonumericoaplicado), obtém-se o seguinte histórico de convergência:

```
Método de Picard
gnorm=     18.439090
-------------------------------------------------- i =        1
u(        1)=      2.501562
u(        2)=      1.000000
u(        3)=     -2.600000
gnorm=      2.383600
-------------------------------------------------- i =        2
u(        1)=      2.489304
u(        2)=  2.450338E-01
u(        3)=     -1.608595
gnorm=      3.018147
-------------------------------------------------- i =        3
u(        1)=      2.619390
u(        2)=  5.198275E-01
u(        3)=     -2.199955
gnorm=  8.526345E-01
```

```
⋮                    ⋮                         ⋮
⋮                    ⋮                         ⋮

------------------------------------------------ i =        27
u(        1)=     2.601151
u(        2)=  5.017949E-01
u(        3)=    -1.897056
gnorm=  4.869294E-06
------------------------------------------------ i =        28
u(        1)=     2.601151
u(        2)=  5.017956E-01
u(        3)=    -1.897054
gnorm=  1.330028E-06
------------------------------------------------ i =        29
u(        1)=     2.601151
u(        2)=  5.017960E-01
u(        3)=    -1.897054
gnorm=  9.020014E-07
converged in          29 iterations
----------------------------------------------------
```

4.5. MÉTODO DE NEWTON

Um método que apresenta uma taxa de convergência bem melhor do que o de Picard é o método de Newton. Conforme discutido no Capítulo 2, para uma equação não linear, o método de Newton apresenta convergência de segunda ordem, i.e., $O\left(e_i^2\right)$, em que e_i é o erro na iteração "i". O fato é que se observa a mesma taxa de convergência quando o método é aplicado a sistemas de equações não lineares (problema 4.2).

Deriva-se o método de Newton a partir do sistema de equações representado de forma compacta por:

$$\vec{g}(\vec{u}) = 0 \tag{4.1}$$

Uma expansão em série de Taylor ao redor de um ponto arbitrário $\vec{u}_0$ próximo à raiz $\vec{u}$ estabelece que:

$$\begin{aligned} \vec{g}(\vec{u}) = \vec{g}(\vec{u}_0) + \frac{\partial \vec{g}(\vec{u}_0)}{\partial u_1}(u_1 - u_{10}) + \frac{\partial \vec{g}(\vec{u}_0)}{\partial u_2}(u_2 - u_{20}) + \cdots \\ + \frac{\partial \vec{g}(\vec{u}_0)}{\partial u_n}(u_n - u_{n0}) \cong 0 \end{aligned} \tag{4.9}$$

em que $\vec{u}_0 = (u_{10}, u_{20}, \ldots, u_{n0})$, $\vec{u} = (u_1, u_2, \ldots, u_n)$, $\vec{g} = (g_1, g_2, \ldots, g_n)$ e n é o número de equações do sistema a ser resolvido. Além disso, a série foi truncada na primeira derivada.

A Eq. (4.9), que é vetorial, determina um sistema de equações algébricas lineares a ser resolvido para o vetor diferença $\vec{w} = (\vec{u} - \vec{u}_0)$. Isso é mais bem visualizado na matriz a seguir, construída a partir da Eq. (4.9):

$$\begin{vmatrix} \dfrac{\partial g_1(\vec{u}_0)}{\partial u_1} & \cdots & \dfrac{\partial g_1(\vec{u}_0)}{\partial u_1} \\ \vdots & \ddots & \vdots \\ \dfrac{\partial g_1(\vec{u}_0)}{\partial u_1} & \cdots & \dfrac{\partial g_1(\vec{u}_0)}{\partial u_1} \end{vmatrix} \begin{vmatrix} \mathrm{u}_1 - u_0 \\ \vdots \\ u_n - u_0 \end{vmatrix} = \begin{vmatrix} -g_1(\vec{u}_0) \\ \vdots \\ -g_n(\vec{u}_0) \end{vmatrix} \tag{4.10}$$

A Eq. (4.10) sugere o seguinte processo iterativo:

$$\frac{\partial \vec{g}(\vec{u}_k)}{\partial \vec{u}}(\vec{u}_{k+1} - \vec{u}_k) = \frac{\partial \vec{g}(\vec{u}_k)}{\partial \vec{u}}\vec{w}_k = -\vec{g}(\vec{u}_k) \tag{4.11}$$

em que k representa a iteração atual, e $k + 1$, a iteração seguinte. O processo inicia-se a partir de um vetor inicial estimado $\vec{u}_0$.

Portanto, em cada iteração *k*, o valor estimado para a iteração seguinte *k + 1* é obtido a partir de:

$$\vec{u}_{k+1} = \vec{u}_k + \vec{w}_k \qquad (4.12)$$

Assim, o problema consiste em resolver, a cada iteração *k*, o sistema de equações lineares definido pela Eq. (4.11) por um método numérico qualquer (direto ou indireto), o qual pode ser escrito de forma compacta por:

$$M(\vec{u}_k)\ \vec{w}_k = -\vec{g}(\vec{u}_k) \qquad (4.13)$$

em que $M(\vec{u}_k) = \dfrac{\partial \vec{g}(\vec{u}_k)}{\partial \vec{u}}$ é denominada como matriz jacobiana do processo.

Com o uso de notação indicial, os elementos da matriz jacobiana devem ser calculados de forma exata por:

$$m_{ij} = \frac{\partial g_i}{\partial u_j} \qquad (1 \le i, j \le n) \qquad (4.14)$$

A convergência será obtida quando:

$$\left\|\vec{g}(\vec{u}_k)\right\| \le \varepsilon \qquad (4.15)$$

em que ε é uma tolerância pré-especificada com valor próximo a zero.

4.6. MÉTODO DE NEWTON MODIFICADO

Uma grande dificuldade com os métodos apresentados até agora neste capítulo é que eles podem requerer alto tempo computacional para resolver problemas com grande número de equações, p.ex., uma matriz jacobiana de grande dimensão a cada iteração, que pode também ter elementos que requeiram muitas operações aritméticas, i.e., de difícil cálculo analiticamente. Assim, é recomendável buscar estratégias para redução do tempo computacional quando se aplicar o método de Newton.

4.6.1. Reutilização da matriz jacobiana

Uma maneira de evitar esse custo é a de não computar uma nova matriz jacobiana a cada iteração. Para tanto, pode-se pensar em reutilizar a matriz jacobiana calculada para uma determinada iteração por várias outras iterações subsequentes, ou mais genericamente um operador fixo. Combinando as Eqs. (4.12) e (4.13), obtém-se a iteração de Newton por:

$$\vec{u}_{k+1} = \vec{u}_k - M^{-1}(\vec{u}_k)\vec{g}(\vec{u}_k) \quad (4.16)$$

Assim, em vez de recalcular a matriz M a cada iteração, pode-se utilizar:

$$\vec{u}_{k+1} = \vec{u}_k - M^{-1}(\vec{u}_i)\vec{g}(\vec{u}_k) \quad (4.17)$$

em que o subscrito i representa uma determinada iteração (p.ex., 0 – a primeira iteração).

Esse procedimento faz o operador $M^{-1}(\vec{u}_i)$ ser fixo por tantas iterações quanto se desejar, i.e., enquanto $\|\vec{g}(\vec{u}_k)\|$ mantiver um comportamento decrescente de uma iteração para a próxima, ou seja, enquanto o processo mantiver-se em um caminho de convergência. Portanto, uma nova matriz M é calculada somente quando $\|\vec{g}(\vec{u}_k)\|$ aumentar em relação à iteração anterior, mantendo-a fixa novamente enquanto $\|\vec{g}(\vec{u}_k)\|$ estiver reduzindo, e assim sucessivamente até o processo convergir para a solução.

4.6.2. Matriz jacobiana numérica

Esta estratégia diz respeito ao cálculo dos elementos da matriz jacobiana de acordo com a Eq. (4.14) numericamente. Para tanto, é possível utilizar uma aproximação numérica no cálculo da derivada, conforme se segue:

$$m_{ij} = \frac{\partial g_i}{\partial u_j} = \frac{\{g_i(u_1, u_2, \ldots, u_j + \varepsilon, \ldots, u_n) - g_i(u_1, u_2, \ldots, u_n)\}}{\varepsilon} \quad (1 \le i, j \le n) \quad (4.18)$$

em que ε deve ser estabelecido como um valor suficientemente pequeno, a fim de que o valor calculado para m_{ij} se aproxime do valor exato da derivada.

4.7. CONVERGÊNCIA DO MÉTODO DE NEWTON

Como todos os métodos enquadrados no item 4.3, o método de Newton pode ser descrito sinteticamente pela fórmula:

$$\vec{u}_{k+1} = \vec{G}(\vec{u}_k) \tag{4.3}$$

Assim, a condição para convergência é que $\vec{G}(\vec{u})$ seja um mapeamento contrativo. No entanto, a maioria dessas funções obtidas a partir do sistema de equações estabelecido pela Eq. (4.1) não leva à obtenção de funções $\vec{G}(\vec{u})$ que sejam contrativas considerando-se todo o domínio $\Re^n$, observando-se o comportamento de função contrativa apenas em parte do $\Re^n$. Por essa razão que se sabe que o método de Newton é convergente quando o vetor de valores iniciais estimado para a iteração de Newton é suficientemente próximo da solução do sistema de equações, ou seja, dentro da região do $\Re^n$ em que $\vec{G}(\vec{u})$ apresenta o comportamento de função contrativa, aqui denominada como região de convergência do método. Pela mesma razão, o problema pode vir a ocorrer em um ponto intermediário da iteração de Newton, se o valor de $\vec{u}_i$ calculado em uma iteração intermediária i estiver fora da região de convergência.

Uma das estratégias para lidar com a possibilidade de divergência em uma iteração intermediária do método é chamada de busca por linha (*line search*). A estratégia consiste em alterar a Eq. (4.12) como se segue (Bank e Rose, 1981):

$$\vec{u}_{k+1} = \vec{u}_k + t_k \vec{w}_k \tag{4.19}$$

O parâmetro t_k é conhecido como parâmetro de *line search* e há vários estudos na literatura para a sua melhor estimativa, basicamente porque $t_k \to 1$, tal que:

$$1 - t_k = O\left(\left\|\vec{g}\left(\vec{u}_k\right)\right\|\right) \tag{4.20}$$

ou seja, à medida que a iteração prossegue, $\left\|\vec{g}\left(\vec{u}_k\right)\right\| \to 0$.

A seguir, listam-se algumas maneiras de estimar o parâmetro t_k:

a) Bank e Rose (1981) sugerem a fórmula:

$$t_k = \frac{1}{1 + K_k \left\|\vec{g}\left(\vec{u}_k\right)\right\|} \tag{4.21}$$

em que K_k é uma sequência tal que $0 \leq K_k \leq K_0$, da qual se observa que K_k reduz a cada iteração e K_0 deve ser suficientemente grande. Note que para a iteração convergir, para $\delta \in [0,1]$:

$$\left\|\vec{g}\left(\vec{u}_{k+1}\right)\right\| < \delta \ \left\|\vec{g}\left(\vec{u}_k\right)\right\| \tag{4.22}$$

Portanto, inicia-se com $t_k = 1$ reproduzindo a iteração de Newton e verifica-se se a Eq. (4.22) é satisfeita. Em caso positivo, prossegue-se com $t_k = 1$, e, em caso negativo, procura-se reduzir t_k, por alguma lei, como a Eq. (4.21), por um certo número de subiterações até que a Eq. (4.22) seja verificada.

b) Estima-se um valor constante $t_k < 1$ e inicia-se o processo da Eq. (4.19). Sempre que $\left\|\vec{g}\left(\vec{u}_k\right)\right\|$ aumentar, cria-se uma subiteração *j*, que divide t_k por um fator pré-especificado γ (p.ex., $\gamma = 2$) a cada subiteração *j*, até que $\left\|\vec{g}\left(\vec{u}_k\right)\right\|$ seja decrescente. Na próxima iteração externa *k*, atribui-se a t_k o mesmo valor constante do início do processo, e assim sucessivamente, conforme a seguir:

$$t_k^{j+1} = \frac{t_k^j}{\gamma} \quad \left(j \leq 0\right) \tag{4.23}$$

c) Usa-se um processo aqui denominado de estimativa de t_k por segmento de reta secante, conforme mostra a Fig. 4.1.

Com base na equação do segmento de reta secante mostrado na Fig. 4.1, determina-se t_k conforme a seguir:

$$t_k = \frac{\left\|\vec{g}\left(\vec{u}_k\right)\right\|}{\left\|\vec{g}\left(\vec{u}_{k+1}\right)\right\| + \left\|\vec{g}\left(\vec{u}_k\right)\right\|} \tag{4.24}$$

4.8. MÉTODO DE GAUSS-SEIDL NÃO LINEAR

O aqui denominado método de Gauss-Seidl não linear consiste em uma analogia do procedimento iterativo de Gauss-Seidl apresentado no Capítulo 3 para sistemas de equações lineares. De fato, o procedimento busca resolver sequencialmente cada equação do sistema para cada incógnita, mantendo fixos os valores conhecidos das outras incógnitas oriundos da iteração anterior e utilizando os valores já conhecidos da iteração atual.

Assim, deriva-se o método a partir do sistema de equações representado de forma compacta por:

$$\vec{g}\left(\vec{u}\right) = 0 \tag{4.1}$$

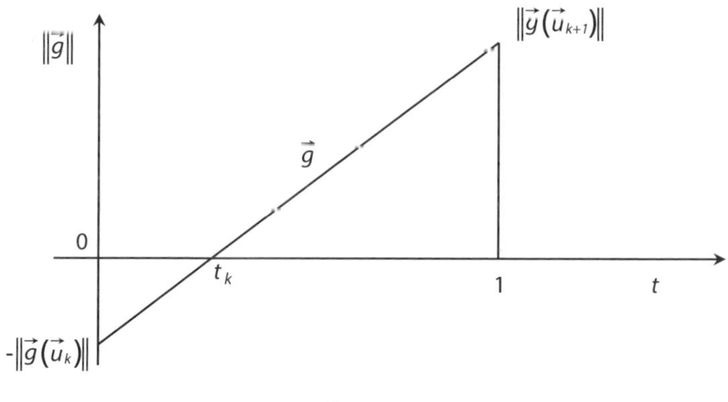

Figura 4.1 Processo de determinação de t_k por segmento de reta secante.

Resolve-se, portanto, a partir de um valor inicial estimado $\vec{u}^{(0)}$ por um dos métodos de solução de equações não lineares de uma incógnita apresentados no Capítulo 2 (p.ex., bisseção, Newton, secante), em sequência, cada equação do sistema representado por (4.1) para obter $u_i^{(k+1)}$, $(1 \leq i \leq n)$, conforme a seguir:

$$
\begin{aligned}
&g_1\left(u_1^{(k+1)}, u_2^{(k)}, \ldots, u_n^{(k)}\right) = 0 \text{ para obter } u_1^{(k+1)} \\
&g_2\left(u_1^{(k+1)}, u_2^{(k+1)}, u_3^{(k)}, \ldots, u_n^{(k)}\right) = 0 \text{ para obter } u_2^{(k+1)} \\
&g_3\left(u_1^{(k+1)}, u_2^{(k+1)}, u_3^{(k+1)}, u_4^{(k)}, \ldots, u_n^{(k)}\right) = 0 \text{ para obter } u_3^{(k+1)} \\
&\quad\vdots \qquad\qquad \vdots \qquad\qquad\qquad \vdots \\
&g_n\left(u_1^{(k+1)}, u_2^{(k+1)}, \ldots, u_{n-1}^{(k+1)}, u_n^{(k+1)}\right) = 0 \text{ para obter } u_n^{(k+1)}
\end{aligned}
\tag{4.25}
$$

A convergência será obtida quando:

$$\left\|\vec{g}\left(\vec{u}^{(k)}\right)\right\| \leq \varepsilon \tag{4.26}$$

em que ε é uma tolerância pré-especificada com valor próximo a zero.

4.9. MÉTODOS DE CONTINUAÇÃO

Todos os métodos até aqui discutidos comumente apresentam a possibilidade de não convergirem para a solução. Esse continua a ser o grande desafio para resolver problemas não lineares. A dificuldade está diretamente ligada à falta de um raio de convergência suficientemente grande inerente ao método em questão. Enfim, feita uma estimativa inicial para o vetor solução, $\vec{u}_0$, o método iterativo pode não ser capaz de convergir para o vetor solução $\vec{u}$, uma vez que a estimativa inicial encontra-se muito distante do resultado desejado.

Há duas maneiras principais de se lidar com o problema de obter boas estimativas iniciais para o vetor solução. As duas envolvem procedimentos de busca (ou varredura) pela solução. A primeira delas é a criação de um problema transiente artificial, inserindo na Eq. (4.1) um parâmetro de "tempo", a partir do qual a solução é obtida em um "instante" inicial t_0 no qual o sistema é de fácil solução, passando-se a utilizar essa solução convergida como estimativa "inicial" para o instante $t_1 = t_0 + \Delta t$, em que Δt é um incremento de "tempo" suficientemente pequeno tal que seja possível a convergência no "instante" seguinte, e assim sucessivamente, até atingir um valor de t que seja correspondente ao sistema de equações original a ser resolvido. Esse método é conhecido em Mecânica dos Sólidos, na aplicação do método de Elementos Finitos, como método de carga incremental (Zienkiewicz e Taylor, 1989).

A segunda maneira consiste em aproximar-se gradualmente da solução final por meio de uma série de soluções intermediárias. Esses resultados intermediários podem ter interesse físico ou simplesmente serem meios de se chegar a uma solução desejada ao final do processo. Formalmente, esses algoritmos são conhecidos como métodos de "continuação" (Seydel, 1990) e podem ser utilizados com qualquer um dos métodos previamente descritos neste capítulo.

Comumente, um sistema de equações não lineares representativo de um sistema físico qualquer depende de um ou mais parâmetros que caracterizam sua resposta (p.ex., o número de Reynolds em Mecânica dos Fluidos, a magnitude de uma condição de contorno). Para tratar essa questão, assume-se que a solução da Eq. (4.1) depende de um parâmetro real, λ. Portanto, o problema passa a ser formulado matematicamente como se segue.

Resolva o sistema de equações

$$\vec{g}(\vec{u},\lambda) = 0 \tag{4.27}$$

para obter $\vec{u}$, para vários valores de λ e determine o caminho $\vec{u} = \vec{u}(\lambda)$, tal que $\vec{u} \in \Re^n$, $\lambda \in \Re$, $\vec{g} : \Re^{n+1} \to \Re^n$.

A solução é obtida por métodos de continuação em dois passos gerais:

1) Inicia-se com uma solução convergida $\vec{u}_0 \in \Re^n$, $\lambda_0 \in \Re$, i.e., $\vec{g}(\vec{u}_0, \lambda_0) = 0$.

2) Para vários valores de λ, resolva $\vec{g}(\vec{u}, \lambda) = 0$.

O segundo passo da solução do problema aproveita-se dos valores previamente convergidos de $\vec{u}$ e λ. Essa é a essência do método de continuação.

O objetivo é o de encontrar uma função que represente o caminho descrito por $\vec{u}$ e λ. No entanto, o problema é que pode haver pontos em que $\partial \vec{g} / \partial \vec{u} = 0$, e $\vec{u} = \vec{u}(\lambda)$ não pode ser explicitado (pontos de inflexão). Portanto, é necessário encontrar uma parametrização γ, tal que $\vec{u} = \vec{u}(\gamma)$ e $\lambda = \lambda(\gamma)$, e fixar γ no ponto inicial, i.e.: $\vec{u}_0 = \vec{u}(\gamma_0)$ e $\lambda_0 = \lambda(\gamma_0)$.

Uma das parametrizações mais usadas é a conhecida como "comprimento de arco" s. Nesse caso, $\vec{u} = \vec{u}(s)$ e $\lambda = \lambda(s)$; $\vec{u}_0 = \vec{u}(0)$ e $\lambda_0 = \lambda(0)$.

Os métodos de continuação para resolver o problema formulado pela Eq. (4.27) são classificados de acordo com o grau de dificuldade em ordens, iniciando pela "ordem zero". Um método de continuação simples e eficaz largamente utilizado em problemas de Mecânica dos Fluidos e Transferência de Calor de "ordem zero" consiste em resolver uma série de problemas aumentando gradualmente o valor do parâmetro de continuação λ. A solução convergida em um valor λ_n é usada como valor inicial do vetor solução no próximo passo $\lambda_{n+1} = \lambda_n + \Delta\lambda$, com qualquer método numérico que esteja sendo usado para resolver o sistema de equações (p.ex., Newton). No entanto, em problemas em que há a necessidade de detectar bifurcações, o método "ordem zero" não apresenta boa convergência.

O método de continuação mais simples de "primeira ordem" assume que $\vec{g}$ tenha derivadas contínuas em relação a $\vec{u}$ e λ. Dessa maneira, uma série de Taylor de $\vec{g}(\vec{u},\lambda)$ pode ser usada com truncamento na primeira derivada para obter:

$$\left.\frac{\partial \vec{g}}{\partial \vec{u}}\right|_{\vec{u},\lambda} \Delta\vec{u} = -\left.\frac{\partial \vec{g}}{\partial \lambda}\right|_{\vec{u},\lambda} \Delta\lambda \qquad (4.28)$$

que permite deduzir a seguinte relação de recorrência:

$$\vec{u}_{n+1} = \vec{u}_n - A^{-1}(\vec{u}_n,\lambda_n)\left.\frac{\partial \vec{g}}{\partial \lambda}\right|_{\vec{u}_n,\lambda_n} \Delta\lambda \qquad (4.29)$$

em que $A = \left.\frac{\partial \vec{g}}{\partial \vec{u}}\right|_{\vec{u},\lambda}$ e $\Delta\lambda = \lambda_{n+1} - \lambda_n$.

Observando a Eq. (4.29), percebe-se que esquemas de maior ordem podem ser derivados, bastando considerar derivadas de maior ordem no truncamento da série de Taylor de $\vec{g}(\vec{u},\lambda)$. Neste livro, apenas o esquema de primeira ordem é tratado.

Quando $\Delta\lambda$ é pequeno, é provável que a nova solução $\vec{u}_{n+1}$ seja bastante próxima da verdadeira solução para λ_{n+1}, portanto, espera-se que, usando $\vec{u}_{n+1}$ como valor inicial, o sistema definido pela Eq. (4.27) venha a convergir com qualquer método numérico que esteja sendo usado para resolvê-lo. No entanto, à medida que são usados maiores valores para $\Delta\lambda$, o valor previsto para $\vec{u}_{n+1}$ geralmente se distanciará da verdadeira curva de solução. Nesses casos, o valor previsto pode ser corrigido. De fato, o problema reside na escolha de $\Delta\lambda$. A menos que a solução intermediária seja de interesse, $\Delta\lambda$ deve ser tão grande quanto possível para minimizar o esforço computacional. No entanto, o tamanho de qualquer $\Delta\lambda$ é limitado pelo raio de convergência do método numérico que esteja sendo usado para obter a solução corrigida em λ_{n+1}. Na realidade, usa-se a chamada "continuação adaptativa" via procedimentos de seleção heurística de $\Delta\lambda$ (Seydel, 1990). Um desses procedimentos é descrito a seguir.

Assume-se que em um passo "j", dispõe-se dos valores $\vec{u}_j$, λ_j e s_j, e o passo de "comprimento de arco" é Δs_j.

A solução no passo $j + 1$ é procurada tal que:

$$\vec{g}\left(\vec{u}_{j+1}, \lambda_{j+1}\right) = 0 \tag{4.30}$$

e

$$d\left\{\left(\vec{u}_j, \lambda_j\right),\ \left(\vec{u}_{j+1}, \lambda_{j+1}\right)\right\} = \Delta s_j \tag{4.31}$$

em que d representa uma função distância.

O algoritmo que é proposto consiste em resolver no passo j para a obtenção de $\Delta\vec{u}_j, \Delta\lambda_j$, $\vec{u}_{j+1} = \vec{u}_j + \Delta\vec{u}_j$ e $\lambda_{j+1} = \lambda_j + \Delta\lambda_j$. $\Delta\vec{u}_j, \Delta\lambda_j$ devem satisfazer as equações:

$$\vec{g}\left(\vec{u}_j + \Delta\vec{u}_j, \lambda_j + \Delta\lambda_j\right) = 0 \tag{4.32}$$

e

$$\left\|\Delta\vec{u}_j, \Delta\lambda_j\right\| = \Delta s_j \tag{4.33}$$

em que $\|\cdot\|$ representa uma norma em $\Re^{n+1} = \Re^n \times \Re$.

A norma define o comprimento de arco. A Eq. (4.33) representa a restrição.

Consequentemente, o algoritmo consiste em:

1) Estimar uma solução inicial $\vec{u}_0 \in \Re^n$, $\lambda_0 \in \Re$, e um passo de comprimento de arco inicial Δs_0.
2) Para $j = 0$ até n faça:
   a) Compute incrementos $\Delta\vec{u}_j, \Delta\lambda_j$ a partir de

$$\begin{cases} \vec{g}\left(\vec{u}_j + \Delta\vec{u}_j, \lambda_j + \Delta\lambda_j\right) = 0 \\ \left\|\Delta\vec{u}_j, \Delta\lambda_j\right\| = \Delta s_j \end{cases}$$

b) Compute $\vec{u}_{j+1} = \vec{u}_j + \Delta\vec{u}_j$ e $\lambda_{j+1} = \lambda_j + \Delta\lambda_j$.
c) Compute um novo comprimento de arco Δs_{j+1}.

O problema do item (a) consiste na solução de um sistema de equações não lineares. Portanto, há dois passos envolvidos no processo:

a.1) Encontre valores iniciais $\Delta\vec{u}_j^{(0)}$ e $\Delta\lambda_j^{(0)}$.
a.2) A partir dos valores iniciais $\Delta\vec{u}_j^{(0)}$ e $\Delta\lambda_j^{(0)}$ resolva o sistema:

$$\begin{cases} \vec{g}\left(\vec{u}_j + \Delta\vec{u}_j, \lambda_j + \Delta\lambda_j\right) \\ \left\|\Delta\vec{u}_j, \Delta\lambda_j\right\| = \Delta s_j \end{cases} \quad \text{para obter } \Delta\vec{u}_j \text{ e } \Delta\lambda_j$$

O passo (a.1) é comumente conhecido como de "predição". O passo (a.2) é conhecido como de "correção".

Há vários tipos de métodos de predição, i.e., tangente, secante, e o de predição nula, ou seja, $\Delta\vec{u}_j^{(0)} = 0$ e $\Delta\lambda_j^{(0)} = 0$, ou de maior ordem.

Como o método da secante envolve dois pontos e métodos de maior ordem envolvem vários pontos, somente o método da tangente é utilizado neste texto, admitindo que $\vec{g}$ é de classe C^1 com relação tanto a $\vec{u}$ como a λ. Portanto, usando a Eq. (4.28), obtém-se:

$$\begin{cases} \left.\dfrac{\partial\vec{g}}{\partial\vec{u}}\right|_{\vec{u}_j,\lambda_j} \Delta\vec{u}_j^{(0)} = -\left.\dfrac{\partial\vec{g}}{\partial\lambda}\right|_{\vec{u}_j,\lambda_j} \Delta\lambda_j^{(0)} \\ \left\|\Delta\vec{u}_j^{(0)}, \Delta\lambda_j^{(0)}\right\| = \Delta s_j \end{cases} \tag{4.34}$$

Assumindo que $A_j = \left.\frac{\partial \vec{g}}{\partial \vec{u}}\right|_{\vec{u}_j,\lambda_j}$ seja não singular, então:

$$\Delta \vec{u}_j^{(0)} = - A_j^{-1} \left.\frac{\partial \vec{g}}{\partial \lambda}\right|_{\vec{u}_j,\lambda_j} \Delta \lambda_j^{(0)} \tag{4.35}$$

e, portanto:

$$\left\| \left(- A_j^{-1} \left.\frac{\partial \vec{g}}{\partial \lambda}\right|_{\vec{u}_j,\lambda_j} , 1 \right) \right\| \left| \Delta \lambda_j^{(0)} \right| = \Delta s_j \tag{4.36}$$

ou

$$\left| \Delta \lambda_j^{(0)} \right| = \frac{\Delta s_j}{\left\| \left(- A_j^{-1} \left.\frac{\partial \vec{g}}{\partial \lambda}\right|_{\vec{u}_j,\lambda_j} , 1 \right) \right\|} \tag{4.36'}$$

Observe que na Eq. (4.36') há dois valores para $\Delta \lambda_j^{(0)}$. A experiência mostra que é preferível utilizar o valor positivo. Com o valor determinado para $\Delta \lambda_j^{(0)}$, utiliza-se a Eq. (4.35) para obter $\Delta \vec{u}_j^{(0)}$.

O passo (a.2) de correção usualmente consiste na solução de um sistema de equações não lineares. O método de Newton é o mais utilizado e as incógnitas são $\Delta \vec{u}_j$ e $\Delta \lambda_j$.

O passo de controle de comprimento de arco Δs_j, utilizando um valor fixo pré-especificado ou usando um esquema baseado no número de iterações, é estimado conforme a seguir:

$$\Delta s_{j+1} = \Delta s_j \frac{n_{ref}}{n_j + 1} \tag{4.37}$$

em que n_j é o número de iterações feitas pelo passo de correção, e n_{ref} é um número de referência estabelecido como um número aceitável de iterações.

O projeto 4.1 ao final deste capítulo propõe um problema em que só é possível a obtenção de soluções ao longo de toda a faixa de variação de um de seus parâmetros por meio do uso de um método de continuação.

4.10. PROBLEMAS PROPOSTOS

4.1) Demonstre que a condição de convergência para o método da iteração funcional é que *g(u)* seja um mapeamento contrativo.

4.2) Demonstre a taxa de convergência do método de Newton quando aplicado a sistemas de equações não lineares.

4.3) Deseja-se construir um menisco, constituído pela região de intersecção entre dois círculos, cujas equações são: $x^2 + y^2 - 4x - 6y - 12 = 0$ e $x^2 + y^2 - 10x - 8y + 16 = 0$. Pede-se para calcular a distância entre as extremidades do menisco (ou seja, a distância entre os pontos de intersecção entre ambos os círculos). Utilize o método de Newton-Raphson.

4.4) Obtenha os pontos de intersecção entre os seguintes pares de curvas. Como forma de obter boas estimativas iniciais para a utilização de métodos numéricos, faça gráficos dessas curvas. (Note que, em alguns casos, existem múltiplos pares de soluções.) Empregue os métodos de Newton e da secante para a obtenção dessas soluções numéricas.

a) $y = 8sen(x)$ e $x = y^2 + 2y - 4$
b) $y - l_n(4x) + 5$ e $x = 2\cos(y)$
c) $y = x^3 + 2x^2 - 6x$ e $x = tg(y)$
d) $y - l_n(x) + \cos(x)$ e $x = y^2 + 2y - 5$

4.5) Considere as espécies químicas A_2, B_2, AB e A_2B_2. Deseja-se, a partir das espécies A_2 e B_2, obter como produto a espécie A_2B_2. Teoricamente, essa reação poderia ser realizada por meio da seguinte reação química direta:

$$A_2 + B_2 \rightarrow A_2B_2$$

Na prática, contudo, esse processo está relacionado a duas reações químicas intermediárias e reversíveis:

$$A_2B_2 \rightleftharpoons A_2 + B_2$$
$$A_2B_2 \rightleftharpoons 2AB$$

Com base nas equações das reações químicas, pode-se então avaliar o número de moles (n) de cada uma das espécies químicas presentes na mistura final: $n(A_2) = x$, $n(B_2) = x$, $n(AB) = 2y$ e $n(A_2B_2) = 1 - x - y$. A soma de todos os valores anteriores fornece o número total de moles da mistura (n_T), que nesse caso é $n_T = 1 + x + y$. Para se avaliar a composição da mistura, torna-se necessário determinar os valores de x e de y. Para tanto, recorre-se às seguintes relações:

$$K_1 = \frac{Y(A_2)Y(B_2)}{Y(A_2B_2)}$$
$$K_2 = \frac{[Y(AB)]^2}{Y(A_2B_2)}$$

que estão relacionadas às reações reversíveis apresentadas anteriormente. Nessas relações, K_1 e K_2 são as constantes de cada uma das reações químicas e $Y(z)$ é a fração molar da espécie química z, que é obtida dividindo-se $n(z)$ por n_T. Nesse contexto, determine os valores dos números de moles de cada uma das espécies químicas da mistura, sabendo-se que $K_1 = 0{,}002$ e $K_2 = 0{,}0015$. Utilize, para isso, os métodos de Newton e de Newton modificado.

4.6) Solucione o seguinte sistema de equações não lineares, empregando os métodos de Newton e de Newton modificado. Esse sistema é proveniente de reações químicas, obtidas de modo semelhante ao mostrado no problema anterior.

$$K_1 = \frac{x^2}{(1-x-y)(1+x+y+z+w)}$$

$$K_2 = \frac{4y^2}{(1-x-y)(1+x+y+z+w)}$$

$$K_3 = \frac{4z^2}{(x-z)(1+x+y+z+w)}$$

$$K_4 = \frac{4w^2}{(x-w)(1+x+y+z+w)}$$

Admita os seguintes valores para K_1, K_2, K_3 e K_4, respectivamente: 0,003, 0,0025, 0,0005 e 0,0003.

4.7) Deseja-se estudar a distribuição da temperatura ao longo da espessura de uma parede plana, com geração volumétrica de calor, para a condição de regime permanente. Esse fenômeno pode ser modelado por meio da seguinte equação diferencial:

$$\frac{d}{dx}\left(k\frac{dT}{dx}\right) + \dot{q} = 0$$

em que x é a coordenada espacial, T é a temperatura, k é a condutividade térmica do material e $\dot{q}$ é a taxa volumétrica de geração de calor. Para este estudo, considera-se que a condutividade térmica do material seja variável e dependente unicamente da temperatura, sendo modelada por meio de uma relação do tipo $k(T) = aT$, em que a é uma constante conhecida. Empregando-se um método numérico para a discretização da equação diferencial original, obteve-se o seguinte sistema de equações:

$$\frac{aT_1T_2}{T_1+T_2}\frac{(T_2-T_1)}{\Delta x}-2aT_A\frac{(T_1-T_A)}{\Delta x}=-\dot{q}\Delta x$$

$$\frac{aT_iT_{i+1}}{T_i+T_{i+1}}\frac{(T_{i+1}-T_i)}{\Delta x}-\frac{aT_{i-1}T_i}{T_{i-1}+T_i}\frac{(T_i-T_{i-1})}{\Delta x}=-\dot{q}\Delta x\text{, para i = 2,3,...,N–1}$$

$$2aT_B\frac{(T_B-T_N)}{\Delta x}-\frac{aT_{N-1}\,T_N}{T_{N-1}+T_N}\frac{(T_N-T_{N-1})}{\Delta x}=-\dot{q}\Delta x$$

Considerando-se os seguintes valores:

$$a=2;TA=10;T_B=20;\Delta x=0{,}2;\dot{q}=1000;N=5,$$

resolva o sistema obtido, empregando-se os métodos de Newton e de Newton modificado.

4.8) Utilizando o método de Newton-Raphson (N-R), resolva o sistema $\vec{g}(\vec{u})=0$ abaixo, com o conjunto de valores iniciais (1, 1). Construa analiticamente o jacobiano e mostre os valores de $\vec{u}$ em cada iteração. Considere uma tolerância $\|g\|\leq 10^{-6}$.

$$\begin{cases} g_1(u_1,u_2)=u_1u_2^2+u_1^2u_2+u_1^4-3=0 \\ g_2(u_1,u_2)=u_1^3u_2^5+2u_1^5u_2+u_1^2+2=0 \end{cases}$$

4.9) Resolva o sistema $\vec{g}(\vec{u})=0$ abaixo numericamente por um dos métodos apresentados neste capítulo, considerando uma tolerância $\|g\|\leq 10^{-6}$. Ache o vetor solução $\vec{u}^T=(u_1,u_2,u_3)$.

$$\begin{cases} g_1 = u_1^3 + 2u_2^2 - u_3 - 2 = 0 \\ g_2 = 2u_1 - e^{u_2} + u_3 - 2 = 0 \\ g_3 = u_1 + u_2 - u_3 - 2 = 0 \end{cases}$$

4.10) Resolva o sistema $\vec{g}(\vec{u}) = 0$ abaixo numericamente pelo método quase-Newton (cálculo do jacobiano numericamente). Utilize como critério de convergência: $\|g\|_2 \leq 10^{-6}$ ou $\sum_{i=1}^{n}|g_i| \leq 10^{-6}$, em que $n = 3$ é o número de equações.

Sugestão: use o vetor de valores iniciais $u_0^T = (2,2,-2)$.

$$\begin{cases} g_1 = u_1^3 + 2u_2^2 - u_3 - 20 = 0 \\ g_2 = 2u_1 - u_1u_2 + u_3 - 3 = 0 \\ g_3 = u_1 + u_2 - u_3 - 3 = 0 \end{cases}$$

4.11) Resolva o sistema $\vec{g}(\vec{u}) = 0$ abaixo numericamente por um dos métodos apresentados neste capítulo, considerando uma tolerância $\|g\| \leq 10^{-6}$. Ache o vetor solução $u^T = (u_1, u_2, u_3)$.

Sugestão: use o vetor de valores iniciais $u_0^T = (1,1,1)$.

$$\begin{cases} g_1 = u_1^3u_2^5 - u_3 - 10 = 0 \\ g_2 = 2u_1 - u_1^2u_2 + u_3 - 2 = 0 \\ g_3 = u_1 + u_2^2 - u_3 - 4 = 0 \end{cases}$$

Projetos

4.1) Considere o seguinte sistema de equações não lineares, de 2 equações e 2 incógnitas:

$$\vec{N}\left(\vec{d}(t)\right) = \vec{F}^{ext},$$

em que $\vec{d}$ é o vetor de incógnitas, solução do problema (parametrizado por *t*), e $\vec{F}^{ext}$ é prescrito por:

$$\vec{F}^{ext} = \begin{Bmatrix} 40t \\ 15t \end{Bmatrix}$$

N, uma função vetorial não linear de $\vec{d}$, é dada por:

$$\vec{N}(\vec{d}) = \begin{Bmatrix} 10d_1 + 0{,}4d_2^3 - 5d_2^2 \\ 0{,}4d_1^3 - 3d_1^2 + 10d_2 \end{Bmatrix}$$

Escreva códigos com os métodos de N-R, N-R modificado e Gauss-Seidl não linear para resolver este problema usando um procedimento de carga incremental. Para o N-R modificado: i) compute e fatore *K* somente no começo de cada incremento, e ii) calcule o jacobiano numericamente. Tente resolver este sistema para $t \in [0,\ 2]$. Aborde os seguintes tópicos:

i) Em que ponto da solução esses esquemas enfrentam problemas, e por quê?

ii) Use os três métodos com incrementos de tempo *dt = 0,01* e *dt = 0,05*. Use a norma da energia como critério de convergência, com uma tolerância estrita, tal que

$$\frac{\Delta\vec{d}^{(i)}.\vec{R}^{(i)}}{\Delta\vec{d}^{(0)}.\vec{R}^{(0)}} \leq 10^{-20}$$

Obtenha dados comparando o número de iterações requeridas (total, média por passo de tempo, etc.) para cada método em toda a faixa de variação de *t* para a qual houve convergência. Comente sobre o que você obteve.

iii) Incorpore um algoritmo *line search* nos três métodos. Descreva o efeito de *line search* nos resultados de convergência do item (ii).

Obs.:

1) Elabore um relatório do seu trabalho (título, resumo, introdução, teoria, resultados e discussão, e conclusões), com todos os programas computacionais escritos no apêndice.

2) Recomenda-se utilizar aritmética de dupla precisão em seus cálculos.

4.2) Aplique um procedimento de comprimento de arco ao projeto 4.1, usando o método de linearização consistente (Seydel, 1990; Schweizerhof e Wriggers, 1986). Em outras palavras, resolva o seguinte sistema para $\vec{d}(t)$ e $\lambda(t)$:

$$\vec{N}\left(\vec{d}(t)\right) = \lambda(t)\begin{Bmatrix} 40 \\ 15 \end{Bmatrix}$$

O sistema é o mesmo do projeto 1, bastando apenas fazer $\lambda(t) = t$. Resolva para $\lambda(t) = t \in [0,\ 2]$. Implemente usando a iteração de N-R em cada incremento de comprimento de arco δa. Use a seguinte definição para $f\left(\delta\vec{d},\ \delta\lambda\right)$:

$$f\left(\delta\vec{d},\ \delta\lambda\right) = \left(c\delta\vec{d}^{T} K\big|_{\vec{d}=0}\,\delta\vec{d} + b\delta\lambda^{2}\right)^{1/2},$$

$$c = \frac{(1-b)}{\vec{q}^{T} K\big|_{\vec{d}=0}\,\vec{q}},$$

$$\vec{q} = K^{-1}\big|_{\vec{d}=0}\,\vec{F},\ \vec{F} = \begin{Bmatrix} 40 \\ 15 \end{Bmatrix}.$$

Crie gráficos das forças *versus* deslocamentos, bem como de deslocamentos *versus* "tempo" ao longo de toda a faixa requerida de variação de t. Como o algoritmo se comporta para vários δa e qual é o maior δa para o qual é convergente? Teste o seu código de comprimento de arco pelo menos para os casos em que $b = 0$ e $b = 0{,}5$.

Obs.:

1) Elabore um relatório do seu trabalho (título, resumo, introdução, teoria, resultados e discussão, e conclusões), com todos os programas computacionais escritos no apêndice.

2) Recomenda-se utilizar aritmética de dupla precisão em seus cálculos.

4.3) Vargas e Florea (1994) desenvolveram um estudo de análise cinemática e termodinâmica de um novo motor rotativo que utiliza um mecanismo de cilindroides de seção elíptica assimétrica. A Fig. Pj4.3 mostra um diagrama esquemático do mecanismo rotativo do motor proposto. Para a realização de uma análise termodinâmica, é necessário determinar o volume do espaço de trabalho para cada posição α do ângulo da manivela. Para tanto, é preciso resolver um sistema de equações não lineares para o motor rotativo de cilindroides, a fim de determinar as coordenadas cartesianas de cada ponto chave do espaço (área) de trabalho mostrado na Fig. Pj4.3 para cada posição α, que são reunidas em um vetor de incógnitas $\vec{u} = (x_0, y_0, x_{C_1}, y_{C_1}, x_{C_2}, y_{C_2}, x_1, y_1, x_2, y_2)$. Assim, o sistema a ser resolvido é representado em forma compacta por $\vec{g}(\vec{u}) = 0$. Com base na Geometria Analítica, escrevem-se as equações que constituem esse sistema:

$$g_1 = x_0 \operatorname{sen} \alpha - y_0 \cos\alpha = 0 \tag{1}$$

$$g_2 = (y_{C_1} - y_0)(y_{C_2} - y_0) + (x_{C_1} - x_0)(x_{C_2} - x_0) = 0 \tag{2}$$

$$g_3 = \frac{x_1^{\ 2}}{a^2} + \frac{y_1^{\ 2}}{b^2} - 1 = 0 \tag{3}$$

$$g_4 = (x_1 - x_{C_1})^2 + (y_1 - y_{C_1})^2 - r^2 = 0 \tag{4}$$

$$g_5 = \frac{x_2^2}{a^2} + \frac{y_2^2}{b^2} - 1 = 0 \tag{5}$$

$$g_6 = (x_2 - x_{C_2})^2 + (y_2 - y_{C_2})^2 - r^2 = 0 \tag{6}$$

$$g_7 = x_0^{\ 2} + y_0^{\ 2} - d^2 = 0 \tag{7}$$

$$g_8 = y_1\left[x_1\left(\frac{b^2}{a^2}-1\right)+x_{C_1}\right]-y_{C_1}x_1\frac{b^2}{a^2}=0 \quad (8)$$

$$g_9 = (x_{C_1}-x_0)^2+(y_{C_1}-y_0)^2-(y_{C_2}-y_0)^2-(x_{C_2}-x_0)^2=0 \quad (9)$$

$$g_{10} = y_2\left[x_2\left(\frac{b^2}{a^2}-1\right)+x_{C_2}\right]-y_{C_2}x_2\frac{b^2}{a^2}=0 \quad (10)$$

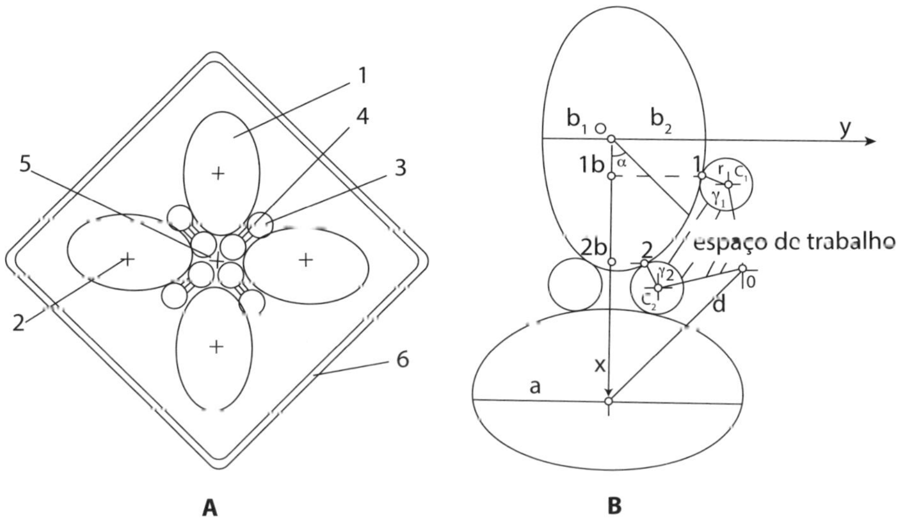

Figura Pj4.3 (A) 1: cilindroide; 2: eixo do cilindroide; 3: cilindro de vedação; 4: mola; 5: volume de trabalho; 6: caixa de montagem; **(B)** Parâmetros geométricos, espaço de trabalho e sistema de coordenadas local.

O sistema apresenta 10 equações com 10 incógnitas, e deve ser resolvido dentro do intervalo de $0^o \leq \alpha \leq 360^o$.

Para obter suas primeiras soluções, utilize os seguintes parâmetros geométricos: a = 8,5; d = 11,1; r – 1,3 e $b1 = b2 = b = 6{,}5$ (cilindroides simétricos). A seguir, novas soluções podem ser obtidas para outras configurações possíveis, i.e., tal que sejam satisfeitas as restrições cinemáticas do mecanismo rotativo, ou seja, que os cilindros de vedação não se interceptem e a distância entre as elipses seja sempre menor do que 2r e maior do que 0.

Pede-se:

1) Crie gráficos do comportamento de $\vec{u} \times \alpha$, i.e.: $x_0 \times \alpha, y_0 \times \alpha$, $x_{C_1} \times \alpha$, $y_{C_1} \times \alpha$, $x_{C_2} \times \alpha$, $y_{C_2} \times \alpha$, $x_1 \times \alpha$, $y_1 \times \alpha$, $x_2 \times \alpha$ e $y_2 \times \alpha$.
2) Calcule o volume do espaço de trabalho para cada posição α do ângulo da manivela, $V(\alpha)$, usando uma altura h conhecida para os cilindroides. Faça um gráfico $V \times \alpha$, para $-180^o \leq \alpha \leq 180^o$, bem como diferentes valores da razão entre os eixos menores das elipses, i.e.,

$$\frac{b_1}{b_2} = 1;\ 0{,}85 \text{ e } 0{,}708, \text{ usando } b_2 = 6{,}5.$$

Obs.:

1) Elabore um relatório do seu trabalho (título, resumo, introdução, teoria, resultados e discussão, e conclusões), com todos os programas computacionais escritos no apêndice.
2) Recomenda-se utilizar aritmética de dupla precisão em seus cálculos.

4.4) Vargas et al. (1996) desenvolveram um estudo de otimização termodinâmica de refrigeradores alimentados por energia solar. A Fig. Pj4.4 mostra um esquema simplificado com os principais componentes do sistema. O seguinte modelo matemático endorreversível (sistema internamente reversível, somente irreversibilidades externas, i.e., nas trocas de calor) adimensional, tendo como base o diagrama da Fig. Pj4.5, foi escrito para o sistema:

$$\tilde{Q}_H = B(\tau_{st} - \tau_H) \tag{1}$$

$$\tilde{Q}_H = y(\tau_H - \tau_{HC}) \tag{2}$$

$$\tilde{Q}_0 = (1 - y - z)(\tau_{st} - \tau_H) \tag{3}$$

$$\tilde{Q}_L = z\ (\tau_L - \tau_{LC}) \tag{4}$$

$$\frac{\tilde{Q}_H}{\tau_{HC}} + \frac{\tilde{Q}_L}{\tau_{LC}} = \frac{\tilde{Q}_0}{\tau_{0C}} \tag{5}$$

$$\tilde{Q}_H + \tilde{Q}_L = \tilde{Q}_0 \tag{6}$$

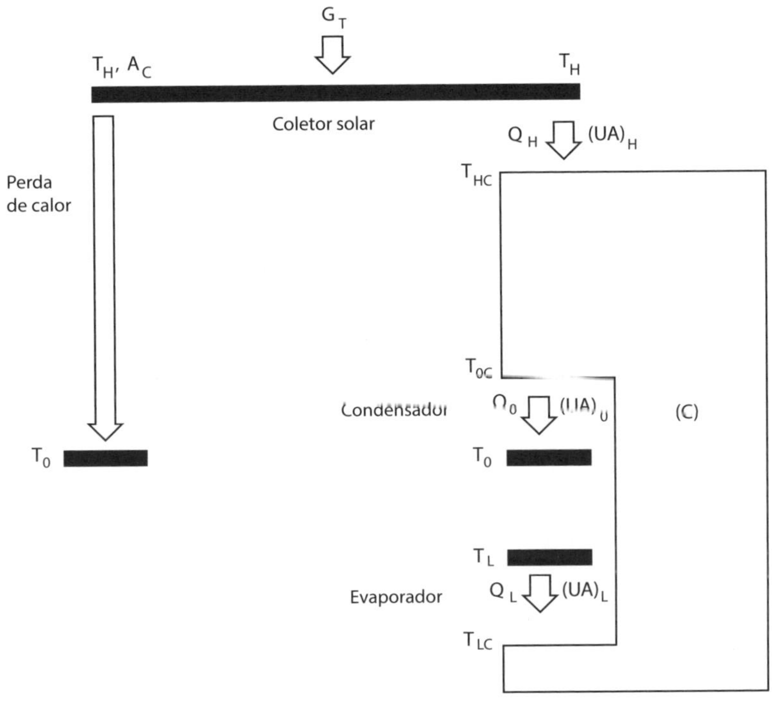

Figura Pj4.4 Diagrama esquemático de um modelo com irreversibilidades de transferência de calor para um refrigerador alimentado por energia solar irreversível com perda de calor para o ambiente.

As incógnitas são: $\tilde{Q}_L$, $\tilde{Q}_0$, τ_{0C} e τ_{LC}. Os parâmetros de projeto e operação são: B, τ_{st}, τ_H, y, z e τ_L (temperatura adimensional desejada para a câmara fria).

Utilize $B = 0{,}4;\ 0{,}8$ e $1;\ \tau_{st} = 1{,}5;\ \tau_H \in [1{,}34;\ 1{,}5];\ y = z = 0{,}25$, e $\tau_L = 0{,}9$.

Pede-se resolver numericamente o sistema de equações definido pelas Eqs. (3) a (6) para o conjunto de parâmetros fornecido. Para tanto, inicialmente, usando os valores estabelecidos para τ_{st} e τ_H, combine as Eqs. (1) e (2) para obter τ_{HC}.

Utilize o seguinte conjunto de valores iniciais: $\tilde{Q}_L = 0{,}01$; $\tilde{Q}_0 = 0{,}02$; $\tau_{0C} = 1{,}1$ e $\tau_{LC} = 0{,}85$.

Apresente gráficos do comportamento do efeito refrigerante, $\tilde{Q}_L$, em relação à variação de $\tau_H \in [1{,}34;\ 1{,}5]$, mostrando que existe $\tau_{H,ótimo}$ tal que $\tilde{Q}_L$ é máximo.

Obs.:

1) Elabore um relatório do seu trabalho (título, resumo, introdução, teoria, resultados e discussão, e conclusões), com todos os programas computacionais escritos no apêndice.

2) Recomenda-se utilizar aritmética de dupla precisão em seus cálculos.

4.5) A produção de um fabricante é modelada pela função:

$$f(x, y, z, w) = 200\, x^{3/4} y^{1/4} z^{2/3} w^{1/3} \qquad (1)$$

em que x representa as unidades de mão de obra do tipo 1; y, as unidades de capital do tipo 1; z, as unidades de mão de obra do tipo 2; e w, as unidades de capital do tipo 2. A unidade de mão de obra do tipo 1 custa \$ 100,00, e do tipo 2, \$ 200,00. A unidade de capital do tipo 1 custa \$ 250,00, e do tipo 2, \$ 300,00. As despesas totais com mão de obra e capital não podem exceder \$ 200.000,00. Usando o método de multiplicadores de Lagrange, escreva uma função que inclua a restrição do problema, $F(x,y,z,w,\lambda)$ e determine o nível de produção máximo, $f_{\max}$, construindo um sistema de equações não lineares para determinar o conjunto de parâmetros ótimos $(x,y,z,w)_{ótimo}$ que leva ao valor máximo de f. Resolva o sistema obtido numericamente por um dos métodos numéricos apresentados neste capítulo.

Obs.:

1) Elabore um relatório do seu trabalho (título, resumo, introdução, teoria, resultados e discussão, e conclusões), com todos os programas computacionais escritos no apêndice.

2) Recomenda-se utilizar aritmética de dupla precisão em seus cálculos.

FUNÇÕES DE APROXIMAÇÃO

5.1. INTRODUÇÃO

Um problema que frequentemente ocorre para o pesquisador de qualquer área da Ciência é o de como inferir a resposta contínua de um sistema físico a partir de um conjunto discreto de dados. Com base em dados oriundos de um conjunto discreto de medições feitas em laboratório, no campo ou disponível em forma de tabela, deseja-se achar valores intermediários. Em geral, o problema apresenta-se na forma de uma tabela de dados, i.e., uma distribuição discreta, conforme se segue:

Tabela 5.1 Conjunto de (n + 1) pontos (x_i, $f(x_i) = y_i$) para $x_i, y_i \in \Re$

x_i	$f(x_i)$
x_0	$f(x_0)$
$\vdots$	$\vdots$
x_n	$f(x_n)$

A solução para o problema é uma função de aproximação contínua que represente adequadamente o comportamento da distribuição de pontos dados. Há duas técnicas para resolver esse problema:

- **Interpolação:** nesta técnica, busca-se uma função de aproximação que passe exatamente sobre os pontos dados.
- **Ajuste:** nesta técnica, busca-se uma função de aproximação que capture adequadamente a tendência de comportamento exibida pelos pontos dados, mas que não necessita passar exatamente sobre os pontos.

5.2. INTERPOLAÇÃO

O primeiro passo do processo consiste na escolha da função de aproximação a utilizar na interpolação do conjunto de pontos disponíveis. Por causa de simplicidade e praticidade, os polinômios são as funções de aproximação mais utilizadas para a interpolação de tabelas ou conjuntos de medições, a não ser que outro tipo de função seja claramente mais adequada de acordo com uma análise específica do problema. Portanto, neste livro, sem perda de generalidade, o foco será o da interpolação polinomial. O problema consiste na busca do polinômio p de mínimo grau possível tal que:

$$p(x_i) = y_i \qquad (0 \leq i \leq n) \tag{5.1}$$

TEOREMA 5.1

Se $x_0, x_1, \ldots, x_n$ são reais distintos, então, para valores arbitrários $y_0, y_1, \ldots, y_n$, há um único polinômio p_n de grau no máximo n tal que $p(x_i) = y_i \; (0 \leq i \leq n)$.

Prova:

i) **Unicidade:**

Suponha dois polinômios p_n e $q_n \Rightarrow (p_n - q_n)(x_i) = 0$, para $(0 \leq i \leq n)$.

a) O grau de $(p_n - q_n)$ pode ser no máximo $n \Rightarrow$ no máximo n raízes, se não for o polinômio nulo.

b) Como os pontos x_i são distintos, $p_n(x_i) - q_n(x_i) = 0 \Rightarrow$ como há $(n+1)x_i$, há $(n+1)$ raízes para esse polinômio diferença $\Rightarrow$ ele só pode ser o polinômio nulo, i.e., $0x^n + 0x^{n-1} + 0x^{n-2} + \cdots + 0x + 0 = p_n$, em que $\forall x$ é raiz, portanto, com infinitas raízes, donde se conclui que $p_n(x) = q_n(x)$.

ii) **Existência:**

Utiliza-se o processo de indução conforme se segue:

a) $n = 0$:

Uma constante sempre pode ser escolhida tal que:

$$p(x_0) = y_0 \quad (n = 0) \Rightarrow \text{ polinômio } p_0$$

b) Suponha agora que foi obtido p_{k-1} de grau $\leq k-1$ com $p_{k-1}(x_i) = y_i$, para $(0 \leq i \leq k-1)$.

Tenta-se construir p_k conforme a seguir:

$$p_k(x) = p_{k-1}(x) + c(x - x_0)(x - x_1)\cdots(x - x_{k-1}) \tag{5.2}$$

A Eq. (5.2) é um polinômio de grau $\leq k$, sendo que p_k interpola os dados que p_{k-1} interpola, pois $p_k(x_i) = p_{k-1}(x_i) = y_i$ para $(0 \leq i \leq k-1)$. Determina-se agora o coeficiente c a partir de uma condição adicional $p_k(x_k) = y_k$, como:

$$p_{k-1}(x_k) + c(x - x_0)(x - x_1)\cdots(x - x_{k-1}) = y_k$$

Note que nenhum dos fatores que multiplicam c é zero, uma vez que $x_k \neq x_i$ para $(0 \leq i \leq k-1)$.

Após a demonstração apresentada para o Teorema 5.1, pode-se afirmar que sempre existirá um único polinômio p_n de grau no máximo n tal que $p(x_i) = y_i$ $(0 \leq i \leq n)$, i.e., para um conjunto de pontos dados conforme a Tabela 5.1. Para obter esse polinômio, há vários métodos. Alguns deles são apresentados a seguir. ■

5.2.1. Formas do polinômio interpolador

Método (ou matriz) de Vandermonde

Para cada método, é definida uma base para o espaço de funções polinomiais. No caso do método (ou matriz) de Vandermonde, a base proposta é constituída pelas seguintes funções ortogonais:

$$1, x, x^2, x^3, \dots, x^n \tag{5.3}$$

O polinômio p_n, então, é expresso como uma combinação linear das funções da base escolhida para o espaço polinomial, conforme se segue:

$$p(x_i) = \sum_{i=0}^{n} a_i x^i \tag{5.4}$$

Assim, neste método propõe-se construir um sistema de equações lineares para obter os coeficientes do polinômio a_i, usando os dados da Tabela 5.1, conforme se segue:

$$\begin{cases} a_n x_0^n + a_{n-1} x_0^{n-1} + \dots + a_1 x_0^1 + a_0 = y_0 \\ a_n x_1^n + a_{n-1} x_1^{n-1} + \dots + a_1 x_1^1 + a_0 = y_1 \\ \vdots \qquad\qquad\qquad\qquad\qquad\qquad \vdots \\ a_n x_n^n + a_{n-1} x_n^{n-1} + \dots + a_1 x_n^1 + a_0 = y_n \end{cases} \tag{5.5}$$

com $x_i^i, y_i \in \Re$, para $i, j = 0, \dots, n$. Em forma matricial, o sistema pode ser escrito como:

$$\begin{bmatrix} x_0^n \; x_0^{n-1} \ldots x_0^1 \; 1 \\ x_1^n \; x_1^{n-1} \ldots x_1^1 \; 1 \\ \vdots \qquad\qquad \vdots \\ x_n^n \; x_n^{n-1} \ldots x_n^1 \; 1 \end{bmatrix} \begin{bmatrix} a_n \\ a_{n-1} \\ \vdots \\ a_0 \end{bmatrix} = \begin{bmatrix} y_0 \\ y_1 \\ \vdots \\ y_n \end{bmatrix} \tag{5.6}$$

ou ainda na forma geral

$$X\vec{a} = \vec{y} \tag{5.7}$$

em que $X = \left[x_i^i\right]$ e $\vec{y} = \left\{y_i\right\}, i, j = 0, \ldots, n$.

Um número de condicionamento, conforme abordado no Capítulo 1, pode ser estimado para a matriz de Vandermonde (Golub e van Loan, 1989). Esse número pode vir a ser muito grande (Gautschi, 1975), causando erros no cálculo dos coeficientes a_i se o sistema de equações for resolvido por um método direto (p.ex., eliminação gaussiana). Alguns autores (Higham, 1988; Calvetti e Reichel, 1993) propuseram algoritmos para calcular soluções estáveis com um número de operações longas (multiplicações e divisões), $n_{op.\,\text{longas}} = O\left(n^2\right)$, em vez de $n_{op.\,\text{longas}} = O\left(n^3\right)$ estimadas no Capítulo 3 e que são requeridas pela eliminação gaussiana. Esses métodos baseiam-se em construir primeiramente uma interpolação pelo método de Newton do polinômio, apresentada na próxima seção, e, a seguir, convertendo-o para a forma monomial da Eq. (5.4).

Método de Newton

No caso do método de Newton, a base proposta para o espaço de funções polinomiais utiliza os pontos da Tabela 5.1, sendo constituída pelas seguintes funções ortogonais:

$$1, (x-x_0), (x-x_0)(x-x_1), (x-x_0)(x-x_1)(x-x_2), \ldots,$$
$$(x-x_0)(x-x_1)\ldots(x-x_{n-1}) \tag{5.8}$$

A Eq. (5.8) lista os polinômios da base do espaço de funções polinomiais necessários para expressar qualquer polinômio como uma combinação linear dos polinômios da base. Para se construir o polinômio de Newton que interpola os pontos da Tabela 5.1, usa-se a fórmula de recorrência proposta pela Eq. (5.2). O resultado é expresso como a seguir:

$$p_n(x) = c_0 + c_1(x-x_0) + c_2(x-x_0)(x-x_1) + \ldots$$
$$+ c_n(x-x_0)(x-x_1)\ldots(x-x_{n-1}) \tag{5.9}$$

De maneira compacta, obtém-se:

$$p_n(x) = \sum_{i=0}^{n} c_i \prod_{j=0}^{i-1} (x - x_j) \tag{5.10}$$

no qual adota-se a convenção de que $\prod_{j=0}^{k}(x-x_j) = 1$ sempre que $k < 0$.

A partir da Eq. (5.2) determinam-se os seguintes coeficientes:

$$c_i = \frac{y_i - p_{i-1}(x_i)}{(x_i - x_0)(x_i - x_1)\cdots(x_i - x_{i-1})} \qquad (0 \le i \le n) \tag{5.11}$$

Calcular os coeficientes c_i da maneira proposta pela Eq. (5.11) não é a mais eficiente computacionalmente. De fato, há uma forma mais eficiente (menos operações longas no computador), i.e., o assim chamado método de diferenças divididas. Para apresentar o método, inicialmente, para simplificar, representa-se o produtório na Eq. (5.10) de forma compacta como:

$$s_i(x) = \prod_{j=0}^{i-1} (x - x_j) \tag{5.12}$$

A partir das Eqs. (5.10) e (5.12), junto com a Tabela 5.1, constrói-se o seguinte sistema de equações para determinar os coeficientes c_i:

$$f(x_i) = \sum_{i=0}^{n} c_i s_i(x_i) \qquad (0 \leq i \leq n) \tag{5.13}$$

Assim, os coeficientes c_i dependem diretamente dos pontos $(x_i, f(x_i))$ listados na Tabela 5.1. O método propôs, originalmente, uma notação específica para indicar esse fato:

$$c_i = f[x_0, x_1, \ldots, x_i] \qquad (0 \leq i \leq n) \tag{5.14}$$

Dessa maneira, $c_0 = f(x_0)$, e, usando as Eqs. (5.14) e (5.13), determina-se:

$$c_1 = f[x_0, x_1] = \frac{f(x_1) - f(x_0)}{x_1 - x_0} \tag{5.15}$$

Com base na Eq. (5.15), foi proposta a seguinte tabela de diferenças divididas a seguir:

$$\begin{matrix} x_0 & f(x_0) & f[x_0, x_1] \\ x_1 & f(x_1) & \end{matrix} \tag{5.16}$$

Prosseguindo para determinar coeficientes de maior ordem, usando as Eqs. (5.14) e (5.13), determina-se:

$$f[x_0,x_1,\ldots,x_n]=\frac{f[x_1,x_2,\ldots,x_n]-f[x_0,x_1,\ldots,x_{n-1}]}{x_n-x_0} \quad (5.17)$$

A demonstração da Eq. (5.17) é deixada como exercício proposto pelo problema 5.1. Note que $x_0,x_1,\ldots,x_n$ podem ser interpretadas como variáveis independentes. Consequentemente, as fórmulas de diferenças divididas podem ser generalizadas como se segue:

$$f[x_i,x_{i+1},\ldots,x_{i+j}]=\frac{f[x_{i+1},x_{i+2},\ldots,x_{i+j}]-f[x_i,x_{i+1},\ldots,x_{i+j-1}]}{x_{i+j}-x_0} \quad (5.18)$$

em que $f[x_i]$, $f[x_i,x_{i+1}]$, $f[x_i,x_{i+1},x_{i+2}]$, $f[x_i,x_{i+1},x_{i+2},x_{i+3}],\ldots$, $f[x_i,x_{i+1},\ldots,x_{i+j}]$ $(j\leq n)$ são diferenças divididas de ordem $0, 1, 2, 3,\ldots, j$, e assim sucessivamente. Seguindo essa linha de raciocínio, a partir da Tabela 5.1 e da Eq. (5.18) é possível construir uma tabela de diferenças divididas como a seguir:

$$\begin{array}{llllll}
x_0 & f[x_0] & f[x_0,x_1] & f[x_0,x_1,x_2] & f[x_0,x_1,x_2,x_3] & \cdots \\
 & f[x_0,x_1,\ldots,x_{n-1}] & f[x_0,x_1,\ldots,x_n] & & & \\
x_1 & f[x_1] & f[x_1,x_2] & f[x_1,x_2,x_3] & f[x_1,x_2,x_3,x_4] & \cdots \\
 & f[x_1,x_2,\ldots,x_n] & & & & \\
x_2 & f[x_2] & f[x_2,x_3] & f[x_2,x_3,x_4] & f[x_2,x_3,x_4,x_5] & \cdots \\
x_3 & f[x_3] & f[x_3,x_4] & f[x_3,x_4,x_5] & f[x_3,x_4,x_5,x_6] & \cdots \\
\vdots & \vdots & \vdots & \vdots & \vdots & \\
x_{n-1} & f[x_{n-1}] & f[x_{n-1},x_n] & & & \\
x_n & f[x_n] & & & &
\end{array} \quad (5.19)$$

no qual verifica-se que as diferenças divididas de ordem $0,\ 1,2,3,\ldots,n$ correspondem às colunas a partir da segunda coluna na tabela da Eq. (5.19), respectivamente.

Finalmente, observa-se que os coeficientes requeridos para construir o polinômio de Newton, de acordo com as Eqs. (5.9) e (5.10), são obtidos da primeira linha da tabela de diferenças divididas ilustrada na Eq. (5.19).

Exemplo 5.1) Encontre o polinômio de Newton que interpola os pontos da tabela a seguir:

x_i	$f(x_i)$
2	-13
0	15
-5	6
12	7

Solução

Inicialmente, constrói-se uma tabela de diferenças divididas na forma sugerida pela Eq. (5.19):

$$
\begin{array}{cccccc}
x_i & f(x_i) & & & \\
2 & -13 & -14 & -79/35 & 754/3570 \\
0 & 15 & 9/5 & -37/255 & \\
-5 & 6 & 1/17 & & \\
12 & 7 & & &
\end{array}
$$

Assim, o polinômio de Newton pode ser escrito a partir da Eq. (5.9) ou (5.10), como:

$$p_3(x) = -13 - 14(x-2) - \frac{79}{35}(x-2)\,x + \frac{754}{3570}(x-2)\,x\,(x+5)$$

Verificação: utilizam-se os pontos dados para verificar a propriedade de interpolação do polinômio, i.e., $p_3(x_i) = f(x_i)$.

Para $x_0 = 2$, $p_3(2) = f(2) = -13$; $x_1 = 0$, $p_3(0) = f(0) = 15$; $x_2 = -5$, $p_3(-5) = f(-5) = 6$; $x_3 = 12$, $p_3(12) = f(12) = 7$.

Portanto, o polinômio encontrado de fato interpola os pontos dados. ■

Método de Lagrange

É conveniente lembrar que sempre existirá um único polinômio p_n de grau no máximo n tal que $p(x_i) = y_i$ $(0 \le i \le n)$, ou seja, para um conjunto de pontos dados conforme a Tabela 5.1, i.e., assumindo que as abscissas x_i são distintas. Nesta seção, apresenta-se uma forma alternativa de interpolar o polinômio p_n, por meio de um procedimento diferente. A proposta é a de utilizar como coeficientes os valores das ordenadas dos pontos dados y_i, como se segue:

$$p_n(x) = y_0 l_0(x) + y_1 l_1(x) + \ldots + y_n l_n(x) = \sum_{k=0}^{n} y_k l_k(x) \qquad (5.20)$$

em que $l_0, l_1, \ldots, l_n$ são polinômios que dependem de $x_0, x_1, \ldots, x_n$, mas não das ordenadas $y_0, y_1, \ldots, y_n$, sendo todos eles do mesmo grau que o polinômio p_n.

A ideia é fazer todas as parcelas da Eq. (5.20) serem iguais a "0", o que é obtido se $l_0, l_1, \ldots, l_n = 0$, exceto na parcela "i", em que $l_i = 1$. Assim, verifica-se imediatamente que o polinômio resultante $p_n(x)$ satisfaz a condição de interpolação dos pontos dados pela Tabela 5.1, i.e., a condição estabelecida pela Eq. (5.1). Para isso, é necessário que os polinômios $l_0, l_1, \ldots, l_n$ satisfaçam a condição dada pelo delta de Kronecker, como a seguir:

$$l_i(x_j) = \delta_{ij} \tag{5.21}$$

em que $\delta_{ij} = \begin{cases} 1, \text{ se } i = j \\ 0, \text{ se } i \neq j \end{cases}$.

Assim, pode-se chegar a um conjunto de polinômios que satisfaçam a propriedade estabelecida pela Eq. (5.21). Considera-se primeiramente l_0, observando-se que deve ser um polinômio que assuma o valor "0" em $x_1, x_2, \ldots, x_n$ e "1" em x_0. Portanto, deverá ser um polinômio da forma:

$$l_0(x) = c\,(x - x_1)\,(x - x_2)\ldots(x - x_n) = c\prod_{j=1}^{n}(x - x_j) \tag{5.22}$$

Fazendo $x = x_0$, obtém-se c por meio de:

$$1 = c\prod_{j=1}^{n}(x_0 - x_j) \tag{5.23}$$

Portanto:

$$c = \prod_{j=1}^{n}(x_0 - x_j)^{-1} \tag{5.24}$$

e substituindo c na Eq. (5.23), obtém-se:

$$l_0(x) = \prod_{j=1}^{n}\frac{x - x_j}{x_0 - x_j} \tag{5.25}$$

Similarmente, fazendo $x = x_i$, cada l_i é obtido por meio de:

$$l_i(x) = \prod_{\substack{j=0 \\ j \neq i}}^{n} \frac{x - x_j}{x_i - x_j} \qquad (0 \leq i \leq n) \tag{5.26}$$

Para $x_0, x_1, \ldots, x_n$, os polinômios da Eq. (5.26) são conhecidos como "funções cardinais". Conclui-se que, após a construção desses polinômios, a Eq. (5.20) permite a obtenção do polinômio interpolador pelo assim chamado método de Lagrange. A base de Lagrange para o espaço de funções polinomiais é constituída pelos polinômios da Eq. (5.26), que são ortogonais. A demonstração é deixada como exercício proposto pelo problema 5.1 ao final deste capítulo.

Exemplo 5.2) Encontre o polinômio de Lagrange que interpola os pontos da tabela a seguir:

x_i	$f(x_i)$
2	-13
0	15
-5	6
12	7

Solução

i) O primeiro passo é a construção dos polinômios de Lagrange, usando os pontos dados $x_0, x_1, \ldots, x_n$ e a Eq. (5.26).

$$l_0(x) = \prod_{j=1}^{n} \frac{x - x_j}{x_0 - x_j} = \frac{(x-0)(x+5)(x-12)}{(2-0)(2+5)(2-12)} = \frac{(x-0)(x+5)(x-12)}{-140}$$

$$l_1(x) = \prod_{\substack{j=0 \\ j \neq 1}}^{n} \frac{x - x_j}{x_1 - x_j} = \frac{(x-2)(x+5)(x-12)}{(0-2)(0+5)(0-12)} = \frac{(x-2)(x+5)(x-12)}{120}$$

$$l_2(x)=\prod_{\substack{j=0\\j\neq 2}}^{n}\frac{x-x_j}{x_2-x_j}=\frac{(x-0)(x-2)(x-12)}{(-5-0)(-5-2)(-5-12)}=\frac{(x-0)(x-2)(x-12)}{-595}$$

$$l_3(x)=\prod_{\substack{j=0\\j\neq 3}}^{n}\frac{x-x_j}{x_3-x_j}=\frac{(x-0)(x+5)(x-2)}{(12-0)(12+5)(12-2)}=\frac{(x-0)(x+5)(x-2)}{2040}$$

ii) Com os polinômios de Lagrange, constrói-se o polinômio interpolador desejado usando a Eq. (5.20):

$$p_3(x)=-13\ l_0(x)+15\ l_1(x)+6\ l_2(x)+7\ l_3(x),\ \text{ou ainda}$$

$$p_3(x)=-13\ \frac{(x-0)(x+5)(x-12)}{-140}+15\ \frac{(x-2)(x+5)(x-12)}{120}+$$

$$6\ \frac{(x-0)(x-2)(x-12)}{-595}+7\ \frac{(x-0)(x+5)(x-2)}{2040}$$

Verificação: utilizam-se os pontos dados para verificar a propriedade de interpolação do polinômio, i.e., $p_3(x_i)=f(x_i)$:

Para $x=x_0=2$, somente a primeira parcela do $p_3(x)$ encontrado é não nula, portanto,

$$p_3(2)=-13\ \frac{(2-0)(2+5)(2-12)}{-140}=f(2)=-13,$$

i.e., $l_0(x_0)=l_0(2)=1$ de fato.

Analogamente, obtém-se para $x=x_1=0$, $p_3(0)=f(0)=15$; $x=x_2=-5$, $p_3(-5)=f(-5)=6$, e $x=x_3=12$, $p_3(12)=f(12)=7$.

Portanto, o polinômio encontrado de fato interpola os pontos dados. A princípio, pode não parecer que seja o mesmo polinômio encontrado no exemplo 5.1, mas os polinômios encontrados nos exemplos 5.1 e 5.2 são identidades matemáticas, embora sua forma seja bastante diferente.

Há ainda outras formas de se obter o polinômio interpolador que, por brevidade deste texto, deixam de ser apresentadas. Além disso, outras maneiras ainda podem ser derivadas. O importante é destacar que todas as formas apresentam vantagens e desvantagens, que devem ser analisadas de acordo com o contexto da situação (p.ex., aplicação prática de engenharia) em que a ferramenta de interpolação polinomial esteja sendo usada. Por exemplo, para algoritmos numéricos serem executados rapidamente no computador, a forma de Newton, que utiliza a tabela de diferenças divididas para o cálculo dos coeficientes polinomiais, é bastante atrativa, conforme pode ser observado pela programação do método disponível no site: www.manoleeducacao.com.br/calculonumericoaplicado. Uma outra vantagem da forma de Newton é a de poder adicionar mais pontos ao problema de interpolação, uma vez que os coeficientes já calculados não necessitarão ser alterados. Note que, pela Eq. (5.11), c_0 depende somente do ponto (x_0,y_0), c_1 depende somente dos pontos (x_0,y_0) e (x_1,y_1), e assim sucessivamente. Note também que, tendo uma tabela de diferenças divididas da Eq. (5.19) iniciada, basta acrescentar novos pontos e calcular os novos coeficientes. Por outro lado, a forma de Lagrange pode ser escrita de forma direta e totalmente analítica, uma vez que não há coeficientes desconhecidos (os coeficientes da fórmula de Lagrange são os y_i dados), sendo a forma utilizada para o cálculo das funções de interpolação do método de Elementos Finitos (Hughes, 1987; Reddy e Gartling, 1994). ■

5.2.2. Erro do polinômio interpolador

Em qualquer aplicação prática da interpolação polinomial, é importante acessar realisticamente a discrepância entre o comportamento do sistema que originou os pontos e a aproximação fornecida pelo polinômio interpolador. Para tanto, uma análise matemática é desenvolvida nesta seção com esse objetivo.

TEOREMA 5.2

Seja $f \in C^{n+1}[a,b]$, p um polinômio de grau $\leq n$ que interpola f em $n+1$ pontos distintos $x_0,x_1,\ldots,x_n \in [a,b]$. Para cada $x \in [a,b]$, corresponde um ponto $\xi_x \in (a,b)$ tal que:

$$f(x)-p(x)=\frac{1}{(n+1)!}f^{(n+1)}(\xi_x)\prod_{i=0}^{n}(x-x_i) \tag{5.27}$$

Prova:

i) Se x é um dos nós x_i, isso é verdade porque ambos os lados são "0".

ii) Seja $x \neq x_i$, então:

Fazendo

$$w(t)=\prod_{i=0}^{n}(t-x_i) \text{ e } \varphi(x)=f-p-\lambda w,$$

em que $\lambda \in \Re$, tal que $\varphi(x)=0$, de maneira que $\lambda=\dfrac{f(x)-p(x)}{w(x)}$.

Note que $\varphi \in C^{n+1}[a,b]$, e φ anula-se nos $n+2$ pontos $x, x_0, x_1, \ldots, x_n$. Pelo teorema de Rolle, φ' tem pelo menos $n+1$ raízes distintas em (a,b). Da mesma maneira, φ'' tem pelo menos n raízes distintas em (a,b). Se esse argumento for repetido, conclui-se eventualmente que $\varphi^{(n+1)}$ tem pelo menos uma raiz, por exemplo ξ_x em (a,b). Assim:

$$\varphi^{(n+1)}=f^{(n+1)}-p^{(n+1)}-\lambda w^{(n+1)}=f^{(n+1)}-(n+1)\ !\lambda$$

Portanto:

$$0=\varphi^{(n+1)}(\xi_x)=f^{(n+1)}(\xi_x)-(n+1)\ !\lambda=f^{(n+1)}(\xi_x)-(n+1)!\frac{f(x)-p(x)}{w(x)}$$

Rearranjando a equação e usando $w(x)=\prod_{i=0}^{n}(x-x_i)$, chega-se a:

$$f(x)-p(x)=\frac{1}{(n+1)!}f^{(n+1)}(\xi_x)\prod_{i=0}^{n}(x-x_i)$$

que representa a proposição do teorema. ■

Exemplo 5.3) Se a função $f(x) = e^x$ for aproximada por um polinômio de grau 3 que interpola f em 4 pontos do intervalo [0,1], qual o erro máximo nesse intervalo?

Solução

Verifica-se que $\left|f^{(n+1)}(\xi_x)\right| \le e = 2{,}7182818\ldots$ e $\prod_{i=0}^{3}(x - x_i) \le 1$.

Portanto, usando a Eq. (5.27), para todo $x \in [0,1]$, observa-se que:

$$\left|f(x) - p_3(x)\right| = \left|e^x - p_3(x)\right| \le \frac{2{,}7182818\ldots}{4!} < 0{,}113262 \quad \blacksquare$$

5.2.3. Interpolação de Hermite

Quando as informações conhecidas sobre a função a ser aproximada incluem valores em vários pontos, e também valores de algumas de suas derivadas nesses pontos, é possível interpolar todos esses dados em um processo conhecido como interpolação de Hermite para obter o polinômio interpolador. Similarmente, todas as formas de interpolação polinomial a partir de valores conhecidos da função a ser aproximada em um conjunto de pontos, e discutidas no item 5.2.1, frequentemente recebem a denominação comum de interpolação de Lagrange.

A interpolação de Hermite representa uma grande classe de problemas que apresentam soluções únicas. Em um problema de Hermite, assume-se que quando uma derivada $f^{(j)}(x_i)$ for prescrita em um ponto x_i, então $f^{(j-1)}(x_i), f^{(j-2)}(x_i), \ldots, f'(x_i)$, e $f(x_i)$ terão que ser prescritas. No caso, em cada ponto x_i, k_i condições de interpolação são prescritas, sendo que k_i pode variar com i. Considerando os pontos $x_0, x_1, \ldots, x_n$ e supondo que em um ponto x_i essas condições de interpolação são dadas por:

$$f^{(j)}(x_i) = c_{ij} \qquad (0 \le j \le k_i - 1; \ \ 0 \le i \le n) \tag{5.28}$$

O número total de condições para *f* é denotado por *m + 1*, e consequentemente:

$$m + 1 = k_0 + k_1 + \cdots + k_n \tag{5.29}$$

Exemplo 5.4) Analise o caso da interpolação de Hermite quando houver informações em somente um ponto e conclua.

Solução

Neste caso, conforme a Eq. (5.28), é requerido um polinômio *p* de grau *k*, tal que:

$$f^{(j)}(x_0) = c_{0j} \qquad (0 \le j \le k)$$

Conforme discutido no Capítulo 1, a solução deste problema é a série de Taylor com *k +1* termos, i.e.:

$$p(x) = c_{00} + c_{01}(x - x_0) + \frac{c_{02}}{2!}(x - x_0)^2 + \cdots + \frac{c_{0k}}{k!}(x - x_0)^k \quad \blacksquare$$

A questão a ser respondida a esta altura é a de como encontrar o polinômio interpolador de Hermite. Uma das possíveis respostas é a extensão do método de diferenças divididas. Um caso simples é o de encontrar o polinômio quadrático para os dados: $f(x_0) = p(x_0) = c_{00}$, $f'(x_0) = p'(x_0) = c_{01}$, $f(x_1) = p(x_1) = c_{10}$. Para tanto, escreve-se a seguinte tabela de diferenças divididas:

$$
\begin{array}{llll}
x_0 & c_{00} & c_{01} & f[x_0,x_1] \\
x_0 & c_{00} & f[x_0,x_0,x_1] & \\
x_1 & c_{10} & &
\end{array}
\tag{5.30}
$$

Há pontos ainda por calcular na tabela, e que são representados por $f[x_0,x_1]$ e $f[x_0,x_0,x_1]$. Note que x_0 aparece duas vezes na primeira coluna, pois condições estão sendo impostas para o polinômio p no ponto x_0. Veja também que o valor prescrito $f'(x_0)$ foi colocado na primeira linha da terceira coluna, com base nas definições de diferenças divididas [Eq. (5.15)] e da derivada de uma função, como se segue:

$$
\lim_{x \to x_0} f[x_0,x] = \lim_{x \to x_0} \frac{f(x) - f(x_0)}{x - x_0} = f'(x_0) \tag{5.31}
$$

Portanto, define-se:

$$
f[x_0,x_0] = f'(x_0) \tag{5.32}
$$

Quando os pontos são repetidos, ocorre uma dificuldade relacionada ao valor de c_{01}, uma vez que ele foi um dado fornecido, e não calculado. Os outros valores na tabela de diferenças divididas são calculados da maneira habitual:

$$
f[x_0,x_1] = \frac{f(x_1) - f(x_0)}{x_1 - x_0} = \frac{c_{10} - c_{00}}{x_1 - x_0}
$$

e

$$
f[x_0,x_0,x_1] = \frac{f[x_0,x_1] - f[x_0,x_0]}{x_1 - x_0} = \frac{c_{10} - c_{00}}{(x_1 - x_0)^2} - \frac{c_{01}}{x_1 - x_0}
$$

Finalmente, o polinômio interpolador é escrito conforme a Eq. (5.9):

$$p_2(x) = f(x_0) + f[x_0, x_0](x - x_0) + f[x_0, x_0, x_1](x - x_0)^2 \quad (5.33)$$

Neste ponto, é possível generalizar a tabela de diferenças divididas para obter o polinômio interpolador de Hermite. Para tanto, escreve-se a tabela da Eq. (5.30) repetindo-se cada ponto x_i tantas vezes quantas forem as condições disponíveis para cada ponto. Por exemplo, na situação em que para dois pontos x_0 e x_1 há duas condições para cada ponto, constrói-se a seguinte tabela:

$$\begin{array}{lllll} x_0 & f(x_0) & f'(x_0) & f[x_0, x_0, x_1] & f[x_0, x_0, x_1, x_1] \\ x_0 & f(x_0) & f[x_0, x_1] & f[x_0, x_1, x_1] & \\ x_1 & f(x_1) & f'(x_1) & & \\ x_1 & f(x_1) & & & \end{array} \quad (5.34)$$

O polinômio interpolador de Hermite, de acordo com a Eq. (5.9) é, portanto:

$$p_3(x) = f(x_0) + f'(x_0)(x - x_0)$$

$$+ f[x_0, x_0, x_1](x - x_0)^2 + f[x_0, x_0, x_1, x_1](x - x_0)^2 (x - x_1) \quad (5.35)$$

Pela definição de diferenças divididas apresentada na Eq. (5.18) e aplicando o teorema do erro do polinômio interpolador (teorema 5.2), assumindo que $\exists f^{(k)}$ e que ela seja contínua no intervalo que contém os pontos $x_i, x_{i+1}, \ldots, x_{i+j}$, é possível inferir que há um ponto ξ tal que (problema proposto 5.2):

$$f[x_i, x_{i+1}, \ldots, x_{i+j}] = \frac{1}{j!} f^{(j)}(\xi) \quad (5.36)$$

Note que, se a distância entre os pontos $x_i, x_{i+1}, \ldots, x_{i+j}$ tender a zero, nesse limite o resultado é:

$$f[x_i, x_i, \ldots, x_i] = \frac{1}{j!} f^{(j)}(x_i) \qquad (5.37)$$

Exemplo 5.5) Utilizando o algoritmo de diferenças divididas de Newton, determine o polinômio interpolador de Hermite que aproxima o comportamento da função *f*, de acordo com as seguintes condições dadas:

$$f(0) = 1;\ f'(0) = 4;\ f(3) = 5;\ f'(3) = 9;\ f''(3) = 4$$

Solução

Primeiramente, monta-se a tabela de diferenças divididas como se segue:

0	1	4	$f[x_0, x_0, x_1]$	$f[x_0, x_0, x_1, x_1]$	$f[x_0, x_0, x_1, x_1, x_1]$
0	1	$f[x_0, x_1]$	$f[x_0, x_1, x_1]$	$f[x_0, x_1, x_1, x_1]$	
3	5	9	2		
3	5				
3	5				

Após os cálculos dos termos faltantes, obtém-se:

0	1	4	$-8/9$	$31/27$	$-36/81$
0	1	$4/3$	$23/9$	$-5/27$	
3	5	9	2		
3	5				
3	5				

Finalmente, constrói-se o polinômio interpolador de Hermite de acordo com a Eq. (5.9), notando que os números na primeira linha são os coeficientes, i.e.:

$$p_4(x) = 1 + 4x - \frac{8}{9}x^2 + \frac{31}{27}x^2\ (x-3) - \frac{36}{81}x^2(x-3)^2$$

Verificação: utilizam-se os pontos dados para verificar as propriedades de interpolação do polinômio, i.e., $p_4(x_i) = f(x_i)$; $p'_4(x_i) = f'(x_i)$, e $p''_4(x_i) = f''(x_i)$:

Para $x_0 = 0$, $p_4(0) = f(0) = 1$, $p'_4(0) = f'(0) = 4$;
$x_1 = 3$, $p_4(3) = f(3) = 5$, $p'_4(3) = f'(3) = 9$, $p''_4(3) = f''(3) = 4$.

Portanto, o polinômio encontrado de fato interpola as condições dadas. ■

5.2.4. Interpolação por *splines*

Uma das possibilidades de melhor adequar a função de aproximação ao comportamento real esperado do conjunto de pontos da Tabela 5.1 é o uso das chamadas *splines*. Uma função *spline* consiste na junção de segmentos de polinômios em subintervalos, agrupados de acordo com condições de continuidade pré-especificadas.

1) Sejam $n + 1$ pontos $t_0, t_1, \ldots, t_n$ e $t_0 < t_1 < \ldots < t_n$ (nós).
2) Seja um inteiro $k \geq 0$.

Uma função *spline* de grau k com os nós $t_0, t_1, \ldots, t_n$ é uma função S tal que:

i) Em cada intervalo $[t_{i-1}, t_i]$, S é um polinômio de grau $\leq k$.
ii) S tem derivada contínua de ordem $k-1$ em $[t_0, t_n]$.

Portanto, S é um polinômio partido contínuo de grau $\leq k$ tendo derivadas contínuas de ordem até $k-1$.

1) *Splines* de grau "0" são segmentos de reta constantes, i.e., paralelos ao eixo das abscissas.
2) *Splines* de grau 1 são segmentos de reta inclinados.
3) *Splines* de grau 2 são segmentos de polinômios quadráticos.
4) *Splines* de grau 3 são segmentos de polinômios cúbicos.

Nessa notação alternativa, a Tabela 5.2 representa o conjunto de pontos a interpolar, anteriormente apresentado na Tabela 5.1.

Tabela 5.2 Conjunto de (n + 1) pontos para $t_i, y_i \in \Re$

x	y
t_0	y_0
$\vdots$	$\vdots$
t_n	y_n

Splines cúbicas

A Tabela 5.2 determina os intervalos $[t_0, t_1], [t_1, t_2], \ldots, [t_{n-1}, t_n]$. Assim, S_i é o polinômio cúbico que representa S em $[t_i, t_{i+1}]$, i.e.:

$$S(x)\begin{cases} S_0(x) & x \in [t_0, t_1] \\ S_1(x) & x \in [t_1, t_2] \\ \vdots & \vdots \\ S_{n-1}(x) & x \in [t_{n-1}, t_n] \end{cases} \tag{5.38}$$

S_{i-1} e S_i interpolam o mesmo valor no ponto t_i, i.e.:

$$S_{i-1}(t_i) = y_i = S_i(t_i) \qquad (1 \leq i \leq n-1) \tag{5.39}$$

S é contínua, portanto, S' e S'' são assumidas contínuas. Há 4n coeficientes no polinômio segmentado, uma vez que há 4 coeficientes em cada polinômio cúbico. Em cada intervalo $[t_i, t_{i+1}]$, há duas condições de interpolação:

$$S(t_i) = y_i \text{ e } S(t_{i+1}) = y_{i+1} \quad (2n \text{ condições}) \tag{5.40}$$

A continuidade de S' e S'' fornece duas condições em cada nó interior, i.e.:

$$S'_{i-1}(t_i) = S'_i(t_i) \qquad (n-1 \text{ condições adicionais}) \qquad (5.41)$$

$$S''_{i-1}(t_i) = S''_i(t_i) \qquad (n-1 \text{ condições adicionais}) \qquad (5.42)$$

Percebe-se, portanto, nesse ponto, que há $4n-2$ condições. Assim, permanecem 2 graus de liberdade.

Seja $z_i = S''(t_i)$, $\exists$ z_i para $0 \le i \le n$, S_i é um polinômio cúbico, portanto, S''_i é um polinômio linear, tal que $S''_i(t_i) = z_i$ e $S''_i(t_{i+1}) = z_{i+1}$, que determinam a reta:

$$S''_i(x) = \frac{z_i}{h_i}(t_{i+1} - x) + \frac{z_{i+1}}{h_i}(x - t_i) \qquad (5.43)$$

em que $h_i = t_{i+1} - t_i$.

Integrando duas vezes a Eq. (5.43), obtém-se:

$$S_i(x) = \frac{z_i}{6h_i}(t_{i+1} - x)^3 + \frac{z_{i+1}}{6h_i}(x - t_i)^3 + C_1(x - t_i) + C_2(t_{i+1} - x) \qquad (5.44)$$

em que C_1 e C_2 são as constantes de integração a determinar. Impondo as condições de interpolação da Eq. (5.40) determina-se C_1 e C_2, obtendo finalmente:

$$S_i(x) = \frac{z_i}{6h_i}(t_{i+1} - x)^3 + \frac{z_{i+1}}{6h_i}(x - t_i)^3 + \left(\frac{y_{i+1}}{h_i} - \frac{z_{i+1}h_i}{6}\right)(x - t_i) + \left(\frac{y_i}{h_i} - \frac{z_i h_i}{6}\right)(t_{i+1} - x) \qquad (5.45)$$

O problema agora reside na determinação das incógnitas $z_0, z_1, \ldots, z_n$. Assim, todos os segmentos de polinômios cúbicos que determinam unicamente $S(x)$, conforme a Eq. (5.38), são obtidos. Para tanto, usam-se as condições de continuidade para S', dadas pela Eq. (5.41). Derivando a Eq. (5.45) em relação a x e fazendo $x = t_i$, obtém-se:

$$S'_i(t_i) = -\frac{h_i}{3}z_i - \frac{h_i}{6}z_{i+1} - \frac{y_i}{h_i} + \frac{y_{i+1}}{h_i} \qquad (5.46)$$

e

$$S'_{i-1}(t_i) = -\frac{h_{i-1}}{3} z_{i-1} - \frac{h_{i-1}}{6} z_i - \frac{y_{i-1}}{h_{i-1}} + \frac{y_i}{h_{i-1}} \tag{5.47}$$

que são iguais, portanto:

$$h_{i-1} z_{i-1} + 2(h_i - h_{i-1}) z_i + h_i z_{i+1} = \frac{6}{h_i}(y_{i+1} - y_i) - \frac{6}{h_{i-1}}(y_i - y_{i-1}) \tag{5.48}$$

que é válida para $1 \le i \le n-1$, conforme a Eq. (5.41).

Note que a Eq. (5.48) estabelece um sistema de $n-1$ equações lineares para as $n+1$ incógnitas $z_0, z_1, \ldots, z_n$. Faltam, portanto, duas equações para que se possa determinar também z_0 e z_n. Assim, para obter uma solução única, é necessário estabelecer duas condições adicionais, tomadas como condições de contorno em t_0 e t_n. As maneiras mais comumente utilizadas são:

i) Seleciona-se z_0 e z_n arbitrariamente e resolve-se para $z_1, z_2, \ldots, z_{n-1}$. Esse procedimento leva a obter o que se chama de "*spline* cúbica natural", que apresenta o valor da segunda derivada igual a zero em t_0 e t_n; ou

ii) Escrevem-se duas equações adicionais para z_0 e z_n usando Eq. (5.46) para t_0 e t_n, impondo-se valores pré-especificados para $S'_0(t_0)$ e $S'_n(t_n)$, e resolve-se para $z_0, z_1, \ldots, z_n$.

Note que o sistema de equações lineares formado pela Eq. (5.48) e pelas duas condições de contorno adicionais é linear e também tridiagonal. Esse aspecto é bastante atrativo do ponto de vista computacional, conforme discutido no Capítulo 3. Portanto, o método de interpolação por *splines* cúblicas é bastante prático, além de suavizar as oscilações tipicamente encontradas na interpolação polinomial de grau elevado.

Exemplo 5.6) Os nós da Tabela 5.3 representam alguns pontos notáveis hipotéticos para uma superfície de uma carroceria de automóvel. Usando interpolação por *splines* cúbicas, represente a curva resultante graficamente.

Utilize $S'_0(x_0) = \dfrac{f(x_1) - f(x_0)}{x_1 - x_0}$ e $S'_n(t_n) = \dfrac{f(x_n) - f(x_{n-1})}{x_n - x_{n-1}}$.

Tabela 5.3 Conjunto de pontos notáveis hipotéticos para uma superfície de uma carroceria de automóvel

x_i	$f(x_i)$
0,5	0,4
0,55	0,5
0,7	0,9
1	1,15
1,2	1,18
1,5	1,23
1,6	1,25
1,7	1,27
1,8	1,38
1,9	1,7
2	1,77
2,2	1,78
2,4	1,78
2,6	1,78
2,8	1,775
2,9	1,77
3,3	1,38
3,4	1,375
3,6	1,37
3,8	1,365
3,9	1,36
4	1,355
4,2	1,35
4,3	1,3
4,5	0,6

Solução

Utilizando a teoria apresentada e um programa computacional (disponível no site: www.manoleeducacao.com.br/calculonumericoaplicado), obtém-se o resultado mostrado na Fig. 5.1.

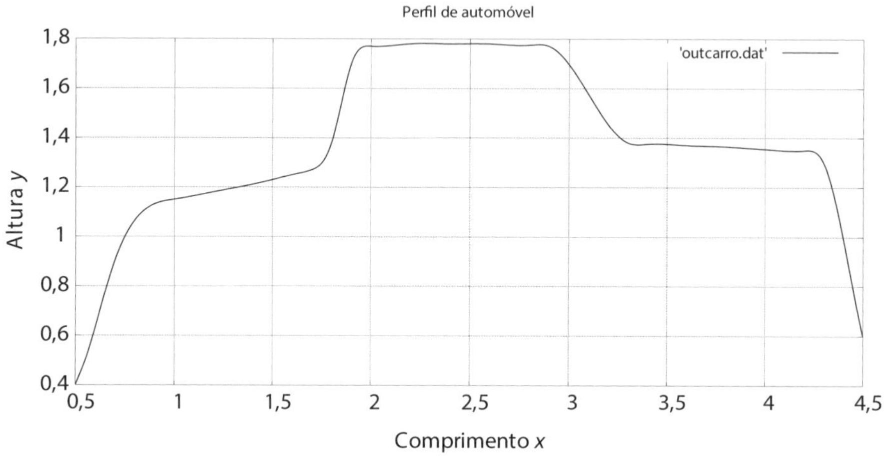

Figura 5.1 Aproximação do comportamento dos pontos da Tabela 5.3 por *splines* cúbicas. ■

5.3. AJUSTE

Como na interpolação, o procedimento de ajuste utiliza um conjunto de pontos para os quais deve ser obtida uma função de aproximação. A partir dos valores discretos, deseja-se encontrar valores intermediários (p.ex., tabela de dados termodinâmicos, funções trigonométricas, funções logarítmicas).

Quando os valores dados são originários de medições experimentais, há sempre um intervalo de confiança associado a elas, i.e., imprecisões decorrentes de erros intrínsecos dos instrumentos utilizados e causados pelo operador inadvertidamente. Portanto, espera-se que ocorram nas medições pequenos desvios do comportamento real do sistema sendo monitorado. Nessas circunstâncias, é provável que a técnica de ajuste venha a representar melhor o comportamento real do sistema do que a técnica de interpolação, que força a passagem da função de aproximação obtida exatamente sobre os pontos dados. A técnica de ajuste relaxa essa condição, fazendo com que a função de aproximação resultante passe próximo aos pontos dados, mas não necessariamente sobre eles. Para esclarecer essa linha de raciocínio, apresenta-se na Fig. 5.2 a evolução de uma reação química ao longo do tempo, a partir da medição das concentrações de reagente e produtos, utilizando a técnica de interpolação e a técnica de ajuste. A reação química considerada é a seguinte:

$$N_2O_{5(g)} \rightarrow 2NO_{2(g)} + \frac{1}{2}O_{2(g)} \tag{5.49}$$

Na realidade, a evolução das concentrações de reagente e produtos na reação química da Eq. (5.49) não é o que mostra a Fig. 5.2A, mas, sim, um comportamento esperado como o da Fig. 5.2B, i.e., suave. Portanto, nesse caso, a técnica de ajuste leva à curva mais provável para o sistema em análise.

Como fazer a escolha entre interpolação e ajuste, portanto? A resposta está no conhecimento e na análise do sistema físico que produziu os pontos medidos, por exemplo. Esse procedimento levará à escolha por uma reta, um polinômio de maior grau, uma função trigonométrica, hiperbólica, exponencial, ou até mesmo uma combinação qualquer delas. Trata-se de uma decisão a ser tomada pelo analista ou pesquisador. O importante é que a curva resultante represente o comportamento mais provável para o sistema físico em questão.

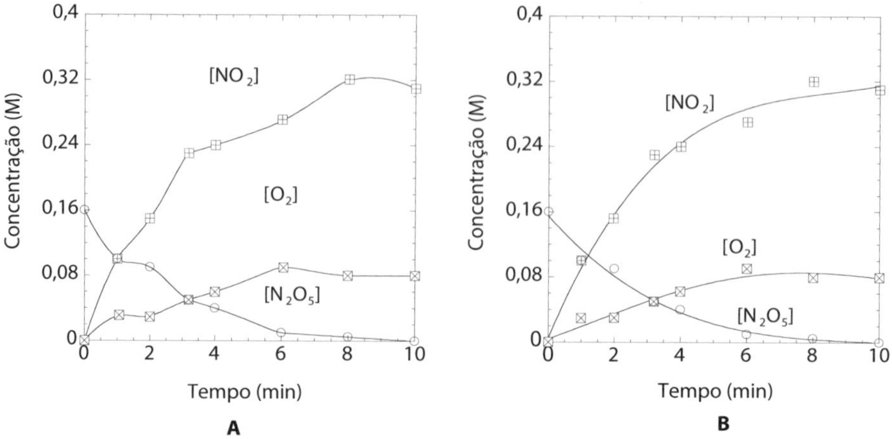

Figura 5.2 Função de aproximação para a evolução temporal da reação química dada pela Eq. (5.49) por **(A)** uma técnica de interpolação e **(B)** por uma técnica de ajuste.

Imagine para a curva mais provável um polinômio de grau $\leq m$, no qual agora se pode ter $m < n$, para o conjunto de pontos a aproximar representado na Tabela 5.1. Assim, busca-se o seguinte polinômio:

$$p(x_i) = \sum_{i=0}^{m} a_i x^i \tag{5.50}$$

Notando que, como se trata de um ajuste, agora:

$$p_m(x_i) \neq f(x_i) \tag{5.51}$$

Assim, surge um erro no processo, i.e., um desvio calculado por:

$$\delta(x_i) = p_m(x_i) - f(x_i) \qquad (0 \leq i \leq n) \tag{5.52}$$

Em razão desse erro, pergunta-se: qual a curva mais provável e que se aproxima mais dos pontos dados? A resposta é que é necessário estabelecer um critério para avaliar esses aspectos. Uma hipótese plausível seria tomar a soma dos erros calculados pela Eq. (5.52). No entanto, preservando seus sinais, o somatório

$$\sum_{i=0}^{n} \delta(x_i) = 0$$

não indicaria necessariamente que a curva resultante passa próximo aos pontos dados, pois, por causa dos sinais dos erros, as parcelas poderiam se cancelar ou levar a valores pequenos, porém com valores individuais altos. Uma forma de lidar com esse problema seria tomar os valores absolutos dos desvios, i.e.,

$$\sum_{i=0}^{n} \left|\delta(x_i)\right|,$$

o que é possível, mas isso implicaria a necessidade de utilizar o valor absoluto, e o somatório poderia ainda resultar em grandes desvios, mesmo com $\delta(x_i) < 1$. Alternativamente, tomando a soma dos quadrados dos desvios, evita-se grandes desvios na curva resultante. Essa lógica levou ao estabelecimento do chamado "método dos mínimos quadrados", que é descrito na seção a seguir.

5.3.1. O método dos mínimos quadrados

Havia-se proposto um polinômio de grau $m < n$ para ajustar os $n + 1$ pontos da Tabela 5.1, conforme as Eqs. (5.50) e (5.51). No entanto, é interessante generalizar $p_m(x)$ para um conjunto de funções de ajuste qualquer. Para tanto, escreve-se:

$$p_m(x) = a_m g_m(x) + a_{m-1} g_{m-1}(x) + \ldots + a_1 g_1(x) + a_0 g_0(x) \tag{5.53}$$

em que $g_m(x), g_{m-1}(x), \ldots, g_1(x), g_0(x)$ são funções conhecidas e arbitradas. No caso particular do polinômio, tem-se que:

$$\begin{cases} g_m(x) = x^m \\ g_{m-1}(x) = x^{m-1} \\ \vdots \\ g_1(x) = x^1 \\ g_0(x) = x^0 = 1 \end{cases} \tag{5.54}$$

As funções $g_i(x)$ devem ser linearmente independentes (LI), i.e., não podem ser obtidas umas das outras por combinações lineares. São, portanto, uma base para o espaço das funções arbitradas.

O próximo passo é ajustar os $n + 1$ pontos para formar a Eq. (5.53). Os desvios nos pontos dados pela Tabela 5.1 são obtidos via:

$$\begin{cases} \delta_0 = p_m(x_0) - f(x_0) \\ \delta_1 = p_m(x_1) - f(x_1) \\ \vdots \\ \delta_{n-1} = p_m(x_{n-1}) - f(x_{n-1}) \\ \delta_n = p_m(x_n) - f(x_n) \end{cases} \tag{5.55}$$

ou

$$\delta(x_i) = p_m(x_i) - f(x_i) = \textit{função}\ (a_0, a_1, \ldots, a_m) \quad (0 \le i \le n) \tag{5.56}$$

O problema de ajustar os pontos da Tabela 5.1 consiste, portanto, em resolver um problema de otimização de parâmetros. No caso, a função objetivo é a soma dos quadrados dos desvios obtidos com a Eq. (5.56), que deve ser minimizada, por meio da otimização dos valores dos coeficientes $a_0, a_1, \ldots, a_m$ da função de aproximação definida pela Eq. (5.53). A função objetivo a ser minimizada é definida por:

$$F(a_0, a_1, \ldots, a_m) = \sum_{i=0}^{n} (\delta_i)^2 = \sum_{i=0}^{n} \left[p_m(x_i) - f(x_i) \right]^2 \qquad (5.57)$$

ou ainda

$$F(a_0, a_1, \ldots, a_m) = \sum_{i=0}^{n} \left[a_m g_m(x_i) + \ldots + a_1 g_1(x_i) + a_0 g_0(x_i) - f(x_i) \right]^2 \quad (5.58)$$

Com base no Cálculo Multivariacional, deriva-se a Eq. (5.58) em relação às *m + 1* variáveis $a_0, a_1, \ldots, a_m$, igualando cada uma das derivadas a zero, a fim de obter o conjunto $(a_0, a_1, \ldots, a_m)_{ot}$ tal que $F(a_0, a_1, \ldots, a_m)$ seja um mínimo. Esse procedimento leva às seguintes equações:

$$\begin{cases} \dfrac{\partial}{\partial a_0} \displaystyle\sum_{i=0}^{n} (\delta_i)^2 = 0 \\ \dfrac{\partial}{\partial a_1} \displaystyle\sum_{i=0}^{n} (\delta_i)^2 = 0 \\ \quad \vdots \\ \dfrac{\partial}{\partial a_{m-1}} \displaystyle\sum_{i=0}^{n} (\delta_i)^2 = 0 \\ \dfrac{\partial}{\partial a_m} \displaystyle\sum_{i=0}^{n} (\delta_i)^2 = 0 \end{cases} \qquad (5.59)$$

que é escrita em forma compacta como:

$$\frac{\partial}{\partial a_j} \sum_{i=0}^{n} (\delta_i)^2 = \sum_{i=0}^{n} 2\delta_i \frac{\partial \delta_i}{\partial a_j} = 0 \qquad (0 \le j \le m) \qquad (5.60)$$

sendo suficiente verificar-se que:

$$\sum_{i=0}^{n} \delta_i \frac{\partial \delta_i}{\partial a_j} = 0 \qquad (0 \le j \le m) \tag{5.61}$$

O cálculo das derivadas na série dada pela Eq. (5.61) é simples, conforme a seguir:

$$\frac{\partial \delta_i}{\partial a_j} = 0 + 0 + \ldots + \frac{\partial}{\partial a_j} a_j g_j(x_i) + \ldots + 0 \qquad (0 \le j \le m) \tag{5.62}$$

que resulta em:

$$\frac{\partial \delta_i}{\partial a_j} = g_j(x_i) \qquad (0 \le j \le m) \tag{5.63}$$

Substituindo a Eq. (5.63) na Eq. (5.61), obtém-se:

$$\sum_{i=0}^{n} \delta_i g_j(x_i) = 0 \qquad (0 \le j \le m) \tag{5.64}$$

Usando a Eq. (5.56) tem-se que:

$$\sum_{i=0}^{n} \left[p_m(x_i) - f(x_i) \right] g_j(x_i) = 0 \qquad (0 \le j \le m) \tag{5.65}$$

ou ainda:

$$\sum_{i=0}^{n} \left[a_m g_m(x_i) g_j(x_i) + \ldots + a_0 g_0(x_i) g_j(x_i) - \right.$$
$$\left. f(x_i) g_j(x_i) \right] = 0 \qquad (0 \le j \le m) \tag{5.66}$$

A Eq. (5.66) pode ser reescrita de forma a determinar um sistema de *m + 1* equações lineares a ser resolvido para obter o conjunto de coeficientes ótimos $(a_0, a_1, \ldots, a_m)_{ot}$ que minimizam $F(a_0, a_1, \ldots, a_m)$, que é definida pela Eq. (5.58). O resultado é expresso por:

$$a_m \sum_{i=0}^{n} g_m(x_i) g_j(x_i) + \ldots + a_0 \sum_{i=0}^{n} g_0(x_i) g_j(x_i) =$$
$$\sum_{i=0}^{n} f(x_i) g_j(x_i) \qquad (0 \leq j \leq m) \qquad (5.67)$$

Na Eq. (5.67), todos os somatórios são prontamente calculados, uma vez que as funções g_i são conhecidas, bem como x_i e $f(x_i)$ são dados pela Tabela 5.1. O sistema formado pela Eq. (5.67) é, portanto, resolvido por qualquer um dos métodos apresentados no Capítulo 4. Note que o sistema também é simétrico, i.e., os termos acima da diagonal principal são iguais aos termos abaixo dela, o que reduz o esforço computacional para a obtenção da solução (ver problema proposto 5.3).

Exemplo 5.7) Os nós da Tabela 5.4 representam medições feitas em microscópio óptico do crescimento de microalgas *Scenedesmus* sp em um fotobiorreator compacto experimental $(5\ m \times 2\ m \times 8\ m)$ para um período de 15 dias. Usando um ajuste pelo método dos mínimos quadrados para um polinômio cúbico, represente a curva resultante graficamente.

Tabela 5.4 Medições feitas em microscópio óptico do crescimento de microalgas *Scenedesmus* sp para um período de 15 dias

x_i (dia)	$f(x_i)$ $\left(N_{células} \times 10^{-4} mL^{-1}\right)$
0	59
1	60
2	86
5	185
6	223
7	212
8	321
13	353
14	391
15	420

Solução

Utilizando a teoria apresentada e um programa computacional (disponível no site: www.manoleeducacao.com.br/calculonumericoaplicado), obtém-se o resultado mostrado na Fig. 5.3.

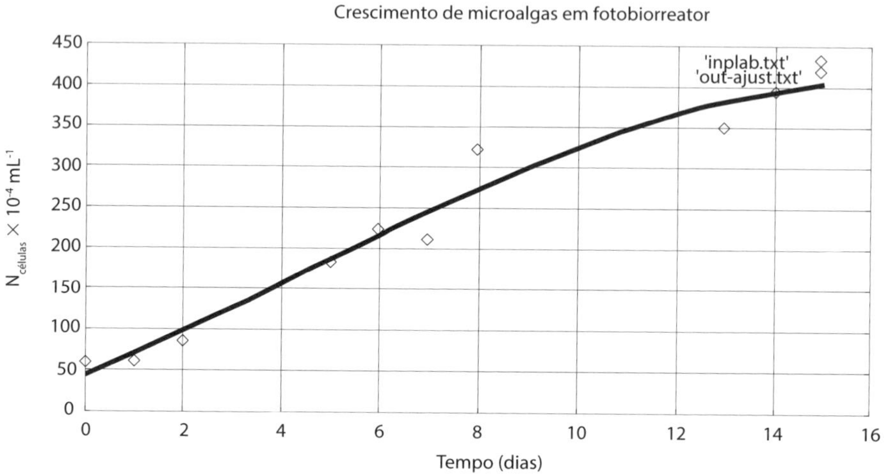

Figura 5.3 Aproximação do comportamento dos pontos da Tabela 5.3 por ajuste pelo método dos mínimos quadrados para um polinômio cúbico. ■

5.4. PROBLEMAS PROPOSTOS

5.1) Demonstre que os polinômios da Eq. (5.26) são ortogonais e, por essa razão, constituem a base de Lagrange para o espaço de funções polinomiais.

5.2) Demonstre que há um ponto ξ tal que:

$$f\left[x_i, x_{i+1}, \ldots, x_{i+j}\right] = \frac{1}{j!} f^{(j)}(\xi)$$

5.3) Demonstre que o sistema de equações lineares para determinar os coeficientes a_j para o método dos mínimos quadrados, definido pela equação abaixo, é simétrico:

$$a_m \sum_{i=0}^{n} g_m(x_i) g_j(x_i) + \ldots + a_0 \sum_{i=0}^{n} g_0(x_i) g_j(x_i) = \sum_{i=0}^{n} f(x_i) g_j(x_i) \quad (0 \leq j \leq m)$$

5.4) (Kincaid e Cheney, 1991) Determine o polinômio quadrático, para o qual são prescritos *p(0)*, *p(1)* e $p'(\xi)$, em que ξ pode ser qualquer ponto preestabelecido.

5.5) Determine o polinômio interpolador de Newton que passa pelos pontos a seguir:

x	–10	–5	1	6	9
y	4	1	2	–7	–18

5.6) Encontre o polinômio que interpola o conjunto de pontos a seguir, utilizando o método de Lagrange.

Tabela de pontos a interpolar				
x	3	7	1	2
y	12	146	2	1

5.7) Utilizando o método de diferenças divididas, ache o polinômio interpolador de Newton que passa pelos pontos a seguir:

x	–1	0	1	2	3
y	2	1	4	–7	20

5.8) Ache o polinômio interpolador de Newton que passa pelos pontos a seguir:

x	–1	0	1	2	3	6
y	2	1	2	–7	10	–5

5.9) Usando o método dos mínimos quadrados, apresente a equação da melhor reta que representa o comportamento dos pontos a seguir:

x	1	2	3	4	5
y	1,5	1,8	3,6	4,2	4,3

5.10) Determine o polinômio interpolador de Lagrange que passa pelos pontos a seguir:

x	–1	0	1	2	3	6
y	2	1	2	–7	10	–5

5.11) Determine os coeficientes z_i $(i = 0, 1, \ldots, n)$, tal que sejam unicamente determinadas as *splines* (funções polinomiais) cúbicas S_i $(i = 0, 1, \ldots, n-1)$ que interpolam o conjunto de $n+1$ pontos a seguir:

x	–1	2	3	5	8	(pontos t_i)
y	–1	4	2	–7	3	(imagens y_i)

em que as *splines* cúbicas são obtidas para $h_i = t_{i+1} - t_i$ por:

$$S_i(x) = \frac{z_i}{6h_i}(t_{i+1} - x)^3 + \frac{z_{i+1}}{6h_i}(x - t_i)^3 + \left(\frac{y_{i+1}}{h_i} - \frac{z_{i+1}h_i}{6}\right)(x - t_i) + \left(\frac{y_i}{h_i} - \frac{z_i h_i}{6}\right)(t_{i+1} - x)$$

5.12) Usando o método dos mínimos quadrados, apresente a equação do melhor polinômio cúbico que representa o comportamento dos pontos a seguir. Use 50 pontos para fazer um gráfico da curva de ajuste.

x	1	2	3	4	5	6
y	1,5	1,8	3,6	4,2	4,3	2,1

5.13) Determine o polinômio interpolador de Newton que passa pelos pontos a seguir. Use 100 pontos para fazer um gráfico do polinômio interpolador.

x	–1	0	1	2	6
y	–4	2	21	–5	9

5.14) Usando o método dos mínimos quadrados, ache o polinômio de 2º grau que ajusta os pontos a seguir:

x	–1	0	1	2	3
y	2	1	2	–7	10

Você acha que é uma boa solução? Justifique a resposta.

5.15) Demonstre que o algoritmo para calcular os coeficientes c_i do polinômio de Newton segundo a Eq. (5.11) envolve um número de operações longas (multiplicações e divisões) $O(n^2)$ para obter o polinômio de grau no máximo n.

5.16) (Kincaid e Cheney, 1991) Demonstre que, se for considerado qualquer conjunto de 23 nós no intervalo [-1, 1] e feita a interpolação da função $f(x)=\cosh(x)$ com um polinômio p de grau 22, então o erro relativo

$$\frac{|p(x)-f(x)|}{|f(x)|}$$

não é maior do que 5×10^{-16} em [-1, 1].

5.17) Assuma que p é um polinômio de grau maior do que n que interpola a função $f(x)$ em $n+1$ nós. O que você pode dizer sobre $f(x)-p(x)$?

5.18) Encontre as formas do polinômio interpolador de Lagrange e de Newton para os pontos a seguir:

x	3	–1	1	2	5
y	2	1	2	–7	20

Escreva ambos os polinômios na forma $a_4x^4+a_3x^3+a_2x^2+a_1x+a_0$, a fim de verificar que são funções idênticas.

5.19) O polinômio $p(x)=2-(x+1)+x(x+1)-2x(x+1)(x-1)$ interpola os quatro primeiros pontos da tabela a seguir:

x	–1	0	1	2	3
y	2	1	2	–7	10

Encontre o polinômio que interpola também o quinto ponto da tabela.

5.20) Obtenha uma fórmula para o polinômio p de mínimo grau que assuma os valores $p(x_i)=y_i$; $p'(x_i)=0$ para $(0\le i\le n)$.

5.21) (Kincaid e Cheney, 1991) Que condição deve ser imposta aos nós x_0 e x_1 se o problema de interpolação $p(x_i)=c_{i0}$; $p''(x_i)=c_{i2}$, $(i=0,\ 1)$, tiver que ser resolvido por meio de um polinômio cúbico (para valores arbitrários c_{ij})?

5.22) Para um tanque de água, são fornecidos valores de temperatura, T, em função da profundidade, P, conforme a tabela a seguir:

P (m)	1,0	1,5	2,0	2,5	3,0
T (°C)	66	52	18	11	10

Sabe-se que, a uma determinada profundidade, x, a segunda derivada de T muda de sinal. O ponto que indica essa mudança é o ponto em que $d^2T / dP^2 = 0$. Estime a profundidade desse ponto utilizando interpolação polinomial.

5.23) Dados os valores tabelados:

x	–2	–1	0	1	2	3
f(x)	–24	α	–2	β	4	16

Determine *f(1)* e *f(–1)* sabendo que *f* é um polinômio de grau 3.

5.24) (Monteiro, 2012) O consumo de gás natural em uma localidade da Europa sofre uma redução significativa durante os meses de verão. Na tabela a seguir, estão registrados valores coletados ao longo do ano de 2006:

t (mês)	1	3	4	6	9	12
C (m^3)	20,0	7,5	6,5	7,0	10,0	A

Uma companhia de gás sugeriu um modelo do tipo

$$C(t) = a_1 t^2 + a_2 \frac{1}{t}$$

para estimar o consumo de gás em qualquer época do ano. Usando o método dos mínimos quadrados e considerando a amostra de 6 pontos, determine a_1 e a_2 em função de A. Considerando A=15, 20 e 25, calcule a_1 e a_2 e represente graficamente as curvas obtidas.

5.25) A condutividade térmica do alumínio (6063-T5) foi medida em função da temperatura (Bejan, 1993), e os resultados são mostrados na tabela a seguir:

T (K)	10	20	40	50	100	200	300
k ($W\,m^{-1}K^{-1}$)	90,0	180	280	290	230	200	200

Use o método dos mínimos quadrados para calcular:
a) um polinômio linear que estime k como função de T;
b) um polinômio quadrático que faça prever a relação entre k e T;
c) um polinômio cúbico que faça prever a relação entre k e T.

Qual dos polinômios parece mais adequado para você? Justifique.

5.26) (Monteiro, 2012) O preço de um veículo usado é função de diversos fatores, entre os quais figuram os seguintes: o modelo do veículo, o preço do veículo novo, a idade do veículo usado, o seu estado de conservação e a relação procura/oferta no mercado de veículos de segunda mão. Considerando apenas o caso de veículos devidamente conservados e supondo que o fator procura/oferta do mercado em segunda mão não variou significativamente, o preço de um veículo usado de determinado modelo pode ser explicado por meio de uma relação do tipo $f(I) = PVU/PVN$, em que PVU é o preço do veículo usado, PVN é o preço do veículo novo e I é a idade do veículo usado.

Na tabela seguinte, apresentam-se valores de f e I para veículos de um determinado modelo, que se supõem obtidos nas condições acima mencionadas.

I (anos)	1	2	3	4	5	6
$f(I)$	0,843	0,753	0,580	0,520	0,452	0,414

Determine o modelo do tipo $M(I; c_1, c_2) = c_1 + c_2\, e^{-0,1\,I}$ que melhor se ajusta à função $f(I)$ no sentido dos mínimos quadrados. Nesses cálculos, utilize apenas a informação relativa aos 3 pontos da tabela que correspondem a $I = 1, 3, 6$.

5.27) (Monteiro, 2012) A tabela seguinte contém os registros efetuados dos valores médios da radiação solar em uma região da Europa para alguns meses do ano:

mês (x_i)	J(1)	F(2)	M(3)	A(4)	M(5)	J(6)	J(7)	A(8)	S(9)	O(10)	N(11)	D(12)
$\dot{I}\ \left(W\ \mathrm{m}^{-2}\right)$	122	–	188	–	–	270	–	–	–	160	–	120

Ajuste o modelo $\dot{I}\ (\mathrm{x}) = a_1\ x + a_2\ \mathrm{sen}(\mathrm{x})$ aos valores da tabela usando o método dos mínimos quadrados, e use o modelo encontrado para prever a radiação média no mês de agosto.

5.28) (Hughes, 1987) Obtenha as funções de forma para o elemento cúbico de quatro nós $\left(\mathrm{n_{en}} = 4\right)$ mostrado na Fig. P5.28. As funções de forma são escritas a partir de polinômios de Lagrange, i.e.:

$$\mathrm{N_a}(\xi) = \ell_a^{n_{en}-1}(\xi) = \frac{\sum\limits_{\substack{b=1\\ b\neq a}}^{n_{en}} (\xi - \xi_b)}{\sum\limits_{\substack{b=1\\ b\neq a}}^{n_{en}} (\xi_a - \xi_b)} \qquad \left(1 \le \mathrm{a,b} \le \mathrm{n_{en}}\right)$$

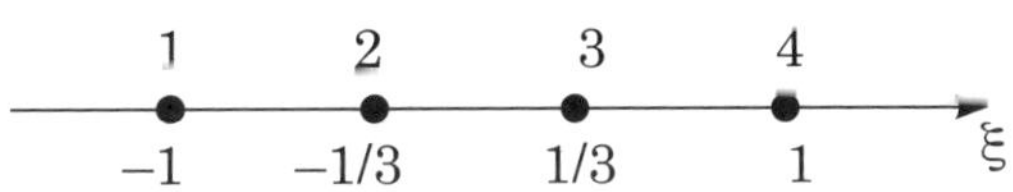

Figura P5.28 Localização dos nós no espaço ξ para o elemento cúbico de 4 nós.

Faça um gráfico das funções obtidas.

5.29) Para a calibração de um medidor de vazão, é realizado um experimento que envolve o chamado método gravimétrico. Nesse caso, é adotado o seguinte procedimento: o líquido que passa pelo medidor de vazão, em um dado intervalo medido, é coletado, sendo sua massa medida por meio de uma balança. Dividindo-se o valor obtido para a massa do líquido pelo intervalo medido, obtém-se a vazão mássica, que é convertida em vazão volumétrica por meio do uso da massa específica do líquido. Espera-se que, no caso de um medidor calibrado, que o valor nominal apresentado pelo medidor seja igual ao valor real medido, por meio do uso da balança e do cronômetro. Nota-se, contudo, que na prática isso não ocorre, havendo sempre uma variação entre os valores nominal e real. Assim, o processo de calibração tem por objetivo obter uma equação para o valor real da vazão em função do valor nominal. Essa equação, a princípio, será uma equação do tipo linear, ou seja, $y = ax + b$, no qual y é o valor da vazão corrigida e x é o valor da vazão nominal. Considere, então, os seguintes dados coletados de um experimento de calibração de um medidor de vazão:

Vazão nominal (L/s)	0,10	0,15	0,20	0,28	0,34	0,41
Vazão real (L/s)	0,1062	0,1613	0,2074	0,2816	0,3357	0,4068

Obtenha a equação de calibração do medidor com base nos dados acima apresentados.

5.30) De um modo geral, as propriedades termofísicas de um fluido, como a condutividade térmica e a viscosidade, são dependentes da temperatura em que essa substância se encontra. Desse modo, quando essas propriedades são apresentadas, deve-se fazê-lo fornecendo-se, também, a temperatura de referência. Nesse caso, é comum que sejam tabelados os valores dessas propriedades para algumas temperaturas. Nota-se, no entanto, que usualmente é necessário que se conheça o valor dessas propriedades para temperaturas não tabeladas (para uso, por exemplo, em correlações para avaliação de parâmetros de transferência de calor). Nesse caso, opta-se pelo uso de polinômios interpoladores, que forneçam os valores da propriedade desejada, conhecendo-se apenas o valor da temperatura de referência. Considere, então, uma substância hipotética A, cuja condutividade térmica seja apresentada na tabela a seguir:

Temperatura (K)	150	200	250	300	350	400	450	500
Condutividade térmica (W m^{-1} K^{-1})	0,751	0,779	0,815	0,870	0,923	1,005	1,080	1,128

Obtenha a expressão que forneça a condutividade térmica da substância A para qualquer temperatura do intervalo considerado (150 a 500 K).

5.31) Um experimento foi realizado com um líquido no interior de um calorímetro para se estipular os valores do calor específico de um dado fluido. A fim de se analisarem os dados, considerou-se um calorímetro perfeito, ou seja, no qual toda a energia oferecida para o fluido tenha sido empregada para aquecê-lo, fornecendo a seguinte expressão:

$$q = mc_p \frac{dT}{dt}$$

em que q é a potência fornecida ao fluido; m é a massa total de fluido; c_p é o calor específico (valor que se deseja obter) e dT/dt é a variação da temperatura do fluido em função do tempo. Para o experimento, conhece-se o valor da potência fornecida, bem como o da massa de fluido empregada; mede-se, a intervalos constantes de tempo, a temperatura do fluido, de modo a se avaliar dT/dt.

Fluido 1:

Temperatura (K)	300	305	309	314	321	326	330	335
Instante (s)	0	5	10	15	20	25	30	35

Fluido 2:

Temperatura (K)	300	315	329	343	359	376	392	405
Instante (s)	0	10	20	30	40	50	60	70

Com base em um ajuste linear, obtenha uma expressão para a variação da temperatura com o tempo para cada fluido, de modo que se possa avaliar a variação dT/dt.

5.32) A fórmula de diferenças divididas $\mathrm{f}[\mathrm{x}_0, x_1]$ é análoga à primeira derivada de f. Pergunta-se: ela tem uma propriedade análoga a $(\mathrm{f\,g})' = f'g + f\mathrm{g}'$?

5.33) Utilizando o algoritmo de diferenças divididas de Newton, determine o polinômio interpolador de Hermite que aproxima o comportamento da função f, de acordo com as seguintes condições dadas:

x	0	1	2
$p(x)$	2	–4	44
$p'(x)$	–9	4	

5.34) (Kincaid e Cheney, 1991) Encontre uma série de potências que aproxime a função:

$$\mathrm{f(x)} = \int_0^x \frac{e^t - 1}{t}\,dt$$

Com a série encontrada, calcule $f(1)$ com 3 algarismos significativos. Prove que a soma de todos os termos da série não incluídos é desprezível para a obtenção da resposta.

Projetos

5.1) Mainardes et al. (2007) apresentaram um estudo experimental de otimização da geometria de trocadores de calor de tubos elípticos aletados operando em regime turbulento. A Fig. Pj5.1 mostra os resultados da otimização global realizada com relação a três graus de liberdade da geometria do arranjo de tubos considerado, i.e., $S/2b$ (distância entre tubos), e (excentricidade), e φ_f (densidade de aletas), que foi obtida testando todas as combinações possíveis dos três parâmetros dentro de faixas preestabelecidas.

Os parâmetros geométricos foram determinados experimentalmente tal que $\tilde{q}_*$ foi maximizado três vezes, i.e.: $(S/2b,\ e,\ \varphi_f)_{ótimo} \cong (0{,}5;\ 0{,}6;\ 0{,}12)$. A configuração otimizada é "robusta" com relação à variação do número de Reynolds, conforme mostra a Fig. Pj5.1. Em razão desse aspecto, para aplicação em projeto de trocadores de calor, pode-se antecipar a taxa de transferência de calor máxima possível de ser obtida nesses arranjos em função do número de Reynolds baseado no comprimento do eixo menor do tubo elíptico, i.e., $Re_{2b} = u_\infty(2b)/\nu$, que inclui também a dependência da viscosidade cinemática do fluido utilizado, e da velocidade do fluido na entrada do arranjo. Para tanto, pede-se neste projeto que seja feito um ajuste para os pontos máximos obtidos na Fig. Pj5.1 utilizando o método dos mínimos quadrados, estabelecendo a faixa de validade em termos do número de Reynolds, propondo uma correlação em termos de um polinômio representativo (p.ex., quadrático) da tendência observada no comportamento dos pontos ajustados.

5.2) Souza et al. (2011) desenvolveram um estudo de otimização termodinâmica de unidades de craqueamento catalítico em leito fluidizado (FCC). Para o cálculo da geração de entropia no interior do reator, foi necessário dispor do calor específico a pressão constante das substâncias (*lumps*) envolvidas nas reações químicas, *Cp*, em função da temperatura *(Cp = Cp(T))*. Para isso, a cada um dos *lumps* do modelo cinético (exceto o coque) foi associado um hidrocarboneto de mesma massa molecular de acordo com a Tabela Pj5.2. Para o coque, como

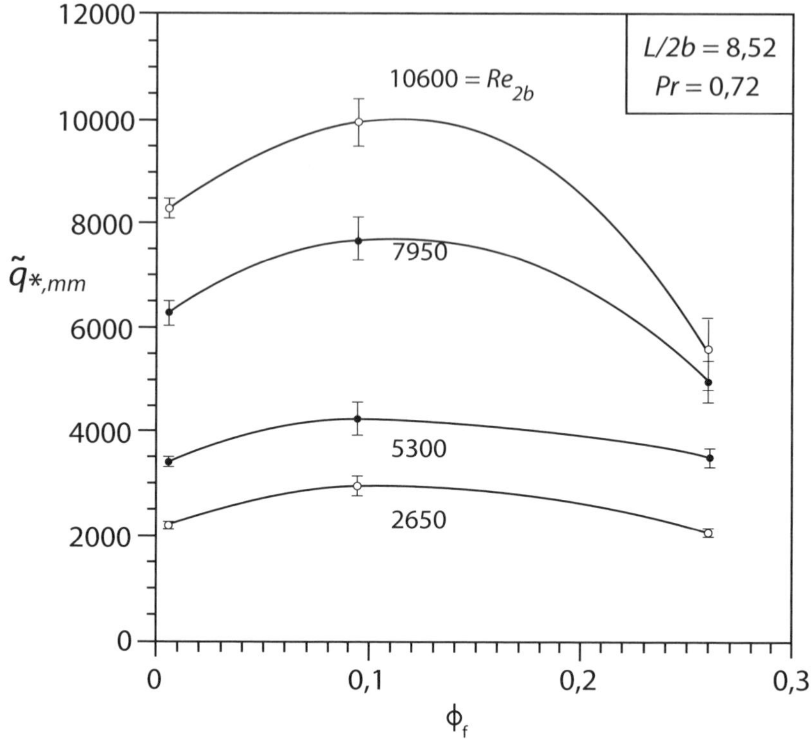

Figura Pj5.1 Comportamento da taxa de transferência de calor adimensional maximizada duas vezes, com relação ao espaçamento entre tubos e excentricidade, com respeito à variação da densidade de aletas (ou espaçamento entre aletas).

sua composição é na maior parte carbono puro, o seu calor específico foi aproximado com o calor específico do carbono grafite, mesmo sendo a massa molecular de ambos muito diferente, o que nesse caso não é importante, uma vez que o carbono grafite foi escolhido para representar o coque em virtude de sua composição química, e não com base na massa molecular como foi feito para os demais *lumps*.

Tabela Pj5.2 Associação dos *lumps* com seus respectivos hidrocarbonetos de mesma massa molecular

Lump	Hidrocarboneto	Massa molecular (kg/kmol) (*lump*/hidrocarboneto)
vgo	n-octadecano ($C_{18}H_{38}$)	(422,80/254,500)
LCO	n-octadecano ($C_{18}H_{38}$)	(254,50/254,500)
Gasolina	n-octano (C_8H_{18})	(114,20/114,231)
GLP	Propano (C_3H_8)	(44,10/44,097)
Gás combustível	Metano (CH_4)	(16,04/16,043)
Coque	Carbono grafite	(12/–)

O calor específico a pressão constante (*Cp*) dos *lumps* vgo, LCO, gasolina, GLP e gás combustível foram determinados por meio de uma correlação algébrica conforme se segue. Essa correlação é válida para temperaturas entre 200 e 1.500 K.

$$Cp = C_1 + C_2\left[\frac{C_3/T}{senh\left(\frac{C_3}{T}\right)}\right]^2 + C_4\left[\frac{C_5/T}{\cosh\left(\frac{C_5}{T}\right)}\right]^2 \tag{1}$$

em que C_1, C_2, C_3, C_4 e C_5 são constantes tabeladas retiradas da Tabela 2-198 publicada por Perry e Green (1999).

A Eq. (1) resultaria em uma expressão algébrica final bastante complicada, necessitando de esforço computacional extra para a determinação dos calores específicos de cada um dos *lumps*. Como o comportamento das curvas geradas pela Eq. (1) é bastante suave dentro da faixa de temperaturas de interesse para o craqueamento catalítico, elas podem ser bem aproximadas por um polinômio de segundo grau.

A Fig. Pj5.2 mostra o gráfico obtido com a aplicação da Eq. (1) para cada um dos *lumps* do modelo, exceto o vgo que, por causa de seu alto peso molecular, não pode ser aproximado por nenhum hidrocarboneto de peso molecular semelhante disponível.

O coque, no estado sólido, foi aproximado pela curva de calores específicos do carbono grafite, a qual é dada pela Tabela 2-194 publicada por Perry e Green (1999), conforme a seguir:

$$Cp_{coque} = 2{,}673 + 0{,}002517T - \frac{1169900}{T^2}$$

e que também pode ser aproximada por um polinômio de segundo grau.

Observando com cuidado a Fig. Pj5.2, nota-se que, quanto maior é o peso molecular do hidrocarboneto, as curvas de Cp passam aproximadamente a se superpor. Com base nessa hipótese e em virtude da falta de uma aproximação melhor para o *lump* vgo, pode-se utilizar para essa substância a mesma curva com a qual se aproxima o *lump* LCO.

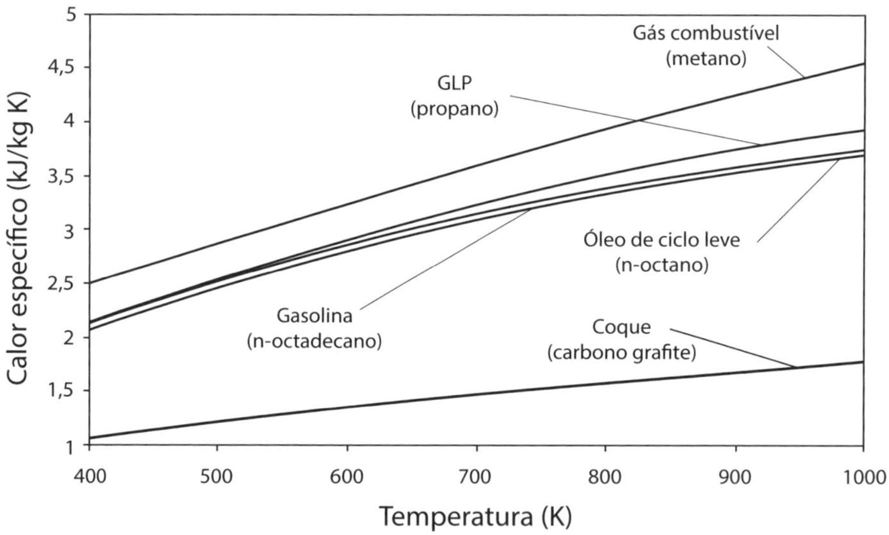

Figura Pj5.2 Calores específicos para cada um dos *lumps* calculados pela Eq. (1).

Cada uma das curvas mostradas na Fig. Pj5.2 pode, portanto, ser aproximada por um polinômio de segundo grau na forma:

$$Cp = a_1T^2 + a_2T + a_3$$

Pede-se neste projeto que se construa uma tabela com as equações dos polinômios correspondentes a cada uma das curvas mostradas na Fig. Pj5.2. Além disso, faça uma análise do erro cometido na avaliação dos calores específicos com essas aproximações por polinômios quadráticos na faixa de temperaturas considerada.

Obs.:

a) Elabore um relatório do seu trabalho (título, resumo, introdução, teoria, resultados e discussão, e conclusões), com todos os programas computacionais escritos no apêndice.

b) Recomenda-se utilizar aritmética de dupla precisão em seus cálculos.

5.3) Para a simulação computacional de sistemas de engenharia, como sistemas de condicionamento de ar e refrigeração, é necessário avaliar as propriedades termodinâmicas do fluido de trabalho (p.ex., refrigerante) nos estados termodinâmicos em que se encontram em qualquer posição e instante de tempo. Além disso, quando o objetivo da simulação é o controle e a otimização, é importante que essa avaliação seja feita com baixo tempo computacional. Nesses casos, o uso de funções polinomiais pode ser mais interessante do que a pesquisa em bancos de dados de tabelas termodinâmicas. Neste projeto, pede-se que seja proposto um polinômio (ajuste ou interpolação) que calcule as propriedades termodinâmicas do fluido R-134a (p.ex., Tabela A.10 de Moran e Shapiro, 1996) na região de saturação em função da temperatura de saturação $\left(-40^{o}C \le T \le 100^{o}C\right)$, observando um erro máximo de 5% nos pontos listados na tabela termodinâmica do fluido, i.e., avaliando volume, energia interna, entalpia e entropia específicas em função da temperatura de saturação. Utilize no máximo três polinômios de grau no máximo 3 para avaliar cada propriedade, estabelecendo faixas de temperatura para o seu uso. Faça uma análise sobre a viabilidade e conveniência do processo.

Obs.:

a) Elabore um relatório do seu trabalho (título, resumo, introdução, teoria, resultados e discussão, e conclusões), com todos os programas computacionais escritos no apêndice.

b) Recomenda-se utilizar aritmética de dupla precisão em seus cálculos.

5.4) Repita o que foi solicitado no projeto 5.3, desta feita utilizando interpolação por *splines* cúbicas, que calculem as propriedades termodinâmicas do fluido R-134a (p.ex., Tabela A.10 de Moran e Shapiro, 1996) na região de saturação em função da temperatura de saturação $\left(-40^{o}C \leq T \leq 100^{\circ}C\right)$, observando um erro máximo de 5% nos pontos listados na tabela termodinâmica do fluido, i.e., avaliando volume, energia interna, entalpia e entropia específicas em função da temperatura de saturação. Utilize no máximo 10 pontos arbitrariamente selecionados da tabela. Faça uma análise sobre a viabilidade e conveniência do processo.

Obs.:

a) Elabore um relatório do seu trabalho (título, resumo, introdução, teoria, resultados e discussão, e conclusões), com todos os programas computacionais escritos no apêndice.

b) Recomenda-se utilizar aritmética de dupla precisão em seus cálculos.

5.5) Este projeto refere-se ao tratamento pelo método de elementos finitos da teoria de viga de Bernoulli-Euler usando polinômios cúbicos de Hermite (seção 1.16 de Hughes, 1987). Assuma que $0 = x_1 < x_2 < \cdots < x_{n+1} = 1$ e $V^h = \left\{ w^h \mid w^h \in C^1\left(\bar{\Omega}\right), w^h(1) = w_{,x}^h(1) = 0 \right\}$, em que $w,_x^h \dfrac{\partial w^h}{\partial x}$.

Note que w^h é restrita ao intervalo (elemento) $[x_A, x_{A+1}]$ do domínio discreto, sendo um polinômio cúbico (i.e., é uma combinação linear de 1, x, x^2, x^3). Esse é o espaço segmentado de funções de forma cúbicas de Hermite. Observe que as funções $w^h \in V^h$ não necessitam ter derivadas de segunda ordem contínuas nos nós da malha utilizada para discretizar o domínio unidimensional do problema.

a) Em cada subintervalo, mostre que as funções w^h podem ser escritas como a seguir:

$$w^h(x) = N_1(x)w^h(x_1) + N_3(x)w^h(x_2) + N_2(x)w^h_{,x}(x_1) + N_4(x)w^h_{,x}(x_2)$$

em que:

$$N_1(x) = \frac{-(x-x_2)^2\left[-h+2(x_1-x)\right]}{h^3}$$

$$N_2(x) = \frac{(x-x_1)(x-x_2)^2}{h^2}$$

$$N_3(x) = \frac{(x-x_1)^2\left[h+2(x_2-x)\right]}{h^3}$$

$$N_4(x) = \frac{(x-x_1)^2(x-x_2)}{h^2}$$

Sugestão: usando interpolação de Hermite, construa uma tabela de diferenças divididas para um polinômio cúbico (2 pontos e 2 derivadas de primeira ordem).

b) Faça um gráfico das funções elementares N_1, N_2, N_3 e N_4, e também de suas contrapartes globais típicas.

DIFERENCIAÇÃO E INTEGRAÇÃO NUMÉRICA

6.1. INTRODUÇÃO

No Capítulo 5, foi analisado o problema de inferir a resposta contínua de um sistema físico a partir de um conjunto discreto de dados. Para tanto, foram obtidas funções de aproximação por duas técnicas: interpolação e ajuste. Com isso, tornou-se possível inferir o comportamento do sistema físico, com base em dados discretos, em valores intermediários aos pontos dados.

Além dessa situação típica, é comum, para o mesmo conjunto de dados, desejar-se estimar diretamente a derivada $f'(c)$, $c \in [x_0, x_n]$ para uma tabela de dados, i.e., uma distribuição discreta, conforme a Tabela 5.1 (reproduzida a seguir para maior clareza), ou até mesmo calcular uma integral definida

$$I = \int_a^b f(x)\,dx \text{, com } a,b \in [x_0, x_n].$$

Tabela 5.1 Conjunto de $(n + 1)$ pontos $(x_i, f(x_i) = y_i)$ para $x_i, y_i \in \Re$

x_i	$f(x_i)$
x_0	$f(x_0)$
$\vdots$	$\vdots$
x_n	$f(x_n)$

Observe que uma possível solução para se obter a derivada $f'(c)$, $c \in [x_0, x_n]$ ou uma integral

$$I = \int_a^b f(x)\ dx \text{, com } a,b \in [x_0, x_n],$$

para a Tabela 5.1, seria fazer uma interpolação polinomial dos pontos, ou um ajuste para um polinômio (ou conjunto de funções) pelo método dos mínimos quadrados, que aproxime o comportamento dos pontos dados. Em seguida, conhecendo analiticamente a função de aproximação para os pontos, calcula-se a derivada ou a integral desejada de forma analítica ou numérica. No entanto, o comportamento exato nos valores intermediários do processo que originou os pontos não está necessariamente bem representado, portanto, em geral, diferenciação e integração numéricas são processos intrinsecamente imprecisos, sendo importante acoplar aos cálculos formas de avaliação dos erros cometidos. A esse ponto, dirige-se a atenção do leitor para a Tabela 5.1 para evidenciar que, quanto mais próximos estiverem os pontos dados ou medidos, a incerteza sobre o comportamento do sistema que os pontos representam diminui. Assim, fica claro que os erros do processo tenderão a diminuir.

Para ilustrar esse pensamento, na Fig. 6.1, mostra-se a representação de pontos medidos durante o deslocamento de um automóvel, i.e., a velocidade ao longo do tempo. Se for de interesse o cálculo da aceleração do automóvel

$$a = \frac{d\ v(t)}{dt}$$

durante o experimento, com os pontos medidos, deve-se esperar que os resultados apresentem imprecisão, pelo fato de o comportamento entre os pontos não ser conhecido. No caso, foi utilizada uma técnica de interpolação por *splines* cúbicas para obter a curva $S(t)$, que passa exatamente sobre os pontos dados que é uma possível função de aproximação para o comportamento do automóvel. Assumindo que $v(t)$ é a curva para o deslocamento real do automóvel, verifica-se que a função de aproximação obtida $S(t)$ distancia-se do comportamento real em várias partes do trajeto. Note que o problema se agrava ao calcular a derivada das duas curvas no mesmo ponto, p.ex., $t = 2$ s, onde se vê claramente que a inclinação das retas tangentes é bastante diferente. Assim, acrescentando mais pontos, será possível inferir uma curva que melhor represente o comportamento do sistema e, em consequência, determinar mais precisamente a derivada e a integral. Note também que é importante, se possível, associar o conhecimento prévio da resposta física esperada para o sistema em análise, conforme foi discutido no início do item 5.3, a fim de obter a curva mais provável que represente o comportamento real do sistema. Na realidade, na maior parte das situações, possivelmente as informações disponíveis para o analista não determinarão $f(x)$ completamente, portanto, é importante acoplar aos cálculos formas de avaliação dos erros cometidos, conforme mencionado anteriormente neste texto.

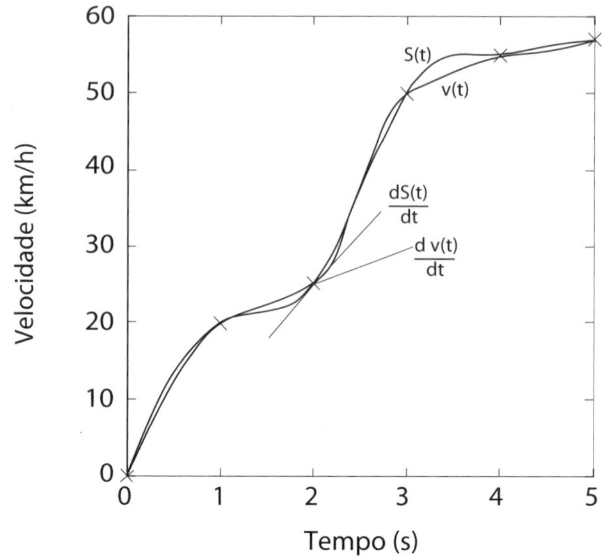

Figura 6.1 Imprecisões no cálculo de derivada numérica.

6.2. DIFERENCIAÇÃO NUMÉRICA

O cálculo da taxa de variação de uma grandeza ao longo do tempo, ou mesmo em relação a outra grandeza de interesse, produz uma informação de grande importância para a análise de uma ampla diversidade de sistemas em todos os campos da ciência e da informação em geral. A forma mais conhecida dessa informação é por meio de valores médios em determinados intervalos.

Exemplo 6.1) Calcule a variação média da taxa de câmbio do real em relação ao dólar americano por mês no ano de 2012 (de 2 de janeiro a 31 de dezembro), sabendo que o valor para compra em $t_1 =$ 2-jan-2012 era de $y_1 =$ R$ 1,8676/US$ 1, e em $t_2 =$ 31-dez-2012 era de $y_2 =$ R$ 2,0429/US$ 1, i.e., para o período de 12 meses.

Solução

$$\text{Var. média taxa câmbio} = \frac{\Delta y}{\Delta t} = \frac{y_2 - y_1}{t_2 - t_1} = \frac{2{,}0429 - 1{,}8676}{12} \frac{R\$ / US\$}{mês}$$

$$\cong 0{,}015 \frac{R\$ / US\$}{mês}$$

Em suma, a taxa de câmbio R$/US$ aumentou em média

$$0{,}015 \frac{R\$ / US\$}{mês}, \text{ i.e.,}$$

a moeda real desvalorizou em relação ao dólar norte-americano. ■

Considerando o exemplo 6.1, se mais dados estivessem disponíveis, p.ex., o valor para compra do dólar americano no primeiro dia de cada mês, ao considerar intervalos de tempo cada vez menores, verificar-se-ia que a variação média da taxa de câmbio apresentaria valores acima e abaixo do valor calculado no exemplo. Assim, pode-se definir a taxa de variação instantânea de qualquer função $y = f(x)$ no ponto $x = a$, reduzindo o intervalo da grandeza em relação ao qual se calcula a taxa de variação, o que leva à clássica definição da derivada de uma função, i.e.:

$$f'(a) = \lim_{x \to a} \frac{f(x) - f(a)}{x - a} \tag{6.1}$$

ou em termos gerais para um ponto x qualquer:

$$f'(x) = \lim_{\Delta x \to 0} \frac{f(x + \Delta x) - f(x)}{\Delta x} \tag{6.2}$$

em que Δx representa um pequeno intervalo à direita ou à esquerda de $x \in \Re$. Se o intervalo entre os pontos dados Δx for suficientemente pequeno, a Eq. (6.2) permite que se calcule um valor aproximado para $f'(x)$ por meio de:

$$f'(x) \cong \frac{f(x+\Delta x)-f(x)}{\Delta x} \tag{6.3}$$

A pergunta a ser respondida agora é: qual o erro cometido ao fazer essa aproximação? A resposta varia dependendo do comportamento da função que gerou a tabela de pontos. Se a função for linear, ela será exatamente representada pela equação de uma reta, i.e., $y = mx + c$, em que

$$f'(x) = m = \frac{f(x+\Delta x)-f(x)}{\Delta x},$$

i.e., o coeficiente angular da reta. No entanto, na maior parte dos casos, i.e., que *f(x)* apresente um comportamento não linear, *f'(x)* calculada pela Eq. (6.3) não será exata e haverá um erro cometido ao proceder dessa forma. Para avaliar o erro cometido, utiliza-se o Teorema de Taylor apresentado no Capítulo 1, conforme a seguir:

$$f(x+h) = f(x) + hf'(x) + \frac{h^2}{2!}f''(\xi) \tag{6.4}$$

em que, por simplicidade de escrita, adota-se $h = \Delta x$, e ξ é um ponto entre x e $x+h$, pelas razões discutidas no Capítulo 1. Além disso, $f, f' \subset C^1[x_0, x_n]$, bem como $\exists f''(x)$ para $x \in (x_0, x_n)$. A última parcela da Eq. (6.4) é o erro cometido, igual à soma dos termos desprezados ao se aproximar $f(x+h)$ por uma série de Taylor com os 2 primeiros termos. Assim, é possível agora fazer uma estimativa para $f'(x)$ usando a Eq. (6.4) e obtendo:

$$f'(x) = \frac{f(x+h)-f(x)}{h} - \frac{h}{2}f''(\xi) \tag{6.5}$$

Com a Eq. (6.5), verifica-se que um termo de avaliação do erro cometido ao calcular $f'(x)$ numericamente está agora disponível. Note que, à medida que h se aproxima de zero, o mesmo acontece com o valor do erro cometido. Para estimar o erro, é necessário que $\exists f''(x)$ para $x \in (x_0, x_n)$. A fórmula obtida com a Eq. (6.5) recebe a denominação de **diferenças avançadas.** Alternativamente, a série de Taylor poderia ser escrita para um ponto anterior à posição x, conforme a seguir:

$$f(x-h) = f(x) - \mathrm{h} f'(x) + \frac{h^2}{2!} f''(\xi) \tag{6.6}$$

em que ξ é um ponto entre $x-h$ e x, pelas razões discutidas no Capítulo 1. Além disso, $f, f' \subset C^1[x_0, x_n]$, bem como $\exists f''(x)$ para $x \in (x_0, x_n)$. Como antes, a última parcela da Eq. (6.6) é o erro cometido ao se utilizar somente os dois primeiros termos da série de Taylor para aproximar $f(x-h)$. Assim, é possível agora fazer uma estimativa para $f'(x)$ usando a Eq. (6.5) e obtendo:

$$f'(x) = \frac{f(x) - f(x-h)}{h} + \frac{h}{2} f''(\xi) \tag{6.7}$$

A fórmula obtida com a Eq. (6.7) recebe a denominação de **diferenças retardadas.**

Exemplo 6.2) Utilize a Eq. (6.5) para calcular numericamente a derivada de $f(x) = e^x$ em $x = 0{,}5$, com $h = 0{,}05$. Qual o erro cometido?

Solução

i) Analiticamente, sabe-se que $f'(x) = e^x$, portanto, o valor da derivada exata em $x = 0{,}5$ é $f'(0{,}5) = e^{0{,}5} = 1{,}6487212707$ avaliado em uma calculadora HP 28S. Usando a mesma calculadora, calcula-se numericamente a derivada via Eq. (6.5), como se segue:

$$f'(0{,}5) \cong \frac{f(0{,}5 + 0{,}05) - f(0{,}5)}{0{,}05} = 1{,}6906349434$$

ii) Para estimar o erro cometido, sabendo que $x \le \xi \le x+h$, i.e., $0{,}5 \le \xi \le 0{,}55$ e $\left|e^{\xi}\right| < 1{,}73325301787$, usa-se:

$$\varepsilon_{numérico} = \left|\frac{h}{2} f''(\xi)\right| = 0{,}025 \left|e^{\xi}\right| < 0{,}0433313254468$$

iii) Compara-se agora a estimativa do erro calculado com a segunda parcela do segundo membro da Eq. (6.5) com o erro real, que é dado por:

$$\varepsilon_{exato} = \left|1{,}6906349434 - 1{,}6487212707\right| = 0{,}0419136727$$

iv) Verifica-se, portanto que $\varepsilon_{numérico} \approx \varepsilon_{exato}$. ■

Exemplo 6.3) A partir do exemplo 6.2, pode-se ter a impressão de que quanto menor for o valor de *h*, mais precisamente o computador calculará uma derivada numericamente. Verifique o que acontece quando se reduz o valor de *h* progressivamente ao calcular numericamente, por exemplo, utilizando a Eq. (6.5), a derivada de $f(x) = \ln\ x$ em $x = 3$, com $h = 0{,}1; 0{,}01; 0{,}001; \ldots, 10^{-20}$. Construa uma tabela com três colunas, i.e., com os valores de *h*, da derivada calculada numericamente e do erro cometido, calculado via

$$f'(x) = \frac{1}{x}, \text{ como } \varepsilon = f'(3)_{exato} - f'(3)_{num}.$$

Solução

Por exemplo, escreve-se o seguinte programa em linguagem Fortran:

```
write(*,*)' h ',' derivada numérica ',' erro'
write(2,*)' h ',' derivada numérica ',' erro'
x=3.d0
trued=1./x
do i=1,19
h=1.d0/(10.d0**i)
calcd=(log(x+dx)-log(x))/dx
```

```
erro=trued-calcd
write(*,*)h,calcd,erro
write(2,*)h,calcd,erro
enddo
stop
end
```

A saída de resultados é a seguinte:

h	derivada numérica	erro
1.000000E-01	3.278982E-01	5.435120E-03
1.000000E-02	3.327790E-01	5.543266E-04
1.000000E-03	3.332778E-01	5.556898E-05
1.000000E-04	3.333278E-01	5.556945E-06
1.000000E-05	3.333328E-01	5.570656E-07
1.000000E-06	3.333333E-01	6.460153E-08
1.000000E-07	3.333333E-01	1.993117E-08
1.000000E-08	3.333333E-01	1.049066E-08
1.000000E-09	3.333334E-01	-2.696491E-08
1.000000E-10	3.333333E-01	-1.211134E-08
1.000000E-11	3.333333E-01	-8.135929E-09
1.000000E-12	3.333629E-01	-2.955265E-05
1.000000E-13	3.330669E-01	2.664300E-04
1.000000E-14	3.404612E-01	-7.127829E-03
1.000000E-15	2.959872E-01	3.734615E-02
1.000000E-16	0.000000E+00	3.333333E-01
1.000000E-17	0.000000E+00	3.333333E-01
1.000000E-18	0.000000E+00	3.333333E-01
1.000000E-19	0.000000E+00	3.333333E-01
1.000000E-20	0.000000E+00	3.333333E-01

Observa-se que o erro decresce até $h = 10^{-11}$, no caso do computador utilizado para obter os resultados. No entanto, a partir desse ponto, o erro passa a crescer novamente até que, a partir de $h = 10^{-16}$, a derivada calculada é zero. Esse fato se explica pelo erro de arredondamento cometido ao fazer a subtração $\ln(x+h) - \ln x$ no cálculo da Eq. (6.5). Quando h é muito pequeno, $\ln(x+h)$ e $\ln x$, são praticamente iguais e, portanto, ao serem subtraídos, há uma perda de precisão. Isso ocorre por causa da limitação imposta pelo tamanho da palavra do computador, conforme a discussão apresentada no Capítulo 1. ■

A discussão levantada pelo exemplo 6.3 mostra que não só a Eq. (6.5), mas qualquer fórmula de diferenciação numérica deve levar em consideração os erros de arredondamento do computador em uso, juntamente com a previsão de erro proporcionada pelo valor de h. Com isso, a precisão dessas fórmulas pode ser avaliada pela potência em relação a qual h está elevado no termo de erro. Quanto mais alto o valor dessa potência de h, maior será a precisão, uma vez que h é assumido como um número pequeno, i.e., $h < 1$, por exemplo. Portanto, analisando a Eq. (6.5), conclui-se que sua precisão é baixa, uma vez que o erro é apenas $\varepsilon = O(h)$.

Outra fonte de erros que deve ser considerada pelo analista é a qualidade dos valores tabelados obtidos que representam a função a ser diferenciada, no caso de medições experimentais, por exemplo. Note que, se os erros nas medições não forem pequenos, i.e., incertezas baixas, a Eq. (6.5) mostra que, ao calcular a derivada numericamente, esses erros podem se multiplicar. Basta que se verifique pela Eq. (6.5) que $f'(x)$ calculada numericamente é inversamente proporcional ao valor de h. Assim, quanto menor for o valor de h, mais esses erros experimentais se multiplicarão, em uma tendência oposta à esperada pela precisão da fórmula, que estabelece que $\varepsilon = O(h)$. Dessa maneira, para diferenciar uma função dada por pontos medidos experimentalmente, há que se balancear esses efeitos, ou até evitar a diferenciação numérica de dados experimentais.

Como obter maior precisão no cálculo da derivada numericamente?

Uma estratégia bastante utilizada para o aumento da precisão do cálculo de derivadas numéricas é o uso de mais avaliações da função por séries de Taylor em diferentes valores da variável independente. Um raciocínio baseado em analogia com a interpolação polinomial pode ser conduzido para entender por que isso é possível. Assim, quanto mais informações forem conhecidas sobre a função a ser aproximada, maior será o grau do polinômio possível de ser construído para aproximar o seu comportamento (p.ex., com dois pontos conhecidos da função, pode-se construir uma reta para aproximá-la; com três pontos, uma quadrática; com quatro pontos, uma cúbica; e assim sucessivamente). Analogamente, quanto mais pontos forem conhecidos da função a ser diferenciada, e com o uso de um número maior de séries de Taylor para aproximar o comportamento da função, maior será a precisão da fórmula obtida para o cálculo de sua derivada.

Como primeiro exemplo, mostra-se, a seguir, o uso de duas séries de Taylor para obter uma fórmula para o cálculo da derivada de primeira ordem de uma função $f(x)$. Para tanto, utiliza-se a série de Taylor para $f(x + h)$ e a série de Taylor para $f(x - h)$ com os seguintes termos:

$$f(x+h)=f(x)+hf'(x)+\frac{h^2}{2!}f''(x)+\frac{h^3}{3!}f'''(x)+\frac{h^4}{4!}f^{IV}(x)+\cdots \quad (6.8)$$

$$f(x-h)=f(x)-hf'(x)+\frac{h^2}{2!}f''(x)-\frac{h^3}{3!}f'''(x)+\frac{h^4}{4!}f^{IV}(x)+\cdots \quad (6.9)$$

Subtraindo a Eq. (6.9) da Eq. (6.8), obtém-se a fórmula a seguir:

$$f'(x)=\frac{f(x+h)-f(x-h)}{2h}-\frac{h^2}{12}\left[f'''(\xi_1)+f'''(\xi_2)\right] \quad (6.10)$$

A Eq. (6.10) mostra que o erro obtido ao se calcular $f'(x)$ é $\varepsilon = O(h^2)$. Isso representa um aumento de precisão em relação às fórmulas obtidas com as Eqs. (6.5) e (6.7).

A fórmula obtida com a Eq. (6.10) recebe a denominação de **diferenças centradas.**

Exemplo 6.4) Utilize a Eq. (6.10) para calcular numericamente a derivada de $f(x)=e^x$ em $x=0{,}5$, com $h=0{,}05$. Qual o erro cometido?

Solução

i) Analiticamente, sabe-se que $f'(x)=e^x$, portanto, o valor da derivada exata em $x=0{,}5$ é $f'(0{,}5)=e^{0{,}5}=1{,}6487212707$ avaliado em uma calculadora HP 28S. Usando a mesma calculadora, calcula-se a derivada numericamente via Eq. (6.10):

$$f'(0{,}5) \cong \frac{f(0{,}5+0{,}05)-f(0{,}5-0{,}05)}{2\times 0{,}05} = 1{,}6494083238$$

ii) Para estimar o erro cometido, sabendo que $x \le \xi_1 \le x+h$, i.e., $0{,}5 \le \xi_1 \le 0{,}55$ e $\left|e^{\xi_1}\right| < 1{,}73325301787$, e $x-h \le \xi_2 \le x$, i.e., $0{,}45 \le \xi_2 \le 0{,}5$ e $\left|e^{\xi_2}\right| < 1{,}6487212707$, usa-se:

$$\varepsilon_{numérico} = \left|\frac{h^2}{12}\left[f'''(\xi_1)+f'''(\xi_2)\right]\right| < 2{,}08333E-4 \times$$
$$\left|1{,}73325301787+1{,}6487212707\right| = 7{,}04577976784E-4$$

iii) Compara-se agora a estimativa do erro calculado com a segunda parcela do segundo membro da Eq. (6.10) com o erro real, que é dado por:

$$\varepsilon_{exato} = |1{,}6494083238 - 1{,}6487212707| = 6{,}870531E-4$$

iv) Verifica-se, portanto que $\varepsilon_{numérico} \approx \varepsilon_{exato}$. ■

Como segundo exemplo, a seguir, mostra-se o uso de duas séries de Taylor para obter uma fórmula para o cálculo da derivada de segunda ordem de uma função *f(x)*. Para tanto, utiliza-se a série de Taylor para *f(x + h)* e a série de Taylor para *f(x – h)*. O procedimento consiste em somar as Eqs. (6.8) e (6.9) para obter:

$$f''(x) = \frac{f(x+h) - 2f(x) + f(x-h)}{h^2} - \frac{h^2}{24}\left[f^{IV}(\xi_1) + f^{IV}(\xi_2)\right] \quad (6.11)$$

A Eq. (6.11) mostra que o erro obtido ao se calcular $f''(x)$ é $\varepsilon = O(h^2)$. A fórmula obtida com a Eq. (6.11) também recebe a denominação de **diferenças centradas**. A mais importante aplicação das fórmulas de diferenciação numérica é na solução de equações diferenciais ordinárias e parciais. De maneira aproximada, em um processo conhecido como discretização, os métodos numéricos substituem as derivadas exatas por aproximações como as que foram obtidas com as Eqs. (6.5), (6.7), (6.10) e (6.11). O primeiro método numérico a utilizar essa estratégia é conhecido como **método de diferenças finitas**, cujo detalhamento pode ser encontrado na literatura técnica (Fletcher, 1991; Anderson et al., 1984).

A extrapolação de Richardson

A ideia de utilizar várias séries de Taylor para buscar maior precisão na avaliação numérica de uma derivada foi organizada e estendida pelo procedimento denominado de "extrapolação de Richardson". Para entender o procedimento, consideram-se as Eqs. (6.8) e (6.9).

Subtraindo a Eq. (6.9) da Eq. (6.8), os termos com fatoriais pares no denominador cancelam-se, obtendo-se o seguinte resultado:

$$f(x+h)-f(x-h)=2hf'(x)+\frac{2h^3}{3!}f'''(x)+\frac{2h^5}{5!}f^V(x)+\cdots \quad (6.12)$$

Para calcular a primeira derivada de *f*, escreve-se:

$$f'(x)=\frac{f(x+h)-f(x-h)}{2h}-\left[\frac{h^2}{3!}f'''(x)+\frac{h^4}{5!}f^V(x)+\cdots\right] \quad (6.13)$$

Colocando em uma notação compacta, obtém-se:

$$R=F(h)+c_1h^2+c_2h^4+c_3h^6\cdots \quad (6.14)$$

em que R representa $f'(x)$ e $F(h)$ representa a primeira parcela do segundo membro da Eq. (6.13), que é a fórmula obtida com a Eq. (6.10). Utilizando um valor positivo para h e diferente de zero, o erro é estimado pelos termos $c_1h^2+c_2h^4+c_3h^6\cdots$ na Eq. (6.14), em que os c_i são coeficientes definidos pela Eq. (6.13). Para $c_i \neq 0$, quando h é suficientemente pequeno, o termo c_1h^2 é dominante na soma de termos, portanto, para obter maior precisão, esse é o termo a ser eliminado. A estratégia consiste em usar a própria Eq. (6.14) substituindo h por $h/2$, obtendo:

$$R=F(h/2)+c_1h^2/4+c_2h^4/16+c_3h^6/64\cdots \quad (6.15)$$

Assim, para eliminar o termo c_1h^2 na soma de termos (série) que estima o erro, basta subtrair a Eq. (6.14) da Eq. (6.15) multiplicada por 4. O resultado é expresso por:

$$3\mathrm{R}=4F(h/2)-F(h)-3c_2h^4/4-15c_3h^6/16\cdots \quad (6.16)$$

ou

$$\mathrm{R}=\frac{4}{3}F(h/2)-\frac{1}{3}F(h)-c_2h^4/4-5c_3h^6/16\cdots \quad (6.17)$$

A partir desse resultado, é simples constatar que a precisão obtida para o cálculo de *R* com a Eq. (6.17) é, agora, $O(h^4)$.

A partir dessa primeira constatação, fica claro que uma precisão ainda maior poderá ser obtida repetindo o procedimento e aumentando a complexidade da fórmula para o cálculo de *f'(x)*, i.e., *R*. Para tanto, basta que uma nova função de *h* seja definida, i.e.:

$$G(h)=\frac{4}{3}F(h/2)-\frac{1}{3}F(h) \tag{6.18}$$

Assim, fazendo $d_1=-c_2/4$; $d_2=-5c_3/16;\cdots$ é possível escrever:

$$R=G(h)+d_1h^4+d_2h^6\cdots \tag{6.19}$$

e, seguindo os mesmos passos após a Eq. (6.14), agora é possível eliminar a parcela do erro d_1h^4, vindo a obter (problema 6.1):

$$R=\frac{16}{15}G(h/2)-\frac{1}{15}G(h)-d_2h^6/20\cdots \tag{6.20}$$

A partir desse resultado, é simples constatar que a precisão obtida para o cálculo de *R* com a Eq. (6.20) é, agora, $O(h^6)$. O procedimento pode ser repetido para obter fórmulas de maior precisão para o cálculo da derivada em questão, i.e., *R*. Evidentemente, é importante ressaltar que repetindo os cálculos em um algoritmo lógico chegar-se-á a um ponto em que os resultados perderão o significado por causa da perda de algarismos significativos nas subtrações (problema 6.2).

Finalmente, de maneira geral, destaca-se que a extrapolação de Richardson é um procedimento que pode ser aplicado para fórmulas de cálculo da derivada de qualquer ordem. No caso, poder-se-ia estimar $R=f'(x)$, $R=f''(x),\ldots,R=f^{(n)}(x)$ a partir de uma fórmula original, e aumentar a precisão utilizando o mesmo algoritmo (problema 6.3).

6.3. INTEGRAÇÃO NUMÉRICA

O processo de integração de uma função matemática dada de forma analítica ou discreta tem grande utilidade prática. A aplicação mais conhecida provavelmente é o cálculo de uma área sob uma curva no espaço bidimensional. No entanto, há muitas outras aplicações em que o analista necessita obter a primitiva de uma função, i.e., a função cuja derivada é representada pela função dada. Esse processo é muitas vezes chamado de **antidiferenciação**.

O Cálculo Diferencial e Integral elementar propõe uma série de procedimentos analíticos que permitem obter a primitiva de uma função dada. No entanto, esses procedimentos não se aplicam diretamente a funções conhecidas apenas na forma de pontos discretos, p.ex., medições de laboratório, dados de campo. Além disso, é sabido que muitas funções analíticas não são passíveis de integração por métodos analíticos ou são de difícil tratamento algébrico.

O problema é formulado matematicamente pela seguinte equação:

$$I = \int_a^b f(x)\ dx \tag{6.21}$$

Assim, busca-se uma função F, tal que $F = f'$. Dessa maneira, obtém-se:

$$I = \int_a^b f(x)\ dx = F(b) - F(a) \tag{6.22}$$

Funções polinomiais são facilmente tratáveis analiticamente para obtenção de suas primitivas (ou antiderivadas). Tomando por exemplo $f(x) = 3\,x^2$, a solução do problema da Eq. (6.22) é simplesmente $I = F(b) - F(a) = x^3\big|_a^b = b^3 - a^3$. No entanto, o conhecido problema da distribuição normal em Estatística

$$I = \frac{1}{\sqrt{\pi}} \int_a^b e^{-x^2/2}\, dx$$

não apresenta solução em uma forma analítica fechada, a não ser pela aproximação do integrando por uma série de potências com infinitos termos. Por exemplo, o integrando poderia ser representado por uma série de Taylor com um número infinito de termos.

Uma estratégia possível de ser adotada seria, portanto, aproximar o integrando por uma função que aproximasse o comportamento de $f(x)$. Isso seria possível, por exemplo, por uma série de Taylor, conforme descrito no Capítulo 1, truncando-a para obter um número finito de termos. A seguir, como a integral de uma soma é a soma das integrais, cada termo da série (polinômios) considerada seria facilmente integrado individualmente e, por fim, todos os termos somados para se obter a solução do problema formulado pela Eq. (6.21). No entanto, a série de Taylor envolve a necessidade de se obter derivadas da função $f(x)$, bem como cálculos adicionais. Portanto, seria mais interessante um método que demandasse apenas avaliações da função $f(x)$.

Uma metodologia consagrada para atingir o objetivo delineado no parágrafo anterior é o uso de funções de aproximação para representar o comportamento de $f(x)$. No Capítulo 5, foram apresentados vários procedimentos para obtenção do polinômio interpolador que aproxima uma função dada de forma analítica ou por um conjunto de pontos como o da Tabela 5.1. Em linhas gerais, o procedimento para a integração numérica via uso de polinômios interpoladores foi descrito no início deste capítulo. Todavia, será tratado com maior detalhe na próxima seção.

Integração numérica por polinômios interpoladores

A ideia é substituir o integrando *f(x)* na Eq. (6.21) por um polinômio interpolador que é de fácil integração analiticamente. No entanto, dentre os procedimentos apresentados no Capítulo 5, o único que não requer a determinação de coeficientes é o polinômio de Lagrange, o qual permite a obtenção de uma forma algébrica fechada a partir dos pontos da Tabela 5.1. Para tanto, selecionam-se nós $x_0, x_1, \ldots, x_n \in [a,b]$ e constrói-se o polinômio de Lagrange conforme a metodologia apresentada no Capítulo 5.

$$I = \int_a^b f(x)\ dx \cong \int_a^b p_n(x)\ dx = \int_a^b \sum_{i=0}^{n} f(x_i) l_i(x)\ dx$$

$$= \sum_{i=0}^{n} f(x_i) \int_a^b l_i(x)\ dx \qquad (6.23)$$

para $\ell_i(x) = \prod_{\substack{j=0 \\ j \neq i}}^{n} \frac{x - x_j}{x_i - x_j} \qquad (0 \leq \mathrm{i} \leq \mathrm{n})$.

Assim, pode-se escrever de maneira compacta a seguinte fórmula geral para qualquer *f(x)*:

$$I = \int_a^b f(x)\, dx \cong \sum_{i=0}^{n} A_i f(x_i) \qquad (6.24)$$

em que $A_i = \int_a^b \ell_i(x)\ dx$.

No caso particular em que o intervalo $[a,b]$ seja dividido em n intervalos iguais, os nós $x_0, x_1, \ldots, x_n$ serão igualmente espaçados. Nessa situação a Eq. (6.24) é denominada **fórmula de Newton-Cotes**.

Alguns casos especiais mais usados do método de integração numérica por polinômios interpoladores recebem nomenclatura própria. É o caso da regra do trapézio e da regra de Simpson, que serão apresentadas a seguir.

Regra do trapézio

Ao aproximar-se o integrando da Eq. (6.21) por um polinômio de grau no máximo 1, tem-se que $n = 1$. Assim, determina-se $\ell_0(x)$ e $\ell_1(x)$, e aplica-se a Eq. (6.24), obtendo:

$$\ell_0(x) = \frac{x - b}{a - b},\ \ell_1(x) = \frac{x - a}{b - a} \qquad (6.25)$$

e

$$A_0(x) = \int_a^b \frac{x-b}{a-b} dx = \frac{1}{2}(b-a) = A_1(x) = \int_a^b \frac{x-a}{b-a} dx = \frac{1}{2}(b-a) \quad (6.26)$$

Portanto, chega-se finalmente a:

$$I = \int_a^b f(x)\, dx \cong \frac{b-a}{2}\{f(a) + f(b)\} \quad (6.27)$$

que é a conhecida regra do trapézio.

Fórmulas obtidas para casos específicos como a Eq. (6.27) são conhecidas de uma maneira geral como regras de **quadratura**.

A regra do trapézio é exata para polinômios de grau no máximo 1 *(n = 1)*, i.e., retas. Para quaisquer funções de outra natureza, haverá um erro associado ao cálculo numérico da integral definida representada pela Eq. (6.21) utilizando a regra do trapézio. O erro cometido pode ser avaliado utilizando a metodologia para estimar o erro cometido na interpolação polinomial apresentada no teorema 5.2, por meio da Eq. (5.27), repetida a seguir para maior clareza no entendimento:

$$f(x) - p(x) = \frac{1}{(n+1)!} f^{(n+1)}(\xi_x) \prod_{i=0}^{n} (x - x_i) \quad (5.27)$$

Exemplo 6.5) Qual o erro cometido ao integrar numericamente uma função qualquer utilizando a regra do trapézio?

Solução

i) O erro cometido na integração numérica por polinômio interpolador é estimado por:

$$ERRO = \int_a^b f(x)\, dx - \int_a^b p_n(x)\, dx = \frac{1}{(n+1)!} \int_a^b f^{(n+1)}(\xi_x) \prod_{i=0}^{n} (x - x_i)\, dx$$

ii) Para $n = 1$, no caso da regra do trapézio:

$$ERRO = \frac{1}{2}\int_a^b f''(\xi_x)\ (x-a)\ (x-b)\ dx$$

iii) Usando o teorema do valor médio (TVM) para integrais:

$ERRO = \frac{1}{2} f''(c) \int_a^b \left(x^2 - bx - ax + ab\right) dx$, em que c é um ponto entre a e b.

$$ERRO = \frac{1}{2} f''(c) \left\{ \frac{x^3}{3}\Bigg|_a^b - b\frac{x^2}{2}\Bigg|_a^b - a\frac{x^2}{2}\Bigg|_a^b + ab\,x\Big|_a^b \right\}$$

$$ERRO = -\frac{1}{12} f''(c)\left(b^3 - a^3 + 3a^2b - 3ab^2\right) = -\frac{1}{12} f''(c)(b-a)^3$$

iv) Tomando o intervalo de integração como $h = b - a$, a regra do trapézio apresenta:

$$ERRO = O\left(h^3\right) \quad \blacksquare$$

Como fazer, portanto, o processo de integração numérica pela regra do trapézio mais preciso? Verifica-se que, para $h < 1$, segundo a resposta do exemplo 6.5 que, reduzindo o intervalo de integração h, o ERRO é reduzido. Portanto, a resposta a essa pergunta é a utilização de uma regra composta do trapézio, que consiste na divisão do intervalo original $[a,b]$ em intervalos menores h. Essa visão torna-se mais clara analisando a interpretação geométrica da regra composta do trapézio mostrada na Fig. 6.2.

A interpretação geométrica do resultado da integral dada pela Eq. (6.21) é a área da região delimitada pela curva $f(x)$ e o eixo x dentro do intervalo $[a,b]$. Observa-se que, ao integrar $f(x)$ pela Eq. (6.27) que representa a regra do trapézio no intervalo $[a,b]$, geometricamente de fato está-se calculando a área do trapézio definido por a, $f(a)$, $f(b)$, b

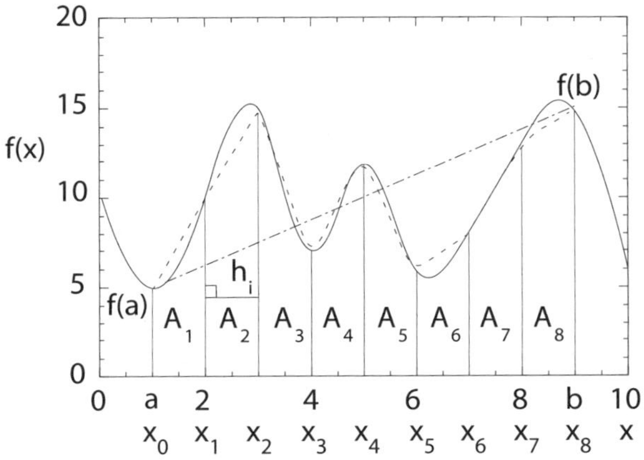

Figura 6.2 Interpretação gráfica da regra composta do trapézio.

na Fig. 6.2. Portanto, fica evidente que o ERRO nesse caso será grande, pois a regra do trapézio por utilizar um polinômio de grau ≤ 1 (linear), representado pela linha tracejada que une *f(a)* a *f(b)* na Fig. 6.2, não aproxima adequadamente o comportamento de *f(x)*, que é bastante não linear nesse caso. Fica também evidente pela Fig. 6.2 que, ao dividir-se o intervalo $[a,b]$ em intervalos menores e aplicando-se a Eq. (6.27) a cada intervalo $h_i = x_{i+1} - x_i$ para $(0 \leq i \leq n-1)$, para os $n+1$ pontos considerados, e somando esses resultados, o ERRO, representado pelo espaço entre as linhas tracejadas e *f(x)* em cada intervalo, será menor do que ao considerar o intervalo $[a,b]$ inteiramente como antes. Note que os intervalos h_i não necessitam ser iguais. No caso da Fig. 6.2, observa-se que $n = 8$. Portanto, a área abaixo de *f(x)* está dividida em 8 trapézios, que devem ter suas áreas somadas para produzir o resultado final que aproxima a integral da Eq. (6.21), i.e.,

$$I = \int_a^b f(x)\ dx \cong \sum_{i=1}^{8} A_i$$

no caso da Fig. 6.2. Essa é a chamada **regra do trapézio composta**.

Matematicamente, para representar a regra do trapézio composta, baseado na Fig. 6.2, escreve-se:

$$I=\int_a^b f(x)\ dx=\sum_{i=0}^{n-1}\int_{x}^{x_{i+1}} f(x)\ \mathrm{dx}\cong\sum_{i=0}^{n-1}\frac{1}{2}(x_{i+1}-x_i)\left[f(x_i)+f(x_{i+1})\right] \qquad (6.28)$$

em que $x_{i+1}-x_i=h=\dfrac{b-a}{n}$, i.e., uma constante no caso de um intervalo dividido igualmente, i.e., com espaçamento uniforme.

No caso da regra composta do trapézio, observa-se que $ERRO=O\left(h^2\right)$ (problema 6.4).

Método dos coeficientes indeterminados

No caso da derivação da regra do trapézio, foi feito o cálculo dos coeficientes A_i da Eq. (6.24) fazendo-se a integração do polinômio de grau ≤ 1 no intervalo $[a,b]$. No entanto, é possível obter esses coeficientes A_i de forma alternativa, sem efetuar essa integração, a fim de derivar regras de integração numérica que aproximem *f(x)* por polinômios de grau > 1, por exemplo? A resposta é sim. De fato, se $f(x)=p_n(x)$, escreve-se:

$$I=\int_a^b f(x)\ dx=\int_a^b p_n(x)\,dx=\sum_{i=0}^{n}A_i p_n(x_i) \qquad (6.29)$$

Portanto, monta-se um sistema de $n+1$ equações lineares usando $p_n(x)$, cuja solução consiste nos coeficientes A_i, conforme a seguir:

$$\int_a^b p_n(x)\,dx=A_0p_n(x_0)+A_1p_n(x_1)+\cdots+A_np_n(x_n) \qquad (6.30)$$

Para nós igualmente espaçados, i.e., com o procedimento de Newton-Cotes, obtém-se:

$$\int_a^b p_n(x)\,dx=A_0p_n(a)+A_1p_n\left(\frac{b-a}{n}\right)+\cdots+A_np_n(b) \qquad (6.31)$$

Propõe-se uma mudança de variáveis tal que seja possível obter uma fórmula geral para qualquer intervalo $[a,b]$, i.e.:

$$\tilde{x} = \frac{x-a}{b-a} \quad \text{e} \quad d\tilde{x} = \frac{dx}{b-a} \tag{6.32}$$

Assim, para uma função *f(x)* qualquer, pode-se escrever:

$$I = \int_a^b f(x)\,dx = (b-a)\int_0^1 f(\tilde{x})\;d\tilde{x} \cong (b-a)\int_0^1 p_n(\tilde{x})\,d\tilde{x} \tag{6.33}$$

Portanto, usando os polinômios da base de Vandermonde apresentada no Capítulo 5, i.e., $1, \tilde{x}, \tilde{x}^2, \ldots, \tilde{x}^n$, para representar os polinômios de grau $\leq n$, bem como a Eq. (6.31), para determinar

$\int_0^1 p_n(\tilde{x})\;d\tilde{x}$, escreve-se:

$$\left.\frac{\tilde{x}^{i+1}}{i+1}\right|_0^1 = A_0 p_i(0) + A_1 p_i\left(\frac{1}{n}\right) + \cdots + A_n p_i(1) \qquad (0 \leq i \leq n) \tag{6.34}$$

A Eq. (6.34) é, portanto, o sistema de equações lineares a ser resolvido para as $n+1$ incógnitas A_i tal que $(0 \leq i \leq n)$.

Exemplo 6.6) Determine os coeficientes A_i para uma regra de integração numérica pela fórmula de Newton-Cotes, que integre exatamente polinômios de grau ≤ 2 em um intervalo qualquer $x \in [a,b]$.

Solução

i) Para $n = 2$, fazendo uma mudança de variáveis conforme sugerido pela Eq. (6.32) e usando a Eq. (6.34), obtém-se um sistema de equações lineares de 3 equações e 3 incógnitas:

$$\begin{cases} 1 = A_0 + A_1 + A_2 \\ \dfrac{1}{2} = \dfrac{1}{2} A_1 + A_2 \\ \dfrac{1}{3} = \dfrac{1}{4} A_1 + A_2 \end{cases}$$

ii) A solução do sistema é $A_0 = \dfrac{1}{6}; A_1 = \dfrac{2}{3}; A_2 = \dfrac{1}{6}$.

iii) Finalmente, usando a Eq. (6.33), obtém-se a fórmula de integração por polinômios interpoladores que utiliza polinômios de grau ≤ 2, notando que $f(x = a) = f(\tilde{x} = 0)$,

$f\left(x = \dfrac{a+b}{2}\right) = f\left(\tilde{x} = \dfrac{1}{2}\right)$, e $f(x = b) = f(\tilde{x} = 1)$, como se segue:

$$I = \int_a^b f(x)\ dx \cong \frac{b-a}{6} f(a) + \frac{2(b-a)}{3} f\left(\frac{a+b}{2}\right) + \frac{b-a}{6} f(b)$$

ou ainda:

$$I = \int_a^b f(x)\ dx \cong \frac{b-a}{6}\left\{ f(a) + 4f\left(\frac{a+b}{2}\right) + f(b)\right\} \qquad (6.35)$$

a qual recebe a denominação de **regra de Simpson**, que é o assunto da próxima seção. ■

Regra de Simpson

Pelo exemplo 6.6, observa-se que a regra de Simpson representada pela Eq. (6.35) foi deduzida de forma a integrar exatamente polinômios de grau ≤ 2. No entanto, verifica-se que de fato a regra de Simpson integra exatamente polinômios de grau ≤ 3.

TEOREMA 6.1

A regra de Simpson integra exatamente polinômios de grau ≤ 3.

Prova:

i) Considere a integração exata do polinômio genérico de grau ≤ 3 no intervalo $[a,b]$ a seguir:

$$I = \int_a^b \left(c_0 + c_1 x + c_2 x^2 + c_3 x^3\right)\, dx = c_0\, x\Big|_a^b + c_1 \frac{x^2}{2}\Bigg|_a^b + c_2 \frac{x^3}{3}\Bigg|_a^b + c_3 \frac{x^4}{4}\Bigg|_a^b$$

$$I = c_0(b-a) + c_1\frac{\left(b^2-a^2\right)}{2} + c_2\frac{\left(b^3-a^3\right)}{3} + c_3\frac{\left(b^4-a^4\right)}{4}$$

ii) Calculando agora a mesma integral usando a regra de Simpson formulada pela Eq. (6.35), obtém-se:

$$I = \frac{b-a}{6}\left\{c_0 + c_1 a + c_2 a^2 + c_3 a^3 + 4\left[c_0 + c_1\frac{a+b}{2} + c_2\frac{(a+b)^2}{4} + c_3\frac{(a+b)^3}{8}\right]\right.$$
$$\left. + c_0 + c_1 b + c_2 b^2 + c_3 b^3\right\}$$

$$I = \frac{b-a}{6}6c_0 + \frac{b-a}{6}c_1[a+2a+2b+b] + \frac{b-a}{6}c_2\left[a^2 + (a+b)^2 + b^2\right]$$
$$+\frac{b-a}{6}c_3\left[a^3 + \frac{(a+b)^3}{2} + b^3\right]$$

que após simplificações algébricas leva a:

$$I = c_0(b-a) + c_1\frac{\left(b^2-a^2\right)}{2} + c_2\frac{\left(b^3-a^3\right)}{3} + c_3\frac{\left(b^4-a^4\right)}{4}$$

que é o mesmo resultado obtido pela integração exata do polinômio genérico de grau ≤ 3. ■

Exemplo 6.7) Qual o erro cometido ao integrar numericamente uma função qualquer utilizando a regra de Simpson?

Solução

i) Fazendo $h = \dfrac{b-a}{2}$, a Eq. (6.35) é reescrita como:

$$\int_{a}^{a+2h} f(x)\,dx \cong \frac{h}{3}\{f(a)+4f(a+h)+f(a+2h)\} \tag{6.36}$$

ii) Usando o teorema de Taylor para representar $f(a+h)$ e $f(a+2h)$ na Eq. (6.36), obtém-se:

$$\int_{a}^{a+2h} f(x)\;dx \cong 2h\,f(a)+2h^2 f'(a)+\frac{4}{3}h^3 f''(a)$$
$$+\frac{2}{3}h^4 f'''(a)+\frac{20}{3\cdot 4!}h^5 f^{IV}(a)+\cdots \tag{6.37}$$

iii) Agora, definindo $F(x)=\int_{a}^{x} f(t)dt$, a integral exata é representada por $F(a+2h)$, e usando uma série de Taylor em torno de a, obtém-se:

$$F(a+2h)=F(a)+2h\;F'(a)+2h^2F''(a)$$
$$+\frac{4}{3}h^3F'''(a)+\frac{2}{3}h^4F^{IV}(a)+\frac{32}{5!}h^5F^{V}(a)+\cdots$$

iv) Note que $F(a) = \int_a^a f(t)\,dt = 0$ e reconhecendo que $F' = f$, chega-se a:

$$F(a+2h) = 2h\,\mathrm{f}(a) + 2h^2 f'(a) + \frac{4}{3}h^3 f''(a) + \frac{4}{3}h^3 f''(a) + \frac{2}{3}h^4 f'''(a) + \frac{32}{5!}h^5 f^{IV}(a) + \cdots \qquad (6.38)$$

v) Portanto, o erro cometido ao integrar uma função *f(x)* qualquer usando a regra de Simpson é dado pela diferença entre o valor exato para $F(a+2h)$ dado pela Eq. (6.38) e o valor aproximado obtido pela Eq. (6.37), chegando a:

$$ERRO = \frac{32}{5\cdot 4!}h^5 f^{IV}(a) - \frac{20}{3\cdot 4!}h^5 f^{IV}(a)\cdots = -\frac{1}{90}h^5 f^{IV}(\xi) = O(h^5) \qquad (6.38)$$

para algum $\xi \in (a,b)$. ■

A solução do exemplo 6.7 permite concluir que a regra de Simpson integra exatamente polinômios de grau ≤ 3, sem a necessidade de fazer a demonstração do Teorema 6.1. Para tanto, note que o ERRO é proporcional a $f^{IV}(\xi)$, e como $f^{IV}(\xi) = 0$ para qualquer polinômio de grau ≤ 3, o ERRO é nulo nesse caso.

O processo de integração numérica pela regra de Simpson também pode ser conduzido com aumento de precisão via utilização de uma **regra composta de Simpson**, que consiste na divisão do intervalo original $[a,b]$ em intervalos menores h_i $(1 \leq \mathrm{i} \leq \mathrm{n})$. Essa visão torna-se mais clara interpretando geometricamente a regra composta de Simpson de forma análoga ao que foi feito para a regra composta do trapézio mostrada na Fig. 6.2.

Quando um número par de subintervalos é utilizado, i.e., *n* é um número par, definem-se $x_i = a + ih, h = (b-a)/n$ para $(0 \leq i \leq n)$. Portanto:

$$I=\int_a^b f(x)\ dx=\int_{x_0}^{x_2} f(x)\ \mathrm{dx}+\int_{x_2}^{x_4} f(x)\ \mathrm{dx}+$$

$$\cdots+\int_{x_{n-2}}^{x_n} f(x)\ \mathrm{dx}=\sum_{i=1}^{n/2}\int_{x_{2i-2}}^{x_{2i}} f(x)\ \mathrm{dx} \qquad (6.39)$$

Aplicando a regra de Simpson dada pela Eq. (6.35) a cada subintervalo, obtém-se:

$$I=\int_a^b f(x)\,dx \cong \frac{h}{3}\sum_{i=1}^{n/2}\left\{f(x_{2i-2})+4f(x_{2i-1})+f(x_{2i})\right\} \qquad (6.40)$$

No entanto, para evitar repetição de termos e cálculos, usa-se:

$$I=\int_a^b f(x)dx \cong \frac{h}{3}\left\{f(x_0)+2\sum_{i=2}^{n/2} f(x_{2i-2})+4\sum_{i=1}^{n/2} f(x_{2i-1})+f(x_n)\right\} \qquad (6.41)$$

É possível demonstrar (problema 6.5) que o termo de erro para essa fórmula é dado por:

$$ERRO=-\frac{1}{180}h^4 f^{IV}(\xi)=O(h^4) \qquad (6.42)$$

para algum $\xi \in (a,b)$. ■

Exemplo 6.8) Represente graficamente a curva normal padrão e, utilizando a regra de composta de Simpson com $n = 100$ (100 intervalos), represente graficamente as áreas delimitadas por ela para $(-\infty \leq x)$, i.e.,

$$erf(x)=\frac{1}{\sqrt{2\pi}}\int_{-\infty}^{\infty} e^{-\frac{x^2}{2}}\quad dx$$

Assuma que $(-5 \le x \le 5)$ cobre aproximadamente todo o intervalo e emita uma opinião se isso é uma boa aproximação ou não.

Solução

Utilizando a teoria apresentada e um programa computacional (disponível no site: www.manoleeducacao.com.br/calculonumericoaplicado), obtém-se o resultado mostrado na Fig. 6.3.

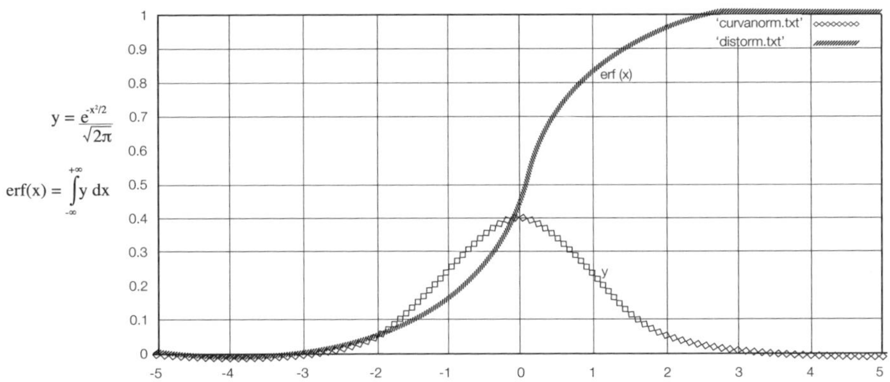

Figura 6.3 Curva e distribuição normal obtidas com *n = 100* usando a regra composta de Simpson.

O intervalo $(-5 \le x \le 5)$ é uma boa aproximação para o intervalo $(-\infty \le x \le \infty)$, pois verifica-se visualmente na Fig. 6.3 que a curva normal tem valores aproximadamente nulos para $x \le -3$ e $x \ge 3$. ■

Fórmula geral de integração numérica

O problema formulado matematicamente pela Eq. (6.21) pode ser aproximadamente resolvido com as várias fórmulas apresentadas até o momento neste capítulo e outras ainda não apresentadas. De uma maneira genérica, é possível representar todas as fórmulas de integração numérica (quadraturas) apresentadas até aqui como se segue:

$$I = \int_a^b f(x)\,dx = \sum_{k=1}^{n_{\text{int}}} f(\hat{x}_k)W_k + R \cong \sum_{k=1}^{n_{\text{int}}} f(\hat{x}_k)W_k \qquad (6.43)$$

em que n_{int} é número de pontos de integração (quadratura), $\hat{x}_k$ é a coordenada do k-ésimo ponto de integração, W_k é o peso do k-ésimo ponto de integração e R é o erro do processo. A seguir, inicia-se a discussão com as regras do trapézio e a de Simpson.

a) Regra do trapézio

$$\begin{cases} n_{\text{int}} = 2 \\ \hat{x}_1 = a \\ \hat{x}_2 = b \\ W_k = 1, \quad \text{k} = 1,2 \\ \text{R} = -\dfrac{1}{12} f''(\zeta)(b-a)^3 \end{cases} \qquad (6.44)$$

em que $\zeta \in (a,b)$.

b) Regra de Simpson

$$\left\{\begin{array}{c} n_{\text{int}} = 3 \\ \hat{x}_1 = a \\ \hat{x}_2 = \dfrac{a+b}{2} \\ \hat{x}_3 = b \\ W_l = W_3 = \dfrac{1}{3} \\ W_2 = \dfrac{4}{3} \\ R = -\dfrac{1}{90}\left(\dfrac{b-a}{2}\right)^5 f^{IV}(\zeta) \end{array}\right. \tag{6.45}$$

em que $\zeta \in (a,b)$.

Embora as regras do trapézio e de Simpson sejam largamente usadas, elas não são as mais eficientes, pois há regras de integração que são igualmente precisas, mas podem usar menos pontos de integração. Na prática, essa característica é muito útil, uma vez que reduzem largamente o custo computacional. A seguir, apresenta-se a quadratura gaussiana, que é talvez a regra mais popular para integração numérica, e que foi adotada pelo método numérico mais difundido comercialmente no mundo, inicialmente para análise estrutural e, posteriormente, estendido para dinâmica dos fluidos, bem como para transferência de calor e massa, i.e., o método de elementos finitos (MEF) (Zienckiewcz e Taylor, 1989).

c) Regras de quadratura gaussiana

Sem perda de generalidade, e para maior simplicidade na apresentação da metodologia de derivação da quadratura gaussiana, propõe-se uma mudança de variáveis, que é utilizada para mapear o domínio global (original) $x \in [a,b]$ em um domínio local (lógico) $\xi \in [-1,1]$ (Hughes, 1987; Zienckiewcz e Taylor, 1989). O mapeamento é descrito por:

$$\xi(x) = c_1 + c_2 x \quad \Rightarrow \begin{cases} -1 = c_1 + a\, c_2 \\ 1 = c_1 + b\, c_2 \end{cases} \tag{6.46}$$

Portanto, a solução é $c_1 = 1 - \dfrac{2b}{b-a}$ e $c_2 = \dfrac{2}{b-a}$. Assim obtém-se:

$$\xi(x) = \frac{2x - a - b}{h} \tag{6.47}$$

em que $h = b - a$, ou

$$x(\xi) = \frac{h\,\xi + a + b}{2} \tag{6.48}$$

Após a mudança de variáveis, a Eq. (6.43) é reescrita da seguinte maneira:

$$\begin{aligned} I = \int_a^b f(x)\, dx = \frac{b-a}{2}\int_{-1}^{1} f(\xi)\, d\xi = \frac{b-a}{2}\sum_{k=1}^{n_{\text{int}}} f\left(\hat{\xi}_k\right) W_k \\ + R \cong \frac{b-a}{2}\sum_{k=1}^{n_{\text{int}}} f\left(\hat{\xi}_k\right) W_k \end{aligned} \tag{6.49}$$

Em uma dimensão, as regras de quadratura de Gauss apresentam precisão máxima, i.e., elas são capazes de integrar exatamente polinômios de grau $\leq 2n_{\text{int}} - 1$, usando n_{int} pontos de integração. A ideia, que foi concebida por Carl Friedrich Gauss (1777-1855), é usar a variabilidade dos nós escolhidos para forçar a fórmula de quadratura da Eq. (6.49) a ser exata para todos os polinômios de grau $\leq 2n_{\text{int}} - 1$.

A teoria é inteiramente discutida no trabalho de Stroud e Secrest (1966). Como ilustração da derivação das fórmulas de quadratura gaussiana, deriva-se a fórmula de quadratura gaussiana para $n_{int} = 2$ conforme se segue.

Deseja-se uma regra envolvendo dois pontos de integração que seja exata para um polinômio cúbico genérico, i.e., de grau $\leq 2n_{int} - 1$. Para tanto, considera-se o polinômio genérico $p_3(\xi) = a_3\xi^3 + a_2\xi^2 + a_1\xi + a_0$, i.e., com os coeficientes arbitrários a_i para $(0 \leq i \leq 3)$ e assume-se que os pontos de integração são igualmente ponderados e simetricamente espaçados, i.e., $W_1 = W_2$ e $\hat{\xi}_1 = -\hat{\xi}_2$, respectivamente.

A integral exata é dada por:

$$I = \int_{-1}^{1} p_3(\xi)d\xi = 2a_0 + \frac{2}{3}a_2$$

que deve ser igualada a:

$$\sum_{k=1}^{2} f\left(\hat{\xi}_k\right)W_k = 2W_2\left(a_0 + a_2\hat{\xi}_2^2\right)$$

Assim, como a igualdade deve ser verdadeira para $\forall a_0, a_2$, disso resulta que

$$W_2 = 1 \text{ e } \hat{\xi}_2 = \frac{1}{\sqrt{3}}, \text{ portanto, } W_1 = 1 \text{ e } \hat{\xi}_1 = -\frac{1}{\sqrt{3}}.$$

É possível derivar todas as regras de quadratura gaussiana por procedimentos análogos ao que foi usado para a regra de dois pontos de integração. A seguir, enunciam-se as 3 primeiras regras gaussianas.

1) $n_{int} = 1$

$$\left\{ \begin{array}{l} \hat{\xi}_1 = 0 \\ W_l = 2 \\ R = \dfrac{f''(\overline{\xi})}{3} \end{array} \right. \tag{6.50}$$

2) $n_{\text{int}} = 2$

$$\begin{cases} \hat{\xi}_1 = -\dfrac{1}{\sqrt{3}} \\ \hat{\xi}_2 = \dfrac{1}{\sqrt{3}} \\ W_1 = W_2 = 1 \\ R = \dfrac{f^{IV}\left(\bar{\xi}\right)}{135} \end{cases} \tag{6.51}$$

3) $n_{\text{int}} = 3$

$$\begin{cases} \hat{\xi}_1 = -\sqrt{\dfrac{3}{5}} \\ \hat{\xi}_2 = 0 \\ \hat{\xi}_3 = \sqrt{\dfrac{3}{5}} \\ W_1 = W_3 = \dfrac{5}{9} \\ W_2 = \dfrac{8}{9} \\ R = \dfrac{f^{VI}\left(\bar{\xi}\right)}{15750} \end{cases} \tag{6.52}$$

em que $\bar{\xi} \in \left(-1,1\right)$.

TEOREMA 6.2

Seja o erro de uma regra de quadratura gaussiana como a seguir:

$$I = \int_{-1}^{1} f\left(\xi\right) d\xi = \sum_{i=1}^{n_{\text{int}}} f\left(\hat{\xi}_i\right) W_i + R \tag{6.53}$$

Para $f \in C^{2n_{\text{int}}}[-1,1]$, obtém-se:

$$R = \frac{f^{(2n_{\text{int}})}(\zeta)}{(2n_{\text{int}})!}\int_{-1}^{1} q^2(\xi)\, d\xi \tag{6.54}$$

em que $-1<\zeta<1$ e $q(\xi)=\prod_{i=1}^{n_{\text{int}}}\left(\xi-\hat{\xi}_i\right)$.

Prova:

i) Pela interpolação de Hermite apresentada no Capítulo 5, $\exists$p de grau $\leq 2n_{\text{int}}-1$ tal que:

$$p\left(\hat{\xi}_i\right)=f\left(\hat{\xi}_i\right);\ p'\left(\hat{\xi}_i\right)=f'\left(\hat{\xi}_i\right) \qquad \left(1\leq i\leq n_{\text{int}}\right)$$

ii) O erro dessa interpolação é:

$$f(\xi)-p(\xi)=\frac{f^{(2n_{\text{int}})}(z(\xi))q^2(\xi)}{(2n_{\text{int}})!} \tag{6.55}$$

iii) Portanto:

$$\int_{-1}^{1} f(\xi)\, d\xi-\int_{-1}^{1} p(\xi)\, d\xi=\frac{1}{(2n_{\text{int}})\,!}\int_{-1}^{1} f^{(2n_{\text{int}})}(z(\xi))q^2(\xi)\, d\xi \tag{6.56}$$

iv) Como p é de grau $\leq 2n_{\text{int}}-1$, obtém-se:

$$\int_{-1}^{1} p(\xi)\, d\xi=\sum_{i=1}^{n_{\text{int}}} p\left(\hat{\xi}_i\right)W_i=\sum_{i=1}^{n_{\text{int}}} f\left(\hat{\xi}_i\right)W_i \tag{6.57}$$

v) Pelo teorema do valor médio por integrais, escreve-se:

$$\int_{-1}^{1} f^{(2n_{\text{int}})}\left(z(\xi)\right)q^2(\xi)\ d\xi = f^{(2n_{\text{int}})}(\zeta)\int_{-1}^{1} q^2(\xi)\ d\xi \quad (6.58)$$

em que se reconhece a continuidade de $f^{(2n_{\text{int}})}\left(z(\xi)\right)$ a partir da Eq. (6.55).

vi) Finalmente, substituindo a Eq. (6.58) na Eq. (6.56), chega-se ao termo de erro da Eq. (6.54). ■

Integração numérica em várias dimensões

Uma vez que as fórmulas de integração numérica em uma dimensão apresentadas neste capítulo podem ser genericamente representadas pelas Eqs. (6.43) ou (6.49), a partir desse ponto, ilustra-se com a quadratura gaussiana o tratamento a ser empregado para a integração numérica em várias dimensões. Para tanto, utilizam-se as regras de quadratura de uma dimensão para cada coordenada separadamente. Em duas dimensões, o resultado é representado por:

$$I = \int_{c}^{d}\int_{a}^{b} f(x,y)\ dx\,dy = \frac{d-c}{2}\frac{b-a}{2}\int_{-1}^{1}\int_{-1}^{1} f(\xi,\eta)\ d\xi d\eta \quad (6.59)$$

em que:

$$\int_{-1}^{1}\int_{-1}^{1} f(\xi,\eta)\ d\xi d\eta \cong \int_{-1}^{1}\left\{\sum_{k^{(1)}=1}^{n_{\text{int}}^{(1)}} f\left(\hat{\xi}_{k^{(1)}}^{(1)},\eta\right)W_{k^{(1)}}^{(1)}\right\}$$

$$d\eta \cong \sum_{k^{(1)}=1}^{n_{\text{int}}^{(1)}}\sum_{k^{(2)}=1}^{n_{\text{int}}^{(2)}} f\left(\hat{\xi}_{k^{(1)}}^{(1)},\eta_{k^{(2)}}^{(2)}\right)W_{k^{(1)}}^{(2)}W_{k^{(2)}}^{(2)} \quad (6.60)$$

Na Eq. (6.60), os superescritos (1) e (2) referem-se às direções 1 e 2, respectivamente.

Exemplo 6.9) Obtenha a regra de quadratura gaussiana de dois pontos de integração em cada direção para calcular

$$I = \int_{-1}^{1} \int_{-1}^{1} f(\xi,\eta)\ d\xi d\eta.$$

Solução

Aplicando as Eqs. (6.51) e (6.60), obtém-se o seguinte resultado:

$$\begin{gathered} I = \int_{-1}^{1} \int_{-1}^{1} f(\xi,\eta)\ d\xi d\eta \cong f\left(-\frac{1}{\sqrt{3}},-\frac{1}{\sqrt{3}}\right) \\ +f\left(\frac{1}{\sqrt{3}},-\frac{1}{\sqrt{3}}\right)+f\left(\frac{1}{\sqrt{3}},\frac{1}{\sqrt{3}}\right)+f\left(-\frac{1}{\sqrt{3}},\frac{1}{\sqrt{3}}\right) \end{gathered} \tag{6.61}$$

A essa altura, é importante verificar por meio da Eq. (6.60) que é possível tabular regras multidimensionais em termos de um único índice, de modo que, em vez da Eq. (6.60), pode-se usar:

$$\int_{-1}^{1} \int_{-1}^{1} f(\xi,\eta)\ d\xi d\eta \cong \sum_{k=1}^{n_{\text{int}}} f\left(\hat{\xi}_k,\eta_k\right) W_k \tag{6.62}$$

notando que a Eq. (6.60) permite que se escreva:

$$n_{\text{int}} = n_{\text{int}}^{(1)} n_{\text{int}}^{(2)},\ \hat{\xi}_k = \xi_{k^{(1)}}^{(1)},\ \hat{\eta}_k = \hat{\eta}_{k^{(2)}}^{(2)},\ W_k = W_{k^{(1)}}^{(1)} W_{k^{(2)}}^{(2)} \quad \left(1 \le k \le n_{\text{int}}\right) \tag{6.63}$$

A partir da Eq. (6.63), constrói-se a Tabela 6.1 para a regra de dois pontos de integração em cada direção, para obter a relação entre o índice geral e os índices de cada direção.

Com auxílio da Tabela 6.1, a fórmula da regra gaussiana de dois pontos é obtida como a seguir:

$$n_{\text{int}} = 2 \cdot 2 = 4\,,\ \hat{\xi}_1 = -\frac{1}{\sqrt{3}}\,,\ \hat{\xi}_2 = \frac{1}{\sqrt{3}}\,,\ \hat{\xi}_3 = \frac{1}{\sqrt{3}}\,,\ \hat{\xi}_4 = -\frac{1}{\sqrt{3}} \tag{6.64}$$

$$\hat{\eta}_1 = -\frac{1}{\sqrt{3}}\,,\ \hat{\eta}_2 = -\frac{1}{\sqrt{3}}\,,\ \hat{\eta}_3 = \frac{1}{\sqrt{3}}\,,\ \hat{\eta}_4 = \frac{1}{\sqrt{3}} \tag{6.65}$$

$$W_1 = W_2 = W_3 = W_4 = 1 \tag{6.66}$$

Por último, aplica-se a Eq. (6.62), o que leva a obter o mesmo resultado da Eq. (6.61). ■

Tabela 6.1 Relação entre índice geral e índices de cada direção na regra de quadratura gaussiana de dois pontos em cada direção.

k	$k^{(1)}$	$k^{(2)}$
1	1	1
2	2	1
3	2	2
4	1	2

Uma tabela semelhante à Tabela 6.1 poderia ser construída para auxiliar a obtenção da regra gaussiana de três pontos em cada direção (problema 6.6), bem como para maior número de pontos. É possível visualizar graficamente as localizações dos pontos da quadratura para as regras gaussianas bidimensionais 1×1, 2×2, e 3×3. A Fig. 6.4 mostra essa visão.

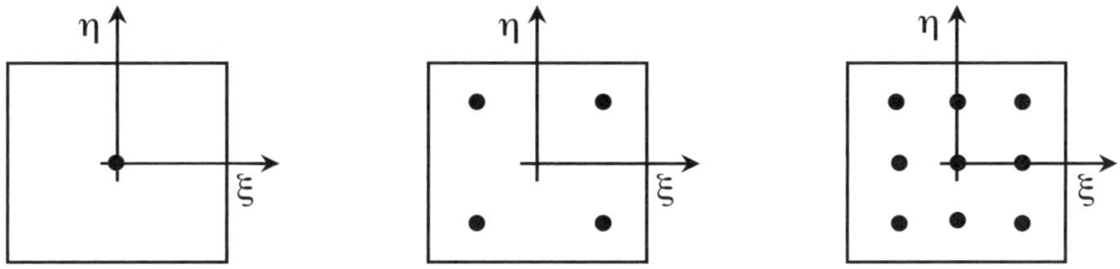

Figura 6.4 Visualização gráfica dos pontos da quadratura para as regras gaussianas bidimensionais 1×1, 2×2, e 3×3.

De maneira análoga ao que foi feito para a derivação da regra bidimensional, deriva-se a forma das regras gaussianas em três dimensões:

$$\int_{-1}^{1}\int_{-1}^{1}\int_{-1}^{1} f(\xi,\eta,\rho)\, d\xi d\eta d\rho \cong \sum_{k^{(1)}=1}^{n_{\text{int}}^{(1)}} \sum_{k^{(2)}=1}^{n_{\text{int}}^{(2)}} \sum_{k^{(3)}=1}^{n_{\text{int}}^{(3)}} f\left(\hat{\xi}_{k^{(1)}}^{(1)},\hat{\eta}_{k^{(2)}}^{(2)},\hat{\rho}_{k^{(3)}}^{(3)}\right) W_{k^{(1)}}^{(2)} W_{k^{(2)}}^{(2)} W_{k^{(3)}}^{(3)}$$

$$= \sum_{k=1}^{n_{\text{int}}} f\left(\hat{\xi}_k,\hat{\eta}_k,\hat{\rho}_k\right) W_k \qquad (6.67)$$

Finalmente, é importante destacar que, nos casos multidimensionais, as regras de quadratura gaussiana não mais apresentam a precisão máxima obtida no caso unidimensional (Hughes, 1987).

Integração de Romberg

Qualquer cálculo recorrente baseado em um espaço fixo h é um candidato em potencial para a extrapolação de Richardson. De maneira sintética, pode-se dizer, que na integração de Romberg, a extrapolação de Richardson é aplicada sucessivamente à regra do trapézio composta, resultando em uma quadratura composta de maior exatidão.

Regra do trapézio recursiva

Seja a regra do trapézio aplicada à Eq. (6.21) usando n subintervalos $h=\frac{(b-a)}{n}$, de modo que:

$$T(n)=h\left\{\frac{1}{2}f(a)+\sum_{i=1}^{n-1}f(a+ih)+\frac{1}{2}f(a+nh)\right\} \tag{6.68}$$

Tomando o intervalo $[0,1]$ e aplicando a Eq. (6.68) para encontrar $T(1), T(2), T(4)$ e $T(8)$, obtém-se:

$$\begin{cases} T(1)=\frac{1}{2}f(0)+\frac{1}{2}f(1) \\ T(2)=\frac{1}{4}f(0)+\frac{1}{2}\left[f\left(\frac{1}{2}\right)\right]+\frac{1}{4}f(1) \\ T(4)=\frac{1}{8}f(0)+\frac{1}{4}\left[f\left(\frac{1}{4}\right)+f\left(\frac{1}{2}\right)+f\left(\frac{3}{4}\right)\right]+\frac{1}{8}f(1) \\ T(8)=\frac{1}{16}f(0)+\frac{1}{8}\left[f\left(\frac{1}{8}\right)+f\left(\frac{1}{4}\right)+f\left(\frac{3}{8}\right)+f\left(\frac{1}{2}\right)\right. \\ \qquad \left.+f\left(\frac{5}{8}\right)+f\left(\frac{3}{4}\right)+f\left(\frac{7}{8}\right)\right]+\frac{1}{16}f(1) \end{cases} \tag{6.69}$$

Verifica-se que, a partir da Eq. (6.69), para calcular $T(2n)$, pode-se usar $T(n)$ e completar os cálculos, conforme a seguir:

$$\begin{cases} T(2)=\frac{1}{2}T(1)+\frac{1}{2}f\left(\frac{1}{2}\right) \\ T(4)=\frac{1}{2}T(2)+\frac{1}{4}\left[f\left(\frac{1}{4}\right)+f\left(\frac{3}{4}\right)\right] \\ T(8)=\frac{1}{2}T(4)+\frac{1}{8}\left[f\left(\frac{1}{8}\right)+f\left(\frac{3}{8}\right)+f\left(\frac{5}{8}\right)+f\left(\frac{7}{8}\right)\right] \end{cases} \tag{6.70}$$

Generalizando para $h=\dfrac{b-a}{2n}$, para qualquer intervalo $[a,b]$, obtém-se:

$$T(2n)=\frac{1}{2}T(n)+h\left[f(a+h)+f(a+3h)+f(a+5h)+\cdots+f\left(a+(2n-1)h\right)\right]$$

e, de forma compacta:

$$T(2n)=\frac{1}{2}T(n)+h\sum_{i=1}^{n}f\left(a+(2i-1)h\right) \tag{6.71}$$

que pode ser demonstrada expressando $T(2n)$ em termos de $T(n)$, conforme é pedido no problema 6.7.

Assim, agora o cálculo de I na Eq. (6.21) pode ser aproximado por uma regra do trapézio recursiva. Havendo 2^n subintervalos uniformes, a Eq. (6.71) determina a seguinte regra recursiva:

$$T(2^n)=\frac{1}{2}T(2^{n-1})+\frac{b-a}{2^n}\sum_{i=1}^{2^{n-1}}f\left(a+(2i-1)\frac{b-a}{2^n}\right) \qquad (n\geq 1) \tag{6.72}$$

O algoritmo de Romberg denota por $R(n,0)$ a estimativa para a área I da Eq. (6.21) pela regra recursiva do trapézio com 2^n subintervalos obtida a partir da Eq. (6.72). O processo inicia-se com

$$R(0,0)=\frac{1}{2}(b-a)\left[f(a)+f(b)\right],$$

que é a regra do trapézio simples com um único intervalo. Assim, obtém-se:

$$\begin{cases} R(0,0) = \dfrac{1}{2}(b-a)\left[f(a)+f(b)\right] \\ \quad\vdots \qquad\qquad \vdots \\ R(j,0) = \dfrac{1}{2}R(j-1,0)+\dfrac{b-a}{2^j}\displaystyle\sum_{i=1}^{2^{j-1}} f\left(a+(2i-1)\dfrac{b-a}{2^j}\right) \\ \quad\vdots \qquad\qquad \vdots \\ R(M,0) = \dfrac{1}{2}R(M-1,0)+\dfrac{b-a}{2^M}\displaystyle\sum_{i=1}^{2^{M-1}} f\left(a+(2i-1)\dfrac{b-a}{2^M}\right) \end{cases} \tag{6.73}$$

As estimativas $R(0,0),\ldots,R(M,0)$ são determinadas até um valor baixo de *M*, sem avaliar a mesma função mais de uma vez. O algoritmo de Romberg propõe refinar o cálculo da integral da Eq. (6.21) obtendo novos valores $R(j,k)$, para $j \geq 1$ e $k \geq 1$, sem a necessidade de avaliar novamente o integrando *f*, após o elemento $R(M,0)$ ter sido calculado. Isso é feito por meio da seguinte relação de recorrência, que é obtida a partir da metodologia de extrapolação de Richardson:

$$R(j,k) = R(j,k-1)+\frac{1}{4^k-1}\left[R(j,k-1)-R(j-1,k-1)\right]$$

$$(j \geq 1; k \geq 1) \tag{6.74}$$

Constrói-se, portanto, a seguinte matriz triangular inferior:

$$
\begin{cases}
R(0,0) \\
R(1,0) & R(1,1) \\
R(2,0) & R(2,1) & R(2,2) \\
\vdots & \vdots & \vdots & \ddots \\
R(M,0) & R(M,1) & R(M,2) & \cdots & R(M,M)
\end{cases}
\tag{6.75}
$$

É possível demonstrar (problema 6.8) que cada coluna da matriz de Romberg dada pela Eq. (6.75) converge para a integral de f formulada pela Eq. (6.21), i.e., para cada coluna k escreve-se:

$$
\lim_{j\to\infty} R(j,k) = \int_a^b f(x)\ dx \tag{6.76}
$$

Também é possível demonstrar que $R(k,k)$ é a aproximação com $ERRO = O\left(h_k^{2k}\right)$, com $h_k = (b-a)\ 2^{-k}$ para a integral da Eq. (6.21), conforme é pedido no problema 6.9. Para tanto, sugere-se iniciar a demonstração buscando a origem da Eq. (6.74), a partir da fórmula de Euler-Maclaurin (Kincaid e Cheney, 1991) aplicada à Eq. (6.21).

6.4. PROBLEMAS PROPOSTOS

6.1) Obtenha, por meio da extrapolação de Richardson, a fórmula enunciada pela Eq. (6.20):

$$
R = \frac{16}{15}G(h/2) - \frac{1}{15}G(h) - d_2h^6/20\cdots
$$

6.2) Na extrapolação de Richardson, demonstre que, repetindo os cálculos em um algoritmo lógico, chegar-se-á a um ponto em que os resultados perderão o significado por causa da perda de algarismos significativos nas subtrações.

6.3) Pela extrapolação de Richardson, estime $R = f'(x)$, $R = f''(x)$, a partir das fórmulas originais das Eqs. (6.3) e (6.11), respectivamente, para aumentar a precisão até $O(h^{10})$.

6.4) Demonstre que o erro, ao integrar uma função pela regra composta do trapézio, é $O(h^2)$.

6.5) Demonstre que o erro, ao integrar uma função pela regra composta de Simpson, é $O(h^4)$.

6.6) Construa uma tabela semelhante à Tabela 6.1 para auxiliar a obtenção da regra da quadratura gaussiana bidimensional de três pontos em cada direção.

6.7) Demonstre a Eq. (6.71).

6.8) Demonstre que cada coluna da matriz de Romberg dada pela Eq. (6.75) converge para a integral de *f* formulada pela Eq. (6.21).

6.9) Demonstre que $R(k,k)$, calculado pela Eq. (6.74), é a aproximação com $ERRO = O(h_k^{2k})$, com $h_k = (b-a)\ 2^{-k}$ para a integral da Eq. (6.21).
6.10) Seja o processo numérico descrito por:

$$R = F(h) + \sum_{j=1}^{\infty} a_j h^j$$

Explique como a extrapolação de Richardson funcionará nesse caso.

6.11) (Kincaid e Cheney, 1991) Derive as duas fórmulas seguintes para aproximação de derivadas e mostre que ambas são $O(h^4)$ após estabelecer os seus termos de erro:

$$f'(x) \cong \frac{1}{12h}\{-f(x+2h)+8f(x+h)-8f(x-h)+f(x-2h)\}$$

$$f''(x) \cong \frac{1}{12h^2}\{-f(x+2h)+16f(x+h)-30f(x)+16f(x-h)+f(x-2h)\}$$

6.12) (Kincaid e Cheney, 1991) Mostre como usar a extrapolação de Richardson se:

$$R = F(h) + a_1 h + a_3 h^3 + a_5 h^5 + \cdots$$

6.13) (Kincaid e Cheney, 1991) Por meio da série de Taylor, derive o termo de erro para a aproximação:

$$f'(x) \cong \frac{-3f(x)+4f(x+h)-f(x+2h)}{2h}$$

6.14) Um experimento foi realizado com um líquido no interior de um calorímetro para se estipular os valores do calor específico de um dado fluido. A fim de se analisarem os dados, considerou-se um calorímetro perfeito, ou seja, aquele no qual toda a energia oferecida ao fluido tenha sido empregada para aquecê-lo, fornecendo a seguinte expressão:

$$q = mc_p \frac{dT}{dt}$$

na qual q é a potência fornecida ao fluido; m é a massa total de fluido; c_p é o calor específico (valor que se deseja obter) e dT/dt é a variação da temperatura do fluido em função do tempo. Para o experimento, conhece-se o valor da potência fornecida, bem como o da massa de fluido empregada; mede-se, a intervalos constantes de tempo, a temperatura do fluido, de modo a se avaliar dT/dt.

Temperatura (K)	300	305	311	317	323	330	338	345
Instante (s)	0	5	10	15	20	25	30	35

Avalie, a cada instante de tempo, a variação dT/dt correspondente.

6.15) Acompanhando-se a trajetória de algumas partículas, obtiveram-se os seguintes resultados, em função do tempo:

Partícula A

Instante (s)	0	10	20	30	40	50	60	70
Posição (m)	0	15	35	60	90	125	165	210

Partícula B

Instante (s)	0	10	20	30	40	50	60	70
Posição (m)	0	20	35	45	60	75	90	120

Partícula C

Instante (s)	0	10	20	30	40	50	60	70
Posição (m)	0	80	120	80	75	90	120	130

Obtenha estimativas para a velocidade e a aceleração de cada partícula para cada instante de tempo; utilize expressões para as derivadas numéricas de primeira e de segunda ordem de precisão.

6.16) Faça a estimativa da distância percorrida e da aceleração das seguintes partículas, cujas velocidades são fornecidas nas tabelas a seguir. Utilize as regras do trapézio (para integração numérica) e aproximações com segunda ordem de precisão (para a diferenciação).

Partícula A

Instante (s)	0	10	20	30	40	50	60	70
Velocidade (m/s)	0	5	8	12	17	23	30	38

Partícula B

Instante (s)	0	10	20	30	40	50	60	70
Velocidade (m/s)	0	10	20	10	5	0	-5	0

Partícula C

Instante (s)	0	10	20	30	40	50	60	70
Velocidade (m/s)	0	5	9	11	7	-1	-3	0

6.17) A coleta de dados sobre a temperatura em relação à posição, para alguns corpos de prova, apresentaram os seguintes cenários:

Corpo A

Posição (m)	0,0	0,2	0,4	0,6	0,8	1,0	1,2	1,4
Temperatura (K)	300	320	350	380	375	360	340	320

Corpo B

Posição (m)	0,0	0,1	0,2	0,3	0,4	0,5
Temperatura (K)	290	303	320	341	365	397

Corpo C

Posição (m)	0,0	0,2	0,4	0,6	0,8	1,0	1,2	1,4
Temperatura (K)	300	320	350	380	375	360	340	320

Obtenha a temperatura média para cada um dos corpos (para a integração numérica, utilize as regras do trapézio e de Simpson) e o fluxo de calor nas extremidades dos corpos (utilize funções de aproximação de primeira e de segunda ordens de precisão para a diferenciação numérica). As expressões analíticas para o cálculo da temperatura média e do fluxo de calor são, respectivamente,

$$\bar{T} = \frac{1}{L}\int_0^L T(x)\,dx \text{ e } q''\big|_x = -k\frac{dT}{dx}\bigg|_x$$

Assuma que a condutividade térmica k do material seja constante e unitária.

6.18) Dadas as expressões a seguir, realize a integração numérica por meio das regras do trapézio e de Simpson, usando 1, 2, 4 e 8 segmentos (trapézio) ou 1, 2 e 4 segmentos (Simpson 1/3, lembrando que para Simpson 1/3 sempre é necessário um ponto intermediário no segmento). Compare as soluções obtidas entre si e com a solução analítica. Utilizando os resultados obtidos pela regra do trapézio, realize a integração de Romberg (extrapolações de Richardson para a integral), quantas vezes forem possíveis.

a) $\int_0^1 sen(\pi x)dx$

b) $\int_1^9 \frac{1}{x}dx$

c) $\int_0^2 e^x dx$

d) $\int_2^{10} \left(x^{10} - 8x^5 + 5\right)dx$

6.19) Repita o exercício anterior, empregando fórmulas de quadratura de dois pontos. Divida a região de integração em 1, 2, 4 e 8 segmentos. Compare seus resultados com os dos métodos do trapézio e os da solução analítica.

6.20) Considere a seguinte tabela de dados:

x	0,2	0,4	0,6	0,8	1,0
F(x)	1,2214	1,4918	1,8221	2,2255	2,7183

a) Obtenha aproximações de primeira e de segunda ordens de precisão para estimar $f'(0,4)$. Repita o procedimento, mas apenas com aproximações de segunda ordem, para estimar $f''(0,4)$. Compare os resultados com o valor verdadeiro, $f'(0,4) = f''(0,4) = e^{0,4}$.

b) Realize os mesmos procedimentos do item anterior, mas para estimar $f'(0,6)$ e $f''(0,6)$. Compare seus resultados com o valor verdadeiro, $f'(0,6) = f''(0,6) = e^{0,6}$.

6.21) (Kincaid e Cheney, 1991) Encontre uma fórmula do tipo

$$\int_0^1 x\, \mathrm{f}(\mathrm{x})dx \cong \sum_{i=0}^{n} A_i f(x_i) \text{ com } n = 1$$

que seja exata para todos os polinômios de grau 3. A seguir, repita a análise com $n = 2$, fazendo a fórmula ser exata para polinômios de grau 5.

6.22) (Kincaid e Cheney, 1991) Qual o valor de α para a fórmula

$$\int_0^2 \mathrm{f}(\mathrm{x})dx \cong f(\alpha) + f(2-\alpha)$$

ser exata para todos os polinômios de grau 3?

6.23) (Kincaid e Cheney, 1991) Mostre como a regra de quadratura gaussiana

$$\int_{-1}^{1} \mathrm{f}(\mathrm{x})dx \cong \frac{5}{9} f\left(-\sqrt{\frac{3}{5}}\right) + \frac{8}{9} f(0) + \frac{5}{9} f\left(\sqrt{\frac{3}{5}}\right)$$

pode ser usada para avaliar $\int_a^b f(x)dx$. Após isso, use essa metodologia para avaliar:

a) $\int_0^{\pi/2} x\,dx$

b) $\int_0^4 \frac{sen\ t}{t} dt$.

6.24) (Kincaid e Cheney, 1991) No algoritmo de Romberg, *R(n, 0)* é uma estimativa de

$$\int_0^1 f(x)dx$$

usando a regra do trapézio com 2^n subintervalos. Quantas avaliações de *f(x)* são necessárias para calcular *R(i,j)* para $0 \leq i \leq N$ e $0 \leq j \leq N$?

6.25) (Kincaid e Cheney, 1991) No algoritmo de Romberg, os elementos da segunda coluna satisfazem a equação

$$R(i,1) = I + C_4 h_i^4 + C_6 h_i^6 + \cdots, \text{ em que } I = \int_a^b f(x)dx \text{ e } h_i = \frac{b-a}{2^i}.$$

Derive uma fórmula para calcular os elementos na terceira coluna e o primeiro termo de sua série de erro.

6.26) Calcule numericamente, por meio da regra de Simpson, a seguinte integral definida, utilizando 8 divisões no intervalo de integração:

$$I = \int_1^9 e^{-x^2} sen(x)\ dx$$

Projetos

6.1) A probabilidade de ocorrência de uma determinada velocidade de vento é obtida pela distribuição de Weibull (Hodge, 2010), expressa em horas por ano por $m\ s^{-1}$, matematicamente representada por:

$$h(v,k,c)=\frac{k}{c}\left(\frac{v}{c}\right)^{k-1} e^{\left\{-\left(\frac{v}{c}\right)^{k}\right\}} \quad (1)$$

Na distribuição de Weibull, c é o parâmetro de escala e k é o parâmetro de forma. O parâmetro de forma controla a forma da distribuição: quanto maior for o fator de forma, mais a distribuição se aproxima de ser gaussiana. O parâmetro de escala controla o valor do modo (a velocidade mais provável). Quanto maior o parâmetro de escala, mais alto o modo e menor a probabilidade de uma determinada velocidade menor do que o modo. O parâmetro de forma é adimensional, e o parâmetro de escala deve ter as mesmas unidades da velocidade.

A questão real é: como a distribuição de Weibull está relacionada com a avaliação das métricas da energia eólica? O primeiro aspecto da resposta a essa pergunta está relacionado à denominada velocidade modal, que representa a velocidade mais provável em uma distribuição, que é obtida determinando o valor de velocidade de vento que leva a um valor máximo de h segundo a Eq. (1), fazendo

$$\frac{\partial h}{\partial v}=0$$

e resolvendo a equação resultante para encontrar V_{modo}.

Define-se também a velocidade média como:

$$V_{média}=\int_{0}^{\infty} h(v,k,c)\ v\ dv \quad (2)$$

A densidade de potência média disponível para coleta por unidade de área varrida é dada por:

$$\frac{\dot{W}_{disp}}{A} = \int_0^{\infty} \frac{1}{2} \rho \; h(v,k,c) \; v^3 \; dv \tag{3}$$

Assim, a velocidade de interesse para a energia eólica é a velocidade da raiz cúbica média obtida por:

$$V_{rcm} = \left(\int_0^{\infty} h(v,k,c) \; v^3 \; dv \right)^{1/3} \tag{4}$$

Portanto,

$$\frac{\dot{W}_{disp}}{A} = \frac{1}{2} \rho V_{rcm}^3 \tag{5}$$

Para uma turbina eólica moderna bem projetada (Hodge, 2010), assume-se um valor de 0,5 para o coeficiente de potência, portanto, a densidade de energia disponível para coleta ao longo de 1 ano por unidade de área da turbina eólica é calculada por:

$$\frac{\dot{W}_{ext}}{A} = \frac{1}{4} \rho \underbrace{\int_0^{\infty} h(v,k,c) \; 8760 \; v^3 \; dv}_{V_{rcm}^3} \tag{6}$$

na qual se verifica a utilização do fator de conversão de unidades 8760 na equação, a fim de que o resultado seja obtido em

$$kW \frac{h}{ano \; \mathrm{m}^2}$$

Nesse projeto pode-se obter

$$V_{modo} \;, \; V_{média} \,, \; V_{rcm} \,, \; \frac{\dot{W}_{disp}}{A} \; \text{e} \; \frac{\dot{W}_{ext}}{A}$$

de uma turbina eólica em um local que corresponda a uma distribuição de ventos de Weibull com $c = 15\ m\ s^{-1}$ e $k = 1,5$. Considere a densidade do ar como $\rho = 1,225\ \text{kg m}^{-3}$. A seguir, faça uma análise paramétrica variando os valores de c e de k, determinando

$$V_{modo}\ ,\ V_{média},\ V_{rcm},\ \frac{\dot{W}_{disp}}{A},\ \text{e}\ \frac{\dot{W}_{ext}}{A},$$

concluindo sobre o impacto desses parâmetros.

Obs.:

1) Elabore um relatório do seu trabalho (título, resumo, introdução, teoria, resultados e discussão, e conclusões), com todos os programas computacionais escritos no apêndice.

2) Recomenda-se utilizar aritmética de dupla precisão em seus cálculos.

6.2) Graciano et al. (2014) publicaram um estudo de modelagem e simulação de motores de combustão interna (MCI) de ignição por compressão (ICO) movidos a misturas de diesel, biodiesel e biogás. A seguir, são detalhadas equações desse modelo a serem utilizadas nesse projeto.

A pressão média indicada no cilindro é calculada conforme a seguir:

$$p_{m,i} = \frac{W_i}{V_d} \tag{1}$$

em que $p_{m,i}$ é a pressão média indicada no cilindro, em $N\ m^{-2}$; e W_i é o trabalho indicado do cilindro, em kJ.

A pressão média de atrito no cilindro é obtida usando uma correlação empírica para motores a combustão interna (MCI) com injeção direta (Heywood, 1988), que expressa as perdas (p.ex., atrito, bombeamento) na forma de uma perda de pressão:

$$p_{m,fr} = C_1 + \frac{48N}{1000} + 0{,}4\overline{S}_p^2 \quad (2)$$

$$p_{m,ef} = p_{m,i} - p_{m,fr} \quad (3)$$

em que $p_{m,fr}$ é a pressão de atrito média no cilindro, em N m^{-2}; C_1 é a constante, 75.000 N m^{-2} (Heywood, 1988); $p_{m,ef}$ é a pressão média efetiva no cilindro, em N m^{-2}, e a velocidade média do pistão

$$\overline{S}_p = \frac{r_{manivela}N}{60}.$$

A potência líquida fornecida por um cilindro, pelo motor como um todo, e torque no eixo são calculados por:

$$\dot{W}_{ef,p} = \frac{p_{m,ef}V_d}{\Delta t_{ec}} \quad (4)$$

$$\dot{W}_{ef} = \dot{W}_{ef,p}N_{cyl} \quad (5)$$

$$\tau_{ef} = \frac{60\dot{W}_{ef}}{2\pi N} \quad (6)$$

em que $\dot{W}_{ef,p}$ e $\dot{W}_{ef}$ são a potência líquida fornecida por um cilindro e pelo motor, respectivamente, em *kW*; $\Delta t_{ec} = 2 \times 60 / N$ é o tempo de duração de um ciclo motor (período), em *s*; τ_{ef} é o torque líquido do motor, em *kN m*, e N_{cyl} é o número de cilindros do motor.

Nesse projeto, pede-se que seja escrito um programa computacional para extrair dados de um diagrama pressão-volume, conforme o mostrado na Fig. Pj6.2, que permita o cálculo de W_i, que é o trabalho indicado do cilindro, em kJ. Esse trabalho é composto por vários termos correspondentes a cada tempo do motor, i.e., $W_i = W_{admissão} - W_{compressão} + W_{expansão} - W_{exaustão}$. Cada termo é calculado a partir de

$$W_j = \left|\int p \ \mathrm{dV}\right|_j$$

em que j = admissão, compressão, expansão e exaustão, com os dados extraídos do diagrama pressão-volume. A Fig. Pj6.2 mostra dados de simulação numérica obtidos a partir do trabalho de Graciano e Vargas (2014) para um motor ICO movido a mistura de diesel, biodiesel e biogás operando com $N = 3000\ rpm$. A seguir, o programa deve utilizar as Eqs. (1) a (6) para calcular $\dot{W}_{ef}$ e τ_{ef} para um motor de 4 cilindros e com $r_{manivela} = 0{,}06$ m. Estude o impacto da variação de $r_{manivela}$ na saída de potência e de torque efetivos desse motor para $N = 3000\ rpm$.

Obs.:

1) Elabore um relatório do seu trabalho (título, resumo, introdução, teoria, resultados e discussão, e conclusões), com todos os programas computacionais escritos no apêndice.

2) Recomenda-se utilizar aritmética de dupla precisão em seus cálculos.

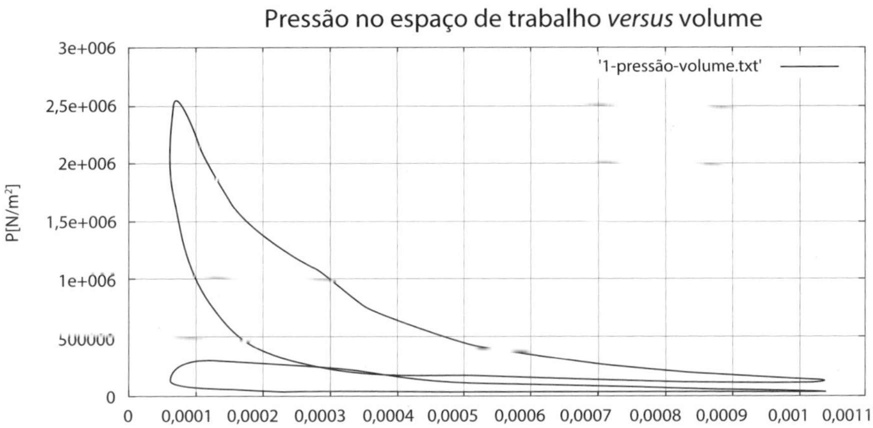

Figura Pj6.2 Diagrama pressão-volume para um cilindro de um motor ICO operando com mistura de combustíveis a N = 3000 rpm.

6.3) Calcule a entalpia e a entropia do vapor saturado de isobutano, a *360 K*, a partir das seguintes informações:

1. A Tabela Pj6.3 fornece valores dos integrandos necessários para determinar propriedades residuais (entalpia e entropia) calculados a partir do fator de compressibilidade (*Z*) para o vapor de isobutano.

2. A pressão de vapor do isobutano a *360 K* é igual a *15,41* bar.

3. Utilize $H_0^{gi} = 18115 \ \text{J mol}^{-1}$ e $S_0^{gi} = 18115 \ \text{J mol}^{-1} \ \text{K}^{-1}$ para o estado de referência de gás ideal a *300 K* e *1 bar*.

4. A razão entre o calor específico molar como gás ideal do vapor de isobutano, C_P^{gi}, e a constante universal dos gases, R, nas temperaturas de interesse é dada por:

$$\frac{C_P^{gi}}{R} = 1{,}7765 + 33{,}037 \times 10^{-3} T \tag{1}$$

5. A entalpia e a entropia residuais são avaliadas por:

$$\frac{H^R}{RT} = -T \int_0^P \left(\frac{\partial \text{Z}}{\partial \text{T}} \right)_\text{P} \frac{dP}{\text{P}} \tag{2}$$

$$\frac{S^R}{RT} = -T \int_0^P \left(\frac{\partial \text{Z}}{\partial \text{T}} \right)_\text{P} \frac{dP}{\text{P}} - \int_0^P (Z-1) \frac{dP}{P} \tag{3}$$

6. Utilize $R = 8{,}314 \ J \ mol^{-1} \ K^{-1}$ e calcule a entalpia e a entropia a partir de propriedades residuais, por meio de $H = H^{gi} + H^R$ e $S = S^{gi} + S^R$, usando as relações:

$$H = H_0^{gi} + \int_{T_0}^{T} C_P^{gi} \ \text{dT} + H^R \tag{4}$$

$$S = S_0^{gi} + \int_{T_0}^{T} C_P^{gi} \ \frac{\text{dT}}{\text{T}} - R \ln \frac{P}{P_0} + S^R \tag{5}$$

Tabela Pj6.3 Valores dos integrandos necessários para determinar propriedades residuais (entalpia e entropia)

P (bar)	$\left\{\left(\frac{\partial Z}{\partial T}\right)_P / P\right\} \times 10^4$ $\left(K^{-1}\ bar^{-1}\right)$	$\{-(Z-1)/P\} \times 10^2$ $\left(bar^{-1}\right)$
0	1,780	2,590
0,50	1,514	2,186
2	1,293	1,759
6	1,395	1,544
10	1,777	1,592
14	2,432	1,750
15,41	2,720	1,835

6.4) (Adaptado de Monteiro, 2012) A resposta de um transdutor a uma onda de choque causada por uma explosão é dada pela função

$$F(t) = 8\ e^{-t}\,\frac{I(a)}{\pi} \quad \text{para } t \geq a, \text{ em que:}$$

$$I(a) = \int_1^2 f(x,a)\ dx \qquad (1)$$

com $f(x,a) = \dfrac{e^{ax}}{x}$.

Calcule I(1) usando a fórmula composta do trapézio e também a regra de Simpson, com erro menor do que 0,05. A seguir, desenvolva um algoritmo para investigar o impacto da variação do parâmetro do sensor $a > 0$ em $I(a)$ e em $F(t)$. Construa gráficos $I(a) \times a$ e $F(t) \times t$ tendo a como parâmetro.

Obs.:

1) Elabore um relatório do seu trabalho (título, resumo, introdução, teoria, resultados e discussão, e conclusões), com todos os programas computacionais escritos no apêndice.

2) Recomenda-se utilizar aritmética de dupla precisão em seus cálculos.

6.5) (Adaptado de Monteiro, 2012) Um fluido atravessa a secção circular de um tubo com velocidade

$$v(r) = 3\left(1 - \frac{r}{r_0}\right)^{1/7} \quad (1)$$

em que r é a distância radial ao centro da seção e $r_0 = 4$ cm é o raio da seção. Determine a vazão volumétrica ($cm^3\ s^{-1}$) que atravessa essa seção, calculada por:

$$\dot{\forall} = 2\pi \int_0^{r_0} r\ \mathrm{v}(\mathrm{r})\ \mathrm{dr} \quad (2)$$

No cálculo, utilize cinco pontos igualmente espaçados no intervalo [0, 2] e seis pontos igualmente espaçados no restante intervalo. Use as fórmulas numéricas de integração mais apropriadas para cada intervalo. A seguir, desenvolva um algoritmo para investigar o impacto da variação do raio da seção do tubo em $\dot{\forall}$. Construa gráficos $v(r) \times r$ tendo r_0 como parâmetro, e $\dot{\forall} \times r_0$.

Obs.:

1) Elabore um relatório do seu trabalho (título, resumo, introdução, teoria, resultados e discussão, e conclusões), com todos os programas computacionais escritos no apêndice.

2) Recomenda-se utilizar aritmética de dupla precisão em seus cálculos.

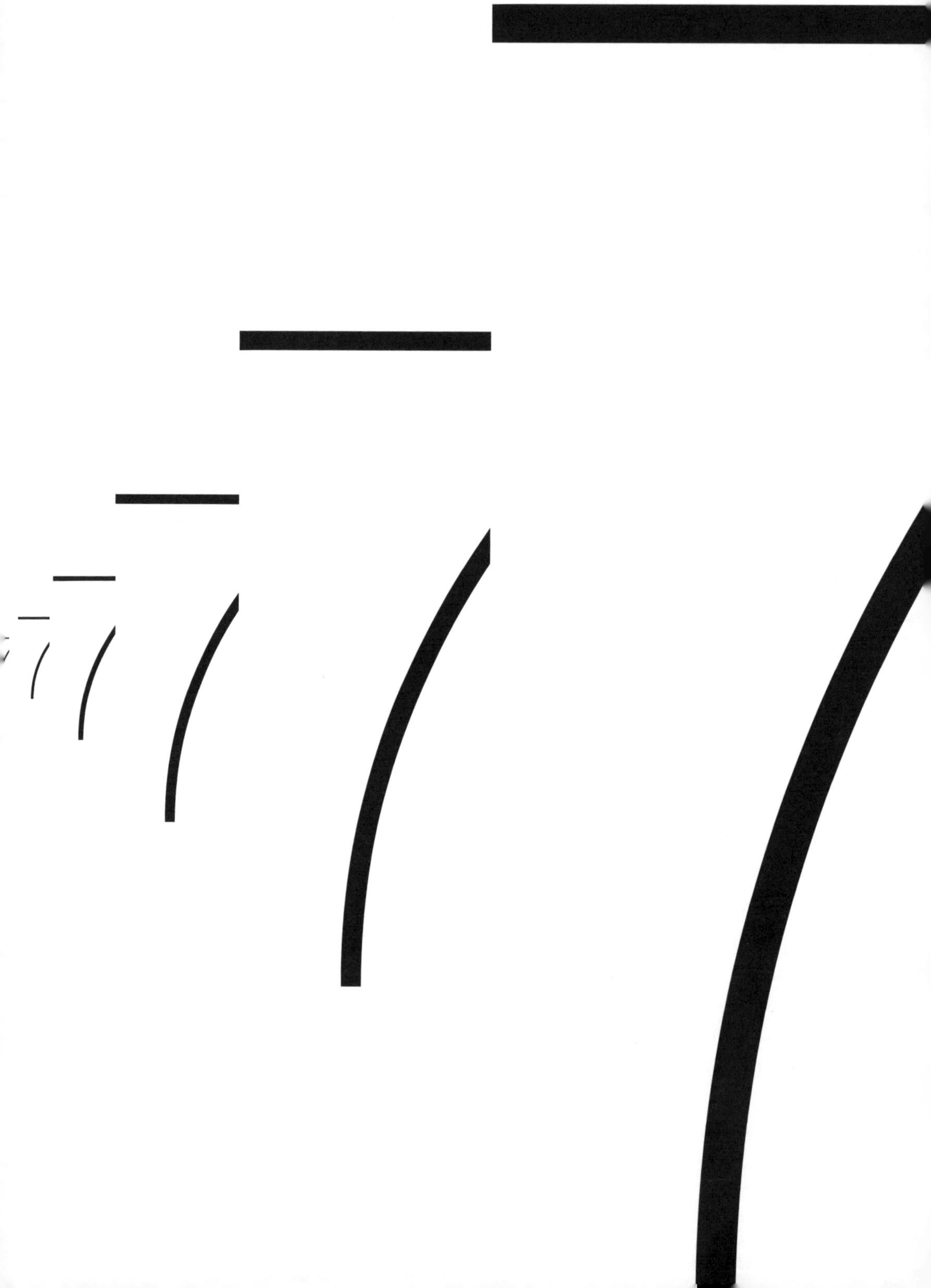

EQUAÇÕES DIFERENCIAIS ORDINÁRIAS

7.1. INTRODUÇÃO

O Cálculo Diferencial e Integral preconiza que a mesma dependência de uma variável em relação a outra pode ser expressa tanto na forma algébrica diretamente quanto na forma diferencial, i.e., por meio da derivada. Por exemplo, seja a equação:

$$y = arctg(x) \tag{7.1}$$

Note que a dependência de y em relação a x também pode ser expressa por:

$$\frac{dy}{dx} = \frac{1}{1+x^2} \tag{7.2}$$

As Eqs. (7.1) e (7.2) descrevem, portanto, a mesma curva mostrada na Fig. 7.1. A diferença é que a Eq. (7.2) descreve a dependência de y em relação a x de forma implícita, i.e., por meio de sua derivada, que geometricamente representa a inclinação da curva em cada ponto (taxa de variação de y em relação a x). A Eq. (7.2) recebe a denominação de equação diferencial ordinária (EDO). Diz-se que a Eq. (7.1) é uma solução da Eq. (7.2). No entanto, é simples de se verificar que a Eq. (7.2) admite de fato infinitas soluções, i.e., do tipo:

$$y = arctg(x) + k, k \in \Re \qquad (7.3)$$

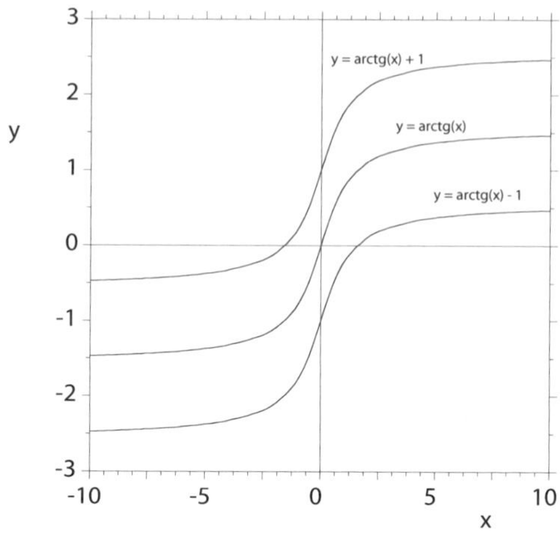

Figura 7.1 Gráfico da função *y* = *arctg(x)* + *k*, para k = -1, 0 e +1.

Nas diversas áreas da Ciência, é possível modelar o comportamento dos sistemas físicos por meio da observação de taxas de variação de suas variáveis de processo em relação a outras variáveis pela formulação de uma ou mais EDO. A partir disso, infere-se o comportamento da variável de processo em relação à outra, por meio de uma solução da EDO. É importante destacar que o processo descrito no parágrafo anterior não é aleatório. De fato, as equações que modelam os sistemas em análise são construídas a partir das leis físicas que os regem, p.ex., os princípios de conservação. Do ponto de vista matemático, algumas definições básicas são necessárias para a continuidade do estudo de EDO:

- variável dependente: variável sendo diferenciada (p.ex., y);
- variável independente: variável em relação à qual está sendo realizada a diferenciação (p.ex., x);

- ordem: ordem da derivada mais alta. Por exemplo,

$$\frac{d^3y}{dx^3}+\frac{dy}{dx}=x \tag{7.4}$$

é uma EDO de terceira ordem;

- grau: potência que está elevada a mais alta derivada. Por exemplo,

$$\left(\frac{d^5y}{dx^5}\right)^4-2\frac{d^2y}{dx^2}+\left(\frac{dy}{dx}\right)^2=x^3 \tag{7.5}$$

é uma EDO de quarto grau;

- EDO homogênea: EDO em que todos os termos da equação contêm a variável dependente. Por exemplo,

$$x\frac{d^2y}{dx^2}+3\frac{dy}{dx}=xy \tag{7.6}$$

é uma EDO homogênea.

Exemplo 7.1) Considerando um sistema compressor-reservatório, é possível verificar a massa de ar inserida no reservatório que está em equilíbrio térmico com o ambiente externo ao longo do tempo, bem como a pressão em função dos parâmetros de projeto, por meio de modelagem matemática e simulação computacional do sistema. O modelo matemático é constituído pelas seguintes equações diferenciais ordinárias:

$$\begin{cases} \dfrac{dm}{dt}-\dfrac{V_S}{v_S}rps\left\{1-r\left[\left(\dfrac{p}{p_S}\right)^{1/n}-1\right]\right\}c_v=\dot{m}_{compressor} & \text{(Eq. do compressor)} \\ \dfrac{dp}{dt}=\dfrac{RT_0}{V}\dfrac{dm}{dt} & \text{(Eq. do reservatório)} \end{cases}$$

Assuma os seguintes parâmetros de projeto e simulação: 0 = t_0 = instante inicial [s]; 200000 = t_{fim} = tempo final de simulação [s]; 1000 = Δt = passo de tempo [s]; $0{,}1\times10^6 = p_S = p_0$ = pressão inicial do reservatório [Pa]; 8,33 = rps = rotação do compressor [ciclo por segundo]; $0{,}1\times10^{-3}$ = V_S = volume varrido no compressor [m³]; 0,1 = r = razão espaço morto do compressor; 1,2 = n = coeficiente politrópico; 287 = R = constante do gás ar [J/(kg.K)]; 0,8 = c_v = coeficiente de válvulas; 1 = V = volume do reservatório [m³]; 298,15 = T_0 = temperatura do ambiente [K].

i) Mostre uma tabela com três colunas a partir de $t_0 = 0$ s, em que

$$m_0 = \frac{p_0 V}{RT_0} \text{ e } p_0 = 0{,}1\times10^6 \text{ Pa},$$

contendo os valores *t*, *m* e *p*, respectivamente, de 50000 em 50000 segundos.

ii) Apresente gráficos do comportamento da pressão no interior do reservatório, da massa e vazão mássica de ar com relação ao tempo.

iii) Qual o valor da massa possível de ser admitida no reservatório com esse sistema? Qual a pressão atingida?

Solução

O diagrama esquemático da Fig. 7.2 representa o sistema em análise.

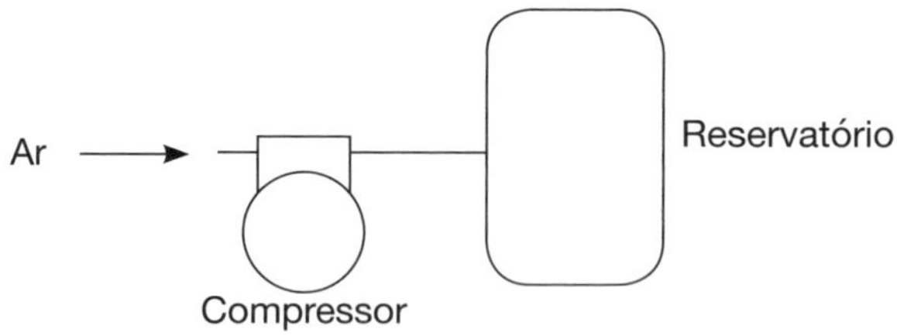

Figura 7.2 Diagrama esquemático de sistema compressor de ar – reservatório.

i) Utilizando um dos métodos numéricos para solução de EDO a serem apresentados mais à frente neste capítulo (neste caso, usa-se o método de Runge-Kutta de 4ª ordem) e um programa computacional (disponível no site: www.manoleeducacao.com.br/calculonumericoaplicado), obtém-se o resultado mostrado na forma da Tabela 7.1.

Tabela 7.1 Solução do item (i)

t (s)	m (kg)	p (Pa)
0.000000E+00	1.168647	100000.000000
50000.000000	17.536030	1500542.000000
100000.000000	20.193360	1727927.000000
150000.000000	20.663600	1768165.000000
200000.000000	20.747720	1775363.000000

ii) As Figs. 7.3 a 7.5 mostram o comportamento da pressão no interior do reservatório, da massa e a vazão mássica de ar com relação ao tempo, respectivamente.

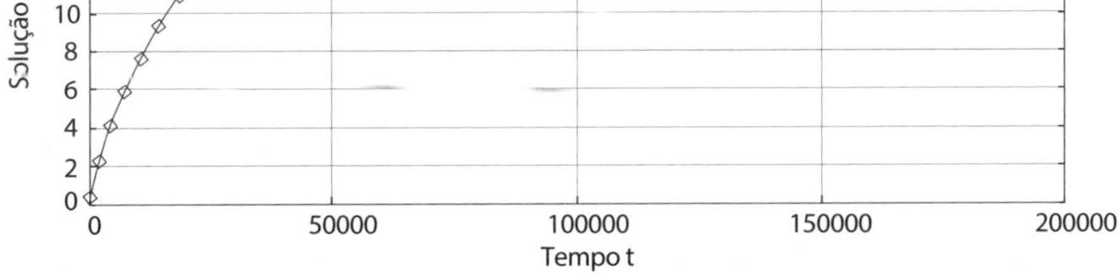

Figura 7.3 Massa de ar (kg) no reservatório ao longo do tempo (s).

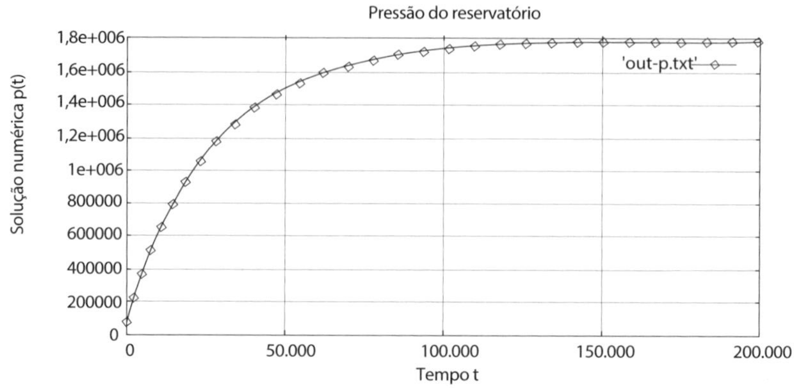

Figura 7.4 Pressão (Pa) no reservatório ao longo do tempo (s).

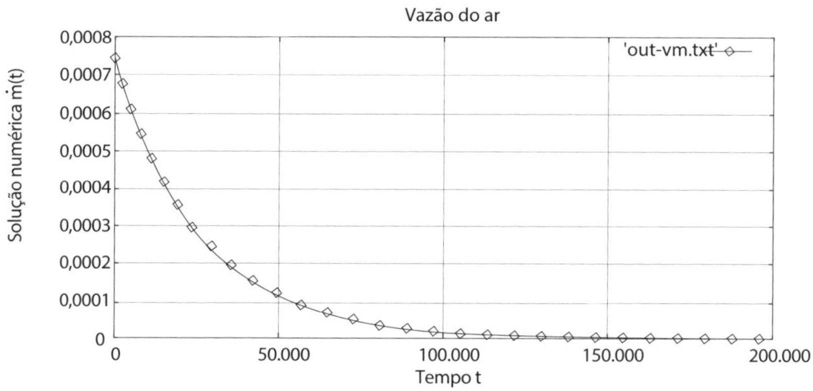

Figura 7.5 Vazão mássica de ar (kg s^{-1}) entrando no reservatório ao longo do tempo (s).

iii) Verifica-se pelas Figs. 7.2 a 7.4 que o sistema estabiliza em torno de t = 150.000 s, portanto, os valores obtidos na Tabela 7.1 para t = 200.000 s são os valores de regime estacionário, i.e., m = 20,747720 kg e p = 1.775.363 Pa. Nota-se também a vazão mássica $\dot{m}_{compressor} = 0$ kg s^{-1} nessa condição, pois o compressor especificado atingiu sua máxima pressão de descarga e, por essa razão, não injeta mais ar no reservatório.

O exemplo 7.1 ilustra por meio de um problema prático de engenharia térmica que, usualmente, o interesse dos modelos matemáticos está em acessar a resposta do sistema em análise em relação ao tempo. Por exemplo, a partir do momento em que o sistema inicia seu funcionamento, em condições conhecidas, deseja-se saber qual será sua resposta transiente, i.e., ao longo do tempo, e se essa resposta virá a se estabilizar em um valor invariante no tempo (regime estacionário ou permanente) ou não.

Com base nessa linha de pensamento, emerge a denominação de "problema de valor inicial" (PVI). Nesse caso, todas as condições conhecidas ou especificadas são definidas em um mesmo ponto da variável independente, i.e., um ponto da solução (variável ou variáveis dependentes) deve ser especificado.

7.2. PROBLEMA DE VALOR INICIAL

O PVI com uma variável dependente é escrito da seguinte forma:

$$\begin{cases} \dfrac{dx}{dt} = x' = f(t,x) \\ x(t = t_0) = x_0 \end{cases} \tag{7.7}$$

Na Eq. (7.7), $x = x(t)$ representa uma variável dependente desconhecida que é uma função da variável independente t. Espera-se obter essa função a partir da informação fornecida. A segunda equação especifica um ponto da solução desejada em algum valor da variável independente, sendo denominada de condição inicial. A primeira equação fornece a inclinação da curva x para qualquer valor de t, e deve também ser especificada.

Seja o seguinte exemplo de PVI:

$$\begin{cases} \dfrac{dx}{dt} = \dfrac{1}{1+t^2} \\ x(t=0) = 0 \end{cases} \tag{7.8}$$

Deseja-se determinar *x(t)* em um intervalo que contenha a condição inicial em $t = 0$. Nesse caso, a solução analítica é $y = arctg(t)$, conforme foi discutido no início deste capítulo. Este exemplo é uma demonstração simples de PVI, i.e., que apresenta uma solução analítica que permite a avaliação numérica imediata. No entanto, na maioria dos casos de problemas desse tipo, soluções analíticas não são possíveis de serem encontradas e são necessários métodos numéricos para a obtenção da solução.

Existência e unicidade da solução

O problema de valor inicial genérico formulado pela Eq. (7.7) nem sempre terá uma solução. Para tanto, são necessárias hipóteses adicionais sobre $f(t,x)$. Além disso, esperam-se soluções somente na maior parte das situações na vizinhança da condição inicial especificada.

Seja, por exemplo, o seguinte PVI:

$$\begin{cases} \dfrac{dx}{dt} = \dfrac{1}{t} \\ x(t=1) = 0 \end{cases} \tag{7.9}$$

A solução analítica do PVI formulado pela Eq. (7.9) é $x(t) = \ln(t)$. Note que, à medida que $t \to 0$, $x(t) \to -\infty$. Além disso, para $t < 0$, $x(t)$ não é definida.

TEOREMA 7.1

Considere o problema de valor inicial:

$$\begin{cases} \dfrac{dx}{dt} = x' = f(t,x) \\ x(t = t_0) = x_0 \end{cases} \tag{7.7}$$

Se $f(t,x)$ e $\dfrac{\partial f}{\partial x}$ são contínuas no retângulo

$$R = \{(t,x) \in \Re^2 \mid \alpha < \mathrm{t} < \beta,\ \delta < \mathrm{x} < \gamma\} \text{ contendo } (t_0, x_0),$$

então o PVI tem uma única solução em um intervalo contendo t_0.

Prova:

i) Existência:

Seja a sequência de funções $[x_n(t)]$ dada por:

$$x_0(t) = x_0,\ \ \mathrm{x_n}(t) = x_0 + \int_{t_0}^{t} f(s, x_{n-1}(s))ds, \text{ para n = 12,...}$$

Como *f (t, x)* é contínua no retângulo *R*, existe uma constante positiva *b* tal que:

$$\mid f(t,x) \mid'' \ b, \text{ para } (t,x) \subset \Re$$

Portanto:

$$\mid x1(t) - x0 \mid'' \ b \mid t - t0 \mid, \text{ para } \alpha < \mathrm{t} < \beta$$

Como $\dfrac{\partial \mathrm{f}}{\partial \mathrm{x}}$ é contínua no retângulo *R*, $\exists \mathrm{a} > 0$, tal que:

$$\mid f(t,x) - f(t,z) \mid'' \ a \mid x - z \mid, \text{ para } \alpha < t < \beta \text{ e } \delta < x, z < \gamma$$

Portanto:

$$|x_2(t)-x_1(t)| \le \int_{t_0}^{t} |f(s,x_1(s))-f(s,x_0(s))|\,ds$$

$$\le a\int_{t_0}^{t} |x_1(t)-x_0|\,ds \le ab\int_{t_0}^{t} |s-t_0|\,ds = ab\frac{(t-t_0)^2}{2}$$

e

$$|x_3(t)-x_2(t)| \le \int_{t_0}^{t} |f(s,x_2(s))-f(s,x_1(s))|\,ds$$

$$\le a\int_{t_0}^{t} |x_2(t)-x_1(s)|\,ds \le a^2b\int_{t_0}^{t} \frac{|s-t_0|^2}{2}\,ds = ab\frac{|t-t_0|^3}{6}$$

Supondo por indução que:

$$|x_{n-1}(t)-x_{n-2}(\mathrm{t})| \le a^{n-2}b\frac{|t-t_0|^{n-1}}{(n-1)\;!}$$

Então:

$$|x_n(t)-x_{n-1}(t)| \le \int_{t_0}^{t} |f(s,x_{n-1}(s))-f(s,x_{n-2}(s))|\,ds$$

$$\le a\int_{t_0}^{t} |x_{n-1}(t)-x_{n-2}(s)|\,ds \le a\int_{t_0}^{t} a^{n-2}b\frac{|s-t_0|^{n-1}}{(n-1)\;!}\,ds = a^{n-1}b\frac{|t-t_0|^{n}}{n\;!} \quad (7.10)$$

As desigualdades apresentadas valem para $\alpha \le \alpha' < t < \beta' \le \beta$, sendo que α' e β' são tais que $\delta < x_n(t) < \gamma$ sempre que $\alpha' < t < \beta'$.

A partir da Eq. (7.10), obtém-se a série convergente:

$$\sum_{n=1}^{\infty} |x_n(t)-x_{n-1}(\mathrm{t})| \le b\sum_{n=1}^{\infty} \frac{a^{n-1}(\beta-\alpha)^n}{\mathrm{n}!}$$

Como *x*, então $\mathrm{x_n}(t)$ é convergente. Considerando:

$$\mathrm{x}(\mathrm{t}) = \lim_{\mathrm{n}\to\infty} \mathrm{x_n}(t)$$

Tendo em vista que:

$$\left|x_{\mathrm{m}}(t)-x_n(t)\right| \le \sum_{k=n+1}^{m} \left|x_k(t)-x_{k-1}(t)\right| \le b \sum_{k=n+1}^{m} \frac{a^{k-1}(\beta-\alpha)^k}{k!}$$

Portanto, fazendo o limite quando m tende ao infinito, obtém-se:

$$\left|x(t)-x_n(t)\right| \le b \sum_{k=n+1}^{\infty} \frac{a^{k-1}(\beta-\alpha)^k}{k!} \tag{7.11}$$

Assim, para $\in > 0$, para n grande o suficiente

$$\left|x(t)-x_n(t)\right| < \frac{\in}{3}, \text{ para } \alpha' < t < \beta',$$

e segue-se que $x(t)$ é contínua, uma vez que para $\in > 0$ e s próximo o suficiente de t, tem-se que

$$\left|x_n(t)-x_n(s)\right| < \frac{\in}{3} \text{ e para } n \text{ grande} \left|x(t)-x_n(t)\right| < \frac{\in}{3} \text{ e } \left|x(s)-x_n(s)\right| < \frac{\in}{3},$$

o que resulta em:

$$\left|x(t)-x(s)\right| \le \left|x(t)-x_n(t)\right| + \left|x_n(t)-x_n(s)\right| + \left|x_n(s)-x(s)\right| < \in$$

Além disso, para $\alpha' < t < \beta'$, tem-se que:

$$\lim_{n\to\infty} \int_{t_0}^{t} f\left(s, x_n(s)\right) \, \mathrm{ds} = \int_{t_0}^{t} f\left(s, \lim_{n\to\infty} x_n(s)\right) \, \mathrm{ds} = \int_{t_0}^{t} f\left(s, x(s)\right) \, \mathrm{ds}$$

Tendo em vista que, pela Eq. (7.11), tem-se que:

$$\left| \int_{t_0}^{t} \left|f\left(s, x_n(s)\right)\right| ds - \int_{t_0}^{t} \left|f\left(s, x(s)\right)\right| ds \right| \le \int_{t_0}^{t} \left|f\left(s, x_n(s)\right) - f\left(s, x(s)\right)\right| ds$$

$$\le a \int_{t_0}^{t} \left|x_n(s)-x(s)\right| ds \le ab\left(t-t_0\right) \sum_{\mathrm{k=n+1}}^{\infty} \frac{a^{k-1}(\beta-\alpha)^k}{k!}$$

que tende a zero quando n tende a infinito. Dessa maneira,

$$\begin{aligned} \mathrm{x}(t) &= \lim_{n\to\infty} x_n(t) = x_0 + \lim_{n\to\infty} \int_{t_0}^{t} f\left(s, x_{n-1}(s)\right) ds \\ &= x_0 + \int_{t_0}^{t} f\left(s, \lim_{n\to\infty} x_{n-1}(s)\right) ds = x_0 + \int_{t_0}^{t} f\left(s, x(s)\right) ds \end{aligned} \tag{7.12}$$

Por fim, derivando a Eq. (7.12) em relação a t, constata-se que $\mathrm{x}(t)$ é solução do PVI formulado pela Eq. (7.7).

ii) Unicidade:

Supõe-se que x(t) e z(t) sejam soluções do PVI. A seguir, toma-se:

$$\mathrm{u}(t) = \int_{t_0}^{t} \left| x(s) - z(s) \right| ds$$

Notando que:

$$\mathrm{x}(t) = \int_{t_0}^{t} x'(s) ds = \int_{t_0}^{t} f\left(s, x(s)\right) ds \quad \text{e} \quad \mathrm{x}(t) = \int_{t_0}^{t} x'(s) ds = \int_{t_0}^{t} f\left(s, z(s)\right) ds$$

tem-se que:

$$\mathrm{u}'(t) = \left| x(t) - z(t) \right| \le \int_{t_0}^{t} \left| x'(s) - z'(s) \right| ds =$$

$$\int_{t_0}^{t} \left| f\left(s, x(s)\right) - f\left(s, z(s)\right) \right| ds \le a \int_{t_0}^{t} \left| x(s) - z(s) \right| ds$$

isto é:

$$\mathrm{u}'(t) = a\ \mathrm{u}(\mathrm{t})$$

Subtraindo-se a *u(t)* e multiplicando-se por e^{-at}, obtém-se:

$$\frac{\mathrm{d}}{\mathrm{dt}} \left\{ e^{-at} u(t) \right\} \le 0 \text{, sendo que } \mathrm{u}(t_0) = 0$$

Isso implica que $e^{-at}\, u(t) = 0$. Note que $u(t) \geq 0$, portanto $u(t) = 0, \forall t$. Assim $x(t) = z(t), \forall t$. ■

7.3. MÉTODOS NUMÉRICOS PARA SOLUÇÃO DO PVI

Mesmo existindo e sendo única a solução do PVI, métodos analíticos são capazes de encontrá-la somente em casos especiais, i.e., na minoria das situações. Assim, na maioria dos casos são utilizados métodos numéricos para encontrar a solução do PVI. Nesta seção, são apresentados os métodos numéricos conhecidos mais importantes.

Na solução numérica de equações diferenciais ordinárias, a solução não é obtida na forma de uma função algébrica contínua $x(t)$ da variável independente t. Na verdade, uma solução discreta é obtida, i.e., uma sequência de pontos (t_i, x_i) para $(0 \leq i \leq N)$ é calculada a partir de um método numérico adequado, construindo uma tabela, na qual o inteiro N representa o último ponto desejado.

7.3.1. Métodos explícitos e implícitos

Os métodos numéricos para solução do PVI formulado pela Eq. (7.7) podem ser classificados como métodos **explícitos** e **implícitos**. Esses métodos aproximam o domínio de solução, que é originalmente contínuo, i.e., com infinitos pontos, por um domínio discreto, i.e., com um número finito de pontos, em um processo conhecido como discretização. A forma como é realizada essa discretização é que diferencia um método numérico de outro, seja ele explícito ou implícito. Assim, são obtidas as soluções das variáveis dependentes (p.ex., temperatura, pressão) em função das variáveis independentes (p.ex., tempo, espaço) de equações diferenciais ordinárias e parciais, como é o caso de simulações computacionais de equipamentos e processos físicos, a partir de um modelo matemático. Os métodos explícitos calculam o estado do sistema em um valor posterior das variáveis independentes diretamente com base em valores anteriores apenas, por outro lado, os métodos implícitos buscam a solução resolvendo uma equação para o valor posterior da variável dependente que envolve tanto o valor posterior como os anteriores das variáveis dependentes.

Considerando $x(t)$ o valor anterior conhecido, e $x(t+h)$ o valor posterior da variável dependente, então, para um método explícito, a solução é obtida diretamente por:

$$x(t+h) = F(t, x(t)) \tag{7.13}$$

em que F é uma função definida pelo método numérico escolhido.

No caso de um método implícito, o problema deve ser resolvido por:

$$G(t, x(t), x(t+h)) = 0 \tag{7.14}$$

para encontrar $x(t+h)$, com t e $x(t)$ conhecidos do passo de integração anterior, sendo que G é também uma função definida pelo método numérico escolhido.

Comparando as Eqs. (7.13) e (7.14), verifica-se que os métodos implícitos exigem maior esforço computacional em cada passo de integração, e eles podem ser muito mais difíceis de serem implementados do que os métodos explícitos. No entanto, há um preço a pagar pela simplicidade algébrica, que é traduzido em grandes restrições quanto ao tamanho do passo de integração a fim de evitar que o algoritmo do método explícito apresente instabilidade numérica, i.e., venha a divergir, conforme teoria apresentada no Capítulo 1.

Em razão desses aspectos, os métodos implícitos são usados em problemas em que o uso de um método explícito exigiria passos de integração h impraticavelmente pequenos para manter os erros nos cálculos limitados e, portanto, manter a estabilidade numérica. Há teorias matemáticas bastante difundidas que permitem analisar se o algoritmo de um determinado método numérico será estável ou não, mas que fogem do escopo deste livro. No entanto, o leitor interessado deve buscar a literatura técnica para maiores detalhes (p.ex., Fletcher, 1991).

Os métodos implícitos geralmente são incondicionalmente estáveis (Fletcher, 1991), o que quer dizer que se pode atribuir valores altos ao passo de integração para que a solução possa ser encontrada mais rapidamente. No entanto, o custo computacional em cada passo de integração aumenta consideravelmente por causa da necessidade de resolver implicitamente o problema da Eq. (7.14), aumentando também a necessidade de memória do computador. Além disso, o passo de integração não pode ser aumentado indiscriminadamente, uma vez que a precisão da solução é inversamente proporcional ao tamanho do passo, i.e., aumentando o passo, a precisão da solução é reduzida qualquer que seja o método empregado.

Todos esses aspectos quanto à precisão e à estabilidade dos métodos numéricos explícitos e implícitos para a solução de EDO são discutidos no decorrer deste capítulo. Para cada método, é apresentada uma análise sobre os erros cometidos no processo de integração.

7.3.2. Método da série de Taylor

Considera-se novamente o problema de valor inicial

$$\begin{cases} \dfrac{dx}{dt} = x' = f(t,x) \\ x(t=t_0) = x_0 \end{cases} \tag{7.7}$$

em que $f(t,x)$ é uma função conhecida das variáveis dependente e independente, e (t_0,x_0) é um ponto no qual se conhece o valor da variável dependente, i.e., a condição inicial, que a curva solução deve conter.

A solução a ser buscada é uma função $x(t)$ tal que

$$\frac{d\,x(t)}{dt} = f(t,x(t)),\ \forall t, \text{ na vizinhança de } t_0, \text{ em que } x(t_0) = x_0.$$

Para aplicar o método da série de Taylor, a hipótese de que várias derivadas de $f(t,x)$ existam é um requisito necessário. De fato, o método da série de Taylor é um método numérico explícito e fundamenta-se em uma série de Taylor escrita para *x* em uma vizinhança de *t*, conforme se segue:

$$x(t+h)=x(t)+h\,x'(t)+\frac{h^2}{2\,!}x''(t)+\frac{h^3}{3\,!}x'''(t)$$

$$+\frac{h^4}{4\,!}x^{IV}(t)+\cdots+\frac{h^{n-1}}{(n-1)\,!}x^{(n-1)}(t)+R_n \tag{7.15}$$

Note que a solução agora pode ser construída a partir da condição inicial a partir de um ponto no qual a solução seja conhecida, i.e., a condição inicial, na forma discreta com uma tabela para valores de *t* e *x*, a partir de $t=t_0$, marchando adiante em intervalos arbitrários *h*. No caso da Eq. (7.15), o método da série de Taylor utiliza até a nésima derivada de *x* em relação a *t*, i.e., tantos termos da série de Taylor podem ser utilizados conforme se deseje aumentar a precisão do método, como será discutido na sequência deste texto. Neste momento, é considerado um exemplo ilustrativo.

Exemplo 7.2) Considere o seguinte PVI:

$$\begin{cases} \dfrac{dx}{dt}=x'=x \\ x(t=0)=1 \end{cases} \tag{7.16}$$

i) Obtenha a solução na forma tabular assumindo um intervalo *h* = 0,25 para $t\in[0,1]$ utilizando o método da série de Taylor até a 4ª derivada, conforme mostra a Eq. (7.15).

ii) Obtenha também a solução do problema no mesmo intervalo com o método da série de Taylor considerando até a 1ª derivada somente. Que denominação particular recebe este método?

iii) Obtenha a solução analítica (exata) para o PVI pelo método de separação de variáveis e construa uma tabela comparativa dos resultados obtidos com os três métodos. Neste caso, dentre os dois métodos empregados neste exemplo, qual método da série de Taylor apresenta maior precisão? Por quê?

Solução

i) A solução pelo método da série de Taylor até a 4ª derivada é obtida utilizando a Eq. (7.15), admitindo que existem as 1ª, 2ª, 3ª e 4ª derivadas de x(t) e utilizando h = 0,25, partindo de $t = t_0 = 0$, em que $\mathrm{x}(\mathrm{t}_0) = 1$, i.e.:

$$\mathrm{x}(t+h) = x(t) + h\ \mathrm{x}(\mathrm{t}) + \frac{h^2}{2!}x(t) + \frac{h^3}{3!}x(t) + \frac{h^4}{4!}x(t)$$

ii) A solução pelo método da série de Taylor até a 1ª derivada é também obtida utilizando a Eq. (7.15), truncando a série a partir do 3º termo do segundo membro da Eq. (7.15). Neste caso em particular, o método recebe a denominação de **método de Euler**, i.e.:

$$\mathrm{x}(t+h) = x(t) + h\ \mathrm{x}(\mathrm{t})$$

iii) A solução analítica do PVI pelo método de separação de variáveis é obtida como se segue:

Inicialmente, separam-se os termos que contêm a variável dependente x no 1º membro da Eq. (7.16) e os que contêm a variável independente no 2º membro da mesma equação, como:

$$\frac{dx}{x} = dt$$

A seguir, integra-se a equação obtida a partir da condição inicial até um ponto genérico (t,x), obtendo:

$$\int_{x_0}^{x} \frac{dx}{x} = \int_{t_0}^{t} dt, \text{ i.e., } \ln\frac{\mathrm{x}}{\mathrm{x}_0} = t - t_0$$

$$\ln(\mathrm{x}) = t, \text{ i.e., } \mathrm{x} = \mathrm{e}^{\mathrm{t}}$$

que é a solução analítica do PVI.

Utilizando um programa computacional (disponível no site: www.manoleeducacao.com.br/calculonumericoaplicado), obtém-se o resultado mostrado na forma da Tabela 7.2.

Finalmente, a partir das duas últimas colunas da Tabela 7.2, pode-se afirmar que o método da série de Taylor até a 4ª derivada tem maior precisão, apresentando erro menor do que o método da série de Taylor até a 1ª derivada. A razão é que mais termos da série de Taylor para *x(t)* são utilizados na Eq. (7.15) para obter a próxima estimativa para *x(t+h)* e, em consequência, o erro na aproximação é menor, conforme teoria apresentada no Capítulo 1.

O erro de truncamento local em cada passo da integração do PVI da Eq. (7.7) com o método da série de Taylor pode ser estimado a partir do Teorema de Taylor. Conforme foi apresentado no Capítulo 1, o termo de erro da série de Taylor com n termos, $|R_n|$, é dado para ξ entre t e $t+h$, conforme a seguir:

$$|R_n| = \left| x^{(n)}(\xi)\frac{h^n}{n\,!} \right| \tag{7.17}$$

Esse é o erro que está presente quando a última potência de h presente na série for h^{n-1}. Portanto, se for usada uma aproximação da derivada $x^{(n)}$ por diferenças avançadas, conforme apresentado no Capítulo 6, obtém-se:

Tabela 7.2 Solução dos itens (i), (ii) e (iii) do exemplo 7.2

k (passo)	t	x (MST1)	x (MST4)	x (solução analítica)	Erro do MST1 $\left\lvert x_{analítica} - x_{MST1} \right\rvert$	Erro do MST4 $\left\lvert x_{analítica} - x_{MST4} \right\rvert$
0	0.00E+00	1	1	1	0	0
1	2.50E-01	1.25	1.284017	1.284025	0.034025	8E-06
2	5.00E-01	1.5625	1.639038	1.648721	0.086221	0.009683
3	7.50E-01	1 953125	2.082814	2.117	0.163875	0.034186
4	1	2.441406	2.637535	2.718282	0.276876	0.080747

MST1: método da série de Taylor – 1ª derivada – método de Euler; MST4: método da série de Taylor – 4ª derivada.

$$|R_n| = \left| \frac{h^n}{n!} \left\{ \frac{x^{(n-1)}(t+h) - x^{(n-1)}(t)}{h} \right\} \right| \tag{7.18}$$

Por meio da Eq. (7.18), pode-se incluir na programação computacional um cálculo para a estimativa do erro de truncamento local que resulta da aplicação do método da série de Taylor a cada passo de integração. Assim, é possível monitorar o nível de erro nesse processo. Neste ponto, é importante pensar sobre as vantagens e desvantagens que o método da série de Taylor apresenta. Podem ser citadas:

1) Desvantagens:
   i) o fato de o método depender de diferenciações sucessivas da EDO fornecida pelo PVI da Eq. (7.7), a menos que se pretenda usar um método de 1ª ordem. Em consequência, a função *f(t,x)* deve possuir derivadas parciais na região de obtenção da solução. Note que essa hipótese não é necessária para que exista uma solução para o PVI;
   ii) o trabalho analítico com o cálculo das derivadas, bem como a possibilidade de erros nesse processo;
   iii) as várias derivadas devem ser programadas separadamente.

2) Vantagens:
   i) simplicidade conceitual;
   ii) potencial para alta precisão com o uso de um número elevado de termos na Eq. (7.15), o que permitiria o uso de valores elevados para o passo de integração h, sem perda de precisão, reduzindo assim grandemente o tempo de integração do PVI no intervalo desejado;
   iii) a possibilidade de eliminação da dificuldade e dos erros com o cálculo de muitas derivadas em decorrência do advento de programação simbólica, existindo as derivadas de *f(t,x)* na região de interesse.

7.3.3. Erros na solução numérica da EDO

O exemplo 7.2 destaca a importante questão de avaliar os erros cometidos ao obter a solução de um PVI por um método numérico. Há vários tipos de erros que aparecem no processo. Uma classificação largamente aceita é dada a seguir:

1) Erro de truncamento local (ETL): é o erro cometido em um passo quando se usa um processo finito ao invés de um infinito. Note que no método da série de Taylor, por exemplo, utiliza-se uma soma finita de alguns termos da série de Taylor para $x(t+h)$ ao invés dos infinitos termos da série de Taylor original. O erro de truncamento local ocorrerá em qualquer algoritmo que se escolha, sendo claramente independente do erro de arredondamento.

2) Erro de arredondamento local (EAL): é causado pela precisão limitada dos computadores, sendo que sua magnitude depende do tamanho da palavra do computador (ou do número de bits na mantissa dos números de máquina de ponto flutuante).

3) Erro de truncamento global (ETG): a acumulação dos erros de truncamento local em todos os passos usados na integração do PVI acarretam no erro de truncamento global. Note que esses erros estariam presentes mesmo que fosse possível o uso de aritmética exata, mas o computador, por sua própria construção, não é capaz de realizar isso. Portanto, trata-se de um erro que está associado com o método, sendo independente do computador em que os cálculos sejam executados. Se os erros de truncamento local em cada passo de integração do PVI forem $O(h^{n+1})$, então o erro de truncamento global será $O(h^n)$, porque o número de passos necessário para alcançar um ponto arbitrário t_{final} tendo iniciado em t_0 é

$$\frac{t_{final}-t_0}{h}, \text{ assim } ETG = \frac{t_{final}-t_0}{h} \times O\left(h^{n+1}\right) = O\left(h^n\right).$$

4) Erro de arredondamento global (EAG): o erro de arredondamento global é a soma dos erros de arredondamento local em passos anteriores.

5) Erro total (ET): o erro total é a soma do erro de truncamento global com o erro de arredondamento global.

No método da série de Taylor, se forem retidos os termos até e incluindo h^n na série, então o erro de truncamento local é a soma de todos os termos remanescentes da série que não foram incluídos. Pelo teorema de Taylor, esse erro pode ser representado por um único termo, conforme mostra a Eq. (7.17). Neste caso, diz-se que o erro de truncamento local é $O(h^{n+1})$. Um erro desse tipo estará presente em cada passo da solução numérica. Se o erro de truncamento global for $O(h^n)$, diz-se que o processo numérico é ordem n.

7.3.4. Métodos de Runge-Kutta

O método da série de Taylor apresenta a desvantagem de requerer a diferenciação analítica da função definida pelo PVI da Eq. (7.7) antes da programação computacional, ou seja:

$$\begin{cases} \dfrac{dx}{dt} = x' = f(t,x) \\ x(t = t_0) = x_0 \end{cases} \tag{7.7}$$

Portanto, para obter precisão de 5ª ordem (ETG = $O(h^5)$), por exemplo, é necessário obter expressões analíticas para x', x'', x''', x^{IV} e x^V a partir da Eq. (7.7). Somente após esse procedimento, é possível fazer a programação do método da série de Taylor.Para resolver esse problema, foram propostos os métodos de Runge-Kutta, que utilizam combinações adequadas de valores de $f(t,x)$.

7.3.4.1. Método de Runge-Kutta de 2ª ordem

A derivação do método de Runge-Kutta de 2ª ordem se inicia com a seguinte série de Taylor:

$$\mathrm{x}(t+h)=x(t)+h\ \mathrm{x'}(\mathrm{t})+\frac{h^2}{2!}x''(t)+\frac{h^3}{3!}x'''(t)+\cdots \tag{7.19}$$

Da Eq. (7.7), usando a regra da cadeia, obtém-se:

$$\begin{gathered}
x'=f \\
x''=\frac{\partial f}{\partial t}+\frac{\partial f}{\partial x}x'=\frac{\partial f}{\partial t}+\frac{\partial f}{\partial x}f \\
x'''=\frac{\partial^2 f}{\partial t^2}+\frac{\partial^2 f}{\partial t\partial x}f+\left(\frac{\partial f}{\partial t}+\frac{\partial f}{\partial x}f\right)\frac{\partial f}{\partial x}+\left(\frac{\partial^2 f}{\partial x\partial t}+\frac{\partial^2 f}{\partial x^2}f\right)f \\
\vdots
\end{gathered} \tag{7.20}$$

Substituindo as derivadas x' e x'' obtidas na Eq. (7.20) na Eq. (7.19), após alguma álgebra, obtém-se:

$$\mathrm{x}(t+h)=x(t)+\frac{1}{2}h\ \mathrm{f}+\frac{h}{2}\left\{f+h\frac{\partial f}{\partial t}+hf\frac{\partial f}{\partial x}\right\}+O\left(h^3\right) \tag{7.21}$$

Utilizando uma série de Taylor em duas variáveis, conforme apresentado na seção 1.5, escreve-se:

$$\mathrm{f}(t+h,x+hf)=f+h\frac{\partial f}{\partial t}+hf\frac{\partial f}{\partial x}+O\left(h^2\right) \tag{7.22}$$

Portanto, a Eq. (7.21) pode ser escrita como se segue:

$$\mathrm{x}(t+h)=x(t)+\frac{1}{2}h\ \mathrm{f}+\frac{h}{2}f\left(t+h,x+hf\right)+O\left(h^3\right) \tag{7.23}$$

Dessa maneira, a fórmula de Runge-Kutta de 2ª ordem é definida por:

$$x(t+h) = x(t) + \frac{1}{2}(F_1 + F_2) \tag{7.24}$$

em que:

$$\begin{cases} F_1 = h\, f(\, t,x \,) \\ F_2 = h\;\, f(t+h,\, h+F_1) \end{cases} \tag{7.25}$$

O método de Runge-Kutta de 2ª ordem conforme a definição das Eqs. (7.24) e (7.25) também é conhecido como **método de Heun**.

Na realidade, os métodos de Runge-Kutta de 2ª ordem são apresentados de maneira generalizada por:

$$x(t+h) = x(t) + s_1 h\ \mathrm{f} + s_2 h\, f(t+\gamma h, x+\delta h f) + O(h^3) \tag{7.26}$$

em que s_1, s_2, γ, δ são parâmetros a definir. Assim, reescreve-se a Eq. (7.26) utilizando a série de Taylor para duas variáveis, como a seguir:

$$x(t+h) = x(t) + s_1 h\ \mathrm{f} + s_2 h\ \left\{ f + \gamma h \frac{\partial f}{\partial t} + \delta h f \frac{\partial f}{\partial x} \right\} + O(h^3) \tag{7.27}$$

Assim, verifica-se da comparação direta entre as Eqs. (7.27) e (7.23) que resultam as seguintes condições:

$$\begin{cases} s_1 + s_2 = 1 \\ s_2 \gamma = \dfrac{1}{2} \\ s_2 \delta = \dfrac{1}{2} \end{cases} \tag{7.28}$$

Note que uma das possíveis soluções do sistema definido pela Eq. (7.28) é

$$s_1 = s_2 = \frac{1}{2} \text{ e } \gamma = \delta = 1,$$

que corresponde ao método de Heun definido pelas Eqs. (7.24) e (7.25).

Há outras soluções possíveis, p.ex.,

$$s_1 = 0, \; s_2 = 1 \text{ e } \gamma = \delta = \frac{1}{2},$$

definem a nova formulação para o método, como:

$$x(t+h) = x(t) + F_2 \tag{7.29}$$

em que:

$$\begin{cases} F_1 = h\ f(t,x) \\ F_2 = h\ f\left(t + \frac{1}{2}h, x + \frac{1}{2}F_1\right) \end{cases} \tag{7.30}$$

Assim, é definido o **método de Euler** modificado ou **método do ponto médio**. Esta última denominação é mais bem entendida com uma interpretação gráfica do método.

A Fig. 7.6 mostra a interpretação gráfica do método do ponto médio em que se usa o ponto médio do intervalo de integração h para pro duzir uma estimativa para x no ponto médio do intervalo. Isso é feito usando metade do incremento $F_1 = h\ f(t,x)$ que é calculado para todo o intervalo usando o método de Euler. A seguir, a derivada da função, i.e., x', é avaliada nesse ponto médio estimado e, agora, usa-se essa derivada para calcular $x(t + h)$ com a Eq. (7.29). A estimativa para x no ponto médio do intervalo é finalmente descartada após o seu uso.

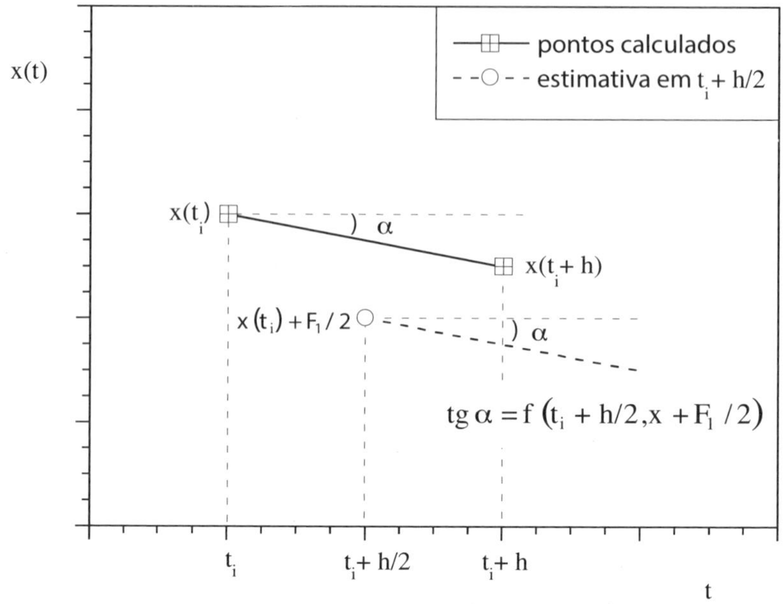

Figura 7.6 Interpretação gráfica do método de Runge-Kutta de 2ª ordem (método do ponto médio).

7.3.4.2. Método de Runge-Kutta de 4ª ordem

A derivação do método de Runge-Kutta de 4ª ordem é feita de maneira análoga ao método de Runge-Kutta de 2ª ordem, i.e., partindo de uma série de Taylor como a apresentada na Eq. (7.19), desta feita considerando até a 4ª derivada de *x*, conforme a seguir:

$$\mathrm{x}(t+h) = x(t) + h\,\mathrm{x}'(\mathrm{t}) + \frac{h^2}{2!}x''(t) + \frac{h^3}{3!}x'''(t) + \frac{h^4}{4!}x^{IV}(t) + O(h^5) \quad (7.31)$$

Assim, o ETL é $O(h^5)$, e o ETG é $O(h^4)$. Os passos algébricos intermediários da derivação das fórmulas do método são deixados como exercício proposto (problema 7.1). O resultado final é dado a seguir:

$$\mathrm{x}(t+h) = x(t) + \frac{1}{6}(F_1 + 2\,F_2 + 2\,F_3 + F_4) \quad (7.32)$$

em que:

$$\begin{cases} F_1 = h\ f(t,x) \\ F_2 = h\ f\left(t+\frac{1}{2}h, x+\frac{1}{2}F_1\right) \\ F_3 = h\ f\left(t+\frac{1}{2}h, x+\frac{1}{2}F_2\right) \\ F_4 = h\ f\left(t+h, x+F_3\right) \end{cases} \tag{7.33}$$

Analogamente ao método de Runge-Kutta de 2ª ordem, o método de Runge-Kutta de 4ª ordem também pode ser interpretado graficamente. Neste caso, em cada passo h, a função $x' = f(t,x)$ é avaliada quatro vezes, i.e., uma vez em t com o valor atual de x, duas vezes em $t + h/2$, usando duas estimativas diferentes para

$$x\left(x+\frac{1}{2}F_1 \text{ e } x+\frac{1}{2}F_2\right),$$

e uma vez em $t + h$, usando uma estimativa para x dada por $x+F_3$. Finalmente, a partir dessas derivadas, o valor de $x(t+h)$ é calculado, conforme mostram as Eqs. (7.32) e (7.33).

Exemplo 7.3) Considere o seguinte PVI:

$$\begin{cases} \dfrac{dx}{dt} = x' = -t\ x \\ x(t=0) = 1 \end{cases} \tag{7.34}$$

i) Obtenha a solução na forma tabular assumindo um intervalo $h = 0,1$ para $t \in [0,5]$ utilizando o método de Runge-Kutta de 4ª ordem.
ii) Obtenha a solução analítica (exata) para o PVI pelo método de separação de variáveis e construa uma tabela comparativa dos resultados obtidos com os dois métodos, calculando os erros acumulados a medida que o processo de integração avança.

Solução

i) A solução pelo método de Runge-Kutta de 4ª ordem é obtida com as Eqs. (7.32) e (7.33) utilizando $h = 0,1$, partindo de $t = t_0 = 0$, em que $x(t_0)=1$, sendo mostrada na Tabela 7.3.
ii) A solução analítica do PVI pelo método de separação de variáveis é obtida como se segue:

Inicialmente, separam-se os termos que contêm a variável dependente x no 1º membro da Eq. (7.34) e os que contêm a variável independente no 2º membro da mesma equação, conforme se segue:

$$\frac{dx}{x} = -t\,dt$$

A seguir, integra-se a equação obtida a partir da condição inicial até um ponto genérico (t,x), obtendo:

$$\int_1^x \frac{dx}{x} = -\int_0^t t\,dt, \text{ i.e., } \ln\frac{x}{x_0} = -\frac{t^2}{2}$$

$$\ln(x) = -\frac{t^2}{2}, \text{ i.e., } x = e^{-t^2/2}$$

que é a solução analítica do PVI.

Utilizando um programa computacional (disponível no site: www.manoleeducacao.com.br/calculonumericoaplicado), obtém-se o resultado mostrado na forma da Tabela 7.3 e graficamente na Fig. 7.7.

Tabela 7.3 Solução dos itens (i) e (ii) do exemplo 7.3

Passo Nr	t	x(t)	x_exata(t)	Erro = | x(t) – x_exata(t) |
0	0.000000E+00	1.000000	1.000000	0.000000E+00
1	1.000000E-01	9.950125E-01	9.950125E-01	1.690528E-08
2	2.000000E-01	9.801987E-01	9.801987E-01	8.632012E-09
3	3.000000E-01	9.559975E-01	9.559975E-01	1.137317E-08
4	4.000000E-01	9.231163E-01	9.231163E-01	1.785366E-08
5	5.000000E-01	8.824969E-01	8.824969E-01	9.178681E-09
6	6.000000E-01	8.352702E-01	8.352702E-01	2.653910E-08
7	7.000000E-01	7.827045E-01	7.827045E-01	2.003017E-08
8	8.000001E-01	7.261490E-01	7.261490E-01	2.705608E-08
9	9.000001E-01	6.669768E-01	6.669767E-01	5.589025E-08
10	1.000000	6.065307E-01	6.065306E-01	7.894278E-08
11	1.100000	5.460745E-01	5.460743E-01	1.689092E-07
12	1.200000	4.867524E-01	4.867522E-01	2.621865E-07
13	1.300000	4.295576E-01	4.295573E-01	3.697793E-07
14	1.400000	3.753115E-01	3.753110E-01	4.779661E-07
15	1.500000	3.246530E-01	3.246523E-01	6.185836E-07
16	1.600000	2.780380E-01	2.780372E-01	7.815136E-07
17	1.700000	2.357469E-01	2.357460E-01	9.433125E-07
18	1.800000	1.978997E-01	1.978986E-01	1.110535E-06
19	1.900000	1.644756E-01	1.644744E-01	1.267524E-06
20	2.000000	1.353366E-01	1.353352E-01	1.388991E-06
21	2.100000	1.102520E-01	1.102505E-01	1.500757E-06
22	2.200000	8.892320E-02	8.892161E-02	1.592834E-06
23	2.300000	7.100703E-02	7.100536E-02	1.666695E-06
24	2.400000	5.613649E-02	5.613478E-02	1.710533E-06
25	2.500000	4.393868E-02	4.393696E-02	1.721671E-06
26	2.600000	3.404919E-02	3.404748E-02	1.702573E-06

(continua)

Tabela 7.3 Solução dos itens (i) e (ii) do exemplo 7.3 *(continuação)*

27	2.700000	2.612309E-02	2.612144E-02	1.651457E-06
28	2.799999	1.984270E-02	1.984112E-02	1.573423E-06
29	2.899999	1.492229E-02	1.492081E-02	1.474423E-06
30	2.999999	1.111038E-02	1.110902E-02	1.358054E-06
31	3.099999	8.189952E-03	8.188722E-03	1.230409E-06
32	3.199999	5.977137E-03	5.976040E-03	1.096328E-06
33	3.299999	4.318816E-03	4.317854E-03	9.613801E-07
34	3.399999	3.089557E-03	3.088727E-03	8.300105E-07
35	3.499999	2.188206E-03	2.187500E-03	7.057067E-07
36	3.599999	1.534409E-03	1.533818E-03	5.909849E-07
37	3.699999	1.065259E-03	1.064772E-03	4.877656E-07
38	3.799999	7.322032E-04	7.318065E-04	3.967175E-07
39	3.899998	4.982766E-04	4.979585E-04	3.181339E-07
40	3.999998	3.357164E-04	3.354649E-04	2.515422E-07
41	4.099998	2.239436E-04	2.237472E-04	1.963918E-07
42	4.199998	1.479004E-04	1.477494E-04	1.510614E-07
43	4.299998	9.670877E-05	9.659413E-05	1.146423E-07
44	4.399998	6.260785E-05	6.252201E-05	8.585224E-08
45	4.499998	4.012910E-05	4.006564E-05	6.345503E-08
46	4.599998	2.546588E-05	2.541958E-05	4.629642E-08
47	4.699998	1.600029E-05	1.596694E-05	3.334601E-08
48	4.799998	9.953323E-06	9.929608E-06	2.371381E-08
49	4.899998	6.130289E-06	6.113637E-06	1.665289E-08
50	4.999998	3.738247E-06	3.726698E-06	1.154891E-08

Finalmente, a partir da última coluna da Tabela 7.3, verifica-se que no caso em análise o ETG foi menor do que o esperado, i.e., com $h = 10^{-1}$, seria esperado $ETG = O(h^4) = O(10^{-4})$, mas foi obtido $ETG = O(10^{-8})$. A razão é que a solução do problema tende a zero à medida que $t \to 5$.

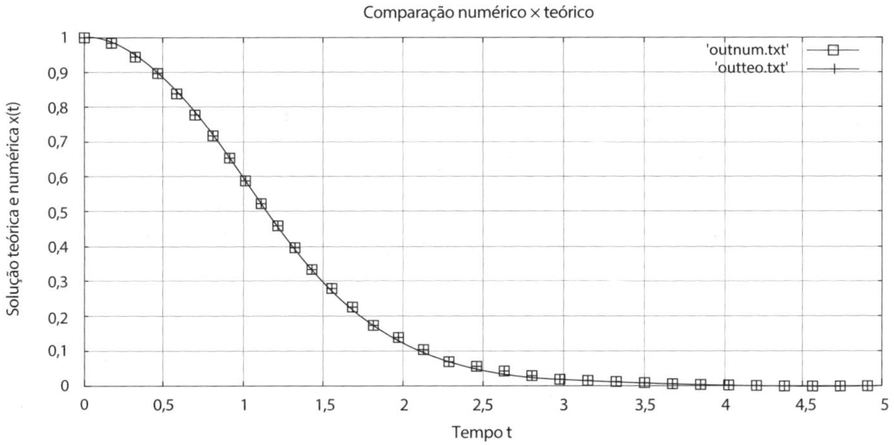

Figura 7.7 Solução gráfica do exemplo 7.3.

Exemplo 7.4) Considere o seguinte PVI:

$$\begin{cases} \dfrac{dx}{dt} = x' = t + e^t - x \\ x(t=0) = 0 \end{cases} \tag{7.35}$$

i) Obtenha a solução na forma tabular assumindo um intervalo $h = 0{,}1$ para $t \in [0,1]$ utilizando o método de Runge-Kutta de 4ª ordem.

ii) Obtenha a solução analítica (exata) para o PVI e construa uma tabela comparativa dos resultados obtidos com os dois métodos, calculando os erros acumulados à medida que o processo de integração avança.

Solução

i) A solução pelo método de Runge-Kutta de 4ª ordem é obtida com as Eqs. (7.32) e (7.33) utilizando $h = 0{,}1$, partindo de $t = t_0 = 0$, em que $x(t_0) = 0$, sendo mostrada na Tabela 7.4.

ii) A solução analítica do PVI pelo método do fator integrante é obtida como se segue:

$$x' + x = t + e^t$$

$$F.I. = e^{\int 1dt} = e^t$$

Multiplicando a EDO por e^t, obtém-se:

$$x'e^t + xe^t = te^t + e^{2t}$$

$$\left(x\,e^t\right)' = t\,e^t + e^{2t}$$

$$x\,e^t = \int t\,e^t\ dt + \int e^{2t}\ dt = t\,e^t - e^t + \frac{e^{2t}}{2} + C$$

Logo:

$$x = t\text{-}1 + \frac{e^t}{2} + \frac{C}{e^t}$$

$$x(0) = 0$$

$$0 = 0 - 1 + \frac{1}{2} + C \Rightarrow C = \frac{1}{2}$$

Portanto:

$$\mathrm{x} = \mathrm{t} - 1 + \frac{e^t}{2} + \frac{1}{2e^t}$$

que é a solução analítica do PVI.

Utilizando um programa computacional (disponível no site: www.manoleeducacao.com.br/calculonumericoaplicado), obtém-se o resultado mostrado na forma da Tabela 7.4, e graficamente na Fig. 7.8.

Tabela 7.4 Solução dos itens (i) e (ii) do exemplo 7.4

Passo Nr	t	x(t)	x_exata(t)	Erro = | x(t) – x_exata(t) |
0	0.000000E+00	0.000000E+00	0.000000E+00	0.000000E+00
1	1.000000E-01	1.050043E-01	1.050042E-01	1.185610E-07
2	2.000000E-01	2.200670E-01	2.200668E-01	2.352293E-07
3	3.000000E-01	3.453389E-01	3.453385E-01	3.513358E-07
4	4.000000E-01	4.810728E-01	4.810724E-01	4.628276E-07
5	5.000000E-01	6.276265E-01	6.276259E-01	5.730703E-07
6	6.000000E-01	7.854659E-01	7.854652E-01	6.388665E-07
7	7.000000E-01	9.551698E-01	9.551691E-01	7.074569E-07
8	8.000001E-01	1.137436	1.137435	8.317332E-07
9	9.000001E-01	1.333087	1.333087	8.655929E-07
10	1.000000	1.543082	1.543081	9.854963E-07
11	1.100000	1.768520	1.768519	1.109657E-06
12	1.200000	2.010657	2.010656	1.085931E-06
13	1.300000	2.270916	2.270915	1.240105E-06
14	1.400000	2.550900	2.550899	1.370701E-06
15	1.500000	2.852412	2.852410	1.385657E-06
16	1.600000	3.177467	3.177465	1.512881E-06
17	1.700000	3.528318	3.528316	1.665819E-06
18	1.800000	3.907476	3.907474	1.788581E-06
19	1.900000	4.317735	4.317733	1.762918E-06
20	2.000000	4.762199	4.762197	2.607642E-06
21	2.100000	5.244317	5.244314	3.165956E-06
22	2.200000	5.767913	5.767909	4.275572E-06
23	2.300000	6.337225	6.337220	5.070992E-06
24	2.400000	6.956952	6.956946	5.853068E-06
25	2.500000	7.632295	7.632288	6.856082E-06
26	2.600000	8.369011	8.369003	7.687078E-06
27	2.700000	9.173473	9.173465	8.346924E-06

(continua)

Tabela 7.4 Solução dos itens (i) e (ii) do exemplo 7.4 *(continuação)*

28	2.799999	10.052730	10.052720	9.825816E-06
29	2.899999	11.014590	11.014580	1.125075E-05
30	2.999999	12.067670	12.067650	1.289226E-05
31	3.099999	13.221510	13.221490	1.471263E-05
32	3.199999	14.486650	14.486630	1.626702E-05
33	3.299999	15.874760	15.874750	1.795603E-05
34	3.399999	17.398740	17.398720	1.971202E-05
35	3.499999	19.072830	19.072800	2.262687E-05
36	3.599999	20.912780	20.912750	2.460055E-05
37	3.699999	22.936010	22.935990	2.765634E-05
38	3.799999	25.161770	25.161740	3.054924E-05
39	3.899998	27.611340	27.611310	3.448713E-05
40	3.999998	30.308220	30.308190	3.810220E-05
41	4.099998	33.278420	33.278380	3.309274E-05
42	4.199998	36.550650	36.550610	4.009325E-05
43	4.299998	40.156660	40.156620	4.581995E-05
44	4.399998	44.131550	44.131500	5.242728E-05
45	4.499998	48.514090	48.514030	5.908687E-05
46	4.599998	53.347150	53.347080	6.676839E-05
47	4.699998	58.678090	58.678020	7.651953E-05
48	4.799998	64.559270	64.559190	8.458107E-05
49	4.899998	71.048550	71.048450	9.629537E-05
50	4.999998	78.209880	78.209770	1.077876E-04

Finalmente, obtém-se o seguinte gráfico a partir da última coluna da Tabela 7.4, que, no caso em análise, leva ao $\text{ETG} = \text{O}\left(\text{h}^4\right) = O\left(10^{-4}\right)$, conforme esperado para o método.

7.3.4.3. Erros nos métodos de Runge-Kutta

Os exemplos 7.3 e 7.4 mostraram que erros de truncamento ocorrem ao utilizar o método de Runge-Kutta de 4ª ordem. Para métodos de

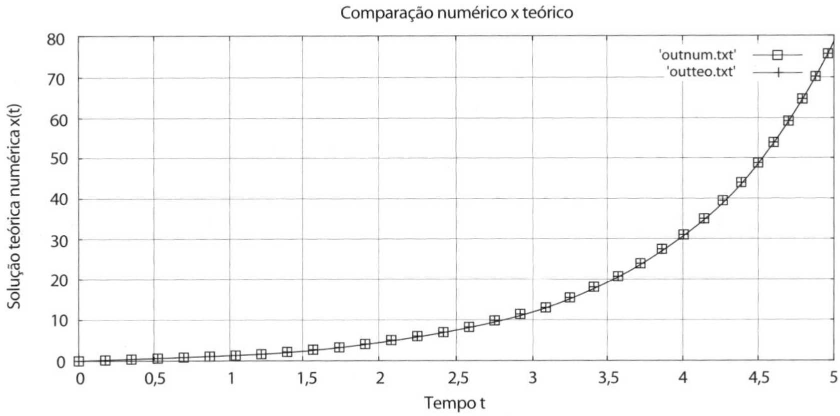

Figura 7.8 Solução gráfica do exemplo 7.4.

Runge-Kutta de qualquer ordem, esses *ETL* aparecem em cada passo de integração por causa do número finito de termos utilizados na série de Taylor que origina o método, e estariam presentes mesmo que o computador fizesse cálculos com precisão absoluta. No caso do método de Runge-Kutta de 4ª ordem, $ETL = O\left(h^5\right)$, que é o erro associado à série de Taylor quando se considera até o termo que envolve a 4ª derivada da função. Assim, desde o primeiro passo de integração quando se calcula $\mathrm{x}\left(\mathrm{t}_0 + h\right)$ com o algoritmo, há um erro de truncamento associado e, portanto, a solução correta seria $\tilde{\mathrm{x}}\left(\mathrm{t}_0 + h\right)$. Logo, o erro de truncamento local pode ser calculado como:

$$\mathrm{ETL} = \tilde{\mathrm{x}}\left(\mathrm{t}_0 + h\right) - \mathrm{x}\left(\mathrm{t}_0 + h\right) \tag{7.36}$$

Para valores pequenos de *h*, verifica-se que o *ETL* é proporcional a Ch^5, no qual *C* não depende de *h*, mas depende de t_0 e $\tilde{\mathrm{x}}$. Assim, é possível chegar a uma estimativa para Ch^5, assumindo que *C* é invariante entre t_0 e $\mathrm{t}_0 + h$, conforme a seguir:

$$\tilde{\mathrm{x}}\left(\mathrm{t}_0 + h\right) = \mathrm{x}\left(\mathrm{t}_0 + h\right) + Ch^5 \tag{7.37}$$

ou marchando em dois passos $h/2$, obtém-se:

$$\tilde{x}\left(t_0+\frac{h}{2}\right)=x\left(t_0+\frac{h}{2}\right)+C\left(\frac{h}{2}\right)^5$$
$$\tilde{x}(t_0+h)=x\left(t_0+\frac{h}{2}+\frac{h}{2}\right)+C\left(\frac{h}{2}\right)^5+C\left(\frac{h}{2}\right)^5 \quad (7.38)$$
$$\tilde{x}(t_0+h)=x\left(t_0+\frac{h}{2}+\frac{h}{2}\right)+2C\left(\frac{h}{2}\right)^5$$

Subtraindo a Eq. (7.38) da Eq. (7.37), obtém-se:

$$0=x(t_0+h)-x\left(t_0+\frac{h}{2}+\frac{h}{2}\right)+Ch^5-2C\left(\frac{h}{2}\right)^5$$
$$0=x(t_0+h)-x\left(t_0+\frac{h}{2}+\frac{h}{2}\right)+Ch^5\left(1-\frac{1}{2^4}\right) \quad (7.39)$$
$$ETL=Ch^5\cong x(t_0+h)-x\left(t_0+\frac{h}{2}+\frac{h}{2}\right)$$

Assim, durante o processo computacional de integração do PVI pelo método de Runge-Kutta de 4ª ordem, o *ETL* pode ser monitorado, a fim de que seja mantido abaixo de uma tolerância preestabelecida. Se o *ETL* estiver acima da tolerância, o passo de integração pode ser diminuído por um fator (p.ex., pela metade) e, em consequência, o *ETL* é reduzido. Se o *ETL* estiver abaixo da tolerância, o passo pode ser aumentado (p.ex., dobrado) e ainda assim o *ETL* ficar abaixo da tolerância.

Além dos erros de truncamento que ocorrem nos métodos de Runge-Kutta, há outro importante aspecto a ser observado. Trata-se da escolha de um balanço adequado entre o número requerido de avaliações da função do PVI de acordo com a ordem do método. De fato, observa-se que, ao aumentar a ordem do método de Runge-Kutta, o número requerido de avaliações da função do PVI aumenta mais rapidamente do que a ordem do método. Esse fato faz com que os métodos de Runge-Kutta de ordem elevada sejam menos atraentes do que o método de Runge-Kutta de 4ª ordem clássico, uma vez que demandam maior esforço computacional.

7.3.5. Métodos de passo adaptativo

A possibilidade de avaliar os erros de truncamento durante o processo de integração motivou o surgimento dos métodos de passo adaptativo. Fica evidente que a possibilidade de aumentar ou diminuir o passo de integração durante o processo computacional traz como resultado imediato a redução do custo computacional, i.e., a obtenção de soluções mais rapidamente. Um exemplo de procedimento para ajustar o tamanho do passo com o método de Runge-Kutta foi proposto por Fehlberg (1969); com a utilização de um método de Runge-Kutta de 4ª ordem com 5 avaliações da função do PVI e um método de 5ª ordem com 6 avaliações da função. A princípio, esse método de 4ª ordem requeria mais avaliações da função do que o método clássico, e esses dois métodos, no total, pediriam a avaliação da função 11 vezes. No entanto, o autor foi capaz de construir um algoritmo selecionando adequadamente parâmetros dos métodos de Runge-Kutta para obter duas fórmulas de ordens diferentes com os mesmos pontos para avaliação da função. O resultado foi que somente seis avaliações da função são necessárias a cada passo de integração, calculando ainda uma estimativa para o *ETL* que é usada para controlar o tamanho do passo. Dessa maneira, o assim chamado método de Runge-Kutta-Fehlberg é de 5ª ordem e utiliza duas fórmulas de 4ª e 5ª ordem é calcula. Definindo a solução do método de 4ª ordem por $x_4(t_0 + h)$ e a solução do método de 5ª ordem por $x_5(t_0 + h)$, obtém-se uma estimativa para o erro de truncamento associado com a fórmula menos precisa, i.e., a de 4ª ordem. O resultado é dado por:

$$ETL \cong x_4(t_0 + h) - x_5(t_0 + h) \tag{7.40}$$

Assim, o ETL calculado pela Eq. (7.40) é utilizado para controlar o tamanho do passo de integração. O valor utilizado como solução é o valor calculado pela fórmula mais precisa, i.e., $x_5(t_0 + h)$.

Um método de passo adaptativo deve manter a magnitude do ETL abaixo de uma tolerância preestabelecida, ε, para obter a solução do PVI da Eq. (7.7) em todo o intervalo desejado, i.e., para $t \in [t_0, T]$. A fim de manter o processo sob controle, um valor máximo limite para o número de passos também deve ser especificado, *M*. O método usado para controlar o tamanho do passo de integração deve ser o de menor ordem, enquanto o método de maior ordem deve ser usado para calcular a solução numérica para o passo seguinte. Assim, busca-se garantir que o passo escolhido de fato leve à ordem desejada na obtenção da solução. Como discutido na seção anterior, se o *ETL* estiver acima da tolerância, o passo de integração pode ser diminuído por um fator e, se o *ETL* estiver abaixo da tolerância, o passo pode ser aumentado. O desenvolvimento e a implementação computacional do método de Runge-Kutta-Fehlberg de 4ª/5ª ordem de passo adaptativo são propostos como exercício (problema 7.2).

Alternativamente, o passo de integração pode ter seu tamanho controlado automaticamente tanto para aumentar como para diminuir com uma única fórmula (Kincaid e Cheney, 1991):

$$h = \alpha\, h \left\{ \frac{\varepsilon}{|\mathrm{ETL}|} \right\}^{\frac{1}{1+p}} \tag{7.41}$$

em que α é uma constante de ordem 1; ε, uma tolerância pré-especificada; e *p*, a ordem do método utilizado para calcular a solução numérica.

Uma proposta de método de passo adaptativo foi recentemente apresentada por Dilay (2013), que utiliza o método de Euler, o método de Runge-Kutta de 4ª ordem e a Eq. (7.41), com $\alpha = 1$ e $p = 4$, para controlar o tamanho do passo de integração. O *ETL* é estimado como a variação relativa da solução obtida com o método de Euler e da solução obtida com o método de Runge-Kutta de 4ª ordem, conforme a seguir:

$$ETL \cong \frac{x_{FE}\left(t_0 + h\right) - x_{RK4}\left(t_0 + h\right)}{x_{RK4}\left(t_0 + h\right)} \tag{7.42}$$

em que $x_{FE}\left(t_0 + h\right)$ é a solução numérica calculada com o método de Euler e $x_{RK4}\left(t_0 + h\right)$ é a solução numérica calculada com o método de Runge-Kutta de 4ª ordem, e que realiza apenas quatro avaliações da função do PVI da Eq. (7.7) em cada passo de integração, uma vez que a primeira avaliação é utilizada para os dois métodos. De acordo com a Eq. (7.41), $\varepsilon = 10^{-3}$ significa que uma variação de 0,1% entre as duas soluções implicará manter o passo de integração inalterado; maior do que 0,1%, o passo será reduzido; e menor do que 0,1%, o passo será aumentado.

Fica evidente que o método resultante é de 4ª ordem e o esforço computacional por passo de integração é o mesmo do método de Runge-Kutta de 4ª ordem que avalia 4 vezes a função do PVI da Eq. (7.7), com a grande vantagem de permitir a adaptação do tamanho do passo de integração, com consequente redução significativa do tempo computacional para obter a solução do PVI da Eq. (7.7) em todo o intervalo desejado, i.e., para $t \in \left[t_0, T\right]$, em relação ao método de passo fixo.

Assim como o método de Runge-Kutta-Fehlberg de 4ª/5ª ordem de passo adaptativo e o método de Runge-Kutta-Euler apresentados nesta seção, há muitos outros procedimentos de passo adaptativo que foram propostos anteriormente na literatura técnica (Kincaid e Cheney, 1991; Press et al., 1992; Sarafyan, 1994). Eles sao denominados de "procedimentos encaixados" (*embedded procedures*), uma vez que são compostos por um par de fórmulas de ordem p e q, em que $q = p + n$, i.e., q é a ordem do método mais preciso e n é o acréscimo de ordem em relação ao método menos preciso. Esses métodos usam o mais possível as avaliações de funções do PVI da Eq. (7.7) nos mesmos pontos, a fim de reduzir o custo computacional a um mínimo.

7.3.6. Métodos multipasso e multivalor

Os métodos abordados até este ponto neste capítulo para resolver o PVI da Eq. (7.7) são conhecidos como **métodos de passo simples**, uma vez que utilizam somente os valores da solução conhecida no passo *t*, i.e., *x(t)*, para calcular *x(t+h)*. Alternativamente, outros procedimentos podem ser concebidos se alguns valores anteriores de *x* forem usados para calcular *x(t+h)*.

As denominações multipasso e multivalor surgem para descrever duas maneiras de implementar esses procedimentos alternativos para integrar o PVI da Eq. (7.7). A nomenclatura previsão-correção representa uma subclassificação dos dois métodos e é a mais utilizada em geral, sendo que a definição previsão-correção tem sido utilizada inadequadamente para se referir a esses métodos indistintamente (Press et al., 1992).

7.3.6.1. Métodos multipasso

O método multipasso é também aplicado ao PVI:

$$\begin{cases} \dfrac{dx}{dt} = x' = f(t,x) \\ x(t = t_0) = x_0 \end{cases} \tag{7.7}$$

A solução *x(t)* do PVI da Eq. (7.7) deve ser obtida em forma tabular para $t \in [t_0, T]$, i.e., um intervalo de interesse. Para tanto, pontos intermediários não necessariamente igualmente espaçados podem ser definidos, i.e., $t_0, t_1, t_2, t_3, \ldots, t_n$. Admitindo *x(t)* como a solução exata do problema, integra-se a Eq. (7.7) e obtém-se:

$$\begin{aligned} &\int_{t_i}^{t_{i+1}} x'(t)dt = x(t_{i+1}) - x(t_i) \qquad (0 \le i \le n) \\ &x(t_{i+1}) = x(t_i) + \int_{t_i}^{t_{i+1}} f(t, x(t))dt \end{aligned} \tag{7.43}$$

Em um método de passo simples, o valor x_{i+1} avaliado em t_{i+1} depende somente de x_i. No método multipasso, $f(t,x)$ é aproximado por um polinômio passando por vários pontos anteriores $t_i, t_{i-1}, \ldots$ e até mesmo t_{i+1}, se desejado (por uma regra de quadratura numérica).

O resultado da avaliação da Eq. (7.43) pode ser representado por:

$$x_{i+1} = x_i + a_0 f_{i+1} + a_1 f_i + a_2 f_{i-1} + a_3 f_{i-2} + a_4 f_{i-3} + a_5 f_{i-4} + \cdots \tag{7.44}$$

em que $f_i = f(t_i, x_i)$. Se $a_0 = 0$, o método é explícito, caso contrário é implícito. A ordem do método depende de quantos passos anteriores são utilizados para obter x_{i+1}.

A Eq. (7.44) com $a_0 = 0$ representa uma classe de métodos multipasso denominada **fórmula de Adams-Bashforth**. Por exemplo, uma fórmula de Adams-Bashforth de 5ª ordem (na próxima seção é apresentada a teoria de como avaliar a ordem de métodos multipasso), baseada em pontos igualmente espaçados $t_i = t_0 + ih$ para $0 \le i \le n$, é dada por:

$$x_{i+1} - x_i + \frac{h}{720}\left(1901 f_i - 2774 f_{i-1} + 2616 f_{i-2} - 1274 f_{i-3} + 251 f_{i-4}\right) \tag{7.45}$$

Os coeficientes da Eq. (7.45) foram determinados utilizando o **método dos coeficientes indeterminados** que foi apresentado no Capítulo 6. Basicamente, o processo envolve a integração numérica da Eq. (7.43):

$$\int_{t_i}^{t_{i+1}} f(t, x(t))dt \cong h\left\{A_1 f_i + A_2 f_{i-1} + A_3 f_{i-2} + A_4 f_{i-3} + A_5 f_{i-4}\right\} \tag{7.46}$$

Os coeficientes são determinados fazendo a integral da Eq. (7.46) exata para o integrando sendo um polinômio de grau ≤ 4. Sem perda de generalidade, assume-se $t_i = 0$ e $h = 1$ e toma-se como base para o espaço polinomial de grau ≤ 4 os polinômios ortogonais $p_0(t)=1$; $p_1(t)=t$; $p_2(t)=t\ (t+1)$; $p_3(t)=t\ (t+1)(t+2)$ e $p_4(t)=t\ (t+1)(t+2)(t+3)$. Notando que $t_{i+1}=1$, $t_i=0$, $t_{i-1}=-1$, $t_{i-2}=-2$, $t_{i-3}=-3$ e $t_{i-4}=-4$, pode-se avaliar a Eq. (7.46) conforme a seguir:

$$\int_0^1 p_j(t)\ dt = A_1 p_j(0) + A_2 p_j(-1) + A_3 p_j(-2) + A_4 p_j(-3) + A_5 p_j(-4)$$

$$(0 \leq j \leq 4) \tag{7.47}$$

Assim, constrói-se um sistema de 5 equações e 5 incógnitas para determinar os coeficientes A_k $(1 \leq k \leq 5)$, mostrado a seguir:

$$\begin{cases} A_1 + A_2 + A_3 + A_4 + A_5 = 1 \\ -A_2 - 2A_3 - 3A_4 - 4A_5 = 1/2 \\ 2A_3 + 6A_4 + 12A_5 = 5/6 \\ -6A_4 - 24A_5 = 9/4 \\ 24A_5 = 251/30 \end{cases} \tag{7.48}$$

O sistema da Eq. (7.48) é facilmente resolvível por substituição à retaguarda. O resultado é a obtenção dos coeficientes mostrados na Eq. (7.45). Uma outra maneira de obter esses coeficientes seria diretamente da Eq. (7.44), fazendo $x = p_j$ e $f = p'_j$, uma vez que $x' = f$, e obtendo um sistema análogo ao da Eq. (7.48), o que é deixado como exercício proposto (problema 7.3).

Apesar de ser um método explícito e de fácil implementação computacional, a fórmula de Adams-Bashforth do tipo da Eq. (7.45) e as outras possíveis da classe não são muito usadas na prática. De fato, elas são usadas em conjunto com outras fórmulas com o objetivo de aumentar a precisão da solução numérica. Para entender esse aspecto, considere resolver a Eq. (7.44) desta vez com $a_0 \neq 0$, i.e., o método agora será implícito, uma vez que x_{i+1} aparece no primeiro e no segundo membros da Eq. (7.44). Assim, um método de solução para obter x_{i+1} que cubra a possibilidade de *f* ser linear ou não linear deve ser utilizado, i.e., a dependência da Eq. (7.44) de x_{i+1} é de fato implícita, e x_{i+1} não pode ser explicitado algebricamente (p.ex., iteração funcional, Newton).

Para o método escolhido, é necessária uma estimativa inicial para x_{i+1}. Surge assim a utilidade para a aplicação de uma fórmula explícita (p.ex., Adams-Bashforth) para prover essa estimativa inicial. Esse é o passo **previsor**. Nele, o ajuste polinomial da derivada feito para os pontos anteriores é extrapolado para o novo ponto x_{i+1} e, a seguir, calcula-se numericamente a integral da Eq. (7.43) com uma regra de quadratura. A próxima integração numérica usando o valor de x_{i+1} obtido no passo previsor é chamada de passo **corretor**. Analogamente à discussão apresentada para os métodos de Runge-Kutta com passo adaptativo, a diferença entre o valor obtido com o previsor e com o corretor pode ser usada como uma estimativa para o *ETL*, para controle da precisão da solução e também para ajustar o passo de integração.

A questão que deve ser colocada neste ponto, conforme discutido por Press et al. (1992) é por que não usar o passo corretor como um passo previsor melhorado e calcular um novo passo corretor? A resposta baseia-se na observação de que o passo corretor terá sempre um *ETL* associado a sua fórmula, que é inevitável. Portanto, caso maior precisão seja necessária, recomenda-se o uso de um valor menor para de integração *h*.

Exemplo 7.5) Derive um método multipasso que utilize a seguinte fórmula:

$$x_{i+1} = x_i + a_0 f_{i+1} + a_1 f_i + a_2 f_{i-1} + a_3 f_{i-2} + a_4 f_{i-3} \qquad (7.49)$$

i) Obtenha os coeficientes tal que a Eq. (7.49) seja baseada em pontos igualmente espaçados $\mathrm{t_i} = \mathrm{t_0} + ih$ para $0 \leq \mathrm{i} \leq \mathrm{n}$.

ii) Proponha um método previsor-corretor utilizando a fórmula obtida.

Solução

i) Os coeficientes da Eq. (7.49) são determinados utilizando o método dos coeficientes indeterminados que foi apresentado no Capítulo 6 deste livro. Sem perda de generalidade, assume-se $t_i = 0$ e $h = 1$ e toma-se como base para o espaço polinomial de grau ≤ 4 os polinômios ortogonais $p_0(t) = 1$; $p_1(t) = t$; $p_2(t) = t\ (t+1)$; $p_3(t) = t\ (t+1)(t+2)$ e $p_4(t) = t(t+1)(t+2)(t+3)$. Notando que $t_{i+1} = 1$, $t_i = 0$, $t_{i-1} = -1$, $t_{i-2} = -2$ e $t_{i-3} = -3$, necessita-se integrar numericamente a Eq. (7.43), conforme se segue:

$$\int_{t_i}^{t_{i+1}} f(t, x(t))dt \cong h\{A_1 f_{i+1} + A_2 f_i + A_3 f_{i-1} + A_4 f_{i-2} + A_5 f_{i-3}\} \quad (7.50)$$

ou seja:

$$\int_0^1 p_j(t)\ dt = A_1 p_j(1) + A_2 p_j(0) + A_3 p_j(-1) + A_4 p_j(-2) + A_5 p_j(-3)$$
$$(0 \leq j \leq 4) \quad (7.51)$$

Assim, constrói-se um sistema de 5 equações e 5 incógnitas para determinar os coeficientes $A_k\ (1 \leq k \leq 5)$, mostrado a seguir:

$$\begin{cases} A_1 + A_2 + A_3 + A_4 + A_5 = 1 \\ A_1 - A_3 - 2A_4 - 3A_5 = 1/2 \\ 2A_1 + 2A_4 + 6A_5 = 5/6 \\ 6A_1 - 6A_5 = 9/4 \\ 24A_1 = 251/30 \end{cases} \quad (7.52)$$

A solução do sistema definido pela Eq. (7.52) e as Eqs. (7.43) e (7.50) levam à seguinte fórmula:

$$x_{i+1} = x_i + \frac{h}{720}(251\, f_{i+1} + 646\, f_i - 264\, f_{i-1} + 106\, f_{i-2} - 19\, f_{i-3}) \quad (7.52)$$

A Eq. (7.52) define a fórmula de Adams-Moulton de 5ª ordem.

ii) Um método previsor-corretor pode ser proposto empregando a Eq. (7.43), i.e., a fórmula de Adams-Bashforth de 5ª ordem para realizar o passo previsor, calculando $\tilde{x}_{i+1}$, e, a seguir, usar a Eq. (7.51) para calcular o valor do passo corretor usando o método de iteração funcional, por exemplo, para obter x_{i+1} a partir de uma estimativa inicial $\tilde{x}_{i+1}$. Assim, na Eq. (7.51), avalia-se $f_{i+1} = f\left(t_{i+1}, \tilde{x}_{i+1}\right)$ na primeira iteração para obter o passo corretor. Finalmente, para iniciar a integração, uma vez que somente x_0 é conhecido, é necessário que seja utilizado um outro método para obter x_1, x_2, x_3 e x_4. Aqui é recomendável o uso de um método de mesma ordem, p.ex., um método de Runge-Kutta de 5ª ordem nesse caso.

Os métodos multipasso de passos igualmente espaçados apresentam dois problemas de implementação:

a) As fórmulas calculam resultados em passos igualmente espaçados, portanto, o ajuste do passo de integração torna-se difícil.

b) Como foi discutido nesta seção, o início do procedimento é problemático, pois requer o uso de um outro método para avaliar os primeiros passos da integração do PVI. Além disso, a parada também traz problemas, uma vez que passos igualmente espaçados dificilmente levarão ao valor final desejado.

7.3.6.2. Análise de métodos multipasso lineares

Para finalizar o estudo de métodos multipasso neste livro, é conveniente discutir a teoria geral e, em consequência, como avaliar a ordem de cada método proposto. Para tanto, apresenta-se a seguinte formulação geral para os métodos multipasso (Kincaid e Cheney, 1991):

$$\sum_{i=0}^{j} a_{j-i} x_{m-i} = h \sum_{i=0}^{j} b_{j-i} f_{m-i} \tag{7.53}$$

Na Eq. (7.53), os coeficientes a_i e b_i são conhecidos. Note que x_i é uma aproximação da solução em t_i, para $t_i = t_0 + ih$, e $f_i = f(t_i, x_i)$. Calcula-se x_m assumindo que $x_0, x_1, \ldots, x_{m-1}$ sejam conhecidos. Portanto, assume-se que $a_j \neq 0$, com b_j podendo ser zero. Se $b_j = 0$, o método é explícito e x_m é calculado diretamente da Eq. (7.53). Fazendo $b_j \neq 0$, no segundo membro da equação, f_m depende da incógnita x_m, e a Eq. (7.53) é usada para determinar x_m implicitamente. Consequentemente, nessas condições, o método é implícito.

É importante observar que há uma relação linear entre x_{m-i} e f_{m-i}, para $i = 0,1,\ldots,j$. É por essa razão que o método geral definido pela Eq. (7.53) é denominado de **método multipasso linear**, mesmo quando $f(t,x)$ é uma função não linear de *x*.

Após a teoria geral, é importante determinar a ordem do método. Essa questão é respondida a partir da avaliação de quantos termos de uma solução por série de Taylor para *x(t)* estão sendo simulados pelo método. A seguir, resume-se uma análise originalmente apresentada por Kincaid e Cheney (1991).

No caso do método de Adams-Bashforth estabelecido pela Eq. (7.45), observa-se que o resultado é um método de 5ª ordem porque tem aproximadamente a mesma precisão que o método da série de Taylor, que inclui até o termo que contém h^5. Assim, $ETL = O(h^6)$ usando a Eq. (7.45) para obter *x(t)*. No entanto, é necessário formalizar matematicamente esse conceito.

Partindo da Eq. (7.53), define-se um funcional linear F_L por meio da seguinte equação:

$$F_L x = \sum_{\mathrm{i}=0}^{\mathrm{j}} \left\{ a_i x(ih) - h b_i \, \mathrm{x}'(\mathrm{ih}) \right\} \tag{7.54}$$

Fazendo $j = m$ por simplicidade e assumindo que o primeiro valor na Eq. (7.53) inicia em $t = 0$ ao invés de $t = m - j$, o operador $F_L x$ pode ser usado em qualquer função *x* diferenciável. Na análise, *x* é representado por uma série de Taylor em torno de $t = 0$. Assim, é possível obter:

$$F_L x = c_0 x(0) + c_1 h\, x'(0) + c_2 h^2\, x''(0) + \cdots \tag{7.55}$$

Escrevem-se séries de Taylor para *x* e *x'*, a fim de calcular os coeficientes c_i, conforme a seguir:

$$x(ih) = \sum_{p=0}^{\infty} \frac{(ih)^p}{p!} x^{(p)}(0) \tag{7.56}$$

$$x'(ih) = \sum_{p=0}^{\infty} \frac{(ih)^p}{p!} x^{(p+1)}(0) \tag{7.57}$$

Substituindo as Eqs. (7.56) e (7.57) na Eq. (7.54) e colocando o resultado em potências de *h*, obtém-se uma equação do tipo da Eq. (7.55), observando que os valores de c_i resultam como:

$$\begin{aligned} c_0 &= \sum_{i=0}^{j} a_i \\ c_1 &= \sum_{i=0}^{j} (i a_i - b_i) \\ c_2 &= \sum_{i=0}^{j} \left(\frac{1}{2} i^2 a_i - i b_i \right) \\ &\vdots \\ c_p &= \sum_{i=0}^{j} \left(\frac{i^p}{p\,!} a_i - \frac{i^{p-1}}{(p-1)\,!} b_i \right) \quad (\mathrm{p} = 1, 2, 3, \ldots) \end{aligned} \tag{7.58}$$

TEOREMA 7.2

As três propriedades seguintes dos métodos multipasso representados pela Eq. (7.53) são equivalentes:

1) $c_0 = c_1 = \cdots = c_q = 0$

2) $F_L p = 0$ para cada polinômio p de grau $\leq q$

3) $F_L x = O\left(h^{q+1}\right)$ para $\forall x \in C^{q+1}$

Prova:

Se a propriedade 1 for verdadeira, então a Eq. (7.55) tem a forma

$$F_L x = c_{q+1} h^{q+1} x^{(q+1)}(0) + \cdots \tag{7.59}$$

Se x for um polinômio de grau $\leq q$, então $x^{(p)}(t) = 0$, $\forall p > q$, e assim $F_L x = 0$, a partir da Eq. (7.59). Dessa maneira, a propriedade 1 resulta na propriedade 2.

Agora, assumindo que a propriedade 2 seja verdadeira, se $x \in C^{q+1}$, pelo teorema de Taylor escreve-se que $x = p + r$, em que p é um polinômio de grau $\leq q$ e r é uma função cujas primeiras q derivadas são nulas em 0. Como $F_L p = 0$, a Eq. (7.55) determina que:

$$F_L x = F_L r = c_{q+1} h^{q+1} r^{(q+1)}(0) = O\left(h^{q+1}\right) \tag{7.60}$$

e a propriedade 2 resulta na propriedade 3. ■

Por último, assuma que a propriedade 3 seja verdadeira, então na Eq. (7.55) deve-se ter a condição $c_0 = c_1 = \cdots = c_q = 0$, portanto, a propriedade 3 resulta na propriedade 1.

Pela análise apresentada, a ordem do método multipasso representado pela Eq. (7.53) é o inteiro q que satisfaz a seguinte lei:

$$c_0 = c_1 = \cdots = c_q = 0 \neq c_{q+1} \tag{7.61}$$

Exemplo 7.6) Determine a ordem do seguinte método multipasso e classifique-o como explícito ou implícito:

$$x_m - x_{m-1} = h\left\{\frac{5}{12}f_m + \frac{8}{12}f_{m-1} - \frac{1}{12}f_{m-2}\right\} \tag{7.62}$$

Solução

Utilizando as Eqs. (7.53) e (7.58), e observando que $(a_0, a_1, a_2) = (0, -1, 1)$ e $(b_0, b_1, b_2) = \left(-\frac{1}{12}, \frac{8}{12}, \frac{5}{12}\right)$, calculam-se:

$$c_0 = a_0 + a_1 + a_2 = 0 - 1 + 1 = 0$$

$$c_1 = -b_0 + (a_1 - b_1) + (2a_2 - b_2) = \frac{1}{12} - \frac{20}{12} + \frac{19}{12} = 0$$

$$c_2 = \left(\frac{1}{2}a_1 - b_1\right) + (2a_2 - 2b_2) = -\frac{14}{12} + \frac{24}{12} - \frac{10}{12} = 0$$

$$c_3 = \left(\frac{1}{6}a_1 - \frac{1}{2}b_1\right) + \left(\frac{4}{3}a_2 - 2b_2\right) = -\frac{1}{6} - \frac{4}{12} + \frac{4}{3} - \frac{10}{12} = 0$$

$$c_4 = \left(\frac{1}{24}a_1 - \frac{1}{6}b_1\right) + \left(\frac{2}{3}a_2 - \frac{4}{3}b_2\right) = -\frac{1}{24} - \frac{8}{72} + \frac{2}{3} - \frac{20}{36} = -\frac{1}{24}$$

Portanto, a ordem do método é 3 e trata-se de um método **implícito**, uma vez que busca a solução resolvendo uma equação para o valor posterior da variável dependente que envolve tanto o valor posterior quanto o anterior da variável dependente, i.e., f_m depende da incógnita x_m, e a Eq. (7.62) é usada para determinar x_m implicitamente. ■

7.3.6.3. Métodos multivalor

Os métodos multivalor utilizam os primeiros termos de uma série de Taylor escrita para *x(t)*, i.e., a função que é a solução do PVI da Eq. (7.7), e avançam a solução para *x(t+h)* obtendo os coeficientes da série de Taylor em *t+h*. Essa metodologia é diferente dos métodos multipasso, nos quais os dados são os valores em *x(t)*, *x(t-h)*, *x(t-2h)*, etc. Considerando um método de três valores, os dados para avaliar x_m são resumidos na forma de um vetor com 3 componentes disponíveis em t_{m-1}:

$$\vec{x}_{m-1} = \begin{Bmatrix} x_{m-1} \\ h\,x'_{m-1} \\ \dfrac{h^2}{2}x''_{m-1} \end{Bmatrix} \tag{7.63}$$

em que $h = x_m - x_{m-1}$. As componentes do vetor definido pela Eq. (7.63) são a solução, a primeira e a segunda derivadas referentes ao PVI da Eq. (7.7) no método em análise.

A partir dos dados da Eq. (7.63), usando os 3 primeiros termos de uma série de Taylor para *x(t)*, obtém-se:

$$x(t) \cong x_{m-1} + \left(x - x_{m-1}\right)\, x'_{m-1} + \frac{\left(x - x_{m-1}\right)^2}{2!} x''_{m-1} \tag{7.64}$$

Pode-se, portanto, usar a Eq. (7.64) para avaliar aproximadamente x_m. Para tanto, primeiramente deriva-se a Eq. (7.64) duas vezes, e toma-se $t = t_m$ para determinar expressões x'_m e x''_m.

Assim, é possível obter uma extrapolação polinomial a partir de $\vec{x}_{m-1}$, que é o vetor definido pela Eq. (7.63) avaliado em t_m, aqui denominado de $\underline{\vec{x}}_m$, conforme a seguir:

$$\underline{\vec{x}}_m = A\vec{x}_{m-1} \tag{7.65}$$

em que:

$$A = \begin{vmatrix} 1 & 1 & 1 \\ 0 & 1 & 2 \\ 0 & 0 & 1 \end{vmatrix} \tag{7.66}$$

É importante notar que a EDO do PVI da Eq. (7.7) não foi utilizada. Portanto, é necessário corrigir $\underline{\vec{x}}_m$, conforme a seguir:

$$\vec{x}_m = \underline{\vec{x}}_m + \mu\,\vec{s} \tag{7.67}$$

em que $\vec{s}$ é um vetor de valores a serem especificados e μ é especificado para satisfazer o PVI da seguinte maneira:

$$x'_m = f\left(t_m, x_m\right) \tag{7.68}$$

Observe que a condição da Eq. (7.68) é satisfeita por meio de:

$$h\,x'_m = h\,\underline{x}'_m + \mu\,s_2 \tag{7.69}$$

em que é necessário impor:

$$s_2 = 1 \text{ e } \mu = h\,f\left(t_m, x_m\right) - h\,\underline{\mathrm{x}}'_m \tag{7.69}$$

Ao analista numérico resta a tarefa de arbitrar valores para s_1 e s_3 para completar a formulação do método de 3 valores. A escolha desses valores afeta a ordem do método e sua estabilidade.

Neste ponto da análise, é importante destacar que os métodos multipasso e multivalores são de fato equivalentes. Isso quer dizer que o valor de x_m obtido por um método multivalor a partir de uma matriz A e um vetor $\vec{s}$ é o mesmo que o obtido por um determinado método multipasso definido de forma geral pela Eq. (7.53). É possível demonstrar que o método de Adams-Bashforth de 3ª ordem dado por:

$$x_m - x_{m-1} = h\left\{\frac{23}{12}f_{m-1} + \frac{16}{12}f_{m-2} - \frac{5}{12}f_{m-3}\right\} \tag{7.70}$$

é equivalente ao método de 4 valores com

$$s_1 = 0\,,\ s_3 = \frac{3}{4} \text{ e } s_4 = \frac{1}{6}\,,$$

que é um método explícito, uma vez que $s_1 = 0$. O método de Adams-Moulton de 3ª ordem dado pela Eq. (7.62) é equivalente ao método de 4 valores com

$$s_1 = \frac{5}{12}\,,\ s_3 = \frac{3}{4} \text{ e } s_4 = \frac{1}{6}\,,$$

que é um método implícito. As demonstrações dessas equivalências não são triviais e são deixadas como exercícios propostos (problemas 7.4 e 7.5). Fica claro, portanto, que a determinação da ordem resultante de um método multivalor segue procedimento análogo ao discutido para os métodos multipasso na seção 7.3.6.2.

A solução numérica dos métodos multivalores implícitos é obtida da mesma maneira que nos métodos multipasso, i.e., ou usando um esquema previsor-corretor ou o método de Newton para obter o valor de x_m a partir da equação que define o método.

Os métodos multivalores levam a resultados equivalentes aos métodos multipasso, mas apresentam vantagens que motivam o seu uso. No caso, os métodos multivalores apresentam uma solução prática para as duas dificuldades discutidas no final da seção 7.3.6.1, i.e., o ajuste do passo de integração e a avaliação dos primeiros passos, e a parada no ponto desejado ao final da integração do PVI.

Para mudar o passo de integração de h para h^* em t_{m-1}, basta multiplicar os componentes do vetor $\vec{x}_{m-1}$ definido pela Eq. (7.63) por $(h^*/h)^i$ para $i = 0,1,2,\ldots$, conforme o número de valores do método multivalor. Assim, a integração passará a avançar para $t_{m-1} + h^*$. A ordem do método também pode mudar de maneira simples, por meio da mudança do vetor $\vec{s}$.

7.4. SISTEMAS DE EQUAÇÕES DIFERENCIAIS ORDINÁRIAS

Até este ponto no presente capítulo, foram discutidos métodos para resolver somente uma equação diferencial ordinária de 1ª ordem, conforme o PVI da Eq. (7.7). No entanto, os modelos matemáticos de sistemas reais normalmente requerem EDO de ordem maior do que 1 para uma determinada variável de processo, e várias equações simultâneas a serem resolvidas para muitas variáveis. Como tratar o problema, então?

A resposta animadora para o analista é que o conhecimento da metodologia de como resolver uma EDO de 1ª ordem é a base para a solução de EDO de maior ordem e de sistemas de EDO.

7.4.1. Formulação geral

Por simplicidade, a discussão inicia-se com uma EDO de ordem $n > 1$, como a seguir:

$$a_n \frac{d^n x}{dt^n} + a_{n-1} \frac{d^{n-1} x}{dt^{n-1}} + \cdots + a_1 \frac{dx}{dt} = g(t, x) \tag{7.71}$$

que é de ordem n.

Por meio de uma transformação de variáveis adequada, é possível resolver a Eq. (7.71) com os métodos apresentados até aqui para uma EDO de 1ª ordem. Para tanto, é necessário reescrever a Eq. (7.71) explicitando a derivada de maior ordem:

$$\frac{d^n x}{dt^n} = f\left(t, x, x', x'', x''', \ldots, x^{(n-1)}\right) \tag{7.72}$$

em que $x' = \dfrac{dx}{dt}$, $x'' = \dfrac{d^2 x}{dt^2}$, e assim sucessivamente.

Propõe-se, a seguir, uma mudança de variáveis:

$$\begin{cases} x_1 = x \\ x_2 = x'_1 = x' \\ x_3 = x'_2 = x'' \\ x_4 = x'_3 = x''' \\ \quad \vdots \\ \mathrm{x_n} = x'_{n-1} = x^{(n-1)} \\ x'_n = x^{(n)} \end{cases} \tag{7.73}$$

A Eq. (7.73) permite gerar um sistema de n EDO de 1ª ordem a ser resolvido para as n variáveis transformadas, mostrado a seguir:

$$\begin{cases} x'_1 = x_2 \\ x'_2 = x_3 \\ x'_3 = x_4 \\ \quad \vdots \\ x'_{n-1} = x_n \\ x'_n = f\left(t, x, x', x'', x''', \ldots, x^{(n-1)}\right) = f\left(t, x_1, x_2, x_3, x_4, \ldots, x_n\right) \end{cases} \tag{7.74}$$

Exemplo 7.7) Obtenha a formulação de um PVI por um sistema de EDO de 1ª ordem equivalente ao seguinte PVI formulado por uma EDO de 3ª ordem:

$$\begin{cases} x''' + 2x'' - x' - 2x = e^t \\ x(5) = 3;\ x'(5) = 2;\ x''(5) = 1 \end{cases} \tag{7.75}$$

Solução

Fazendo uma transformação de variáveis, em que se define $x_1 = x$; $x_2 = x_1' = x'$ e $x_3 = x_2' = x''$, obtém-se o seguinte PVI equivalente à Eq. (7.75):

$$\begin{cases} x'_1 = x_2 \\ x'_2 = x_3 \\ x'_3 = -2x_3 + x_2 + 2x_1 + e^t \\ x_1(5) = 3;\ x_2(5) = 2;\ x_3(5) = 1 \end{cases} \tag{7.76}$$

7.4.2. Metodologia geral de solução

Deve-se resolver o sistema definido pela Eq. (7.74) usando qualquer um dos métodos discutidos neste capítulo para cada EDO de 1ª ordem de maneira simultânea. Os exemplos nesta seção ilustram o procedimento e apresentam também o tratamento de sistemas de EDO que é análogo ao tratamento de uma EDO de ordem maior do que 1. O procedimento é simples, bastando aplicar a transformação de variáveis em sequência a cada uma das EDO de ordem maior que 1, obtendo um sistema equivalente a elas de EDO de 1ª ordem, agrupando ao final todas as EDO de 1ª ordem resultantes nas variáveis transformadas em um único sistema de EDO de 1ª ordem.

A metodologia para a solução do sistema dado pela Eq. (7.74) é apresentada de forma geral com cada uma das derivadas de 1ª ordem das variáveis transformadas, podendo ser uma função dada de todas as variáveis dependentes e da variável independente. O resultado final é dado a seguir para n EDO:

$$\begin{cases} \mathrm{x}'_1 = f_1(t, x_1, x_2, \ldots, x_n) \\ \mathrm{x}'_2 = f_2(t, x_1, x_2, \ldots, x_n) \\ \quad \vdots \qquad\qquad \vdots \\ \mathrm{x}'_n = f_n(t, x_1, x_2, \ldots, x_n) \end{cases} \tag{7.77}$$

que pode ser representado compactamente na forma de uma equação vetorial:

$$\vec{x}' = \vec{f}(t, \vec{x}) \tag{7.78}$$

em que $\vec{x} = (x_1, x_2, \ldots, x_n)^T$ e $\vec{f} = (f_1, f_2, \ldots, f_n)^T$.

Sem perda de generalidade, o problema é equacionado aqui para ilustrar o procedimento pelo método de Runge-Kutta de 4ª ordem, primeiramente determinando as quatro funções requeridas pelo método, uma para cada variável sendo integrada, conforme a seguir:

$$\begin{cases} F_{1,1} = h\ f_1(t, x_1, x_2, \ldots, x_n) \\ F_{1,2} = h\ f_2(t, x_1, x_2, \ldots, x_n) \\ \quad \vdots \qquad\qquad \vdots \\ F_{1,n} = h\ f_n(t, x_1, x_2, \ldots, x_n) \end{cases} \tag{7.79a}$$

$$\begin{cases} F_{2,1} = h\ f_1\left(t + \frac{1}{2}h, x_1 + \frac{1}{2}F_{1,1}, x_2 + \frac{1}{2}F_{1,2}, \ldots, x_n + \frac{1}{2}F_{1,n}\right) \\ F_{2,2} = h\ f_2\left(t + \frac{1}{2}h, x_1 + \frac{1}{2}F_{1,1}, x_2 + \frac{1}{2}F_{1,2}, \ldots, x_n + \frac{1}{2}F_{1,n}\right) \\ \quad \vdots \qquad\qquad\qquad\qquad \vdots \\ F_{2,n} = h\ f_n\left(t + \frac{1}{2}h, x_1 + \frac{1}{2}F_{1,1}, x_2 + \frac{1}{2}F_{1,2}, \ldots, x_n + \frac{1}{2}F_{1,n}\right) \end{cases} \tag{7.79b}$$

$$\begin{cases} F_{3,1} = h\ f_1\left(t + \frac{1}{2}h, x_1 + \frac{1}{2}f_{2,1}, x_2 + \frac{1}{2}F_{2,2}, \ldots, x_n + \frac{1}{2}F_{2,n}\right) \\ F_{3,2} = h\ f_2\left(t + \frac{1}{2}h, x_1 + \frac{1}{2}f_{2,1}, x_2 + \frac{1}{2}F_{2,2}, \ldots, x_n + \frac{1}{2}F_{2,n}\right) \\ \quad \vdots \qquad\qquad\qquad\qquad \vdots \\ F_{3,n} = h\ f_n\left(t + \frac{1}{2}h, x_1 + \frac{1}{2}f_{2,1}, x_2 + \frac{1}{2}F_{2,2}, \ldots, x_n + \frac{1}{2}F_{2,n}\right) \end{cases} \tag{7.79c}$$

$$\begin{cases} F_{4,1} = h\ f_1(t + h, x_1 + F_{3,1}, x_2 + F_{3,2}, \ldots, x_n + F_{3,n}) \\ F_{4,2} = h\ f_2(t + h, x_1 + F_{3,1}, x_2 + F_{3,2}, \ldots, x_n + F_{3,n}) \\ \quad \vdots \qquad\qquad\qquad\qquad \vdots \\ F_{4,n} = h\ f_n(t + h, x_1 + F_{3,1}, x_2 + F_{3,2}, \ldots, x_n + F_{3,n}) \end{cases} \tag{7.79d}$$

A próxima etapa é a determinação dos valores das variáveis dependentes no passo seguinte, fazendo uso das funções determinadas pelas Eqs. (7.79a) a (7.79d), i.e.:

$$
\begin{aligned}
x_1(t+h) &= x_1(t) + \frac{1}{6}\left(F_{1,1} + 2\,F_{2,1} + 2\,F_{3,1} + F_{4,1}\right) \\
x_2(t+h) &= x_2(t) + \frac{1}{6}\left(F_{1,2} + 2\,F_{2,2} + 2\,F_{3,2} + F_{4,2}\right) \\
&\vdots \qquad\qquad\qquad \vdots \\
x_n(t+h) &= x_n(t) + \frac{1}{6}\left(F_{1,n} + 2\,F_{2,n} + 2\,F_{3,n} + F_{4,n}\right)
\end{aligned}
\tag{7.80}
$$

Note que as Eqs. (7.79a) a (7.79d) determinam quatro vetores n-dimensionais para o método, i.e.:

$$
\begin{aligned}
\vec{F}_1 &= \left(F_{1,1},\, F_{1,2},\, F_{1,3},\ldots,F_{1,n}\right) \\
\vec{F}_2 &= \left(F_{2,1},\, F_{2,2},\, F_{2,3},\ldots,F_{2,n}\right) \\
\vec{F}_3 &= \left(F_{3,1},\, F_{3,2},\, F_{3,3},\ldots,F_{3,n}\right) \\
\vec{F}_4 &= \left(F_{4,1},\, F_{4,2},\, F_{4,3},\ldots,F_{4,n}\right)
\end{aligned}
\tag{7.81}
$$

Dessa maneira, a partir dos vetores definidos pela Eq. (7.81), é possível expressar o método por meio de uma única equação vetorial:

$$
\vec{x}(t+h) = \vec{x}(t) + \frac{1}{6}\left(\vec{F}_1 + 2\,\vec{F}_2 + 2\,\vec{F}_3 + \vec{F}_4\right) \tag{7.82}
$$

A Eq. (7.82) define o chamado **método de Runge-Kutta de 4ª ordem vetorial**, que é utilizado para a solução de sistemas de EDO de 1ª ordem. Analogamente, pode-se definir o **método de Euler vetorial** para resolver o mesmo sistema, usando o vetor $\vec{F}_1$ definido pela Eq. (7.81), conforme a seguir:

$$\vec{x}(t+h)=\vec{x}(t)+\vec{F}_1 \tag{7.83}$$

A conclusão é que, a partir da fórmula de um método numérico qualquer para solução de uma EDO, poderá ser definida uma equação vetorial, do tipo das Eqs. (7.82) e (7.83) para a aplicação do mesmo método a um sistema de EDO de 1ª ordem. Portanto, a análise mostra que a solução de sistemas de EDO de 1ª ordem, sejam lineares ou não lineares, consiste basicamente em vetorizar o método numérico.

Para ilustrar o procedimento, apresenta-se, a seguir, uma sub-rotina do programa computacional em linguagem Fortran utilizada para a implementação do método de Runge-Kutta de 4ª ordem vetorial, elaborada com base em sub-rotina disponibilizada por Press et al. (1992). O programa completo está disponível no site: www.manoleeducacao.com.br/calculonumericoaplicado.

```
      subroutine rk4ord(y,n,x,h,derivs,nd)
!
!     rk4 vetorial para sistemas de EDOs de 1ª ordem
!
      parameter (nd3=100)
      dimension y(nd),dydx(nd3),yt(nd3),dyt(nd3),dym(nd3)
      external derivs
      hh=h*.5
      h6=h/6
      xh=x+hh
            call derivs(n,x,y,dydx,nd)
      do 11 i=1,n
         yt(i)=y(i)+hh*dydx(i)
```

```
11      continue
        call derivs(n,xh,yt,dyt,nd)
        do 12 i=1,n
           yt(i)=y(i)+hh*dyt(i)
12      continue
        call derivs(n,xh,yt,dym,nd)
        do 13 i=1,n
           yt(i)=y(i)+h*dym(i)
              dym(i)=dyt(i)+dym(i)
13      continue
        call derivs(n,x+h,yt,dyt,nd)
        do 14 i=1,n
           y(i)=y(i)+h6*(dydx(i)+dyt(i)+2*dym(i))
14   continue
        return
        end
```

Exemplo 7.8) A equação de movimento livre de um sistema de segunda ordem com suas condições iniciais formula o seguinte PVI:

$$\begin{cases} \frac{1}{\omega_n^2}x''+\frac{2\zeta}{\omega_n}x'+x=0 \\ x(0)=x_0;\ x'(0)=x'_0 \end{cases} \tag{7.84}$$

Tomando $x_0 = 100$ cm; $x'_0 = 0$ cm e $\omega_n = 0{,}1\ \text{s}^{-1}$ (frequência natural do sistema), pede-se apresentar a solução *x(t)* e $x'(t)$ para $t \in [0{,}500]$ *s* numericamente, tal que *ETL* < *10*$^{-6}$ em uma tabela para sistema subamortecido, $\zeta = 0{,}1$ (razão de amortecimento); e na forma gráfica para sistema subamortecido, $\zeta = 0{,}1$; com amortecimento crítico, $\zeta = 1$; e sistema com superamortecimento, $\zeta = 1{,}4$.

Solução

i) O PVI equivalente à Eq. (7.84) como um sistema de EDO de 1ª ordem é dado por:

$$\begin{cases} x'_1 = x_2 \\ x'_2 = \omega_n^2\left(x_1 - \dfrac{2\zeta}{\omega_n}x_2\right) \\ x_1(0) = 100;\ x_2(0) = 0 \end{cases} \tag{7.85}$$

ii) A solução da Eq. (7.85) pode ser obtida utilizando um dos métodos numéricos para solução de EDO apresentados neste capítulo. Neste exemplo, usa-se o método de Runge-Kutta de 4ª ordem de passo adaptativo, que foi implementado em um programa computacional (disponível no site: www.manoleeducacao.com.br/calculonumericoaplicado). Usa-se um passo externo de tempo $\Delta t = 5$ s apenas para reduzir o tamanho da tabela de resultados numéricos e também para obter os pontos que são representados graficamente. No entanto, o método de passo adaptativo, dentro desse intervalo de 5 s, utiliza quantos passos forem necessários para manter a precisão da solução dentro de uma tolerância desejada, i.e., tal que $ETL < 10^{-6}$ neste exemplo, conforme foi discutido na seção 7.3.5.

iii) Para $\zeta = 0{,}1$, a solução é mostrada na forma da Tabela 7.5 e graficamente nas Figs. 7.9 a 7.11 para $\zeta = 0{,}1$, $\zeta = 1$ e $\zeta = 1{,}4$.

Tabela 7.5 Solução do PVI dado pela Eq. (7.85)

Passo Nr	t	$x_1(t)$	$x_2(t)$
0	0.000000E+00	100.000000	0.000000E+00
1	5.000000	88.154650	-4.562370
2	10.000000	56.897190	-7.627578
3	15.000000	15.357690	-8.623928
4	20.000000	-25.807040	-7.516156

(continua)

Tabela 7.5 Solução do PVI dado pela Eq. (7.85) *(continuação)*

Passo Nr	t	$x_1(t)$	$x_2(t)$
5	25.000000	-57.041600	-4.762598
6	30.000000	-72.013560	-1.161427
7	35.000000	-68.782140	2.367651
8	40.000000	-49.832560	5.009246
9	45.000000	-21.075680	6.232347
10	50.000000	9.855101	5.886967
11	55.000000	35.546250	4.202839
12	60.000000	50.510570	1.699747
13	65.000000	52.282280	-9.611727E-01
14	70.000000	41.704010	-3.144928
15	75.000000	22.415670	-4.388126
16	80.000000	-2.597708E-01	-4.490618
17	85.000000	-20.716870	-3.537080
18	90.000000	-34.400330	-1.850171
19	95.000000	-38.766660	1.072827E-01
20	100.000000	-33.685140	1.853464
21	105.000000	-21.238810	3.001632
22	110.000000	-5.028450	3.341180
23	115.000000	10.810870	2.869948
24	120.000000	22.624040	1.774887
25	125.000000	28.041830	3.704998E-01
26	130.000000	26.410530	-9.865663E 01
27	135.000000	18.781010	-1.984629
28	140.000000	7.501731	-2.425310
29	145.000000	-4.452040	-2.258976
30	150.000000	-14.230940	-1.582151
31	155.000000	-19.763590	-6.011042E-01
32	160.000000	-20.164980	4.266350E-01
33	165.000000	-15.829890	1.257171
34	170.000000	-8.219127	1.715759
35	175.000000	5.823752E-01	1.730949
36	180.000000	8.410605	1.341399

(continua)

Tabela 7.5 Solução do PVI dado pela Eq. (7.85) *(continuação)*

Passo Nr	t	$x_1(t)$	$x_2(t)$
37	185.000000	13.534300	6.763813E-01
38	190.000000	15.017020	-8.294345E-02
39	195.000000	12.859770	-7.506843E-01
40	200.000000	7.911572	-1.179976
41	205.000000	1.590934	-1.293489
42	210.000000	-4.498878	-1.094828
43	215.000000	-8.960972	-6.599873E-01
44	220.000000	-10.910620	-1.127538E-01
45	225.000000	-10.132640	4.086733E-01
46	230.000000	-7.067886	7.852619E-01
47	235.000000	-2.648002	9.430550E-01
48	240.000000	1.968231	8.661069E-01
49	245.000000	5.686591	5.946851E-01
50	250.000000	7.726169	2.105349E-01
51	255.000000	7.771514	-1.861109E-01
52	260.000000	6.001835	-5.016494E-01
53	265.000000	3.002187	-6.702789E-01
54	270.000000	-4.114829E-01	-6.666920E-01
55	275.000000	-3.404441	-5.081121E-01
56	280.000000	-5.319377	-2.462351E-01
57	285.000000	-5.812694	4.809047E-02
58	290.000000	-4.904753	3.032023E-01
59	295.000000	-2.940453	4.633932E-01
60	300.000000	-4.779795E-01	5.003736E-01
61	305.000000	1.861532	4.172517E-01
62	310.000000	3.544690	2.448226E-01
63	315.000000	4.241779	3.176201E-02
64	320.000000	3.884232	-1.684250E-01
65	325.000000	2.655717	-3.103189E-01
66	330.000000	9.253408E-01	-3.664084E-01
67	335.000000	-8.559549E-01	-3.317899E-01
68	340.000000	-2.268313	-2.231613E-01

(continua)

Tabela 7.5 Solução do PVI dado pela Eq. (7.85) *(continuação)*

Passo Nr	t	$x_1(t)$	$x_2(t)$
69	345.000000	-3.017766	-7.287591E-02
70	350.000000	-2.992788	8.008756E-02
71	355.000000	-2.272890	1.998355E-01
72	360.000000	-1.091930	2.616275E-01
73	365.000000	2.310554E-01	2.565818E-01
74	370.000000	1.374305	1.922349E-01
75	375.000000	2.088561	8.922190E-02
76	380.000000	2.248227	-2.477601E-02
77	385.000000	1.868879	-1.221530E-01
78	390.000000	1.090188	-1.818029E-01
79	395.000000	1.315964E-01	-1.934170E-01
80	400.000000	-7.664366E-01	-1.588608E-01
81	405.000000	-1.400431	-9.057982E-02
82	410.000000	-1.647804	-7.692265E-03
83	415.000000	-1.487711	6.909962E-02
84	420.000000	-9.962253E-01	1.224844E-01
85	425.000000	-3.193949E-01	1.422508E-01
86	430.000000	3.674428E-01	1.269925E-01
87	435.000000	9.033049E-01	8.359788E-02
88	440.000000	1.177710	2.485505E-02
89	445.000000	1.151604	-3.408855E-02
90	450.000000	8.596685E-01	-7.948052E-02
91	455.000000	3.952175E-01	-1.020346E-01
92	460.000000	-1.171157E-01	-9.866920E 02
93	465.000000	-5.534086E-01	-7.263488E-02
94	470.000000	-8.192433E-01	-3.215457E-02
95	475.000000	-8.689015E-01	1.196553E-02
96	480.000000	-7.113848E-01	4.909897E-02
97	485.000000	-4.031132E-01	7.125879E-02
98	490.000000	-3.025455E-02	7.470726E-02
99	495.000000	3.141697E-01	6.042153E-02
100	500.000000	5.526211E-01	3.341740E-02

Figura 7.9 Solução gráfica para o sistema subamortecido, $\zeta = 0{,}1$.

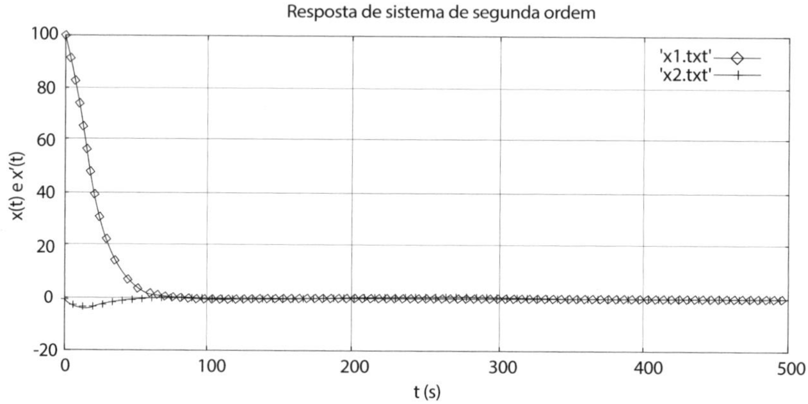

Figura 7.10 Solução gráfica para o sistema com amortecimento crítico, $\zeta = 1$.

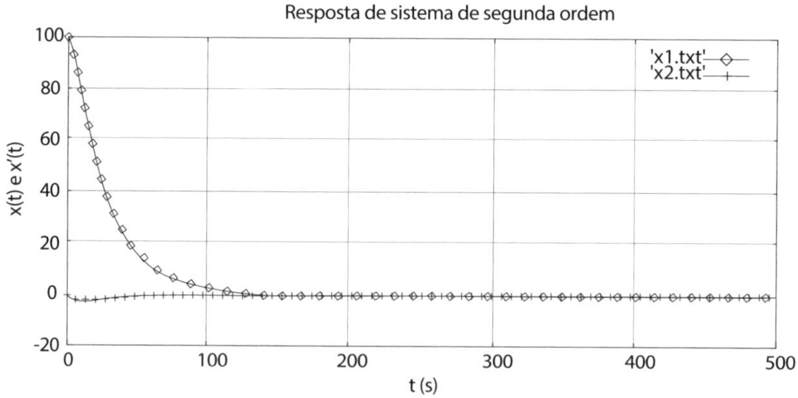

Figura 7.11 Solução gráfica para o sistema superamortecido, $\zeta = 1{,}4$.

A seguir, apresenta-se uma sub-rotina do programa computacional em linguagem Fortran utilizada para a implementação do método de Runge-Kutta de 4ª ordem e Euler de passo adaptativo apresentado na seção 7.3.5 para uma EDO, estendido para um sistema de EDO de 1ª ordem. O programa completo está disponível no site www.manoleeducacao.com.br/calculonumericoaplicado.

```
      subroutine rk4feadap(n,fcn,time,fi,tend,nelmax)
      parameter (nd1=100)

! nelmax: dimensionamento global para o número máximo de EDO simultâneas
! nd1: dimensionamento local para o número máximo de EDO simultâneas
! n: número de EDO sendo integradas simultaneamente
! fi: vetor de variáveis sendo integradas por Runge-Kutta 4ª ordem
! ffe: vetor de derivadas das variáveis sendo integradas por Euler
! fife: vetor de variáveis sendo integradas por Euler

      dimension fi(nelmax), fife(nd1)

! bloco common que traz o valor da derivada calculada (função avaliada) pelo método de RK
! de 4ª ordem para ser usada pelo método de Euler
      common /foreu/ ffe(nd1)

! bloco common que traz do programa principal o valor do primeiro passo de integração a ser
! utilizado para iniciar o processo adaptativo
      common /const/ ht2

! bloco common que traz do programa principal os valores dos parâmetros a serem utilizados
```

```
! pelo método de passo adaptativo RK4-FE
      common /adap/ alfa,p,tolfe1,tolfe2

! fcn: função dada pelo PVI
    external fcn

k=0
    h=ht2
    !-----------Início do laço de integração de time até tend
    50  k=k+1
            tant=time
            auxtime=time+h
            if(tend.le.auxtime) then
                    time=tend
                    hdif=tend-tant
            else
                    time=auxtime
                    hdif=h
            endif

!        armazena a solução no tempo inicial para o método de Euler
      do i=1,n
            fife(i)=fi(i)
       enddo

!        computa a solução em tempo posterior com o método de Runge-
Kutta 4ª ordem
         call  rk4ord(fi,n,tant,hdif,fcn,nelmax)

!        computa a solução em tempo posterior com o método de Euler

         call fore(n,fcn,tant,fife,time,nelmax)
```

```
!-----------------------------------------------------------
        erroint=0.0
        do j=1, n
           erroint=erroint+abs(fife(j)-fi(j))/fi(j)
        enddo
        etl=erroint/n
!-----------------------------------------------------------
!       Define-se uma faixa de tolerância para ETL

        if(etl.gt.tolfe2.and.etl.le.tolfe1) then
               h=alfa*h*(abs((tol)/etl))**(1./(1.+p))endif

         if (time.lt.tend) goto 50

         return
         end
```

Exemplo 7.9) Aos trabalhos de Lotka (1925) e Volterra (1926, 1931) é atribuído o modelo usado para descrever a dinâmica de sistemas biológicos em que duas espécies interagem, uma como predador e a outra como presa. As populações das duas espécies, a predadora e sua presa são representadas por populações $x_1(t)$ e $x_2(t)$, respectivamente. Uma lei exponencial (Malthus, 1798), i.e., $\alpha = Ax_2$, $A > 0$, determina a taxa de natalidade da presa, e sua taxa de mortalidade depende da interação com o predador, i.e., $\beta = Bx_1x_2$, $B > 0$. Assim, a taxa de variação da população da presa ao longo do tempo é dada por:

$$\frac{dx_2}{dt} = \alpha - \beta \tag{7.86}$$

Assumindo que os predadores dependem da presa para sobreviver, sua taxa de natalidade pode ser expressa por $\gamma = Dx_1x_2$, $D > 0$, e sua taxa de mortalidade como $\delta = Cx_1$, $C > 0$. Portanto, a taxa de variação da população de predadores ao longo do tempo é dada por:

$$\frac{dx_1}{dt} = -\delta + \gamma \tag{7.87}$$

As Eqs. (7.86) e (7.87), juntamente com o estabelecimento de condições iniciais, definem o seguinte PVI:

$$\begin{cases} x'_1 = -Cx_1 + Dx_1x_2 \\ x'_2 = Ax_2 - Bx_1x_2 \\ x_1(0) = x_{1,0};\ x_2(0) = x_{2,0} \end{cases} \tag{7.88}$$

Admitindo que $A = 2$; $B = 2$; $C = 1$ e $D = 1$, com as condições iniciais $x_{1,0} = 1$ e $x_{2,0} = 3$, apresente a solução do PVI formulado pela Eq. (7.88) para $t \in [0,\ 12]$ numericamente na forma de uma tabela, e também graficamente, tal que $ETL < 10^{-6}$.

Solução

i) A solução da Eq. (7.88) é possível de ser obtida utilizando um dos métodos numéricos para solução de EDO apresentados neste capítulo. Da mesma maneira que no exemplo 7.8, aqui se usa o método de Runge-Kutta de 4ª ordem de passo adaptativo, que foi implementado em um programa computacional (disponível no site www.manoleeducacao.com.br/calculonumericoaplicado). Usa-se um passo externo de tempo $\Delta t = 1$ dia apenas para reduzir o tamanho da tabela de resultados numéricos. Para melhor resolução, os pontos que são representados graficamente usam um passo externo de tempo $\Delta t = 1$ dia. No entanto, o método de passo adaptativo, dentro desses intervalos, utiliza quantos passos forem necessários para manter a precisão da solução dentro de uma tolerância desejada, i.e., tal que *ETL < 10-6* neste exemplo, conforme foi discutido na seção 7.3.5.

ii) A solução numérica é mostrada na forma da Tabela 7.6 e graficamente na Fig. 7.12.

Tabela 7.6 Solução do PVI formulado pela Eq. (7.88)

Passo Nr	t	$x_1(t)$	$x_2(t)$
0	0.000000000000000E+000	1.000000000000000	3.000000000000000
1	1.000000000000000	2.089521857683975	4.969513241918699E-001
2	2.000000000000000	9.964635424739915E-001	1.785633534298127E-001
3	3.000000000000000	4.604381813075051E-001	3.346309244654717E-001
4	4.000000000000000	3.281126493518752E-001	1.191990104932968
5	5.000000000000000	1.091729236516971	2.988089117603858
6	6.000000000000000	2.041769989960738	4.524881326959453E-001
7	7.000000000000000	9.611214659866235E-001	1.788983612211522E-001
8	8.000000000000000	4.473230916783698E-001	3.510951100632408E-001
9	9.000000000000000	3.314162812216498E-001	1.264365341408816
10	10.000000000000000	1.190604735225179	2.951370641012976
11	11.000000000000000	1.991470739996122	4.137854773803985E-001
12	12.000000000000000	9.270577647826462E-001	1.797817590698582E-001

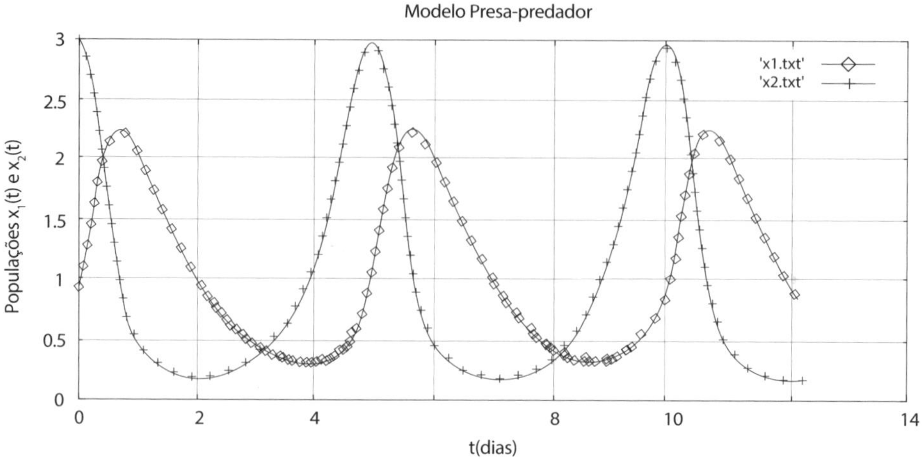

Figura 7.12 Solução gráfica para o modelo presa-predador.

7.5. PROBLEMAS DE VALOR DE CONTORNO

Até este ponto neste capítulo, foram apresentados métodos para a solução de um PVI do tipo:

$$\begin{cases} \vec{x}' = \vec{f}(t,\vec{x}) \\ \vec{x}(t=t_0) = \vec{x}_0 \end{cases} \tag{7.89}$$

em que deve ser fornecido o vetor de condições iniciais inteiramente, i.e., $\vec{x}_0$ é um dado do problema. No entanto, há outra classe de problemas em que nem todos os componentes de $\vec{x}_0$ são conhecidos. Neste caso, informações sobre a função vetorial $\vec{x}$ buscada, que é a solução do problema, devem ser conhecidas em outros pontos da variável independente, i.e., em $t \neq t_0$.

A denominação usual para esse tipo de problema é "**problema de valor de contorno de dois pontos**", que se refere ao caso mais comum quando o problema requer que duas condições sejam satisfeitas em dois pontos, i.e., comumente no início e no final do domínio de integração (Press et al., 1992). Entretanto, a mesma terminologia é usada sem o devido rigor matemático para problemas em que algumas condições são especificadas no início, ao longo ou ao final do domínio de integração.

Neste livro, opta-se simplesmente pela terminologia **problema de valor de contorno (PVC)** para se referir a todos os casos. A formulação geral para um PVC de dois pontos é construída a partir do seguinte sistema genérico de EDO de 1ª ordem:

$$\begin{cases} \dfrac{dx_i(t)}{dt} = f_i(t,\vec{x}) & (1 \leq \mathrm{i} \leq \mathrm{n}) \\ x_j(t = t_0) = x_{j,0} & (1 \leq \mathrm{j} \leq \mathrm{n}_0) \\ x_k(t = t_{fim}) = x_{k,fim} & (1 \leq \mathrm{k} \leq \mathrm{n}_{\mathrm{fim}}) \end{cases} \tag{7.90}$$

em que $n = n_0 + \mathrm{n}_{\mathrm{fim}}$, e o domínio de integração para o PVC é definido como $t \in \left[t_0, t_{fim}\right]$.

O PVC pode ser ilustrado sem perda de generalidade por meio do seguinte exemplo de sistema de EDO de 1ª ordem:

$$\begin{cases} \mathrm{x}'_1 = f_1(t,x_1,x_2,\ldots,x_n) \\ \mathrm{x}'_2 = f_2(t,x_1,x_2,\ldots,x_n) \\ \quad \vdots \qquad\qquad \vdots \\ \mathrm{x}'_N = f_n(t,x_1,x_2,\ldots,x_n) \\ x_1(t_0) = x_{1,0} \\ x_2(t_0) = x_{2,0} \\ x_2(t_{fim}) = x_{2,fim} \\ x_4(t_0) = x_{4,0} \\ \qquad \vdots \\ x_n(t_{fim}) = x_{n,fim} \end{cases} \tag{7.91}$$

em que se nota a ausência de uma condição para x_3. No caso, essa condição inicial $x_{3,0}$ deve ser determinada por meio da segunda condição estabelecida para x_2, i.e., $x_2\left(t_{fim}\right)=x_{2,fim}$. Além disso, deve-se buscar um valor adequado para $x_{n,0}$ a partir do conhecimento de $x_n\left(t_{fim}\right)=x_{n,fim}$.

O PVC formulado pela Eq. (7.90) deve satisfazer às mesmas condições de existência e unicidade discutidas ao início deste capítulo para o caso de um PVI formulado por uma EDO, estendidas para n EDO. Em resumo, valores iniciais devem ser possíveis de ser encontrados, a partir de um número de condições igual ao número de variáveis do sistema de EDO que formula o PVC, e, com esses valores iniciais determinados, a solução do PVC, agora um PVI equivalente, deve existir e ser única. Caso contrário, diz-se que o PVC não está bem posto e que uma solução não é possível de ser encontrada.

Há vários métodos para encontrar a solução de um PVC bem posto. A solução do problema pode ser encontrada analiticamente em muitas situações. No entanto, na maioria dos casos isso não é possível, e deve-se utilizar um método numérico que se proponha a resolver qualquer PVC bem posto.

Os métodos mais utilizados para a solução do PVC são os métodos iterativo (*shooting method*), relaxação (ou por diferenças finitas) e colocação. Neste livro, nas duas subseções seguintes, são apresentados apenas os métodos iterativo e de relaxação. Para o método de colocação, sugere-se consultar o trabalho de Kincaid e Cheney (1991).

7.5.1. Método iterativo *(shooting method)*

Observando o problema formulado pela Eq. (7.90), verifica-se que o que falta para o PVC se tornar um PVI equivalente é o conhecimento dos valores iniciais desconhecidos para $x_k\left(t=t_0\right)$ para $1 \le \mathrm{k} \le \mathrm{n}_{\mathrm{fim}}$, i.e., perfazendo um total de $\mathrm{n}_{\mathrm{fim}}$ condições iniciais desconhecidas. No entanto, em vez dessas condições iniciais, o PVC fornece $x_k\left(t=t_{fim}\right)=x_{k,fim}\left(1 \le \mathrm{k} \le \mathrm{n}_{\mathrm{fim}}\right)$. Assim, é possível escrever um sistema de equações algébricas, lineares ou não, dependendo das EDO que o PVC fornece, a ser resolvido para as n_{fim} condições iniciais desconhecidas, i.e., $x_{k,0} = x_k(t = t_0)$, como:

$$\psi_k(x_{k,0}) = x_{k,fim} \quad (1 \leq k \leq n_{fim}) \tag{7.92}$$

em que $\psi_k(x_{k,0})$ são os valores calculados para $x_{k,fim}$ ao resolver o PVC da Eq. (7.90) como um PVI para valores quaisquer estimados $x_{k,0}$, utilizando qualquer um dos métodos apresentados neste capítulo.

Em consequência, encontrar os valores iniciais desconhecidos $x_{k,0}$ (incógnitas) é possível, a partir da solução do sistema de equações algébricas formulado pela Eq. (7.92). Para tanto, deve ser utilizado qualquer um dos métodos apresentados no Capítulo 4 para sistemas de equações algébricas. No caso de apenas um valor inicial ser desconhecido, deve ser usado um dos métodos apresentados no Capítulo 2 para solução de equações algébricas não lineares.

Usando a terminologia do Capítulo 4, o sistema a ser resolvido é dado por:

$$\vec{g}(\vec{u}) = \vec{\psi}(\vec{u}) - \vec{u}_{fim} = 0 \tag{7.93}$$

em que $\vec{u} = \left(u_1, u_2, \ldots, u_{n_{fim}}\right)^T$, com $u_k = x_{k,0}$ para $1 \leq k \leq n_{fim}$.

Fica claro assim que a avaliação de $\vec{g}(\vec{u})$ requerida a cada iteração pelo método de solução escolhido do Capítulo 4 é feita pela integração do PVI para valores quaisquer do vetor $\vec{u}$ da iteração vigente no domínio de integração $t \in \left[t_0, t_{fim}\right]$, utilizando qualquer um dos métodos apresentados neste capítulo.

Dado o caráter iterativo para encontrar a solução, o método é denominado iterativo (*shooting method*). Resumindo, faz-se uma estimativa para os valores iniciais desconhecidos e realizam-se correções sucessivas até que o valor das condições iniciais desconhecidas leve o PVI a obter valores ao final do domínio de integração que se aproximem dos valores desejados no contorno, dentro de uma tolerância pré-especificada.

Exemplo 7.10) O problema de camada limite fluida e térmica em uma placa plana de comprimento L, em escoamento forçado laminar e temperatura uniforme T_0 na placa, pode ser resolvido a partir de uma transformação de variáveis que se baseia na introdução de uma variável independente conhecida como similar $\eta = y/\delta(x)$, em que $\delta(x)$ é a espessura da camada limite fluida (desde a velocidade $u = 0$ na superfície da placa até atingir $u = U_\infty$ suficientemente longe da placa) em uma posição x qualquer sobre a placa (direção do escoamento forçado) de um referencial cartesiano com origem situada no bordo de ataque da placa, i.e., no local em que o escoamento livre encontra a placa, e y é uma posição qualquer no interior da camada limite na direção perpendicular ao escoamento forçado, conforme mostra a Fig. 7.13. O domínio de integração é definido por $\eta \in [0,\infty)$, i.e., de um ponto na superfície da placa, $\eta = 0$, até um ponto suficientemente distante da placa, $\eta \to \infty$, em que o escoamento livre já não sofre mais a influência dos efeitos de atrito provocados pela presença da placa plana. Em suma, um problema originalmente bidimensional formulado por 3 equações diferenciais parciais (princípios de conservação da quantidade de movimento e da energia) com duas variáveis independentes, x e y, passa a ser unidimensional sendo formulado por um sistema de 2 equações diferenciais ordinárias em relação a uma variável independente, η. Para maiores detalhes conceituais sobre o problema, sugere-se consultar a literatura técnica no assunto Mecânica dos Fluidos e Transferência de Calor no regime de convecção forçada (p.ex., Bejan, 1995). O problema é formulado matematicamente com as equações transformadas pelos seguintes PVC:

a) Camada limite fluida:

$$\begin{cases} f''' + \dfrac{ff''}{2} = 0 \\ f(0) = 0;\ f'(0) = 0;\ f''(\infty) = 1 \end{cases} \tag{7.94}$$

b) Camada limite térmica:

$$\begin{cases} \theta''+\mathrm{Pr}\dfrac{f\ \theta'}{2}=0 \\ \theta(0)=0;\ \theta'(\infty)=1 \end{cases} \tag{7.95}$$

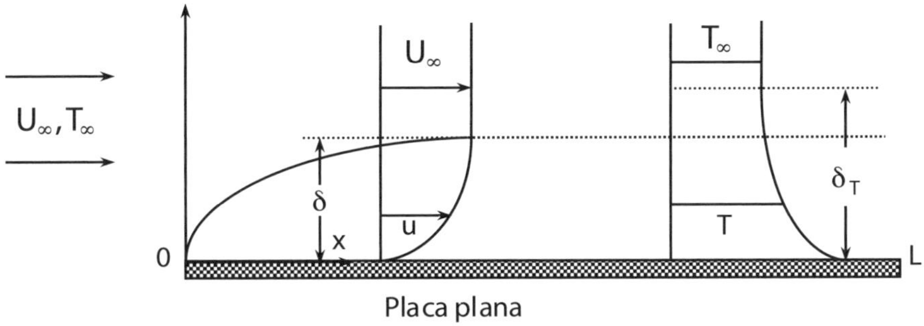

Figura 7.13 Diagrama esquemático de formação de camada limite em placa plana sob escoamento forçado em regime laminar.

Tomando $\mathrm{Pr}=\nu/\alpha=1$ para o fluido, que é a relação entre as propriedades termofísicas viscosidade cinemática, ν, e difusividade térmica de um fluido, α, observa-se que $\delta(x)\sim\delta_T(x)$, que é a espessura da camada limite térmica em uma posição x qualquer sobre a placa (desde a temperatura $T=T_0$ na superfície da placa até atingir $T=T_\infty$ suficientemente longe da placa). Pede-se:

i) Apresentar a solução $f'\times\eta$ (velocidades adimensionais, em que

$$f'=\frac{u}{U_\infty}) \text{ e } \theta\times\eta$$

(temperaturas adimensionais, em que $\theta = \dfrac{T - T_0}{T_\infty - T_0}$) para $\eta \in [0{,}10]$ numericamente, em uma tabela e na forma gráfica, tomando $\Delta\eta = 0{,}01$, usando o método da secante para obter as condições iniciais desconhecidas $f''(0)$ e $\theta'(0)$.

ii) Os valores encontrados para $f''(0)$ e $\theta'(0)$, que determinam o coeficiente de atrito local, $C_{f,x} = f''(0)\mathrm{Re}_x^{-1/2}$, em que

$$\mathrm{Re}_x = \frac{U_\infty x}{\nu},$$

e o número de Nusselt local, $Nu_x = \theta'(0)\mathrm{Re}_x^{1/2}$, para placa plana, em que

$$Nu_x = \frac{hx}{k},$$

h é o coeficiente de transferência de calor por convecção e k é a condutividade térmica do fluido, que permitem calcular a força de arrasto na placa e a taxa de transferência de calor entre a placa e a corrente livre (Bejan, 1995).

Solução

i) O primeiro aspecto a ser notado é que o problema da Eq. (7.94) é desacoplado do problema da Eq. (7.95), podendo ser resolvido sem o conhecimento da solução térmica, i.e., $\theta(\eta)$. Assim, resolve-se primeiramente o PVC da Eq. (7.94) e, a seguir, resolve-se o PVC da Eq. (7.95), uma vez que depende do conhecimento da solução do primeiro problema, i.e., $f(\eta)$. O PVC equivalente à Eq. (7.94) em termos de EDO de 1ª ordem é dado por:

$$\begin{cases} f'_1 = f_2 \\ f'_2 = f_3 \\ f'_3 = -\dfrac{f_1 f_3}{2} \\ f_1(0) = 0;\ f_2(0) = 0; f_2(\infty) = 1 \end{cases} \tag{7.96}$$

ii) De acordo com a metodologia apresentada na seção, resolver o PVC da Eq. (7.96) consiste em resolver uma equação algébrica não linear de 1 incógnita, i.e., o valor inicial desconhecido, $f_3(0) = f''(0)$, conforme é indicado pela Eq. (7.92). Para tanto, utiliza-se um dos métodos apresentados no Capítulo 2. Neste exemplo, opta-se pelo método da secante para resolver a seguinte equação:

$$\psi\{f_3(0)\} = f_{2,fim}\{f_3(0)\} - f_2(\infty) = f_{2,fim}\{f_3(0)\} - 1 = 0 \tag{7.97}$$

em que $f_{2,fim}\{f_{3,i}(0)\}$ a cada iteração "i" do método da secante é obtido pela solução do seguinte PVI para $\eta \in [0, \eta_{fim}]$:

$$\begin{cases} f'_1 = f_2 \\ f'_2 = f_3 \\ f'_3 = -\dfrac{f_1 f_3}{2} \\ f_1(0) = 0;\ f_2(0) = 0; f_{3,i}(0) \end{cases} \quad (0 \le i \le N_{max}) \tag{7.98}$$

em que N_{max} é o número máximo de iterações estabelecido para o método da secante apresentar uma solução convergida de acordo com uma tolerância preestabelecida.

iii) Neste ponto, resolve-se o PVC da Eq. (7.95), uma vez que agora é conhecida a solução do primeiro problema, i.e., $f(\eta)$. O PVC equivalente à Eq. (7.95) em termos de EDO de 1ª ordem é dado por:

$$\begin{cases} \theta'_1 = \theta_2 \\ \theta'_2 = -\Pr \dfrac{f(\eta)\ \theta'_1}{2} \\ \theta_1(0) = 0;\ \theta_2(\infty) = 1 \end{cases} \tag{7.99}$$

E, prosseguindo de forma análoga ao item anterior, usa-se o método da secante para resolver a seguinte equação para o valor inicial desconhecido $\theta_2(0)$:

$$\psi\left\{\theta_2(0)\right\} = \theta_{2,fim}\left\{\theta_2(0)\right\} - \theta_2(\infty) = \theta_{2,fim}\left\{\theta_2(0)\right\} - 1 = 0 \tag{7.100}$$

em que $\theta_{2,fim}\left\{\theta_{2,i}(0)\right\}$ a cada iteração "i" do método da secante é obtido pela solução do PVI representado pela Eq. (7.99) usando $\theta_{2,i}(0)$ para $\eta \in \left[0,\eta_{fim}\right]$.

iv) A solução para as variáveis f_1, f_2 e f_3 é obtida a partir de um programa computacional implementado em linguagem Fortran (disponível em www.manoleeducacao.com.br/calculonumericoaplicado). Aqui, usa-se o método de Runge-Kutta de 4ª ordem de passo fixo, que foi implementado em um programa computacional (disponível em www.manoleeducacao.com.br/calculonumericoaplicado). O resultado para $\eta \in [0,10]$ é mostrado numericamente na Tabela 7.7 e na forma gráfica na Fig. 7.14, tomando $\Delta\eta = 0{,}01$. No método da secante foram utilizados os valores iniciais 0,1 e 1,2 para $f_3(0)$.

Tabela 7.7 Solução do PVC dado pela Eq. (7.96)

Passo Nr	η	f_1	f_2	f_3
0	0.000000E+00	0.000000E+00	0.000000E+00	3.320580E-01
100	9.999993E-01	1.655720E-01	3.297805E-01	3.230076E-01
200	1.999998	6.500254E-01	6.297665E-01	2.667518E-01
300	2.999998	1.396810	8.460455E-01	1.613604E-01
400	3.999997	2.305750	9.555193E-01	6.423409E-02
500	5.000020	3.283278	9.915429E-01	1.590675E-02
600	6.000042	4.279625	9.989738E-01	2.402028E-03
700	7.000065	5.279244	9.999226E-01	2.201674E-04
800	8.000088	6.279212	9.999973E-01	1.224082E-05
900	9.000111	7.279225	1.000000	4.127843E-07
1000	10.000130	8.279247	1.000000	8.442745E-09

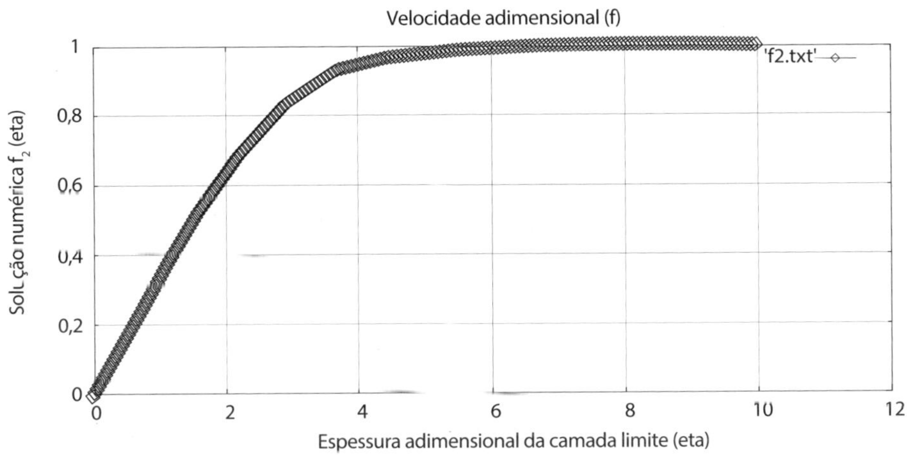

Figura 7.14 Solução gráfica para a variável f_2 (velocidade adimensional na direção x) para o PVC dado pela Eq. (7.96).

v) A solução para as variáveis θ_1 e θ_2 é obtida com o mesmo programa computacional implementado em linguagem Fortran (disponível no site www.manoleeducacao.com.br/calculonumericoaplicado). Novamente, é usado o método de Runge-Kutta de 4ª ordem de passo fixo, que foi implementado em um programa computacional (disponível no site www.manoleeducacao.com.br/calculonumericoaplicado). O resultado para $\eta \in [0,10]$ é mostrado numericamente na Tabela 7.8 e na forma gráfica na Fig. 7.15, tomando $\Delta\eta = 0{,}01$. No método da secante, foram utilizados os valores iniciais 0,1 e 1,2 para $\theta_2(0)$.

Tabela 7.8 Solução do PVC dado pela Eq. (7.99)

Passo Nr	η	θ_1	θ_2
0	0.000000E+00	0.000000E+00	3.313405E-01
100	9.999993E-01	3.291237E-01	3.224813E-01
200	1.999998	6.288295E-01	2.667465E-01
300	2.999998	8.453377E-01	1.617588E-01
400	3.999997	9.552202E-01	6.458800E-02
500	5.000020	9.914726E-01	1.602420E-02
600	6.000042	9.989626E-01	2.423784E-03
700	7.000065	9.999206E-01	2.225320E-04
800	8.000088	9.999961E-01	1.239292E-05
900	9.000111	9.999993E-01	4.186104E-07
1000	10.000130	9.999993E-01	8.576186E-09

7.5.2. Método de relaxação (diferenças finitas)

O método de relaxação aproxima as EDO do PVC por equações algébricas obtidas pela substituição das derivadas por aproximações de diferenças finitas após a discretização do domínio de integração, p.ex., $t \in [t_0, t_{fim}]$, por uma malha com um número finito de pontos K. Quando o problema envolve n EDO de 1ª ordem representadas por uma malha de K pontos, a solução é dada pelos valores de n variáveis dependentes em cada um dos K pontos da malha, i.e., um total de

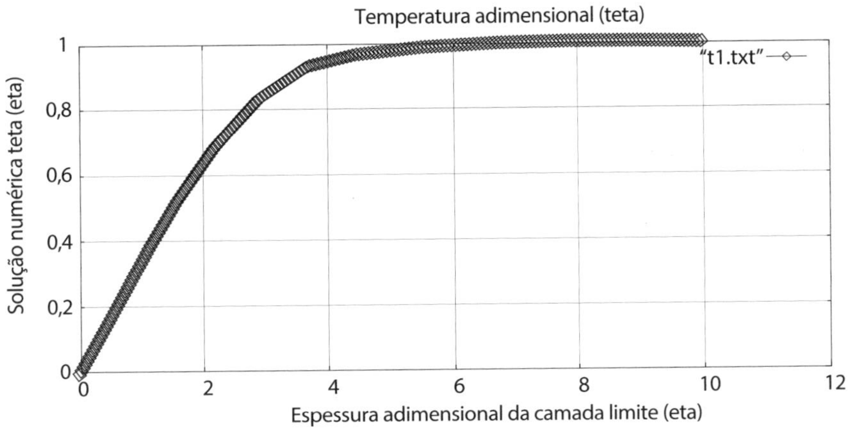

Figura 7.15 Solução gráfica para a variável θ_1 (temperatura adimensional) para o PVC dado pela Eq. (7.99).

$n \times K$ incógnitas. Dessa observação surge a denominação do método, uma vez que a solução é determinada a partir de uma estimativa para essas incógnitas e, então, por um processo iterativo corrigindo os valores, e, à medida que os valores aproximam-se da solução, interpreta-se que eles estão "relaxando" para a solução.

É instrutivo, sem perda de generalidade, analisar o caso de um PVC formulado por uma EDO de 2ª ordem, conforme a seguir:

$$\begin{cases} x'' = f(t, x, x') \\ x(t_0) = x_0;\ x'(t_{fim}) = x_{fim} \end{cases} \tag{7.101}$$

Considerando que o intervalo $[t_0, t_{fim}]$ seja dividido pelos pontos $t_0 = t_0, t_1, t_1, t_1, \ldots, t_{K+1} = t_{fim}$, esses pontos não precisam ser igualmente espaçados. No entanto, se isso ocorrer, as aproximações por diferenças finitas são mais simples de serem estabelecidas para as EDO do PVC. Assim, para esse tratamento inicial, assume-se que:

$$t_i = t_0 + ih \quad \text{para } 0 \le i \le K+1 \quad h = \frac{t_{fim} - t_0}{K+1} \tag{7.102}$$

Utilizando fórmulas de diferenças finitas centradas conforme apresentado no Capítulo 6 para aproximar *x"* e *x'*, obtém-se a forma equivalente do PVC da Eq. (7.101) por meio do seguinte sistema de *K* equações algébricas:

$$\frac{1}{h^2}\left(x_{i-1} - 2x_i + x_{i+1}\right) = f\left(t_i, x_i, \frac{1}{2h}\left(x_{i+1} - x_{i-1}\right)\right), \quad \text{para } 1 \le i \le K \tag{7.103}$$

em que é importante destacar que $x(t_0) = x_0$ e $x(t_{fim}) = x_{fim}$ são dados do problema, portanto, busca-se a solução *x(t)* do PVC obtida de forma discreta, somente para os *K* pontos internos da malha, i.e., para $x_1, x_2, \ldots, x_K$.

Caso o PVC dado pela Eq. (7.101) seja não linear, o sistema de equações algébricas formulado pela Eq. (7.103) também será não linear. Com isso, a solução deve ser obtida utilizando um dos métodos numéricos discutidos no Capítulo 4. Aqui, é importante ressaltar que o método de Newton tem sido utilizado com muito sucesso para resolver o sistema da Eq. (7.103) para o método de relaxação (Press et al., 1992). No caso de o PVC ser linear, o sistema obtido via Eq. (7.103) é linear e sua solução pode ser obtida com um dos métodos apresentados no Capítulo 3, observando que a Eq. (7.103) determina um sistema tridiagonal que pode ser resolvido diretamente de maneira bastante eficiente como foi visto no Capítulo 3.

Finalmente, a Eq. (7.103) foi obtida utilizando aproximações por diferenças centradas para as derivadas *x"* e *x'*. No entanto, muitas outras maneiras de aproximar essas mesmas derivadas por diferenças finitas poderiam ter sido utilizadas, conforme foi discutido no Capítulo 6. Assim, o método de relaxação admite muitas formulações alternativas.

Exemplo 7.11) Considerando que o PVC dado pela Eq. (7.101) seja linear, *f* é linear em *x* e *x'*, portanto sua forma geral é dada por:

$$f(t,x,x') = p(t) + q(t)x + r(t)x' \tag{7.104}$$

Desenvolva um procedimento para obter a solução do PVC dado pela Eq. (7.101) de forma direta, i.e., sem a necessidade de um processo iterativo.

Solução

i) Dado que o PVC é linear, a Eq. (7.103) é linear e pode ser reescrita fazendo uso da Eq. (7.104), como se segue:

$$\frac{1}{h^2}\left(x_{i-1} - 2x_i + x_{i+1}\right) = p_i + q_i x_i + r_i \frac{x_{i+1} - x_{i-1}}{2h}, \tag{7.105}$$

$$\text{para } 1 \le i \le K$$

em que $p_i = p(t_i)$, $q_i = q(t_i)$ e $r_i = r(t_i)$. A seguir, rearranja-se a equação para:

$$\left(-1 - \frac{h}{2} r_i\right) x_{i-1} + \left(2 + h^2 q_i\right) x_i + \left(-1 + \frac{h}{2} r_i\right) x_{i+1} = -h^2 p_i, \tag{7.106}$$

$$\text{para } 1 \le i \le K$$

em que devem ser utilizados os valores conhecidos de *x(t)* no contorno, i.e., $x(t_0) = x_0$ e $x(t_{fim}) = x_{fim} = x_{K+1}$.

ii) Para simplificar, definem-se as seguintes quantidades:

$$a_i = -1 - \frac{h}{2} r_{i+1};\; b_i = -h^2 p_i;\; c_i = -1 + \frac{h}{2} r_i,\; e\; d_i = 2 + h^2 q_i \tag{7.107}$$

iii) Por último, usando as Eqs. (7.106) e (7.107), obtém-se matricialmente o sistema de equações algébricas a ser resolvido diretamente para obter *x(t)* em todos os pontos da malha, i.e., $x_1, x_2, \ldots, x_K$, conforme a seguir:

$$\begin{bmatrix} d_1 & c_1 & \cdots & 0 \\ a_1 & d_2 & \ddots & \vdots \\ \vdots & \ddots & \ddots & c_{K-1} \\ 0 & \cdots & a_{K-1} & d_K \end{bmatrix} \begin{vmatrix} x_1 \\ x_2 \\ \vdots \\ x_K \end{vmatrix} = \begin{vmatrix} b_1 - a_0 x_0 \\ b_2 \\ \vdots \\ b_K - c_K x_{fim} \end{vmatrix} \tag{7.108}$$

Finalmente, é deixado como exercício proposto (problema 7.6) demonstrar que, se h for pequeno e $q_i > 0$, a matriz associada ao sistema tridiagonal da Eq. (7.108) é diagonalmente dominante e, portanto, a solução pode ser obtida diretamente por um dos métodos diretos apresentados no Capítulo 3 de forma bastante eficiente. Mais do que isso, é possível afirmar que a solução do sistema da Eq. (7.108) converge para a solução do PVC linear formulado pela Eq. (7.101), se $h \to 0$ e p, q e $r \in C\left[t_0, t_{fim}\right]$ e $q > 0$ (problema 7.7), conforme foi originalmente demonstrado por Keller (1968).

7.6. EQUAÇÕES DIFERENCIAIS ORDINÁRIAS RÍGIDAS (*STIFF EQUATIONS*)

Um sistema de EDO é classificado como rígido se houver uma disparidade muito grande entre as escalas da variável independente (p.ex., tempo) nas funções que compõem o vetor solução $\vec{x}(t)$. Nesses casos, os métodos numéricos vistos até aqui neste capítulo podem apresentar grandes dificuldades para obter a solução. Esse fato é detectável quando a estabilidade da solução numérica só puder ser obtida com passos de integração muito pequenos da variável independente.

O problema ocorre em muitas aplicações práticas, por exemplo, um sistema de geração de energia elétrica que opera suavemente, mas que pode sofrer perturbações instantâneas que requeiram correções muito rápidas para evitar a queda no suprimento de energia de uma cidade. Outros exemplos podem ser citados, como veículos espaciais que se desviem de sua rota e precisem de rápidas correções para retornar ao curso original, o monitoramento de processos químicos que tenham grande diversidade de escalas de tempo em suas mudanças físicas e químicas, circuitos eletrônicos que apresentam escalas de tempo da ordem de microssegundos ao mesmo tempo em que a resposta do sistema tenha que ser mantida por intervalos de tempo bem maiores.

A discussão dos dois primeiros parágrafos desta seção justifica por si própria a necessidade da inclusão deste assunto em um livro de Cálculo Numérico destinado prioritariamente ao aluno de graduação, mas que pode ser também utilizado no nível de pós-graduação. Portanto, acredita-se que o profissional da área técnica, seja nas Engenharias ou nos cursos das Ciências Exatas, deva ter contato com o assunto desde um primeiro curso de Cálculo Numérico. De fato, à medida que o analista lida com mais do que uma equação diferencial ordinária, existe a possibilidade de aparecer um sistema rígido de EDO, e ele deve ser capaz de reconhecer isso e ter uma ideia concreta sobre a conduta a adotar no caso.

Recapitulando, a rigidez ocorre quando houver duas ou mais escalas da variável independente segundo as quais as variáveis dependentes estão se modificando. Para exemplificar de maneira simples o problema, considera-se o seguinte PVI (Gear, 1971; Press et al., 1992):

$$\begin{cases} x'_1 = 998x_1 + 1998x_2 \\ x'_2 = -999x_1 - 1999x_2 \\ x_1(t=0) = 1;\ x_2(t=0) = 0 \end{cases} \tag{7.109}$$

que admite uma solução analítica. Para tanto, faz-se a transformação de variáveis $x_1 = 2y - z$ e $x_2 = -y + z$, e após desenvolvimento algébrico encontra-se a seguinte solução:

$$\begin{cases} x_1 = 2e^{-t} - e^{-1000t} \\ x_2 = -e^{-t} + e^{-1000t} \end{cases} \tag{7.110}$$

Note que, ao usar qualquer um dos métodos numéricos explícitos apresentados neste capítulo, seria necessário um passo muito pequeno para obter estabilidade numérica. No caso, isso ocorre por causa do termo e^{-1000t} na solução do problema, cuja importância está presente apenas para valores de t próximos a zero. Esse problema acontece porque o método numérico requer que a variação da solução seja seguida na menor escala da variável independente para manter a estabilidade na integração, e que ocorre em apenas uma pequena parte do domínio de integração, i.e., com t próximo a zero, decorrente da grande variação da solução nessa região. Com leve aumento de t, a solução passa a variar muito pouco, o que permitiria variações de t muito maiores na integração e ainda assim manter a precisão.

Para entender por que esse problema acontece, analisa-se o seguinte exemplo de PVI:

$$\begin{cases} x' = -\alpha x \\ x(t=0) = 1 \end{cases} \tag{7.111}$$

em que se define uma constante $\alpha > 0$.

Para ilustrar o problema que ocorre com um método numérico explícito, usa-se o método de Euler para integrar o PVI da Eq. (7.111) tomando um passo h, como a seguir:

$$x_{i+1} = x_i + hx'_i = (1 - \alpha h) x_i \tag{7.112}$$

Observe que o método é instável para $h > 2/\alpha$, uma vez que $|x_i| \to \infty$ à medida que $i \to \infty$. No caso do exemplo de PVI formulado pela Eq. (7.111), a solução exata é dada por:

$$x(t) = e^{-\alpha t} \tag{7.113}$$

Assim, para $\alpha = 20$, deve-se usar $h < 0{,}1$ para obter estabilidade numérica com o método de Euler, apesar de a solução ser praticamente invariante logo após o início da integração em que $x = 1$, e tendendo a zero. Observe que $x(t) = e^{-20t}$, portanto, para $t \geq 1$, $x(t) \leq 2{,}1 \times 10^{-9}$ e, mesmo assim, a solução numérica deve prosseguir com valores baixos de h em uma região onde a solução praticamente não varia e indica que passos de integração maiores poderiam ser utilizados.

O problema exemplo demonstra o que pode ocorrer em um sistema de EDO, caso até mesmo somente uma das variáveis requeira um pequeno passo de integração do método explícito que estiver sendo utilizado. Assim, para garantir a estabilidade numérica do método, todas as equações teriam que ser integradas com essa grave restrição, o que de imediato acarretaria alto custo computacional para a solução do PVI.

A maneira mais simples de abordar o problema é a utilização de um método numérico implícito para integrar o PVI. Para exemplificar o processo, utiliza-se aqui o **método de Euler com diferenças à retaguarda (*backward* Euler)** para aproximar $x'(t+h)$, com uma aproximação por diferenças finitas que foi apresentada no Capítulo 6. Assim, o lado direito da equação do método é avaliado também no valor à frente para a variável dependente x. A equação resultante para o método é dada por:

$$x'_{i+1} = \frac{x_{i+1} - x_i}{h}, \text{ portanto } x_{i+1} = x_i + h(-\alpha x_{i+1}) \tag{7.114}$$

E, explicitando x_{i+1}, obtém-se:

$$x_{i+1} = \frac{x_i}{1+\alpha h} \tag{7.115}$$

A Eq. (7.115) demonstra que o método é incondicionalmente instável. Note que mesmo para valores altos de h e até tendendo ao infinito, $x_{i+1} \to 0$, que é a solução do problema à medida que t aumenta. Isso quer dizer que o método converge para a solução após a região de alta variação da variável dependente x. Quando a variável independente é o tempo, pode-se dizer que o método implícito converge para a solução de regime permanente ou de equilíbrio do sistema. Essa característica de estabilidade incondicional é garantida apenas para problemas lineares, mas, mesmo em problemas não lineares, observa-se que os métodos implícitos são mais estáveis do que os explícitos.

Por último, é importante lembrar que mesmo no método implícito, podendo usar passos maiores de integração, i.e., valores altos de h, a precisão da solução do PVI cai à medida que se aumenta o valor de h. Isso resulta do fato de que a aproximação da derivada da solução $x'(t+h)$ por uma fórmula de diferenças finitas à retaguarda leva o método de Euler a ser de 1ª ordem, i.e., $ETG = O(h)$.

Exemplo 7.12) Um processo interessante de fusão por contato ocorre durante a queda de um pedaço de gelo da parede interna do tubo onde ele foi fabricado. Conforme mostra a Fig. 7.16, o gelo pode ser removido por gravidade via aquecimento do lado externo da parede convectivamente (h, T_h) iniciando em $t = 0$. O pedaço de gelo desliza para baixo à medida que se forma um filme de água pela fusão do gelo na interface com a parede interna. O tempo até o gelo deixar completamente a superfície pode ser previsto baseado na teoria de fusão por contato. Vargas e Bejan (1995) propuseram um modelo matemático para o processo, validando os resultados numéricos por comparação direta com experimentos de laboratório. Maiores detalhes sobre as hipóteses físicas utilizadas para o modelo podem ser consultados no artigo original publicado (Vargas e Bejan, 1995). O modelo matemático foi apresentado em forma adimensional como um PVI formulado por uma EDO de 2ª ordem.

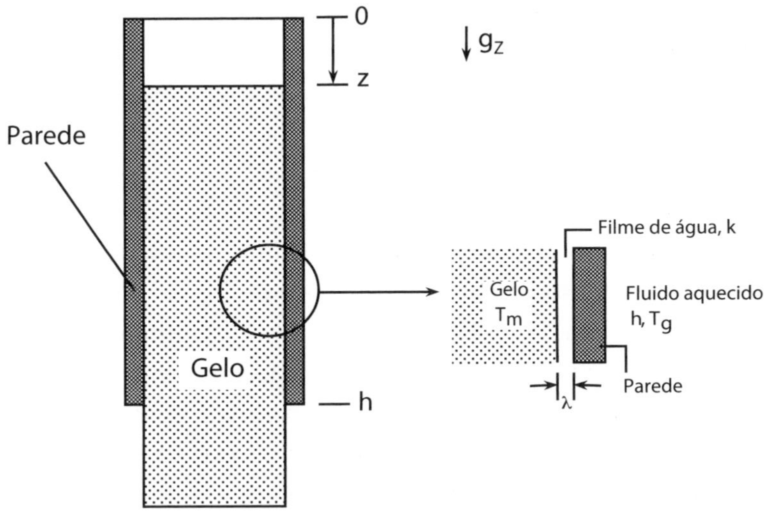

Figura 7.16 Diagrama esquemático da remoção de um bloco de gelo via aquecimento da parede de um tubo cilíndrico (Vargas e Bejan, 1995).

O modelo matemático é, portanto, descrito pelo seguinte PVI:

$$\begin{cases} \beta = \tilde{\lambda}^2 + G\tilde{\lambda} \\ \dfrac{d^2\zeta}{d\beta^2} = 1 - (1-\zeta)\dfrac{B}{\tilde{\lambda}}\dfrac{d\zeta}{d\beta} \\ \zeta(\beta = 0) = 0; \ \dfrac{d\zeta}{d\beta}(\beta = 0) = 0 \end{cases} \tag{7.116}$$

em que

$$\beta = t\left(\frac{g_z}{H}\right)^{1/2}, \ \zeta = \frac{z}{H}, \ \tilde{\lambda} = \lambda\left(\frac{g_z}{H}\right)^{1/4}\left\{\frac{\rho h_{sf}}{2k(T_h - T_m)}\right\}^{1/2},$$

$$B = \frac{\mu p H}{m}\left\{\frac{\rho h_{sf}}{2k\left(T_h - T_m\right)}\right\}^{1/2}\left(\frac{H}{g_z}\right)^{1/4} \quad \text{e}$$

$$G = \left\{\frac{\ln\left(R / R_0\right)}{2\pi k_w} + \frac{1}{2\pi R_0 h}\right\}\left\{\frac{2k\rho h_{sf}}{\left(T_h - T_m\right)\left(H / g_z\right)^{1/2}}\right\}^{1/2}$$

são os grupos adimensionais definidos para o problema; t é o tempo, em s; g_z é a aceleração da gravidade, em m s^{-2}; H é a altura do tubo cilíndrico, em m; z é a posição vertical do bloco de gelo, em m; λ é a espessura de filme de água em fusão na interface formada ao longo do tempo, em m; ρ é a densidade do gelo, em kg m^{-3}; h_{sf} é o calor latente de fusão do gelo, em J kg^{-1}; k é a condutividade térmica da água, em $W\text{m}^{-1}\text{K}^{-1}$; T_h é a temperatura do fluido externo aquecido, em K; T_m é a temperatura de fusão do gelo, em K; μ é a viscosidade absoluta da água, em kg m^{-1} s^{-1}; p é o perímetro da seção do bloco de gelo, em m; m é a massa do bloco de gelo, em kg; R é o raio interno do tubo, em m; R_0 é o raio externo do tubo, em m; k_w é a condutividade térmica da parede do tubo, em $W\text{m}^{-1}\text{K}^{-1}$, e h é o coeficiente de transferência de calor por convecção, em $W\text{m}^{-2}\text{K}^{-1}$.

Pede-se:

i) Desenvolver um procedimento para obter a solução do PVI dado pela Eq. (7.116) de forma direta, i.e., sem a necessidade de um processo iterativo, utilizando um método de passo adaptativo, controlando o erro de truncamento local, tal que $ETL < 10^{-8}$.

ii) Apresentar a solução numérica para a posição do bloco de gelo ao longo do tempo adimensional β, para as situações em que $B = 0,1$, 1, 4 e $G = 10^4$.

Solução

i) Primeiramente, a EDO de 2ª ordem deve ser transformada no seguinte sistema equivalente de 2 EDO de 1ª ordem:

$$\begin{cases} \beta = \tilde{\lambda}^2 + G\tilde{\lambda} \\ \zeta'_1 = \zeta_2 \\ \zeta'_2 = 1 - (1-\zeta_1)\dfrac{B}{\tilde{\lambda}}\zeta_2 \\ \zeta_1(\beta=0) = 0;\ \zeta_2(\beta=0) = 0 \end{cases} \tag{7.117}$$

ii) A seguir, verifica-se que a espessura de filme adimensional $\tilde{\lambda}$ depende da variável independente segundo a equação $\tilde{\lambda}^2 + G\tilde{\lambda} - \beta = 0$. Portanto, deve-se resolver essa equação para cada passo de integração, obtendo:

$$\tilde{\lambda} = \frac{-G + \sqrt{G^2 + 4\beta}}{2} \tag{7.118}$$

em que é tomada somente a raiz positiva, uma vez que a espessura de filme deve ser positiva. No entanto, conforme foi discutido no Capítulo 1, para implementação computacional, a Eq. (7.118) não é adequada. De fato, quando β for um número pequeno, a soma $G^2 + 4\beta$ poderá resultar sempre em G^2, uma vez que G é um número muito grande em comparação com β, e o resultado será sempre $\tilde{\lambda} = 0$, o que levará a uma singularidade no PVI da Eq. (7.117). Portanto, elimina-se essa possibilidade trabalhando com uma identidade matemática para a Eq. (7.118), obtida multiplicando-se o numerador por seu conjugado. O resultado final é:

$$\tilde{\lambda} = \frac{2\beta}{\sqrt{G^2 + 4\beta} + G} \tag{7.119}$$

que resultará em $\tilde{\lambda} \neq 0$ no computador, mesmo para valores pequenos de β.

Assim, o PVI a ser resolvido passa a ser:

$$\begin{cases} \zeta'_1 = \zeta_2 \\ \tilde{\lambda} = \dfrac{2\beta}{\sqrt{G^2 + 4\beta} + G} \\ \zeta'_2 = 1 - (1 - \zeta_1)\dfrac{B}{\tilde{\lambda}}\zeta_2 \\ \zeta_1(\beta = 0) = 0;\ \zeta_2(\beta = 0) = 0 \end{cases} \tag{7.120}$$

iii) O PVI formulado pela Eq. (7.20) é integrado numericamente usando um método de Runge-Kutta-Forward Euler de passo adaptativo, que foi apresentado na seção 7.3.5, mantendo o erro de truncamento local abaixo de uma tolerância prescrita, i.e., $ETL < 10^{-8}$. Claramente, pela Eq. (7.119), verifica-se que a integração não pode ser iniciada em $\beta = 0$, uma vez que isso leva a uma singularidade na 2ª EDO do PVI da Eq. (7.117). Portanto, evita-se essa singularidade tomando a espessura de filme adimensional em valor bastante pequeno, i.e., $\tilde{\lambda} = 10^{-4}$, o que corresponde a $\lambda \cong 10^{-6}$ m para $T_h - T_m = 30\,^{\circ}C$, o que leva ao valor $\beta \cong 1$ para o início do processo de integração do PVI, uma vez que $\beta = \tilde{\lambda}^2 + G\tilde{\lambda}$. Mesmo assim, houve a necessidade do uso de dupla precisão para haver estabilidade numérica, o que de fato caracteriza o problema como de EDO rígidas (*stiff equations*). Neste ponto, tanto ζ como

$$\frac{d\zeta}{d\beta}$$

são aproximadamente zero. No início, a curva $\zeta(\beta)$ é praticamente um valor constante e, a partir de um certo valor de β, passa a ter um gradiente acentuado, i.e., passa a requerer um pequeno passo de integração. Portanto, para o método explícito ser estável, o passo de integração h teria que ser bastante pequeno, conforme foi discutido nesta seção.

No entanto, o uso do método de Runge-Kutta-Forward Euler de passo adaptativo permite o ajuste de passo de integração de acordo com o valor de ETL desejado. Dessa maneira, a solução pode ser obtida com baixo tempo computacional. A trajetória do bloco de gelo ao longo do tempo adimensional β para $G = 10000$ é mostrada numericamente na Tabela 7.9, para $B = 0,1$, e graficamente nas Fig. 7.17 a 7.19 para $B = 0,1$, 1 e 4.

Tabela 7.9 Solução do PVC dado pela Eq. (7.120) para $B = 0,1$ e $G = 10000$

Passo Nr	β	ζ_1	ζ_2	h
0	1.000000	.000100	.000100	.010000
41	5.100000	.012696	.005161	.000237
91	10.100000	.052046	.010643	.000387
141	15.100000	.121273	.017161	.000798
190	20.000000	.226003	.025788	.001105
240	25.000000	.389107	.040750	.000980
290	30.000000	.683785	.092227	.000379
310	32.000000	1.030395	.488726	.000045

O bloco de gelo inicia seu percurso extremamente devagar, e acelera sua queda dramaticamente após ter executado cerca de 20% de sua trajetória total. O tempo quando a extremidade final do bloco de gelo deixa o tubo é o valor de β marcado pela curva $\zeta(\beta)$ na abscissa das Figs. 7.17 a 7.19. Em outras palavras, o tempo de queda β_f é determinado por:

$$\zeta\left(\beta_f\right) = 1 \tag{7.121}$$

Verifica-se também que o tempo de queda do bloco de gelo aumenta monotonicamente com o grupo adimensional B, i.e., à medida que a área de contato pH aumenta, ou à medida que a diferença de temperatura diminui. Esse tempo aumenta também à medida que a resistência térmica G associada com a parede do tubo e o escoamento externo torna-se significativa.

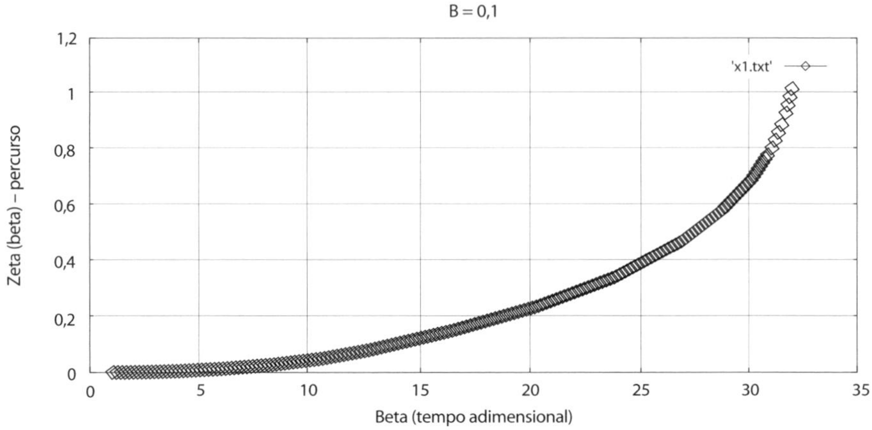

Figura 7.17 A trajetória do bloco de gelo removido por fusão de contato lateral para $B = 0,1$ e $G = 10000$.

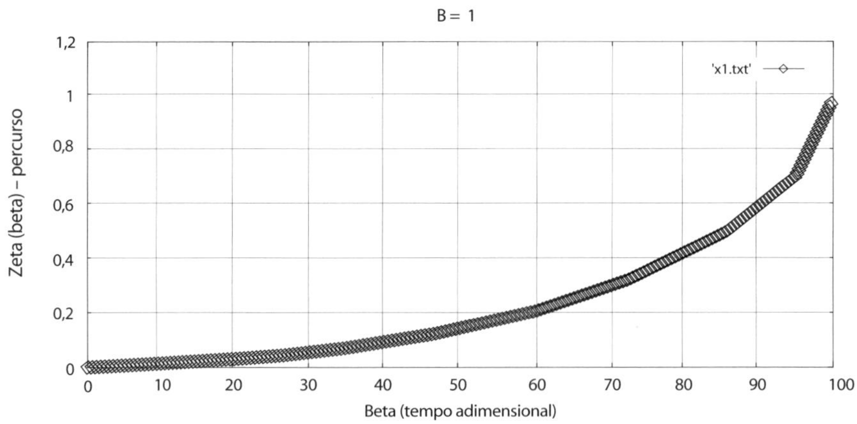

Figura 7.18 A trajetória do bloco de gelo removido por fusão de contato lateral para $B = 1$ e $G = 10000$.

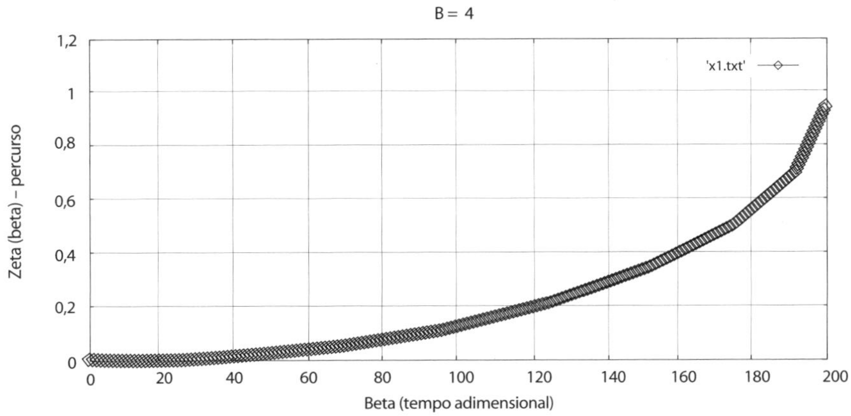

Figura 7.19 A trajetória do bloco de gelo removido por fusão de contato lateral para $B = 4$ e $G = 10000$.

Finalmente, a Fig. 7.20 mostra os resultados publicados por Vargas e Bejan (1995) para comparação com a solução obtida neste exemplo. Note que o eixo vertical do gráfico na Fig. 7.20 está invertido para melhor associar o resultado à situação real da Fig. 7.16, uma vez que o bloco de gelo se desloca para baixo sob ação da força de gravidade. A abscissa do gráfico foi colocada em escala logarítmica.

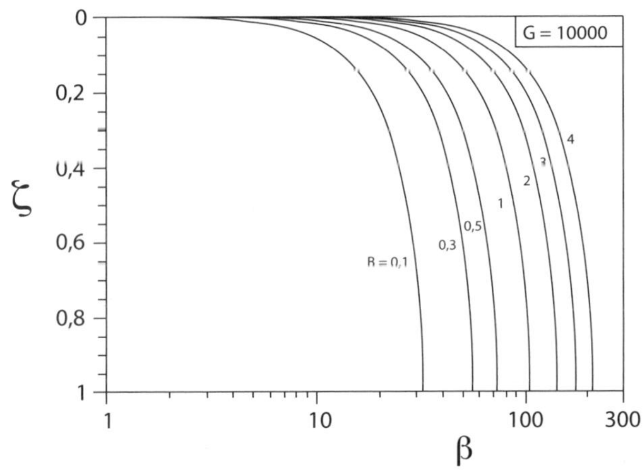

Figura 7.20 A trajetória do bloco de gelo removido por fusão de contato lateral segundo Vargas e Bejan (1995).

7.7. O MÉTODO DE EULER VETORIAL COM DIFERENÇAS À RETAGUARDA (*BACKWARD* EULER)

Como alternativa aos métodos explícitos apresentados neste capítulo, nesta seção, apresenta-se o método implícito mais simples para a solução de um PVI formulado pela Eq. (7.89). A formulação é repetida, a seguir, para maior clareza da metodologia:

$$\begin{cases} x' = \vec{f}(t, \vec{x}) \\ \vec{x}(t = t_0) = \vec{x}_0 \end{cases} \tag{7.89}$$

O método de Euler vetorial com diferenças à retaguarda (*backward* Euler) para resolver o sistema de EDOs definido pela Eq. (7.89) é obtido por uma série de Taylor truncada na primeira derivada, como abaixo:

$$\vec{x}(t-h) = \vec{x}(t) - h\vec{x}\,'(t) + O(h^2) \tag{7.122}$$

ou seja,

$$\vec{x}(t) \cong \vec{x}(t-h) + h\vec{x}\,'(t) \tag{7.123}$$

Fazendo t como passo anterior, e $t + h$ como passo seguinte, o método de *backward* Euler é finalmente descrito por:

$$\vec{x}(t+h) \cong \vec{x}(t) + h\vec{x}\,'(t+h) = \vec{x}(t) + h\vec{f}(t+h, \vec{x}(t+h)) \tag{7.124}$$

Portanto, conforme foi apresentado na seção 7.3.1, em um método implícito, a cada novo passo de tempo $t + h$, conhecendo-se o valor proveniente do passo de tempo anterior, o seguinte sistema de equações algébricas lineares ou não lineares deve ser resolvido por um dos métodos apresentados nos capítulos 3 ou 4, respectivamente:

$$\vec{G}(\vec{x}(t+h)) = \vec{x}(t+h) - \vec{x}(t) - h\vec{f}(t+h, \vec{x}(t+h)) = 0 \tag{7.125}$$

para encontrar $\vec{x}(t+h)$, e $\vec{G}$ é a função vetorial definida pelo método de Euler com diferenças à retaguarda.

Conforme discutido na seção 7.3.1, os métodos implícitos em geral são incondicionalmente estáveis (Fletcher, 1991), i.e., permitindo valores altos no passo de integração h, tal que se chegue à solução rapidamente. No entanto, o custo computacional para resolver o sistema de equações algébricas definido pela Eq. (7.125) pode ser alto. Deve-se lembrar também que o erro na obtenção da solução em cada passo é proporcional ao quadrado do passo, h^2, conforme mostra a Eq. (7.122); portanto, aumentando o tamanho do passo, a precisão da solução é reduzida.

7.8. PROBLEMAS PROPOSTOS

7.1) Derive as fórmulas do método de Runge-Kutta de 4ª ordem apresentadas nas Eqs. (7.32) e (7.33).

7.2) Desenvolva e implemente computacionalmente a fórmula do método de Runge-Kutta-Fehlberg de 4ª/5ª ordem de passo adaptativo.

7.3) Obtenha os coeficientes da fórmula de Adams-Bashforth de 5ª ordem, mostrada na Eq. (7.45), a partir da Eq. (7.44), fazendo $x = p_j$ e $f = p'_j$, uma vez que $x' = f$, obtendo um sistema análogo ao da Eq. (7.48).

7.4) Demonstre que o método de Adams-Bashforth de 3ª ordem, dado pela Eq. (7.70), é equivalente ao método de 4 valores com

$s_1 = 0$, $s_3 = \dfrac{3}{4}$ e $s_4 = \dfrac{1}{6}$, que é um método explícito, uma vez que $s_1 = 0$.

7.5) Demonstre que o método de Adams-Moulton de 3ª ordem dado pela Eq. (7.62) é equivalente ao método de 4 valores com

$s_1 = \frac{5}{12}$, $s_3 = \frac{3}{4}$ e $s_4 = \frac{1}{6}$, que é um método implícito.

7.6) Demonstre que, se h for pequeno e $q_i > 0$, a matriz associada ao sistema tridiagonal da Eq. (7.108) é diagonalmente dominante e, portanto, a solução pode ser obtida diretamente por um dos métodos diretos apresentados no Capítulo 3 de forma bastante eficiente.

7.7) Demonstre que a solução do sistema da Eq. (7.108) converge para a solução do PVC linear formulado pela Eq. (7.101), se $h \to 0$ e p, q e $r \in C\left[t_0, t_{fim}\right]$ e $q > 0$, conforme foi originalmente demonstrado por Keller (1968).

7.8) Considere os seguintes problemas de valor inicial e resolva-os empregando os métodos de Euler, de Heun e de Runge-Kutta de 4ª ordem, empregando-se os passos iguais a 0,5 e 0,25.

a) $\frac{dy}{dx} = e^{2x} + 2y;\ y(0) = 0;\ 0 \leq x \leq 1$. Solução analítica: $y = xe^{2x}$

b) $\frac{dy}{dx} = -2y - 10;\ y(0) = 6;\ 0 \leq x \leq 1$. Solução analítica: $y = e^{-2x} + 5$

c) $\frac{dy}{dx} = y - 12\,sen(x)\cos(x);\ y(0) = 0;\ 0 \leq x \leq 1$. Solução analítica: $y = 2\,sen(2x)$

d) $\frac{dy}{dx} = y - x^2 + 2x - 4;\ y(0) = 5;\ 0 \leq x \leq 1$. Solução analítica: $y = e^x + x^2 + 4$

7.9) O método de Runge-Kutta-Fehlberg apresenta erro de truncamento local de 5ª ordem, apresentando a seguinte estrutura:

$$y_{i+1} = y_i + \frac{16}{135}k_1 + \frac{6656}{12825}k_3 + \frac{28561}{56430}k_4 - \frac{9}{50}k_5 + \frac{2}{55}k_6$$

sendo:

$$k_1 = h\,f\left(t_i, y_i\right)$$

$$k_2 = h\,f\left(t_i + \frac{h}{4}, y_i + \frac{1}{4}k_1\right)$$

$$k_3 = h\,f\left(t_i + \frac{3h}{8}, y_i + \frac{3}{32}k_1 + \frac{9}{32}k_2\right)$$

$$k_4 = h\,f\left(t_i + \frac{12h}{13}, y_i + \frac{1932}{2197}k_1 - \frac{7200}{2197}k_2 + \frac{7296}{2197}k_3\right)$$

$$k_5 = h\,f\left(t_i + h, y_i + \frac{439}{216}k_1 - 8k_2 + \frac{3680}{513}k_3 - \frac{845}{4104}k_4\right)$$

$$k_6 = h\,f\left(t_i + \frac{1}{2}h, y_i - \frac{8}{27}k_1 + 2k_2 - \frac{3544}{2565}k_3 + \frac{1859}{4104}k_4 - \frac{11}{40}k_5\right)$$

Implemente um código computacional para resolver os problemas para solucionar os exercícios propostos no exercício anterior por meio do algoritmo de Runge-Kutta-Fehlberg.

7.10) Utilize o método da série de Taylor de 5ª ordem, com $h = 0{,}01$, para resolver a equação $x' = x + e^t + tx$, com o valor inicial $x(1) = 2$, no intervalo [1, 3]. Escreva e implemente um programa computacional para realizar a tarefa.

7.11) (Kincaid e Cheney, 1991) Métodos para resolver problemas de valor inicial podem também ser utilizados para calcular integrais definidas ou indefinidas. Por exemplo, pode-se calcular:

$$I = \int_0^2 e^{-s^2}\, ds \tag{1}$$

resolvendo o problema de valor inicial

$$x' = e^{-t^2} \qquad x(0) = 0 \tag{2}$$

para $t \in [0,\ 2]$. Use o método de Taylor de 4ª ordem e avalie o erro cometido comparando com o valor obtido na tabela da função erro

$$erf(t) = \frac{2}{\sqrt{\pi}} \int_0^t e^{-s^2}\, ds\text{, i.e., } \mathrm{x}(2) \cong 0{,}8820813907.$$

7.12) (Kincaid e Cheney, 1991) A integral $\int \left(1+x^3\right)^{1/2} dx$ não pode ser calculada por métodos de cálculo elementar, uma vez que é uma integral elíptica. Construa uma tabela e um gráfico para a função

$$f(x) = \int_0^x \left(1+t^3\right)^{1/2} dt$$

no intervalo $x \in [0,\ 5]$, resolvendo um problema de valor inicial adequado. Use o método da série de Taylor de terceira ordem com $h = 1/64$.

7.13) (Kincaid e Cheney, 1991) Usando vários valores de λ, como 5, –5 e –10, resolva o problema de valor inicial a seguir numericamente usando o método de Runge-Kutta de 4ª ordem:

$$x' = \lambda x + sen\ \mathrm{t} + \lambda\ \cos \mathrm{t} \qquad x(0) = 0$$

Compare a solução numérica com a solução analítica no intervalo $t \in [0,\ 5]$, utilizando um passo de integração $h = 0{,}01$. Qual o efeito de λ na precisão da solução numérica?

7.14) A equação adimensional abaixo modela o comportamento da temperatura do ambiente refrigerado por um refrigerador de absorção. Utilize o método de Runge-Kutta de 4ª ordem para integrá-la numericamente desde o instante de tempo adimensional $\theta = 0$ até $\theta = 1$, utilizando $\Delta\theta = 0{,}2$. Construa uma tabela que mostre em duas colunas o tempo θ e a temperatura τ_L correspondente.

$$\frac{d\tau_L}{d\theta} = w\left(1 - \tau_L\right) + \dot{Q}_1^* - \dot{Q}_L^*$$

em que $w = 0{,}2$; $\dot{Q}_1^* = 0{,}007$ e $\dot{Q}_L^* = 0{,}014$ e a condição inicial $\tau_L(\theta = 0) = 1$.

7.15) Seja o problema de valor inicial

$$\begin{cases} x' = \dfrac{dx}{dt} = f(t,x) \\ x(t=0) = x_0 \end{cases}$$

No caso especial em que $f(t,x)$ é independente de x, mostre que a fórmula de Runge-Kutta de 4ª ordem é equivalente à regra de Simpson para integração numérica, i.e.:

$$I = \int_t^{t+h} x'(t)\ dt = \frac{h}{6}\left[x'(t) + 4x'\left(t + \frac{1}{2}h\right) + x'(t+h)\right]$$

7.16) A equação adimensional abaixo modela o comportamento da temperatura da água de resfriamento na saída de um molde metálico durante um processo de injeção de plástico. Utilize o método de Runge-

-Kutta de 4ª ordem para integrá-la numericamente desde o instante de tempo adimensional $\tau = 0$ até $\tau = 1$, utilizando $\Delta\tau = 0{,}2$. Construa uma tabela que mostre em duas colunas o tempo τ e a temperatura θ correspondente.

$$\frac{d\theta}{d\tau} = \frac{2}{M}\left\{\left(1 - \frac{N}{2}\right)\left(\theta_{in} - \theta\right) + N\frac{\theta_m + \left(\theta + \theta_{in}\right)/2}{2}\right\}$$

em que $M = 2$, $N = 5$, $\theta_m = 1 + e^{-\tau}$ e $\theta_{in} = 1$. A condição inicial é $\theta(\tau = 0) = \theta_{in}$.

7.17) Resolva o problema de valor inicial abaixo (PVI). Utilize o método de Runge-Kutta de 4ª ordem para integrar numericamente a equação dada desde o instante de tempo adimensional $t = 0$ até $t = 1$, utilizando $\Delta t = 0{,}2$. Construa uma tabela que mostre em duas colunas o tempo t e o valor de x correspondente.

$$\begin{cases} x' = \dfrac{dx}{dt} = \left(t + sen\ x\right)^2 \\ x\left(t = 0\right) = 3 \end{cases}$$

7.18) Utilize o método de Runge-Kutta de 4ª ordem para integrar a equação abaixo, a partir do instante $t = 0$ s até o instante $t = 1$ s com passo de integração $\Delta t = 0{,}2$ s:

$$\frac{dT}{dt} = \frac{1}{\rho V c_v}\left[-\frac{k}{(l_1 + l_2)/2}A\left(T - T_a\right)\right]$$

em que: $\rho = 1{,}2$ kg/m³; $v = 0{,}001$m³; $c_v = 714$j/kg.K); $k = 0{,}026$w/(m.K); $l_1 = 0{,}1$m; $l_2 = 0{,}2$m; $A = 1$m² e $T_a = 1000$K. Em $t = 0s$, $T = 298$K.

Construa uma tabela de duas colunas mostrando o tempo *t*, na primeira coluna, e a temperatura correspondente *T*, na segunda coluna.

7.19) A equação abaixo modela o comportamento da temperatura de um corpo exposto à radiação solar em função do tempo. Utilize o método de Runge-Kutta de 4ª ordem para integrá-la numericamente desde o instante de tempo $t = 0$ s até $t = 100$ s, utilizando $\Delta t = 20$ s. Construa uma tabela que mostre em duas colunas o tempo t e a temperatura T_c correspondente em unidades *K*.

$$\frac{dT_c}{dt} = \frac{1}{m_c c_c}\left\{UA_c\left(T_\infty - T_c\right) + A_c\left[\alpha I + \varepsilon\sigma\left(T_{ceu}^4 - T_c^4\right)\right]\right\}$$

em que $m_c = 50$ kg; $c_c = 870$ Jkg$^{-1}K^{-1}$; $U = 10$ Wm$^{-2}K^{-1}$;

$A_c = 100$ m^2; $T_\infty = 298$ K; $\alpha = \varepsilon = 0{,}9$; $\sigma = 5{,}67\times10^{-8}$ Wm$^{-2}K^{-4}$;

$T_{ceu} = 292$ K; $I = 500$ Wm^{-2}, e a condição inicial $T_c(t = 0) = 298$ K

7.20) As três equações do PVI abaixo modelam o comportamento da temperatura do ambiente refrigerado por um sistema de ar condicionado, bem como as temperaturas do lado ar do evaporador e do condensador. Utilize o método de Runge-Kutta de passo adaptativo para integrá-las numericamente desde o instante de tempo $t = 0\ s$ até $t = 100\ s$, utilizando $\Delta t = 10\ s$. Construa uma tabela que mostre em quatro colunas o tempo t e as temperaturas correspondentes aos três locais, T_1,T_2 e T_3. Construa também um gráfico $T_i \times t$, para $i = 1, 2, 3$.

$$\begin{cases} \dfrac{dT_1}{dt} = \left\{U_w A_w \left(T_{ext} - T_1\right) + \dot{Q}_1 + \dot{m}_{ar} c_{p,ar} \left(T_2 - T_1\right)\right\} \dfrac{1}{c_{v,ar} m_1} \\ \dfrac{dT_2}{dt} = \left\{-\dot{Q}_{ev} + \dot{m}_{ar} c_{p,ar} \left(T_1 - T_2\right)\right\} \dfrac{1}{c_{v,ar} m_{ar,2}} \\ \dfrac{dT_3}{dt} = \left\{\dot{Q}_{cond} + \dot{m}_{ar} c_{p,ar} \left(T_{ext} - T_3\right)\right\} \dfrac{1}{c_{v,ar} m_{ar,3}} \\ T_1(t=0) = T_2(t=0) = T_3(t=0) = 35^{\circ}C \end{cases}$$

em que

$$U_w = 1{,}472 \times 10^{-3}\ \text{kW m}^{-2} K^{-1};\ A_w = 54\ \text{m}^2;\ T_{ext} = 35^{\circ}C;$$

$$\dot{Q}_1 = 0{,}788\ \text{kW};\ \dot{m}_{ar} = 0{,}5\ \text{kg s}^{-1};\ c_{p,ar} = 1{,}005\ \text{kJ kg}^{-1} K^{-1};$$

$$c_{v,ar} = 0{,}716\ \text{kJ kg}^{-1} K^{-1};\ m_1 = 27\ \text{kg};\ \dot{Q}_{ev} = 5\ \text{kW};$$

$$m_{ar,2} = m_{ar,3} = 0{,}03\ \text{kg, e } \dot{Q}_{cond} = 10\ \text{kW}.$$

7.21) Se um problema de valor inicial (PVI), envolvendo a equação diferencial *y+2ty'+yy'=3*, com *y = y(t)*, deve ser resolvido usando um método de Runge-Kutta, qual função tem de ser programada?

7.22) (Monteiro, 2012) A disciplina de Métodos Numéricos de um curso de Engenharia no ano letivo 2002/03 tem 92 alunos inscritos. Inicialmente, um grupo de 10 alunos resolveu lançar o boato de que o exame iria ser cancelado. Em média cada estudante conversa com outros colegas a uma taxa de 2 estudantes/hora, podendo estes já saberem ou não da novidade. Se *y* representar o número de estudantes que sabem do boato no instante de tempo *t* (horas), então a taxa de recepção do boato é dada por:

$$\frac{dy}{dt} = 2y\left(\frac{92-y}{92}\right)$$

Utilizando um dos métodos explícitos para solução de EDO apresentados neste capítulo, calcule o número de estudantes que após 3 horas tomou conhecimento do boato (use $h = 1$).

7.23) (Kincaid e Cheney, 1991) Escreva e implemente um programa computacional para resolver o problema de valor inicial:

$$x' = e^{xt} + \cos(x-t) \qquad\qquad x(1) = 3$$

Use o método de Runge-Kutta de 4ª ordem com $h = 0{,}01$. Interrompa os cálculos antes de haver divergência da solução.

7.24) Derive o método de Runge-Kutta de 3ª ordem, dado por:

$$x(t+h) = x(t) + \frac{1}{9}(2F_1 + 3F_2 + 4F_3)$$

$$\begin{cases} F_1 = h\,f(t,x) \\ F_2 = h\,f\left(t+\frac{1}{2},x+\frac{1}{2}F_1\right) \\ F_3 = h\,f\left(t+\frac{3}{4}h,x+\frac{3}{4}F_2\right) \end{cases}$$

7.25) A maneira mais simples de abordar o problema de instabilidades numéricas na solução de um PVI é a utilização de um método numérico implícito. A Eq. (7.114) ilustrou como aplicar o **método de Euler com diferenças à retaguarda (*backward* Euler)** para aproximar $x'(t+h)$

no caso de um PVI com apenas uma EDO de 1ª ordem. Neste problema, pede-se estender a análise para um sistema de EDO de 1ª ordem. Escreva e implemente um programa computacional para resolver o problema com passo de integração h fixo. Teste o programa computacional resolvendo o exemplo 7.9 pelo método de *backward* Euler com vários valores diferentes para o passo de integração h. Apesar de o método permitir que o valor de h possa ser aumentado indefinidamente, o que acontece com a solução à medida que h aumenta? Para contornar o problema observado, proponha um método de passo de integração h adaptativo, controlado pelo monitoramento constante do ETL e implemente o método computacionalmente.

7.26) Derive a fórmula do método de Adams-Bashforth de 4ª ordem utilizando o método de coeficientes indeterminados, i.e.:

$$x_{i+1} = x_i + \frac{h}{24}\left(55f_i - 59f_{i-1} + 37f_{i-2} - 9f_{i-3}\right)$$

7.27) Derive a fórmula do método de Adams-Bashforth de 2ª ordem utilizando o método de coeficientes indeterminados, i.e.:

$$x_{i+1} = x_i + h\left(\frac{3}{2}f_i - \frac{1}{2}f_{i-1}\right)$$

7.28) (Lambert, 1973) Resolva numericamente o seguinte sistema de equações diferenciais ordinárias:

$$\begin{cases} x'_1 = \left(-1 - 9c^2 + 12sc\right)\, x_1 + \left(12c^2 + 9sc\right)\, x_2 \\ x'_2 = \left(-12s^2 + 9s\right)\, x_1 + \left(-1 - 9s^2 - 12sc\right)\, x_2 \\ x_1(0) = -12 \\ x_2(0) = 6 \end{cases}$$

em que $c = \cos 6t$ e $s = \text{sen } 6t$. Integre no intervalo $x \in [0,\ 10]$, com passo $h = 0{,}01$. Obtenha a solução exata:

$$\begin{cases} x_1 = e^{-13t}\left(s - 2c\right) \\ x_2 = e^{-13t}\left(2s + c\right) \end{cases}$$

A solução numérica está de acordo com a solução exata?

7.29) (Monteiro, 2012) O progresso de uma epidemia de gripe em uma população de N indivíduos é modelada pelo seguinte sistema de equações diferenciais:

$$\begin{cases} \dfrac{dx}{dt} = -\beta xy \\ \dfrac{dy}{dt} = \beta xy - \alpha y \\ \dfrac{dz}{dt} = \alpha y \end{cases}$$

em que x é o número de pessoas suscetíveis de contrair a gripe, y é o número de pessoas infectadas e z é o número de pessoas imunes, incluindo todos os recuperados, no tempo t. Os parâmetros α e β são as taxas de recuperação e transmissão (por dia), respectivamente. Assume-se que a população é fixa, logo, novos nascimentos são balanceados pelas mortes. Considere $\alpha = 0{,}05$, $\beta = 0{,}0002$, $x(0) = 980$, $y(0) = 20$, $z(0) = 0$

a) Avalie a situação da população passados 10 dias do começo da epidemia, usando o método de Runge-Kutta de 2ª ordem com $h = 5$.
b) Interprete os resultados obtidos no fim de cada uma das etapas.

7.30) (Monteiro, 2012) A equação de Schrödinger da Mecânica Quântica pode ser escrita como:

$$\frac{d^2\psi(x)}{dx^2}+\{n(x)-\beta_n\}\psi(x)=0$$

Considerando $n(x) = n_0 = 100$ e $\beta_n = 95$, resolva o problema de valor de contorno resultante pelo método iterativo (*shooting method*) ou pelo método de relaxação. Construa um gráfico $\psi \times x$ e uma tabela com os resultados numéricos usando $\Delta x = 0,2$ para o intervalo $x \in [-1, 2]$.

Projetos

7.1) Uma reação química com reagentes e produtos é descrita de forma geral por:

$$aA + bB + \cdots \rightarrow \text{produtos} \tag{1}$$

em que *a*, *b* são os coeficientes da reação balanceada para as substâncias *A*, *B*, respectivamente, sendo que um possível modelo para a taxa de reação é descrito por:

$$r = k \times [A]^m \times [B]^n \times \cdots \tag{2}$$

em que *k* é uma constante da taxa de reação, [·] é a concentração molar da substância, em mol L^{-1} (M), m e n representam a ordem da reação em relação a *A* e *B*, respectivamente.

Para uma situação com dois reagentes e dois produtos, tem-se a reação balanceada:

$$aA + bB \rightarrow cC + dD \tag{3}$$

em que *a*, *b*, *c*, *d* são os coeficientes da reação balanceada para as substâncias *A*, *B*, *C*, *D* respectivamente, a partir do que se pode determinar a taxa de reação por:

$$r = -\frac{1}{a}\frac{d[A]}{dt} = -\frac{1}{b}\frac{d[B]}{dt} = \frac{1}{c}\frac{d[C]}{dt} = \frac{1}{d}\frac{d[D]}{dt} \tag{4}$$

em que t é a variável tempo, em s.

Neste projeto, considere a taxa inicial de decomposição do acetaldeído, $CH_3CHO_{(g)}$ a 600°C, de acordo com a seguinte reação:

$$CH_3CHO_{(g)} \rightarrow CH_{4(g)} + CO_{(g)} \tag{5}$$

que foi medida em uma série de concentrações, conforme a Tabela Pj7.1.

Tabela Pj7.1 Medição de taxa de reação da Eq. (5), em uma série de concentrações

$[CH_3CHO]$	0,10 M	0,20 M	0,30 M	0,40 M
Taxa (mol L^{-1} s^{-1})	0,085	0,34	0,76	1,4

Usando esses dados, determine a ordem da reação e o tempo para a reação se completar, de acordo com um critério pré-estabelecido, p.ex.,

$$\left\| \frac{d\vec{[\cdot]}}{dt} \right\| < tol,$$

em que tol é um valor de tolerância (p.ex., 10^{-6}).

7.2) Considere o sistema de suporte a gás mostrado na Fig. Pj7.2, a seguir:

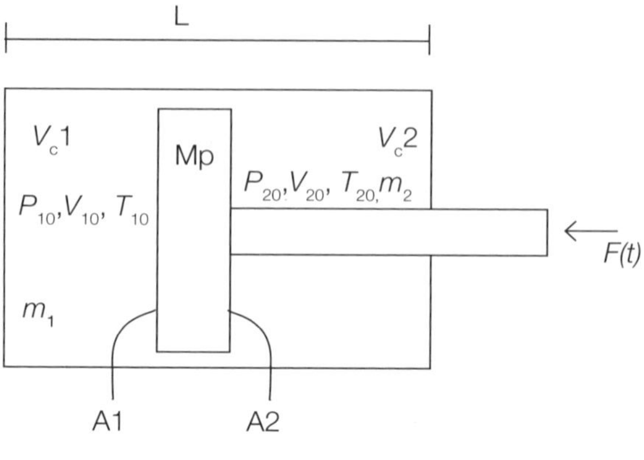

Figura Pj7.2 Diagrama esquemático de um sistema de suporte a gás.

Para um processo politrópico, adiabático irreversível (PV^n = constante), pode-se escrever:

$$P_1 = \frac{P_{10}V_{10}^n}{V_1^n} = \frac{P_{10}V_{10}^n}{A_1^n}x^{-n} \text{ e } P_2 = \frac{P_{20}V_{20}^n}{A_2^n}(L-x)^n \quad (1)$$

Aplicando a 2ª Lei de Newton ao sistema, pode-se escrever:

$$\frac{dx}{dt} = v$$
$$\frac{dv}{dt} = \frac{1}{Mp}\left[P_1A_1 - P_2A_2 - bv - F(t)\right] \quad (2)$$

Usando os parâmetros *Mp = 0,5 kg;* A_1 *= 0,01 m²;* A_2 *= 0,008 m²;* P_{10} = P_{20} *= 0,1.106 N/m⁻²; L = 0,5 m;* m_1 *= 0,0025 kg;* m_2 *= 0,002 kg; b = 0,025 N.s/m⁻¹ e F(t) = 5 sen(t);* e as condições iniciais $x_0 = 0,2$ *m;* $v_0 = 0$ *m s⁻¹*, resolva o PVI formulado pela Eq. (2) com um dos métodos apresentados neste capítulo, com $\Delta t = 0,01$ até $t_f = 10$ *s* e represente graficamente os resultados para x e v.

Obs.:

1) Elabore um relatório do seu trabalho (título, resumo, introdução, teoria, resultados e discussão, e conclusões) com todos os programas computacionais escritos no apêndice.

2) Recomenda-se utilizar aritmética de dupla precisão em seus cálculos.

7.3) O chuveiro elétrico mostrado esquematicamente na Fig. Pj7.3 pode ser modelado matematicamente aplicando os princípios de conservação de massa e de energia ao sistema.

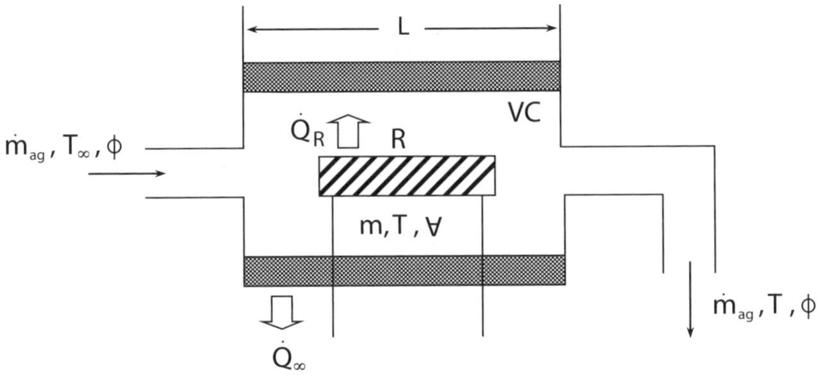

Figura Pj7.3 Diagrama esquemático de um chuveiro elétrico.

Pelo princípio de conservação de massa e admitindo a água como líquido incompressível, verifica-se que

$$\frac{dm}{dt} \cong 0,$$

em que $m = \rho\forall$ é a massa de água no interior do volume de controle (VC), em kg, t é a variável tempo, ρ é a densidade da água líquida, em kg m^{-3}, e

$$\forall = \frac{\pi D^2}{4} \times L$$

é o volume de água dentro do invólucro, em m^3, D é o diâmetro do invólucro, em m, e L é o comprimento do invólucro, em m. Portanto, a vazão mássica de água, em kg s^{-1}, que entra e sai do VC obedece a relação:

$$\dot{m}_{entra} = \dot{m}_{sai} = \dot{m}_{ag} \qquad (1)$$

Assim, aplicando o princípio de conservação de energia ao VC, levando em consideração as trocas de calor com o ambiente, $\dot{Q}_\infty$, e a geração de calor a partir de uma corrente elétrica que alimenta a resistência R,

$$\dot{Q}_R = \frac{V^2}{R},$$

em que V é a tensão de alimentação em volts, e R é a resistência elétrica em ohms, obtém-se:

$$\frac{dT}{dt} = \left\{\dot{Q}_R + \dot{Q}_\infty + \dot{m}_{ag} c_{ag}\left(T_\infty - T\right)\right\} \frac{1}{m c_{ag}} \qquad (2)$$

em que $\dot{Q}_\infty = UA_L\left(T_\infty - T\right)$, com

$$\frac{1}{U} = \frac{1}{h_{\text{int}}} + \frac{e_{iso}}{k_{iso}} + \frac{1}{h_{ext}},$$

em que U é o coeficiente global de transferência de calor entre a água no interior do VC e o ambiente externo, desprezando o efeito da curvatura do invólucro do chuveiro, em Wm^{-2}K^{-1}; h_{int} é o coeficiente de transferência de calor por convecção forçada no lado interno, em W m^{-2} K^{-1}; e_{iso} é a espessura do isolamento, em m; k_{iso} é a condutividade térmica do isolamento, em Wm^{-1}K^{-1}; h_{ext} é o coeficiente de transferência de calor por convecção natural no lado externo em contato com o ambiente, em Wm^{-2}K^{-1}; c_{ag} é o calor específico da água líquida, em Jkg^{-1}K^{-1};

$$A_L = \pi DL + \pi \frac{D^2 - \varphi^2}{2}$$

é a área lateral de troca de calor entre a água e o ambiente, em m^2, e φ é o diâmetro dos tubos de entrada e saída, em m^2.

Para completar a formulação do PVI a ser resolvido, assuma como condição inicial que $T(t=0) = T_\infty$, juntamente com a Eq. (2).

Neste projeto, pede-se escrever e implementar um código computacional utilizando um dos métodos de solução de EDO apresentados no Capítulo 7 para resolver o PVI formulado pela Eq. (2) juntamente com a condição inicial sugerida. Inicie a solução do problema adotando $\varphi = 0{,}019$ m ; $D = 0{,}1$ m; L = 0,1 m; $\dot{Q}_R = 5400$ W ; $h_{\text{int}} = 10$ Wm$^{-2}K^{-1}$; $h_{ext} = 1$ Wm$^{-2}K^{-1}$; $e_{iso} = 1$ cm ; $k_{iso} = 0{,}1$ Wm$^{-1}K^{-1}$, $T_\infty = 293{,}15\ K$ e $\dot{m}_{ag} = 0{,}08$ kg s^{-1}, obtendo uma tabela e um gráfico $T \times t$. A seguir, estenda seu estudo para uma análise paramétrica, verificando o impacto da variação dos parâmetros de projeto e de operação na resposta do sistema, i.e., no gráfico $T \times t$.

Obs.:

1) Elabore um relatório do seu trabalho (título, resumo, introdução, teoria, resultados e discussão, e conclusões) com todos os programas computacionais escritos no apêndice.
2) Recomenda-se utilizar aritmética de dupla precisão em seus cálculos.

7.4) Considere o sistema apresentado na Fig. Pj7.4, constituído por um compressor, um pós-resfriador e um reservatório. Ar é admitido à pressão atmosférica e, depois de comprimido, é resfriado antes de chegar ao reservatório. A seguir, apresenta-se um modelo matemático para simular o sistema, que permite obter a cada instante de operação do sistema a massa, m_4, a temperatura do ar no interior do reservatório, T_4, a temperatura do ar na saída do compressor, T_2, e do pós-resfriador, T_3, a temperatura da água que sai do pós-resfriador, $T_{ag,s}$, e a taxa de transferência de calor entre as correntes de água e de ar no pós-resfriador, $\dot{Q}$, sendo essas variáveis as incógnitas do modelo.

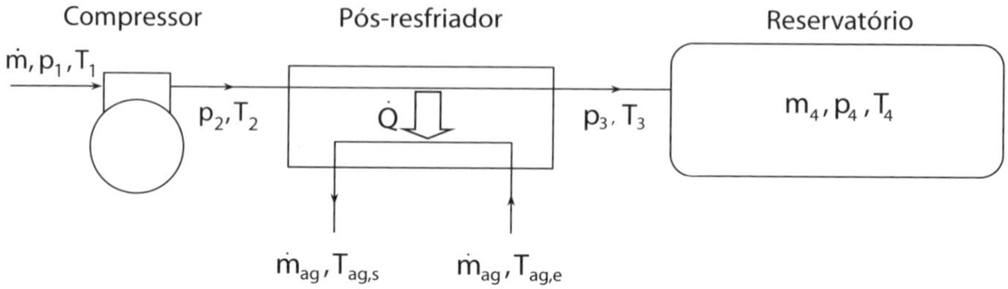

Figura Pj7.4 Diagrama esquemático de sistema compressor, pós-resfriador e reservatório.

São adotadas as seguintes hipóteses para formular o modelo matemático: i) ar se comporta como gás ideal; ii) perda de carga desprezível no pós-resfriador; iii) processo politrópico no compressor; iv) a inércia térmica do compressor e do pós-resfriador são muito menores do que a do reservatório; v) o reservatório é aproximadamente adiabático (isolado termicamente), rígido, com uma entrada e sem vazamentos.

Em consequência, com base nos princípios de conservação de massa e de energia, o comportamento do sistema pode ser descrito pelas seguintes equações:

$$p_2 = \frac{m_4 R T_4}{V_4} = p_3 = p_4 \tag{1}$$

$$\frac{dm_4}{dt} = \dot{m} = \frac{p_1}{RT_1} V_c \text{ rps} \left\{ 1\text{-r} \left\{ \left(\frac{\text{p}_2}{\text{p}_1} \right)^{1/n} - 1 \right\} \right\} \tag{2}$$

$$T_2 = T_1 \left(\frac{p_2}{p_1} \right)^{(n-1)/n} \tag{3}$$

em que $r = V_c / V_s$; e V_c e V_s são os volumes morto e varrido do compressor, respectivamente.

No pós-resfriador, quantifica-se a taxa de transferência de calor entre as correntes de água e de ar por:

$$\dot{Q} = \dot{m}\ c_{p,ar}\ \left(\text{T}_2 - T_3 \right) \tag{4}$$

$$\dot{Q} = \dot{m}\ c_{ag}\ \left(\text{T}_{\text{ag,s}} - T_{ag,e} \right) \tag{5}$$

$$\dot{Q} = \varepsilon\ \text{C}_{\text{min}}\ \left(\text{T}_2 - T_{ag,e} \right) \tag{6}$$

em que

$$\varepsilon = \frac{\dot{Q}}{\dot{Q}_{\text{max}}} = \frac{\dot{Q}}{\text{C}_{\text{min}}\ \left(\text{T}_2 - T_{ag,e} \right)}$$

é denominada efetividade, e $C_{\min} = \left(\dot{m}\ \text{c}_\text{p} \right)_{\text{min}}$ é a capacidade térmica mínima entre as duas correntes que cruzam o pós-resfriador.

$$\frac{dT_4}{dt} = \left\{ \frac{\dot{m}\ \text{c}_{\text{p,ar}}}{c_{v,ar}} - \dot{m}\ \text{T}_4 \right\} \frac{1}{m_4} \tag{7}$$

As Eqs. (1) a (7) formam um sistema de 7 equações algébricas e diferenciais ordinárias para 7 incógnitas, i.e.: p_2, T_2, T_3, $T_{ag,s}$, m_4, T_4, e $\dot{Q}$.

Os parâmetros (geométricos) de projeto e de operação são: p_1, T_1, V_c, V_s, rps, n, ε, $T_{ag,e}$, $\dot{m}_{ag}$ e V_4.

Neste projeto, pede-se escrever e implementar um código computacional utilizando um dos métodos de solução de EDO apresentados neste capítulo para resolver o PVI formulado pelas Eqs. (2) e (7), as equações algébricas (1), e (3) a (6), juntamente com as condições iniciais $m_4(t=0)=\rho_{ar}V_4$ e $T_4(t=0)=T_1$, em que $\rho_{ar}=1{,}225$ kg m^{-3} e V_4 é o volume do reservatório, em m^3. Inicie a solução do problema adotando $p_1=1{,}01\times10^5$ Pa, $T_1=298{,}15$ K, $V_c=0{,}25\times10^{-3}$ m^3, $r=0{,}1$, rps $=8{,}33$, n = 1,3, $\varepsilon=0{,}9$, $T_{ag,e}=298{,}15$ K, $\dot{m}_{ag}=0{,}002$ kg s^{-1} e $V_4=0{,}046$ m^3, obtendo tabelas e gráficos para as 7 incógnitas em função do tempo. A seguir, estenda seu estudo para uma análise paramétrica, verificando o impacto da variação dos parâmetros de projeto e de operação na resposta do sistema.

Obs.:

1) Elabore um relatório do seu trabalho (título, resumo, introdução, teoria, resultados e discussão, e conclusões), com todos os programas computacionais escritos no apêndice.

2) Recomenda-se utilizar aritmética de dupla precisão em seus cálculos.

7.5) Este projeto tem por objetivo construir o diagrama pressão-volume para um cilindro de um motor de combustão interna (MCI) de ignição por compressão (ICO) operando com mistura de combustíveis a uma rotação N, mostrado na Fig. Pj6.2. Os detalhes completos do modelo matemático foram apresentados por Graciano (2012) e Graciano et al. (2014). A seguir, apresentam-se apenas as equações essenciais para a realização deste projeto.

A Fig. Pj7.5 mostra o espaço de trabalho do motor, que inclui a cabeça do pistão e as paredes do cilindro. Todos os parâmetros geométricos, partes e locações necessárias para o modelo são definidas como: *AV* – válvula de admissão; *BDC* – ponto morto inferior; *CS* – raio da manivela, em m;

EV – válvula de exaustão; H_{cyl} – altura do cilindro, em m; p_{cyl} – pressão do fluido de trabalho, em N m^{-2}; *ROD* – comprimento da biela, em m; P_d – diâmetro do pistão, em m; T_{cyl} – temperatura do fluido de trabalho, em K; $\theta = \omega t$ – ângulo da manivela, em rad; ω – velocidade angular da manivela, em rad s^{-1}; t – tempo, em s; *TDC* – ponto morto superior; V_{cyl} – volume do cilindro, em m^3; V_d – volume varrido, em m^3.

Hipóteses do modelo: mistura de fluidos tem comportamento de gás ideal (reagentes e produtos) em todos os cursos do motor; a pressão e a temperatura dentro do cilindro são uniformes; as variações de energia cinética e potencial do fluido de trabalho são desprezíveis em presença da variação de energia interna.

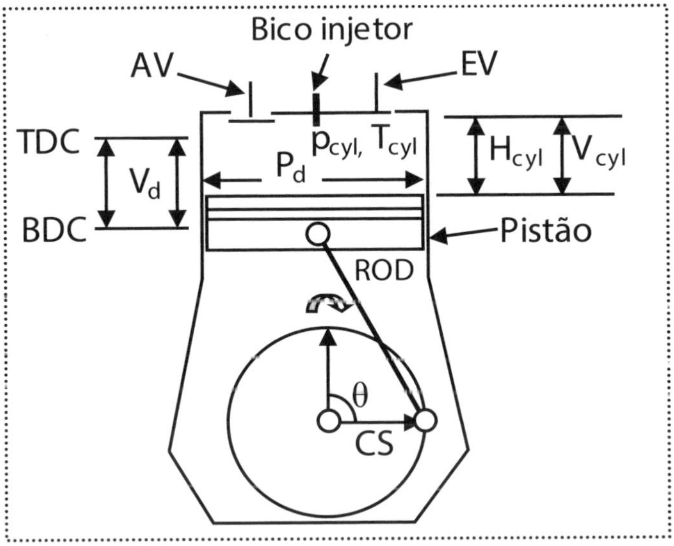

Figura Pj7.5 Diagrama esquemático do espaço de trabalho.

A altura do pistão em relação ao topo do cilindro e o volume do cilindro a cada instante de tempo são calculados por:

$$H_{cyl} = ROD + CS(1 - \cos(\theta)) - \sqrt{ROD^2 - (CS)^2 \, sen^2(\theta)} \quad (1)$$

$$V_{cyl} = H_{cyl}\left(\frac{\pi(P_d)^2}{4}\right) \quad (2)$$

Cursos de admissão e expansão

A massa de ar admitida e a vazão mássica para dentro ou para fora do cilindro são obtidas por:

$$\frac{dm_i}{dt} = \dot{m}_i = (-1)^j C_d A_{min}\sqrt{2\rho_{air}\left|p_0 - p_{cyl}\right|} \quad (3)$$

com $j = 1$ (exaustão) e 2 (admissão); A_{min} é a área da válvula, em m^2; C_d é o coeficiente de descarga; m_i é a massa da substância i no cilindro, em kg; m_{air} é a vazão mássica da substância i, em kg s^{-1}, em que $i = air$ (admissão) ou *prod* (produtos na exaustão) e ρ_{air} é a densidade do ar, em kg m^{-3}, que aproxima a densidade da substância i tanto na admissão quanto na exaustão, por simplicidade.

Consequentemente, a massa e a vazão mássica de combustível em função do tempo na admissão são calculadas por:

$$\frac{dm_f}{dt} = \dot{m}_f = \frac{\dot{m}_{air}}{AFR} \quad (4)$$

em que AFR é a razão ar-combustível; m_f é a massa de combustível injetado, em kg, e $\dot{m}_f$ é a vazão mássica de combustível injetado, em kg s^{-1}.

A massa total da mistura de gás dentro do cilindro na admissão a cada instante de tempo é dada por:

$$m_{gm} = m_f + m_{air} \tag{5}$$

em que m_{gm} é a massa total da mistura de gás no cilindro, em kg. Na exaustão, m_{gm} é obtida diretamente da Eq. (3).

A pressão no interior do cilindro em função do tempo é dada por:

$$p_{cyl} = \frac{m_{gm} R_{gm} T_{cyl}}{V_{cyl}} \tag{6}$$

com

$$R_{gm} = c_{p,gm} - c_{v,gm} \tag{7}$$

em que R_{gm} é a constante da mistura de gases, em kJ kg^{-1} K^{-1}, e $c_{j,i}\left(T_{cyl}\right)$ é o calor específico da substância *i* com valor constante de *j* (= pressão ou volume), em kJ kg^{-1} K^{-1}. Por simplicidade, neste projeto assume-se que a mistura de gases tem aproximadamente as mesmas propriedades do ar seco.

Um balanço de energia aplicado ao espaço de trabalho estabelece que na admissão:

$$\frac{dT_{cyl}}{dt} = \left(\frac{\dot{Q}_p - p_{cyl}\dfrac{dV_{cyl}}{dt} + h_{f,in}\dot{m}_f + h_{air,in}\dot{m}_{air} - c_{v,air}T_{cyl}\dot{m}_{air} - c_{v,f}T_{cyl}\dot{m}_f}{c_{v,air}\left(m_{air} + m_{prod}\right) + c_{v,f}m_f} \right) \tag{8a}$$

e na exaustão:

$$\frac{dT_{cyl}}{dt} = \left(\frac{\dot{Q}_p - p_{cyl}\dfrac{dV_{cyl}}{dt} - h_{prod,out}\dot{m}_{prod} - c_{v,air}\,T_{cyl}\dot{m}_{prod}}{c_{v,air}m_{prod}} \right) \tag{8b}$$

em que $h_{air,in}$ e $h_{f,in}$ são a entalpia específica de entrada do ar e do combustível na admissão, em kJ kg^{-1}, $h_{prod,out}$ é a entalpia específica de saída dos produtos na exaustão, em kJ kg^{-1}, e $\dot{Q}_p$ é a taxa de transferência de calor saindo e entrando no motor através das paredes do cilindro, em kW.

As entalpias específicas do ar, produtos e do combustível a qualquer temperatura T são avaliadas como:

$$h_j(T) = c_{p,air}(T) \tag{9}$$

$$h_f(T) = c_{p,f}(T) \tag{10}$$

em que j = *air* ou *prod*; $c_{p,air}, c_{p,f}$ é o calor específico do ar e do combustível a pressão constante, em kJ kg^{-1} K^{-1}, e $h_j(T)$, $h_f(T)$ são as entalpias específicas do ar, produtos e do combustível, em kJ kg^{-1} K^{-1}.

A taxa de transferência de calor cruzando as paredes do cilindro é calculada adicionando as contribuições de radiação e convecção, que são assumidas como formas predominantes de transferência de calor no processo. O coeficiente de transferência de calor por convecção é avaliado usando a correlação de Dittus e Boelter (Bejan, 1993). As equações resultantes são as seguintes:

$$\dot{Q}_p = -\left(\dot{Q}_{conv} + \dot{Q}_{rad}\right) \tag{11}$$

$$\dot{Q}_{conv} = h_{conv} A_{cyl} \left(T_{cyl} - T_w\right) \tag{12}$$

$$h_{conv} = 0{,}023\ (\text{Re})_{P_d}^{4/5} (\text{Pr})^{1/3} \frac{k_{gas}}{P_d} \tag{13}$$

$$(\text{Re})_{P_d} = \frac{\overline{S}_p P_d}{\nu_{gas}} \tag{14}$$

$$\overline{S}_p = \frac{(CS)N}{60} \tag{15}$$

$$A_{cyl} = \pi \; P_d \; H_{cyl} + \frac{\pi \; P_d^2}{4} \tag{16}$$

$$\dot{Q}_{rad} = \varepsilon_w \; A_{cyl} \; \sigma \; (T_{cyl}^4 - T_w^4) \tag{17}$$

em que A_{cyl} é a área de transferência de calor do cilindro, em m²; h_{conv} é o coeficiente de transferência de calor por convecção, em kW m^{-2} K^{-1}; N é a rotação da manivela, em rpm; Pr é o número de Prandtl da mistura de gases; $(\mathrm{Re})_{P_d}$ é o número de Reynolds baseado no diâmetro do pistão; $\dot{Q}_{conv}$, $\dot{Q}_{rad}$ e $\dot{Q}_p$ são a taxa de transferência de calor pelas paredes do cilindro por convecção, radiação e total, em kW; $\bar{S}_p$ é a velocidade média do pistão, em m s^{-1}; T_w é a temperatura da parede do cilindro, em K; ε_w é a emissividade da parede do cilindro; k_{gas} é a condutividade térmica da mistura de gases, em kW m^{-1} K^{-1}; ν_{gas} é a viscosidade cinemática da mistura de gases, em m² s^{-1}, e σ é a constante de Stefan-Boltzmann, em kW m^{-2} K^{-4}.

Cursos de compressão e expansão

Nos cursos de compressão e expansão, a pressão também é calculada usando as Eqs. (6) e (7). Note que, com as válvulas de admissão e expansão fechadas, o espaço de trabalho é tratado como um sistema fechado, sob a hipótese de inexistência de vazamentos. Portanto, um balanço de energia aplicado ao espaço de trabalho estabelece que:

$$\frac{dT_{cyl}}{dt} = \frac{\left(\dot{Q}_p - \dot{W}_p\right)}{m_{gm,adm} c_{v,gm}} \tag{18}$$

em que

$$\dot{W}_p = p_{cyl} \frac{dV_{cyl}}{dt}$$

é a potência consumida (compressão) ou produzida (expansão) no pistão, em kJ, e $m_{gm,adm}$ é a massa total de ar e combustível admitidos (mistura de gases) ao final do curso de admissão $(\theta = 90^o)$, em kg.

Combustão

Neste projeto, por simplicidade, adota-se o calor de combustão Q_{comb} como o poder calorífico inferior de um determinado combustível ou mistura de combustíveis a 25°C, em kJ kg^{-1}. Para um tratamento generalizado, o leitor deve consultar o trabalho de Graciano (2012) e Graciano et al. (2014).

O calor de combustão por unidade de tempo é calculado por:

$$\dot{Q}_{comb} = m_{f,adm} \frac{Q_{comb}}{\Delta t_{comb}} \tag{19}$$

em que

$$\Delta t_{comb} = \frac{60\ \Delta\psi}{2\pi N} \tag{20}$$

em que $\dot{Q}_{comb}$ é o calor de combustão por unidade de tempo, em kW; Δt_{comb} é o tempo de combustão (duração), em s; $\Delta\psi$ é a variação do ângulo da manivela correspondente à combustão, em rad, e $m_{f,adm}$ é a massa total de combustível admitida ao final do curso de admissão $(\theta = 90^o)$, em kg.

Durante a combustão, um balanço de energia e a equação de estado para gases ideais estabelecem que a pressão a cada instante de tempo dentro do cilindro é calculada por:

$$\frac{dp_{cyl}}{dt} = \frac{R_{gm}\left(\dot{Q}_{comb} + \dot{Q}_p - p_{cyl}\frac{dV_{cyl}}{dt} - \frac{p_{cyl}\ c_{v,gm}}{R_{gm}}\frac{dV_{cyl}}{dt}\right)}{V_{cyl}c_{v,gm}} \tag{21}$$

Neste projeto, pede-se escrever e implementar um código computacional utilizando um dos métodos de solução de EDO apresentados neste capítulo para resolver o PVI formulado pelas Eqs. (3), (4), (8), (18) e (21), juntamente com as equações algébricas complementares, para obter o diagrama pressão-volume do motor ICO. Note que, neste caso, trata-se de um problema de valor de contorno. Deve-se escolher um estado termodinâmico para se iniciar a simulação do ciclo termodinâmico do motor, que é um processo especial que se inicia e se encerra no mesmo estado termodinâmico. Portanto, essa é a condição física a ser satisfeita.

O processo para encontrar as condições corretas no estado termodinâmico escolhido inicia-se a partir de valores iniciais estimados nesse ponto. Neste projeto, escolhe-se o ponto imediatamente antes do início do curso de admissão. Os quatro cursos (admissão, compressão, combustão/expansão e exaustão) ocorrem em duas voltas da manivela em um motor a quatro tempos, i.e., 720°. Portanto, faz-se a integração com os valores iniciais estimados por duas voltas da manivela, que são comparados aos valores calculados ao fim do ciclo. Caso a concordância seja boa, os valores estão corretos. Caso contrário, substituem-se os valores iniciais pelos novos valores calculados ao fim da primeira iteração para iniciar a segunda iteração, e assim por diante, até que a convergência seja obtida. Os valores iniciais estimados para as cinco incógnitas são: $m_{air,0} = p_0 \mathrm{V_c}/\mathrm{R}/\mathrm{T_w}$, $m_{f,0} = 0$, $T_{cyl,0} = T_w$, $p_{cyl,0} = p_0$ e $m_{prod,0} = 0$. A convergência para o estado termodinâmico correto deve ser verificada por:

$$\varepsilon_{ciclo} = \frac{\left|u_{j+1} - u_j\right|}{u_j} \leq tol \tag{22}$$

em que $u = m_{air}, m_f, \mathrm{T_{cyl}}, \mathrm{p_{cyl}}$ ou m_{prod}, tol é um limite de tolerância para convergência (p.ex., 0.01 ou 1%), e $j \geq 0$ é o contador de iterações. Todas as cinco incógnitas precisam ser testadas de acordo com o critério da Eq. (22) para que a convergência seja garantida.

Inicie a solução do problema adotando p_0 = 101.300 N m^{-2}, T_0 = 298,15 K, em que o subscrito 0 se refere às condições ambientais; $C_d = 0{,}9$; $d_{adm} = 0{,}012$ m (diâmetro da válvula de admissão e de exaustão para o cálculo da área mínima da válvula); $R = 287$ J kg^{-1} K^{-1}; $V_c = 6{,}128 \times 10^{-5}$ m^3; $P_d = 0{,}102$ m; CS = 0,06 m; ROD = 0,207 m; $c_{p,air} = 1$ kJ kg$^{-1}K^{-1}$; $c_{v,air} = 0{,}7$ kJ kg$^{-1}K^{-1}$; $\bar{c}_{p,f} = 293{,}494$ kJ kmol$^{-1}K^{-1}$ em que M_f = 170 kg kmol^{-1}; $k_{gas} = 0{,}026$ W m$^{-1}K^{-1}$; $\nu_{gas} = 1{,}5 \times 10^{-5}$ m^2 s^{-1}; $\sigma = 5{,}67 \times 10^{-8}$ Wm$^{-2}K^{-4}$; N = 3000 rpm; $T_w = 373{,}15$ K; $\Delta\psi = 50^o$ e $\rho_{air} = 1{,}125$ kg m^{-3}.

Obtenha tabelas e gráficos para as 5 incógnitas em função do tempo ao longo de todo o ciclo e construa o diagrama pressão-volume para o ciclo. A seguir, estenda seu estudo para uma análise paramétrica, verificando o impacto da variação dos parâmetros de projeto e de operação na resposta do sistema.

Obs.:

1) Elabore um relatório do seu trabalho (título, resumo, introdução, teoria, resultados e discussão, e conclusões), com todos os programas computacionais escritos no apêndice.

2) Recomenda-se utilizar aritmética de dupla precisão em seus cálculos.

7.6) A Equação de Ginzburg-Landau é importante para a modelagem matemática de supercondutores e fluidos, além de outros sistemas. Ela pode ser escrita como:

$$\frac{\partial \phi}{\partial t} = \phi - \alpha \ \nabla^2 \phi - \beta \phi^3 \tag{1}$$

em que α e β são parâmetros do problema.

Considerando apenas o problema unidimensional (1-D), a equação pode ser escrita como:

$$\frac{\partial \phi}{\partial t} = \phi - \alpha \frac{\partial^2 \phi}{\partial x^2} - \beta \phi^3 \qquad (2)$$

em que as seguintes condições de contorno podem ser estabelecidas:

$$\begin{cases} \phi(0,t) = 0 \\ \phi(L,t) = 0 \end{cases} \qquad (3)$$

com a condição inicial de:

$$\phi(x,0) = ax(x\text{-}1),\ a \in \Re \qquad (4)$$

Sua tarefa é resolver as Eqs. (2) a (4) até que seja atingido o regime permanente, i.e., que

$$\frac{\partial \phi}{\partial t} \rightarrow 0$$

Note que a derivada do segundo termo do segundo membro da Eq. (2) pode ser aproximada por diferenças centradas com um erro $O(\Delta x^2)$, conforme apresentado no capítulo 6, da seguinte maneira:

$$\frac{\partial^2 \phi}{\partial x^2} = \frac{\phi(x+\Delta x) - 2\phi(x) + \phi(x-\Delta x)}{\Delta x^2} + O(\Delta x^2) \qquad (5)$$

Para atingir esse objetivo, você deverá implementar:

1) Uma malha unidimensional para discretizar o domínio unidimensional, i.e., a coordenada *x*;

2) Utilizar um dos métodos de integração explícita apresentados no capítulo 7, preferencialmente de passo adaptativo;

3) Utilizar um método de integração implícita, como o método de Euler com diferenças à retaguarda (*backward* Euler), que foi apresentado nas seções 7.6 e 7.7. Neste caso, como o problema é não linear,

será necessário resolver uma equação não linear a cada passo de tempo para obter $\phi(x,t)$ para cada instante t, ao integrar a Eq. (2), o que deve ser feito com um dos métodos apresentados no Capítulo 2.

Obtenha tabelas e gráficos para $\phi(x,t)$. A seguir, estenda seu estudo para uma análise paramétrica, verificando o impacto da variação dos parâmetros α, β e Δx na resposta do sistema.

Obs.:

1) Elabore um relatório do seu trabalho (título, resumo, introdução, teoria, resultados e discussão, e conclusões), com todos os programas computacionais escritos no apêndice.
2) Recomenda-se utilizar aritmética de dupla precisão em seus cálculos.

MODELAGEM E SIMULAÇÃO PARA ENGENHARIA DE SISTEMAS

E. Dilay[1], J. V. C. Vargas[1], J. A. Souza[2], J. C. Ordonez[3], S. Yang[3] e A. B. Mariano[1]

[1]Departamento de Engenharia Mecânica, Programa de Pós-graduação em Engenharia e Ciência de Materiais (PIPE) e Núcleo de Pesquisa e Desenvolvimento em Energia Autossustentável (NPDEAS) da Universidade Federal do Paraná, CP 19011, 81531-980, Curitiba, PR, Brasil.

[2]Escola de Engenharia da Universidade Federal do Rio Grande, Rio Grande, RS, Brasil.

[3]Department of Mechanical Engineering, Energy and Sustainability Center and Center for Advanced Power Systems of Florida State University, Tallahassee, Florida, EUA.

8.1. INTRODUÇÃO

A modelagem matemática, a simulação e a otimização termodinâmica são técnicas utilizadas em engenharia de sistemas visando ao aumento da eficiência energética, à redução de custos e à diminuição de impacto ambiental. Contudo, a otimização dos parâmetros de projeto e de operação de um sistema ou conjunto de sistemas trabalhando juntos para obtenção de máximo desempenho (p.ex., mínima geração de entropia, máxima eficiência energética, máxima saída de potência), requer a análise, ou a simulação, de uma multiplicidade de possíveis configurações diferentes. Cada configuração representa um conjunto de parâmetros de projeto e de operação diferente.

Engenharia de sistemas é um campo interdisciplinar da Engenharia que foca no desenvolvimento e na organização de sistemas artificiais complexos (Hall, 1962; Sage, 1992). Uma definição de Engenharia de Sistemas provém do International Council of Systems Engineering (INCOSE)

> e conceitua que a Engenharia de Sistemas é uma abordagem interdisciplinar que torna possível a construção de sistemas de elevada comple-

xidade. O seu foco encontra-se em definir, na fase de desenvolvimento preliminar de um sistema, as necessidades do usuário, bem como as funcionalidades requeridas, realizando a documentação sistemática dos requisitos e abordando a síntese de projeto e a etapa de validação de forma a considerar o problema completo (Honour, 1998).

As técnicas para engenharia de sistemas são utilizadas desde projetos complexos de espaçonaves ao projeto de *chips*, da robótica à criação de *softwares* para construir pontes. A engenharia de sistemas utiliza um conjunto de ferramentas que incluem modelagem e simulação (Sage, 1992). Podem ser citados como exemplos de engenharia de sistemas projetos e desenvolvimento de navios civis ou de combate, aeronaves, processos de refino de petróleo, usinas de geração de energia e até mesmo processos bioenergéticos em que sistemas vivos devem interagir com máquinas a fim de realizar um propósito que beneficie a sociedade humana.

Após essa definição, fica evidente que, à medida que a sociedade de consumo evolui, esses sistemas passam a ser mais complexos. A multidisciplinaridade de seus componentes impõe grandes desafios para o projetista, e os custos de construção de protótipos que podem não ser funcionais tornam-se proibitivos. Portanto, desse cenário emerge a ferramenta de simulação como a forma de viabilizar o desenvolvimento e a análise do empreendimento antes do investimento financeiro. No entanto, mesmo os computadores mais avançados possuem uma capacidade de processamento finita e esse limite restringe o tamanho da ferramenta de simulação. A escolha do grau de complexidade de um equacionamento matemático ou de modelo representativo de um sistema é um ponto crítico de projeto de engenharia de sistemas.

De uma maneira geral, é aceita a classificação de modelagens matemáticas quanto ao nível de sistemas e de componentes (Hall, 1962; Sage, 1992). Várias denominações são apresentadas na literatura para essas duas classificações, das quais são listadas as seguintes:

i) modelagem qualitativa, i.e., com precisão de tendências de resposta, mas com baixa precisão de valores absolutos ou locais das variáveis, e modelagem quantitativa, i.e., com precisão de tendências de resposta e de valores locais das variáveis (Woods e Lawrence, 1997; Vargas et al., 2001);
ii) modelagem de ordem alta (*high order*) e ordem baixa (*low order*), conforme apresentado por Shapiro (2003);
iii) modelagem concentrada e distribuída (Trivelato, 2003; Kaiser, 2004).

Um resumo dessas classificações é mostrado na Tabela 8.1.

Tabela 8.1 Classificação dos tipos de modelagens matemáticas

Modelo com precisão de tendência, baixa precisão de valores locais das variáveis	Modelo com precisão de tendência, alta precisão de valores locais das variáveis	Referência
Qualitativa	Quantitativa	Woods e Lawrence, (1997); Vargas et al. (2001)
Concentrada	Distribuída	Trivelato (2003); Kaiser (2004)
Sistema	Componente	Hall (1962); Sage (1992)
Baixa ordem	Alta ordem	Shapiro (2003)

A simulação em engenharia de sistemas deve avaliar como vários conjuntos de parâmetros de operação e de projeto afetam o desempenho do sistema. Se o tempo necessário para a avaliação de apenas uma configuração for grande, o processo de otimização pode tornar-se proibitivo. Shapiro (2003) cita, no caso de pacotes eletrônicos, por exemplo, a grande necessidade de se reduzir o tamanho das simulações de transferência de calor para ser possível analisar casos mais complexos e fenômenos físicos adicionais sem perder precisão significativa e, dessa forma, reduzir o tamanho dos eletrônicos. Nos casos citados, a redução de ordem do modelo diminui a precisão da resposta em apenas 5%, o que não afeta o projeto nos seus estágios iniciais. Também é importante beneficiar-se de correlações empíricas para situações complexas (p.ex., para analisar os fluxos turbulentos por meio de geometrias complexas).

Os modelos devem ser capazes de realizar uma pesquisa combinatória de parâmetros. No caso de uma simulação que leve um dia para ser realizada e existam dez parâmetros de interesse, e cada parâmetro tenha cinco valores, levaria 267 anos para pesquisar apenas 1% do espaço de projeto, i.e.,

$$N_{anos} = \frac{5^{10}}{100} dias \times \frac{1}{365} \frac{anos}{dias} \cong 267 \text{ anos.}$$

A mesma pesquisa, demorando apenas 1 segundo, levaria pouco mais de 1 dia, isto é, um tempo pelo menos razoável (Shapiro, 2003).

Os modelos de alta ordem levam em consideração mais fenômenos e normalmente utilizam equações diferenciais parciais de ordem mais alta. Daí deriva o nome de modelagem com ordem alta (Shapiro, 2003). Por causa da própria natureza dessa modelagem, mais completa, a precisão dos resultados é maior. No outro extremo, os modelos de baixa ordem são baseados em equações diferenciais parciais ou ordinárias de menor ordem (derivada de mais alta ordem da função incógnita).

Denomina-se redução do modelo, conforme mostra a Fig. 8.1, o processo de se tomar um modelo grande ou de ordem alta e reduzir o seu tamanho mantendo a maior parte da precisão. Esse processo pode ser exemplificado por um modelo de membrana vibrando como em um tambor. Nesse caso, a resposta de posição e de fase da membrana pode ser representada pelos poucos primeiros modos de vibração sem prejuízo da precisão. Esses primeiros modos de vibração são os naturais, i.e., dominantes, portanto, os demais modos de vibração pouco contribuem para a resposta do sistema e podem ser desprezados (Shapiro, 2003).

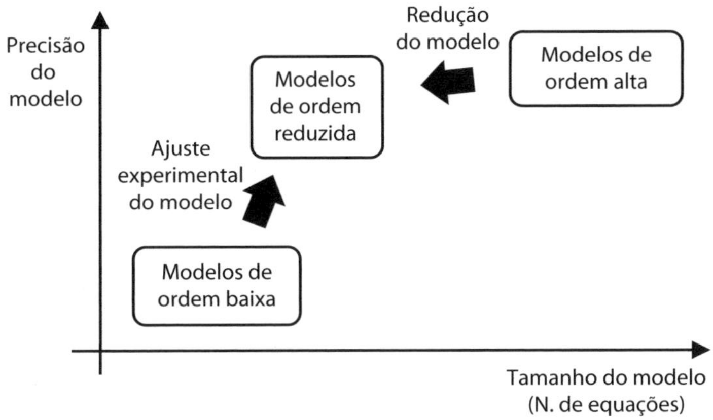

Figura 8.1 Relação entre precisão e tamanho do modelo matemático.

Fonte: adaptada de Shapiro, 2003.

Outra maneira de se obter um modelo de ordem reduzida é partir de um modelo de baixa ordem e identificar experimentalmente as partes faltantes. Essa fase também é conhecida como ajuste experimental, que pode ser executada por meio da solução de um problema inverso de estimativa de parâmetros (IPPE) que visa a minimizar a diferença entre os resultados numéricos do modelo e os dados experimentais. Assim, um modelo de ordem reduzida (boa precisão e tamanho razoável) pode ser derivado tanto de um modelo de ordem alta (ótima precisão e grande em tamanho) quanto de um modelo de ordem baixa (pequeno, mas de baixa precisão).

Para ilustrar a necessidade da modelagem matemática adequada para engenharia de sistemas, muitos trabalhos publicados na literatura técnica poderiam ser citados. Nesta breve revisão bibliográfica, somente alguns estudos representativos de alguns setores importantes da engenharia são discutidos. No entanto, a discussão pode ser generalizada para qualquer aplicação em engenharia de sistemas, uma vez que os aspectos complexidade e diversidade de componentes e processos ao nível local, atuando em conjunto de forma integrada ao nível global para obter a resposta do sistema, estão presentes em todos eles.

Por exemplo, no setor eletrônico, tensões termomecânicas são conhecidas por danificar equipamentos eletrônicos, e só podem ser acessadas por meio do conhecimento do campo de temperatura do equipamento. Portanto, metodologias para antever a necessidade de reparo ou de substituição significativamente antes da falha são necessárias, e várias abordagens têm sido propostas com uso do método dos elementos finitos (MEF). Desse modo, é possível calcular o dano de antemão em eletrônicos submetidos a cargas cíclicas e termomecânicas (Lall et al., 2006; Gnanasambandam et al., 2005). Bagnoli et al. (2011) propuseram uma solução térmica analítica para substituir os programas baseados no oneroso MEF, mas a estratégia é aplicável apenas em estado estacionário em estruturas virtuais de duas camadas. Yang e Chen (2011) conduziram uma investigação experimental para testar o comportamento dinâmico da integridade de acondicionamento de eletrônicos, mas consideraram modos fixos para projeto e avaliação de confiabilidade. Foi enfatizada a necessidade de modelos matemáticos precisos e de baixo tempo computacional. A principal mensagem de todos esses estudos é que a comunidade de sistemas de produção e acondicionamento de eletrônicos tem uma grande necessidade de reduzir o tamanho das suas simulações estruturais e de transferência de calor.

A resposta térmica para engenharia de sistemas foi investigada por meio de modelos físicos simplificados em estudos prévios (Vargas et al., 2001; Ordonez et al., 2008; Dias et al., 2009; Vargas et al., 2012; Dilay et al., 2013) em pacotes eletrônicos e navios inteiramente elétricos. Nesses modelos, o domínio de interesse (sistema em análise) foi inicialmente discretizado nas três dimensões espaciais, usando um esquema de volumes finitos com células centradas, e, a seguir, foram aplicados princípios de Termodinâmica Clássica e Transferência de Calor para cada célula, resultando em um sistema de equações diferenciais ordinárias (EDO) em relação ao tempo. Correlações empíricas e analíticas disponíveis para calcular as grandezas físicas requeridas, como coeficientes de atrito e de transferência de calor, foram utilizadas para quantificar as interações energéticas entre as células e, com isso, a convergência foi obtida com malhas esparsas e baixo tempo computacional para os campos de solução (temperaturas, umidades relativas) em relação ao tempo e ao espaço. O esquema recebeu a denominação de modelo de elementos de volume (MEV) (Vargas et al., 2001) e foi caracterizado como um modelo dinâmico tridimensional de ordem reduzida.

Song et al. (2013) argumentaram que a modelagem do ambiente térmico de centros de processamento de dados, incluindo a previsão das distribuições de temperatura e do escoamento de ar, é um processo extremamente exigente em termos de tempo computacional usando dinâmica dos fluidos computacional (*computational fluid dynamics* – CFD), o que motivou o uso de modelos de ordem reduzida em seu estudo para determinação das necessidades de resfriamento em tempo real. Para tanto, os autores desenvolveram um modelo zonal tridimensional, validando-o por comparação direta com resultados obtidos pelo método de volumes finitos (MVF) para o mesmo sistema operando nas mesmas condições, i.e., um centro de processamento de dados. Os resultados numéricos do modelo zonal apresentaram uma concordância dentro de uma faixa de 10% em relação aos resultados obtidos via CFD, com a vantagem de enorme redução de tempo computacional.

Os resultados de Song et al. (2013), bem como de muitos outros estudos relacionados (p.ex., Boukhris et al., 2008, 2009; Song et al., 2008), mostram que modelos zonais podem vir a se estabelecer como ferramentas de projeto para gerenciamento térmico em tempo real eficazes. No entanto, diferentemente do MEV (Vargas et al., 2001), que também é um modelo de ordem reduzida, os modelos zonais requerem a conexão de células e interfaces, o que deve ser feito manualmente de forma elaborada demandando experiência do analista (Song et al.,

2013). Além disso, os modelos zonais necessitam conhecer *a priori* a organização do escoamento no domínio de análise, o que pode ser feito a partir da extrapolação de medições experimentais ou com informações previamente obtidas em soluções de CFD.

Em suma, de acordo com a revisão bibliográfica realizada, no nível local de componentes, em particular, as técnicas de modelagem matemática são maduras, precisas e robustas. No entanto, em nível global de engenharia de sistemas, o problema adquire complexidade muito maior, e o estado da arte não está igualmente avançado comparativamente no nível de componente. Assim, a introdução de abordagens de modelagem, simulação e otimização, no nível de engenharia de sistemas ainda é um desafio a ser vencido. Para buscar atender a essa necessidade, neste capítulo, é proposta uma metodologia para a modelagem matemática compacta para simulação dinâmica em engenharia de sistemas, visando à aplicação em estágios preliminares de projeto, em otimização, e com potencial para uso em controle. A metodologia proposta combina metodologias existentes de forma a produzir um modelo de ordem reduzida, i.e., intermediário entre um modelo de ordem baixa e alta, mas mantendo precisão suficiente para uso como ferramenta de análise e projeto.

8.2. MODELAGEM MATEMÁTICA

O fluxograma mostrado na Fig. 8.2 apresenta uma metodologia que tem sido largamente utilizada para a modelagem dinâmica em engenharia de sistemas (Woods e Lawrence, 1997; Vargas et al., 2001). Primeiramente escolhe-se o tipo de modelagem a adotar (ordem alta: dependência espacial e temporal, ordem baixa: dependência temporal apenas ou ordem reduzida: modelo intermediário) e identifica-se o sistema físico que será estudado (existente ou hipotético) na etapa 1. Na etapa 2, é feita uma síntese, em que são adotadas hipóteses simplificadoras, a fim de reduzir a um mínimo a complexidade matemática do modelo, porém sem deixar de captar os fenômenos físicos principais responsáveis pela ocorrência do processo ou do funcionamento do equipamento, em que é necessária a percepção ou a “arte” do modelador. Na etapa 3, é desenvolvido um modelo matemático com base nas hipóteses adotadas e nas leis físicas que governam o sistema, resultando em um conjunto de equações algébricas, diferenciais ordinárias ou parciais. Na etapa 4, decide-se quais serão as incógnitas e os parâmetros do modelo matemático, verificando se é possível uma solução analítica. Caso negativo, decide-se sobre qual método numérico será utilizado para obter a solução do equacionamento. Na etapa 5, decide-se sobre o código computacional a ser empregado para a implementação do método numérico, que pode ser um programa computacional próprio ou um aplicativo preexistente, que permitirá a simulação do sistema. A etapa 6 é a de ajuste e validação experimental do modelo, nessa ordem, que permite verificar a precisão dos resultados e, consequentemente, seu uso prático posterior como ferramenta de engenharia. A etapa 7 consiste na aplicação do modelo, verificando se o equipamento ou o processo atende aos objetivos inicialmente propostos por meio da análise de desempenho, paramétrica, e na resposta dinâmica, tal que, em caso negativo, o sistema seja repensado e um novo modelo seja escrito e, em caso positivo, o modelo esteja pronto para uso em projeto, controle e otimização.

Generalizando, um modelo matemático é concebido para permitir simular a resposta ou o comportamento de um sistema real em um computador, que permite calcular a distribuição espacial e temporal de uma grandeza física qualquer dentro do sistema de engenharia em estudo (p.ex., temperatura, umidade relativa, concentração de espécies), i.e., de acordo com a termodinâmica do não equilíbrio (Prigogine e Kondepudi, 1999). Essas distribuições são determinadas pelas condições do ambiente externo, fluxo de fluidos, geometria do sistema de engenharia e termos de geração interna do sistema.

O modelo descrito neste capítulo traz uma metodologia generalizada para aplicação em engenharia de sistemas. O método é baseado no MEV, que foi inicialmente proposto por Vargas et al. (2001) para gerenciamento térmico de sistemas de acondicionamento de eletrônicos, sendo generalizado para permitir sua utilização em problemas diversos que incluam, além da análise térmica, outros fenômenos como o transporte de massa e espécies entre os elementos de volume (EV). As equações governantes são os princípios de conservação de massa, energia e espécies aplicados a cada EV.

Assim, a metodologia proposta para os itens 3, 4 e 5 do fluxograma da Fig. 8.2 é resumida em três etapas principais:

1) Discretização: trata-se de dividir o domínio do sistema em EV (volumes de controle) que são células de volumes finitos centradas (Fletcher, 1991), que podem conter sólido, fluido, ou os dois como subsistemas no interior da célula. Assim, a dependência espacial real do sistema é incorporada ao modelo.

2) Equacionamento: primeiramente, o campo de velocidades no domínio do sistema é formulado aproximadamente por equações algébricas construídas a partir dos princípios de conservação de massa e quantidade de movimento, e correlações empíricas e teóricas quando disponíveis. A seguir, escreve-se uma EDO em relação ao tempo para calcular cada grandeza de interesse no centro de cada volume. Por exemplo: no caso da temperatura, isso é feito por meio da primeira lei da termodinâmica (princípio de conservação de energia), e para o cálculo de concentrações no centro de cada volume em uma mistura, o procedimento é análogo, estabelecendo uma equação diferencial ordinária para cada espécie química ou biológica, e aplicando o princípio de conservação de espécies. As interações energéticas locais e de correntes de transporte de massa entre o EV em análise e os seus vizinhos imediatos são estabelecidas por correlações empíricas de transferência de massa e calor (válidas do regime laminar ao turbulento). O resultado é um sistema de EDO em função somente do tempo para as grandezas de interesse.

3) Solução numérica: trata-se da escolha de um método numérico adequado e sua implementação em um código computacional baseado no modelo matemático e da obtenção de resultados numéricos.

O MEV pode ser classificado como um método local, uma vez que para cada EV as funções básicas são não nulas somente nesse subdomínio. Por outro lado, métodos globais usam funções básicas que são não nulas em todo o domínio de análise (Fletcher, 1991).

Pela descrição do MEV, verificam-se as diferenças em relação a outros métodos numéricos locais, p.ex., diferenças finitas (MDF), elementos finitos (MEF), volumes finitos (MVF) (Fletcher, 1991). Nesses últimos, primeiramente são escritas equações diferenciais parciais para as grandezas de interesse, em relação ao espaço e ao tempo. A seguir, é feita a discretização no espaço, o que gera um sistema de EDO no tempo, a ser resolvido por algum método numérico para EDO, à escolha do analista.

A inovação no presente modelo é que o tamanho dos EV (volumes de controle) não é necessariamente pequeno para se obter estabilidade numérica e resultados com precisão suficiente, como usualmente é requerido por outros métodos locais (p.ex., DF, EF, VF), principalmente na presença de uma grande diversidade de materiais sólidos e ar, água, ou outros fluidos, interagindo no domínio da solução, uma vez que derivadas espaciais não são utilizadas. Ainda, como ponto inovador, um elemento pode conter uma mistura de componentes sólidos e fluidos. Nesse caso, as propriedades físicas do elemento são calculadas como a média ponderada das propriedades dos diferentes componentes do elemento. A vantagem é que com um número baixo de elementos, a convergência pode ser atingida com um tempo computacional reduzido.

Ainda, elementos da malha que pertencem a um componente podem, por exemplo, ser refrigerados com fluido em recirculação, i.e., circuitos de refrigeração com água ou outro fluido podem ser representados dentro da malha, sendo um diferencial em relação a outros métodos de modelagem. Além disso, diferentemente do método zonal (Song et al., 2013), paredes sólidas ou interfaces estão representadas dentro da malha.

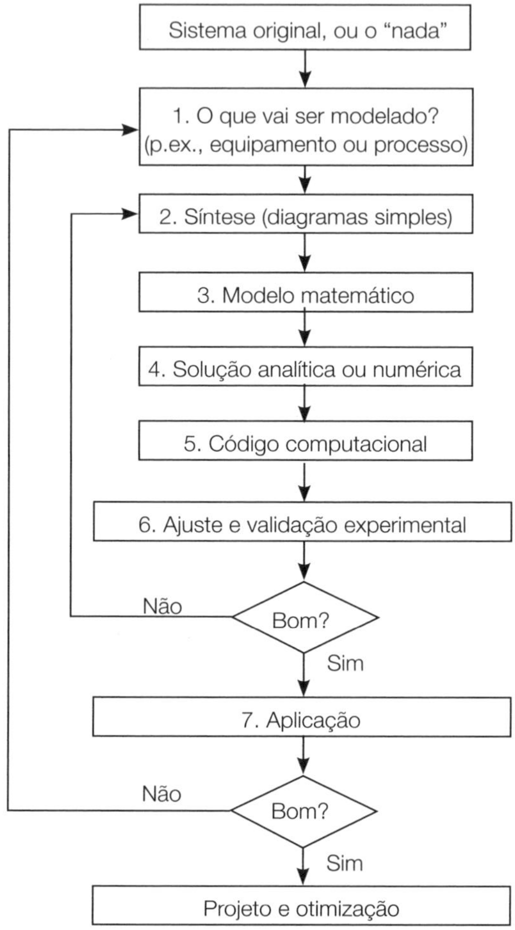

Figura 8.2 Fluxograma para modelagem e simulação de sistemas físicos.

Fonte: adaptada de Woods e Lawrence, 1997; Vargas et al., 2001.

8.2.1. Modelo generalizado

A descrição do modelo matemático generalizado inicia-se com a Fig. 8.3 em que é mostrado um EV típico (ou célula), que pode conter tanto fluido quanto material sólido, ou uma combinação dos dois. Cada elemento interage com outros elementos adjacentes, por meio de taxa de uma ou várias grandezas. Os símbolos $\dot{G}_e$, $\dot{G}_w$, $\dot{G}_t$, $\dot{G}_b$, $\dot{G}_n$ e $\dot{G}_s$ representam as taxas de variação da grandeza física em análise em relação ao tempo pelas faces leste, oeste, topo, fundo, norte e sul, respectivamente. Essas grandezas físicas podem ser massa, calor ou qualquer outra variável de interesse. O termo $\dot{G}$ é um termo fonte na equação de transporte que pode ser usado para representar efeitos como geração de calor, resistência ao escoamento, transferência de massa entre fases, formação ou consumo de uma substância em uma reação química, etc.

As equações de conservação (p.ex., massa, energia, espécies) podem ser escritas para um campo escalar geral ϕ, na forma concentrada, para cada EV i, como:

$$\frac{d(\rho V \phi)_i}{dt} = \sum_{j=e,w,t,b,n,s} \dot{G}_{j,i} + \dot{G}_i \tag{8.1}$$

em que t é o tempo; ρ, a densidade; V, o volume; e a taxa $\dot{G}_{j,i}$ é dividida em duas contribuições, tal que:

$$\dot{G}_{j,i} = \dot{G}_{adv,j,i} + \dot{G}_{dif,j,i} \tag{8.2}$$

No caso, $\dot{G}_{adv,j,i}$ representa os termos advectivos (ou de convecção), e $\dot{G}_{dif,j,i}$ os termos difusivos (ou condução). Quando existir, radiação ou outro possível tipo de interação, isso é incluído nos termos difusivos.

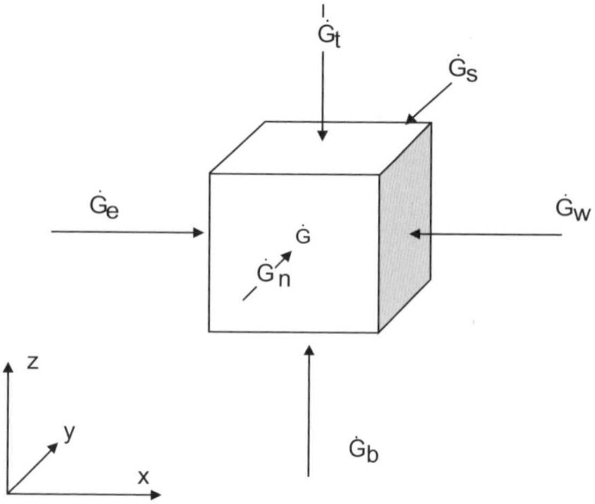

Figura 8.3 EV típico com taxas de interação com a vizinhança e termo fonte.

Portanto, matematicamente, é possível desmembrar os termos da Eq. (8.1) como:

$$\dot{G}_{adv,j,i} = \alpha_{j,i}\left(\dot{m}_{E,j}\,\phi_j - \dot{m}_{S,j}\,\phi_i\right), \tag{8.3}$$

$$\dot{G}_{dif,j,i} = \dot{G}_{outro,j,i} + A_j\,\Gamma_j^{\phi}\left(\phi_j - \phi_i\right), \text{ e} \tag{8.4}$$

$$\dot{G} = \frac{V_i}{c_i} S^{\phi}, \qquad j = e,w,t,b,n,s \tag{8.5}$$

O primeiro termo do lado esquerdo da Eq. (8.1) é o termo de acumulação e serve para avançar a solução no tempo, seguindo-se o comportamento transiente. Fisicamente, representa a variação da grandeza φ dentro do EV i ao longo do tempo.

A Eq. (8.3) representa o balanço advectivo da variável ϕ durante o seu transiente através do EV i, e observa-se que pode ser considerada uma vazão mássica entrando, $\dot{m}_{E,j}$, e outra saindo, $\dot{m}_{S,j}$, pela mesma face *j*, quando for o caso. As vazões mássicas devem ser estimadas a partir do campo de velocidades no domínio do sistema, que é formulado aproximadamente por equações algébricas construídas a partir dos princípios de conservação de massa e quantidade de movimento, e obtidas por correlações empíricas e teóricas quando disponíveis. Observa-se também que a grandeza ϕ entra no EV i com o valor que traz do elemento vizinho em contato com a face j, ou um valor de entrada pré-especificado, e sai com o valor calculado para o EV i. Define-se uma razão de parâmetros

$$\alpha_{j,i} = \frac{c_j}{c_i}.$$

O parâmetro c_j (p.ex., calor específico) corresponde à substância que está cruzando o EV i, e c_i, à substância ou conjunto de substâncias que constitui o EV i.

A Eq. (8.4) representa o balanço dos fluxos difusivos. A transferência de calor por radiação através da face j, se existir, é incluída nesse termo como $\dot{G}_{outro,j,i} = \dot{G}_{rad,j,i}$ e calculada de acordo com cada situação específica. O termo $\dot{G}_{outro,j,i}$ permite a inclusão de uma nova interação, conforme o equacionamento necessitar.

Por último, a Eq. (8.5) refere-se ao termo fonte, S^{ϕ}, que é responsável por acomodar os demais termos de acordo com o problema físico em consideração. O termo fonte representa, por exemplo, no caso de φ ser a temperatura, a geração de calor interna, $\dot{Q}_{gen,i}$. No caso de conservação de espécies, o termo S^{ϕ} é a taxa de conversão de uma espécie em outra.

A Tabela 8.2 apresenta os valores para ϕ, c_i, c_j, Γ^{ϕ} e S^{ϕ}, utilizados em conjunto com as Eqs. (8.3) a (8.5) para representar as equações de conservação de massa, energia e espécies.

Tabela 8.2 Valores para as Eqs. (8.3) a (8.5)

Equação de conservação	ϕ	c_i	c_j	Γ^{ϕ}	S^{ϕ}
Massa	1	1	1	0	0
Energia	T	c_i	c_j	$\frac{U_j}{c_i}$	$\dot{Q}_{gen,i}/V_i$
Fração mássica da espécie q	Y_q	1	1	$\frac{\rho D_q}{l_{i,j}}$	p.ex., $\rho Y_1 \mu R_q$

Na Tabela 8.2, a variável T é a temperatura;

$$Y_q = \frac{m_q}{m_T},$$

a fração mássica; m_q, a massa da espécie q em uma mistura com massa total m_T; Y_1, a fração mássica da espécie 1 em relação a qual todas as outras estão ligadas; R_q, a relação estequiométrica de consumo da espécie q em função da taxa de conversão da espécie 1, notando que $R_1 = 1$; μ, a taxa de reação; U_j, o coeficiente de transferência de calor global entre o EV j e o adjacente EV i; D_q, a difusividade mássica da espécie q na mistura; e $l_{i,j}$, a distância entre os centros dos EV i e seu adjacente j.

A Fig. 8.4 mostra o balanço da variável ϕ para uma discretização unidimensional. São destacados os fluxos advectivos e difusivos sendo transportados através do EV i. Dessa forma, as Eqs. (8.1) a (8.5), em conjunto com a Tabela 8.2, representam uma forma geral do MEV. Isso significa que o sistema em estudo pode ser modelado pelo analista para diferentes fenômenos por meio da Eq. (8.1) tantas vezes quanto necessário, levando em consideração os coeficientes da Tabela 8.2. Por exemplo, o balanço de massa do sistema em estudo pode ser obtido a partir da Eq. (8.1) tomando-se os coeficientes da primeira linha da Tabela 8.2. Esse procedimento resulta na seguinte equação:

$$\frac{d(\rho V)_i}{dt} = \sum_{j=e,w,t,b,n,s} \left(\dot{m}_{E,j} - \dot{m}_{S,j}\right) \tag{8.6}$$

que é a equação de conservação de massa.

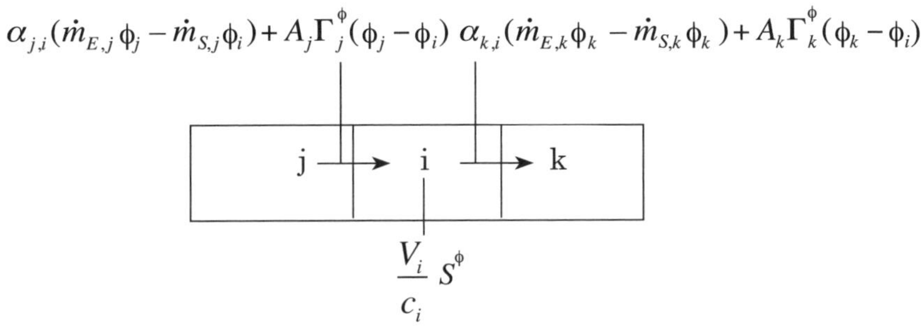

Figura 8.4 Balanço da variável ϕ para discretização unidimensional no EV i.

Com o mesmo procedimento, mas dessa vez tomando-se a segunda linha da Tabela 8.2 (conservação de energia), o resultado é:

$$\frac{d(\rho VT)_i}{dt} = \sum_{j=e,w,t,b,n,s} \frac{c_j}{c_i}\left(\dot{m}_{E,j}T_j - \dot{m}_{S,j}T_i\right) + \sum_{j=e,w,t,b,n,s} A_j \frac{U_j}{c_i}\left(T_j - T_i\right) + \frac{\dot{Q}_{gen,i}}{c_i} \tag{8.7}$$

Ou, de forma compacta:

$$\frac{dT_i}{dt} = \frac{1}{(\rho Vc)}\left(\sum_{j=e,w,t,b,n,s} \dot{Q}_{j,i} + \dot{Q}_{gen,i}\right) \tag{8.8}$$

que representa a equação de conservação da energia aplicada ao EV i, mostrando os termos de convecção, condução e geração. Repetindo o processo para uma espécie q em uma mistura, é obtida a equação em termos das frações mássicas Y_q:

$$\frac{d\left(\rho V Y_q\right)_i}{dt} = \sum_{j=e,w,t,b,n,s} \left(\dot{m}_{E,j} Y_{q,j} - \dot{m}_{S,j} Y_{q,i}\right) + \sum_{j=e,w,t,b,n,s} A_j \frac{\rho D_q}{l_{i,j}} \left(Y_{q,j} - Y_{q,i}\right) + \rho V_i Y_1 \mu R_q \tag{8.9}$$

O sistema de EDO definido pela Eq. (8.1), acrescentando condições iniciais dadas ϕ_{i0}, formula um problema de valor inicial (PVI) para ser resolvido. A solução do PVI determina o campo escalar genérico dentro do domínio em qualquer instante de tempo.

8.2.2. Tipos de elementos e suas interações

O MEV permite a existência em um mesmo domínio computacional de três tipos de elementos: sólido, fluido e misto (sólido + fluido). Conforme mostrado na Fig. 8.5, é possível que todos os tipos de elementos coexistam de forma integrada dentro de uma mesma região do domínio computacional.

Em virtude dos diferentes tipos de EV, é necessário estabelecer as possíveis interações entre eles. De acordo com a Fig. 8.5, são possíveis as seguintes interações:

A) EV sólido e sólido;
B) EV sólido e fluido;
C) EV sólido e misto;
D) EV fluido e fluido;
E) EV fluido e misto;
F) EV misto e misto.

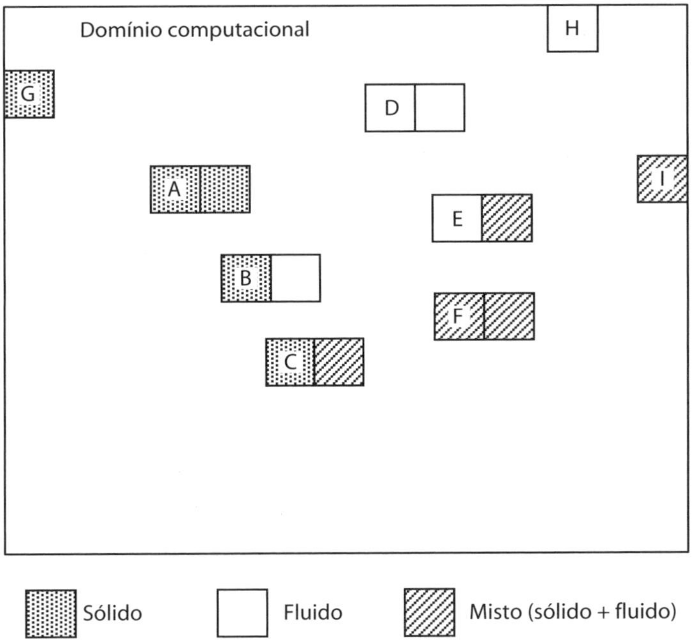

Figura 8.5 Tipos de EV e suas possíveis interações.

Além disso, há ainda as possíveis interações com a fronteira do domínio computacional, i.e.:
G) EV sólido e fronteira;
H) EV fluido e fronteira;
I) EV misto e fronteira.

Para cada uma das possíveis interações, deve ser escrito o equacionamento apropriado a cada tipo de interação. Para tanto, faz-se uso das Eqs. (8.1) a (8.5) juntamente com a Tabela 8.2.

Nesse ponto, é importante destacar outra característica particular do MEV em relação a outros métodos. No caso do EV misto, o MEV permite duas alternativas que podem ser utilizadas separadamente, ou de forma combinada em um mesmo modelo:

1) Tratar o conteúdo do EV como uma mistura homogênea de entidades (substâncias), calculando propriedades uniformes para o EV por meio de uma média ponderada proporcional à massa de cada entidade (substância).

2) Tratar o conteúdo do EV como um conjunto de entidades distintas, definindo um subsistema para cada uma e aplicando o equacionamento separadamente para cada um deles. Nesse caso, para cada EV, haverá um número de EDO igual ao número de subsistemas definidos para o EV em questão.

A descrição geral do MEV encerra-se neste ponto, e não inclui os detalhes do tratamento teórico específico de cada aplicação. Reconhece-se assim a possibilidade de equacionamentos diferenciados de acordo com a decisão e criatividade do modelador, buscando uma representação matemática dos sistemas que melhor se aproxime da realidade física. Neste capítulo, alguns exemplos de sistemas são apresentados para buscar demonstrar a aplicação prática do MEV.

8.3. APLICAÇÕES

Para ilustrar a aplicação do MEV para engenharia de sistemas, foram selecionados dois problemas: trocador de calor regenerador, e gerenciamento térmico de eletrônica de potência (*power electronic building block – PEBB*), e de navio inteiramente elétrico.

8.3.1. Trocador de calor regenerador

A Fig. 8.6 mostra um diagrama esquemático de um trocador de calor regenerador em contracorrente. Um trocador de calor é um equipamento destinado a promover a transferência de calor de uma corrente de fluido a maior temperatura para uma ou mais correntes de fluido a menor temperatura. Portanto, a modelagem matemática consiste na aplicação dos princípios de conservação de massa e de energia ao sistema em análise.

Inicialmente, divide-se o equipamento em EV. A Fig. 8.7 mostra que cada EV é do tipo misto (sólido + fluido). Nesta, é importante a distinção da temperatura de cada entidade presente no interior de cada EV para caracterizar a funcionalidade e o desempenho do equipamento. Portanto, faz-se a opção pela alternativa 2 do MEV para elementos mistos, i.e., dividir cada EV em três sistemas, conforme a seguir:

Sistema 1: grade do regenerador e tubo (parte sólida);
Sistema 2: fluido quente em movimento;
Sistema 3: fluido interno em movimento.

O próximo passo é a modelagem matemática de cada sistema dentro de cada EV mostrado em detalhe na Fig. 8.7. Nesta análise, utilizam-se os princípios de conservação de massa e de energia de forma combinada, bem como se quantificam as interações energéticas entre todos os sistemas presentes por meio das equações apropriadas para quantificá-las. No caso deste equipamento, a lei de Fourier para condução de calor e a lei de Newton para convecção. Este modelo de trocador de calor regenerador foi originalmente apresentado por Martins et al. (2012) considerando os sistemas 1, 2 e 3 para cada EV, assumindo que as paredes externas eram adiabáticas. Neste estudo, a perda de calor através das paredes externas é levada em consideração. O modelo matemático é construído a partir da Eq. (8.1) aplicada a cada sistema dentro de cada EV, que toma a forma do princípio de conservação de energia, i.e., a 1ª lei da termodinâmica.

Sistema 1: grade metálica do regenerador e tubo (parte sólida – em preto na Fig. 8.7).

Hipóteses:

1) Grade soldada com tubo interno.
2) Grade não tem contato físico direto com o tubo externo.

Aplica-se a 1ª lei da termodinâmica ao sistema 1, de acordo com o diagrama da Fig. 8.7, obtendo a seguinte equação:

$$m_{g,j}c_g\frac{dT_{g,j}}{dt} = q_g + q_{cond,g,a} + q_{cond,g,p} + q_t \tag{8.10}$$

em que:

$$q_g = h_g\left(A_{gl,j} + A_{tl,j}\right)\ \left(T_j - T_{g,j}\right) \tag{8.11}$$

$$q_t = h_t A_{tl,j}\left(T_{r,j} - T_{g,j}\right) \tag{8.12}$$

$$q_{cond,g,a} = -k_g\left(A_{gs} + A_{gt}\right)\frac{T_{g,j} - T_{g,j-1}}{\Delta x} \tag{8.13}$$

$$q_{cond,g,p} = -k_g\left(A_{gs} + A_{gt}\right)\frac{T_{g,j} - T_{g,j+1}}{\Delta x} \tag{8.14}$$

A porosidade do espaço por onde passa o fluido quente mostrado na Fig. 8.7, ϕ, é um parâmetro importante no modelo porque afeta a resposta térmica do regenerador. É possível expressar as áreas nas Eqs. (8.11) a (8.14) como funções da porosidade, da seguinte maneira:

$$A_{tl,j} = \pi d_t \Delta x\ ;\ A_{gl,j} = \frac{4(1-\phi)V_{T,j}}{d_{ar}}\ ;\ A_{gs} = (1-\phi)\frac{\pi}{4}\left(D^2 - d_t^2\right) \text{ e}$$

$$A_{gt} = \frac{\pi}{4}\left(d_t^2 - d_{t,\text{int}}^2\right) \tag{8.15}$$

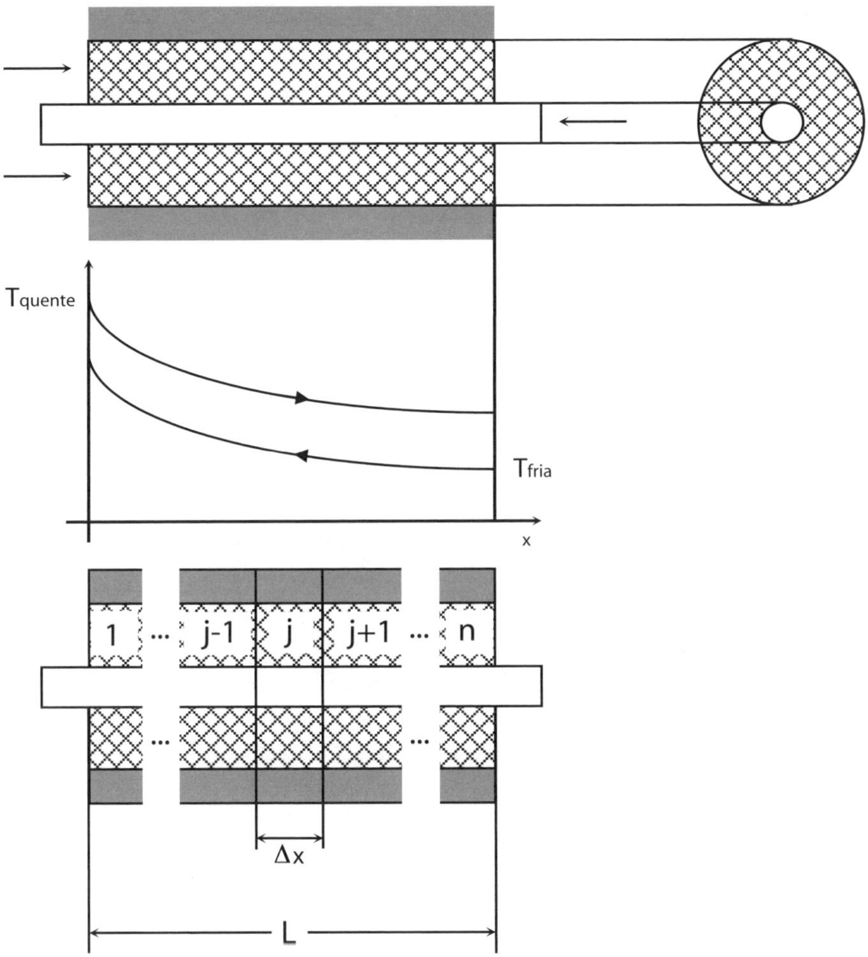

Figura 8.6 Diagrama esquemático de um trocador de calor regenerador em contracorrente (acima); perfis esperados de temperatura das correntes quente e fria (centro), e divisão do equipamento em EV (abaixo).

em que $V_{T,j} = \frac{\pi}{4}\left(D^2 - d_t^2\right)\ \Delta x.$

A massa total do EV j é expressa como uma função do volume total de grade e tubo no EV j, como a seguir:

$$m_{g,j} = \rho_g V_{g,j} \tag{8.16}$$

em que $V_{g,j} = \left(A_{gs} + A_{gt}\right)\ \Delta x.$

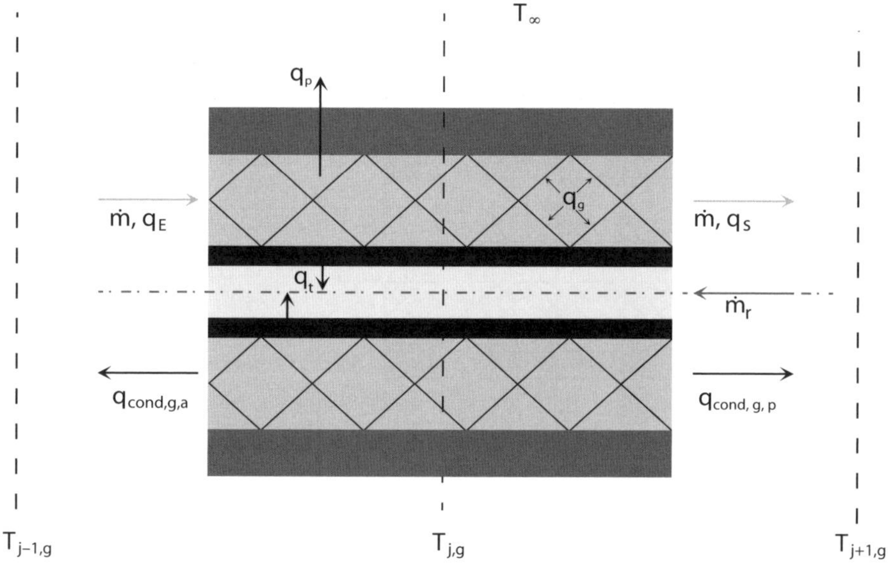

Figura 8.7 Detalhamento de um EV "j" conforme definido na Fig. 8.6, mostrando os fluxos de massa e de energia entre os sistemas presentes.

As condições de contorno são definidas por:

$$\text{Primeiro EV (célula): } q_{cond,g,a} = q_{cond,p,a} = 0 \quad (8.17)$$

$$\text{Último EV (célula): } q_{cond,g,p} = q_{cond,p,p} = 0 \quad (8.18)$$

As Eqs. (8.17) e (8.18) admitem que a transferência de calor pelas extremidades do regenerador é desprezível em relação à perda de calor através da parede lateral externa.

Sistema 2: fluido quente em movimento (cinza claro na Fig. 8.7)
Aplica-se a 1ª lei da termodinâmica ao sistema 2, de acordo com o diagrama da Fig. 8.7, e adotando variáveis sem subscrito para se referir ao fluido quente, obtém-se a seguinte equação:

$$m_j c_v \frac{dT_j}{dt} = q_E - q_S - q_g + q_p \quad (8.19)$$

em que:

$$q_p = (UA)_{p,j}\left(T_\infty - T_j\right) \quad (8.20)$$

$$q_E - q_S = \dot{m}c_p\left(T_{j-1} - T_j\right) \quad (8.21)$$

com

$$A_{p,j} = \pi D \Delta x\,,\ A_{pl,j} = \pi D_p \Delta x \text{ e } m_j = \rho \phi V_{T,j} \quad (8.22)$$

$$(UA)_{p,j} = \left\{ \frac{1}{h_g A_{p,j}} + \frac{\ln\left(D_p / D\right)}{2\pi k_p L} + \frac{1}{h_{ext} A_{pl,j}} \right\}^{-1} \quad (8.23)$$

As condições de contorno são:

$$T_0 = T_E \text{ (parâmetro conhecido) e } \frac{\partial T_n}{\partial x} = 0 \tag{8.24}$$

Sistema 3: fluido interno em movimento (claro com pontilhados na Fig. 8.7). Aplica-se a 1ª lei da termodinâmica ao sistema 3, de acordo com o diagrama da Fig. 8.7, obtendo a seguinte equação:

$$m_{r,j} c_{vr} \frac{dT_{r,j}}{dt} = -q_t + \dot{m}_r c_{pr} \left(T_{r,j+1} - T_{r,j} \right) \tag{8.25}$$

em que $m_{r,j} = \rho_r \dfrac{\pi d_{t,\text{int}}^2}{4} \Delta x$.

As condições de contorno são:

$$T_{r,n} = T_{r,E} \text{ (parâmetro conhecido) e } \frac{\partial T_{r,0}}{\partial x} = 0 \tag{8.26}$$

Neste estudo, os coeficientes de transferência de calor por convecção, h_g, h_t e h_{ext} são admitidos como constantes, mas é possível considerar sua dependência em relação aos números de Reynolds (Re) e Prandtl (Pr) usando correlações empíricas (Kays e London, 1998).

Por último, com a distribuição de temperatura conhecida no equipamento, é possível avaliar seu desempenho, por exemplo, a partir da sua efetividade, como a seguir:

$$\varepsilon = \frac{\dot{Q}_{real}}{\dot{Q}_{\max}} = \frac{\dot{m} c_{pr} \left(T_{r,E} - T_{r,S} \right)}{\dot{m} c_{pr} \left(T_{r,E} - T_E \right)} \leq 1 \tag{8.27}$$

$$\varepsilon = \frac{T_{r,E} - T_{r,S}}{T_{r,E} - T_E} = f \text{ (parâmetros de projeto e operação)} \tag{8.28}$$

8.3.2. Gerenciamento térmico de eletrônica de potência e de navio inteiramente elétrico

Nos sistemas em análise neste exemplo de aplicação do MEV, i.e., gabinetes para acondicionamento de eletrônica de potência e um navio inteiramente elétrico, a distinção de subsistemas em cada EV não é de interesse para caracterizar a funcionalidade e desempenho. Por essa razão, neste modelo faz-se a opção pela alternativa 1 do MEV para tratar elementos mistos, i.e., como uma mistura homogênea de entidades (substâncias), i.e., somente uma fase, calculando propriedades uniformes para o EV. Assim, de uma maneira geral, o modelo matemático desta seção pode ser aplicado para o gerenciamento térmico de quaisquer sistemas similares.

Em gerenciamento térmico, o problema consiste em calcular o campo de temperaturas e de umidade relativa dentro do sistema em análise. Dessa maneira, é possível antecipar se os sistemas eletrônicos e de outra natureza estarão operando dentro de condições ambientais que permitam seu funcionamento adequado. No caso de ambientes destinados ao uso humano, permite-se assim verificar se as condições de conforto térmico são adequadas.

A Fig. 8.8 mostra um diagrama esquemático de um gabinete para acondicionamento de eletrônica de potência. Esses equipamentos formam um conversor de potência e cada um deles gera calor com uma taxa conhecida. O problema consiste em calcular o campo de temperaturas e de umidade relativa dentro do gabinete. Os componentes de interesse de um sistema PEBB são: dissipador/tiristores, indutor, fusível CA, fusível CC e capacitores.

No estudo seguinte, a geometria real de um *destroyer* DDG-51 dos Estados Unidos da América (EUA) operando com arquitetura de corrente contínua em média voltagem (MVDC) é considerada. A Fig. 8.9 mostra um desenho em *computer aided design* (CAD) de um *destroyer* tipo DDG-51 da marinha dos EUA. O problema consiste em calcular

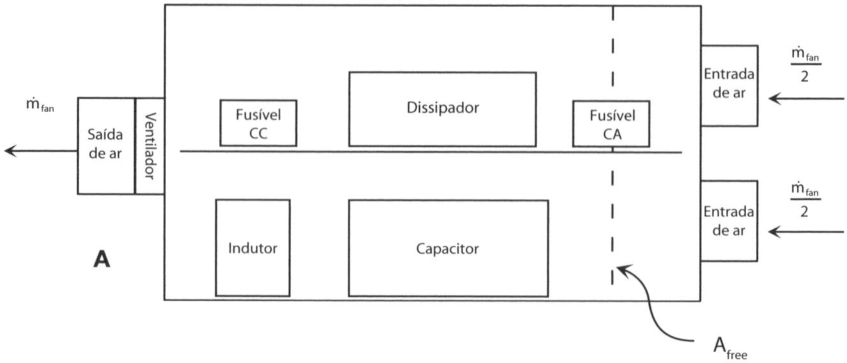

Figura 8.8 **(A)** Diagrama esquemático e **(B)** Fotografia da distribuição de componentes internos de um gabinete para acondicionamento de eletrônica de potência.

o campo de temperaturas e de umidade relativa dentro do navio em função do tempo e das condições ambientais externas.

A aplicação do MEV inicia-se com a identificação do domínio computacional, seguido por sua discretização em EV representativos de todos os componentes de interesse nos sistemas em análise. Nos dois sistemas escolhidos, há EV dos tipos fluido, sólido e misto (sólido + fluido).

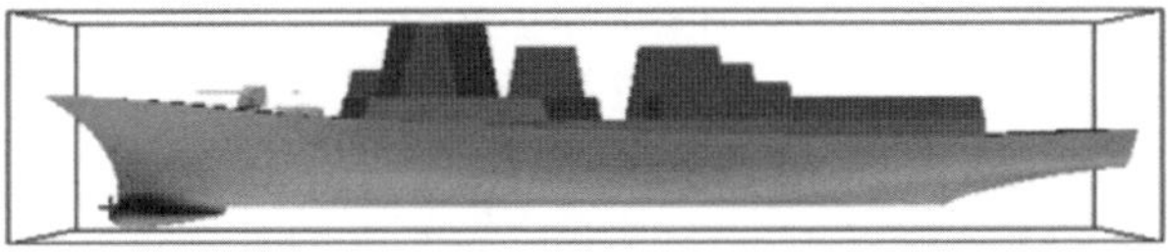

Figura 8.9 Imagem gerada via CAD de um *destroyer* DDG-51 dos EUA operando com arquitetura de MVDC.

Um modelo matemático geral para gerenciamento térmico é construído a partir da Eq. (8.1), utilizando a segunda linha da Tabela 8.2, i.e., a equação de conservação da energia, o que resulta nas Eqs. (8.7) e (8.8), que permitem a determinação do campo de temperaturas no domínio computacional. O modelo utiliza um campo de velocidades determinado aproximadamente pela satisfação do princípio de conservação de massa em todo o sistema a partir da Eq. (8.6).

Esse modelo foi desenvolvido em vários trabalhos publicados anteriormente pelos autores (Vargas et al., 2012; Dilay et al., 2013). Trata-se de uma ferramenta de gerenciamento térmico baseada no MEV (*volume element model based thermal management tool – vemESRDC*) que foi desenvolvida como parte do consórcio de pesquisa e desenvolvimento do navio elétrico (*Electric Ship Research and Development Consortium – ESRDC*) liderado pelo escritório de pesquisa da marinha dos EUA (*Office of Naval Research – ONR*). A ferramenta é capaz de obter respostas rápidas durante os estágios preliminares de projeto do navio.

A umidade relativa em cada EV com ar, φ_i, pode ser calculada a partir do campo de temperaturas, assumindo um campo de umidades relativas inicial conhecido φ_{i0}.

Primeiramente, a pressão de vapor inicial é calculada por:

$$p_{v,i} = \varphi_{i0} \cdot p_{vs}\left(T_{i0}\right) \tag{8.29}$$

em que $p_{v,i}$ é a pressão parcial de vapor no EV i, e $p_{vs}(T_{i0})$ é a pressão de saturação da água na temperatura T_{i0}.

Assume-se que a umidade absoluta em cada EV permanece constante durante toda a simulação. Portanto, a umidade relativa de cada elemento que contém ar é computada como:

$$p_{v,i} = \varphi_{i0} \cdot p_{vs}\left(T_{i0}\right) \tag{8.30}$$

em que $p_{vs}(T_i)$ é a pressão de saturação da água na temperatura do EV, T_i. Quando o elemento contém sólidos, líquidos ou uma combinação dos dois, o valor zero é atribuído à umidade relativa, i.e., $\varphi_i=0$.

8.3.2.1. Taxas de transferência de calor através das faces dos elementos

Correlações empíricas são utilizadas para calcular as taxas de transferência de calor através das faces de cada EV. Cada elemento tem quatro faces laterais as quais são nomeadas como leste, oeste, norte e sul, mais as faces de topo e de fundo. Cada face tem a possibilidade estar em contato com o exterior do domínio ou com outro elemento.

8.3.2.1.1. Face do elemento em contato com o exterior

O elemento pode conter componente sólido ou fluido e uma ou mais faces podem estar em contato com o exterior. A transferência de calor pode ocorrer como condução, convecção e/ou radiação.

A taxa de transferência de calor por radiação através da face do elemento é calculada por:

$$\dot{Q}_{rad,i,j} = A_{i,j}\left\{\alpha_j \mathrm{I} - \varepsilon_j \sigma\left(\mathrm{T}_{i,j}^4 - T_{ext}^4\right)\right\}, \quad j = e,w,n,s,t,b \tag{8.31}$$

Na qual o primeiro termo entre colchetes representa a porção da irradiação média do sol (Duffie e Beckman, 1974) absorvida pela face, quando existe incidência do sol; $T_{ext} = T_\infty$ (temperatura do ar exterior) ou $T_{ext} = T_{sw}$ (temperatura de outro fluido que envolve a superfície externa do domínio); α e ε são a absortividade e a emissividade da face, respectivamente, σ é constante de Stefan-Boltzman e $A_{i,j}$ é a área da face do elemento. É assumido que $I = 0$ quando a superfície está em contato com outro fluido ou superfície que bloqueie eventualmente a luz solar.

A taxa total de transferência de calor (radiação, condução e convecção) através da face do elemento é, portanto, computada como:

$$\dot{Q}_{i,j} = \dot{Q}_{rad,i,j} + U_{i,j} A_{i,j} (T_{ext} - T_i), \quad j = e, w, n, s, t, b \tag{8.32}$$

na qual o coeficiente global de transferência de calor, $U_{i,j}$, é dado por:

$$U_{i,j} = \frac{1}{R_{i,j}} \tag{8.33}$$

$$R_{i,j} = \frac{l_{i,j}/2}{k_i} + \frac{t_w}{k_w} + \frac{1}{h_{ext}} \quad \text{(elemento sólido)} \tag{8.34}$$

ou

$$R_{l,i} = \frac{1}{h_{\text{int}}} + \frac{t_w}{k_w} + \frac{1}{h_{ext}} \quad \text{(elemento fluido)} \tag{8.35}$$

em que $l_{i,j}$ é tanto o comprimento quanto a largura do elemento, k é a condutividade térmica equivalente do elemento, t_w e k_w são a espessura da parede e a sua condutividade térmica, respectivamente, e h_{int} e h_{ext} são os coeficientes de transferência de calor por convecção interno e externo.

O coeficiente de transferência de calor h é dado por:

a) Convecção natural (Churchil e Chu, 1975):

$$h = \frac{k_f}{H} \left\{ 0,825 + \frac{0,387 \cdot Ra_H^{1/6}}{\left[1 + (0,492/\text{Pr})^{9/16}\right]^{8/27}} \right\}^2 \tag{8.36}$$

em que k_f é a condutividade térmica do fluido, Pr é o número de Prandtl do fluido e

$$Ra_H = \frac{g\beta}{\alpha_T \nu} H^3 \left| T_{neigh,i} - T_i \right|,$$

g é a aceleração da gravidade, β é o coeficiente de expansão volumétrica do fluido, α_T é a difusividade térmica do fluido e ν é a viscosidade cinemática do fluido. $T_{neigh,i}$ é a temperatura do elemento vizinho ao elemento em análise ou a temperatura exterior, e H é a altura total varrida do sólido em análise.

A Eq. (8.36) é válida para todas as faixas de variação do número de Rayleigh – laminar, transição e turbulento – com as propriedades do fluido avaliadas na temperatura de filme, i.e., $T_{filme} = \left(T_{neigh,i} + T_i\right)/2$.

b) Convecção forçada (Bejan, 1993 e 1995):

$$h = \frac{k_f}{L}\left(0{,}064 \ \mathrm{Pr}^{1/3} \ Re_{\mathrm{L}}^{1/2}\right), \text{ para } Re_{\mathrm{L}} < 5 \times 10^5 \tag{8.37}$$

ou

$$h = \frac{k_f}{L}\left\{0{,}037 \ \mathrm{Pr}^{1/3} \left(Re_{\mathrm{L}}^{4/5} - 23550\right)\right\}, \text{ para } Re_{\mathrm{L}} > 5 \times 10^5 \tag{8.38}$$

em que $Re_L = \dfrac{v_f L}{\nu}$,

v_f é a velocidade do fluido, e L é o comprimento sólido varrido em análise.

8.3.2.1.2 Face lateral em contato com outro elemento de volume

Para os exemplos em análise, é assumido que não há fluxo através da fronteira fluido-fluido na direção horizontal na ocorrência apenas de convecção natural; o escoamento ocorre apenas na direção vertical. Em convecção forçada, o modelo admite a possibilidade de refrigeração por um fluxo cruzado, i.e., na direção em que ocorrer o escoamento forçado por meio da estimativa de um campo de velocidades aproximado. Essas hipóteses simplificam muito as equações do modelo, o que acelera o processamento dos cálculos.

Se a interface é fluido-fluido ou sólido-sólido, apenas condução ocorre entre os elementos adjacentes por causa da hipótese de não haver fluxo na horizontal sem a presença de escoamento forçado. Outra possibilidade é uma interação fluido-sólido entre dois elementos. Nesse caso, a transferência de calor através da face é de convecção.

Para contato fluido-fluido, considerando que não há fluxo na horizontal, ou seja, pelas faces laterais, a taxa de transferência de calor é dada por:

$$\dot{Q}_{l,i} = -U_{l,i} A_{l,i} (T_i - T_a), \; l = e, w, n, s \tag{8.39}$$

na qual o subscrito a indica o elemento adjacente, e

$$U_{l,i} = \frac{k_f}{(l_{m,i} + l_{m,a})/2} \tag{8.40}$$

em que $l_{m,i}$ e $l_{m,a}$ são tanto o comprimento quanto a largura da célula, de acordo com o índice $m = x$ ou y, se o i-ésimo ou o a-ésimo lado da célula for leste/oeste ou norte/sul, respectivamente.

Para o contato sólido-sólido, o fluxo de calor é obtido da Eq. (8.39), na qual, desta vez:

$$U_{l,i} = \frac{1}{\dfrac{l_{m,i}/2}{k_i} + \dfrac{l_{m,a}/2}{k_a}} \tag{8.41}$$

Quando o contato é do tipo fluido-sólido, a transferência de calor dá-se por convecção. A Eq. (8.39) é usada com o coeficiente global de transferência de calor $U_{l,i}$, dado por:

$$U_{l,i} = C_a \frac{1}{\frac{1}{h_l} + \frac{l_{m,i}/2}{k_i}} \tag{8.42}$$

na qual $C_a = S_{real}/S_{malha}$ é o fator de correção de áreas de convecção, em que S_{real} é área de convecção real do componente sólido e S_{malha} é a área do componente representada na malha. Dessa maneira, o fator C_a faz com que a superfície de convecção usada nos cálculos tenha a mesma área que a superfície do componente real. Isso é especialmente importante no caso de componentes aletados, nos quais a representação na malha pode diferir em mais de 100% do equipamento real.

8.3.2.1.3 Face do topo/fundo em contato em outro elemento

Como cada elemento pode conter fluido ou componente sólido, três tipos de interação devem ser levadas em conta: (a) fluido-fluido, (b) fluido-sólido e (c) sólido-sólido.

a) Fluido-fluido

Ambos os elementos contêm fluido, e o fluxo de calor é dado por:

$$\dot{Q}_{l,i} = \dot{m}_{l,i} c_{p,f} \left(T_a - T_i \right), \quad l = t,\ b \tag{8.43}$$

em que $\dot{m}_{l,i} = \rho_f v_i \dfrac{A_{l,i}}{2}$.

Para convecção natural, a estimativa da velocidade do fluido cruzando a face do elemento é

$$v_i = \alpha_T \left(\frac{g\beta}{\alpha_T \nu} \left| T_a - T_i \right| H \right)^{1/2},$$

a qual é uma escala representativa da convecção natural (Bejan, 1993 e 1995). É assumido que metade da face do topo ou do fundo do elemento é cruzada por um fluxo na direção vertical no sentido para cima, e a outra metade no sentido oposto.

No caso de convecção forçada, a Eq. (8.43) é utilizada com um campo de velocidades v_f pré-definido (p.ex., ventilador, sistema de condicionamento de ar) cruzando o domínio no plano horizontal. Nesse caso, é necessária a comparação entre v_i e v_f. Se a velocidade decorrente da convecção natural for maior que a velocidade do campo pré-definido, então deve ser usada a velocidade decorrente da convecção natural, caso contrário, deve ser usada a velocidade pré-definida.

b) Fluido-sólido

O fluxo de calor cruzando a face do topo ou do fundo segue a Eq. (8.39), com índice $l = t, b$. $U_{l,i}$ é computado com a Eq. (8.42) e $l_{m,i}$ é substituído por $l_{z,i}$.

c) Sólido-sólido

Quando ambos os elementos contêm componentes sólidos, o fluxo de calor também é calculado seguindo a Eq. (8.39) com $U_{l,i}$ dado pela Eq. (8.41), na qual $l = t, b$. Os comprimentos $l_{m,i}$ e $l_{m,a}$ são substituídos por $l_{z,i}$ e $l_{z,a}$, respectivamente.

8.3.2.2. Taxas de transferência de calor coletadas/rejeitadas através de fluidos térmicos

No caso dos dois sistemas em análise, a fim de melhor organizar o modelo e a programação computacional, os três tipos de EV são classificados em subtipos para levar em conta os diferentes componentes do sistema em análise e suas estratégias de resfriamento. Sete subtipos de EV são definidos de acordo com o seu conteúdo: (0) somente ar; (1) sólido ou combinação de sólido e fluido; (2) trocador de calor compacto; (3) unidade de água (+ anticongelante) gelada; (4) sistema refrigerado por fluido interno (circuito fechado); (5) sistema refrigerado por fluido externo (circuito aberto); e (6) elemento fluido refrigerado por um escoamento cruzado (p.ex., fluxo de ar externo induzido por um ventilador).

O sistema pode ser dividido em zonas e cada zona é resfriada separadamente, com combinações de, por exemplo, ar condicionado, água de circuito externo e água de circuito interno fechado. O sistema pode conter conexões cruzadas entre as zonas para aumentar a redundância. O circuito de água interno pode conter água doce (fresca), desmineralizada, ou misturada com anticongelante. Similarmente, o circuito de água externo pode conter, por exemplo, água do mar, no caso de um navio. Para facilitar a discussão, o texto refere-se ao fluido interno como água doce e ao externo como água salgada.

A água doce é bombeada em um circuito fechado coletando calor de cada componente gerador de calor dentro das zonas do sistema, e então rejeitando o calor para um fluido externo (p.ex., água do mar) via um trocador de calor, uma unidade de água gelada ou ambos, i.e., pode haver somente o trocador de calor ou a unidade de água gelada, ou eles podem operar em série. Por exemplo, o uso do trocador de calor não é interessante quando a corrente fria estiver em uma temperatura maior que a temperatura máxima da água doce interna. Outras estratégias de resfriamento podem ser usadas, como componentes resfriados por ar-condicionado e diretamente por fluido externo. O objetivo dessas estratégias de resfriamento é que os campos de temperatura e umidade relativa das zonas e de todo o sistema permaneçam dentro de limites preestabelecidos no projeto.

Para melhor esclarecer a explicação sobre os subtipos de EV e as estratégias de resfriamento apresentadas nos parágrafos anteriores, discute-se o exemplo do navio elétrico. A Fig. 8.10 resume a distribuição dos componentes do navio inteiramente elétrico virtual operando com arquitetura de MVDC, suas zonas respectivas, e uma proposta de estratégia geral de resfriamento, incluindo água salgada, doce e sistemas de condicionamento de ar. As cargas maiores são mostradas individualmente (p.ex., turbinas a gás, carga intermitente), ao passo que as cargas menores foram agrupadas para simplificar a modelagem em cargas resfriadas por água salgada auxiliar, água doce e ar condicionado.

O cálculo inicia-se com a determinação da temperatura do fluido interno na entrada do trocador de calor em cada zona do sistema. Para isso, um misturador de água doce é colocado na entrada do trocador de calor, no qual as entradas são as vazões que vêm da saída de cada componente resfriado por água doce na zona, e a saída é a vazão total de água doce da zona. Portanto, o balanço de energia nesse misturador permite o cálculo da temperatura de mistura na saída da zona, a qual é a temperatura de entrada do trocador de calor, como:

$$T_{fw,in} = \frac{\sum_{j=1}^{n_{eq}} \dot{m}_{fw,j} T_j}{\dot{m}_{fw}} \tag{8.44}$$

em que $\dot{m}_{fw,j}$ é a vazão de água doce vindo da saída do componente j; T_j é a temperatura do componente j (admitindo equilíbrio com a temperatura da água que sai), $\dot{m}_{fw}$ é a vazão total de água doce da zona, e n_{eq} é o número total de componentes refrigerados por água doce na zona. Quando $\dot{m}_{fw} = 0$ (p.ex., bomba desligada) em uma zona particular, a Eq. (8.44) não é utilizada.

A Fig. 8.10 mostra o diagrama esquemático dos equipamentos nocionais e circuitos de resfriamento do navio inteiramente elétrico virtual, em que: AC: ar condicionado; ACCS: sistema resfriado por ar condicionado, DC/DC: corrente contínua para contínua; AC/DC: corrente alternada para contínua; ASW: resfriado por água do mar auxiliar; ATG: turbina a gás auxiliar; CWU: unidade de água gelada; DCS: sistema de resfriamento dedicado; FWCS: sistema de resfriamento por água doce (fresca), $\dot{m}$ – vazões mássicas; MTG: gerador da turbina a gás principal; P: bomba; PCM: módulo de conversão de potência; PM: motor de propulsão; RECT: retificador; SWHX: trocador de calor com água do mar (Dilay et al., 2012).

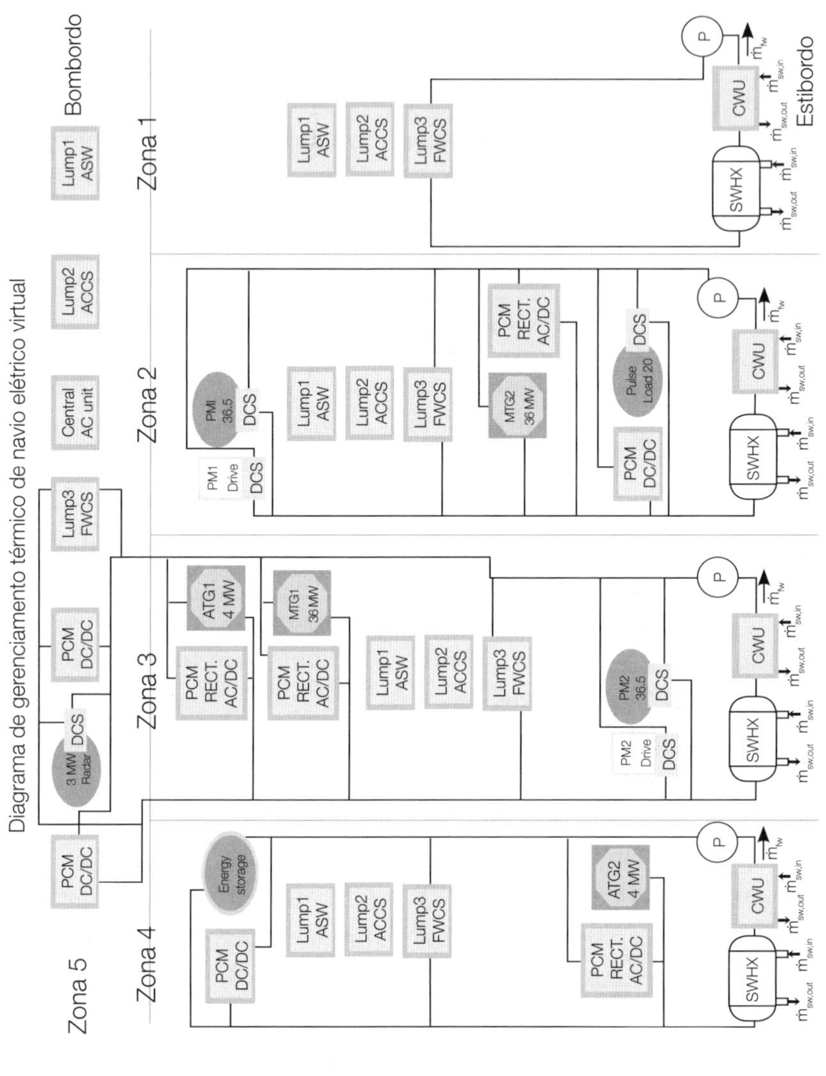

Figura 8.10 Diagrama esquemático dos equipamentos nocionais e circuitos de resfriamento do navio inteiramente elétrico virtual.

As taxas de transferência de calor coletado/rejeitado por fluido interno ou externo (i.e., água doce ou do mar)

$$\dot{Q}_{conv,i} = \sum_{j=e,w,t,b,n,s} \dot{G}_{adv,j,i}$$

para a Eq. (8.2) são então calculadas para cada tipo de elemento como:

i) Elemento tipo 2 (trocador de calor)

O método da efetividade-NTU (Bejan, 1993; Kays e London, 1998) é utilizado para estimar a efetividade do trocador de calor, o qual pode ser aplicado a qualquer tipo de trocador de calor compacto (Kays e London, 1998). Assumindo um trocador de calor em contracorrente, a efetividade é dada por:

$$\varepsilon_{hx} = \frac{1-\exp\left\{-NTU\left(1-C_{\min}/C_{\max}\right)\right\}}{1-\left(1-C_{\min}/C_{\max}\right)\exp\left\{-NTU\left(1-C_{\min}/C_{\max}\right)\right\}} \tag{8.45}$$

em que $NTU = \left(UA\right)_{hx}/C_{\min}$; U e A são o coeficiente de transferência de calor global e a área de transferência de calor, respectivamente; o subscrito *hx* refere-se ao trocador de calor; $C_{\min} = \left(\dot{m}c\right)_i$ é a menor capacidade térmica entre as duas correntes (i = fluido interno ou externo) e C_{max} é a maior capacidade térmica.

Da definição de efetividade-NTU (Bejan, 1993; Kays e London, 1998) e da Eq. (8.45), a temperatura de saída do trocador de calor de água do mar é calculada por:

$$T_{sw,out} = \frac{\varepsilon_{hx}\dot{m}_{fw}c_{fw}\left(T_{fw,in}-T_{sw,in}\right)}{\dot{m}_{sw}c_{sw}} + T_{sw,in} \tag{8.46}$$

em que $\dot{m}$ e c são a vazão mássica e o calor específico, respectivamente, T é a temperatura e os subscritos *fw*, *sw*, *in* e *out* referem-se a água doce, água do mar, entrada e saída, respectivamente. Quando $\dot{m}_{sw} = 0$

(bomba desligada) em uma zona em particular, as Eqs. (8.45) e (8.46) não são usadas, é assumido que nenhum fluxo ocorre e então $\dot{Q}_{conv,i} = 0$.

Portanto, a taxa de transferência de calor líquida por meio dos fluxos de água cruzando o elemento tipo 2 é calculada por:

$$\dot{Q}_{conv,i} = \dot{m}_{fw} c_{fw} \left(T_{fw,in} - T_i\right) + \dot{m}_{sw} c_{sw} \left(T_{sw,in} - T_{sw,out}\right) \tag{8.47}$$

na qual o subscrito i se refere ao elemento tipo 2 em análise e T_i é a temperatura do elemento que é admitida igual à temperatura de saída da água doce, de acordo com a hipótese de propriedades termodinâmicas uniformes dentro do volume de controle.

ii) Elemento tipo 3 (unidade de água gelada)

A taxa de transferência de calor líquida por meio da corrente de água doce cruzando o elemento tipo 3 é calculada por:

$$\dot{Q}_{conv,i} = \dot{m}_{fw} c_{fw} \left(T_{fw,out} - T_i\right) \tag{8.48}$$

na qual o subescrito i refere-se ao elemento tipo 3 em análise e $T_{fw,out}$ é a temperatura de entrada da água doce na unidade de água gelada, que corresponde à temperatura de saída da água doce do trocador de calor de água do mar de qualquer zona do navio, conforme mostra a Fig. 8.10.

No elemento tipo 3, $\dot{Q}_{gen} \leq 0$, que é um parâmetro de projeto correspondendo à taxa de refrigeração nominal da unidade de água gelada selecionada. O sinal de igual significa a situação quando a unidade está desligada. Nessa unidade, é assumido que o calor é rejeitado para um fluxo de água externo (por exemplo, água do mar) que extrai calor do condensador.

iii) Elemento tipo 4 (componente refrigerado por água doce)

A taxa de transferência de calor líquida por meio da corrente de água doce cruzando qualquer elemento tipo 4 na zona em análise é calculada por:

$$\dot{Q}_{conv,i} = \dot{m}_{fw} c_{fw} \left(T_{cw,out} - T_i \right) \quad (8.49)$$

na qual o subescrito i refere-se ao elemento tipo 4 em análise e $T_{cw,out}$ é a temperatura de saída do fluido da unidade de água gelada de qualquer zona do navio, conforme mostra a Fig. 8.10.

Alguns componentes podem possuir sistemas de resfriamento dedicados, o qual pode ser um sistema de refrigeração ou um trocador de calor secundário. No caso de um sistema de refrigeração dedicado, o calor é extraído da carga por meio de um evaporador. A taxa de transferência de calor que é rejeitado no condensador dentro do elemento é dada por:

$$\dot{Q}_{gen} = \frac{1+\eta}{\eta} \dot{Q}_{evap,DCS} \quad (8.50)$$

em que $\dot{Q}_{evap,DCS}$ é um parâmetro de projeto correspondente à taxa nominal de refrigeração da unidade que foi selecionada para refrigerar a carga localmente, que é projetada para se ajustar à taxa de geração de calor do componente, e h é a eficiência térmica nominal da unidade (ou coeficiente de performance – COP).

No caso de um trocador de calor secundário, $\dot{Q}_{gen}$ é assumido como sendo a taxa de geração de calor do componente.

iv) Elemento tipo 5 (componente refrigerado por água do mar auxiliar)
A taxa de transferência de calor líquida por meio da corrente de água do mar auxiliar cruzando qualquer elemento tipo 5 na zona em análise é calculada por:

$$\dot{Q}_{conv,i} = \dot{m}_{asw} c_{sw} \left(T_{sw,in} - T_i \right) \quad (8.51)$$

Em que o subscrito i refere-se ao elemento tipo 5 em análise e $T_{sw,in}$ é a temperatura de entrada da água do mar.

v) Elemento tipo 6 (elemento fluido refrigerado por um escoamento cruzado)

Para se tratar um elemento fluido que pode ser cruzado por um escoamento de fluido refrigerante (p.ex., fluxo de ar externo induzido por um ventilador), um subtipo de EV adicional é definido com a taxa de transferência de calor líquida por convecção, $\dot{Q}_{conv,i}$, calculada como:

$$\dot{Q}_{conv,i} = \dot{m}_i c_{p,f}\left(T_{in} - T_i\right) \tag{8.52}$$

em que $\dot{m}_i = \rho_f v_i A_i$, $c_{p,f}$ é o calor específico a pressão constante para um gás (p.ex., ar) ou simplesmente o calor específico para um líquido refrigerante, ρ_f é a densidade do fluido refrigerante, v_i é a velocidade com que o fluido refrigerante cruza a face do EV i, A_i é a área lateral da face do EV que é cruzada pelo escoamento e T_{in} é a temperatura com que o fluido entra no EV i. Para o EV localizado na parede (contorno do domínio) que contém a entrada do fluido refrigerante, T_{in} é a temperatura de entrada do fluido refrigerante, i.e., a temperatura do ar externo.

A velocidade com que o fluido refrigerante cruza a face do EV i é estimada por:

$$v_i = \frac{\dot{m}_{fan}}{\rho_f A_{free}} \tag{8.53}$$

na Eq. (8.53), $\dot{m}_{fan}$ é um parâmetro conhecido, baseado na especificação do ventilador, ou medido diretamente no orifício de saída onde o ventilador está instalado, e A_{free} é a área total da seção transversal livre da geometria em estudo. Portanto, existe um fluxo de refrigerante ao redor dos equipamentos dentro do sistema e, v_i, para cada EV com ar, é estimado, baseado nas propriedades do fluido e na seção transversal do EV i. A conservação de massa é satisfeita de tal maneira que a taxa de entrada de massa de fluido refrigerante no sistema é a mesma que sai.

8.4. MÉTODO NUMÉRICO

Para o primeiro exemplo de aplicação do MEV, i.e., o trocador de calor regenerador, as Eqs. (8.10), (8.19) e (8.25) formam um sistema de 3n EDO e 3n incógnitas para ser integrado no tempo, para obter $T_j(t), T_{g,j}(t)$ e $T_{r,j}(t)$, a partir das condições iniciais conhecidas $T_{j,0}, T_{g,j,0}$ e $T_{r,j,0}$, para $1 \leq j \leq n$.

No segundo exemplo de aplicação do MEV (PEBB e navio elétrico), o modelo matemático produz um sistema de n (número total de EV) EDO com o tempo como variável independente, juntamente com as condições iniciais, para a incógnita T_i, i.e., a temperatura de cada EV. Uma vez que a temperatura de cada elemento é conhecida, a umidade relativa é calculada diretamente via pós-processamento.

Para obtenção da resposta dinâmica, o sistema de equações é integrado no tempo, a partir de uma condição inicial dada, explicitamente usando um método de Runge-Kutta-Fehlberg de 4ª/5ª ordem (Kincaid e Cheney, 1991) de passo adaptativo controlando o erro de truncamento local (ETL), tal que $ETL \leq 10^{-4}$. Para determinar o tempo necessário para atingir o regime permanente, t_{regime}, é adotada a condição em que a norma da derivada em relação ao tempo do vetor com todas as variáveis sendo integradas seja menor que uma tolerância preestabelecida, i.e.,

$$\left\| \frac{\partial \vec{T}}{\partial t} \right\| \leq 10^{-3} \text{ neste estudo.}$$

Se não há interesse na solução transiente, o sistema é resolvido diretamente para a solução em estado estacionário. O termo da derivada em relação ao tempo do sistema de equações diferenciais ordinárias é igualado a zero e um sistema de n equações algébricas não lineares é obtido. Nesse caso, as incógnitas são as temperaturas do estado estacionário no centro de cada EV ou subsistema do EV. O sistema de equações algébricas não lineares é resolvido usando-se um método de Newton-Raphson. O sistema de equações é linearizado com respeito à temperatura no centro da célula. Os métodos foram programados com o uso da linguagem Fortran.

A convergência dos resultados numéricos foi verificada por refinamentos sucessivos de malha (Editorial Board, 1994) e pela monitoração da variação da norma euclidiana da solução numérica em todo o domínio computacional. Contudo, a norma máxima (ou norma infinita) pode também ser usada para reduzir o esforço computacional. Os resultados de uma malha menos refinada (malha 1) são comparados com os resultados de uma malha mais refinada (malha 2), e os refinamentos param quando o critério do erro relativo do refinamento de malha, $\varepsilon_{malha,i}$, for satisfeito, então a malha 1 é selecionada como a malha convergida, como:

$$\varepsilon_{malha,i} = \frac{\left| \left\| \mathrm{var}_i \right\|_{malha1} - \left\| \mathrm{var}_i \right\|_{malha2} \right|}{\left\| \mathrm{var}_i \right\|_{malha1}} \leq 0{,}01 \qquad (8.54)$$

em que var_i representa cada uma das incógnitas do problema em análise, i.e., as temperaturas calculadas nos exemplos deste estudo.

8.5. RESULTADOS E DISCUSSÃO

8.5.1. Trocador de calor regenerador

As condições iniciais utilizadas nas simulações foram $T_{j,0} = T_{g,j,0} = T_{r,j,0} = 293{,}15$ K, para $1 \leq j \leq n$. Os parâmetros geométricos, de operação e numéricos empregados neste estudo para simular o sistema das Figs. 8.6 e 8.7 foram: n = 20 para a malha convergida segundo o critério da Eq. (8.54); L = 1 m; $d_t = 0{,}05$ m; $d_{t,\mathrm{int}} = 0{,}046$ m; $D = 0{,}1$ m; $d_{ar} = 0{,}002$ m; $D_p = 0{,}12$ m; $\rho = 1{,}165$ kg m^{-3}; $\rho_g = 2707$ kg m^{-3}; $\rho_r = 1000$ kg m^{-3}; $c_g = 896$ J kg K^{-1}; $\dot{m} = 0{,}1$ kg s^{-1}; $\dot{m}_r = 0{,}01$ kg s^{-1}; $c_p = 1000$ J kg K^{-1}; $c_v = 713$ J kg K^{-1}; $c_{vr} = c_{pr} = 4180$ J kg K^{-1} (líquido); $k_g = 204$ W m^{-1} K^{-1}; $k_p = 1$ W m^{-1} K^{-1}; $h_g = h_t = 100$ W m^{-2} K^{-1}; $h_{ext} = 5$ W m^{-2} K^{-1}; $T_\infty = 298{,}15$ K; $T_E = 373{,}15$ K e $T_{r,E} = 293{,}15$ K.

A Fig. 8.11 mostra o efeito da variação da porosidade do regenerador na distribuição de temperatura em regime permanente ao longo do percurso dos fluidos no trocador de calor regenerador que opera em contracorrente. Na Fig. 8.11A, com $\phi = 0,95$, i.e., com pouca massa de grade no espaço quente da Fig. 8.7, o contato térmico não é bom e, em consequência, as curvas estão afastadas e o fluido interno aquece pouco, caracterizando um baixo valor de efetividade, calculada pela Eq. (8.28), i.e., $\varepsilon = 0,27$. As Figs. 8.11A $(\phi = 0,5;\ \varepsilon = 0,956)$ e 8.11C $(\phi = 0,2;\ \varepsilon = 0,965)$ mostram que a efetividade é maior quando a porosidade é menor (mais massa metálica), uma vez que, quanto mais massa metálica, mais área de transferência de calor resulta entre os sistemas 2 e 3, conforme é esperado fisicamente. O tempo para atingir o regime permanente apresentou tendência inversa, i.e., aumenta à medida que a massa metálica aumenta (porosidade diminui) por causa do aumento da inércia térmica, i.e.: Figs. 8.11A $(\phi = 0,95;\ t_{reg} = 330\ \text{s})$, 8.11B $(\phi = 0,5;\ t_{reg} = 930\ \text{s})$ e 8.11C $(\phi = 0,2;\ t_{reg} = 1650\ \text{s})$. Essas tendências opostas devem ser balanceadas no projeto do trocador de calor regenerador, de acordo com a aplicação. Por último, como exemplo de aplicação prática do modelo, analisando a Fig. 8.11C, verifica-se que se o trocador de calor fosse reduzido em comprimento (p.ex., 0,2 m) o fluido interno seria aquecido praticamente ao mesmo nível, i.e., a efetividade seria praticamente a mesma, o que resultaria em economia de material e também na possibilidade de redução de tamanho do sistema.

Para estudar como a porosidade afeta a efetividade quando a disponibilidade de vazão mássica de fluido quente varia, define-se uma variação da vazão mássica segundo uma função periódica, i.e.,

$$\dot{m} = \frac{\dot{m}_{max}}{2}\cos\left(\frac{t}{60}\right) + \frac{\dot{m}_{max}}{2}$$

Neste estudo, a simulação foi conduzida até $t = 1000$ s. Os resultados para o primeiro EV do sistema são mostrados nas Figs. 8.12A $(\phi = 0,95)$ e 8.12B $(\phi = 0,5)$. Quando a porosidade diminui, i.e., com maior massa metálica, a inércia térmica do sistema aumenta, e as curvas de temperaturas se aproximam, o que caracteriza o efeito esperado de um sistema regenerador, i.e., o de permitir a operação continuada do trocador de calor mesmo com variações no suprimento de fluido quente. A resposta térmica do regenerador é mais robusta à medida que a porosidade diminui.

8.5.2. Gerenciamento térmico de eletrônica de potência

O comportamento do PEBB mostrado na Fig. 8.8 foi estudado experimental e numericamente por Dilay et al. (2013). As medições experimentais foram usadas para experimentalmente validar os resultados numéricos obtidos com o modelo matemático apresentado anteriormente, usando dois diferentes conjuntos de dados obtidos pelo PEBB mostrado na Fig. 8.8 para dois diferentes ajustes de potência. O procedimento consistiu em resolver o problema inverso de estimativa de parâmetros para verificar e ajustar densidades equivalentes estimadas, calores específicos, superfícies de transferência de calor, ou condutividades térmicas para os componentes, ajustando modelo matemático usando um conjunto de dados do ajuste de potência, i.e., 4,8 kW. A seguir, as condições correspondentes a outro conjunto de dados experimentais, i.e., 11,12 kW, foram computacionalmente simuladas com o modelo ajustado para verificar a concordância entre os resultados numéricos e experimentais, a fim de validar experimentalmente o modelo matemático.

8.5.2.1. Ajuste do modelo PEBB

Um código computacional foi escrito em linguagem Fortran baseado no método numérico descrito anteriormente para obter solução do modelo matemático apresentado, i.e., as temperaturas do ar interno e dos componentes do PEBB. Os parâmetros de entrada são a geometria do PEBB, a geração de calor dos componentes e as propriedades físicas. A geometria e várias propriedades físicas foram medidas diretamente do protótipo do PEBB, e são listadas nas Tabelas 8.3 a 8.6. A condição inicial do PEBB para as simulações foi de temperatura igual a 296,3 K em todo o domínio computacional, em um ambiente externo mantido a 296 K.

Uma malha foi construída para representar o domínio computacional para a simulação do sistema PEBB da Fig. 8.8. A malha con-

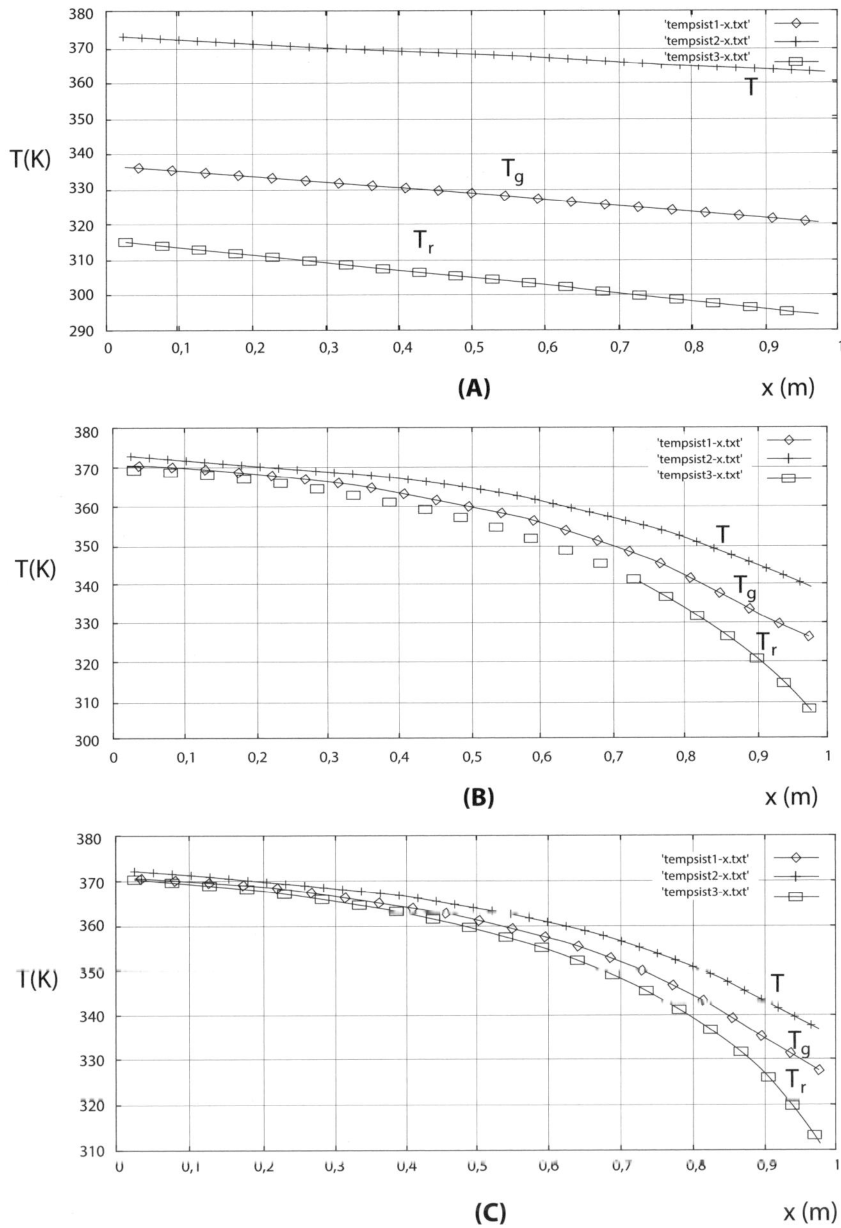

Figura 8.11 Efeito da porosidade na distribuição de temperatura no regenerador para: (A) $\phi = 0{,}95$; (B) $\phi = 0{,}5$ e (C) $\phi = 0{,}2$.

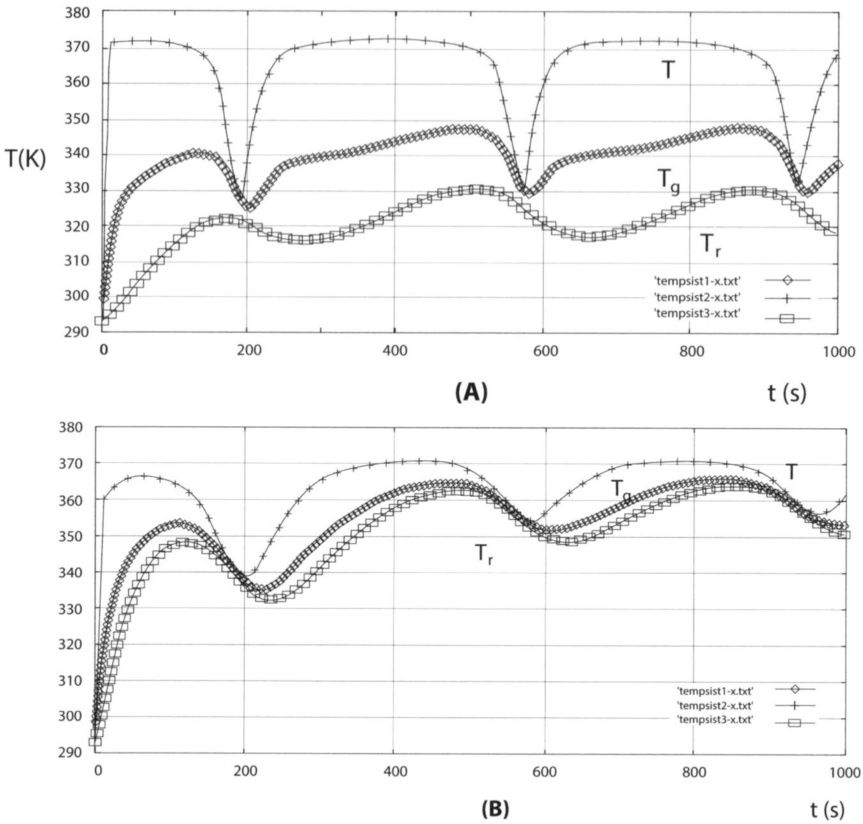

Figura 8.12 Temperaturas em função do tempo no primeiro EV do regenerador quando a vazão mássica de fluido quente é modelada como uma função periódica: **(A)** $\phi = 0{,}95$ e **(B)** $\phi = 0{,}5$.

vergida segundo a Eq. (8.54) apresentou 2.000 elementos, ou seja, um número baixo o suficiente para ser classificada como esparsa, considerando que se trata de um problema tridimensional. A Tabela 8.3 mostra as dimensões do sistema e o número de divisões resultante da malha em cada uma das três direções espaciais.

A informação da composição de todos os equipamentos listada na Tabela 8.4 é usada para estimar densidades, calores específicos e condutividades térmicas equivalentes, e relação de superfície de transferência de calor. Esse ajuste é necessário para implementar a opção pela alternativa 1 do MEV para tratar elementos mistos, i.e., como uma mistura homogênea de entidades (substâncias), calculando propriedades uniformes para o EV. São, portanto, definidas as seguintes equivalências:

$$\rho_{eq} = \frac{\mathrm{V_R}}{\mathrm{V_m}} \rho_R \, ; \; c_{eq} = \frac{\sum_{i=1}^{n} \mathrm{m_i} c_i}{\mathrm{m_{co}}} \, ; \; k_{eq} = \left(\frac{\mathrm{V_R}}{\mathrm{V_m}} \right)^{1/3} k_R \, ; \; \gamma = \frac{\mathrm{S_R}}{\mathrm{S_m}} \tag{8.55}$$

em que ρ_R é a média ponderada da densidade das substâncias contidas no EV; V_R/V_m é a relação entre o volume real do componente e o volume ocupado na malha; m_i é a massa do material i no componente, o qual é composto por n tipos de material; m_{co} é a massa do componente; k_R é a média ponderada da condutividade térmica das substâncias contidas no EV e $\gamma = S_R/S_m$ é a relação entre a superfície real de troca térmica do componente e a superfície de troca térmica na malha.

O ajuste do modelo foi feito com o valor de potência do PEBB em 4,8 kW. O procedimento de ajuste do modelo consiste em resolver o IPPE (Minkowycz et al., 2006) usando o modelo matemático, i.e., tornando uma variável em um parâmetro, e vice-versa. Para isso, o que era originalmente uma variável é imposto ao modelo como um parâmetro de entrada. Neste estudo, as variáveis avaliadas no experimento foram as temperaturas medidas no protótipo do PEBB.

O procedimento inicia-se selecionando os parâmetros para se tornarem variáveis a serem determinadas pelo problema inverso. De acordo com a Eq. (8.55), densidades equivalentes, calores específicos, e condutividades térmicas podem ser estimadas apropriadamente. No entanto, relações de superfícies de transferência de calor, γ, podem ser obtidas, mas a incerteza em medições diretas é alta. Portanto, as cinco relações de superfície de transferência de calor foram os parâmetros selecionados para serem ajustados pelo IPPE. A solução numérica do IPPE foi obtida em regime estacionário com ajuste de potência em 4,8 kW, e cinco temperaturas médias medidas em cada componente foram usadas como entrada no modelo matemático, que calculou cinco relações de superfície de transferência de calor, usando como estimativa inicial os valores estimados por medições diretas. O tempo computacional necessário para se atingir o estado estacionário foi próximo de 1500 s em todos os casos. Como resultado, usando os valores de γ calculados, as cinco temperaturas médias previstas pelo modelo matemático ajustaram-se aos valores medidos. Os resultados são mostrados na Tabela 8.7, que também mostra os valores da razão entre volumes verdadeiros e de malha requeridos pela Eq. (8.55).

Tabela 8.3 Malha convergida

Malha	Direção		
	L_x	L_y	L_z
Dimensão (m)	0,91	0,47	0,67
Número de EV	20	10	10

Tabela 8.4 Propriedades físicas dos equipamentos

Componente	Quantidade	Volume (m^3)	Massa (kg)	Área (m^2)	Material
Dissipador	1	0,00204	5,526	0,735	100% Al
Fusível CA	3	3,0e-5	0,108	0,0059	Liga Sn
Fusível CC	2	3,7e-5	0,108	0,0068	Liga Sn
Capacitor	6	0,00099	1,748	0,0615	60% Al, 10% PVC, 30% ar
Indutor	1	0,00512	14,00	0,1581	60% Cu, 40% Fe

Tabela 8.5 Dimensões e posições dos equipamentos

Equipamento	Posição (m)			Dimensão (m)		
	x	y	z	L_x	L_y	L_z
Dissipador	0,3	0,2	0,35	0,3	0,2	0,2
Fusível CA	0,7	0,2	0,35	0,08	0,05	0,05
Fusível CC	0,1	0,2	0,35	0,08	0,05	0,05
Capacitor	0,3	0,2	0,05	0,4	0,3	0,2
Indutor	0,7	0,2	0,35	0,1	0,05	0,05

Tabela 8.6 Geração de calor dos componentes

Componente	Teste 1 (200 V; 24 A; 4,8 kW) $\dot{Q}_{gen}$	Teste 2 (279 V; 40 A; 11,12 kW) $\dot{Q}_{gen}$
Dissipador	130	182
Fusível CA	8,7	11,5
Fusível CC	3	7,7
Capacitor	0	0
Indutor	23	60
Total	164,7	261,2

Tabela 8.7 Valores de correção de volume e superfície de transferência de calor

Componente	Quantidade de EV	$\frac{V_R}{V_m}$	γ (IPPE)
Dissipador	90	0,755	1,940
Fusível CA	3	0,472	0,410
Fusível CC	2	0,566	0,437
Capacitor	96	1,417	0,882
Indutor	16	1,417	1,248

8.5.2.2. Validação experimental do modelo PEBB

Após realizar o ajuste do modelo, o próximo passo foi a sua validação experimental, que foi feita com um valor de potência no PEBB de 11,12 kW. Os valores calculados de γ foram utilizados como entrada no modelo matemático com o objetivo de se obter numericamente a distribuição de temperatura interna do PEBB. A temperatura inicial do PEBB para as simulações foi de 296,3 K, em um ambiente externo mantido a 296 K.

Para se investigar a precisão das previsões numéricas do modelo ajustado em comparação com os dados coletados pelo PEBB com ajuste de 11,12 kW, as Figs. 8.13 e 8.14 mostram resultados simulados e experimentais para as temperaturas médias dos dois componentes que mais geram calor no sistema, i.e., o conjunto dissipador/tiristores e o indutor. Nos resultados experimentais, as incertezas foram calculadas de acordo com o maior valor observado de U_T/T durante a evolução de regime transiente para estacionário das medições para calcular as barras de erro mostradas em todos os pontos experimentais, de acordo com metodologia descrita por Dilay et al. (2013).

Na Fig. 8.13, é mostrado que a temperatura simulada do conjunto dissipador/tiristores fica dentro das barras de erro para o regime

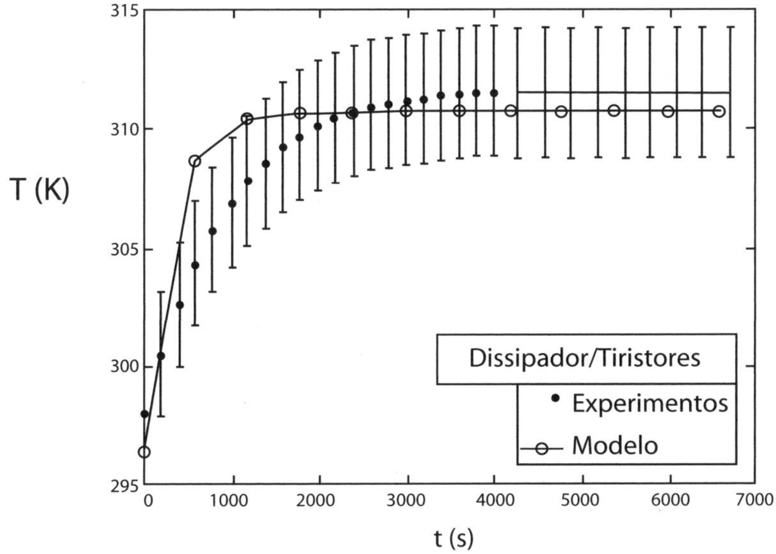

Figura 8.13 Temperatura do conjunto dissipador/tiristores.

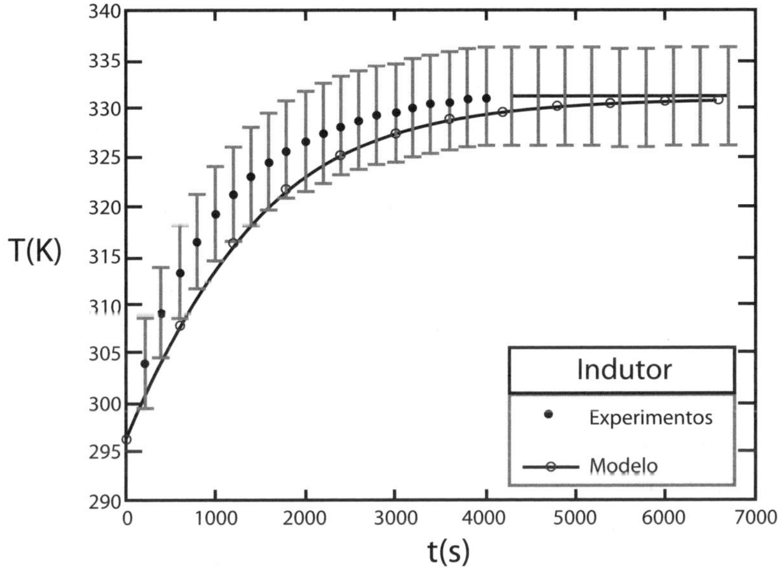

Figura 8.14 Temperatura do indutor.

estacionário e desenvolve-se em uma taxa maior no regime transiente, mas a maior parte permanece dentro da margem de erro. Isso ocorre provavelmente por causa de uma pequena subestimação da inércia total (massa) do conjunto dissipador/tiristores. Um fenômeno similar foi observado no indutor, como o resultado da Fig. 8.14 mostra, o que indica que a inércia do indutor foi superestimada. Como esses dois componentes são os que mais geram calor no PEBB, entende-se que a as curvas simuladas e experimentais apresentam boa concordância qualitativa e quantitativa, principalmente se a análise tiver maior interesse nas condições de estado estacionário.

As temperaturas simuladas e experimentais para o ar interno em três diferentes localizações no PEBB são mostradas nas Figs. 8.15 a 8.17. Todos os valores de temperatura previstos ficam dentro das barras de erro durante a evolução do regime transiente até o regime permanente nas três localizações. Portanto, esses resultados testam e validam a hipótese assumida para escrever a Eq. (8.52) que prevê a taxa extraída de transferência de calor pelo ar movido através do ventilador que flui através do PEBB, i.e., um campo de velocidades aproximado utilizado pelo MEV é capaz de permitir que um modelo matemático simplificado produza resultados precisos para o campo de temperaturas.

Finalmente, como um exemplo de aplicação do modelo em uma simulação transiente, uma análise é conduzida numericamente com o modelo. A Fig. 8.18 mostra a resposta térmica transiente do PEBB quando a geração total de calor muda de $\dot{Q}_{gen,tot} = 164{,}7$ W para $\dot{Q}_{gen,tot} = 261{,}2\ W$, então volta para $\dot{Q}_{gen,tot} = 164{,}7$ W, e finalmente sobe para $\dot{Q}_{gen,tot} = 391{,}8$ W, que é uma carga 50% maior que $\dot{Q}_{gen,tot} = 261{,}2\ W$.

O tempo total de simulação foi perto de 20.000 s. Além da informação do tempo requerido para atingir a nova condição de estado estacionário, os resultados demonstram que a temperatura dos componentes varia significativamente de um modo de aquecimento para

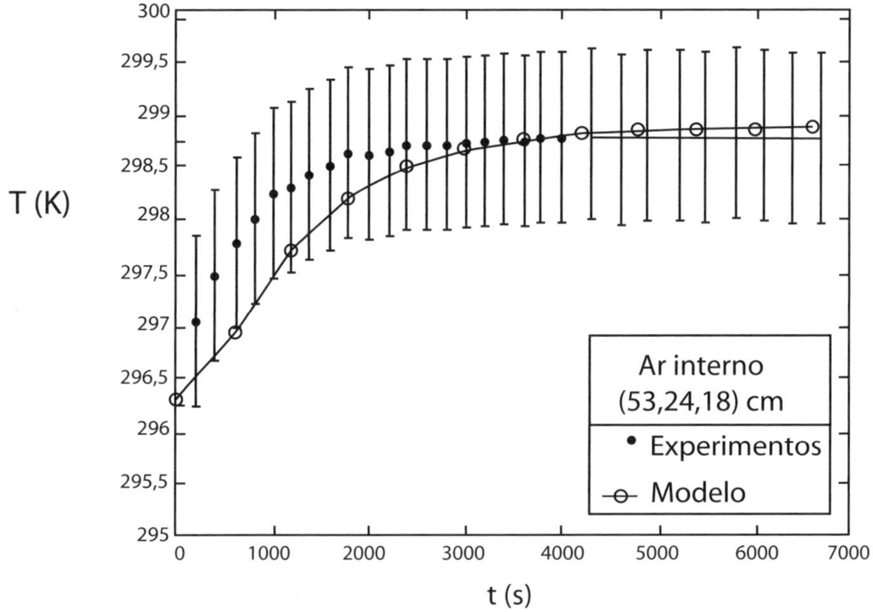

Figura 8.15 Temperatura do ar interno na posição (53, 24, 18) cm.

outro, um efeito que se torna cada vez mais importante à medida que a geração total de calor aumenta, ao passo que a temperatura interna média do ar varia apenas levemente para todos os modos de aquecimento. Isso é explicado pelo fato de que o ar tem uma condutividade térmica baixa e, portanto, um contato térmico pobre com os componentes. Hoje, esse efeito é comumente não observado pela indústria de acondicionamento de eletrônicos que usualmente especifica condições de operação baseadas somente na temperatura média do ar interno. Portanto, a despeito da baixa temperatura média do ar interno, esse procedimento pode levar à falha do componente à medida que a geração total de calor aumenta, como a Figura 8.18 demonstra.

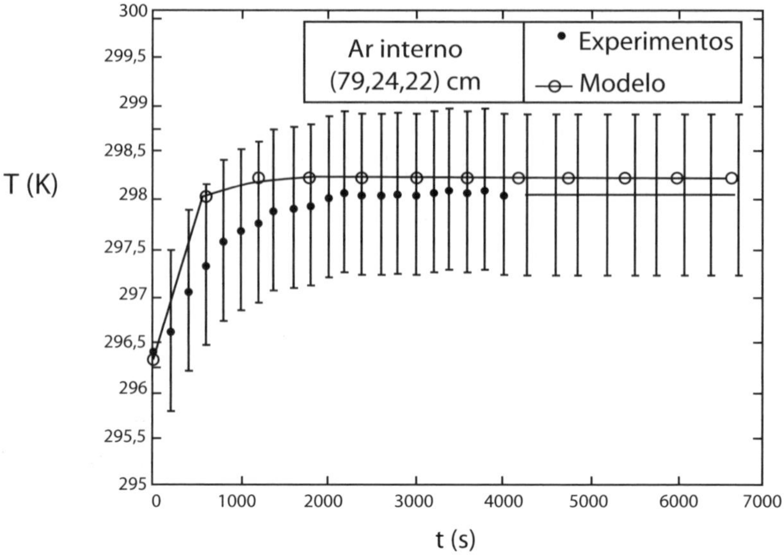

Figura 8.16 Temperatura do ar interno na posição (79, 24, 22) cm.

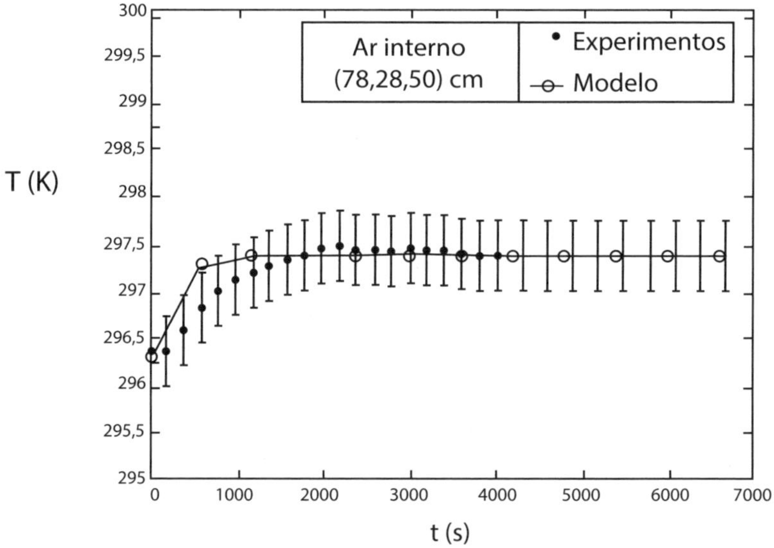

Figura 8.17 Temperatura do ar interno na posição (78, 28, 50) cm.

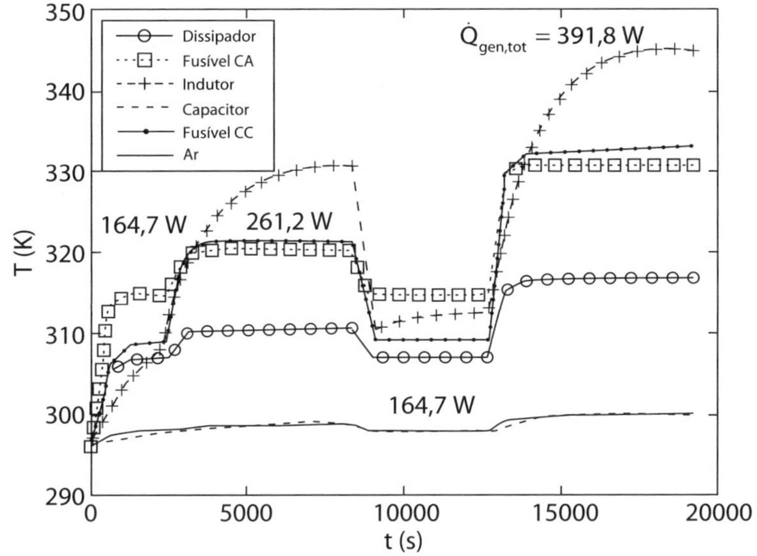

Figura 8.18 Efeito da variação temporal da geração total de calor na resposta térmica do sistema PEBB.

8.5.3. Gerenciamento térmico de navio inteiramente elétrico

Uma vez que o modelo matemático de gerenciamento térmico foi validado experimentalmente para o sistema PEBB espera-se que seus resultados sejam confiáveis para a análise de sistemas similares. Portanto, o modelo é utilizado nesta seção para simular o comportamento térmico de um navio inteiramente elétrico. Para acessar conceitualmente a distribuição de temperatura no interior do navio virtual, a arquitetura inteiramente elétrica, baseada em MVDC, apresentada na Fig. 8.10 foi utilizada. Em lugar de usar as cargas pequenas e médias individualmente de um banco de dados (Amy, 2008), todas foram agrupadas em suas respectivas zonas com uma estimativa de valor total. Além das cargas pequenas e médias, todas as cargas grandes do navio mostradas na Fig. 8.10 foram levadas em consideração individualmente para as simulações.

8.5.3.1. Geração de malha

A malha necessária para se conduzir as simulações numéricas com o modelo proposto foi gerada com uma técnica que consiste de três etapas: i) geração de uma malha com blocos hexaédricos envolvendo a totalidade do sistema em análise; ii) definição da fronteira do domínio computacional (p.ex., casco do navio elétrico) via traçado e rastreamento de raios (*ray tracing*), e iii) inserção de equipamentos. As etapas i) e ii) são realizadas a partir de um arquivo STL (*standard transform language* ou *stereo lithography*) produzido por um desenho com auxílio do computador (CAD). A técnica foi proposta e descrita em detalhe por Dilay et al. (2012) e apresentada de forma sumária pelo diagrama esquemático da Fig. 8.19, que mostra os passos em sequência.

O navio foi dividido em pequenos compartimentos – EV – e os equipamentos foram colocados em um ou mais elementos da malha de acordo com as dimensões verdadeiras. O procedimento inicia-se com as coordenadas x, y e z de um equipamento em particular, listado nos dados nocionais (Amy, 2008), o qual é comparado com o ponto médio das coordenadas de todos os elementos da malha para se determinar em quais elementos o equipamento deve ser alocado.

A discretização usada segue o sistema de coordenadas padrão da marinha dos EUA mostrado na Fig. 8.20. O número de divisões da malha resulta do procedimento de refinamento de acordo com o critério da Eq. (8.54). Portanto, o número de pisos (*decks*) e outras divisões mostradas na Fig. 8.20 são apenas uma representação esquemática.

A distribuição espacial das peças de equipamento dentro do navio está listada na Tabela 8.8. Localizações e dimensões dos equipamentos foram arbitradas para conduzir as simulações. No entanto, a localização e o tamanho dos equipamentos podem ser facilmente mudados nos dados de entrada de acordo com qualquer projeto mecânico de navio virtual.

No exemplo em análise neste capítulo, a malha convergida (cuja solução não mais depende da malha) tem um total de 7725 elementos. Esse resultado pode ser considerado como uma malha esparsa, tendo em vista as dimensões do navio virtual inteiramente elétrico que são mostradas na Tabela 8.9, juntamente com as informações da malha convergida.

8.5.3.2. Condições de simulação

As condições externas consideradas nas duas simulações feitas neste trabalho são: vento frontal com velocidade de 10 m/s e temperatura do ar em 260 K (10°F) e 305 K (90°F), água do mar com temperatura de 280 K e 288 K, e irradiação solar local média de 400 W m^{-2} (faces do topo, leste e norte) e 0 W m^{-2} (faces oeste e sul). A lista de equipamentos do navio virtual e as taxas de geração de calor são mostradas na Tabela 8.8, onde também são mostrados a posição e tamanho dos equipamentos usados nas simulações.

Em ambos os cenários analisados, foi assumido que o casco do navio estava imerso a 10 m dentro da água, temperatura inicial de 288 K e umidade relativa inicial de $\varphi_{i0} = 0{,}8$ (80%).

Com respeito ao projeto térmico, trocadores de calor com água do mar (SWHX) com coeficientes globais de transferência de calor conhecidos, U [W m^{-2} K^{-1}], e áreas, A [m^2], foram alocados nas zonas 1, 2, 3-5 e 4, ou seja, *(U, A)* = (100, 100); (100, 500); (100, 1000), e (100, 100), respectivamente. Unidades de água gelada (CWU) também foram alocadas nas zonas 1, 2, 3-5 e 4, com capacidades de refrigeração conhecidas de 100, 500, 500 e 100 kW, respectivamente. Finalmente, vazões de água doce e do mar de 8, 60, 60, e 10 kg s^{-1} foram selecionadas para as zonas 1, 2, 3-5 e 4, respectivamente.

Tabela 8.8 Posições e dimensões dos equipamentos do navio inteiramente elétrico

N.	Equipamento	Zona	Geração de calor (kW)	Posição			Tamanho		
				x (m)	y (m)	z (m)	L_x (m)	L_y (m)	L_z (m)
1	SWHX_ZONA-1	1	0,0	27,0	1,7	0,2	5,0	2,0	2,0
2	CWU_ZONA-1	1	–100,0	27,0	–2,3	0,2	5,0	2,0	2,0
3	Lump2_ZONA-1	1	10,0	20,0	1,7	9,0	5,0	2,0	2,0
4	Lump3_ZONA-1	1	418,5	27,0	1,7	6,0	5,0	2,0	2,0
5	Lump1_ZONA-1	1	36,3	20,0	1,7	6,0	5,0	2,0	2,0
6	SWHX_ZONA-2	2	0,0	50,0	0,0	0,2	5,0	3,0	2,0
7	CWU_ZONA-2	2	–500,0	50,0	–6,0	0,2	5,0	2,0	2,0
8	STBD_M_DCS_ZONA-2	2	730,0	50,0	6,0	9,0	5,0	3,0	2,0
9	STBD_M_ZONA-2	2	0,0	50,0	0,0	9,0	5,0	3,0	2,0
10	Lump2_ZONA-2	2	0,0	50,0	–6,0	12,0	5,0	3,0	2,0
11	Lump3_ZONA-2	2	486,0	50,0	0,0	4,0	5,0	3,0	2,0
12	Lump1_ZONA-2	2	100,0	50,0	-6,0	4,0	5,0	3,0	2,0
13	MTG2_ZONA-2	2	720,0	50,0	-6,0	9,0	5,0	2,0	2,0
14	PCM_AC-DC_ZONA-2	2	705,0	50,0	6,0	4,0	5,0	2,0	2,0
15	PLDCS_ZONA-2	2	36,7	60,0	0,0	12,0	5,0	3,0	2,0
16	Pulse_Load_ZONA-2	2	0,0	50,0	0,0	12,0	5,0	3,0	2,0

(continua)

Tabela 8.8 Posições e dimensões dos equipamentos do navio inteiramente elétrico *(continuação)*

N.	Equipamento	Zona	Geração de calor (kW)	Posição			Tamanho		
				x (m)	y (m)	z (m)	L_x (m)	L_y (m)	L_z (m)
17	STBD_MD_DCS_ZONA-2	2	744,0	50,0	3,0	0,2	5,0	3,0	2,0
18	STBD_MD_ZONA-2	2	0,0	60,0	0,0	0,2	5,0	3,0	2,0
19	SWHX_ZONA-3-5	3	0,0	70,5	1,8	0,2	5,0	3,0	2,0
20	CWU_ZONA-3-5	3	–500,0	70,5	–4,2	0,2	5,0	2,0	2,0
21	MTG1_ZONA-3	3	720,0	100,5	–4,2	0,2	5,0	2,0	2,0
22	PCM_AC-DC-1_ZONA-3	3	705,6	93,5	7,8	9,0	5,0	3,0	2,0
23	ATG1_ZONA-3	3	0,2	93,5	1,8	9,0	5,0	3,0	2,0
24	PCM_AC-DC-2_ZONA-3	3	153,6	93,5	4,8	0,2	5,0	2,0	2,0
25	Port-Motor-Drive_ZONA-3	3	744,0	93,5	–4,2	9,0	5,0	3,0	2,0
26	Port_Motor_ZONA-3	3	730,0	93,5	–4,2	4,0	5,0	3,0	2,0
27	Lump2_ZONA-3	3	0,0	102,0	1,8	14,0	5,0	3,0	2,0
28	Lump3_ZONA-3	3	583,5	93,5	1,8	4,0	5,0	3,0	2,0
29	Lump1_ZONA-3	3	200,0	102,0	1,8	0,2	5,0	3,0	2,0
30	SWHX_ZONA-4	4	0,0	110,0	1,8	0,2	5,0	3,0	2,0
31	CWU_ZONA-4	4	–100,0	110,0	–4,2	0,2	5,0	2,0	2,0
32	PCM_AC-DC_ZONA-4	4	153,6	110,0	7,8	5,2	5,0	2,0	2,0
33	ATG2_ZONA-4	4	160,0	130,0	1,8	4,0	5,0	2,0	2,0
34	ESPCM_DC-DC_ZONA-4	4	120,0	130,0	5,8	6,0	5,0	2,0	2,0

(continua)

Tabela 8.8 Posições e dimensões dos equipamentos do navio inteiramente elétrico *(continuação)*

N.	Equipamento	Zona	Geração de calor (kW)	Posição			Tamanho		
				x (m)	y (m)	z (m)	L_x (m)	L_y (m)	L_z (m)
35	Lump3_ZONA-4	4	444,8	110,0	–4,2	11,0	5,0	3,0	2,0
36	Lump2_ZONA-4	4	0,0	120,0	7,8	8,0	5,0	3,0	2,0
37	Lump1_ZONA-4	4	50,0	120,0	–4,2	8,0	5,0	3,0	2,0
38	Radar_PCM-DC-DC-1_ZONA-5	5	60,0	65,0	1,8	14,0	3,0	2,0	2,0
39	Radar_ZONA-5	5	562,5	65,0	–2,0	17,0	3,0	2,0	2,0
40	Radar_PCM-DC-DC-2_ZONA-5	5	60,0	65,0	2,0	17,0	3,0	2,0	2,0
41	Lump3_ZONA-5	5	30,0	65,0	1,0	19,0	3,0	2,0	2,0
42	Lump2_ZONA-5	5	0,0	75,0	1,0	19,0	3,0	2,0	2,0
43	Lump1_ZONA-5	5	30,0	68,0	0,0	14,0	3,0	2,0	2,0

Tabela 8.9 Dimensões do navio virtual e tamanho da malha

Direção	Comprimento (m)	Divisões
Proa a popa	153,5	50
Bombordo a estibordo	20,6	15
Quilha até linha da água	14,62	5
Linha da água até topo da superestrutura	14,62	5

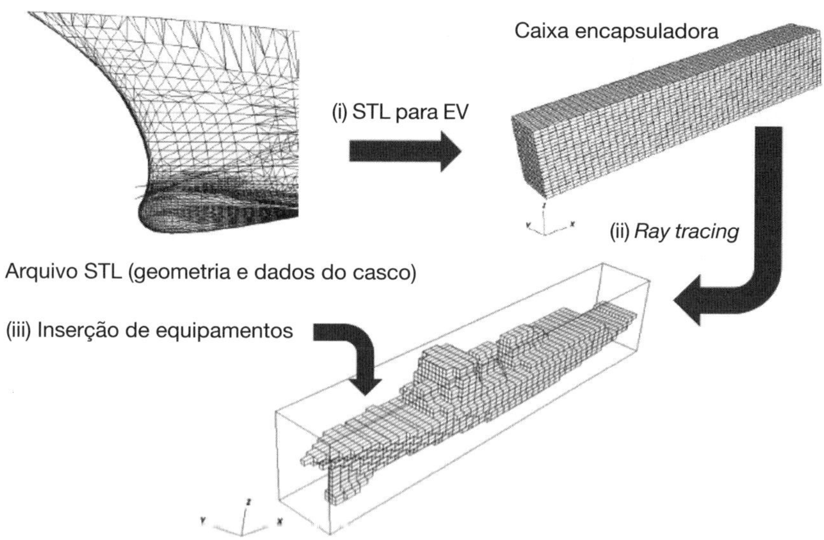

Figura 8.19 Resumo de processo de geração de malha do navio inteiramente elétrico virtual com forma externa do *destroyer* DDG-51.

Além das simulações de regime estacionário, foram realizadas neste estudo simulações em regime transiente, i.e., dinâmicas. As simulações dinâmicas foram realizadas em três condições diferentes:
i) variação da potência total instalada dentro do navio;
ii) variação da vazão de água fresca;
iii) variação da capacidade de refrigeração das CWU.

As simulações consistiram em iniciar o teste com o parâmetro em estudo a 50% do valor nominal durante 10.000 s, passar para 100% durante 10.000 s, voltar a 50% durante 10.000 s e finalmente passar o parâmetro para 150% do valor nominal durante o período suficiente para atingir o estado estacionário. Foi variado somente um parâmetro a cada teste e gerado para cada parâmetro um conjunto de resultados que representa a curva de variação de temperatura de cada equipamento do navio ao longo do tempo.

Foram selecionadas as condições com temperatura do ar exterior e da água do mar de 305 K e 288 K, respectivamente. Entre as duas condições utilizadas neste estudo, estas são as temperaturas maiores, que representam a situação de maior desafio ao gerenciamento térmico do navio, portanto, foram escolhidas para as simulações dinâmicas.

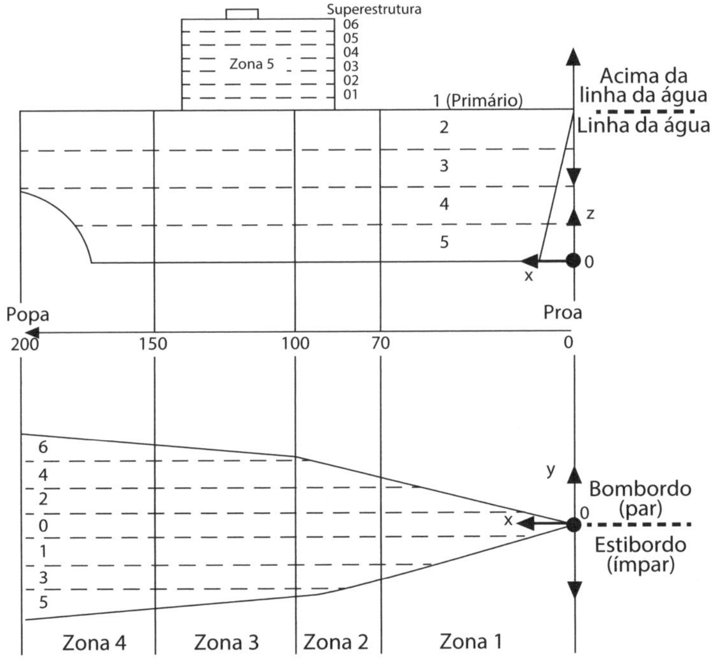

Figura 8.20 Distribuição das zonas do navio e sistema de coordenadas da marinha dos EUA.

Nos casos de estudos em regime estacionário, o tempo computacional foi entre 5 e 10 minutos para atingir a convergência, i.e., até

$$\left\|\frac{\partial \vec{T}}{\partial t}\right\| \leq 10^{-3}\text{, em que } \vec{T} = \left(T_1, T_2, \ldots, T_n\right)^T$$

é o vetor de temperaturas, no qual cada componente é a temperatura no centro de cada EV da malha. Portanto, um baixo tempo computacional foi obtido em todos os casos. Nas simulações de regime transiente, o tempo computacional atingiu até 50 minutos. O computador utilizado nas simulações possuía um processador Intel Pentium Dual-Core T2330 com 4 GB RAM, com sistema operacional Linux Fedora 19 de 64 bits.

8.5.3.3. Simulações de regime estacionário

O campo de temperatura resultante para o dia de 260 K é mostrado na Fig. 8.21. A temperatura máxima observada foi de 348 K, o que demonstra a efetividade das estratégias de resfriamento com água doce e água do mar diante das grandes taxas de geração de calor mostradas na Tabela 8.8, e mantendo a água de resfriamento abaixo do ponto de evaporação. As restrições neste modelo foram colocadas para manter a água gelada abaixo do ponto de evaporação. Essas restrições podem ser mudadas de acordo com os requisitos desejados para o projeto.

Os resultados são, adicionalmente, analisados internamente no plano médio do navio mostrado na Fig. 8.22. Como esperado, as temperaturas mais altas ocorrem nas zonas 2 e 3, nas quais as taxas de geração de calor são maiores.

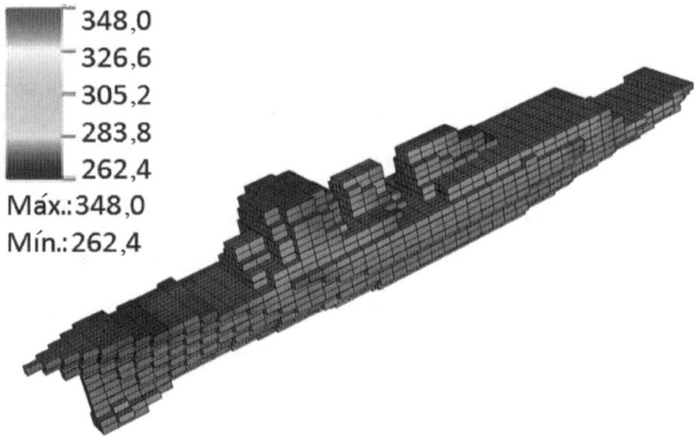

Figura 8.21 Campo de temperatura na superfície externa do navio (dia de 260 K).

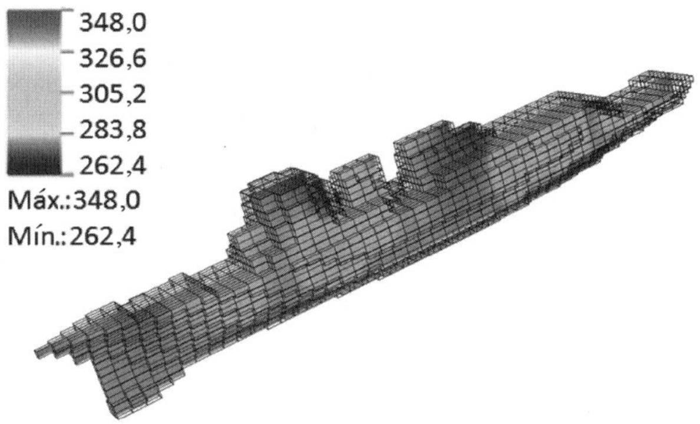

Figura 8.22 Campo de temperatura no plano médio do navio (dia de 260 K).

O campo de temperatura externo resultante para a segunda simulação em um dia de 305 K é mostrado na Fig. 8.23. A máxima temperatura dentro do navio foi 356,2 K, o que demonstra a efetividade das estratégias de resfriamento em extrair calor para fora do navio, mesmo em um dia mais quente que o previamente simulado. Para redução ainda maior de temperatura, a capacidade de resfriamento por ar condicionado deve ser aumentada. Nesta simulação, é possível notar a linha da água no casco por meio da distribuição de temperatura na superfície.

A seguir, os resultados são analisados internamente no plano médio do navio na Fig. 8.24. Novamente, as temperaturas mais altas encontram-se nas zonas 2 e 3, em que as taxas de geração de calor são maiores. A Fig. 8.25 ilustra o campo de umidade relativa resultante no plano médio do navio. É interessante notar que, com o incremento da temperatura, a umidade relativa diminui nos EV com ar, como esperado termodinamicamente. É importante conhecer o campo de umidade relativa para evitar condensação em equipamentos eletrônicos, i.e., devem ser evitadas umidades relativas altas (próximas a

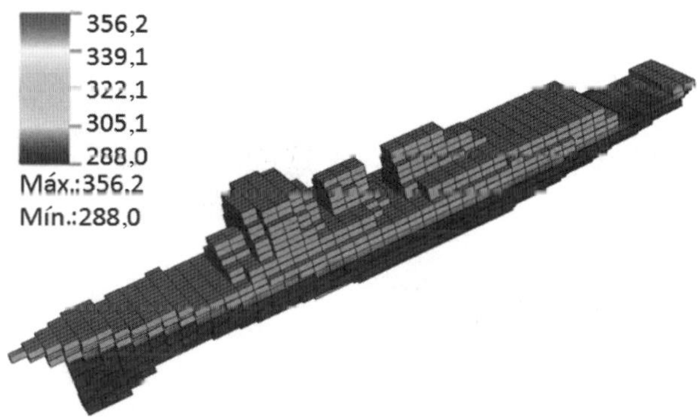

Figura 8.23 Campo de temperatura na superfície externa do navio (dia de 305 K).

100%). Além disso, nos EV sólidos, o modelo impõe o valor de umidade relativa $\varphi_i = 0$, portanto, é possível identificar onde os equipamentos sólidos estão localizados com base na distribuição de umidade relativa resultante.

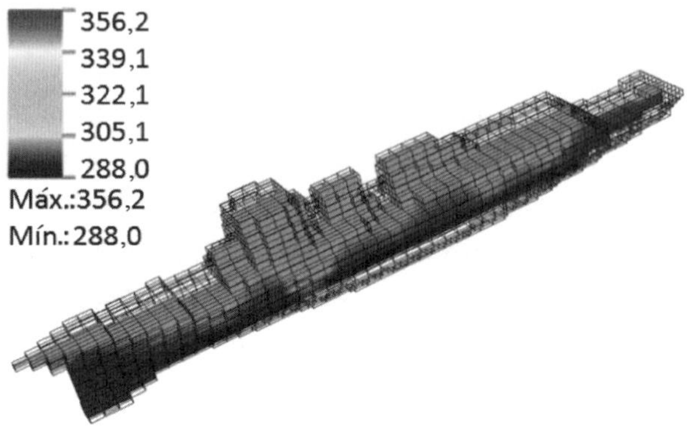

Figura 8.24 Temperatura no plano médio do navio (dia de 305 K).

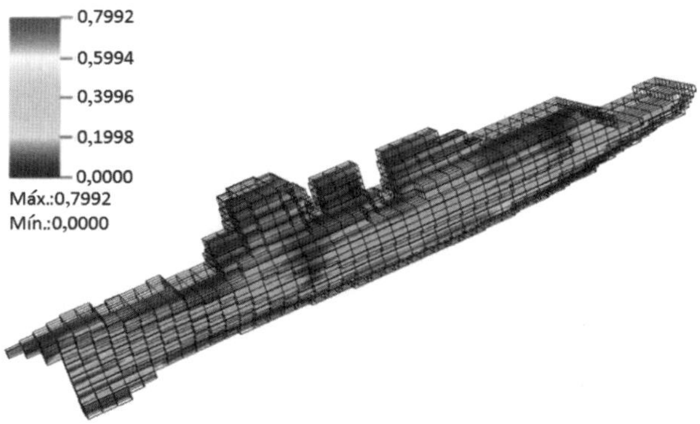

Figura 8.25 Campo de umidade relativa no plano médio do navio (dia de 305 K).

8.5.3.4. Simulação dinâmica da variação da potência total

Como exemplos de possíveis simulações dinâmicas do navio elétrico, são apresentadas as curvas de variação de temperatura ao longo do tempo de 4 equipamentos apenas, i.e.: o STBD-M-DCS zona 2, o radar da zona 5, o *drive* do motor de bordo zona 3 e o motor de bordo zona 3. Esses equipamentos apresentaram as maiores variações de temperatura na simulação e, por esse motivo, para fins de síntese e priorização, são analisados. Contudo, as curvas de temperatura para os demais 39 equipamentos estão disponíveis em todas as simulações. O tempo computacional foi de até 3.000 s para simular o tempo real de 80.000 s.

As Figs. 8.26 e 8.27 mostram as variações de temperatura ao longo do tempo em função da mudança da potência total dos equipamentos de 50%, 100%, 50% e 150% do valor originalmente listado na Tabela 8.8 em intervalos de 10.000 s, sendo que no último nível de potência aguardou-se a estabilização do sistema. Observa-se primeiramente que o tempo de estabilização da temperatura é de cerca de 20 horas, i.e., 8×10^4 segundos. Isso se deve à grande massa e consequente inércia térmica do navio. Destaca-se que os equipamentos interagem termicamente uns com os outros. Esse é um dos diferenciais do MEV. Normalmente, em simulações desse porte, as interações entre equipamentos no ambiente interno do sistema em análise não são levadas em consideração.

A Fig. 8.26A mostra a temperatura inicial do STDB-M-DCS zona 2 em 288 K subindo até 304 K. Nesse ponto, a potência foi aumentada em todo o navio, de 50% para 100% do valor nominal da Tabela 8.8, como se observa pela descontinuidade da derivada da curva. O aquecimento levou a temperatura até cerca de 330 K nos próximos 10.000 s, quando a potência voltou a 50% e a temperatura caiu até 312 K. Finalmente, a potência foi levada a 150%, e a simulação parou quando o regime estacionário foi atingido, cerca de 40.000s depois, e a temperatura estacionou um pouco acima de 370 K.

A comparação da curva da Fig. 8.26B com a Fig. 8.26A mostra que, além de as temperaturas nos picos serem maiores, a inclinação da curva é maior, o que caracteriza uma menor inércia térmica do radar da zona 5 em relação ao STDB-M-DCS zona 2.

(A)

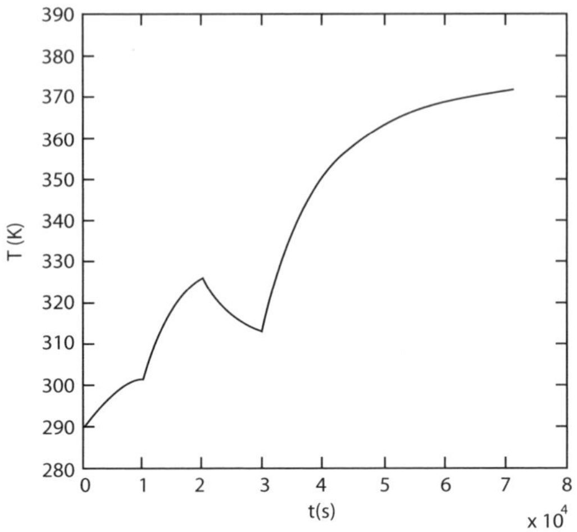

(B)

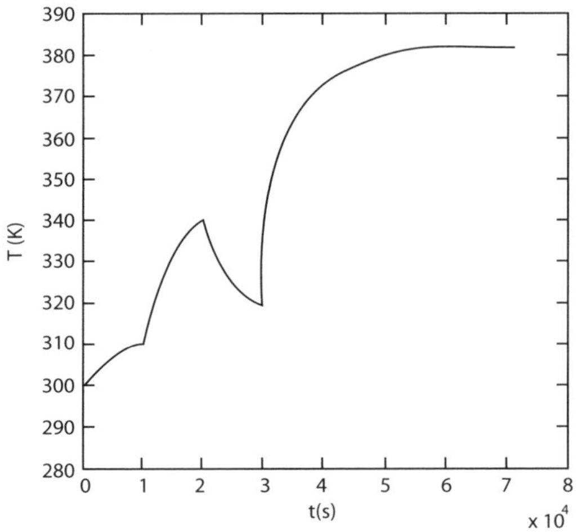

Figura 8.26 Variação de temperatura do STBD M DCS zona 2 **(A)** e do radar zona 5 **(B)**, em função da mudança da potência total dos equipamentos para 50%, 100%, 50% e 150% do valor original.

Uma análise similar à da Fig. 8.26 é feita na Fig. 8.27, na qual são mostradas as variações de temperatura do *drive* do motor de bordo na zona 3 e do motor de bordo da zona 3, respectivamente. A variação da potência dissipada de 50%, 100%, 50% e 150% resulta nas curvas de temperatura com os picos na potência em 100% e depois na potência a 150%, quando se atinge o regime estacionário na faixa de 370 K. O tempo computacional foi de 3.000 segundos.

8.5.3.5. Simulação dinâmica da variação de vazão de água de resfriamento

A variação de vazão de água fresca de resfriamento de 50%, 100%, 50% e 150% da vazão nominal em intervalos de 10.000 s produziu as curvas das Figs. 8.28 a 8.31. A Fig. 8.28 mostra que no início da simulação a temperatura do STBD-M-DCS zona 2 estava em 288 K. Nos primeiros 10.000 s de simulação, com vazão de água fresca de resfriamento a 50% da nominal, a temperatura atingiu 340 K. O aumento da vazão para 100% não foi suficiente para baixar a temperatura. Assim, ao final dos 20.000 s de simulação, a temperatura praticamente não se alterou. Novamente, a vazão voltou a 50%, e a temperatura subiu até 365 K. Com o aumento da vazão naquele momento a 150%, a temperatura baixou até 320 K.

A Fig. 8.29 mostra que o comportamento do radar é o mais sensível no navio com respeito à vazão de água de resfriamento. Esse equipamento atinge um pico de 395 K na segunda vez em que a vazão de água é reduzida a 50%. Pelo fato de o radar ter uma baixa inércia térmica, quando a vazão vai a 150%, a temperatura rapidamente cai para 335 K.

O motor de bordo da zona 3 e o seu *drive* apresentam o comportamento mostrado nas Figs. 8.30 e 8.31. O pico de temperatura para ambos os equipamentos atinge 375 K quando a vazão de água de resfriamento é reduzida a 50% pela segunda vez. Quando a vazão de água sobe a 150%, a temperatura diminui até atingir o regime estacionário na temperatura de 320 K em cerca de 40.000 s. Nessa fase, observa-se que o motor tem redução de temperatura mais abrupta que o *drive*.

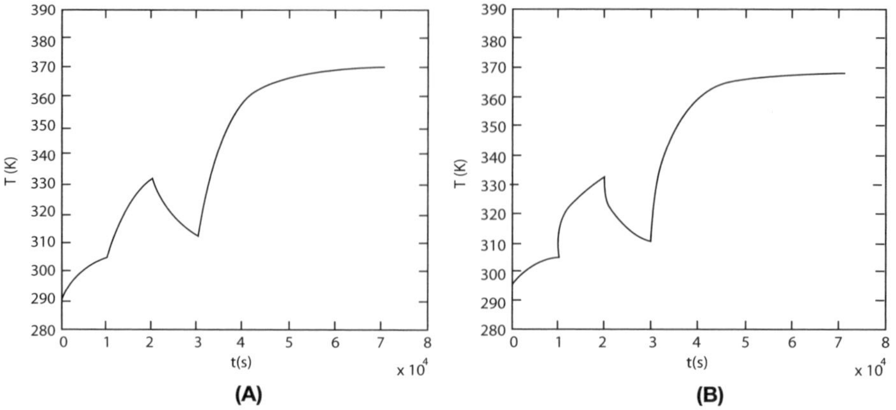

Figura 8.27 Variação de temperatura do *drive* do motor de bordo zona 3 **(A)** e do motor de bordo zona 3 **(B)**, em função da mudança da potência total dos equipamentos para 50%, 100%, 50% e 150% do valor original.

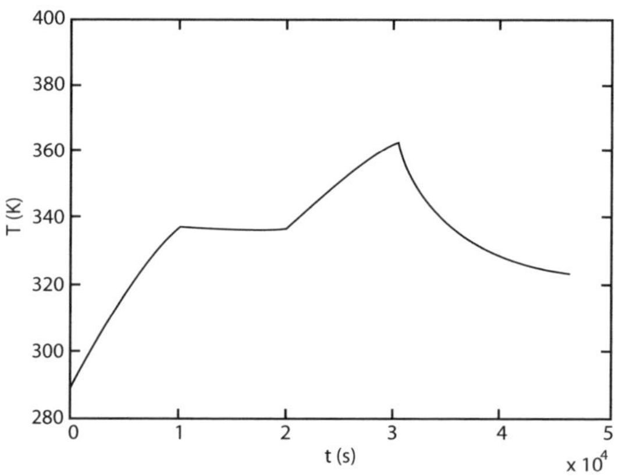

Figura 8.28 Variação de temperatura do STBD M DCS zona 2 em função da variação de vazão de água fresca de resfriamento de 50%, 100%, 50% e 150% da vazão nominal em intervalos de 10.000 s.

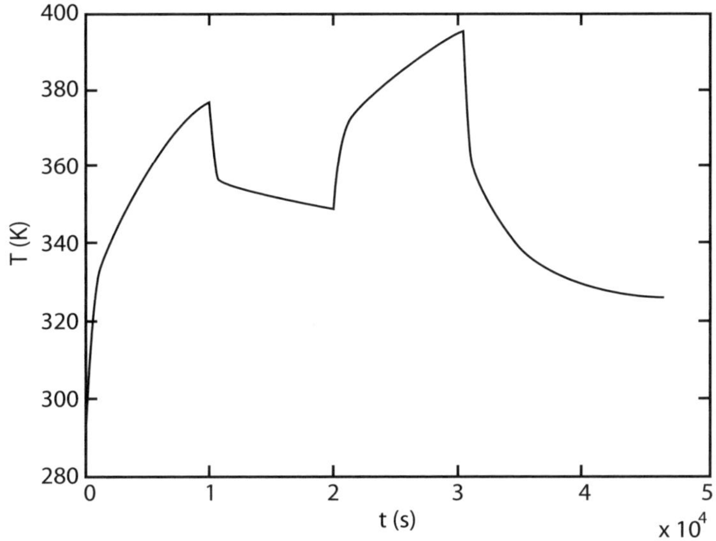

Figura 8.29 Variação de temperatura do radar zona 5 em função da variação de vazão de água fresca de resfriamento de 50%, 100%, 50% e 150% da vazão nominal em intervalos de 10.000 s.

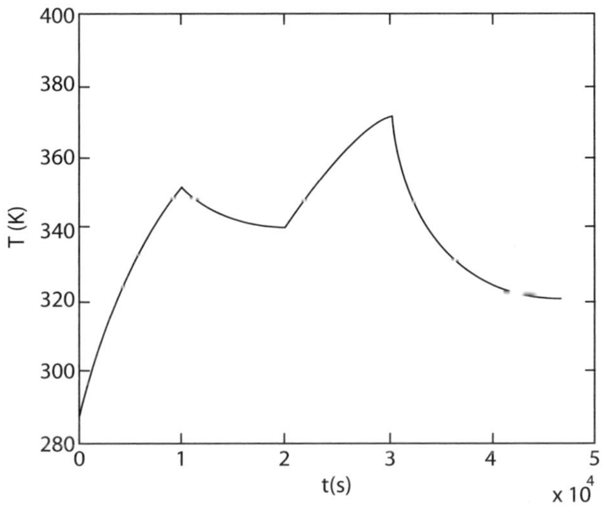

Figura 8.30 Variação de temperatura do *drive* do motor de bordo zona 3 em função da variação de vazão de água fresca de resfriamento de 50%, 100%, 50% e 150% da vazão nominal em intervalos de 10.000 s.

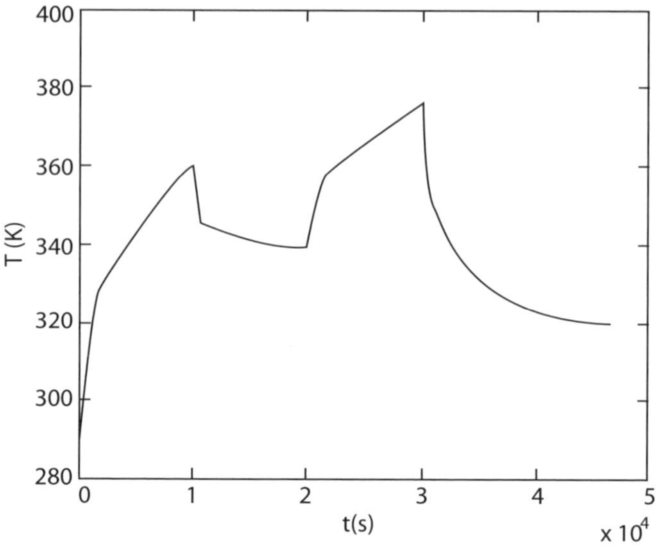

Figura 8.31 Variação de temperatura do motor de bordo zona 3 em função da variação de vazão de água fresca de resfriamento de 50%, 100%, 50% e 150% da vazão nominal em intervalos de 10.000 s.

8.6. CONCLUSÕES

Neste capítulo, um MEV foi apresentado de forma generalizada visando à modelagem matemática para engenharia de sistemas, i.e., formados por múltiplos subsistemas (cada um com suas características particulares). Os sistemas interagem entre si através de fluxos de massa e energia que também podem ser transmitidos de um subsistema para outros e ao sistema como um todo.

Como exemplos de aplicação do MEV em problemas práticos de engenharia, foram desenvolvidos modelos matemáticos para os sistemas:

i) trocador de calor regenerador;
ii) acondicionamento de eletrônicos tipo PEBB;
iii) gerenciamento térmico de navio inteiramente elétrico.

A partir da análise desses sistemas exemplos, são listadas as seguintes principais conclusões:

1) O modelo do sistema trocador de calor regenerador demonstrou como o MEV admite a coexistência de partes sólidas e fluidas, i.e., em diferentes fases dentro de um mesmo EV para a análise do sistema completo.

2) O modelo do sistema PEBB foi ajustado e validado experimentalmente.

3) Foi possível realizar uma análise paramétrica do sistema PEBB e do navio inteiramente elétrico, utilizando o modelo PEBB ajustado e validado experimentalmente.

4) Foram necessários menos de 10 minutos para análises em estado estacionário e menos de 50 minutos para regime transiente no caso de um navio inteiramente elétrico, que foi o maior sistema considerado.

5) A resposta térmica e de umidade relativa completa de um navio virtual inteiramente elétrico foi avaliada, sendo que o modelo permitiu a inclusão de circuitos de resfriamento de todas as zonas com fluidos de refrigeração.

Verifica-se, portanto, que o método permite não apenas calcular quantidades globais para cada subsistema (como nos modelos da Termodinâmica Clássica), mas também obter uma distribuição espacial e temporal dessas quantidades, i.e., de acordo com a Termodinâmica do Não-Equilíbrio. Isso é obtido dividindo cada subsistema em regiões ainda menores, chamadas de EV, que representam as regiões fundamentais (indivisíveis) e com valores uniformes no modelo. Possivelmente, a principal característica inovadora do MEV seja o fato de que dentro de um EV é possível admitir a coexistência de partes sólidas e fluidas, i.e., em diferentes fases. O objetivo é que sistemas complexos possam ser modelados, contendo subsistemas com características muito específicas, mas que ao mesmo tempo seja possível incluir todos os efeitos fenomenológicos de interesse em um modelo matemático/numérico que possa ser resolvido rapidamente, e em consequência tenha potencial para utilização eficaz em projeto, simulação, controle e otimização em engenharia de sistemas.

REFERÊNCIAS

AMY, J. **Load analysis 2007 for ESRDC3 REV2**. Electric Ship Research and Development Consortium, 2008.

BAGNOLI, P. E. et al. A thermomechanical solver for multilayer power electronic assemblies integrated into the DJOSER thermal simulator. **Journal of Electronic Packaging**, v. 133, n. 1, p. 011005, jan. 2011.

BEJAN, A. **Heat transfer**. New York: Wiley, 1993.

BEJAN, A. **Convection heat transfer**. 2. ed. New York: Wiley, 1995.

BOUKHRIS, Y.; GHARBI, L.; GHRAB-MORCOS, N. Simulating air flow, with a zonal model, for natural convection in a partitioned dwelling. **International Journal of Ventilation**, v. 7, n. 3, p. 207-219, dez. 2008.

BOUKHRIS, Y.; GHARBI, L.; GHRAB-MORCOS, N. Modeling coupled heat transfer and air flow in a partitioned building with a zonal model: application to the winter thermal comfort. **Building Simulation**, v. 2, n. 1, p. 67-74, mar. 2009.

CHURCHILL, S. W.; CHU, H. H. S. Correlating equations for laminar and turbulent free convection from a vertical plate. **International Journal of Heat and Mass Transfer**, v. 18, n. 11, p. 1323-1329, nov. 1975.

DIAS, F. G. et al. Notional all-electric ship thermal simulation and visualization. In: PROCEEDINGS OF THE 2009 IEEE ELECTRIC SHIP TECHNOLOGIES SYMPOSIUM, 2009, Baltimore. **Proceedings...** New York: IEEE, 2009.

DILAY, E. et al. A mesh generation strategy for representing hull geometry in ESRDC ship thermal simulation and visualization. In: **Proceedings of the 2012 Grand Challenges in Modeling and Simulation**. Gênova: GCMS Proceedings, 2012.

DILAY, E. et al. The experimental validation of a transient power electronic building block (PEEB) mathematical model. **Applied Thermal Engineering**, v. 60, n. 1-2, p. 411-422, out. 2013.

DUFFIE, J. A.; BECKMAN, A. A. **Solar energy thermal processes**. New York: Wiley, 1974. p. 34-37.

Editorial Board. Journal of Heat Transfer Editorial Policy Statement on Numerical Accuracy. **Journal of Heat Transfer,** v. 116, n. 4, p. 797--798, nov. 1994

FLETCHER, C. A. J. **Computational techniques for fluid dynamics**. Berlim: Springer-Verlag, 1991. v. 1.

GNANASAMBANDAM, N.; PRIMAVERA, A.; SRIHARI, K. N. The reliability prediction of electronic packages – an expert systems approach. **International Journal of Advanced Manufacturing Technology**, v. 27, n. 3, p. 381-391, nov. 2005.

HALL, A. D. **A methodology for systems engineering**. New York: Van Nostrand Reinhold, 1962.

HONOUR, E. C. INCOSE: history of the International Council on Systems Engineering. **Systems Engineering**, v. 1, n. 1, p. 4-13, jan. 1998.

KAISER, K. L. **Electromagnetic compatibility handbook**. Boca Raton: CRC Press, 2004.

KAYS, W. M.; LONDON, A. L. **Compact heat exchangers**. 3. ed. Malabar: Krieger Publishing Company, 1998.

KINCAID, D.; CHENEY, W. **Numerical analysis**. Belmont: Wadsworth, 1991.

LALL, P. et al. Prognostics and health management of electronic packaging. **IEEE Transactions on Components and Packaging Technologies**, v. 29, n. 3, p. 666-677, set. 2006.

MARTINS, L. S. et al. Thermodynamic optimization of a regenerator heat exchanger. **Applied Thermal Engineering**, v. 45-46, p. 42-51, dez. 2012.

MINKOWYCZ, W. J. et al. **Handbook of numerical heat transfer**. 2. ed. New York: Wiley, 2006.

ORDONEZ, J. C.; VARGAS, J. V. C.; HOVSAPIAN, R. Modeling and simulation of the thermal and psychrometric transient response of all-electric ships, internal compartments and cabinets. **Simulation**, v. 84, n. 8-9, p. 427-439, ago-set. 2008.

PRIGOGINE, I.; KONDEPUDI, D. **Thermodynamique**. Paris: Éditions Odile Jacob, 1999. cap. 2.

SAGE, A. P. **Systems engineering**. New York: Wiley, 1992.

SHAPIRO, B. Creating compact models of complex electronic systems: an overview and suggested use of existing model reduction and experimental system identification tools. **IEEE Transactions on Components and Packaging Technologies**, v. 26, n. 1, p. 165-172, mar. 2003.

SONG, F. et al. New approach on zonal modeling of indoor environment with mechanical ventilation. **Building and Environment**, v. 43, n. 3, p. 278-286, mar. 2008.

SONG, Z. H.; MURRAY, B. T.; SAMMAKIA, B. A compact thermal model for data center analysis using the zonal method. **Numerical Heat Transfer Part A: Applications**, v. 64, n. 5, p. 361-377, mai. 2013.

TRIVELATO, G. C. **Técnicas de modelagem e simulação de sistemas dinâmicos**. São José dos Campos: Ministério da Ciência e Tecnologia, Instituto Nacional de Pesquisas Espaciais – INPE, 2003. Disponível em: < http://mtc-m05.sid.inpe.br/col/sid.inpe.br/jeferson/2003/07.08.08.27/doc/INPE%20--%209665%20-%20NTC.pdf>.

VARGAS, J. V. C. et al. A numerical model to predict the thermal and psychrometric response of electronic packages. **Journal of Electronic Packaging**, v. 123, n. 3, p. 200-210, set. 2001.

VARGAS, J. V. C. et al. Notional all-electric ship systems integration thermal simulation and visualization. **Simulation: Transactions of the Society for Modeling and Simulation International**, v. 88, n. 9, p. 1116-1128, set. 2012.

WOODS, R. L.; LAWRENCE, K. L. **Modeling and simulation of dynamic systems**. Upper Saddle River: Prentice-Hall, 1997.

YANG, P.; CHEN, Z. X. Testing on dynamic behavior of PBGA assembly by considering fixed-modes. **Microelectronics International**, v. 28, n. 2, p. 23-29, 2011.

NOMENCLATURA

A	área, m^2
c	calor específico, J kg^{-1} K^{-1}
C	taxa de capacidade térmica, W K^{-1}
C_a	fator de correção de áreas, Eq. (8.42)
COP	coeficiente de performance
d	diâmetro, m
D	diâmetro, m; diâmetro do tubo externo, m
ETL	erro de truncamento local
EV	elemento de volume
g	gravidade, m s^{-2}
$\dot{G}$	taxa de variação de grandeza física/variável em relação ao tempo
h	coeficiente de transferência de calor, W m^{-2} K^{-1}
H	altura, m
I	irradiação solar local média, W m^{-2}
k	condutividade térmica, W m^{-1} K^{-1}
l	lado do elemento de volume (comprimento, largura ou altura), m; distância entre centros de EV
L	comprimento, m
m	massa, kg
$\dot{m}$	vazão mássica, kg s^{-1}; vazão mássica do fluido externo, kg s^{-1}
n	número total de EV; número de tipos de material
n_{eq}	número total de equipamentos resfriados por fluido interno em uma zona
NTU	número de unidades de transferência de calor
p_v	pressão de vapor, N m^{-2}
p_{vs}	pressão de saturação da água, N m^{-2}
Pr	número de Prandtl
q	taxa de transferência de calor (regenerador), W
$\dot{Q}$	taxa de transferência de calor, W
R	resistência térmica, m^2 K W^{-1}; relação estequiométrica

Ra	número de Rayleigh
Re	número de Reynolds
S	superfície, m^2
S^ϕ	termo fonte referente à grandeza ϕ
t	tempo, s; espessura, m
T	temperatura, K; temperatura do fluido externo, K
U	coeficiente global de transferência de calor, W m^{-2} K^{-1}
v	velocidade, m s^{-1}
var	variável
V	volume, m^3
x, y, z	coordenadas cartesianas, m
Y	fração mássica

LETRAS GREGAS

α	absortividade; razão de calores específicos
α_T	difusividade térmica, m^2 s^{-1}
β	coeficiente de expansão térmica volumétrica, K^{-1}
γ	relação entre superfícies, Eq. (8.55)
Δx	distância entre centros de EV (regenerador)
ε	emissividade; efetividade, Eq. (8.28)
ε_{hx}	efetividade do trocador de calor
ε_{mesh}	erro relativo do refinamento de malha
η	eficiência térmica
γ	relação entre superfícies, Eq. (8.55)
μ	taxa de reação, s^{-1}
ν	viscosidade cinemática, m^2 s^{-1}
ρ	densidade, kg m^{-3}
σ	constante de Stefan-Boltzmann, 5,6731028 W m^{-2} K^{-4}
ϕ	campo escalar geral; porosidade
φ	umidade relativa

Subscritos

a	número do EV adjacente
adv	advecção
asw	fluido externo auxiliar
b	fundo
c	número do EV sólido
cond	condução
conv	convecção
cw	unidade de água gelada
dif	difusão
DCS	sistema de resfriamento dedicado
e	leste
eq	equivalente
ext	exterior
evap	evaporador
E	entrada
f	fluido
fan	ventilador
filme	filme
free	livre
fw	fluido interno
g	grade metálica do regenerador
gen	geração em um EV
gl	lateral da grade
gs	seção transversal da grade
gt	coroa circular do tubo interno
hx	trocador de calor
i	número do EV
in	entrada
int	interior
j	face do EV; número do EV
k	face do EV; número do EV

L	comprimento
l	face do EV
m	direção; malha
max	máximo
min	mínimo
n	norte
neigh	vizinho
outro	outro tipo de interação de grandeza física
p	gás a pressão constante; posterior; isolamento
q	espécie em uma mistura
r	fluido interno (regenerador)
rad	radiação
reg	estado estacionário
R	real
s	sul
sw	fluido externo
t	topo; tubo interno (regenerador)
tot	total
tl	lateral do tubo
T	total
w	oeste; parede
x	direção x
y	direção y
z	direção z
0	condição inicial
∞	ar exterior
$\lvert \cdot \rvert$	valor absoluto
$\lVert \cdot \rVert$	norma euclideana

OTIMIZAÇÃO NUMÉRICA

9.1. INTRODUÇÃO

Após a revolução industrial, a população e a renda média apresentaram crescimento sustentado sem precedentes. A renda *per capita* média mundial aumentou mais de dez vezes, enquanto a população mundial aumentou mais do que seis vezes nos dois séculos que se seguiram (Ashton, 1948; Berlanstein, 1992). Em consequência, surgiu uma sociedade de consumo no período pós-revolução industrial cuja nova maquinaria industrial permitiu a automação da produção de itens de consumo. Em razão disso, as grandes empresas passaram a decidir quando, onde, como e para quem um serviço seria proporcionado (Veblen, 1994). Esse cenário deu nascimento ao consumismo, que é uma ordem econômica e social baseada em abrigar um desejo de comprar bens e serviços em quantidades sempre maiores. A nova classe média emergente surgindo na virada do século XX frutifica completamente ao final do mesmo século por meio do processo de globalização. Os críticos do consumismo frequentemente postulam que sociedades consumistas causam danos ao meio ambiente, e outros dizem que "tentar reduzir a poluição ambiental sem reduzir o consumismo é o mesmo que combater o tráfico de drogas sem reduzir o vício nas drogas" (Majfud, 2009). Nem todos anticonsumistas opõem-se ao consumo por si só, mas eles são contra o aumento do consumo de recursos além do que é ambientalmente sustentável. Alguns economistas ecológicos reconhecem o conflito inerente entre consumo dirigido pelo consumidor e degradação ecológica global (Majfud, 2009). Na realidade, essas análises poderiam tratar a questão da disponibilidade de recursos energéticos e naturais com maior profundidade científica.

As leis de conservação de massa, quantidade de movimento, energia e espécies são conhecidas há séculos. Esses princípios físicos estabelecem que massa, quantidade de movimento, energia e espécies químicas são sempre conservadas no universo, continuamente se transformando em outras formas, por meio de diferentes processos físicos e químicos. Essas transformações ocorrem irreversivelmente, portanto, reduzindo a disponibilidade de energia para uso, i.e., com perdas termodinâmicas de acordo com a segunda lei da termodinâmica, que, por sua vez, podem e devem ser minimizadas. Consequentemente, à medida que a humanidade avançasse o conhecimento científico, teoricamente seria possível, por meio de desenvolvimento tecnológico apropriado, fazer uso dos recursos energéticos e naturais perenemente.

Em suma, o conceito que deveria ser invocado para aumentar ou reduzir o consumismo poderia ser resumido em uma palavra muito popular atualmente, i.e., sustentabilidade. Assim, o que é necessário para a sobrevivência da humanidade e do mundo como o conhecemos é a busca pelo balanço entre consumismo e a tecnologia disponível no momento em que vivemos. Por outro lado, o desequilíbrio entre essas duas variáveis pode definitivamente levar a consequências catastróficas. Portanto, há uma pergunta crucial a ser respondida: é possível alcançar esse equilíbrio à medida que a sociedade evolui ao longo do tempo?

Um outro aspecto interessante é que parte da comunidade científica tende a separar sistemas animados de inanimados fazendo distinções claras entre eles, principalmente os cientistas que atuam no ramo das Ciências Biológicas. De fato, a teoria da evolução foi originalmente concebida para organismos biológicos por Darwin (1859). Uma vez que tanto sistemas animados como inanimados são compostos dos mesmos elementos químicos, i.e., matéria, e consequentemente com um nível de energia diretamente relacionado, é bem aceito que as leis de conservação apliquem-se a todos os sistemas físicos, em distinção. Essencialmente, essa tendência de separação é um resultado da falta de conhecimento científico com relação à criação de um sistema animado. Atualmente, é sabido como transformar um sistema animado em inanimado, por exemplo, matando o ser vivo. No entanto, o caminho que leva um sistema inanimado a se transformar em animado ainda não é conhecido. Baseado nessas observações, é razoável indagar: é apropriado separar sistemas animados de inanimados? Possíveis respostas para as perguntas formuladas nos dois parágrafos anteriores podem ser encontradas na teoria construtal (Bejan, 2000), que traduz o pensamento de que geometria (arquitetura de fluxos) é gerada pela busca de desempenho global sujeita a restrições globais, em sistemas de fluxos em que a geometria esteja livre para variar. De acordo com a lei construtal, a otimização da arquitetura de fluxos inicia-se na menor escala (elementar), em que o sistema ainda preserve sua identidade (p.ex., um riacho em uma bacia hidrográfica; uma célula de combustível unitária de eletrólito polimórico, PEMFC, em uma pilha de combustível; uma célula em um organismo vivo multicelular). As irreversibilidades decorrentes de todas as resistências aos fluxos são minimizadas em conjunto para máximo desempenho global no nível do sistema completo. Qualquer sistema físico é uma combinação de vários sistemas de fluxos (p.ex., elétricos; químicos; fluidos; calor). Em suma, a otimização da arquitetura do sistema de fluxos é comum na engenharia e na natureza.

Projetos da engenharia moderna têm apresentado uma tendência crescente de se basear inteiramente em modelos matemáticos apropriados, que por sua vez permitem a otimização numérica do sistema como um todo para máximo desempenho e mínimo consumo energético, por exemplo. Esse esforço pode contribuir para levar o homem a evoluir para o equilíbrio sustentável entre o consumismo e a tecnologia disponível no tempo presente, em um processo autorregulatório para a sobrevivência de todas as espécies. Portanto, a discussão introdutória neste capítulo busca contextualizar e demonstrar a importância do assunto otimização numérica para a sociedade moderna.

As próximas seções deste capítulo apresentam formalmente o problema matemático de otimização e alguns importantes métodos analíticos e numéricos para a sua solução. Além disso, discute-se como tratar problemas em que vários objetivos devem ser atingidos simultaneamente na busca da solução ótima para o sistema em análise, i.e., a otimização multiobjetivo.

9.2. O PROBLEMA

A palavra otimização é comumente utilizada de forma inapropriada para caracterizar um processo de busca de alguma melhoria de desempenho econômico ou técnico de um produto qualquer na indústria. No entanto, formalmente na Matemática, o significado da palavra é bastante mais abrangente e poderoso. De fato, otimização consiste em minimizar ou maximizar uma variável de interesse predefinida em um dado sistema, como o custo ou o lucro de um processo, ou a saída de potência de uma usina de geração de energia elétrica. Portanto, o resultado de uma otimização adequadamente realizada indica que nada melhor pode ser feito para o sistema em estudo conforme a formulação apresentada. Isso é uma afirmação bastante importante que carrega consigo uma grande responsabilidade, e, em consequência, todo rigor com a precisão na obtenção do resultado é vital para que seja confiável.

9.2.1. Formulação matemática

Formalmente, o processo de otimização visa a encontrar pontos de mínimo ou de máximo de uma função real sobre um conjunto $\Omega \subset \Re^n$. Matematicamente, coloca-se:

$$\begin{cases} \text{Minimize } f(\vec{x}) \\ \text{sob a restrição de } \vec{x} \in \Omega \end{cases} \quad (9.1)$$

O conjunto $\Omega \subset \Re^n$ é definido por restrições de igualdade ou de desigualdade, ou ambas simultaneamente, i.e.:

$$\Omega = \left\{ \vec{x} \in \Re^n \middle| \vec{c}(\vec{x}) = 0,\ \vec{d}(\vec{x}) \leq 0 \right\} \quad (9.2)$$

em que $\vec{c}(\vec{x}) : \Re^n \to \Re^n$ e $\vec{d}(\vec{x}) : \Re^n \to \Re^n$ são funções quaisquer.

Assim, problemas de otimização podem ser formulados genericamente como:

$$\begin{cases} \text{Seja } f : A \to \Re^n \text{ maximize ou minimize } f(\vec{x}),\ \vec{x} = (x_1, x_2, x_3, \ldots, x_n)^T \in \Re^n \\ \text{sob as restrições de } p \geq 0 \text{ equações: } c_i(x) = 0,\ i = 1, \ldots, p \\ \text{e } m\text{-}p \geq 0 \text{ inequações: } c_i(x) \leq 0,\ i = p+1, \ldots, m \end{cases} \quad (9.3a)$$

na qual a função objetivo *f*, bem como o conjunto de *m* restrições do problema em questão, podem ser lineares ou não lineares. O caso particular em que tanto *f* quanto as funções que definem Ω são funções lineares é denominado **problema de programação linear (PPL)**, e, na ocorrência de funções não lineares, passa a ser denominado de **problema de programação não linear (PPNL)**.

Teorema 9.1

Seja $\vec{x}_{ot} \in \Re^n$ um ótimo local do problema (9.3a), então existem vetores $\vec{\lambda}$ e $\vec{\mu}$ tais que:

$$\begin{aligned} -\nabla f(\vec{x}_{ot}) &= \sum_{i=1}^{p} \lambda_i \nabla c_i(\vec{x}_{ot}) + \sum_{i=p+1}^{m} \mu_i \nabla c_i(\vec{x}_{ot}) \\ \mu_i &\geq 0, \quad \forall i = p+1, \ldots, m \\ \mu_i c_i(\vec{x}_{ot}) &= 0, \quad \forall i = p+1, \ldots, m \end{aligned} \quad (9.3b)$$

Prova:

O teorema 9.1 é conhecido como **teorema de Karush-Kuhn-Tucker**, que estabelece condições de otimalidade para o problema (9.3a). A demonstração matemática do teorema requer vários passos algébricos que fogem ao escopo deste livro. Portanto, por brevidade, sua demonstração não é aqui apresentada, mas pode ser encontrada no trabalho de Ribeiro e Karas (2014). ■

O problema é chamado de **irrestrito** quando $\Omega = \Re^n$, consistindo-se no caso mais simples. O caso irrestrito reveste-se de importância uma vez que o problema geral **com restrições** é resolvível por modelos que utilizam métodos aplicados ao caso irrestrito.

Normalmente, *A* é algum subconjunto do espaço euclidiano $\Re^n$, muitas vezes especificado por um conjunto de restrições, igualdades ou desigualdades que os membros de *A* devem satisfazer. O domínio *A* de *f* é chamado de espaço de busca ou o conjunto de escolha, enquanto os elementos de *A* são chamados de soluções candidatas ou soluções viáveis.

A função *f* é chamada, alternativamente, de função objetivo, função de custo (minimização), função utilidade (maximização), ou, em algumas áreas, função de energia ou energia funcional. Uma solução viável que minimiza (ou maximiza) a função objetivo é chamada de uma solução ótima.

Em otimização numérica, as variáveis de controle (graus de liberdade) podem assumir qualquer valor (inteiro ou real) que minimize ou maximize o valor da função objetivo.

Quando o conjunto viável Ω é formado apenas por *m* restrições de igualdade e $\vec{x}_{ot} \in \Omega$ é um minimizador, então $\exists\ \vec{\lambda} \in \Re^m$ tal que:

$$\nabla f(\vec{x}_{ot}) + \sum_{i=1}^{m} \lambda_i \nabla c_i(\vec{x}_{ot}) = 0 \tag{9.4}$$

em que o subscrito *ot* faz referência a uma condição ótima que leva ao valor máximo ou mínimo de *f*. As componentes do vetor $\vec{\lambda}$ são chamadas de multiplicadores de Lagrange. A Eq. (9.4) é um resultado fundamental em otimização.

Em problemas de engenharia, de administração, de logística, de transporte, de economia, de biologia ou de outras ciências, quando se consegue construir modelos matemáticos representativos dos respectivos sistemas dinâmicos em estudo, é possível aplicar as técnicas matemáticas de otimização para maximizar ou minimizar uma função objetivo previamente definida visando a encontrar uma "solução ótima" do problema, i.e., que resulte no melhor desempenho possível do sistema, segundo o critério de desempenho previamente definido.

9.2.2. Modelo matemático e restrições físicas

Neste ponto, é vital ressaltar que um estudo de otimização numérica só é realístico se o modelo matemático for de fato representativo para obter a resposta dinâmica, ou até mesmo em regime permanente do sistema em análise. No Capítulo 8, foi apresentada uma metodologia generalizada para a modelagem matemática de sistemas físicos. Trata-se de uma das possíveis metodologias para realizar a tarefa de modelar um sistema físico qualquer, sendo que existem outras técnicas disponíveis na literatura especializada que não são tratadas neste livro por questões de brevidade. Entretanto, independentemente da técnica utilizada para produzir o modelo matemático do sistema, para que se espere que seus resultados sejam realísticos, qualquer modelo necessita passar por uma etapa de ajuste e validação experimental, nessa ordem, que permite verificar a precisão dos resultados traduzidos em termos das variáveis de processo calculadas pelo modelo e, consequentemente, seu uso prático posterior para um estudo de otimização numérica.

O vetor $\vec{x}$ da Eq. (9.3) contém todos os parâmetros de projeto (geometria, estrutura, arquitetura) e de operação (vazões, pressões ou outras grandezas que possam ser reguladas durante a operação) de interesse para o dimensionamento do sistema. É importante ressaltar que a solução do modelo matemático do sistema físico em análise consiste em encontrar os valores das variáveis que caracterizam a resposta do sistema (variáveis de processo). Portanto, esses números (p.ex., temperaturas em um problema de gerenciamento térmico de um gabinete para acondicionamento de equipamentos eletrônicos) resultam dos valores atribuídos aos parâmetros de projeto e de operação do sistema. Assim, na realidade, em um problema de otimização, **os graus de liberdade são os parâmetros de projeto e de operação**, ou um subconjunto deles, que deve ser otimizado para máximo ou mínimo valor da função objetivo. Essas são as variáveis cujos valores o projetista tem a liberdade de escolher para dimensionar o sistema. O valor da função objetivo é um resultado de todos esses cálculos.

As restrições matemáticas (equações e inequações) apresentadas na Eq. (9.3) representam fisicamente as limitações a que o sistema está sujeito na realidade. Por exemplo, podem representar os espaços finitos que o sistema deve ocupar (volume finito), a quantidade de material de que é composto (peso ou massa finita) ou limites físicos, i.e., dimensões que não pode ultrapassar (p.ex., um sistema que possa variar de volume até encontrar o limite máximo de espaço que o contém).

9.2.3. Seleção de parâmetros a otimizar

Conforme foi apresentado na seção anterior, um sistema físico de qualquer natureza pode ser analisado a partir de dois tipos de parâmetros: parâmetros de projeto e parâmetros de operação. Os parâmetros do primeiro tipo, de projeto, referem-se à estrutura (ou arquitetura) do sistema, portanto, trazem a informação sobre a geometria do sistema, da qual irão resultar as resistências aos fluxos que escoam através do sistema que permitem a sua funcionalidade, seja um sistema animado ou não. Os parâmetros de operação referem-se às grandezas físicas que podem ser ajustadas no sistema para atender às demandas necessárias ao seu funcionamento (p.ex., vazões mássicas de fluidos de alimentação, tensões ou correntes) i.e., todos os parâmetros que podem ser controlados durante o funcionamento do sistema com uma determinada finalidade.

Um estudo de otimização de um sistema físico visa a otimizar os parâmetros dos dois tipos descritos no parágrafo anterior para máximo desempenho de acordo com a função objetivo estabelecida ou conjunto de funções objetivo (otimização multiobjetivo). Em razão disso, é recomendável avaliar previamente os parâmetros que apresentam potencial para maximizar ou minimizar a função objetivo. Para tanto, o analista deve se basear no entendimento físico do funcionamento do sistema em análise e utilizar algum método para inferir a resposta do sistema que resulta da variação de seus parâmetros de projeto e de operação. Para ilustrar esse procedimento, apresenta-se um desses possíveis métodos, i.e., o método das assíntotas.

9.2.4. O método das assíntotas

O método das assíntotas consiste em analisar a resposta do sistema segundo uma função objetivo preestabelecida a valores extremos de um determinado parâmetro de projeto ou operação. Para uma dada função objetivo f, e consideradas as restrições do problema de otimização formulado de acordo com a Eq. (9.3), é necessário identificar parâmetros que acarretem um comportamento assintótico na função objetivo. Seja, por exemplo, um parâmetro α, analisa-se o que ocorre com o valor de f quando $\alpha \to 0$ e $\alpha \to \infty$. Verifica-se se $f \to 0$ e $f \to \infty$ nos dois valores limites de α em problemas de maximização e minimização, respectivamente. Caso isso ocorra, espera-se que exista um extremo global de f para $\alpha \in (0, \infty)$.

Exemplo 9.1) Mainardes et al. (2013) estudaram experimentalmente o problema de minimização da potência de bombeamento em trocadores de calor de tubos circulares e elípticos aletados em regime turbulento. Antes de realizarem os trabalhos experimentais, os autores realizaram uma análise teórica baseada no método das assíntotas para selecionarem adequadamente os parâmetros de projeto a serem otimizados para a obtenção da mínima potência de bombeamento. Para tanto, um trocador de calor típico de tubos aletados com uma configuração alternada geral foi considerado, a qual é mostrada na Fig. 9.1, em que t é a espessura da aleta, e δ é o espaçamento entre aletas. O problema de projeto de engenharia inicia-se reconhecendo a disponibilidade finita de espaço em qualquer situação real de projeto, i.e., o volume $L \times H \times W$, que deve ser mantido fixo no processo. Assim, pede-se identificar parâmetros de projeto a serem otimizados tal que a potência de bombeamento seja minimizada.

Solução

A potência de bombeamento a ser minimizada é calculada por:

$$\dot{W}_p = \frac{\dot{m}\,\Delta p}{\rho} \tag{9.5}$$

em que $\dot{m}$ é a vazão mássica total (kg s^{-1}) entrando no trocador de calor, Δp é a perda de pressão através do arranjo (N m^{-2}), e ρ é a densidade do fluido (kg m^{-3}).

Um canal elementar é definido como a soma de todas as células unitárias na direção z, conforme mostra a Fig. 9.1. Portanto, a vazão mássica total entrando no trocador de calor é dada pelo produto entre o número resultante de canais elementares do trocador de calor, N_{ec}, e a vazão mássica através de um canal elementar, $\dot{m}_{ec}$, como a seguir:

$$\begin{aligned} \dot{m} = N_{ec}\,\dot{m}_{ec} &= N_{ec}\,\rho u_\infty \left[(S+2b)/2\right]\left(W - n_f t_f\right) \\ &= N_{ec}\left(\frac{S}{2b}+1\right)(1-\phi_f)\,\rho u_\infty b W \end{aligned} \tag{9.6}$$

em que n_f é o número de aletas, e $\phi_f = n_f t_f / W$ é a densidade de aletas adimensional na direção z $\left(0 \leq n_f t_f \leq W\right)$. Consequentemente, a potência de bombeamento adimensional (função objetivo) é descrita pela seguinte expressão:

$$\tilde{W}_p = \frac{\dot{W}_p}{N_{ec} \; \rho u_\infty^3 \, bW} = \left(\frac{S}{2b} + 1\right) (1 - \phi_f)\Delta\tilde{p} \qquad (9.7)$$

em que $\Delta\tilde{p} = \Delta p / \rho u_\infty^2$ é a perda de pressão adimensional.

O estudo de otimização prossegue com a identificação dos graus de liberdade (parâmetros) que têm potencial para serem otimizados tal que uma potência mínima de bombeamento (função objetivo) de ar através do trocador de calor seja obtida de acordo com a Eq. (9.7). Por exemplo:

i) o espaçamento entre tubos adimensional, $S/2b$ (S é a distância entre tubos e b é o semieixo menor da seção elíptica do tubo);

ii) a excentricidade do tubo;

iii) a densidade de aletas adimensional, ϕ_f.

A escolha desses parâmetros deve ser confirmada ou não por meio da análise do efeito que causam na função objetivo quando atingem seus valores extremos, i.e., quando eles são pequenos ou grandes. Essa análise é conduzida conforme se segue.

Mantendo a excentricidade do tubo, e, e a densidade adimensional de aletas, ϕ_f, fixas, $\tilde{W}_p$ é analisada para $S/2b \to 0$, e também para $S/2b \to (S/2b)_{max}$ (máximo espaçamento tal que o arranjo com um certo número de canais elementares, N_{ec}, ajuste-se ao espaço disponível, $L \times H \times W$). A existência de mínimo valor para $\tilde{W}_p$ no intervalo $0 < S/2b < (S/2b)_{max}$ é investigada por análise de escala, iniciando com um balanço de forças na célula unitária da Fig. 9.1, em que a velocidade de entrada é mantida constante por uma condição de projeto.

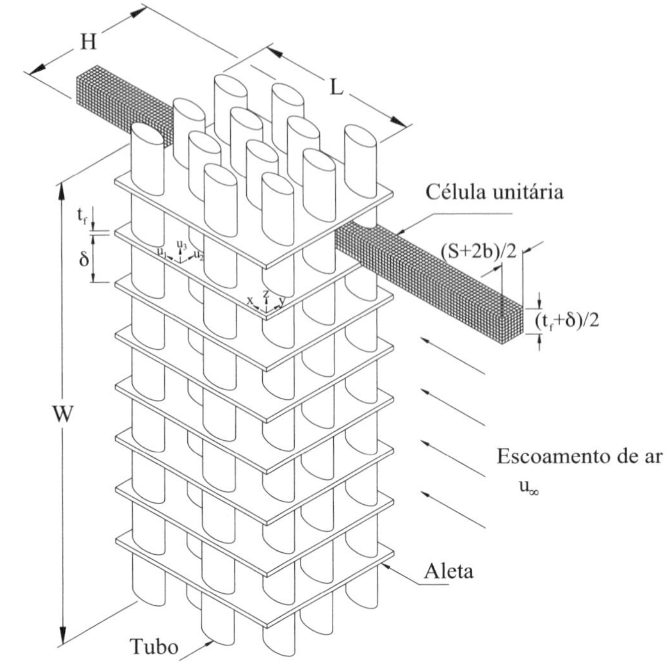

Figura 9.1 Trocador de calor típico de tubos aletados com uma configuração alternada.

Assim, usando como referência para Δp a área de passagem mínima do escoamento (porção mais restritiva do escoamento), A_c, obtém-se a seguinte aproximação:

$$\Delta\tilde{p} = \frac{\Delta p}{\rho u_\infty^2} \sim \frac{\tau}{\rho u_\infty^2} p_c \frac{L}{A_c} = \frac{f}{2} 2(S+\delta)\frac{L}{S\delta} = K\frac{S+\delta}{S\delta} = K\frac{S/2b+\delta/2b}{S/2b} \quad (9.8)$$

em que $\Delta\tilde{p}$ é a perda de pressão adimensional, p_c é o perímetro da área de passagem mínima, τ é a tensão de cisalhamento na superfície da aleta e do tubo,

$$f = \frac{\tau}{\frac{1}{2}\rho u_\infty^2}$$

é o fator de atrito, e $K = f\,L/\delta$ é admitido como aproximadamente constante. A partir da Eq. (9.7), obtém-se:

$$\tilde{W}_p \sim \left(\frac{S}{2b}+1\right)(1 - \phi_f)K\frac{S/2b+\delta/2b}{S/2b} \qquad (9.9)$$

Consequentemente, tomando o limite $S/2b \to 0$, verifica-se que $\Delta\tilde{p} \to \infty$ e $\tilde{W}_p \to \infty$ pelas Eqs. (9.8) e (9.9). Tomando o limite $S/2b \to \infty$, verifica-se que $\Delta\tilde{p} \to K$ e $\tilde{W}_p \to \infty$, também pelas Eqs. (9.8) e (9.9). Portanto, a análise mostra que é esperado mínimo $\tilde{W}_p$ para um valor intermediário de S/2b. Outra maneira de enxergar esse resultado é a de utilizar a Eq. (9.9) e fazendo $\partial\tilde{W}_p / \partial(S/2b) = 0$, e resolvendo para encontrar $(S/2b)_{ot} \sim \delta/2b$, que é a escala esperada para o espaçamento ótimo entre tubos tal que $\tilde{W}_p$ seja mínimo. Da mesma maneira, para uma área mínima de passagem fixa (S e b fixos), i.e., espaçamento entre tubos adimensional, $S/2b$, fixo, e densidade de aletas adimensional, ϕ_f, também fixa, para $e \to 0$ a área média da seção transversal de escoamento ao longo da célula unitária diminui, a velocidade aumenta, e o fator de atrito também, portanto, a perda de pressão aumenta. Para $e \to 1$ (tubos circulares), a perda de pressão Δp aumenta, uma vez que o fator de atrito aumenta por causa da formação de vórtices atrás dos tubos.

A seguir, para uma área mínima de passagem fixa (S e b fixos), i.e., espaçamento entre tubos adimensional, $S/2b$, fixo, e excentricidade, e, a densidade de aletas adimensional, ϕ_f (ou espaçamento entre aletas, δ) é analisada. Quando $\phi_f \to 1$, $\Delta\tilde{p}$ e $\tilde{W}_p$ claramente aumentam, uma vez que a área de passagem do fluido tende a zero, e para $\phi_f \to 0$, $\Delta\tilde{p}$ e $\tilde{W}_p$ diminuem monotonicamente; consequentemente nenhum valor ótimo é esperado para ϕ_f tal que a potência de bombeamento seja minimizada. ■

O exemplo 9.1 mostra que o método das assíntotas é capaz de identificar com segurança parâmetros de projeto e de operação que podem ser otimizados de forma a levarem a função objetivo a um extremo global. Note que, no caso estudado, não há solução analítica para o modelo matemático do sistema em análise e, em consequência não é possível avaliar analiticamente a função objetivo durante a variação dos parâmetros a serem otimizados, i.e., não é possível desenvolver analiticamente o problema de otimização. Mesmo assim, o método das assíntotas avaliou a resposta do sistema e antecipou o efeito da variação dos parâmetros candidatos a otimização na função objetivo, o que foi útil como indicativo de parâmetros a serem otimizados no estudo de otimização experimental realizado por Mainardes et al. (2013). No entanto, a aplicação do método para ser eficaz depende fortemente do entendimento físico do sistema em análise.

9.3. MÉTODOS DE SOLUÇÃO

Alguns métodos para realizar estudos de otimização são apresentados e discutidos nesta seção. De fato há muitas técnicas disponíveis na literatura para resolver o problema de otimização formulado na seção 9.2. Aqui, toma-se a decisão de selecionar os métodos que são comumente utilizados e que estão dentro de uma lógica consistente com o restante deste livro, i.e., partindo do mais simples para o mais complexo.

9.3.1. O método de análise de escala

Como foi discutido no exemplo 9.1, o método de análise de escala mostrou-se eficaz para identificar parâmetros de projeto e de operação candidatos a serem otimizados para obter um valor máximo ou mínimo de uma função objetivo. Além disso, por vezes, o método pode ser utilizado com boa precisão em problemas físicos em que sejam conhecidas soluções de problemas de alguma forma ligados ao novo problema em análise. Para explicar e ilustrar o método, faz-se a opção pela apresentação de um problema exemplo publicado por Bejan (1995).

Exemplo 9.2) Determine o espaçamento ótimo para máxima transferência de calor de um arranjo de placas paralelas que são resfriadas por convecção forçada, que engloba uma aplicação típica em centrais de processamento de dados, i.e., placas de circuitos eletrônicos resfriadas por um escoamento forçado de ar. Neste caso, deseja-se obter a máxima densidade de circuitos eletrônicos geradores de calor que possa ser colocada em um espaço com um volume preestabelecido. A Fig. 9.2 mostra esquematicamente os detalhes da geometria do arranjo. Considere que a temperatura do fluido refrigerante (p.ex., ar) que entra no arranjo, T_∞, e a perda de carga através dos dutos, ΔP, são mantidas fixas no processo. O volume fixo que contém o arranjo é estabelecido pelas dimensões $L \times H \times W$. As placas de circuitos eletrônicos devem operar abaixo de uma temperatura máxima permitida, T_{max}. A distância entre as placas é estabelecida pelo parâmetro D e cada uma com espessura t.

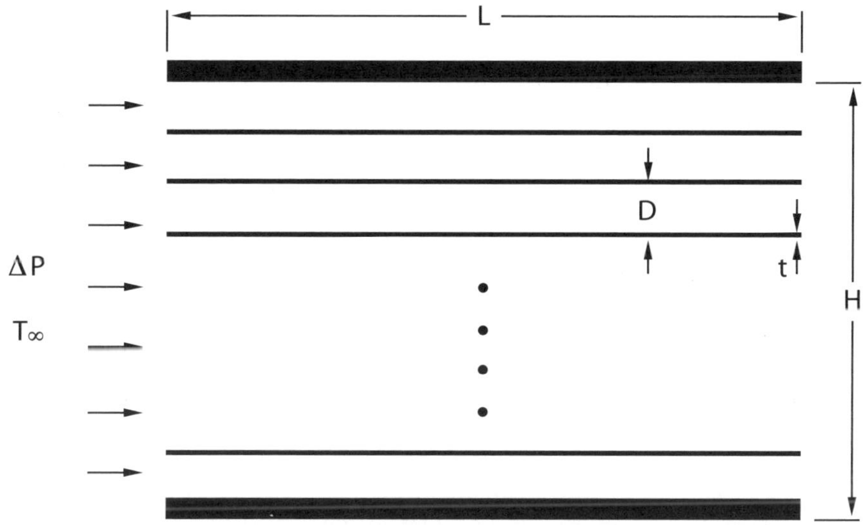

Figura 9.2 Diagrama esquemático de arranjo de placas paralelas resfriadas por convecção forçada.

Fonte: adaptada de Bejan, 1995.

Solução

1) O problema de otimização é formulado por:

$$\begin{cases} \text{maximize } q'(D) \quad \left[\text{W m}^{-1}\right] \\ \text{sob as restrições: } V = L \times H \times W = \text{constante} \\ \text{e } T(x,y) \leq T_{\max} \end{cases} \tag{9.10}$$

Enfim, deve-se se encontrar o espaçamento ótimo, D_{ot}, tal que q' seja máximo, ou alternativamente o número ideal de placas

$$n_{ot} = \frac{H}{D_{ot}}.$$

2) O método de análise de escala proporciona uma solução simples neste caso, utilizando o método das assíntotas combinado com soluções disponíveis na literatura para os casos extremos:

a) Limite de pequenos espaçamentos $(D \to 0)$: com placas muito próximas, a temperatura de saída do fluido aproxima-se de T_{max}, e um balanço de energia em regime permanente no canal elementar permite escrever para o espaço $L \times H \times W$ que:

$$q'_a = n\rho UDc_p\left(T_{\max} - T_\infty\right) \tag{9.11}$$

em que ρ é a densidade do fluido de resfriamento,

$$U = \frac{D^2}{12\mu}\frac{\Delta P}{L}$$

é a velocidade média em cada canal assumindo escoamento completamente desenvolvido em placas paralelas de acordo com a solução de Hagen-Poiseuille (Bejan, 1995), μ é a viscosidade absoluta do fluido, e c_p é o calor específico a pressão constante do fluido. Assume-se também que a espessura das placas é desprezível em comparação ao espaçamento entre elas, i.e., $t << D$, portanto, $H = nD$. Assim, a taxa de resfriamento q'_a é a **primeira assíntota** do problema, sendo dada por:

$$q'_a = \rho H \frac{\Delta P}{12\mu L} c_p \left(T_{\max} - T_\infty\right) D^2 \tag{9.12}$$

em que se observa que, nesse limite, $q'_a \sim D^2$.

b) Limite de grandes espaçamentos $(D \rightarrow \infty)$: as placas estão suficientemente afastadas, de maneira que cada uma delas comporta-se como uma placa plana diante de um escoamento forçado livre com velocidade U_∞. Para determinar essa velocidade, escreve-se um balanço de forças no arranjo de placas paralelas $H \times L$, conforme a seguir:

$$\Delta P\ H = 2n\ \bar{\tau}\ \mathrm{L} \tag{9.13}$$

em que $\bar{\tau} = 1{,}328\ \mathrm{Re}_\mathrm{L}^{-1/2}\ \frac{1}{2} \rho U_\infty^2$

é a tensão de cisalhamento média obtida pela solução de Blasius para o escoamento fluido do problema de camada limite laminar em placa plana (Bejan, 1995),

$$\mathrm{Re}_L = \frac{U_\infty L}{\nu},$$

e ν é a viscosidade cinemática do fluido. Em consequência, resolvendo para U_∞, obtém-se:

$$\mathrm{U}_\infty = \left(\frac{\Delta P\ H}{1{,}328\ n\ \mathrm{L}^{1/2}\ \rho\ \nu^{1/2}} \right)^{2/3} \tag{9.14}$$

Para o problema térmico de camada limite laminar em uma superfície da placa plana de comprimento L, q'_1 pode ser calculado utilizando a lei de Newton para convecção e pela solução de Pohlhausen (Bejan, 1995) de acordo com o número de Nusselt médio para a uma superfície plana de comprimento L e para um fluido caracterizado por um número de Prandtl Pr > 0,5, conforme a seguir:

$$q'_1 = \bar{h}\ L\left(T_{max} - T_\infty\right) \qquad (9.15)$$

em que $\dfrac{\bar{h}\ L}{k} = 0{,}664\,Pr^{1/3}\left(\dfrac{U_\infty L}{\nu}\right)^{1/2}$,

para $Pr > 0{,}5$, e k é a condutividade térmica do fluido.

Observa-se que a taxa de transferência de calor liberada pelo arranjo como um todo é 2n vezes maior do que q'_1, assumindo que as duas faces da placa aquecem até T_{max}. Dessa maneira, obtém-se:

$$q'_b = 2n\ q'_1 = 1{,}208\ k\ H\left(\frac{Pr\ L\ \Delta P}{\rho\ \nu^2}\right)^{1/3}\left(T_{max} - T_\infty\right)\frac{1}{D^{2/3}} \qquad (9.16)$$

que é a **segunda assíntota** do problema, a qual mostra que

$$q'_b \sim \frac{1}{D^{2/3}}.$$

c) O **método de análise de escala para otimização** consiste em notar que na região intermediária de variação do parâmetro que está sendo otimizado estão presentes os fenômenos físicos que fundamentam as soluções nos dois extremos, os quais devem se balancear. Isto sugere que o máximo da curva real $q'(D)$ deve ocorrer em um espaçamento D_{ot} que seja da mesma ordem de magnitude que o valor obtido pela interseção das duas assíntotas representadas pelas Eqs. (9.12) e (9.16). Assim, fazendo $q'_a \sim q'_b$ e resolvendo para D_{ot}, obtém-se:

$$\frac{D_{ot}}{L} \sim 2{,}73 \left(\frac{L^2 \, \Delta P}{\mu \, \alpha} \right)^{-1/4} \tag{9.17}$$

em que a perda de carga adimensional

$$Be_L = \frac{L^2 \, \Delta P}{\mu \, \alpha}$$

foi denominada como número de Bejan por Bhattacharjee e Grosshandler (1988), e que teve seu significado físico e aplicações em convecção forçada discutidos posteriormente por Petrescu (1994).

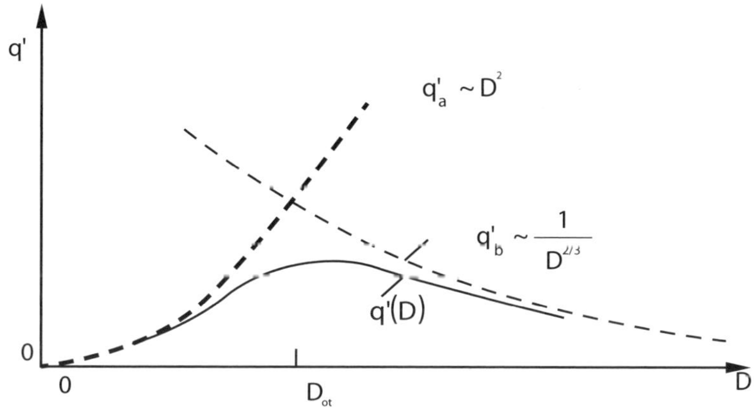

Figura 9.3 Otimização pelo método de análise de escala através da interseção de assíntotas que representam a taxa de transferência de calor quando $D \to 0$ e $D \to \infty$. A linha cheia representa a solução numérica para o equacionamento completo do problema obtida por Bejan e Sciubba (1992).

Fonte: adaptada de Bejan,1995.

Finalmente, é importante saber qual o nível de precisão que se espera obter com o método. Em razão da forma como o método foi deduzido, i.e., somente com base na fundamentação física do problema e na ocorrência de soluções disponíveis para as assíntotas do problema, a precisão esperada é somente em termos de obter a mesma ordem de magnitude da solução real. Por exemplo, no problema deste exemplo, a solução numérica do equacionamento completo obtida por Bejan e Sciubba (1992) mostrou para fluidos com $0{,}7 < \mathrm{Pr} < 10^3$ que

$$\frac{\mathrm{D_{ot}}}{\mathrm{L}} = 3{,}05 \left(\frac{L^2 \; \Delta \mathrm{P}}{\mu \; \alpha} \right)^{-1/4} \tag{9.18}$$

que é muito próximo do valor encontrado pelo método de análise de escala. Além disso, para a taxa de transferência de calor máxima obtida com D_{ot}, o método de análise de escala obteve:

$$\left(\frac{q'}{T_{\max} - T_{\infty}} \right)_{\max} \sim 0{,}6 \frac{k\,\mathrm{H}}{\mathrm{L}} \left(\frac{L^2 \; \Delta \mathrm{P}}{\mu \; \alpha} \right)^{1/2} \tag{9.19}$$

enquanto o valor obtido pela solução numérica (Bejan e Sciubba, 1992) foi

$$\left(\frac{q'}{T_{\max} - T_{\infty}} \right)_{\max} = 0{,}4 \frac{k\,\mathrm{H}}{\mathrm{L}} \left(\frac{L^2 \; \Delta \mathrm{P}}{\mu \; \alpha} \right)^{1/2} \tag{9.20}$$

Neste caso, constata-se que os resultados estão corretos em termos de ordem de magnitude e, como estão bem próximos da solução mais precisa, teriam aplicabilidade direta no projeto de engenharia de sistemas do tipo analisado neste exemplo. Em suma, por causa da simplicidade algébrica do método, comparativamente à solução a ser obtida com o equacionamento completo do problema em análise, entende-se que o método de análise de escala seja bastante atrativo como ferramenta inicial de análise de problemas complexos. ■

9.3.2. O método analítico

Nesta seção, a fim de fundamentar os métodos analíticos para resolver o problema de otimização, inicialmente apresenta-se a base teórica sobre a existência e localização de valores extremos de funções reais. A discussão é geral, pois mesmo que as funções não sejam conhecidas analiticamente, ou o problema não admita soluções analíticas, a teoria é igualmente válida.

Uma função real *f* tem um valor máximo absoluto no ponto $\vec{x}_0$ se, para todo $\vec{x}$ do domínio de *f*, tem-se que:

$$f(\vec{x}) \leq f(\vec{x}_0) \tag{9.21}$$

e um valor mínimo absoluto se:

$$f(\vec{x}_0) \leq f(\vec{x}) \tag{9.22}$$

Observa-se que $f(\vec{x}_0)$ é um valor máximo local ou um valor mínimo local se há uma vizinhança *n* de $\vec{x}_0$ tal que, respectivamente:

$$f(\vec{x}) \leq f(\vec{x}_0) \text{ ou } f(\vec{x}_0) \leq f(\vec{x}) \tag{9.23}$$

para todo $\vec{x} \in N$. Um valor máximo ou mínimo de *f* chama-se valor extremo. Um ponto $\vec{x}_0$ no qual *f* tem um valor extremo é denominado ponto extremo.

Teorema 9.2

Se uma função diferenciável $f : \Re^n \rightarrow \Re$ tem um valor extremo local em um ponto $\vec{x}_0$ no interior de seu domínio, então $f'(\vec{x}_0) = 0$.

Prova:

Suponha que *f* tem um mínimo local em $\vec{x}_0$. Para qualquer vetor unitário $\vec{u} \in \Re^n$, existe um valor $\varepsilon > 0$ tal que, se $-\varepsilon < t < \varepsilon$, então $f(\vec{x}_0) \leq f(\vec{x}_0 - t\vec{u})$. Portanto, para $0 < t < \varepsilon$, verifica-se que:

$$0 \leq \frac{f(\vec{x}_0 + t\vec{u}) - f(\vec{x}_0)}{t} \quad \text{e} \quad 0 \leq \frac{f(\vec{x}_0 - t\vec{u}) - f(\vec{x}_0)}{t} \tag{9.24}$$

Assim, a partir da definição de derivada direcional, tem-se que:

$$\frac{\partial f}{\partial \vec{u}}(\vec{x}_0) = f'(\vec{x}_0)\ \vec{u} \tag{9.25}$$

Portanto:

$$\begin{aligned} 0 &\leq \lim_{t \to 0^+} \frac{f(\vec{x}_0 + t\vec{u}) - f(\vec{x}_0)}{t} = f'(\vec{x}_0)\ \vec{u}, \\ 0 &\leq \lim_{t \to 0^+} \frac{f(\vec{x}_0 - t\vec{u}) - f(\vec{x}_0)}{t} = f'(\vec{x}_0)\ (-\vec{u}) = -f'(\vec{x}_0)\ \vec{u} \end{aligned} \tag{9.26}$$

Conclui-se assim que $f'(\vec{x}_0)\ \vec{u} = 0$. Como $\vec{u}$ é arbitrário, $f'(\vec{x}_0) = 0$. Esse mesmo argumento no caso de valor máximo é análogo.

■

A importância do Teorema 9.2 está no fato de que, para encontrar os pontos extremos de *f*, basta procurar os pontos $\vec{x}$ no interior do domínio de *f* nos quais $f'(\vec{x}) = 0$. Os pontos $\vec{x}$ em que $f'(\vec{x}) = 0$ são denominados de **pontos críticos** de *f*.

É importante ressaltar que: i) um ponto $\vec{x}$ em que $f'(\vec{x}) = 0$ não é necessariamente um ponto extremo de *f*, e ii) restrita a um subconjunto de Ω, conforme apresentado na Eq. (9.2), *f* pode ter um ponto extremo $\vec{x}$ em que $f'(\vec{x}) = 0$.

A matriz hessiana

A matriz hessiana de uma função *f* de *n* variáveis é a matriz quadrada com *n* colunas e *n* linhas $(\mathrm{n} \times \mathrm{n})$ das derivadas parciais de segunda ordem da função. Por isso, essa matriz descreve a curvatura local da função *f*.

Seja $\mathrm{f}(\vec{\mathrm{x}})$, $\vec{x} = (x_1, x_2, x_3, \ldots, x_n)^T \in \Re^{\mathrm{n}}$. Se todas as derivadas parciais de *f* existirem, então a matriz hessiana de *f* é a matriz quadrada das derivadas de segunda ordem de *f*, conforme a seguir:

$$H = [f(\vec{x})] = \begin{bmatrix} \frac{\partial^2 f}{\partial x_1^2} & \frac{\partial^2 f}{\partial x_1 \partial x_2} & \cdots & \frac{\partial^2 f}{\partial x_1 \partial x_n} \\ \frac{\partial^2 f}{\partial x_2 \partial x_1} & \frac{\partial^2 f}{\partial x_2^2} & \cdots & \frac{\partial^2 f}{\partial x_2 \partial x_n} \\ \vdots & \vdots & \ddots & \vdots \\ \frac{\partial^2 f}{\partial x_n \partial x_1} & \frac{\partial^2 f}{\partial x_n \partial x_2} & \cdots & \frac{\partial^2 f}{\partial x_n^2} \end{bmatrix} \tag{9.27}$$

Alternativamente, define-se o hessiano a partir do gradiente de *f*, ∇f, que é um vetor $(n \times 1)$, sendo que a matriz hessiana é a sua derivada.

A matriz hessiana apresenta algumas propriedades importantes:

- dimensão: como uma função com *n* variáveis tem *n* derivadas parciais de segunda ordem, a matriz hessiana também terá *n* elementos. Por isso, ela sempre será uma matriz quadrada de dimensão $(n \times n)$;
- fora da diagonal principal, uma matriz hessiana é composta por derivadas mistas de *f*;
- simetria: se as segundas derivadas de *f* são todas contínuas em uma região dada Ω, consequentemente a hessiana de *f* é uma matriz simétrica em cada ponto de Ω dado que, nesses casos, a ordem de diferenciação não importa, uma vez que (Kreyszig, 1981):

$$f_{,ij} = f_{,ji} \tag{9.28}$$

em que se adota a notação simplificada

$$f_{,ij} = \frac{\partial^2 f}{\partial x_i \, \partial x_j}, \text{ para } 1 \le i, j \le n.$$

Como foi visto a partir do Teorema 9.2, se o gradiente da função *f* (dada diretamente em uma expressão analítica ou por meio de um conjunto de equações de um modelo matemático) é zero em um ponto $\vec{x}$ que pertence ao domínio da função, então *f* em $\vec{x}$ possui um ponto crítico. O determinante do hessiano em $\vec{x}$ é chamado de discriminante em $\vec{x}$. Se esse determinante for zero, $\vec{x}$ é denominado de **ponto crítico degenerado de *f***, e nada é possível de se concluir sobre a existência de um máximo ou mínimo para *f* com o uso do hessiano, e outras maneiras devem ser buscadas para determinar o comportamento de *f* no domínio. Caso contrário, o **ponto crítico de *f* não é degenerado**, e o hessiano indicará o comportamento de *f* no domínio, conforme é discutido a seguir.

Para definir se o ponto crítico de *f* não degenerado é um ponto de **máximo**, **mínimo** ou **de sela** (ponto crítico, mas em sua vizinhança há pontos que levam a valores da função objetivo *f* tanto maiores quanto menores do que o valor de *f* calculado no ponto crítico – em duas dimensões, é denominado de **ponto de inflexão**), é preciso calcular o determinante da matriz hessiana e seus menores principais. O procedimento é descrito a seguir na forma de um algoritmo passo a passo:

1) Calcular as *n* derivadas de primeira ordem da função *f*. O resultado consistirá de *n* funções das variáveis do vetor $\vec{x}$.

2) Igualar cada uma das *n* funções do item 1 a zero formando um sistema de *n* equações e *n* incógnitas. Resolve-se o sistema por um dos métodos numéricos apresentados nos Capítulos 3 (equações lineares) e 4 (equações não lineares), para encontrar o vetor ponto crítico $\vec{x}_0 = \left(x_{01}, x_{02}, x_{03}, \ldots, x_{0n}\right)^T \in \Re^n$.

3) A partir das derivadas de primeira ordem calculadas no item 1, calcular as derivadas de segunda ordem da função *f* e montar a matriz hessiana $(n \times n)$. Notar que é possível que muitos elementos dessa matriz sejam função das variáveis.

4) Substituir as variáveis presentes na matriz hessiana montada no item 3 pelos valores correspondentes do ponto crítico, ou seja, pelos valores do vetor $\vec{x}_0$. A matriz resultante não terá mais variáveis, somente números.

5) A partir da matriz resultante do item 4, calcular os menores principais. Os resultados também serão números. O cálculo dos menores principais é feito conforme a seguir:

$$
\begin{aligned}
&\det \mathrm{H}_1 = \det \left[f_{,11}(\vec{x}_0) \right] \\
&\det H_2 = \det \begin{bmatrix} f_{,11}(\vec{x}_0) & f_{,12}(\vec{x}_0) \\ f_{,21}(\vec{x}_0) & f_{,22}(\vec{x}_0) \end{bmatrix} \\
&\det \mathrm{H}_3 = \det \begin{bmatrix} f_{,11}(\vec{x}_0) & f_{,12}(\vec{x}_0) & f_{,13}(\vec{x}_0) \\ f_{,21}(\vec{x}_0) & f_{,22}(\vec{x}_0) & f_{,23}(\vec{x}_0) \\ f_{,31}(\vec{x}_0) & f_{,32}(\vec{x}_0) & f_{,33}(\vec{x}_0) \end{bmatrix} \\
&\vdots \\
&\det \mathrm{H}_n = \det \begin{bmatrix} f_{,11}(\vec{x}_0) & f_{,12}(\vec{x}_0) & \cdots & f_{,1n}(\vec{x}_0) \\ f_{,21}(\vec{x}_0) & f_{,22}(\vec{x}_0) & \cdots & f_{,2n}(\vec{x}_0) \\ \vdots & \vdots & \ddots & \vdots \\ f_{,n1}(\vec{x}_0) & f_{,n2}(\vec{x}_0) & \cdots & f_{,nn}(\vec{x}_0) \end{bmatrix}
\end{aligned}
\tag{9.29}
$$

6) Verificar o sinal dos menores principais do item 5, de acordo com a Tabela 9.1, para determinar a que se refere o ponto crítico $\vec{x}_0$.

7) Caso não sejam atendidas as condições do item 6, $\vec{x}_0$ é ponto de sela.

Tabela 9.1 Análise do ponto crítico $\vec{x}_0$ (Chiang, 1984)

Condição	Matriz H	Ponto crítico $\vec{x}_0$
det $H_1 > 0$, det $H_2 > 0$, det $H_3 > 0$,...	Positivamente definida	Ponto de mínimo
det $H_1 < 0$, det $H_2 > 0$, det $H_3 < 0$,...	Negativamente definida	Ponto de máximo

Para finalizar a discussão sobre a matriz hessiana, é importante destacar que ela pode ser avaliada mesmo que *f* não seja conhecida analiticamente. Para tanto, a matriz hessiana pode ser calculada numericamente no ponto crítico $\vec{x}_0$ via diferenciação numérica, de acordo com a teoria apresentada no Capítulo 6.

Exemplo 9.3) Vargas e Bejan (1995) consideraram a configuração esquemática da Fig. 9.4, em que gelo se forma no lado interno de uma parede cilíndrica resfriada pelo lado externo por convecção. No início, o cilindro está cheio de água na temperatura de congelamento, T_m. A parede externa do cilindro, de condutividade térmica k_w, está exposta a um fluido refrigerante $\left(T_\infty < T_m\right)$ quando $t > 0$. Assuma que o coeficiente de transferência de calor entre a parede e o refrigerante, h, seja constante. A transferência de calor entre a camada de gelo e a parede do tubo dá-se por condução *quasi* permanente, o que ocorre quando o número de Stefan é pequeno. Quanto tempo deve-se permitir que o processo de formação de gelo continue, tal que a taxa média no tempo de produção de gelo seja máxima?

Solução

1) Primeiramente, é necessário desenvolver um modelo matemático realístico e suficientemente representativo do processo esquematizado pela Fig. 9.4.

A relação entre o raio interno da camada de gelo em formação, *r*, e o tempo, *t*, é obtida escrevendo que as taxas de transferência de calor por condução e convecção de T_m para T_∞ são igualadas pela taxa de congelamento na interface $r(t)$, como a seguir:

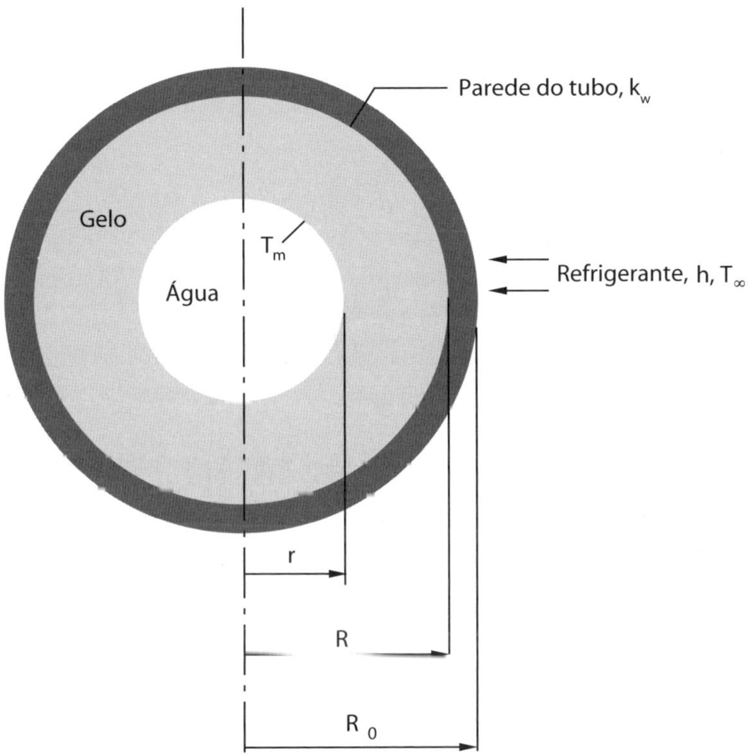

Figura 9.4 O congelamento de água no interior de um tubo circular resfriado externamente.

Fonte: adaptada de Vargas e Bejan, 1995.

$$(T_m - T_\infty)\left\{\frac{\ln(R/r)}{2\pi k_g} + \frac{\ln(R_0/R)}{2\pi k_w} + \frac{1}{h2\pi R_0}\right\}^{-1} = \rho h_{sf}\left(-\frac{dr}{dt}\right)2\pi r \quad (9.30)$$

em que k_g é a condutividade térmica do gelo, ρ é a densidade do gelo, e h_{sf} é o calor latente de solidificação.

A Eq. (9.30) pode ser integrada a partir de $t = 0$, quando $r = R$, para obter uma relação implícita entre o tempo e o raio de gelo interno, dada por:

$$\tau = \frac{x^2}{2}\ln x - \frac{x^2}{4} - \frac{x^2}{2Bi} + \frac{1}{4} + \frac{1}{2Bi} \quad (9.31)$$

em que as variáveis adimensionais são definidas por:

$$x = \frac{r}{R} \quad (9.32)$$

$$\tau = t\frac{k_g(T_m - T_\infty)}{\rho h_{sf} R^2} \quad (9.33)$$

$$Bi = \frac{hR_0}{k_g}\left\{1 + \frac{hR_0}{k_w}\ln\left(\frac{R_0}{R}\right)\right\}^{-1} \quad (9.34)$$

A seção transversal cilíndrica enche-se de gelo quando $x = 0$, ou de acordo com a Eq. (9.31), quando:

$$\tau_0 = \frac{1}{4} + \frac{1}{2Bi} \quad (9.35)$$

A recém-formada coluna de gelo continua a ser sub-resfriada à medida que $\tau > \tau_0$.

Assuma agora que a sequência de operações associada com a remoção da coluna de gelo tenha a duração de t_2 segundos, o que em termos adimensionais corresponde ao valor constante:

$$\tau_2 = t_2 \frac{k_g\left(T_m - T_\infty\right)}{\rho h_{sf} R^2} \tag{9.36}$$

2) Para responder à pergunta formulada neste exemplo, define-se t_1 como a incógnita durante o processo de formação de gelo descrito pela Eq. (9.31). A quantidade de gelo formada em $t = t_1$ é proporcional à área da seção anular transversal mostrada na Fig. 9.4, i.e.:

$$A = \pi R^2 - \pi r^2 = \pi R^2\left(1 - x_1^2\right) \tag{9.37}$$

em que $x_1 = x\left(t_1\right)$. Essa é a quantidade de gelo produzida no intervalo total $t_1 + t_2$, i.e., durante um ciclo de congelamento seguido pela remoção de gelo. Portanto, a taxa média de produção de gelo é proporcional a:

$$\frac{A}{\tau_1 + \tau_2} = \frac{\pi R^2}{\tau_2} \cdot \frac{1 - x_1^2(\theta)}{\theta + 1} \tag{9.38}$$

em que θ é intervalo de tempo de congelamento relativo dado por:

$$\theta = \frac{\tau_1}{\tau_2} \tag{9.39}$$

A função $x_1(\theta)$ é dada pela Eq. (9.31):

$$\theta \cdot \tau_2 = \frac{x_1^2}{2}\left(\ln\, x_1 - \frac{1}{2} - \frac{1}{Bi}\right) + \frac{1}{4} + \frac{1}{2Bi} \tag{9.40}$$

O segundo membro da Eq. (9.38) mostra que a taxa média de produção de gelo varia de acordo com a seguinte função objetivo:

$$P = \frac{1 - x_1^2(\theta)}{\theta + 1} \qquad (0 < x_1 \leq 1) \tag{9.41}$$

que depende de θ, τ_2 e Bi.

Seja $z = x_1^2 \therefore x_1 = z^{1/2} \Rightarrow 0 < z \leq 1$. Assim:

$$\theta \cdot \tau_2 = \frac{z}{4}\ln\, z - \frac{z}{4} - \frac{z}{2Bi} + \frac{1}{4} + \frac{1}{2Bi} \tag{9.42}$$

Portanto, agora deve-se maximizar

$$P = \frac{1 - z}{\theta + 1}$$

otimizando o valor de θ. Para tanto, usa-se o Teorema 9.2, calculando primeiramente:

$$\frac{\partial P}{\partial \theta} = \frac{(\theta + 1)\left(-\frac{\partial z}{\partial \theta}\right) - (1 - z)}{(\theta + 1)^2} \tag{9.43}$$

E, a partir da Eq. (9.42), obtém-se:

$$\frac{\partial \theta}{\partial z} = \frac{1}{\tau_2}\left(\frac{1}{4}\ln\, z - \frac{1}{2Bi}\right) \tag{9.44}$$

E, pelo teorema fundamental do Cálculo:

$$\frac{\partial z}{\partial \theta} = \frac{1}{\partial \theta / \partial z} \quad (9.45)$$

Finalmente, deve-se resolver a seguinte equação para obter z_{ot} tal que P seja máximo:

$$\frac{\partial P}{\partial \theta} = \frac{N(z)}{(\theta + 1)^2} = 0 \quad (9.46)$$

em que:

$$N(z) = \frac{\frac{1}{4}\ln z - \frac{z}{4} + \tau_2 + \frac{1}{4}}{\frac{1}{2Bi} - \frac{1}{4}\ln z} \quad (9.47)$$

Obtém-se z_{ot} resolvendo numericamente, por um dos métodos apresentados no Capítulo 2, a Eq. (9.46), e por meio da Eq. (9.42) encontra-se θ_{ot} para cada par de parâmetros (τ_2, Bi). O resultado é mostrado na Fig. 9.5.

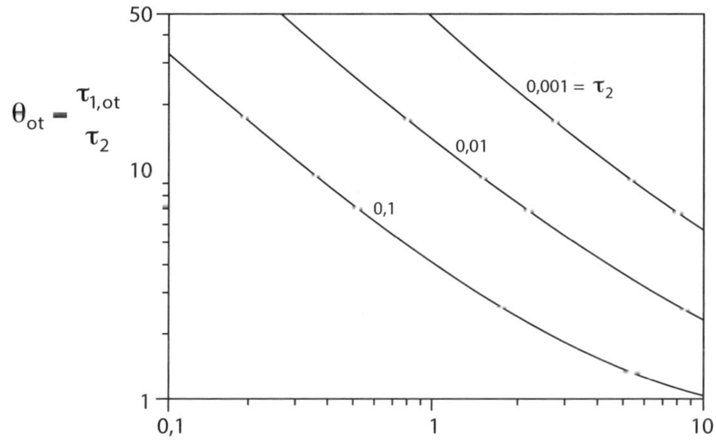

Figura 9.5 A razão ótima de tempo de congelamento, θ_{ot}, como função de (T_2, B_i).

Fonte: adaptada de Vargas e Bejan, 1995.

Pelas Eqs. (9.46) e (9.47), verifica-se que o raio interno ótimo da camada de gelo formado, $x_{ot} = x(\theta_{ot})$, é função somente de τ_2, conforme mostra a Fig. 9.6.

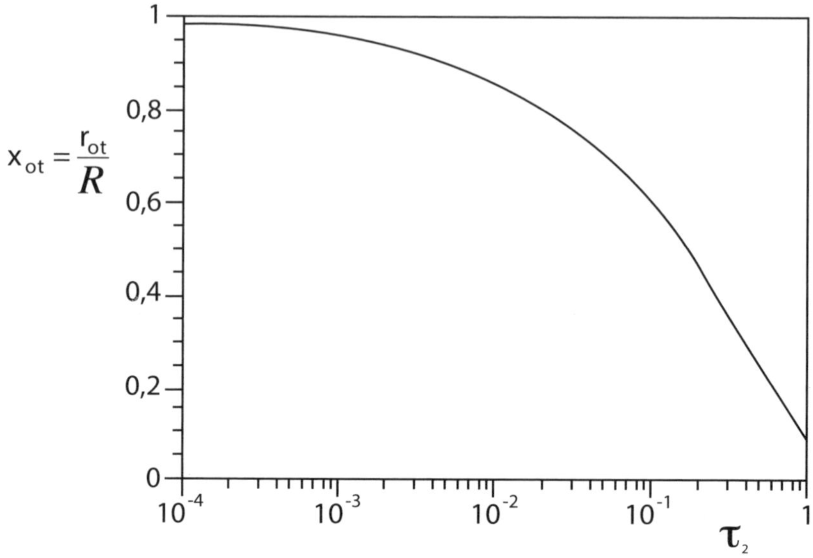

Figura 9.6 O raio interno ótimo da camada de gelo em função do tempo de remoção, τ_2.
Fonte: adaptada de Vargas e Bejan, 1995.

Finalmente, verifica-se diretamente o tempo de congelamento ótimo, $\tau_{1,ot}(Bi, \tau_2)$, multiplicando a ordenada da Fig. 9.5 por τ_2, porque $\tau_{1,ot} = \theta_{ot}\tau_2$. A Fig. 9.7 mostra que o intervalo de congelamento ótimo, $\tau_{1,ot}$, diminui quando o tempo de remoção do gelo, τ_2, diminui para um valor constante de Bi.

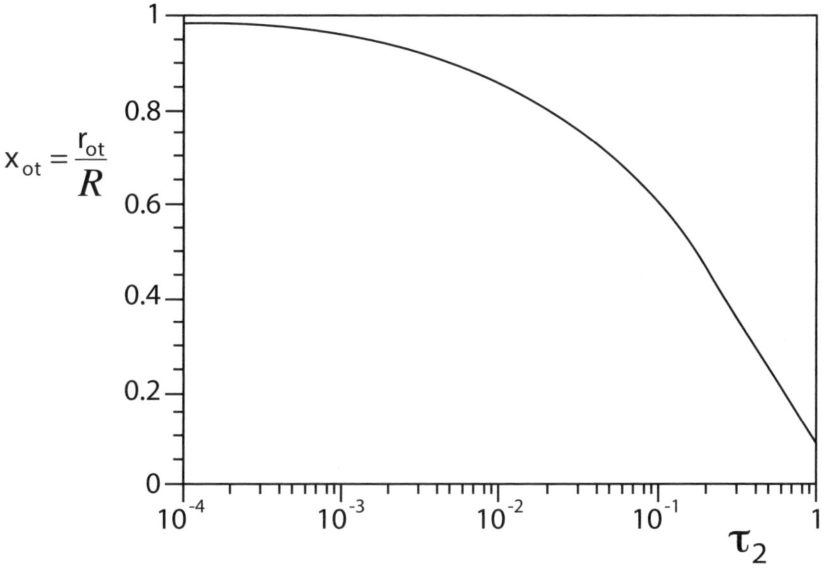

Figura 9.7 O tempo de congelamento ótimo, $\tau_{1,ot}$, como função de (τ_2, Bi).

Fonte: adaptada de Vargas e Bejan, 1995. ■

9.3.3. O método dos multiplicadores de Lagrange

O método dos multiplicadores de Lagrange é um procedimento para se obter os pontos de máximo local ou mínimo local de uma função diferenciável quando suas variáveis estão sujeitas às restrições de igualdade, conforme apresentado pela Eq. (9.4). Mais precisamente, esse método caracteriza os pontos críticos da restrição de uma função diferenciável a uma superfície diferenciável definida implicitamente.

Teorema 9.3

Sejam funções diferenciáveis $f, g_1, \ldots, g_n : U \to \Re, U \subset \Re^m$ aberto, sendo $m, n \in \mathrm{N}^*, m > n$.

(I) Seja S uma interseção dos conjuntos de nível das funções $g_1,\ldots,g_n$,

$$S=\bigcap_{k=1}^{n} g_k^{-1}(c_k)\subset U \qquad (c_1,\ldots,c_n\in\Re) \tag{9.48}$$

Hipóteses:

i) S é uma superfície diferenciável regular com dimensão $d = m - n$.

ii) Para todo $p\in S$, o conjunto de vetores $\{\nabla g_1(p),\ldots,\nabla g_n(p)\}$ é linearmente independente.

Em consequência, os pontos de máximo local e os pontos de mínimo local de f sobre a superfície S são soluções do sistema

$$\begin{cases}\nabla f(\vec{x})=\lambda_1\nabla g_1(\vec{x})+\cdots+\lambda_n\nabla g_n(\vec{x})\\ g_1(\vec{x})=c_1\\ \vdots\\ g_n(\vec{x})=c_n\end{cases} \tag{9.49}$$

no qual $\lambda_1,\ldots,\lambda_n\in\Re$ são constantes a serem determinadas (na resolução do problema), chamadas **multiplicadores de Lagrange**.

(II) Além disso, se $\sigma: W\to U, W\subset\Re^n$ aberto é uma aplicação diferenciável tal que para todo $(c_1,\ldots,c_n)\in W$, $\sigma(c_1,\ldots,c_n)$ é solução do sistema (9.49), sendo os coeficientes $\lambda_1,\ldots,\lambda_n$ funções reais definidas em W, por:

$$\lambda_k=\lambda_k(c_1,\ldots,c_n), \qquad \forall \mathrm{k}=1,\ldots,\mathrm{n} \tag{9.50}$$

Então:

$$\frac{\partial}{\partial c_k}(f\circ\sigma)=\lambda_k, \qquad \forall \mathrm{k}=1,\ldots,\mathrm{n} \tag{9.51}$$

A Eq. (9.51) significa que λ_k é a taxa de variação do valor crítico de f com relação ao valor da restrição g_k, $\forall k = 1,\ldots,n$.

Observação: o teorema da aplicação implícita garante que as hipóteses (i) e (ii) do teorema são automaticamente satisfeitas quando: $G = (g_1,\ldots,g_n): U \to \Re^n$ é continuamente diferenciável e tem como valor regular o ponto $\vec{c} = (c_1,\ldots,c_n) \in \Re^n$.

Prova:

i) Considere $p \in S$ e denote o plano tangente a S em p por T_pS. Dado $k \in \{1,\ldots,n\}$, o vetor $\nabla g_k(p)$ é perpendicular a T_pS (pela regra da cadeia); sob as hipóteses (i) e (ii), isso significa que T_pS e o conjunto de vetores $\{\nabla g_1(p),\ldots,\nabla g_n(p)\}$ geram o espaço $\Re^m$, uma vez que $m = d + n$; equivalentemente, todo vetor em $\Re^m$ perpendicular a T_pS se escreve como combinação linear dos gradientes $\nabla g_1(p),\ldots,\nabla g_n(p)$. Portanto, para provar a primeira parte do teorema, basta mostrar que, se $p \in S$ é um ponto de máximo local ou um ponto de mínimo local de f sobre S, então $\nabla f(p)$ é perpendicular T_pS.

Assim, suponha que p seja ponto de máximo local de f em S. O caso em que p é mínimo local é demonstrado analogamente; considere uma parametrização diferenciável de S em uma vizinhança de p, conforme a seguir:

$$X: V \to S,\ V \subset \Re^{m\,n} \text{ aberto},\ q_0 \in V \text{ e } X(q_0) = p \tag{9.52}$$

tal que:

$$f(X(q)) \leq f(p),\quad \forall q \in V \tag{9.53}$$

Pela teoria dos pontos críticos de funções diferenciáveis, isso implica que a diferencial de $f \circ X$ anula-se em q_0, i.e.:

$$d(f \circ X)\big|_{q_0} = 0 \tag{9.54}$$

Usando a regra da cadeia, isso significa que:

$$\left(\nabla f(p), \partial_k X(q_0)\right) = 0, \quad \forall \mathrm{k} = 1, \ldots, \mathrm{n} \tag{9.55}$$

ou seja, $\nabla f(p)$ é perpendicular a T_pS.

ii) Para a segunda parte do teorema, o sistema formulado pela Eq. (9.49) implica que:

$$\frac{\partial}{\partial \mathrm{c_k}} \left(\mathrm{g_j} \circ \sigma\right) = \delta_{\mathrm{jk}}, \quad \forall j, \mathrm{k} = 1, \ldots, \mathrm{n} \tag{9.56}$$

O que significa que:

$$\left(\nabla \mathrm{g_j}(\sigma), \frac{\partial \sigma}{\partial \mathrm{c_k}}\right) = \delta_{\mathrm{jk}}, \ \forall j, \mathrm{k} = 1, \ldots, \mathrm{n} \tag{9.57}$$

Por outro lado,

$$\frac{\partial}{\partial \mathrm{c_k}} (\mathrm{f} \circ \sigma) = \left(\nabla f(\sigma), \frac{\partial \sigma}{\partial \mathrm{c_k}}\right) \tag{9.58}$$

Combinando esse resultado com a primeira equação vetorial do sistema formulado pela Eq. (9.49), obtém-se:

$$\begin{aligned} \frac{\partial}{\partial \mathrm{c_k}} (\mathrm{f} \circ \sigma) &= \left(\lambda_1 \nabla g_1(\sigma) + \cdots + \lambda_n g_n(\sigma), \frac{\partial \sigma}{\partial \mathrm{c_k}}\right) \\ &= \lambda_1 \underbrace{\left(\nabla g_1(\sigma), \frac{\partial \sigma}{\partial \mathrm{c_k}}\right)}_{\delta_{1k}} + \cdots + \lambda_n \underbrace{\left(\nabla g_n(\sigma), \frac{\partial \sigma}{\partial \mathrm{c_k}}\right)}_{\delta_{nk}} \\ &= \lambda_k, \quad \forall \mathrm{k} = 1, \ldots, \mathrm{n} \end{aligned} \tag{9.59}$$ ■

Exemplo 9.4) Determine o ponto sobre a reta de interseção dos planos $x+2y+z=1$ e $-3x-y+2z=4$ que está mais próximo à origem.

Solução

1) Inicia-se pela formulação matemática da distância de um ponto genérico qualquer à origem, i.e., $d=x^2+y^2+z^2$. Essa é, portanto, a função objetivo a ser minimizada pelo problema com as restrições $x+2y+z=1$ e $-3x-y+2z=4$. Para tanto, usando o método de multiplicadores de Lagrange, primeiramente define-se:

$$F(x,y,z,\lambda,\mu)=x^2+y^2+z^2-\lambda(x+2y+z-1)-\mu(-3x-y+2z-4) \quad (9.60)$$

2) Para maximizar a distância de d, deve-se resolver o sistema $\nabla F=0$ para encontrar os pontos críticos $\vec{x}_0$, ou seja:

$$\begin{cases} \dfrac{\partial F}{\partial x}=2x-\lambda+3\mu=0 \\ \dfrac{\partial F}{\partial y}=2y-2\lambda+\mu=0 \\ \dfrac{\partial F}{\partial z}=2z-2\lambda+\mu=0 \\ \dfrac{\partial F}{\partial \lambda}=-(x+2y+z-1)=0 \\ \dfrac{\partial F}{\partial \mu}=-(-3x-y+2z-4)=0 \end{cases} \quad (9.61)$$

A esse ponto, verifica-se que a solução do sistema de equações (9.61) é possível de ser obtida diretamente por um método de substituição algébrica. No entanto, normalmente, em problemas complexos ligados a modelos matemáticos não lineares de sistemas físicos reais, o sistema de n equações e n incógnitas formulado por $\nabla F=0$ não admite uma solução analítica, requerendo uma solução numérica por um processo iterativo. Nesse caso, deve-se optar pelo método mais adequado ao problema dentre os métodos apresentados no Capítulo 4. Neste exemplo, prossegue-se com a solução analítica, trabalhando com as três primeiras equações do sistema (9.61):

$$x = \frac{\lambda - 3\mu}{2},\ y = \frac{2\lambda - \mu}{2},\ z = \frac{\lambda + 2\mu}{2} \tag{9.62}$$

Substituindo na quarta e quinta equações e simplificando, obtém-se:

$$\begin{cases} 6\lambda - 3\mu = 2 \\ 3\lambda - 14\mu = -8 \end{cases} \tag{9.63}$$

Portanto, resolvendo diretamente as equações (9.63), obtém-se

$$\lambda = \frac{52}{75} \text{ e } \mu = \frac{54}{75}.$$

Finalmente, substituindo esses valores na Eq. (9.62), obtém-se o ponto crítico

$$\bar{x}_0 = \left(-\frac{11}{15}, \frac{5}{15}, \frac{16}{15}\right),$$

que de fato é o ponto mais próximo à origem que foi pedido no enunciado do exemplo. ■

9.3.4. O método da força bruta

O método da força bruta é o método de maior simplicidade algébrica dentre todos os apresentados até aqui. Para um sistema físico qualquer, na existência de um modelo matemático para prever o comportamento das variáveis de processo, é possível enunciar uma função objetivo f, conforme a Eq. (9.3). Após a seleção de parâmetros a otimizar, conforme discutido no item 9.2.3, e definidas faixas de variação para esses parâmetros, o método de força bruta propõe que essas faixas sejam adequadamente discretizadas e que a função objetivo seja avaliada para cada valor dos parâmetros em otimização. Assim, o valor máximo ou mínimo da função objetivo obtido no processo identifica o conjunto de parâmetros ótimos. Fica assim evidente que o custo computacional do processo é significativamente mais elevado do que os outros métodos apresentados até aqui. No entanto, o **método da força bruta** apresenta a grande vantagem de poder tratar de forma numericamente simples qualquer problema de otimização.

O exemplo a seguir apresenta uma aplicação prática que ilustra os detalhes físicos e matemáticos dessa metodologia.

Exemplo 9.5) Vargas et al. (2009) estudaram um sistema de cogeração consistindo de um coletor solar, um queimador a gás e um refrigerador de absorção, com o objetivo de produzir simultaneamente aquecimento (em um trocador de calor de água quente) e frio (via sistema de refrigeração por absorção), mostrado esquematicamente na Fig. 9.8. O trabalho propôs um modelo matemático adimensional para prever a resposta do sistema nos regimes transiente e permanente sob diferentes condições de projeto e operação. Utilizando o modelo matemático proposto, proceda a otimização global do sistema para máximo desempenho (ou mínima destruição de exergia) na busca por mínimo tempo de resfriamento e aquecimento, e máxima eficiência de segunda lei da termodinâmica.

Solução

i) Modelo matemático

O sistema global é dividido em três subsistemas integrados, conforme mostra a Fig. 9.8: a) coletor solar; b) tanque de armazenamento de energia e trocador de calor de água quente, e c) trocador de calor regenerador e refrigerador de absorção.

a) Coletor solar

Uma vez que o objetivo principal deste exemplo é a demonstração de um processo de otimização pelo método de força bruta, o modelo matemático é assumido como dado. Portanto, muitas hipóteses utilizadas para escrever as equações são aqui omitidas, mas podem ser encontradas no trabalho de Vargas et al. (2009).

A taxa de transferência de calor através da superfície do coletor solar na Fig. 9.8 é calculada por:

$$\dot{Q}_c = (H_c - B_c)\ A_c \tag{9.64}$$

em que H_c é a radiação incidente, B_c é a radiosidade, i.e., a taxa de transferência de calor por unidade de área deixando a superfície, e A_c é a área exposta da superfície do coletor.

A taxa de transferência de calor pela superfície cinza do coletor é dada por:

$$\dot{Q}_c = \left\{\alpha_c \dot{I} - \varepsilon_c \sigma \left(T_c^4 - T_0^4\right)\right\} \mathrm{A_c} \tag{9.65}$$

O inventário de condutância térmica de todo o sistema, *UA* (*hardware*), é uma restrição adotada pelo projeto, expressa por:

$$UA = (UA)_H + (UA)_L + (UA)_0 \tag{9.66}$$

Assim, condutâncias térmicas adimensionais são definidas por:

$$\gamma_i = \frac{(UA)_i}{UA} \tag{9.67}$$

Taxas de transferência de calor e trabalho, temperaturas, tempo e massa adimensionais são definidas por:

$$\left(\tilde{Q}_i,\tilde{W}_i\right)=\frac{\left(\dot{Q}_i,\dot{W}_i\right)}{UAT_0},\quad \tau_i=\frac{T_i}{T_0},\ \tilde{t}=\frac{t}{\left(m_{H,s}c_s\right)/(UA)},\ \tilde{m}_i=\frac{m_i}{m_{H,s}} \tag{9.68}$$

As taxas de capacidade térmica, calores específicos, radiação líquida absorvida e emitida pelo coletor solar são definidos por:

$$\psi_{i,j}=\frac{\dot{m}_i c_j}{UA},\quad \tilde{c}_i=\frac{c_i}{c_s},\ \tilde{I}=\frac{\alpha_c A_c \dot{I}}{UAT_0},\ \tilde{\varepsilon}_c=\frac{\varepsilon_c A_c \sigma T_0^3}{UA} \tag{9.69}$$

Nas Eqs. (9.67) a (9.69), os subscritos *i* e *j* referem-se a uma locação particular ou subsistema da Fig. 9.8. Duas equações adicionais são necessárias para avaliar as temperaturas do coletor solar e de saída do fluido térmico na serpentina como funções do tempo, dadas por:

$$\frac{d\tau_c}{d\tilde{t}}=\left\{\tilde{Q}_c-\gamma_c\left(\tau_c-1\right)-\tilde{Q}_{sp}\right\}\frac{1}{\tilde{m}_c\tilde{c}_c} \tag{9.70}$$

$$\frac{d\tau_{sp}}{d\tilde{t}}=\left\{\psi_{sp,s}\left(\tau_t-\tau_{sp}\right)+\tilde{Q}_{sp}-\tilde{W}_{fr,sp}\right\}\frac{1}{\tilde{m}_{sp,s}} \tag{9.71}$$

em que

$$\tilde{m}_c\tilde{c}_c=\left(m_{sp}c_{sp}+m_{c,air}c_{v,air}+m_{c,g}c_{c,g}+m_{c,m}c_{c,m}\right)/\left(m_{H,s}c_s\right),$$

$$\tilde{Q}_c=\tilde{I}-\tilde{\varepsilon}_c\left(\tau_c^4-1\right),\ \text{e}\ \tilde{Q}_{sp}=\gamma_{sp}\left(\tau_c-\tau_{sp}\right).$$

Na Eq. (9.71), o trabalho que o fluido deve realizar para vencer o atrito, $\tilde{W}_{fr,i}$, é calculado por:

$$\tilde{W}_{fr,i}=\frac{\dot{W}_{fr,i}}{UAT_0}=\frac{\dot{m}_i\Delta p_i/\rho_{fluid}}{UAT_0} \tag{9.72}$$

em que

$$\Delta p_i=2\ \mathrm{f}\frac{\mathrm{L_i}}{\mathrm{D_i}}\rho_{fluid}u_i^2 \tag{9.73}$$

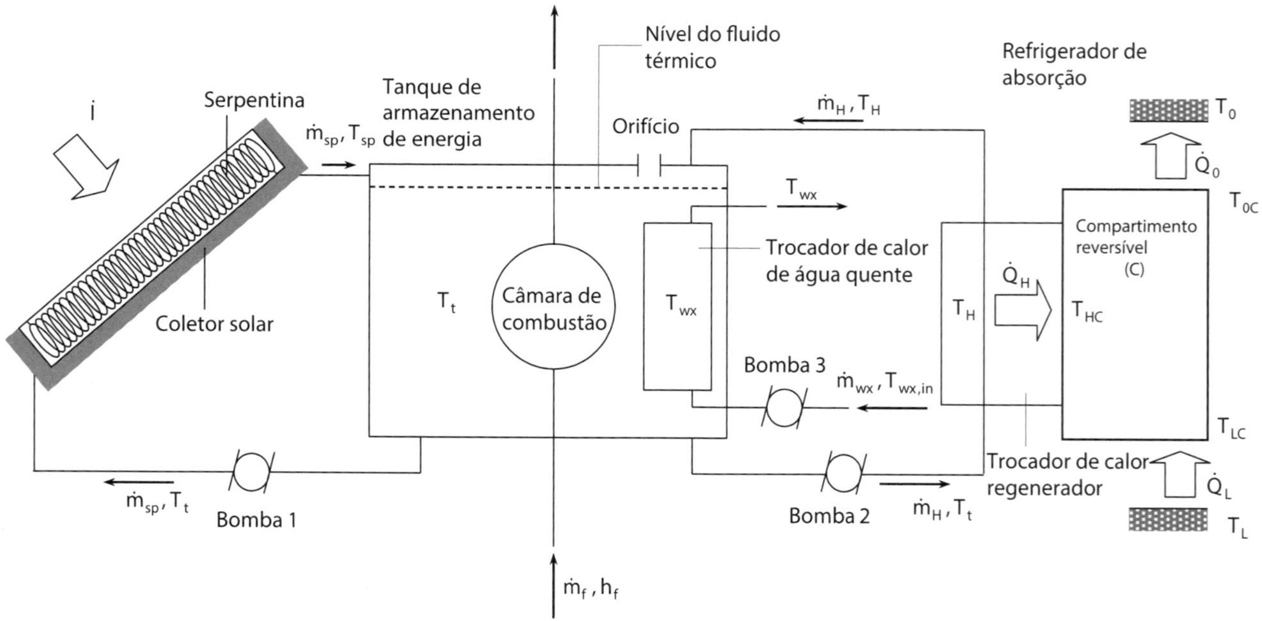

Figura 9.8 Diagrama esquemático do sistema proposto de aquecimento de água e refrigeração alimentado por energia solar e um queimador a gás.

Fonte: adaptada de Vargas et al., 2009.

com $u_i = \dfrac{\dot{m}_i}{\rho_{fluid} A_{i,ts}}$.

b) Tanque de armazenamento de energia e trocador de calor de água quente.

As temperaturas nos dois sistemas são calculadas por:

$$\frac{d\tau_t}{d\tilde{t}} = \left\{ \tilde{Q}_{wx} + \tilde{Q}_{cc} - \gamma_{t,w}(\tau_t - 1) + \psi_{sp,s}(\tau_{sp} - \tau_t) - \tilde{Q}_{Hs} \right\} \frac{1}{\tilde{m}_t \tilde{c}_t} \quad (9.74)$$

em que $\tilde{m}_t \tilde{c}_t = (m_{t,s} c_s + m_{t,w} c_{t,w} + m_{cc} c_{cc}) / (m_{H,s} c_s)$, $\tilde{Q}_{wx} = \gamma_{t,wx}(\tau_{wx} - \tau_t)$, $\tilde{Q}_{Hs} = \psi_{H,s}(\tau_t - \tau_H)$, e

$$\tilde{Q}_{cc} = \eta_{I,cc} \frac{LHV_f \dot{m}_f}{UAT_0} \quad (9.75)$$

$$\frac{d\tau_{wx}}{d\tilde{t}} = \left\{ \psi_{wx,wx}(\tau_{wx,in} - \tau_{wx}) - \tilde{Q}_{wx} - \tilde{W}_{fr,wx} \right\} \frac{1}{\tilde{m}_h \tilde{c}_h} \quad (9.76)$$

em que $\tilde{m}_h \tilde{c}_h = (m_{wx} c_{wx} + m_{hx} c_{hx}) / (m_{H,s} c_s)$, e o trabalho de atrito, $\tilde{W}_{fr,wx}$, é calculado de acordo com a Eq. (9.72).

c) Trocador de calor regenerador e refrigerador de absorção.

A taxa de entrada de calor no refrigerador de absorção é provida pelo trocador de calor regenerador. A efetividade do regenerador é definida por:

$$\lambda = \frac{\dot{Q}_{Hs}}{\dot{Q}_{H,\max}} \quad (9.77)$$

em que $\dot{Q}_{Hs} = \dot{m}_H c_s (T_t - T_H)$ é a taxa de transferência de calor real entregue pelo fluido térmico, e $\dot{Q}_{H,\max} = \dot{m}_H c_s (T_t - T_{HC})$ é a taxa de transferência de calor máxima possível, reconhecendo que a máxima transferência de calor ocorreria quando a temperatura de saída do lado quente do regenerador se igualasse à temperatura T_{HC}. Assim, escreve-se:

$$\tau_{HC} = \frac{\tau_H - (1-\lambda)\ \tau_t}{\lambda} \tag{9.78}$$

em que, para um trocador de calor de contracorrente com mudança de fase, a efetividade é calculada por:

$$\lambda = 1 - \exp(-NTU_H) \tag{9.79a}$$

$$NTU_H = \gamma_H \ \frac{\text{UA}}{\dot{\text{m}}_{\text{H}} c_s} = \frac{\gamma_H}{\psi_{H,s}} \tag{9.79b}$$

A temperatura do lado quente do regenerador é calculada por:

$$\frac{d\tau_H}{d\tilde{t}} = \left\{ \tilde{Q}_{Hs} - \tilde{Q}_H - \gamma_{H,w}(\tau_H - 1) - \tilde{W}_{fr,H} \right\} \frac{1}{\tilde{m}_H \tilde{c}_H} \tag{9.80}$$

na qual o trabalho de atrito no regenerador, $\tilde{W}_{fr,H}$, é calculado de acordo com a Eq. (9.72), $\tilde{m}_H \tilde{c}_H = (m_{H,m} c_{H,m} + m_{H,s} c_s)/(m_{H,s} c_s)$. Com τ_{HC} calculado pela Eq. (9.78), obtém-se:

$$\tilde{Q}_H = \gamma_H (\tau_H - \tau_{HC}) \tag{9.81}$$

As equações para o refrigerador de absorção são desenvolvidas para condições *quasi* permanentes:

$$\tilde{Q}_0 = \gamma_0 (\tau_{0C} - 1) \tag{9.82}$$

$$\tilde{Q}_L = \gamma_L (\tau_L - \tau_{LC}) \tag{9.83}$$

$$\tilde{Q}_H + \tilde{Q}_L = \tilde{Q}_0 \tag{9.84}$$

$$\frac{\tilde{Q}_H}{\tau_{HC}} + \frac{\tilde{Q}_L}{\tau_{LC}} = \frac{\tilde{Q}_0}{\tau_{0C}} \tag{9.85}$$

As incógnitas são $\tilde{Q}_0$, $\tilde{Q}_L$, τ_{LC}, τ_{0C} e τ_L. A equação para calcular τ_L, temperatura do espaço frio, é dada por:

$$\frac{d\tau_L}{d\tilde{t}} = \left\{\tilde{Q}_{cs} - \tilde{Q}_L - \gamma_{L,w}(\tau_L - 1)\right\}\frac{1}{\tilde{m}_L\tilde{c}_L} \tag{9.86}$$

em que $\tilde{Q}_{cs}$ é uma carga térmica conhecida no espaço frio.

Pela restrição de projeto da Eq. (9.66), as condutâncias térmicas adimensionais do refrigerador de absorção são relacionadas entre si, como a seguir:

$$\gamma_0 = 1 - \gamma_L - \gamma_H \tag{9.87}$$

ii) Otimização termodinâmica

O problema de otimização foca inicialmente na determinação de vazão mássica, $\dot{m}_{sp}$, que é um importante parâmetro de operação do sistema. Os produtos do sistema proposto são as taxas de produção de água quente (aquecimento) e refrigeração (resfriamento). A existência de uma máxima taxa de produção de aquecimento e resfriamento com relação a $\dot{m}_{sp}$ é esperada com base na análise de dois extremos: (i) quando $\dot{m}_{sp} \to 0$, a taxa de transferência de calor e a taxa de exergia de escoamento coletadas pelo fluido térmico tendem a zero, e (ii) quando $\dot{m}_{sp} \to \infty$, a perda de calor do coletor para o ambiente e o trabalho de atrito do fluido aumentam, e a temperatura de saída da serpentina é quase a mesma da entrada, uma vez que o trocador de calor é finito. Consequentemente, à medida que a velocidade do fluido aumenta, a variação de temperatura na serpentina e a transferência de calor tendem a zero, e a taxa de exergia de escoamento recebida pela corrente $\dot{m}_{sp}$ também é baixa. Portanto, em ambos os extremos, as taxas de produção de aquecimento e resfriamento são desprezíveis. Esse comportamento assintótico em zero e em valores muito altos de $\dot{m}_{sp}$ indica a existência de uma vazão mássica intermediária (e ótima) $\dot{m}_{sp}$ que maximiza as taxas de produção de aquecimento e resfriamento do sistema.

A taxa de entrada de exergia adimensional no sistema é dada por:

$$\tilde{E}_c = \tilde{Q}_c\left(1-\frac{1}{\tau_c}\right),\ \tilde{E}_{cc} = \eta_{II,cc}\frac{\xi_{ch,f}\dot{m}_f}{UAT_0},\ \tilde{E}_{in} = \tilde{E}_c + \tilde{E}_{cc} \tag{9.88}$$

A taxa de produção de aquecimento é avaliada pela taxa de exergia de escoamento coletada pela corrente de água no trocador de calor de água quente mostrado na Fig. 9.8, segundo:

$$\tilde{E}_{wx} = \frac{\dot{m}_{wx}\left(e_{wx,out} - e_{wx,in}\right)}{UAT_0} = \psi_{wx,wx}\left(\tau_{wx} - \tau_{wx,in} - \ln\frac{\tau_{wx}}{\tau_{wx,in}}\right) \tag{9.89}$$

em que e representa a exergia específica de escoamento, i.e., $e=\left(h-h_0\right)-T_0\left(s-s_0\right)$.

O segundo produto é a taxa de produção de resfriamento do refrigerador de absorção. Ela é avaliada por:

$$\tilde{E}_L = \tilde{Q}_L\left(\frac{1}{\tau_L}-1\right) \tag{9.90}$$

A medida adimensional apropriada do ótimo termodinâmico (função objetivo) é o máximo alcançado pela eficiência combinada de segunda lei da termodinâmica do sistema como um todo, que é calculada por:

$$\eta_{II} = \frac{\tilde{E}_{wx} + \tilde{E}_L}{\tilde{E}_{in}} \tag{9.91}$$

iii) Método numérico, resultados e discussão

A solução do problema consistiu na integração das Eqs. (9.70), (9.71), (9.74), (9.76), (9.80) e (9.86) no tempo, resolvendo o sistema não linear composto pelas Eqs. (9.82) a (9.85) a cada passo de tempo. Os objetivos são minimizar os tempos de *pull-down* e de *pull-up*, $\tilde{t}_{pd}$ e $\tilde{t}_{pu}$, para alcançar *setpoints* preestabelecidos, i.e., uma temperatura de espaço refrigerado $\tau_{L,set}$, e uma temperatura de água aquecida $\tau_{wx,set}$, respectivamente, em operação transiente. Em operação em regime permanente, esses objetivos são traduzidos em maximizar a eficiência combinada de segunda lei da termodinâmica, definida pela Eq. (9.91). As propriedades e os parâmetros foram selecionados de acordo com a Tabela 9.2.

Tabela 9.2 Propriedades e parâmetros utilizados nas simulações (Vargas et al., 2009)

$A_c = 40\ \text{m}^2$	$\tilde{Q}_{cc} = 0{,}0403$
$D_{sp}, D_h, D_H = 0{,}01\ \text{m}$	$\tilde{Q}_{cs} = 0{,}00034$
$\tilde{E}_{cc} = 0{,}0396$	$T_0 = 298{,}15\ \text{K}$
$f = 0{,}01$	$UA = 500\ \text{WK}^{-1}$
$\dot{I} = 1400\ \text{Wm}^{-2}$	$\gamma_c = 0{,}1$
$L_{sp} = 100\ \text{m}$	$\gamma_H = 0{,}25$
$L_h, L_H = 10\ \text{m}$	$\gamma_{H,w} = 0{,}06$
$m_{H,s}c_s = 2{,}391\ \text{JK}^{-1}$	$\gamma_L = 0{,}25$
$\tilde{m}_{sp,s} = 4$	$\gamma_{L,w} = 0{,}1$
$\tilde{m}_c\tilde{c}_c = 4{,}53$	$\gamma_{sp} = 1$
$\tilde{m}_h\tilde{c}_h = 4{,}26$	$\gamma_{t,w} = 0{,}1$
$\tilde{m}_H\tilde{c}_H = 1{,}77$	$\gamma_{t,wx} = 0{,}5$
$\tilde{m}_L\tilde{c}_L = 22{,}58$	$\varepsilon_c = 0{,}9$
$\tilde{m}_t\tilde{c}_t = 407{,}7$	$\tau_{wx,in} = 1$

As condições iniciais $\left(\tau_c, \tau_{sp}, \tau_t, \tau_{wx}, \tau_H, \tau_L\right)_0$ são estabelecidas para completar a formulação do problema de valor inicial. É importante destacar que uma alocação ótima de condutância térmica para refrigeradores de absorção foi identificada em estudos anteriores (Bejan et al., 1995; Vargas et al., 1996) para alcançar máxima taxa de refrigeração, i.e., $\left(\gamma_0, \gamma_H, \gamma_L\right)_{opt} = (0{,}5;\ 0{,}25;\ 0{,}25)$, que praticamente não se altera com os níveis de temperatura na fronteira do refrigerador $\left(\tau_H, \tau_L\right)$. Assim, utiliza-se essa arquitetura nesta análise.

O modelo matemático é utilizado para calcular o comportamento transiente do sistema, começando pelas condições iniciais, e então a solução avança no tempo até que uma condição desejada seja atingida (*setpoints* de temperaura ou o regime permanente). As equações são integradas no tempo explicitamente usando um método de Runge-Kutta de passo de tempo adaptativo de 4ª e 5ª ordem, conforme apresentado no Capítulo 7. O passo de tempo é ajustado automaticamente de acordo com o erro de truncamento local (ETL), que é mantido abaixo da tolerância pré-especificada de 10^{-6}. As condições de regime permanente são verificadas quando

$$\left|\frac{\partial \tau_i}{\partial \tilde{t}}\right| \leq 10^{-6},$$

em que o subscrito i se refere a cada uma das temperaturas calculadas na simulação. Durante a integração das equações diferenciais ordinárias (EDO), usando o valor em cada instante de tempo de τ_H, as Eqs. (9.78) e (9.79) determinam τ_{HC}, e a Eq. (9.81) avalia $\tilde{Q}_H$, tal que o sistema (9.82) a (9.85) é resolvido para $\tilde{Q}_0, \tilde{Q}_L, \tau_{0C}$ e τ_{LC} em cada passo de tempo da integração numérica das Eqs. (9.70), (9.71), (9.74), (9.76), (9.80) e (9.86). O sistema não linear (9.82) a (9.85) é resolvido por substituição analítica, determinando primeiramente $\tilde{Q}_L$ por meio da seguinte equação quadrática:

$$C_1\tilde{Q}_L^2 + C_2\tilde{Q}_L - C_3 = 0 \tag{9.92}$$

em que

$$C_1 = \frac{1}{1-\gamma_H-\gamma_L} + \left(1 - \frac{\tilde{Q}_H}{\tau_{HC}\left(1-\gamma_H-\gamma_L\right)}\right)/\gamma_L,$$

$$C_2 = 1 + \frac{\tilde{Q}_H}{1-\gamma_H-\gamma_L} - \tau_L\left\{1 - \frac{\tilde{Q}_H}{\tau_{HC}\left(1-\gamma_H-\gamma_L\right)}\right\} + \left\{1 - \frac{1}{\tau_{HC}}\left(1 + \frac{\tilde{Q}_H}{1-\gamma_H-\gamma_L}\right)\right\}\frac{\tilde{Q}_H}{\gamma_L},$$

e

$$C_3 = \left\{1 - \frac{1}{\tau_{HC}}\left(1 + \frac{\tilde{Q}_H}{1-\gamma_H-\gamma_L}\right)\right\}\tilde{Q}_H\ \tau_L.$$

Na Eq. (9.92), somente a raiz positiva é selecionada por meio de

$$\tilde{Q}_L = \frac{-C_2 + \left(C_2^2 - 4C_1C_3\right)^{1/2}}{2C_1} \tag{9.93}$$

Uma vez que $\tilde{Q}_L$ seja conhecido, $\tilde{Q}_0, \tau_{0C}$ e τ_{LC} são calculados com o sistema (9.82) a (9.85) e com o valor atualizado de τ_L para o passo de tempo em questão.

A análise inicia-se com os parâmetros fixos listados na Tabela 9.2, i.e., assumindo radiação solar constante e sem entrada de calor pela câmara de combustão. A busca pela otimização termodinâmica do sistema iniciou-se pelo monitoramento do comportamento de τ_L e τ_{wx} ao longo do tempo, para três taxas de capacidade adimensionais do fluido térmico na serpentina, $\psi_{sp,s}$, da Fig. 9.8, mantendo as outras constantes, i.e., $\psi_{H,s}$ e $\psi_{wx,wx}$. A Fig. 9.9 mostra que há um valor intermediário de $\psi_{sp,s}$, entre 0,48 e 4,3, tal que o gradiente temporal de temperatura é máximo, minimizando os tempos de *pull-down* e *pull-up* para alcançar *setpoints* de temperatura prescritos ($\tau_{L,set} = 0,97$ e $\tau_{wx,set} = 1,08$).

Uma vez que há três taxas de capacidade térmica que caracterizam o sistema proposto ($\psi_{sp,s}$, $\psi_{H,s}$ e $\psi_{wx,wx}$), três níveis de otimização são identificados para buscar o máximo desempenho do sistema. As faixas de variação de cada parâmetro a ser otimizado foram: $0,2 \leq \psi_{sp,s} \leq 4,3$; $0,096 \leq \psi_{H,s} \leq 0,335$; e $0,083 \leq \psi_{wx,wx} \leq 0,584$. A discretização escolhida nas três faixas para a aplicação do **método de otimização por força bruta** foi o conjunto mais esparso tal que o valor ótimo de cada parâmetro não mudou à medida que os conjuntos eram refinados, enquanto o erro relativo foi mantido abaixo de 1% em todos os casos.

O procedimento de otimização dos três parâmetros pelo **método de força bruta** do sistema de cogeração utilizado para obter os resultados mostrados nas Figs. 9.10 a 9.14 é resumido pelos algoritmos a seguir:

a) Minimização do tempo de *pull-down*:

1) Fixar a taxa de capacidade térmica da água quente, $\psi_{wx,wx}$, em um valor desejado.

2) Variar a taxa de capacidade térmica do fluido térmico no regenerador: $0,096 \leq \psi_{H,s} \leq 0,335$.

3) Variar a taxa de capacidade térmica do fluido térmico na serpentina: $0,2 \leq \psi_{sp,s} \leq 4,3$.

4) Para cada conjunto de capacidades térmicas ($\psi_{sp,s}$, $\psi_{H,s}$ e $\psi_{wx,wx}$), usar o modelo para determiner o tempo de *pull-down*, $\tilde{t}_{pd}$, para alcançar o *setpoint* de temperatura do espaço refrigerado, $\tau_{L,set}$.

5) Analisando todos os conjuntos testados para uma determinada taxa de capacidade térmica de água quente, $\psi_{wx,wx}$, selecionar $\left(\psi_{sp,s}, \psi_{H,s}\right)_{opt}$ que leva ao mínimo tempo de *pull-down*, $\tilde{t}_{pd,\min,\min}$, duas vezes minimizado.

b) Minimização do tempo de *pull-up*:

1) Fixar a taxa de capacidade térmica do fluido térmico no regenerador, $\psi_{H,s}$, em algum valor desejado.

2) Variar a taxa de capacidade térmica da água quente: $0{,}083 \leq \psi_{wx,wx} \leq 0{,}584$.

3) Variar a taxa de capacidade térmica do fluido térmico na serpentina: $0{,}2 \leq \psi_{sp,s} \leq 4{,}3$.

4) Para cada conjunto de taxas de capacidade térmica ($\psi_{sp,s}$, $\psi_{H,s}$ e $\psi_{wx,wx}$), usar o modelo para determinar o tempo de *pull-up*, $\tilde{t}_{pu}$, para alcançar o *setpoint* de temperatura da água aquecida, $\tau_{wx,set}$.

5) Analisando todos os conjuntos testados, para uma taxa de capacidade térmica específica para o fluido térmico do regenerador, $\psi_{H,s}$, selecione $\left(\psi_{sp,s}, \psi_{wx,wx}\right)_{opt}$ que leva ao mínimo tempo de *pull-up*, $\tilde{t}_{pu,\min,\min}$, duas vezes minimizado.

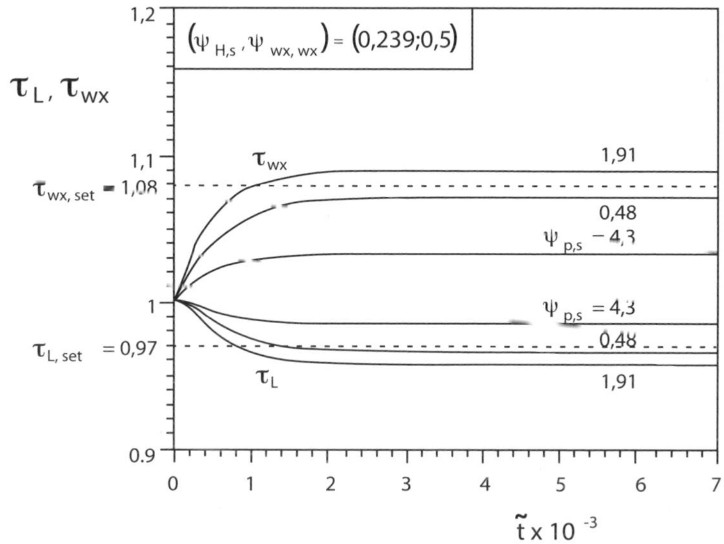

Figura 9.9 Tempos de *pull-down* e *pull-up* para alcançar $\tau_{L,set} = 0{,}97$ e $\tau_{wx,set} = 1{,}08$, respectivamente, com relação a $\psi_{sp,s}$.

Fonte: adaptada de Vargas et al., 2009.

c) Maximização da eficiência combinada de segunda lei da termodinâmica:

1) Variar a taxa de capacidade térmica do fluido térmico do regenerador: $0{,}096 \leq \psi_{H,s} \leq 0{,}335$.

2) Variar a taxa de capacidade térmica da água quente: $0{,}083 \leq \psi_{wx,wx} \leq 0{,}584$.

3) Variar a taxa de capacidade térmica do fluido térmico da serpentina: $0{,}2 \leq \psi_{sp,s} \leq 4{,}3$.

4) Para cada conjunto de taxas de capacidade térmica ($\psi_{sp,s}$, $\psi_{H,s}$ e $\psi_{wx,wx}$), usar o modelo para determinar a eficiência combinada de segunda lei da termodinâmica em regime permanente, η_{II}, Eq. (9.91).

5) Analisando todos os conjuntos testados, selecione $\left(\psi_{H,s}, \psi_{wx,wx}, \psi_{sp,s}\right)_{opt}$ que leva à eficiência combinada de segunda lei da termodinâmica, $\eta_{II,\max,\max,\max}$, três vezes maximizada.

A otimização com relação à taxa de capacidade térmica do fluido térmico no coletor é conduzida na Fig. 9.10, tanto para tempos de *pull-down* como para de *pull-up*, para $\left(\psi_{H,s}, \psi_{wx,wx}\right) = \left(0{,}239;\ 0{,}5\right)$.

Observa-se que o valor ótimo de $\psi_{sp,s}$ é o mesmo para ambos os objetivos, i.e., resfriamento e aquecimento. Isso se explica pelo fato de que o trocador de calor de água quente e o refrigerador de absorção são alimentados pela mesma fonte de calor. Fica também claro que a mesma oportunidade de otimização existe para outros pares $\left(\psi_{H,s}, \psi_{wx,wx}\right)$, baseado na explicação dada no início desta seção, "ii) Otimização termodinâmica".

A seguir, para uma melhor interpretação dos resultados, a otimização é buscada separadamente para cada produto desejado, i.e., resfriamento e aquecimento. A Fig. 9.11A mostra a minimização do tempo de *pull-down* do espaço refrigerado para diferentes valores de $\psi_{H,s}$. Fica claro que há um segundo mínimo, dessa vez com relação a $\psi_{H,s}$. A minimização do tempo de *pull-down* foi buscada para $0{,}096 \leq \psi_{H,s} \leq 0{,}335$, e $\psi_{wx,wx} = 0{,}5$, e os resultados são mostrados na Fig. 9.11B. A taxa de capacidade térmica ótima do coletor é "robusta" com relação à variação de $\psi_{H,s}$, i.e., $\psi_{sp,s,opt} \cong 1{,}73$. O tempo de *pull-down* minimizado duas vezes acontece no par ótimo $\left(\psi_{sp,s}, \psi_{H,s}\right)_{opt} \cong (1,73;\ 0,25)$, para $\psi_{wx,wx} = 0,5$. Usando o mesmo procedimento para a obtenção do tempo de *pull-up*, a taxa de capacidade adimensional do fluido térmico do regenerador foi mantida fixa $\left(\psi_{H,s} = 0,239\right)$, e a taxa de capacidade adimensional da água, $\psi_{wx,wx}$, foi variada junto com $\psi_{sp,s}$. A minimização do tempo de *pull-up* com relação a $\psi_{sp,s}$ é mostrada na Fig. 9.12A para três valores de $\psi_{wx,wx}$, encontrando $\psi_{sp,s,opt} \cong 1,73$ para $\psi_{H,s} = 0,239$. Observa-se que o tempo de *pull-up* minimizado uma vez diminui monotonicamente à medida que $\psi_{wx,wx}$ diminui. Esse comportamento é diferente do que foi observado na minimização do tempo de *pull-down* do espaço refrigerado.

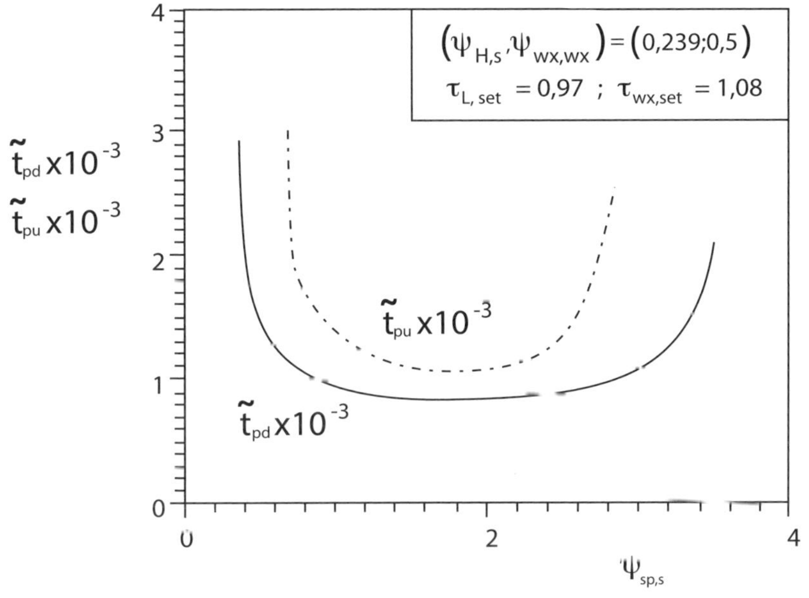

Figura 9.10 Tempos de *pull-down* e *pull-up* minimizados uma vez para alcançar $\tau_{L,set} = 0,97$ e $\tau_{wx,set} = 1,08$, respectivamente, com relação a $\psi_{sp,s}$.

Fonte: adaptada de Vargas et al., 2009.

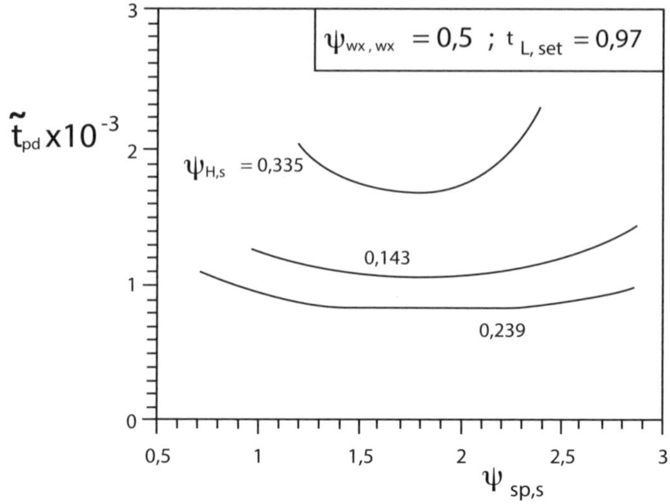

(A)

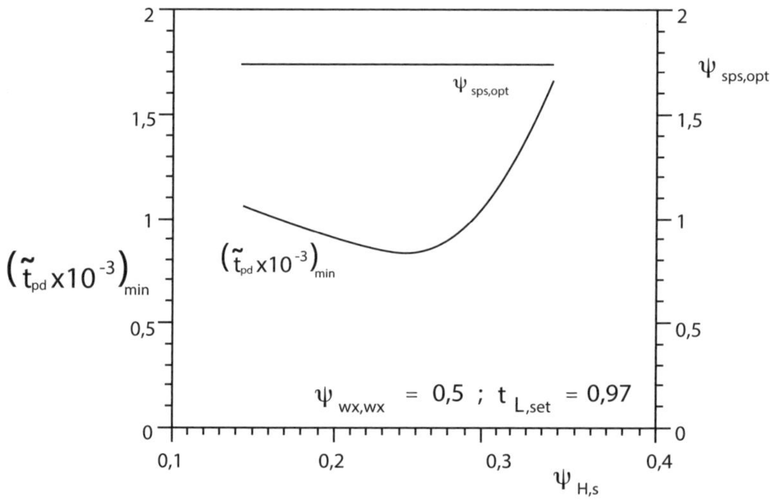

(B)

Figura 9.11 **(A)** Tempo de *pull-down* minimizado uma vez com relação a $\psi_{sp,s}$. **(B)** Tempo de *pull-down* minimizado duas vezes com relação a $\psi_{sp,s}$ e $\psi_{H,s}$.

Fonte: adaptada de Vargas et al., 2009.

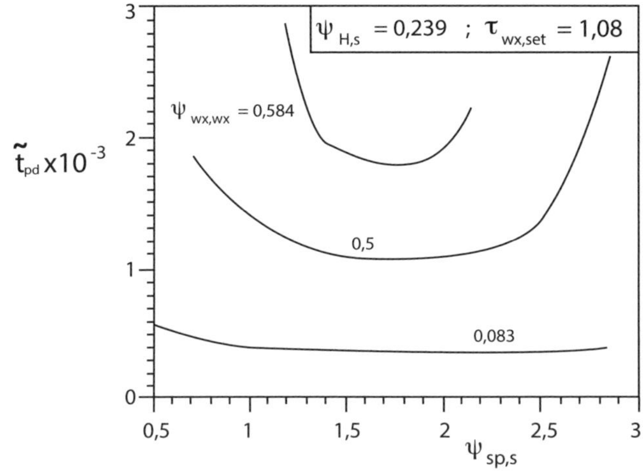

(A)

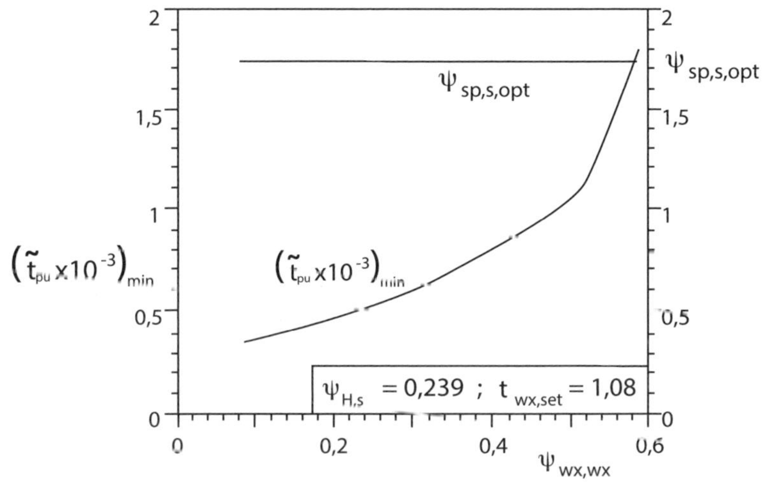

(B)

Figura 9.12 **(A)** Tempo de *pull-up* minimizado uma vez com relação a $\psi_{sp,s}$. **(B)** Aumento do tempo de *pull-up* à medida que a taxa de capacidade térmica adimensional da água aumenta. Fonte: adaptada de Vargas et al., 2009.

No espaço refrigerado, a carga térmica é mantida fixa no processo de otimização, portanto, o tempo de *pull-down* é minimizado à medida que a taxa de entrada de exergia no refrigerador é maximizada. Contrariamente, no trocador de calor de água quente, a "carga" a ser aquecida diminui à medida que a taxa de capacidade térmica da água diminui, consequentemente, quanto menor a vazão de água, mais rápido é o seu aquecimento, como os resultados da Fig. 9.12B mostram. No entanto, embora a corrente de água aqueça mais rapidamente, menos exergia é disponibilizada, i.e., o potencial para utilização da água quente é reduzido. Essa discussão destaca a necessidade de avaliar o desempenho do sistema combinado (ou sistema térmico em geral) sob uma base mais concreta, o que é proporcionado pela análise exergética, i.e., avaliando a eficiência de segunda lei da termodinâmica, que resulta no sistema inteiro, de acordo com a Eq. (9.91). Assim, fica claro que, pela maximização da eficiência combinada de segunda lei da termodinâmica do sistema, o potencial para uso dos dois produtos, resfriamento e aquecimento (a $\tau_{L,set} = 0,97$ e $\tau_{wx,set} = 1,08$) será maximizado.

Prosseguindo nessa direção, a maximização da eficiência combinada de segunda lei da termodinâmica do sistema, η_{II}, é conduzida com relação a $\psi_{sp,s}$, para três diferentes valores de $\psi_{wx,wx}$, mantendo a taxa de capacidade térmica do fluido térmico do refrigerador fixa, $\psi_{H,s} = 0,239$. Os resultados são vistos na Fig. 9.13a, e observa-se que há uma taxa de capacidade térmica adimensional da água intermediária, em que um segundo máximo para η_{II} é encontrado. A Fig. 9.13b mostra a dupla maximização de η_{II} para $0,083 \leq \psi_{wx,wx} \leq 0,584$ e $\psi_{H,s} = 0,239$. Novamente, a taxa de capacidade térmica ótima do fluido térmico do coletor é "robusta" com relação à variação de $\psi_{wx,wx}$, i.e., $\psi_{sp,s,opt} \cong 1,43$. A eficiência de segunda lei do sistema global maximizada duas vezes é encontrada no par ótimo $\left(\psi_{sp,s}, \psi_{wx,wx}\right)_{opt} \cong (1,43;\ 0,34)$, para $\psi_{H,s} = 0,239$. Note que, agora a taxa de entrada de exergia no sistema (potência disponível total para o sistema para aquecimento e refrigeração) está maximizada. Isso não necessariamente significa mínimos tempos de *pull-down* e *pull-up*. Isso explica por que $\psi_{sp,s,opt}$ ocorre em valor diferente para máxima taxa de entrada de exergia no sistema para $\psi_{H,s} = 0,239$ do que para mínimos tempos de *pull-down* e *pull-up*.

Finalmente, a tripla maximização da eficiência de segunda lei do sistema é conduzida na Fig. 9.14. O procedimento de dupla maximização foi repetido para $0,096 \le \psi_{H,s} \le 0,335$, e um conjunto ótimo de três taxas de capacidade térmica adimensionais foi encontrado, no qual a eficiência de segunda lei foi máxima. Os resultados mostram que $\eta_{II,\max.\max}$ apresenta um terceiro máximo em $\left(\psi_{sp,s}, \psi_{wx,wx}, \psi_{H,s}\right)_{opt} \cong (1,43;\ 0,23;\ 0,14)$. O máximo é acentuado, com uma variação de 25% de $\eta_{II,\max.\max}$ na faixa $0,096 \le \psi_{H,s} \le 0,335$, portanto, importante de ser considerada no projeto de sistemas solares reais.

Como todos os resultados obtidos são adimensionais, na busca pela operação ótima, espera-se que os ótimos encontrados possam ser utilizados para ajustar vazões mássicas de operação de sistemas de qualquer tamanho, que sejam similares ao sistema da Fig. 9.8, mesmo quando os parâmetros de projeto não sejam próximos daqueles listados na Tabela 9.2. Consequentemente, os resultados deste estudo podem ser efetivamente usados em projeto e operação de sistemas reais, para máximo desempenho termodinâmico. Recomenda-se investigação adicional, usando o modelo para avaliar a robustez dos parâmetros ótimos com relação à variação dos parâmetros de projeto listados na Tabela 9.2, e também para otimizar o dimensionamento de componentes sob uma restrição de tamanho total fixo. Note que os resultados são ainda importantes mesmo sem uma otimização termoeconômica como uma ferramenta preliminar de projeto, embora custos não tenham sido considerados na análise, pelo fato de que desempenho termodinâmico ótimo usualmente implica, pelo menos, redução de custos.

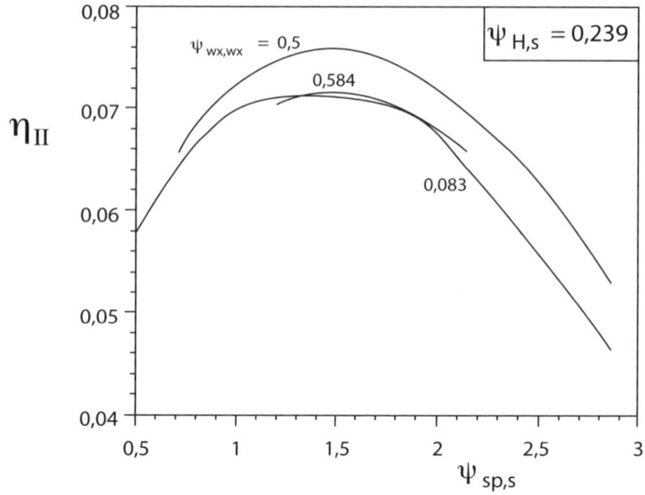

(A)

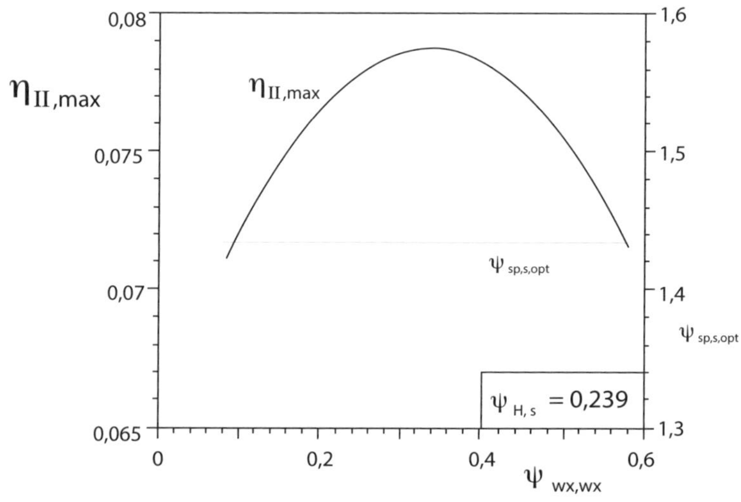

(B)

Figura 9.13 **(A)** Eficiência de segunda lei da termodinâmica maximizada uma vez com relação a $\psi_{sp,s}$. **(B)** Eficiência de segunda lei da termodinâmica maximizada duas vezes com relação a $\psi_{sp,s}$ e $\psi_{wx,wx}$.

Fonte: adaptada de Vargas et al., 2009.

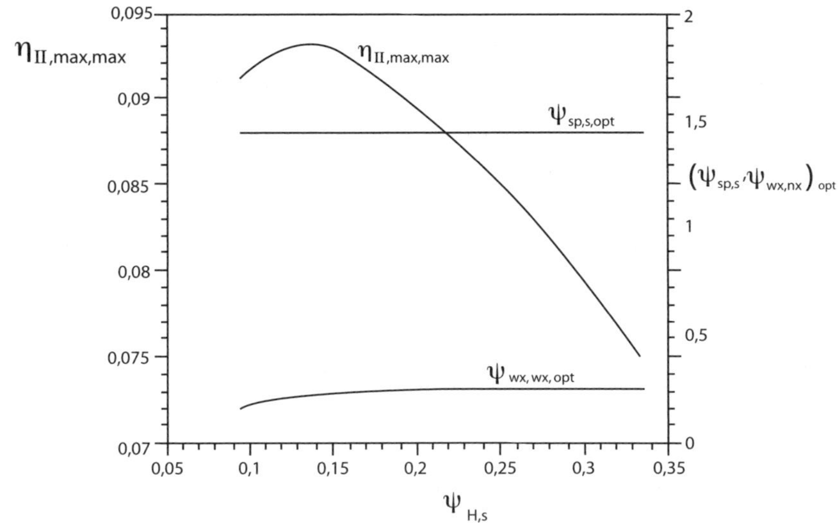

Figura 9.14 Eficiência de segunda lei da termodinâmica do sistema, maximizada três vezes, com relação a $\psi_{sp,s}$, $\psi_{wx,wx}$ e $\psi_{H,s}$.

Fonte: adaptada de Vargas et al., 2009.

9.3.5. O método de algoritmos evolutivos

A Biologia ensina que todo organismo tem um conjunto de regras, estabelecendo como ele nasce, desenvolve-se e termina a sua vida. Essas regras estão armazenadas nos genes do organismo, que por sua vez são alinhados em fitas de DNA (ácido desoxirribonucleico) que formam os cromossomos. Cada gene tem um papel bem definido, mesmo que ainda desconhecido, relacionado a garantir uma determinada função ou característica do organismo, como, em humanos, o tipo sanguíneo do sistema ABO, a cor dos olhos ou do cabelo e até uma predisposição ao câncer. A combinação dos genes em um organismo é denominada de genótipo. A expressão física do genótipo é chamada de fenótipo. Quando dois organismos acasalam-se, na reprodução sexuada, seus descendentes compartilham seus genes, sendo aproximadamente metade dos genes de cada organismo gerador (pais). Esses descendentes apresentarão uma nova e única combinação de genes, salvo caso de gêmeos idênticos. Ocasionalmente, um gene pode sofrer uma mutação. Na maioria das vezes, o produto desse gene que sofreu mutação não afetará drasticamente o fenótipo, mas também poderá determinar o surgimento de uma característica completamente nova, seja boa ou ruim.

A vida no planeta Terra evoluiu até o presente momento por meio de processos de mutação, recombinação e seleção natural. Esses processos ocorreram de forma combinada para produzir a diversidade de seres vivos no planeta. Os organismos reproduzem-se criando novas gerações das quais os mais adaptados em cada ambiente têm mais chances de sobrevivência e de reprodução (Darwin, 1859).

Inspirado no processo de seleção natural que é parte da evolução dos seres vivos no planeta Terra, Holland (1975, 1992) desenvolveu os algoritmos evolutivos ou genéticos (AG). O processo originou o método de algoritmos evolutivos comumente utilizado para resolver problemas de busca e de otimização. Os algoritmos para problemas de otimização utilizando técnicas inspiradas pela evolução natural, como herança, mutação, seleção e recombinação cromossômica (*crossing over*), encaminham-se para a solução do problema.

Em um algoritmo genético para um problema de otimização, uma população de soluções candidatas (indivíduos ou fenótipos) passa por um processo de evolução em direção a soluções melhores. Cada solução candidata tem um conjunto de propriedades (seus cromossomos ou genótipo) em que podem ocorrer mutações e alterações. As soluções candidatas são normalmente representadas como cadeias binárias tipo 0 ou 1, mas outras codificações podem ser usadas. A evolução usualmente inicia-se de uma população aleatoriamente gerada de indivíduos, e constitui-se em um processo iterativo, com a população em cada iteração sendo chamada de uma geração. Em cada geração, a adaptabilidade de todo indivíduo na população é avaliada. Essa adaptabilidade é normalmente o valor da função objetivo do problema de otimização que está sendo resolvido. Os indivíduos mais adaptados são estocasticamente selecionados da população atual, e o genoma de cada indivíduo é o produto da combinação de metade do genoma de cada parental, mais a possibilidade de novas mutações. A próxima geração apresentará outras combinações e mutações, possibilitando o aparecimento de novas soluções candidatas a cada geração. A nova geração de soluções candidatas é então utilizada na próxima iteração do algoritmo. Normalmente, o algoritmo termina quando um número máximo de gerações foi atingido, ou um nível de adaptabilidade satisfatório foi alcançado pela população.

Um algoritmo genético típico requer:

1. Uma representação genética do domínio de solução.
2. Uma função de adaptabilidade (função objetivo) para avaliar o domínio de solução.

Uma representação padrão de cada solução candidata é como um vetor de *bits*. Vetores de outros tipos e estruturas podem ser utilizados essencialmente da mesma maneira. A principal propriedade que faz essas representações genéticas serem convenientes é que suas partes são facilmente alinhadas por causa do seu tamanho fixo, o que facilita as operações de recombinação simples. Representações de comprimento variável também podem ser empregadas, mas a implementação da recombinação é mais complexa nesse caso. Representações do tipo árvore são exploradas em programação genética e em forma de gráfico em programação evolucionária. Uma mistura de cromossomos lineares e árvores é explorada em programação da expressão de genes. Uma vez que a representação genética e a função objetivo forem definidas, um algoritmo genético prossegue para inicializar uma população de soluções e então melhorá-la por meio da aplicação repetitiva de mutação, recombinação (*crossing over*) e operadores de seleção.

A Fig. 9.15 apresenta um resumo da metodologia até aqui discutida. Os detalhes de cada passo são extensamente documentados na literatura técnica, que teve por base o trabalho de Holland (1975, 1992).

Critérios de parada

O processo de criação de novas gerações é repetido até que uma condição de término seja alcançada. Condições típicas de término são:

1) Uma solução foi encontrada que satisfaz critérios mínimos.
2) Um número fixo pré-especificado de gerações foi alcançado.
3) Um determinado orçamento alocado (tempo computacional/recursos financeiros) foi atingido.
4) A solução de maior grau de adaptabilidade (*fitness*) está alcançando um *plateau* tal que novas iterações não produzam resultados melhores.
5) Inspeção manual.
6) Combinações dos itens 1 a 5.

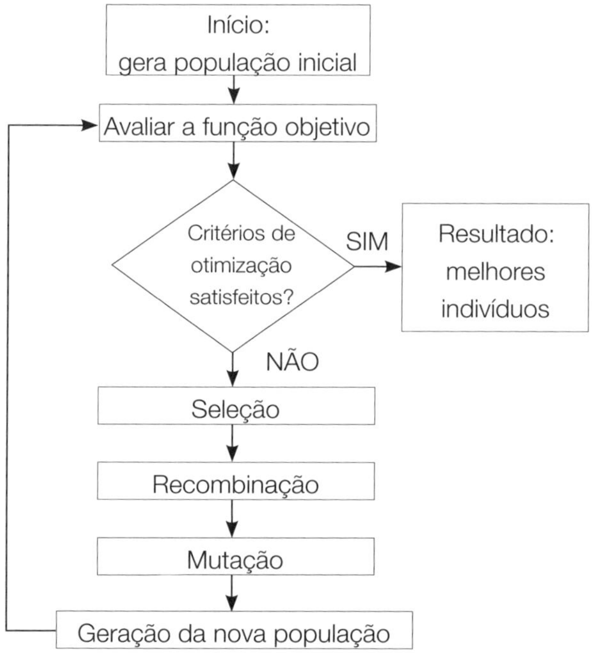

Figura 9.15 Fluxograma resumido da metodologia para construção de um algoritmo genético.

Algoritmo genético (AG)

Para poder escrever um AG para obter a solução de um problema, é necessário primeiramente codificar a solução potencial do problema. Usualmente, tomam-se cadeias de *bits* binários. Cada cadeia é denominada de cromossomo, conforme a seguir:

1001010111010100101001110110111011111101

A estrutura típica de um cromossomo é mostrada na Fig. 9.16.

Figura 9.16 Cadeia binária genérica representando um cromossomo com comprimento de *n* genes, cada um com o número de *bits* necessário para codificar a solução candidata, correspondente à estrutura de dados de um algoritmo genético.

No início do AG, uma grande população de conjuntos de cromossomos é criada. Cada conjunto, quando decodificado, representará uma solução diferente para o problema em questão. Suponha que haja n conjuntos de cromossomos na população inicial. Os seguintes passos devem ser repetidos até que uma solução seja encontrada:

1) Testar cada conjunto de cromossomo para verificar se é uma boa solução para o problema e atribuir um grau apropriado de adaptabilidade (*fitness*). Esse grau é uma medida da adequabilidade da solução.

2) Selecionar dois membros da população atual. A probabilidade de ser selecionado é proporcional à adaptabilidade dos conjuntos de cromossomos. A seleção por roleta (*roulette wheel*) é o método normalmente utilizado.
3) Dependendo da taxa de recombinação, recombinar os *bits* de cada conjunto de cromossomo selecionado em um ponto aleatoriamente escolhido.
4) Trocar *bits* de um lado para outro dos *bits* selecionados de acordo com a taxa de mutação.
5) Repetir os passos 2, 3, 4 até que uma nova população de n membros tenha sido criada.

Seleção por roleta

Essa é a maneira de escolher membros da população de conjuntos de cromossomos de um forma que seja proporcional à sua adaptabilidade. A técnica não garante que o membro mais adaptado vá para a próxima geração, mas permite que ele tenha uma boa chance de ir. O processo funciona da seguinte maneira: imagine que o grau de adaptabilidade total da população seja representado por um diagrama circular, ou "roleta". A seguir, atribua uma fatia da roleta a cada membro da população. O tamanho da fatia é proporcional ao grau de adaptabilidade dos conjuntos de cromossomos, i.e., quanto mais adaptado um membro for, maior será a fatia atribuída a ele. Após isso, para escolher um conjunto de cromossomos, tudo o que deve ser feito é jogar a bola e pegar o conjunto de cromossomos do ponto em que ela parar.

A implementação computacional normalmente é feita por meio de um gerador de números pseudoaleatórios com distribuição uniforme. Note que esse procedimento permite a perda ("morte") do melhor indivíduo e também permite que um indivíduo seja selecionado mais do que uma vez. As probabilidades de reprodução de cada indivíduo irão resultar na geração de uma nova população composta por indivíduos selecionados a partir da população atual. Os selecionados irão gerar probabilisticamente filhos (descendentes) por meio de operadores genéticos específicos, particularmente, recombinação (*crossing over*) e mutação.

Taxa de recombinação

Esta é a probabilidade de que dois cromossomos troquem seus *bits*. Um valor normalmente atribuído para isso é em torno de 0,7 (Holland, 1992). A recombinação é feita selecionando um gene aleatório ao longo do comprimento dos cromossomos e trocando todos os genes após esse ponto. Por exemplo, dados dois cromossomos:

10001001110010010
01010001001000011

Selecione um *bit* aleatório ao longo do comprimento, digamos na posição 8, e troque todos os *bits* após esse ponto, tal que o resultado seja:

10001001101000011
01010001010010010

Taxa de mutação

Essa é a probabilidade com que um *bit* dentro de um cromossomo será mudado (0 para 1, 1 para 0). Esse valor é normalmente muito baixo para genes codificados binariamente, p.ex., 0,001. Portanto, sempre que cromossomos sejam escolhidos de uma população do algoritmo, primeiro verifica-se se a recombinação deve ser aplicada e então o algoritmo itera para baixo do comprimento de cada cromossomo, fazendo a mutação dos *bits*, se for aplicável.

O exemplo a seguir coloca em prática os conceitos introdutórios até aqui apresentados em um problema simples. Um tratamento mais aprofundado do assunto pode ser encontrado na literatura técnica de algoritmos evolutivos (Holland, 1975, 1992).

Exemplo 9.6) Dados os algarismos de 0 a 9 e os operadores aritméticos +, – , × (ou *) e ÷ (ou /), encontre uma sequência que represente um determinado número desejado. Os operadores devem ser aplicados sequencialmente da esquerda para a direita à medida que são lidos. Portanto, considerando o número alvo 17, a sequência 6+5*4/2+1 seria uma solução possível. Se o número 60,5 fosse escolhido, então 5/2+9*7-5 seria uma solução possível.

Solução

i) Codificação

Primeiramente, é necessário codificar uma possível solução como uma cadeia de *bits*, i.e., um cromossomo. Assim, representam-se todos os diferentes caracteres disponíveis para a solução, i.e., 0 a 9 e os operadores aritméticos +, – , × (ou *) e ÷ (ou /). Isso representa um gene. Cada cromossomo é feito de vários genes. Quatro *bits* são necessários para representar a faixa de caracteres utilizados, da seguinte maneira:

0: 0000
1: 0001
2: 0010
3: 0011
4: 0100
5: 0101
6: 0110
7: 0111
8: 1000
9: 1001
+: 1010
-: 1011
*: 1100
/: 1101

A codificação mostra todos os diferentes genes requeridos para o problema. Os genes possíveis 1110 e 1111 não são utilizados e são ignorados pelo algoritmo, sempre que aparecerem.

Assim, a possível solução mencionada anteriormente para o número 17, ‹ 6+5*4/2+1› é representada por nove genes, da seguinte maneira:

```
0110 1010 0101 1100 0100 1101 0010 1010 0001
  6    +    5    *    4    /    2    +    1
```

Esses genes são combinados para formar o cromossomo:

011010100101110001001101001010100001

Encontrada uma solução, é necessário decodificá-la. Como o algoritmo lida com arranjos de *bits* aleatórios, frequentemente cruzará com uma cadeia de *bits* do tipo:

0010001010101110101101110010

Decodificados, esses bits representam:

```
0010 0010 1010 1110 1011 0111 0010
  2    2    +   n/a   –    7    2
```

que não têm sentido no contexto deste problema. Portanto, quando decodificado, o algoritmo ignorará quaisquer genes que não estejam de acordo com o padrão esperado:

Nr → *Operador* → *Nr* → *Operador* ⋯, e assim por diante.

Mantendo essa lógica, esse cromossomo que não faz sentido é lido (e testado) como:

$$2 + 7$$

ii) A escolha da função objetivo

Esta pode ser a parte mais difícil de elaborar do algoritmo. De fato, depende de que problema se deseja resolver, mas a ideia geral é atribuir um grau mais elevado de adaptabilidade à medida que o cromossomo se aproximar de resolver o problema.

No caso deste problema simples, um grau de adaptabilidade pode ser atribuído tal que seja inversamente proporcional à diferença entre a solução e o valor que o cromossomo decodificado representa.

Por exemplo, assumindo que o número desejado seja 42, o cromossomo ilustrado anteriormente, i.e.:

011010100101110001001101001010100001

tem um grau de adaptabilidade 1/(42-17) ou 1/25.

Assim, se uma solução for encontrada, ocorrerá uma divisão por zero, i.e., 1/(42-42). Isso não é um problema e, sim, um sinal de que o algoritmo encontrou uma solução do problema. Portanto, um teste pode ser incluído no algoritmo para esse tipo de ocorrência que pare o programa e aponte a solução encontrada.

iii) Programação computacional

Neste último passo, um programa computacional deve ser escrito em qualquer linguagem computacional, com base no algoritmo, incluindo as estratégias de taxa de mutação, recombinação, tamanho de cromossomo e outras.

9.3.6. Outros métodos

Sumarizando, os métodos para a solução do problema da Eq. (9.1) são resolvidos de forma iterativa, empregando métodos determinísticos ou estocásticos. Em teoria probabilística, o padrão estocástico é aquele cujo estado é indeterminado, com origem em eventos aleatórios. O método de algoritmos evolutivos apresentado na seção 9.3.5 é, portanto, um método estocástico.

Os métodos determinísticos fazem a seguinte atualização para a nova solução candidata $\vec{x}$:

$$\vec{x}_{i+1} = \vec{x}_i + \lambda_i \vec{d}_i \tag{9.94}$$

em que $\vec{x}_i$ é a solução candidata atual, e λ_i é o passo na direção $\vec{d}_i$, que é de **descida** em problemas de minimização, e de **subida** em problemas de maximização.

A direção de busca $\vec{d}_i$ é que diferencia os métodos de solução de problemas de programação não linear. Como foi visto até este ponto, há várias formas de se calcular essa direção de busca que caracterizam os diferentes métodos apresentados.

Algoritmo para otimização irrestrita

A estrutura básica de um algoritmo para direção de busca pode ser resumida por:

$$\begin{array}{l} i = 0 \\ \vec{x}_i = \vec{x}_{i,0} \text{ (atribui valor inicial)} \\ \text{Enquanto não atender critério de parada} \\ \quad \vec{d}_i - (\text{calcula a direção de busca}) \\ \quad \lambda_i = (\text{calcula o passo ótimo}) \\ \quad \vec{x}_{i+1} = \vec{x}_i + \lambda_i \vec{d}_i \text{ (atualiza o ponto)} \\ \quad i = i + 1 \text{ (atualiza o contador)} \\ \text{Fim do enquanto} \end{array} \tag{9.95}$$

Um dos possíveis métodos que utiliza o algoritmo (9.95) é o algoritmo do gradiente, apresentado a seguir:

$$\begin{aligned}
&i = 0 \\
&\vec{x}_i = \vec{x}_{i,0} \text{ (atribui valor inicial)} \\
&\text{Enquanto não atender critério de parada} \\
&\quad \vec{\mathrm{d}}_\mathrm{i} = -\vec{g}_i \ \left(\text{negativo do gradiente da função objetivo}\right) \\
&\quad \lambda_\mathrm{i} = \left(\text{calcula o passo ótimo}\right) \\
&\quad \vec{x}_{i+1} = \vec{x}_i + \lambda_i \vec{d}_i \ \left(\text{atualiza o ponto}\right) \\
&\quad \mathrm{i} = \mathrm{i} + 1 \ \left(\text{atualiza o contador}\right) \\
&\text{Fim do enquanto}
\end{aligned} \tag{9.96}$$

O vetor gradiente $\vec{\mathrm{g}}$ no ponto $\vec{\mathrm{x}}$ pode ser avaliado numericamente por:

$$\begin{aligned}
&\text{Para } \ i = 1 \ \text{ até n} \\
&\quad \mathrm{g}_\mathrm{i} = \frac{f(x_1, x_2, \ldots, x_i + \varepsilon, \ldots, x_n) - f(\vec{x})}{\varepsilon} \\
&\text{Fim do Para}
\end{aligned} \tag{9.96}$$

em que $\varepsilon \to 0$ representa um número suficientemente pequeno que permita o cálculo mais preciso possível de g_i dentro do limite da palavra do computador em que o algoritmo for implementado, conforme discussão apresentada nos Capítulos 1 e 6.

Além dos métodos apresentados até aqui neste capítulo, há ainda outros métodos para a busca da solução do problema de otimização formulado pela Eq. (9.3). Podem ser citados os métodos de Newton e *quasi* Newton, bem como outros métodos de solução de sistemas de equações não lineares apresentados no Capítulo 4, que podem ser aplicados ao sistema definido pelo Teorema 9.2 para encontrar os pontos críticos da função objetivo. Destacam-se também os métodos de direções conjugadas, de região de confiança, de aproximações quadráticas e de filtro. Uma discussão matematicamente detalhada e abrangente sobre esses outros métodos pode ser encontrada no trabalho de Ribeiro e Karas (2014).

9.3.7. Convergência

Como a solução do problema de otimização (9.3) está ligada à solução do sistema de equações algébricas que o formula, a convergência para a solução, bem como a velocidade para atingi-la, está ligada ao método utilizado para resolvê-lo. Portanto, para o **problema de programação linear (PPL)**, o Capítulo 3 deve ser consultado e, para o **problema de programação não linear (PPNL)**, deve-se consultar o Capítulo 4.

9.4. OTIMIZAÇÃO MULTIOBJETIVO

Em Engenharia de Sistemas, bem como em todas as áreas da Ciência, normalmente, há interesse em diferentes respostas ou produtos, portanto, dando origem a diferentes funções objetivo, as quais se deseja otimizar simultaneamente. Dessa demanda, surgiu a motivação para a criação da área de pesquisa científica denominada **otimização multiobjetivo**. Alternativamente, a área é conhecida como programação multiobjetivo, otimização vetorial, otimização multiatributo ou otimização de Pareto. É uma área em que a tomada de decisão requer múltiplos critérios (Hwang e Masud, 1979; Miettinen, 1999).

Além da Engenharia de Sistemas, a otimização multiobjetivo encontra aplicações em muitos campos da ciência, como Economia e Logística, em que as melhores decisões precisam ser tomadas baseadas em prós e contras entre dois ou mais objetivos conflitantes. Por exemplo, pode-se citar a minimização de custo e ao mesmo tempo maximizar conforto ao comprar um automóvel, e maximizar desempenho juntamente com a minimização de consumo de combustível e emissão de poluentes de um veículo como problemas de otimização multiobjetivo envolvendo dois e três objetivos, respectivamente. Na realidade, é comum a ocorrência de mais do que três objetivos.

De fato, em problemas mais complexos, observa-se que não há uma solução simples que otimize simultaneamente cada objetivo. Nesse caso, diz-se que as funções objetivo são conflitantes, e há uma solução ótima de Pareto (talvez até infinitas soluções). O termo Pareto é uma homenagem a Vilfredo Pareto (1848-1923), um economista italiano que utilizou o conceito em seus estudos de eficiência econômica e distribuição de renda (Barr, 2012).

Define-se uma solução para o problema de otimização multiobjetivo como não dominante, ótima de Pareto, eficiente por Pareto ou não inferior se nenhuma das funções objetivo puder ser melhorada em valor sem degradar algum dos valores das outras funções objetivo do problema. Sem uma informação preferencial subjetiva adicional, todas as soluções ótimas de Pareto são consideradas igualmente boas. Na realidade, estudam-se problemas de otimização multiobjetivo por diferentes pontos de vista, portanto, há diferentes filosofias de solução e objetivos para a formulação e solução desses problemas. O objetivo pode ser o de encontrar um conjunto representativo de soluções ótimas de Pareto, quantificando os prós e contras ao satisfazer os diferentes objetivos, e selecionar uma solução desse conjunto que satisfaça as preferências de quem deve tomar a decisão final.

9.4.1. Formulação matemática

O problema de otimização multiobjetivo é formulado por:

$$\begin{cases} \text{Minimize } \left(f_1(\vec{x}), f_2(\vec{x}), \ldots, f_k(\vec{x})\right) \\ \text{sob a restrição de } \vec{x} \in \Omega \end{cases} \tag{9.97}$$

em que o inteiro $k \geq 2$ é o número de funções objetivo, e o conjunto $\Omega \subset \Re^n$ é um conjunto factível de vetores de decisão, sendo n o número de parâmetros em otimização, i.e., a dimensão do vetor $\vec{x}$, da mesma maneira que no problema (9.1). Adicionalmente, a função objetivo vetorial é comumente definida como:

$$f : \Omega \rightarrow \Re^k, \quad \vec{f}(\vec{x}) = \left(f_1(\vec{x}), f_2(\vec{x}), \ldots, f_k(\vec{x})\right)^T \tag{9.98}$$

Se alguma função objetivo tiver que ser maximizada, isso é equivalente a minimizar o seu negativo. A imagem de Ω é aqui denotada por $\Gamma \in \Re^k$. Um vetor $\vec{x}_f$ é denominado solução ou decisão factível. Um vetor $\vec{z}_f = \vec{f}\left(\vec{x}_f\right) \in \Re^k$ avaliado para uma solução factível $\vec{x}_f$ é denominado vetor objetivo ou resultado. Como normalmente não há soluções factíveis que minimizem todas as funções objetivo simultaneamente, em otimização multiobjetivo buscam-se soluções ótimas de Pareto, i.e., que não podem ser melhoradas em nenhum dos objetivos sem degradar pelo menos um dos outros objetivos. Matematicamente, diz-se que uma solução factível $\vec{x}_{f,1} \in \Omega$ **domina** no sentido de Pareto outra solução $\vec{x}_{f,2} \in \Omega$ se:

$$\begin{cases} f_i\left(\vec{x}_{f,1}\right) \leq f_i\left(\vec{x}_{f,2}\right) \quad \forall \ \text{i} = 1,2,\ldots,k \ \text{e} \\ f_j\left(\vec{x}_{f,1}\right) \leq f_j\left(\vec{x}_{f,2}\right) \ \textit{para} \ \text{pelo menos um subscrito} \ \text{j} = 1,2,\ldots,k \end{cases} \tag{9.99}$$

Se qualquer uma das condições da Eq. (9.99) for violada, a solução $\vec{x}_{f,1} \in \Omega$ **não domina** a solução $\vec{x}_{f,2} \in \Omega$.

Uma solução $\vec{x}_{f,1} \in \Omega$ (e o resultado correspondente $\vec{f}(\vec{x}_{f,1})$) é denominada ótima segundo Pareto se não há outra solução que a domine. O conjunto de resultados ótimos de Pareto é usualmente chamado de **frente de Pareto** ou contorno de Pareto.

A frente de Pareto de um problema de otimização multiobjetivo é limitada por um vetor objetivo de Nadir, $\vec{z}_{obj,N}$, e um vetor objetivo ideal, $\vec{z}_{id}$, se eles forem finitos. O vetor objetivo de Nadir é definido por:

$$\vec{z}_{i,obj,N} = \sup_{\vec{x}_{ot,Pareto} \in \Omega} f_i\left(\vec{x}_{ot,Pareto}\right) \ \text{para todo i} = 1,\ldots,\text{k} \tag{9.100}$$

e o vetor objetivo ideal, por:

$$\vec{z}_{i,id} = \inf_{\vec{x}_{ot,Pareto} \in \Omega} f_i\left(\vec{x}_{ot,Pareto}\right) \ \text{para todo i} = 1,\ldots,\text{k} \tag{9.101}$$

Em suma, as componentes de um vetor objetivo de Nadir (piores soluções possíveis) e de um vetor objetivo ideal (melhores soluções possíveis) definem limites superiores e inferiores para os valores de função objetivo de soluções ótimas de Pareto, respectivamente. Observa-se que o vetor objetivo de Nadir pode somente ser estimado, uma vez que o conjunto completo ótimo de Pareto é desconhecido. Além desses vetores, por questões numéricas, é comumente definido um **vetor objetivo utópico** por:

$$\vec{z}_{i,ut} = \vec{z}_{i,id} - \varepsilon \quad \text{para todo i} = 1,\ldots,\text{k} \tag{9.102}$$

em que $\varepsilon > 0$ é uma constante de valor pequeno.

9.4.2. Métodos de solução

Como existem múltiplas soluções ótimas de Pareto para problemas de otimização multiobjetivo, encontrar uma solução satisfatória não é determinístico como acontece com o problema de otimização de uma função objetivo formulado pela Eq. (9.1). Isso decorre do fato de que objetivos conflitantes devem ser analisados e balanceados de acordo com fatores que englobam tanto aspectos determinísticos (mínimo de uma função objetivo) como subjetivos (balanço de prós e contras de valores de várias funções objetivo com base na opinião de indíviduos).

Assim, apresentam-se nesta seção alguns métodos comumente utilizados na literatura técnica para chegar à tomada de decisões (Miettinen, 1999). Muitos métodos convertem o problema original com múltiplos objetivos em um problema de otimização com uma função objetivo. Isso é chamado de **escalamento** do problema, o que permite que soluções ótimas de Pareto sejam de fato obtidas.

Quando se busca a tomada de decisões, a solução do problema visa a suportar os tomadores de decisão para encontrar as soluções ótimas de Pareto preferenciais de acordo com suas preferências subjetivas (Miettinen, 1999). Enfim, uma solução deve ser identificada para implementação prática.

Os métodos de otimização multiobjetivo podem ser divididos em quatro classes (Hwang e Masud, 1979):

1) Sem preferência: não há tomador de decisão, mas uma solução de compromisso neutra é identificada sem informação preferencial (Miettinen, 1999). Os três métodos seguintes envolvem informação preferencial do tomador de decisão em diferentes maneiras.
2) *A priori*: de início, a informação preferencial é pedida ao tomador de decisões e, então, uma solução que melhor atenda essas preferências é encontrada.
3) *A posteriori*: um conjunto representativo de soluções ótimas de Pareto é encontrado primeiramente e, a seguir, o tomador de decisões deve escolher uma delas.
4) Iterativos: o tomador de decisões busca iterativamente pela solução mais adequada a seus interesses preferenciais. Em cada iteração, o tomador de decisões analisa as soluções ótimas de Pareto e descreve como as soluções podem ser melhoradas. A informação do tomador de decisões é levada em consideração para gerar novas soluções ótimas de Pareto, ao fim da qual é feita nova análise pelo tomador de decisões. O processo encerra-se quando o tomador de decisões entender que a melhor solução foi encontrada.

Escalamento do problema de otimização multiobjetivo

O escalamento de um problema de otimização multiobjetivo consiste em formular um problema de otimização com uma única função objetivo tal que suas soluções ótimas sejam soluções ótimas de Pareto para o problema de otimização multiobjetivo (Hwang e Masud, 1979). Além disso, normalmente se requer que toda solução ótima de Pareto seja alcançada com alguns parâmetros de escalamento. Assim, a formulação geral para o escalamento de um problema de otimização multiobjetivo é dada por:

$$\begin{cases} \text{Minimize } g\left(f_1(\vec{x}), f_2(\vec{x}), \ldots, f_k(\vec{x}), \vec{w}\right) \\ \text{sob a restrição de } \vec{x} \in \Omega_{\vec{w}} \end{cases} \qquad (9.103)$$

em que $\vec{w} = (w_1, w_2, \ldots, w_k)$ é um vetor de parâmetros, o conjunto $\Omega_{\vec{w}} \subseteq \Omega$ é um conjunto que depende de $\vec{w}$, e g é uma função escalar.

Um exemplo bem conhecido, em acordo com a formulação (9.103), é o método de **escalamento linear**, formulado por:

$$g = \min_{\vec{x} \in \Omega} \sum_{i=1}^{k} w_i f_i(\vec{x}) \qquad (9.104)$$

em que os pesos dos objetivos $w_i > 0$ são os parâmetros do escalamento.

Exemplo 9.7) Considere a necessidade de fazer uma viagem longa. Deve-se escolher a passagem mais barata (mais conexões) ou a de menor tempo de vôo (mais cara)? Faça sua escolha com base na Tabela 9.3.

Tabela 9.3 Opções de preços para uma viagem aérea

Passagem	Tempo de viagem, t (h)	Preço, P ($)
1	10	1700
2	9	2000
3	8	1800
4	7,5	2300
5	6	2200

Solução

i) Atribuir um valor financeiro para o tempo não faz sentido, portanto, os dois objetivos não devem ser ligados. Além disso, a importância relativa variará. Poderá haver uma emergência que requeira sua presença rapidamente. Outra possibilidade é o orçamento estar muito reduzido.
ii) Um problema de otimização multiobjetivo com restrições terá muitas soluções na região factível. Embora, em muitos casos, não se possa atribuir importância relativa numérica aos múltiplos objetivos, pode-se classificar algumas soluções possíveis como melhores do que outras.

iii) Se forem comparadas as passagens 1 e 2, não se pode dizer qual é superior sem saber a importância relativa de tempo de viagem e preço. No entanto, comparando as passagens 2 e 3, verifica-se que 3 é melhor do que 2 em ambos os objetivos, e assim pode-se dizer que 3 **domina** 2. Portanto, considerando que 3 seja uma solução factível, não há razão para se escolher 2. Se terminarmos as comparações, verifica-se que 4 também é dominada por 5.

iv) O restante das opções (1, 3, e 5) têm prós e contras associados com tempo *versus* preço, portanto, nenhuma é claramente superior às outras. Esse é denominado conjunto de soluções **não dominadas**, uma vez que nenhuma delas é dominada pelas outras.

Usualmente, essas soluções têm uma forma típica, que pode ser representada graficamente, como mostra a Fig. 9.17.

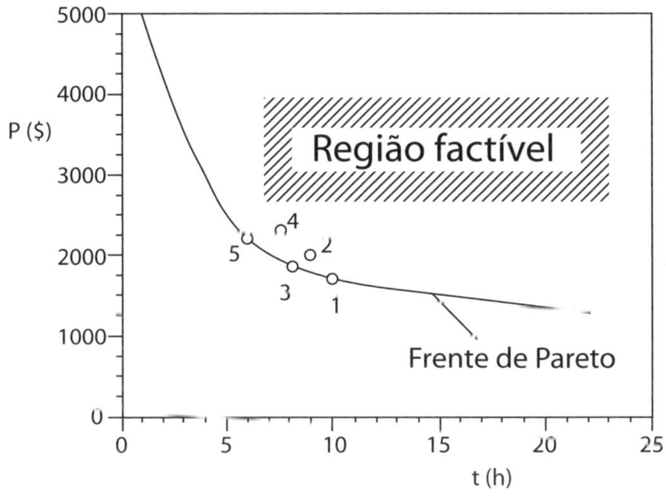

Figura 9.17 Opções de passagens aéreas: a frente de Pareto e a região factível (acima da frente de Pareto).

Na Fig. 9.17, as soluções que caem sobre a linha contínua são as soluções **não dominadas**, ao passo que aquelas que caem na **região factível** acima da linha contínua são dominadas, porque há sempre uma outra solução na linha que tem pelo menos um objetivo que seja melhor. Essa lógica segue a teoria apresentada pela Eq. (9.99).

A linha continua da Fig. 9.17 é chamada de frente de Pareto, e as soluções que caem sobre ela são chamadas de ótimas de Pareto. Todas as soluções ótimas de Pareto são **não dominadas**.

Em suma, é importante em um problema de otimização multiobjetivo encontrar soluções próximas da frente de Pareto, e estender a linha da frente de Pareto o mais possível.

Exemplo 9.8) A relação entre a potência necessária para manutenção de uma aeronave em voo, sua massa e velocidade pode ser demonstrada analisando um sistema simples como o mostrado na Fig. 9.18 (Bejan, 2000; Vargas e Bejan, 2001). O corpo em voo de massa M tem a dimensão linear D e a densidade média ρ_b. Isso leva ao requisito global de que a força de corpo vertical (peso) $Mg \sim \rho_b D^3 g$ deva ser suportada por outras forças. A geração dessas forças é obtida por meio da condição de vôo. Formule um problema de otimização multiobjetivo que inclua como funções objetivo: i) a potência requerida para manter o corpo no ar, e ii) a potência necessária para vencer o atrito com o ar no deslocamento do corpo. Mostre que esse problema apresenta um mínimo de potência total para o voo, para uma determinada velocidade ótima, V_{ot}.

Solução

i) Considere a conservação de massa e quantidade de movimento no volume de controle ocupado pelo corpo em voo e as regiões de fluido próximas afetadas pelo movimento relativo. Em regime permanente, uma corrente de ar com densidade média ρ_a, com vazão mássica

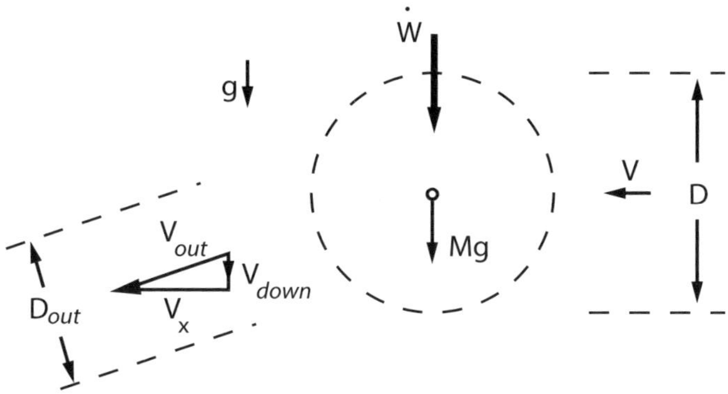

Figura 9.18 Diagrama esquemático de modelo simples e interações de um corpo em voo.

Fonte: adaptada de Bejan, 2000.

$\dot{m} \sim \rho_a D^2 V$, entra no volume de controle. A corrente que sai é a mesma $\left(\dot{m} \sim \rho_a D_{out}^2 V_{out}\right)$. A velocidade de saída, V_{out}, deve ter uma componente vertical, V_{down}, a fim de desenvolver um fluxo de quantidade de movimento vertical para suportar o peso do corpo (força de corpo), calculada por:

$$V_{out} = \left(V_x^2 + V_{down}^2\right)^{1/2} \tag{9.105}$$

O balanço da quantidade de movimento vertical é $\rho_b D^3 g \sim \dot{m} V_{down}$, ou ainda:

$$V_{down} \sim \frac{\rho_b g D}{\rho_a V} \tag{9.106}$$

A conservação de quantidade de movimento horizontal estabelece que a quantidade de movimento gerada pelo fluxo de saída $\left(\dot{m} V_x\right)$ deve equilibrar as forças de retardo associadas com o fluxo de entrada de quantidade de movimento $\left(\dot{m} V\right)$ e o arrasto (F), resultando em:

$$\dot{m}V_x \sim \dot{m}V + F \tag{9.107}$$

A força de arrasto *f* tem por escala $C_D D^2 \rho_a V^2$, em que D^2 é a escala da seção transversal do corpo. O coeficiente de arrasto C_D é um número relativamente constante da ordem de 1, quando o número de Reynolds

$$\text{Re}_D = \frac{\rho_a V D}{\mu_a} > 10^2$$

no qual μ_a é a viscosidade absoluta média do ar. Isso significa que:

$$\frac{F}{\dot{m}} \sim V \tag{9.108}$$

ii) A formulação do problema de otimização multiobjetivo que inclua como funções objetivo: a) a potência requerida para manter o corpo no ar, e b) a potência necessária para vencer o atrito com o ar no deslocamento do corpo é construída reconhecendo que o sistema em vôo deve consumir potência mecânica, $\dot{W}$, a fim de aumentar a energia cinética da corrente de ar, desde a entrada $\left(\dot{m}V^2/2\right)$ até a saída $\left(\dot{m}V_{out}^2/2\right)$, obtendo:

$$\dot{W} \sim \frac{1}{2}\dot{m}\left(V_{out}^2 - V^2\right) \tag{9.109}$$

Usando as Eqs. (9.105) a (9.107), aproximando $V_x^2 \sim \left(V + F/\dot{m}\right)^2 \sim V^2 + 2VF/\dot{m}$, e desprezando todos os fatores de ordem 1, pode-se eliminar V_{down} e reescrever a Eq. (9.109) como (Bejan, 2000):

$$\dot{W} \sim \underbrace{\frac{\rho_b^2 g^2 D^4}{\rho_a V}}_{\dot{W}_{peso}} + \underbrace{\rho_a D^2 V^3}_{\dot{W}_{arrasto}} \tag{9.110}$$

em que $\dot{W}_{peso}$ e $\dot{W}_{arrasto}$ são as potências requeridas para manter o corpo no ar e vencer o arrasto, respectivamente. $\dot{W}$ engloba duas funções objetivo conflitantes, uma vez que $\dot{W}_{peso}$ diminui e $\dot{W}_{arrasto}$ aumenta com o aumento da velocidade V.

A Eq. (9.110), portanto, formula uma função objetivo dentro do conceito de **escalamento linear**, dado por:

$$g = \min_{\vec{x} \in \Omega} \sum_{i=1}^{k} w_i f_i(\vec{x}) \tag{9.104}$$

em que $g = \dot{W}$; $k = 2$; $f_1 = \dot{W}_{peso}$; $f_2 = \dot{W}_{peso}$, e $w_1 = w_2 = 1$.

O problema assim formulado apresenta uma solução ótima de Pareto para a velocidade V. Assim, a partir da Eq. (9.110), usando um método analítico para o problema de otimização com uma função objetivo global, fazendo

$$\frac{\partial \dot{W}}{\partial V} = 0,$$

e resolvendo para V, verifica-se que:

$$V_{ot} \sim \left(\frac{\rho_b}{\rho_a} gD \right)^{1/2} \tag{9.111}$$

$$\dot{W}_{\min} \sim \frac{\rho_b^{3/2} g^{3/2} D^{7/2}}{\rho_a^{1/2}} \tag{9.112}$$

Nessa velocidade ótima, V_{ot}, a potência para sustentação do corpo é 3 vezes maior do que a potência necessária para vencer o arrasto. Quando a velocidade for significativamente menor do que a ótima, o requisito de potência é dominado pela necessidade de manter o corpo no ar. No extremo oposto, a potência é gasta principalmente para vencer o arrasto (Vargas e Bejan, 2001). ■

9.5. PROBLEMAS PROPOSTOS

9.1) Determine o valor máximo de $f(x,y,z) = x - y + z$, sob a condição $x^2 + y^2 + z^2 = 1$.

9.2) Seja $g(x_1, x_2, \ldots, x_n) = 0$ uma equação que define implicitamente a superfície S em $\Re^n$, e seja $\vec{a} = (a_1, a_2, \ldots, a_n)$ um ponto fixo. Minimize a distância de S até $\vec{a}$. Note que minimizar a distância de S até $\vec{a}$ é o mesmo que minimizar o quadrado dessa distância. Assim, encontre uma expressão vetorial para o vetor $\vec{p} - \vec{a}$ em que $\vec{p} \in S$ é o ponto mais próximo de $\vec{a}$ em S.

9.3) Suponhamos que uma lata cilíndrica deverá conter um volume fixo V e que sua área superficial, incluindo as tampas superior e inferior, deverá ser a menor possível. O raio da lata é x, e sua altura é y. Determine a relação que deve existir entre x e y.

9.4) Determine os pontos críticos de $x^2 + 4xy - y^2 - 8x - 6y$.

9.5) Determine os pontos nos quais as seguintes funções têm seus valores máximo e mínimo.

(a) $x + y$ no quadrado com vértices $(\pm 1, \pm 1)$;
(b) $x + y + z$ na região $x^2 + y^2 + z^2 \leq 1$;
(c) $x^2 + 24xy + 8y^2$ na região $x^2 + y^2 \leq 25$;
(d) $\dfrac{1}{x^2 + y^2}$ na região $(x-2)^2 + y^2 \leq 1$;
(e) $x^2 + y^2 + \dfrac{2\sqrt{2}}{3}xy$ na elipse $x^2 + 2y^2 \leq 1$.

9.6) Determine o ponto mais distante da origem na curva

$$\begin{Bmatrix} x \\ y \\ z \end{Bmatrix} = \begin{Bmatrix} \cos\ t \\ \text{sen}\ t \\ \text{sen}\ t/2 \end{Bmatrix}$$

9.7) Uma caixa retangular sem tampa deverá ter 32 unidades quadradas de área de superfície. Determine as dimensões que lhe assegurarão um volume máximo.

9.8) (Wrede e Spiegel, 2002) Encontre o máximo e o mínimo relativos de $f(x,y) = x^3 + y^3 - 3x - 12y + 20$.

9.9) (Wrede e Spiegel, 2002) Uma caixa retangular aberta no topo deve ter um volume de 32 m^3. Quais devem ser as dimensões de modo que a superfície total seja mínima?

9.10) (Wrede e Spiegel, 2002) Considere $F(x,y,z)$ sujeita à condição de vínculo $G(x,y,z) = 0$. Prove que uma condição necessária para que $F(x,y,z)$ tenha um valor extremo é que

$$\frac{\partial F}{\partial x}\frac{\partial G}{\partial y} - \frac{\partial F}{\partial y}\frac{\partial G}{\partial x} = 0.$$

9.11) (Wrede e Spiegel, 2002) Com relação ao problema anterior, mostre que a condição estabelecida é equivalente às condições

$\frac{\partial \phi}{\partial x} = 0$, $\frac{\partial \phi}{\partial y} = 0$, em que $\phi = F + \lambda G$, e λ é uma constante.

9.12) (Wrede e Spiegel, 2002) Encontre a menor distância da origem à hipérbole $x^2 + 8xy + 7y^2 = 225$, $z = 0$.

9.13) (Wrede e Spiegel, 2002) (a) Encontre os valores máximo e mínimo de $x^2 + y^2 + z^2$ sujeitos às restrições

$$\frac{x^2}{4}+\frac{y^2}{5}+\frac{z^2}{25}=1 \text{ e } z=x+y.$$

Dê uma interpretação geométrica ao resultado do item (a).

9.14) (Wrede e Spiegel, 2002) Encontre os máximos e mínimos de $F(x,y,z)=xy^2z^3$ sujeitos às restrições $x+y+z=6$, $x>0$, $z>0$.

9.15) (Wrede e Spiegel, 2002) Qual o volume do maior paralelepípedo regular que pode ser inscrito no elipsoide

$$\frac{x^2}{9}+\frac{y^2}{16}+\frac{z^2}{36}=17?$$

9.16) (Wrede e Spiegel, 2002) Prove que em qualquer triângulo ABC existe um ponto P tal que $\overline{PA}^2+\overline{PB}^2+\overline{PC}^2$ é um mínimo, e que P é a interseção das medianas.

9.17) (Wrede e Spiegel, 2002) (a) Prove que os valores máximo e mínimo de $f(x,y)=x^2+xy+y^2$ no quadrado unitário $0\le x\le 1$, $0\le y\le 1$ são 3 e 0, respectivamente. (b) O resultado do item (a) pode ser obtido fazendo as derivadas parciais de $f(x,y)$ em relação a x e y iguais a zero? Explique.

9.18) (Wrede e Spiegel, 2002) Prove que a menor distância da origem à curva de interseção das superfícies $xyz=a$ e $y=bx$, em que $a>0$ e $b>0$, é

$$3\left\{\frac{a\left(b^2+1\right)}{2b}\right\}^{1/2}.$$

9.19) (Wrede e Spiegel, 2002) Prove que a menor distância do ponto (a,b,c) ao plano $Ax+By+Cz+D=0$ é

$$\left|\frac{Aa+Bb+Cc+D}{\left(A^2+B^2+C^2\right)^{1/2}}\right|.$$

9.20) (Wrede e Spiegel, 2002) Se $b^2-4ac<0$, $a>0$ e $c>0$, prove que a área da elipse $ax^2+bxy+cy^2=1$ é

$$\frac{2\pi}{\left(4ac-b^2\right)^{1/2}}.$$

(Dica: determine os valores máximos e mínimos de x^2+y^2 sujeitos à restrição $ax^2+bxy+cy^2=1$).

9.21) (Wrede e Spiegel, 2002) Prove que as distâncias máxima e mínima da origem à curva de interseção definida por

$$\frac{x^2}{a^2}+\frac{y^2}{b^2}+\frac{z^2}{c^2}=1 \text{ e } Ax+By+Cz=0$$

podem ser obtidas isolando d na equação:

$$\frac{A^2a^2}{a^2-d^2}+\frac{B^2b^2}{b^2-d^2}+\frac{C^2c^2}{c^2-d^2}=0$$

9.22) (Hoffman et al., 2012) Durante várias semanas, o departamento de trânsito vem registrando a velocidade dos veículos que passam em um certo quarteirão. Os resultados mostram que, entre 13 e 18 h de um dia de semana, a velocidade nesse quarteirão é dada aproximadamente por $v(t)=t^3-10{,}5t^2+30t+20$ km h^{-1}, em que t é o número de horas após o meio-dia. Qual o instante entre 13 e 18 h em que o trânsito é mais rápido? Qual o instante em que o trânsito é mais lento? Faça um gráfico $v(t)\times t$ e outro $v'(t)\times t$ para o período de análise.

9.23) (Hoffman et al., 2012) Quando uma pessoa tosse, o raio da traqueia diminui, afetando a velocidade do ar na traqueia. Se r_0 é o raio normal da traqueia, a relação entre a velocidade v do ar e o raio da traqueia é dada por uma função da forma $v(r) = ar^2(r_0 - r)$, em que a é uma constante positiva. Determine o raio r para o qual a velocidade do ar é máxima.

9.24) (Hoffman et al., 2012) Determine o máximo absoluto e o mínimo absoluto (se existirem) da função

$$f(x) = x^2 + \frac{16}{x} \text{ para } x > 0.$$

9.25) (Hoffman et al., 2012) Um fabricante estima que, quando q unidades de uma certa mercadoria são produzidas por mês, o custo total é $C(q) = 0{,}4q^2 + 3q + 40$ reais e que as q unidades podem ser vendidas por um preço $p(q) = 0{,}2(45 - 0{,}5q)$ reais a unidade. Pede-se:

(a) Determine o nível de produção para o qual o lucro é máximo. Qual o lucro máximo?
(b) Para que nível de produção o custo médio unitário $A(q) = \dfrac{C(q)}{q}$ é mínimo? Qual é esse custo?
(c) Para que nível de produção o custo médio é igual ao custo marginal $C'(q)$?

9.26) (Hoffman et al., 2012) Uma lata cilíndrica deve ter um certo volume. O preço do material usado para o fundo e para a tampa da lata é 3 centavos por cm^2. Use os métodos do Cálculo para obter uma relação simples entre o raio e a altura da lata de modo que o custo da matéria-prima seja mínimo.

9.27) (Hoffman et al., 2012) Um fabricante produz um DVD virgem a um custo de R$ 2,00 a unidade. Os DVD vêm sendo vendidos a R$ 5,00 a unidade. Por esse preço são vendidos 4.000 DVD por mês. O fabricante pretende aumentar o preço do DVD e calcula que, para cada R$ 1,00 de aumento no preço, menos 400 DVD serão vendidos por mês. Qual deve ser o preço de venda dos DVD para que o lucro do fabricante seja máximo?

9.28) (Hoffman et al., 2012) O único supermercado de uma pequena cidade do interior trabalha com duas marcas de suco de laranja, uma marca local que custa no atacado 30 centavos a garrafa e uma marca nacional muito conhecida que custa no atacado 40 centavos a garrafa. O dono do supermercado estima que, se cobrar x centavos pela garrafa da marca local e y centavos pela garrafa da marca nacional, venderá $70-5x+4y$ garrafas da marca local e $80+6x-7y$ garrafas da marca nacional por dia. Por quanto o dono do supermercado deve vender as duas marcas de suco de laranja para maximizar o lucro?

9.29) (Hoffman et al., 2012) Um funcionário do setor de planejamento da Distribuidora Tabajara verifica que as lojas dos três clientes mais importantes da distribuidora estão localizadas nos pontos $A(1,5)$, $B(0,0)$ e $C(8,0)$, cujas unidades estão em km. Em que ponto $W(x,y)$ deve ser instalado um depósito para que a soma das distâncias do ponto W aos pontos A, B e C seja mínima?

9.30) (Hoffman et al., 2012) Pretende-se construir uma caixa com materiais que custam R$ 1,00 por cm^2 para a tampa. Se o volume total deve ser de 96 cm^3, quais devem ser as dimensões da caixa para que o custo do material seja mínimo?

9.31) (Hoffman et al., 2012) Um consumidor tem R$ 600,00 para gastar em dois produtos, o primeiro dos quais custa R$ 20,00, e o segundo,

R$ 30,00. A utilidade para o consumidor de possuir x unidades do primeiro produto e y unidades do segundo é dada pela função de utilidade de Cobb-Douglas $U(x,y)=10x^{0,6}y^{0,4}$. Quantas unidades de cada produto o consumidor deve comprar para que a utilidade seja máxima?

9.32) (Hoffman et al., 2012) Uma editora dispõe de R$ 60.000,00 para investir na produção e na propaganda de um novo livro. Estima-se que se forem gastos x mil reais na produção e y reais em propaganda, aproximadamente $f(x,y)=20x^{3/2}y$ exemplares do livro serão vendidos. Quanto a editora deve investir na produção e quanto deve investir em propaganda para que o número de exemplares vendidos seja o maior possível?

9.33) Determine o valor mínimo de $f(x,y,z)=x^2+y^2+z^2$ sujeito às restrições $x+y-3=0$ e $x+z-5=0$.

Projetos

9.1) No problema do exemplo 9.5, Vargas et al. (2009) estudaram um sistema de cogeração consistindo de um coletor solar, um queimador a gás e um refrigerador de absorção com o objetivo de produzir simultaneamente aquecimento (em um trocador de calor de água quente) e frio (via sistema de refrigeração por absorção), mostrado esquematicamente na Fig. 9.8. No artigo e no texto deste capítulo, foi utilizado o **método da força bruta** para a realizar o estudo de otimização global do sistema. No entanto, os tempos computacionais podem ser elevados ao se utilizar esse método. Alternativamente, neste projeto, pede-se que o mesmo estudo seja realizado por meio de um dos métodos apresentados no texto do Capítulo 9 para a obtenção dos mesmos resultados de otimização.

Obs.:

1) Elabore um relatório do seu trabalho (título, resumo, introdução, teoria, resultados e discussão, e conclusões), com todos os programas computacionais escritos no apêndice.

2) Recomenda-se utilizar aritmética de dupla precisão em seus cálculos.

9.2) Neste projeto, apresenta-se o método de descida do gradiente para otimização numérica. Para tanto, primeiramente enuncia-se o seguinte teorema:

Teorema:

Suponha que A é uma matriz simétrica e positivamente definida, $\vec{b}$ é um vetor, e

$$J(\vec{x}) = \frac{1}{2}\vec{x}^T A\vec{x} - \vec{x}^T\vec{b}$$

é um funcional quadrático $\Rightarrow A\vec{x} = \vec{b} \Leftrightarrow J(\vec{x}_{ot}) < J(\vec{x}) \quad \forall \vec{x} \neq \vec{x}_{ot}$.

Esse teorema estabelece que a solução do sistema linear $A\vec{x} = \vec{b}$ com a matriz A simétrica e positivamente definida pode ser encontrada minimizando o funcional quadrático $J(\vec{x})$. Para fazer isso, métodos de gradiente podem ser usados. O método mais ilustrativo dessa classe é o método de descida do gradiente.

A ideia principal do método é iniciar em um ponto $\vec{x}_0$, encontrar a direção de descida mais acentuada do valor de $J(\vec{x})$ e seguir nessa direção enquanto o valor de $J(\vec{x})$ estiver diminuindo. Quando isso deixar de ocorrer, encontre a nova direção de descida mais acentuada e repete-se todo o processo.

Uma direção de descida mais acentuada de uma função em um ponto é a direção oposta ao seu gradiente nesse ponto. O gradiente é perpendicular à linha de contorno passando pelo ponto. A direção oposta ao gradiente de $J(\vec{x})$ é igual ao resíduo $\vec{r} = \vec{b} - A\vec{x}$ do sistema $A\vec{x} = \vec{b}$.

Algoritmo:

Estime $\vec{x}_0$

Para $k = 0,1,2,\ldots$ compute

1. $\vec{r}_k = \vec{b} - A\vec{x}_k$

2. $\alpha_k = \dfrac{(\vec{r}_k)^T \vec{r}_k}{(\vec{r}_k)^T A\vec{r}_k}$

3. $\vec{x}_{k+1} = \vec{x}_k + \alpha_k \vec{r}_k$

Até que $\|\vec{r}_k\| < \varepsilon$, sendo ε uma tolerância pré-especificada a sua escolha.

Neste projeto, portanto, considere o sistema linear $A\vec{x} = \vec{b}$, em que:

$$A = \begin{bmatrix} 3 & -1 & 1 \\ -1 & 3 & -1 \\ 1 & -1 & 3 \end{bmatrix}, \ \vec{b} = \begin{Bmatrix} -1 \\ 7 \\ -7 \end{Bmatrix}$$

a) O método de descida do gradiente pode ser usado para resolver esse sistema?

b) Caso positivo, resolva o sistema utilizando como valor inicial $\vec{x}_0 = (0,0,0)^T$.

c) Comente sobre a taxa de convergência do método.

9.3) Neste projeto, apresenta-se o método das direções conjugadas de Powell para otimização numérica.

Muitos métodos para a solução de problemas sem restrição são desenvolvidos para minimizar funções quadráticas, embora a maior parte dos problemas tenham funções que não são quadráticas. Isso porque, de uma maneira geral, toda função pode ser bem aproximada por uma função quadrática em região próxima do mínimo. Esse é o caso do método de Powell.

Nesse método, a cada passo, a função a ser minimizada é aproximada localmente por uma função quadrática, dada por:

$$f(\vec{x}) = \frac{1}{2}\vec{x}^T Q\vec{x} + \vec{b}^T\vec{x} + \vec{c} \tag{9.113}$$

Considere agora um conjunto de direções $\vec{s}_i$, $i = 1,2,\ldots$ Q-conjugadas linearmente independentes, ou seja:

$$\vec{s}_i^T Q\vec{s}_j = 0, \quad \text{para } i \neq j \tag{9.114}$$

Pode ser mostrado que: "Se *f* for minimizada ao longo de cada direção $\vec{s}$ definida acima, então o mínimo de *f* será encontrado no (ou antes do) n-ésimo passo independentemente do ponto inicial, dado que erros de arredondamento não sejam acumulados", em que *n* é o número de variáveis. É importante que as direções sejam linearmente independentes (como definido acima), caso contrário não há convergência para o mínimo.

Powell sugere um método conveniente de gerar direções Q-conjugadas linearmente independentes. No entanto, às vezes, esse método pode gerar direções linearmente dependentes quando nesse caso não converge para o mínimo. A sua estratégia é baseada na seguinte propriedade: se $\vec{x}_1$ e $\vec{x}_2$ são dois pontos, $\vec{s}$ é uma direção especificada, $\vec{x}_{1s}$ corresponde ao ponto mínimo de *f* na linha paralela a $\vec{s}$ iniciando em $\vec{x}_1$, e $\vec{x}_{2s}$ é o ponto mínimo de *f* na linha paralela a $\vec{s}$ iniciando em $\vec{x}_2$, então $\vec{s}$ e a direção $(\vec{x}_{2s} - \vec{x}_{1s})$ serão *Q* conjugadas. O algoritimo de Powell é descrito a seguir:

1) Minimize *f* ao longo das direções coordenadas (busca univariada), iniciando em $\vec{x}_{0,k}$ e gerando os pontos $\vec{x}_{1,k},\ldots,\vec{x}_{n,k}$ em que *k* é o número do ciclo.
2) Após encerrar a busca univariada, encontre o índice m correspondente à direção em que a função *f* apresenta o maior decréscimo indo de $\vec{x}_{m-1,k}$ para $\vec{x}_{m,k}$.

3) Calcule a direção "padrão" $\vec{s}_{p,k} = \vec{x}_{n,k} - \vec{x}_{0,k}$ (soma de todos os movimentos univariados) e determine o valor de α que minimize *f* tal que $\vec{x} = \vec{x}_{0,k} + \alpha\vec{s}_{p,k}$.

4) Se

$$|\alpha| < \left\{ \frac{f\left(\vec{x}_{0,k}\right) - f\left(\vec{x}_{0,k+1}\right)}{f\left(\vec{x}_{0,k}\right) - f\left(\vec{x}_{0,k}\right)} \right\}^{1/2},$$

então utilize as mesmas direções para a próxima busca univariada. Se a equação não for satisfeita, então substitua a m-ésima direção pela direção padrão $\vec{s}_{p,k}$.

5) Comece a nova busca univariada com as direções obtidas no passo 4, e repita os passos 2, 3, e 4 até que a convergência seja atingida, ou seja: $\left\|\vec{x}_{k+1} - \vec{x}_k\right\| \leq \varepsilon$.

Como exemplo de aplicação, determine a máxima deflexão e rotação da extremidade de uma viga por meio da minimização da sua energia potencial total modelada usando um único elemento finito de viga cúbico descrito na Fig. Pj9.3.

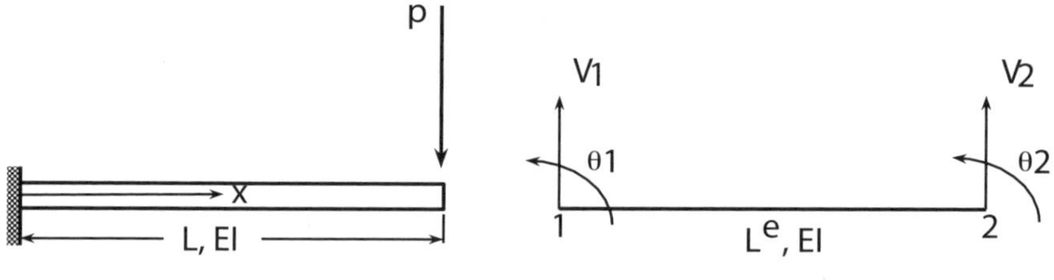

Figura Pj9.3 Diagrama esquemático de viga engastada na extremidade (esquerda) e modelo de elementos finitos (direita), em que *L* é o comprimento da viga, *E* é o módulo de elasticidade do material, *I* é o momento de inércia da seção da viga, e o sobrescrito *e* refere-se ao elemento finito sob análise.

Considerando a formulação do elemento de viga cúbico, os deslocamentos são dados por:

$$v(\xi)=\left\{\left(1-3\xi^2+2\xi^3\right)\ L\left(\xi-2\xi^2+\xi^3\right)\ \left(3\xi^2-2\xi^3\right)\ \mathrm{L}\left(-\xi^2+\xi^3\right)\right\}\begin{Bmatrix} v_1 \\ \theta_1 \\ v_2 \\ \theta_2 \end{Bmatrix} \qquad (9.115)$$

em que $\xi=\dfrac{x}{L}$. A energia potencial correspondente do modelo da viga é dado por:

$$\Pi=\frac{EI}{2L^3}\int_0^L\left(\frac{d^2v}{d\xi^2}\right)^2 d\xi+pv_2 \qquad (9.116)$$

Como a viga está engastada em $\xi=0 \Rightarrow v_1=\theta_1=0$, e substituindo v(ξ) em ∏, obtém-se:

$$\Pi=\frac{EI}{2L^3}\left(12v_2^2+2\theta_2^2L^2-12v_2\theta_2L\right)+pv_2 \qquad (9.117)$$

Portanto, definindo

$$f=\frac{2\Pi L^3}{EI};x_1=v_2;x_2=\theta_2L;\frac{pL^3}{EI}=1,$$

a função representada pela Eq. (9.117) é reescrita como:

$$f=12x_1^2+2x_2^2-12x_1x_2+2x_1 \qquad (9.118)$$

Assim, o problema inicial de elementos finitos foi reduzido à minimização da função estabelecida pela Eq. (9.118). Dessa maneira, o problema passa a ser um problema de otimização independente no qual os conceitos do método de elementos finitos foram utilizados apenas para a obtenção da função da Eq. (9.118), não sendo mais necessários para a busca da solução. Pede-se que seja utilizado o método de Powell na solução do problema.

Sugestões:

1) Utilize como estimativa inicial para iniciar o algoritmo de Powell $\vec{x}_{0,1} = (-1,-2)^T \Rightarrow f(\vec{x}_{0,1}) = 2.$

2) Para efeito de comparação final, a solução ótima do problema pode ser obtida por cálculo diferencial sendo igual a $\vec{x}_{ot} = (-1/3,-1/2)^T$.

Bibliografia

ANDERSON, D. A.; TANNEHILL, J. C.; PLETCHER, R. H. **Computational fluid mechanics and heat transfer**. Bristol: Taylor & Francis, 1984.

ASHTON, T. S. **The Industrial Revolution (1760-1830)**. Oxford: Oxford University Press, 1948.

BANK, R. E.; ROSE, D. J. Global approximate Newton methods. **Numerische Mathematik**, v. 37, p. 279-295, 1981.

BARR, N. **Economics of the welfare state**. 5. ed. Oxford: Oxford University Press, 2012.

BEJAN, A.; SCIUBBA, E. The optimal spacing of parallel plates cooled by forced convection. **International Journal of Heat and Mass Transfer**, v. 35, n. 12, p. 3259-3264, dez. 1992.

BEJAN, A.; VARGAS, J. V. C.; LIM, J. S. When to defrost a refrigerator, and when to remove the scale from the heat exchanger of a power plant. **International Journal of Heat and Mass Transfer**, v. 37, n. 3, p. 523-532, fev. 1994.

BEJAN, A. **Heat transfer**. New York: Wiley, 1993. cap. 1.

BEJAN, A. **Convection heat transfer**. 2. ed. New York: Wiley, 1995. cap. 2.

BEJAN, A.; VARGAS, J. V. C.; SOKOLOV, M. Optimal allocation of heat exchanger inventory in heat driven refrigerators. **International Journal Heat Mass Transfer**, v. 38, n. 16, p. 2997-3004, nov. 1995.

Bejan, A. **Shape and structure, from engineering to nature**. Cambridge: Cambridge University Press, 2000.

BERLANSTEIN, L. R. **The Industrial Revolution and work in nineteenth-century Europe**. London and New York: Routledge, 1992.

BHATTACHARJEE, S.; GROSSHANDLER, W. L. The formation of a wall jet near a high temperature wall under microgravity environment. **ASME HTD**, v. 1, p. 711-716, jul. 1988.

BOLDRINI, J. L. et al. Álgebra **linear**. São Paulo: Harper & Row do Brasil, 1978.

CALVETTI, D.; REICHEL, L. Fast inversion of Vandermonde-like matrices involving orthogonal polynomials. **BIT**, v. 33, n. 33, p. 473-484, 1993.

CHIANG, A. C. **Fundamental methods in mathematical economics**. 3. ed. New York: McGraw-Hill, 1984. Seção 11.4.

DARWIN, C. **On the origin of species by means of natural selection, or the preservation of favoured races in the struggle for life**. London: John Murray, 1859.

DILAY, E. **Modelagem e simulação para engenharia de sistemas: acondicionamento de eletrônicos, navios elétricos e fotobiorreatores**. Tese (Doutorado em Engenharia e Ciência dos Materiais)–Universidade Federal do Paraná, Curitiba, 2013.

FEHLBERG, E. Klassische Runge-Kutta Formeln funfter und siebenter Ordnung mit Schrittweitenkontrolle. **Computing**, v. 4, p. 93-106, 1969.

FLETCHER, C. A. J. **Computational techniques for fluid dynamics**. Berlin: Springer-Verlag, 1991. v. 1.

GAUTSCHI, W. Norm estimates for inverses of Vandermonde matrices. **Numerische Mathematik**, v. 23, n. 4, p. 337-347, 1975.

GEAR, C. W. **Numerical initial value problems in ordinary differential equations**. Englewood Cliffs: Prentice-Hall, 1971. cap. 9.

GOLUB, G. H.; VAN LOAN, C. F. **Matrix computations**. 2. ed. Baltimore: The Johns Hopkins University Press, 1989.

GONÇALVES, A.; SOUZA, R. M. L. **Introdução à álgebra linear**. São Paulo: Edgard Blucher, 1977.

GRACIANO, V. **Modelagem e simulação de motores a ignição por compressão (ICO) com misturas de diesel, gás natural e biodiesel**. Tese (Doutorado em Engenharia Mecânica)–Universidade Federal do Paraná, Curitiba, 2012.

GRACIANO, V.; VARGAS, J. V. C.; ORDONEZ, J. C. Modeling and simulation of diesel, biodiesel and biogas mixtures driven compression ignition internal combustion engines (CI-ICE). In: **13th International Conference on Clean Energy (ICCE-2014)**. Istanbul: 2014. p. 1377-1389.

HEYWOOD, B. J. **Internal combustion engine fundamentals**. New York: McGraw-Hill, 1988.

HIGHAM, N. J. Fast solution of Vandermonde-like systems involving orthogonal polynomials. **IMA Journal of Numerical Analysis**, v. 8, n. 4, p. 473–486, 1988.

HODGE, B. K. **Alternative energy systems and applications**. New York: Wiley, 2010. cap. 4.

HOFFMAN, L. et al. **Calculus for business, economics, and life sciences**. 11. ed. New York: McGraw-Hill, 2012.

HOLLAND, J. H. **Adaptation in natural and artificial systems**. Ann Arbor: University of Michigan Press, 1975.

HOLLAND, J. H. **Adaptation in natural and artificial systems**. 2. ed. Cambridge: The MIT Press, 1992.

HUGHES, T. J. R. **The finite element method:** linear static and dynamic finite element analysis. New York: Prentice-Hall, 1987.

HWANG, C.; MASUD, A. S. M. **Multiple objective decision making, methods and applications:** a state-of-the-art survey. New York: Springer-Verlag, 1979.

IFRAH, G. **Les chiffres ou l'histoire d'une grande invention**. Paris: Robert Laffont, 1985.

KELLER, H. B. **Numerical methods for two-point boundary-value problems**. Waltham: Blaisdel, 1968. p. 11.

KINCAID, D.; CHENEY, W. **Numerical analysis**. Belmont: Wadsworth, 1991.

KREYSZIG, E. **Advanced engineering mathematics**. 4. ed. New York: Wiley, 1981.

LAMBERT, J. **Computational methods in ordinary differential equations**. New York: Wiley, 1973.

LOTKA, A. J. **Elements of physical biology**. New York: Williams and Wilkins, 1925.

MAINARDES, R. L. S. et al. Optimally staggered finned circular and elliptic tubes in turbulent forced convection. **Journal of Heat Transfer**, v. 129, n. 5, p. 674-678, dez. 2006.

MAINARDES, R. L. S. et al. Pumping power minimization in staggered finned circular and elliptic-tube heat exchangers in turbulent flow. **Experimental Heat Transfer**, v. 26, n. 4, p. 397-411, ago. 2013.

MALTHUS, T. R. **An essay on the principle of population**. Oxford World's Classics reprint, 1798.

MIETTINEN, K. **Nonlinear multiobjective optimization**. New York: Springer, 1999.

MONTEIRO, M. T. T. **Métodos numéricos: exercícios resolvidos aplicados à Engenharia e outras Ciências**. Portugal: Universidade do Minho, 2012.

MORAN, M. J.; SHAPIRO, H. N. **Fundamentals of engineering thermodynamics**. 3. ed. New York: Wiley, 1996.

MURDOCH, D. C. Álgebra **linear**. Rio de Janeiro: LTC, 1972.

PERRY, R. H.; GREEN, W. **Chemical engineers' handbook**. New York: McGraw-Hill, 1999.

PETRESCU, S. Comments on the optimal spacing of parallel plates cooled by forced convection. **International Journal of Heat and Mass Transfer**, v. 37, n. 8, p. 1283, mai. 1994.

PRESS, W. H. et al. **Numerical recipes in FORTRAN**. Cambridge: Cambridge University Press, 1992.

RALSTON, A.; RABINOWITZ, P. **A first course in numerical analysis**. 2. ed. New York: Dover, 2001.

RIBEIRO, A. A.; KARAS, E. W. **Otimização contínua:** aspectos teóricos e computacionais. São Paulo: Cengage Learning, 2014.

SARAFYAN, D. Approximate solution of ordinary differential-equations and their systems through discrete and continuous embedded Runge-Kutta formulas and upgrading of their order. **Computers & Mathematics with Applications**, v. 28, n. 10-12, p. 353-384, nov-dez. 1994.

SCHWEIZERHOF, K. H.; WRIGGERS, P. Consistent linearization for path following methods in nonlinear FE analysis. **Computer Methods in Applied Mechanics and Engineering**, v. 59, n. 3, p. 261-279, dez. 1986.

SEYDEL, R. Tutorial on continuation. **International Journal of Bifurcation and Chaos**, v. 1, n. 1, p. 3-11, mar. 1991.

SOUZA, J. A. et al. Thermodynamic optimization of fluidized catalytic cracking (FCC) units. **International Journal of Heat and Mass Transfer**, v. 54, n. 5-6, p. 1187-1197, fev. 2011.

SPARROW, E. M. **Analysis of laminar forced convection heat transfer in the entrance region of flat rectangular ducts**. Washington: NACA, 1955.

STARK, P.A. **Introdução aos métodos numéricos**. Rio de Janeiro: Interciência, 1979.

STROUD, A. H.; SECREST, D. **Gaussian quadrature formulas**. Englewood Cliffs: Prentice-Hall, 1966.

VARGAS, J. V. C.; FLOREA, R.; American Society of Mechanical Engineers; The Internal Combustion Engine Division. Analysis of a cylindroids rotary engine. In: **ICE-Vol. 22, Heavy duty engines:** a look at the future, American Society of Mechanical Engineers. ASME: 1994.

VARGAS, J. V. C.; BEJAN, A. Fundamentals of ice making by convection cooling followed by contact melting. **International Journal of Heat and Mass Transfer**, v. 38, n. 15, p. 2833-2841, 1995.

VARGAS, J. V. C.; SOKOLOV, M.; BEJAN, A. Thermodynamic optimization of solar-driven refrigerators. **Journal of Solar Energy Engineering**, v. 118, n. 2, p. 130-135, mai. 1996.

VARGAS, J. V. C.; FLEMING, J. S.; PARISE, J. A. R. Maximum exergy input rate from a hot stream in solar-driven refrigerators. **International Journal of Energy Research**, v. 25, n. 9, p. 751-767, jun. 2001.

VARGAS, J. V. C. et al. Modeling, simulation and optimization of a solar collector driven water heating and absorption cooling plant. **Solar Energy**, v. 83, n. 8, p. 1232-1244, ago. 2009.

VEBLEN, T. **The theory of the leisure class:** an economic study of institutions (1899). Mineola: Dover Publications, 1994.

VOLTERRA, V. Variazioni e fluttuazioni del numero d'individui in specie animali conviventi. **Memoria della Regia Accademia Nazionale dei Lincei**, v. 2, p. 31-113, jan. 1926.

VOLTERRA, V. Variations and fluctuations of the number of individuals in animal species living together in animal ecology. In: CHAPMAN, R. N. (Ed.). **Animal ecology**. New York: McGraw-Hill, 1931.

WACHSPRESS, E. L. **Iterative solution of elliptic systems**. Englewood Cliffs: Prentice-Hall, 1966.

WREDE, R.; SPIEGEL, M. R. **Schaum's outline and theory of advanced calculus**. New York: McGraw-Hill, 2002.

YOUNG, D. M. **Iterative solution of large linear systems**. New York: Academic Press, 1971.

ZIENKIEWICZ, O. C.; TAYLOR, R. L. **The finite element method**. 4. ed. New York: McGraw-Hill, 1989. v. 1-2.

Índice remissivo

N

O

Q

P